猪群
疫病防治技术

李长友 李晓成 主编

中国农业出版社

图书在版编目（CIP）数据

猪群疫病防治技术 / 李长友，李晓成主编．——北京：
中国农业出版社，2015.12
ISBN 978-7-109-21191-9

Ⅰ.①猪… Ⅱ.①李… ②李… Ⅲ.①猪病—兽疫—
防治 Ⅳ.①S858.28

中国版本图书馆 CIP 数据核字（2015）第 283650 号

中国农业出版社出版
（北京市朝阳区麦子店街 18 号楼）
（邮政编码 100125）
责任编辑　王琦瑢　耿增强
————————————————
中国农业出版社印刷厂印刷　　新华书店北京发行所发行
2015 年 12 月第 1 版　　2015 年 12 月北京第 1 次印刷
————————————————
开本：787mm×1092mm 1/16　　印张：30.25　　插页：8
字数：680 千字
定价：98.00 元
（凡本版图书出现印刷、装订错误，请向出版社发行部调换）

内容提要

　　本书由农业部兽医局组织中国动物卫生与流行病学中心等单位的专家编写。编写过程中，编者以服务于我国猪群疫病防治为出发点，以猪群疫病的基础知识和防控技能为线索，分别阐述了我国养猪业现状、当前猪群疫病特点、流行病学调查监测、诊断、防控等内容，其目的在于增强行业从业人员对猪群疫病的识别、诊断及防治能力，为提升我国猪群疫病防控能力提供助益。

　　全书分总论、各论及附录三个部分。总论部分共7章，包括我国养猪业总体现状，猪群疫病的发生及流行特点，猪群疫病流行病学调查、监测、预警，猪群疫病诊断，总体防控策略等，较为系统地阐述了有关猪群疫病防控的基础知识。各论部分分为病毒性传染病、细菌性传染病以及寄生虫传染病三章，对生猪养殖过程中发生风险较高的44种疫病进行了较为详尽的介绍，主要包括各病的病原学、流行病学、临床症状、病理变化、诊断以及防治等内容，并在书后附有必要的临床照片。在附录部分，较为详尽地列出了动物防疫法、畜牧法、国家中长期动物疫病防治规划等涉及养猪业各个环节以及与疫病防控有关的法律法规、技术规范等关键内容，便于读者参考。

　　本书内容详实、具体全面，既有理论性，又有实践指导价值，是关于猪群疫病基础知识及防控技能的一本较为全面、系统的专著，适于兽医行政主管部门、动物疫病预防控制机构、动物卫生监督机构、农业科研院所、养殖企业、兽医诊疗机构等从事管理、科研、教学、检测等工作的相关人员参考使用。

编　委　会

我国是全球第一养猪大国。近年来，部分地区口蹄疫、猪瘟、高致病性猪蓝耳病等疫情仍有零星散发，生猪腹泻等常见病时有发生，给我国养猪业发展造成了较大经济损失。做好生猪疫病防控工作，是保障生猪养殖业持续健康发展的必然要求，也是保障动物源性食品安全和公共卫生安全的关键措施。

党和政府始终高度重视生猪疫病防控工作。近年来，农业部和各地畜牧兽医部门不断加大工作力度，切实落实各项防控措施，全国生猪疫病防控工作取得了显著成效，生猪发病率、死亡率明显下降，公共卫生风险显著降低。2012 年，国务院办公厅印发《国家中长期动物疫病防治规划（2012—2020 年）》，明确提出实施重大动物疫病防治策略，分病种、分区域、分阶段，统筹推进猪群疫病防治工作，有计划地控制、净化和消灭严重危害养猪业发展和公共卫生安全的重点猪病。农业部先后制定实施全国口蹄疫防治计划，出台猪瘟、猪蓝耳病等防治指导意见，制定相关疫病防治技术规范，指导各地科学开展猪群疫病防治工作。

为进一步强化我国猪群疫病防治工作，农业部兽医局组织中国动物卫生与流行病学中心等单位专家，在系统总结我国近 10 年来猪群疫病防控工作经验基础上，充分借鉴国外成功经验，编写了《猪群疫病防治技术》一书。该书内容详实、具体全面、案例丰富，具有重要的参考价值。该书的出版发行，对进一步做好猪群疫病防控工作，有效提升工作能力和水平，将起到积极的指导作用。

2015 年 12 月

前　言
Foreword

　　我国生猪养殖量位居全球之首，是广大国民肉食品供应的主要来源。不可否认的是，长期以来，我国生猪养殖业始终遭受着口蹄疫、猪蓝耳病等猪群疫病的困扰，特别是进入21世纪以来，我国猪群疫病的流行特点发生了显著变化，多病原混合感染或者继发感染更为普遍，临床症状多表现为"繁殖障碍、呼吸道疾病、免疫抑制"等，并多次造成巨大经济损失。因此，做好猪病防控工作，是保障生猪养殖业持续健康发展的要求，也是保障居民食品安全的关键措施。

　　为提高我国兽医从业人员对猪群疫病的认知能力、及时识别和诊断能力，提高相关从业人员对猪群疫病的防控意识和管理水平，中国动物卫生与流行病学中心在农业部兽医局指导下，组织编写了《猪群疫病防治技术》一书。全书分总论、各论及附录三个部分，总论部分包括我国养猪业总体现状，猪群疫病的发生及流行特点，猪群疫病流行病学调查、监测、预警，猪群疫病诊断，总体防控策略等，共分7章，较为系统地阐述了有关猪群疫病防控的基础知识。各论部分分为病毒性传染病、细菌性传染病以及寄生虫传染病三章，对44种猪病进行了较为详尽的介绍，主要包括各病的病原学、流行病学、临床症状、病理变化、诊断以及防治等内容，并在书后附有必要的临床照片。在附录部分，较为详尽地列出了涉及猪群疫病防控有关的法律、法规、技术规范等关键内容。全书内容新颖、简洁实用，适于农业科研院所、各省市兽医从业人员、出入境检验检疫人员学习参考。

　　本书在编委会指导下由多年从事猪群疫病流行病学、诊断、监测、预警、病原学以及防控工作的专家主持编写，先后组织了国内多个单位的专家多方收集资料，经反复论证、修改完成。限于学识水平、信息资料收集、能力等条件所限，书中难免存在疏漏和不足之处，恳请专家和广大读者指正。

　　本书的策划、编写和出版得到了农业部兽医局、中国动物卫生与流行病学中心领导和有关专家的大力支持，在此一并表示感谢。同时，对参与本书编写、审校工作的各位专家致以诚挚的谢意！

主　编

2015 年 11 月于青岛

目　录
Contents

序

前言

第一篇　总　论

第二篇　各　论

第一篇 总 论

第一章 我国养猪业发展现状及存在的问题

我国养猪历史悠久，养殖量居全球之首。同时，养猪业是我国农业中的传统优势产业，是城乡居民肉食品的重要来源，在农业和农村经济中占有重要地位。改革开放以来，我国养猪业的发展不仅满足了人们对猪肉及其产品的消费需求，而且为农民增收、农村劳动力就业、粮食转化、带动相关产业的发展等作出了重大贡献。"猪为六畜之首、猪粮安天下"，可见生猪养殖业对我国的经济、社会发展影响巨大。

第一节 养猪业发展历程

我国是养猪大国，但饲养方式长期以来都是传统的自给自足的小农经济模式，在建国初期发展缓慢。20世纪80年代以来，伴随着改革开放和市场经济的发展，我国养猪业才真正走出家庭副业模式，逐步迈向规模化、专业化和商品化，生猪养殖水平有了较大提高，正向着质量型、效益型方向发展。总体而言，我国养猪业的发展经历了以下几个阶段。

一、恢复发展期

新中国成立到20世纪70年代末，这一时期我国养猪业的生产特点是：低投入、低产出、低效益，是农民的一种家庭副业，目的为了积肥与肉食品自给，是一种以千家万户为主体的传统分散型养猪形式。当时，我国实施了"私养公助"等稳定发展政策，生猪养殖逐步恢复到抗战前期水平。在此期间，我国养猪业先是经过了新中国成立后近10年的恢复（鼓励私养），然后因政策变动（收归集体，大跃进）和三年自然灾害，生猪养殖业遭到了巨大破坏，此后尽管有所恢复，但终究因随后而来的"文化大革命"（1967—1976）而进入到一个缓慢发展的10年。

二、改革发展期

随着"文革"结束、改革开放政策的实施，养猪业得到了平稳发展。这一时期，中央要求"大力发展畜牧业，提高畜牧业在农业的比重""继续鼓励社员家庭养猪养牛养羊，积极发展集体养猪养牛养羊"，人民的生产积极性得到了空前提高，以养猪业为代表的畜牧业得到了极大发展。1976年我国生猪出栏16 650万头，到1985年生猪出栏量达到23 903.4万头，比1976年净增出栏7 235.4万头，增幅达43.56%，有力地促进了社会、经济发展，改善了人民生活。

三、快速发展期

1986年到21世纪初，在这一时期随着我国社会、经济发展政策不断完善，生猪养殖得到了快速发展，养猪模式也逐渐由传统散养向现代化的规模饲养过度。特别是进入 21 世纪以来，我国的养猪业得到了进一步的快速发展，截至 2010 年 11 月份，我国生猪出栏量、存栏量以及能繁母猪存栏量分别达到了 45 500 万头、45 470 万头、4 660 万头。根据我国农业（畜牧业）统计年鉴，编者整理了我国 1976 年至 2010 年 11 月份的生猪养殖数据，见表1-1。从表 1-1 可以看出，近 35 年来，我国的养猪业发生了翻天覆地的变化，母猪存栏、年末生猪存栏几乎翻了一番，而生猪年出栏数几乎翻了 2 番。

表1-1 我国历年基础母猪存栏量、生猪年出栏量、生猪年末存栏量*

单位：万头

年份	基础母猪存栏量	生猪年出栏量	年末存栏量
1976	—	16 650	28 725
1977	—	16 787	29 178
1978	—	16 110	30 129
1979	—	18 768	31 971
1980	2 594.8	19 861	30 543
1981	2 162	19 495	29 370.2
1982	2 061.6	20 063	30 078
1983	2 256.2	20 661	29 853.6
1984	2 166.6	22 047	30 679
1985	2 212	23 903.4	33 139.6
1986	2 547.3	25 721.5	33 719.1
1987	2 398	26 181	32 773
1988	2 200	27 576.1	34 221.8
1989	2 519.2	29 023.1	35 281
1990	2 542.6	30 991	36 240.8
1991	2 521.4	32 897.1	36 964.6
1992	2 626.7	35 169.7	38 421
1993	3 000	37 824	39 300
1994	3 200	42 103.2	41 461.9
1995	3 450	47 559.1	44 169.2
1996	2 800	41 225.1	36 283.6
1997	3 250	46 483.7	40 034.8
1998	3 400	50 215.1	42 256.3
1999	3 500	51 977.2	43 144.2
2000	3 550	51 862.3	41 633.6
2001	3 650	53 281.1	41 950.5
2002	3 725	54 143.9	41 776.2
2003	3 800	55 701.8	41 381.8

（续）

年份	基础母猪存栏量	生猪年出栏量	年末存栏量
2004	4 025	57 278.5	42 123.4
2005	4 300	60 367.4	43 319.1
2006	4 700	61 207.3	41 850.4
2007	4 420.6	56 508.3	43 989.5
2008	4 741.6	60 960	46 264
2009	4 990.7	64 467	48 204.8
2010	4 660	45 500	45 470

注：表中1976—2009年的数据均来自中国农业统计年鉴，2010年的数据截至当年11月份。

第二节　养殖模式

我国生猪养殖结构主要有三种基本单元：自繁自养养殖户、专业母猪养殖户、专业育肥猪养殖户，表1-2中列出了"十一五"期间我国生猪养殖业的规模化发展变化趋势。总体而言，目前我国的养猪业模式按照养殖结构可分为以下5个层次。

表1-2　规模饲养情况统计

单位：万头

规模 ＼ 年份	2006（场数/出栏数）	2007（场数/出栏数）	2008（场数/出栏数）	2009（场数/出栏数）
1～49头	—	80 104 750 / 41 418.37	69 960 452 / 37 764.7	64 599 143 / 34 061.01
50～99头	1 581 697 / 10 565.82	1 577 645 / 10 424.39	1 623 484 / 11 086.16	1 653 865 / 11 394.69
100～499头	458 184 / 10 375.64	542 014 / 10 995.64	633 791 / 13 498.77	689 739 / 14 743.69
500～999头	60 054 / 6 066.56	83 731 / 5 682.37	108 676 / 7 183.13	129 369 / 8 397.18
1 000～2 999头		30 053 / 4 611.53	40 010 / 6 104.77	46 429 / 7 126.76
3 000～4 999头	5 690 / 2 792.83	6 164 / 2 261.94	8 744 / 3 203.98	10 342 / 3 782.04
5 000～9 999头		2 840 / 1 848.26	4 172 / 2 684.55	5 117 / 3 285.32
10 000～49 999头	1 317 / 2 045.56	1 803 / 2 736.14	2 432 / 3 665.94	3 083 / 4 570.54
50 000头以上	—	50 / 378.72	69 / 546.34	96 / 730.75
50头以上规模比重	41.05%	48.5%	56%	61%

注：表中数据均来自中国畜牧业统计年鉴，2010年度全国的养猪业统计数据尚未正式发布。

一、专业育肥养殖

这种养殖方式投入相对较少、养殖周期短、风险低，一般在4个月就可以出栏。这种养殖模式主要存在于我国华北、东北等粮食主产区，他们是我国生猪生产结构中的主要力量。

二、专业母猪养殖

这种养殖模式在我国一直占据主导地位,养殖主体主要是广大农户,其母猪存栏一般在 10 头左右,主要为专业育肥养殖户提供仔猪,少量留作自用。母猪养殖户对专业育肥养殖户的依赖性较强,抗市场风险和疫病风险的能力较弱。尽管这种家家户户饲养的存栏量较小,但因养殖户数量庞大,所以对我国生猪的存栏和出栏量影响巨大。总体而言,这种养殖模式自 2006 年以来逐渐呈现逐渐衰退的趋势。

三、小规模自繁自养

小规模养殖户的母猪存栏数一般在 10 头以内,年出栏量在 200 头左右。2007 年以前,这种养殖模式在我国生猪养殖业中所占比重非常大,但自发生"高热病"之后大量减少。在大的疫情过后,随着养殖效益的不断提升,这种自繁自养户现已逐步发展成为小规模养猪场(也称作养猪专业户),母猪存栏量有所扩大,但不超过 100 头。从经济学角度讲,这种从种猪到商品猪的生产模式,具有中间环节少、盈利水平高、外疫传入的风险低等优点,但因这种养殖模式的生产链条较长、投入较大,容易受到资金实力、市场环境以及疫病等的压力。在我国,这类养殖场(户)数量庞大,在全国各地均普遍存在,是我国生猪生产的中坚力量。

四、中大规模自繁自养

中大规模自繁自养场户的存栏母猪数量在 50 头以上,年出栏生猪在 1 000 头以上。这种养殖模式是在上一种模式的基础上发展起来的,这些养猪场(企业)在资金、饲养管理以及防疫等方面具有一定的优势,代表着各地较高的养殖水平。从我国国情出发,这种饲养模式将会在我国长期存在,因为养猪业的长远趋势是自繁自养,然后是增加规模,直至发展到部分地区的大规模。

五、一条龙养殖企业

一条龙的养殖企业是近年来各地高度关注并着力发展的生猪养殖业态,如双汇、雨润、正大、中粮集团、得利斯等。这类龙头企业,从屠宰、加工、销售开始向上游养殖业进行扩张,以拉长产业链,增强抗市场风险能力,进而提高企业效益。这种模式几乎囊括种植、饲料、养殖、屠宰、加工、零售等全部业态,从产业链开端延伸到末端,实现了大幅增值。在这种经济利益驱动下,有部分规模养猪场(企业)在逐步发展自己的饲料加工、生猪屠宰,部分甚至做到终端零售。这种一条龙的养殖企业,从严格意义上讲不应该称之为养殖企业,而应称之为食品集团,如双汇、雨润等。这些企业不仅可以带动各地的养殖业、保证产品质量,而且有助于稳定市场供应、促进经济发展。但在目前,这部分企业并非我国生猪生产的主力,但将对我国以养猪业为核心的主副产业链产生重大影响。

在可以预见的未来,在小规模养殖场户仍将长期存在的背景下,我国养猪业的养殖模式将是持续性的规模养殖,这是我国养猪业的最终发展方向。

第三节 养猪业区域分布现状及变化趋势

一、区域分布现状

可以说养猪业是一种耗粮产业，要发展生猪养猪业必须要有粮食（尤其是饲料粮）作为物质基础，因此，我国的生猪主产区也主要分布在产粮地区。根据中国畜牧业统计年鉴的数据，"十一五"期间我国的生猪养殖主要分布在西南地区（四川、重庆、云南、贵州）、华东地区（山东、江苏、浙江、安徽、江西、福建）、中南及华南地区（河南、湖北、湖南、广西、广东）、华北地区（河北）、东北地区（辽宁、黑龙江、吉林）等20个省份（见表1-3）。在这20个省份中，四川、湖南、河南、山东、湖北、广东、河北、广西、云南、江苏在2009年的生猪出栏量处于前10位，约占全国总量的70%。查看我国的地图可以发现，这20个生猪主产省份主要分布于我国中、东部以及沿海地区，这些省份是我国的传统产粮地区，交通相对便利，经济较为发达。当前，我国的长三角、珠三角和环渤海三大经济区也主要处于生猪主产区范围内。2008年发布的全国生猪优势区域布局规划（2008—2015年）也明确在饲料资源优势、生产基础优势、市场竞争优势、产品加工优势基础上，选择沿海地区（江苏、浙江、广东和福建）、东北地区（辽宁、吉林、黑龙江）、中部地区（河北、山东、安徽、江西、河南、湖北和湖南）、西南地区（广西、四川、重庆、云南和贵州）的19个省（自治区、直辖市）作为我国生猪产业的优势区域，重点进行生猪良种繁育体系、标准化养殖基地、质量监控体系和龙头企业等的建设，全面提高优势区域的生猪质量和市场竞争能力，以稳定市场供给，确保我国养猪业持续与健康发展。

表1-3 "十一五"期间我国生猪主产区生猪生产情况统计[*]

单位：万头

地区	2006年		2007年			2008年			2009年		
	出栏	存栏	出栏	存栏	能繁母猪	出栏	存栏	能繁母猪	出栏	存栏	能繁母猪
全国	68 050.36	49 440.74	56 508.27	43 989.46	4 233.83	61 016.6	46 291.3	4 878.8	64 538.6	46 996	4 957.7
河北	4 711.66	3 006.39	2 964.2	1 907.05	185	3 230.8	2 015.5	205.3	3 332.9	1 968	206.5
辽宁	2 324.88	1 560.67	2 265.44	1 429.44	171.53	2 493	1 584	221.8	2 597	1 606.2	218.7
吉林	1 343.7	647.2	1 172.05	1 084.77	86.78	1 271.8	976.5	111.9	1 374	1 007.7	114.9
黑龙江	1 409.79	1 506.08	1 233	1 217.2	121.72	1 344	1 286	121.7	1 512.6	1 356.7	134
江苏	2 977.32	1 826.96	2 431.11	1 620.06	127.54	2 604.3	1 716.2	145.1	2 748.1	1 760.2	147.2
浙江	1 899.38	1 120.3	1 658.86	1 039.1	112.08	1 889	1 161.9	108.7	1 894	1 225.8	112
安徽	2 667.33	1 498	2 363.1	1 334.2	125.85	2 527.4	1 432.4	130.5	2 680.2	1 482.6	137.4
福建	1 909.64	1 332.59	1 645.94	1 294.1	105.58	1 840.1	1 324.1	131.5	1 922.9	1 315.8	133.5
江西	2 347.5	1 510.93	2 381.5	1 420.07	127.77	2 536.9	1 508.7	142	2 714.2	1 569.1	150.1
山东	4 641.63	2 778.51	3 654.04	2 656.51	338.9	3 916.7	2 725.8	291.5	4 155.7	2 753.1	299.2
河南	5 957.76	4 678.71	4 488.8	4 185.53	325.6	4 847.9	4 462	470.2	5 143.6	4 528.9	473.8

（续）

地区	2006 年		2007 年			2008 年			2009 年		
	出栏	存栏	出栏	存栏	能繁母猪	出栏	存栏	能繁母猪	出栏	存栏	能繁母猪
湖北	3 419.5	2 453.7	3 131.2	2 290.58	160.34	3 498.3	2 462.4	241.1	3 735.5	2 546.1	251.2
湖南	6 242.37	4 379.84	4 816.7	3 772	376.9	5 153.1	3 915.3	399.5	5 508.7	4 032.8	411.2
广东	3 634.82	2 239.46	3 213.88	2 275.09	185.6	3 467.8	2 380.4	265.5	3 601	2 392.3	267.1
广西	3 010.3	2 612.51	2 767.25	2 169.47	252	2 935	2 307	283	3 119.9	2 332.4	281.7
重庆	1 968.3	1 608.29	1 783.21	1 422.92	145.46	1 898.7	1 566.5	153.5	2 003.1	1 604.1	154.5
四川	7 471.41	5 757	6 010.7	5 295.8	495.56	6 431.4	5 325.6	525.1	6 915.5	5 122	521.8
贵州	1 526.36	2 195.61	1 445.4	1 548.5	113.98	1 561.1	1 587.5	166	1 596.1	1 618	168.6
云南	2 902.51	2 618.2	2 536.1	2 457.6	225.9	2 701.7	2 669	281.1	2 824.5	2 736.2	285.7
陕西	902.9	698.3	992.1	851.6	84.65	1 034.8	880.7	77.5	1 063.6	920.3	88.8

注：表中数据均来自中国畜牧业统计年鉴，2010 年度全国的养猪业统计数据尚未正式发布。

二、区域化的发展趋势

一是基于传统的优势，四川、湖南、河南、山东等一些传统主产区的地位不会改变；二是东北粮食主产区的养猪业将进一步发展壮大；三是作为一种粮食消耗型产业，我国的养猪业将进一步向粮食主产区转移；四是由于养猪业对环境的压力，将进一步由经济发达地区向欠发达的山区转移。

第四节　我国养猪业存在的问题

近年来，生猪生产和产品价格波动比较明显，对居民生活乃至宏观经济运行产生了一定影响，引起社会广泛关注。生猪业发展进入了产业升级的关键时期，生猪生产面临着新的形势，同时也暴露出我国养猪业发展面临的一些新问题。

一、资源环境约束日益明显

一是饲料价格持续上涨。受国际粮食价格上涨等因素影响，玉米等主要饲料原料价格持续高位运行，加之国内深加工消耗玉米量的增加，加剧了饲料用玉米的供应紧张状况，且这种趋势短期内难以缓解。二是劳动力成本增加。随着工业化、城镇化进程的加快，农村劳动力转移进一步增加，发展生猪养殖劳动力成本明显加大。三是用地难。多数地方没有把生猪规模养殖用地纳入乡镇土地利用总体规划，用地问题已成为加快规模养殖发展的制约因素。四是粪污处理难。养猪业污染问题已广受关注，环保压力日益增大，排污投入不断增加，行之有效的养殖场大中型沼气发展缓慢。

二、基础设施和服务体系不健全

一是良种繁育体系不完善，层次结构不分明，种猪场基础设施薄弱，选育水平低，供种能力小，难以适应生产发展需要。同时，地方猪种资源开发利用也不够。二是技术服务机构不完善，技术服务设施和手段不完备，制约了新品种、新产品、新技术的推广应用。三是产销信息服务网络不完善，不适应市场经济形势下养猪业发展的需要。四是养猪业发展信贷机制不健全。由于圈舍和牲畜不能作为资产抵押，农民无法从银行借贷到扩大养猪生产规模所需的资金。

三、产业化程度低

龙头企业带动力不强，公司与生产基地、农户结合不紧密，没有形成真正的利益共同体，各环节的利益分配矛盾突出，产、供、销一体化经营尚未形成。养猪业中千家万户小规模分散养殖仍占很大比重，规模化、专业化、组织化程度不高，小生产与大市场脱节，抗风险能力较弱。

四、疫病防控形势依然严峻

近几年来，我国生猪常见病呈多发态势，由 4～5 种增加至 12 种左右，增加了养猪户疫病防治的难度。重大动物疫病时有发生，如 2005 年的 2 型猪链球菌病、2006 年以来南方部分省份发生的高致病性猪蓝耳病以及 2010 年年底以来的仔猪腹泻等疫情，都对我国的生猪产业发展构成了严重威胁。此外，部分地区村级防疫员队伍不健全，工作经费没有保障，防控措施难以全面落实到位，存在很大隐患。

第二章　我国猪群疫病流行特点

近几年来，我国规模化养猪业又上一个新台阶。然而，猪病的发生和对规模化养猪生产的危害日趋加重，特别是传染性疾病（约占总发病率的70％以上），成为严重影响我国养猪业健康发展的主要疫病。由于我国养猪场在环境控制、饲养与管理、生物安全措施、引种、猪群保健及疫苗免疫等方面的不同，导致我国猪群疫病呈现出以下特点：

一、老病仍然存在

随着集约化、规模化养猪业的迅速发展和市场经济的建立，交通渠道的增多，为疫病流行创造了客观条件，导致一些在我国流行多年的传染病，如猪瘟、口蹄疫及一些细菌病仍然长期持续存在，并且流行特点不断发生变化。目前，我国还没有消灭任何猪重大传染病的成功经历。由于猪瘟疫苗的大范围使用，猪瘟由典型猪瘟向非典型猪瘟转变，使得猪瘟病毒在某些猪场中长期存在，造成持续性感染。O型口蹄疫病毒在我国不断发生变异，新的病毒基因谱系不断出现，挑战疫苗的免疫效果。由于一些猪场发生高致病性蓝耳病、猪瘟、猪圆环病毒病等病毒病，加上滥用抗生素导致耐药菌株的出现，常继发一些细菌病，如猪链球菌病、猪肺疫、猪气喘病等，使细菌病的危害加重。

二、新病不断出现

在我国，长期流行的一些猪传染病不仅没有被消灭，新病反而不断出现，对我国养猪业的危害进一步加大。有资料显示，从20世纪70年代以来，新增加的猪传染病就有21种之多。由于我国不断从国外引种，将一些国外发生的猪病传入我国。近年来一些在国外发现不久的疫病，如猪盖它病（Getah Disease）、猪增生性肠炎、猪增生性坏死性肺炎、肠道病毒感染等已证实在我国某些猪群中存在，而还继续有一些新猪病，如PPV4、猪札幌病毒感染、猪Kobovirus病毒也在我国猪体内检测到。每增加或传入一种新病，有的往往先呈急性暴发，迅速蔓延，并造成巨大的经济损失，之后随着疫情的控制而趋于平稳，进而发展成为一种以隐性感染为主的条件性或应激性疫病，呈现波浪形发病趋势，严重影响猪的生产性能，危害深远且难以清除。如在20世纪90年代传入我国的猪繁殖与呼吸障碍综合征（俗称猪蓝耳病）属于此类。还有些在传入后未表现明显危害，但因觉察太晚或认识不足，待认识到它的巨大危害时，实际在许多猪群中已经广泛存在和流行，如以猪圆环病毒（PCV-2）为主要病原体所引起的断奶仔猪衰弱综合征（PMWS）等均属此种类型。到目前为止，在我国常见的猪传染性疫病有40多种（参见见本书附录中的猪群疫病名录），其中频频发生、危害严重的在20种以上。不少猪场的死淘率在15％以上甚或更高，也有的在哺乳或保育阶段的猪屡屡"全军覆没"，造成养猪生产线"断层"的局面。

三、病原多重感染十分普遍

从近十几年来的猪群疫病流行病学调查以及实验室诊断结果基本可以确认，当前发生的猪病主要是由多种致病因子（病原）协同作用而造成的发病。这种由两种及以上病原体相互协同作用（共感染）所引起的临床发病形式，常常导致猪群的高发病率和高死亡率，且难以控制，造成巨大的经济损失，甚至影响到社会、经济运行的稳定。在猪群疫病的多重感染中，混合感染种类包括病毒＋病毒、细菌＋细菌、病毒＋细菌等多重形式。在病毒＋病毒的混合感染中，以猪繁殖与呼吸综合征病毒、猪圆环病毒 2 型、猪伪狂犬病病毒、猪瘟病毒之间的多重感染较为严重，最常见的有蓝耳病＋猪圆环病毒 2 型，猪繁殖与呼吸综合征病毒＋猪伪狂犬病病毒，猪圆环病毒 2 型＋猪伪狂犬病病毒的二重感染，此外，还有猪繁殖与呼吸综合征病毒，猪圆环病毒 2 型，猪伪狂犬病病毒之间的三重感染。我们近年来对采集自不同地区规模化猪场发病死亡猪的 57 份病料进行了蓝耳病、猪圆环病毒病、猪伪狂犬病的多重感染分析，结果表明蓝耳病与猪圆环病毒病的二重感染占 54.4%（31/57），蓝耳病与猪伪狂犬病的二重感染占 10.5%（6/57），猪圆环病毒病与猪伪狂犬病的二重感染占 14%（8/57），猪蓝耳病＋猪圆环病毒病＋猪伪狂犬病的三重感染占 10.5%（6/57）。实际生产中，猪肺炎支原体、猪传染性胸膜肺炎放线杆菌、猪多杀性巴氏杆菌的多重感染，猪肺炎支原体、蓝耳病、猪圆环病毒病之间的多重感染是十分普遍的。由于病原的多重感染，一旦猪群发病，其临床表现复杂、病情重，临床不易作出准确判断，实际控制效果也不好。尤其是在一个猪场同时存在蓝耳病、猪圆环病毒病和猪肺炎支原体的感染，猪群将随时会发生各种疾病（包括并发和继发感染），该场猪病的复杂程度和控制难度均会加大。

四、继发细菌病现象普遍存在

猪场继发细菌病现象普遍存在。如果猪群存在一些原发性病原感染，如猪繁殖与呼吸综合征病毒、猪圆环病毒 2 型、猪伪狂犬病病毒、猪肺炎支原体等，就很容易发生继发细菌感染，导致细菌病的发生，如果受到应激或饲养管理不良，继发细菌病的情况更加严重。继发细菌感染在猪呼吸道系统疾病中，表现得最为明显。常见的继发细菌病有猪链球菌病、猪附红细胞体病、仔猪副伤寒、猪肺疫、猪气喘病、副猪嗜血杆菌病、猪传染性胸膜肺炎等。

五、猪呼吸道综合征问题日益突出

近年来，猪呼吸系统疾病是困扰养猪生产的主要问题。临床上发病猪表现出的呼吸道疾病往往不是单一病因所致，而是多病原所造成的，临床表现出的是一种呼吸道复合征的症状，使病情复杂，难以及时确诊，治愈效果不良，危害严重，因此称为猪呼吸道疾病综合征。猪呼吸道疾病综合征是由一种或多种病毒、细菌，加上环境应激，饲养管理不当，导致猪群抵抗力下降，感染的多种病原相互作用，引起的混合感染。引发猪呼吸道疾病综合征的病原主要分为两类，其一是原发性病原，包括猪肺炎支原体、猪繁殖与呼吸综合征病毒、猪圆环病毒 2 型、猪伪狂犬病病毒、猪流感病毒、猪瘟病毒、猪呼吸道冠状病毒、猪传染性胸膜肺炎放线杆菌、猪支气管败血波氏杆菌等；其二是继发性病原体，主要有副猪嗜血杆菌、猪多杀性巴氏杆菌、猪链球菌、猪沙门氏菌等。原发性病原体首先侵入呼吸道和肺脏，破坏呼吸道的防御屏障，造成猪体呼吸道的抵抗能力下降，继之猪体内本身携带的内源性继发病原体和存在于猪舍空气和环境中的外源性继发病原体长驱直入，进入呼吸道和肺脏，引起继发性混合感染，猪群即发生呼吸系统性疾病。除了病原体以外，猪群饲养密度过大、不同日龄猪混养、猪舍通风不良、空气质量差、猪舍温度变化过大、营养不良等因素，都可导致猪群免疫功能下降，诱发呼吸道疾病综合征。当前，我国猪群中存在的与猪呼吸道疾病综合征相关的疾病主要有猪繁殖与呼吸综合征、猪气喘病、猪圆环病毒病、猪伪狂犬病、猪瘟、猪流感、猪传染性胸膜肺炎、猪传染性萎缩性鼻炎、副猪嗜血杆菌病等。需要指出的是，在近期和今后一段时间应对猪流感给予高度关注和足够的重视。

在我国，规模化猪场几乎都不同程度地存在呼吸道疾病问题，发病率通常在 30％～60％，死亡率达 5％～30％，造成的经济损失巨大，预防和控制十分棘手。从母猪、哺乳仔猪、仔培猪到育肥猪各个阶段都存在呼吸道疾病问题，经剖检发病与死亡猪，多数都可见到肺部的各种不同类型的病理变化，包括肺脏肉变、淤血、充血、水肿、间质性肺炎、脓肿、纤维素性肺炎、胸膜炎、心包炎、胸腔积水等。发病猪在临床上表现为结膜炎，眼睛分泌物增多，出现泪痕，发热，食欲下降或无食欲，呼吸困难，喘气，腹式呼吸，咳嗽，猪群生长缓慢，消瘦，死亡率升高。

六、繁殖障碍性疫病多发

近年来由于呼吸道疾病十分突出，从而掩盖了繁殖障碍疾病的危害。实际上，因猪繁殖障碍疫病造成的经济损失十分严重，也是规模化养猪生产中的一大问题。引起繁殖障碍的疫病主要有猪繁殖与呼吸综合征、猪圆环病毒病、伪狂犬病、猪瘟、猪细小病毒病、日本乙型脑炎、猪流感、猪附红细胞体病、猪布鲁氏菌病、猪衣原体病、钩端螺旋体病、弓形虫病等。其中猪繁殖与呼吸综合征、猪圆环病毒病、猪附红细胞体病造成的繁殖障碍最为普遍和严重。特别是由猪繁殖与呼吸综合征、猪圆环病毒 2 型双重感染引起的母猪流产，死胎，产弱仔更加严重，对初产母猪的危害最大，可造成 70％以上的母猪发生流产和产死胎。

七、免疫抑制性疫病危害加重

有多种疫病可以引起猪免疫抑制，如猪繁殖与呼吸综合征、猪圆环病毒病、猪瘟、支原体肺炎等都可以引起猪免疫抑制，从而继发其他病原感染，危害加大。这些免疫抑制性疾病病原可直接侵害猪的免疫器官，造成细胞免疫和体液免疫的抑制，使机体的抗病能力大大减弱，整体健康水平下降。目前，在我国猪群中，猪繁殖与呼吸综合征、猪圆环病毒病、猪瘟、支原体肺炎的发病率很高，很多猪场呈现双重或多重感染，导致猪场呼吸道疾病很严重，继发感染疾病种类多，危害加重。因此，免疫抑制性疾病的存在是我国近几年来造成猪疫病种类越来越多，疫病临床复杂程度加剧，猪越来越难养的最根本原因。

八、人畜共患病的威胁不容忽视

1985 年 WHO 公布的人畜共患病有 90 多种，其中猪病 25 种。现今的日本乙型脑炎、弓形虫等依然存在，并偶有区域性高发。近几年又发生了猪 2 型链球菌感染人并致多人死亡的事件，成为一种新的令人关注的人畜共患病。人的戊型肝炎病毒是一种新的人畜共患病，可以感染人和猪，在人和猪之间可形成交叉感染。人被感染后虽多为亚临床感染，但妊娠妇女感染后死亡率可达 20%。戊型肝炎在许多国家（包括中国大陆）的人和猪、牛、羊、鸡、鸭群中流行。目前在美国猪群中流行率很高，几乎难以找到阴性猪群。猪副黏病毒病科中的尼帕病毒病（Nipah）对猪主要引起繁殖障碍和仔猪死亡，但人也可被感染，对人有极高的致死率。早已证实猪是流感病毒的贮存宿主，流感病毒可以在猪-人间传播。近年来，在许多国家发生多起禽流感感染人，并导致人死亡的事件，使得禽流感成为一种重要的人畜共患病。2009 年在墨西哥首先发现的 H1N1 亚型 A 型流感病毒的基因主要来自猪流感病毒。随着我国养猪业的发展，人与猪接触的概率增加，气候、环境的变化导致病原的变异，这些都可以导致人畜共患病发生的概率增大，所以加大人畜共患病的研究和防制刻不容缓。

九、病原发生变异的概率增大

由于某些病原在一定地区长期流行，加上疫苗大范围使用，使病原长期处于免疫压力下，导致病原变异速率加快。近年来，由于病原的变异导致多起"事件"发生。1997 年和 2003 年，我国香港发生两次禽流感导致 10 多人死亡。自 2004 年初以来，包括我国在内的多个东南亚国家发生多起禽流感感染人事件，造成多人死亡，数千万只家禽被扑杀。2009 年，首先在墨西哥发生的 H1N1 亚型流感病毒导致人感染，并致多人死亡，随后在我国也发生该病毒感染人事件，为防止该病毒流行，我国投入几十亿元进行防控。2007 年以来，我国 25 个省份先后发生高致病性猪蓝耳病疫情，给养猪业的发展造成巨大的损失，并给整个生猪生产、流通和市场供应带来极大的影响。高致病性猪蓝耳病疫情的暴发就是猪繁殖与呼吸综合征（普通蓝耳病）病毒发生变异的结果。研究发现我国此次发现的高致病性猪蓝耳病病毒的基因型为美洲型，与普通猪蓝耳病病毒相比，其独特的分子特征为在其非结构蛋白 Nsp2 基因上存在 90 个核苷酸（30 个氨基酸）的不连续缺失，从而导致病毒的抗原性发生改变和毒力增强，从而导致高致病性蓝耳病的发生。

十、细菌耐药性不断增强

长期以来，由于滥用、频繁，甚至超剂量使用抗菌药物，致使许多致病性细菌产生了严重的耐药性，甚至出现多重（可以耐受 6～9 种抗生素）耐药菌株。一些药物，如氟喹诺酮类，现今大多数致病菌已对其产生明显的耐药性，使得抗菌谱变窄、抑菌浓度增大、临床疗效降低。

第三章 疫病的发生及流行过程

传染病对养猪业危害巨大，它不仅可以引起猪的发病和死亡，造成巨大经济损失，而且某些人畜共患的传染病还可以给人民健康带来严重威胁。猪群传染病的控制和消灭程度，是衡量一个国家兽医事业发展水平的重要标志，也代表一个国家的文明程度和经济发展实力。

第一节 感染与传染病

病原微生物侵入动物机体，并在一定的部位定居，生长繁殖，从而引起机体一系列病理反应，这个过程称为感染。动物感染病原微生物后会有不同的临床表现，从完全没有临床症状到明显的临床症状，甚至死亡。这是病原的致病性、毒力与宿主特性综合作用的结果。也就是说病原对宿主的感染力和使宿主的致病力表现出很大差异，这不仅取决于病原本身的特性（致病力和毒力），也与动物的遗传易感性和宿主的免疫状态以及环境因素有关。

凡是由病原微生物引起，具有一定的潜伏期和临床表现，并具有传染性的疾病，称为传染病。传染病的表现虽然多种多样，但亦具有一些共同特性，根据这些特性可与其他非传染病相区别。这些特性是：

一、传染病是在一定环境条件下由病原微生物与机体相互作用所引起的

每一种传染病都有其特异的致病性微生物存在，如猪瘟是由猪瘟病毒引起的，没有猪瘟病毒就不会发生猪瘟。

二、传染病具有传染性和流行性

从患传染病的病畜体内排出的病原微生物，侵入另一有易感性的健畜体内，能引起同样症状的疾病。像这样使疾病从病畜传染给健畜的现象，就是传染病与非传染病相区别的一个重要特征。当一定的环境条件适宜时，在一定时间内，某一地区易感动物群中可能有许多动物被感染，致使传染病蔓延散播，形成流行。

三、被感染的机体发生特异性反应

在传染发展过程中由于病原微生物的抗原刺激作用，机体发生免疫生物学的改变，产生特异性抗体和变态反应等。这种改变可以用血清学方法等特异性反应检查出来。

四、耐过动物能获得特异性免疫

动物耐过传染病后，在大多数情况下均能产生特异性免疫，使机体在一定时期内或终

生不再患该种传染病。

五、具有特征性的临床表现

大多数传染病都具有该种病特征性的综合症状及一定的潜伏期和病程经过。

第二节　传染病病程的发展阶段

传染病的病程发展过程在大多数情况下具有严格的规律性，大致可以分为潜伏期、前驱期、明显（发病）期和转归期四个阶段。

一、潜伏期

由病原体侵入机体并进行繁殖时起，直到疾病的临床症状开始出现为止，这段时间称为潜伏期。一般来说，急性传染病的潜伏期差异范围较小；慢性传染病以及症状不很显著的传染病其潜伏期差异较大，常不规则。同一种传染病潜伏期短促时，疾病经过常较严重；反之，潜伏期延长时，病程亦常较轻缓。从流行病学的观点看来，处于潜伏期中的动物之所以值得注意，主要是因为它们可能是传染的来源。

二、前驱期

是疾病的征兆阶段，其特点是临床症状开始表现出来。但该病的特征性症状仍不明显。从多数传染病来说，这个时期仅可察觉出一般的症状，如体温升高、食欲减退、精神异常等。各种传染病和各个病例的前驱期长短不一，通常只有数小时至一两天。

三、发病期

前驱期之后，病的特征性症状逐步明显地表现出来，是疾病发展到高峰的阶段。这个阶段因为很多有代表性的特征性症状相继出现，在诊断上比较容易识别。

四、转归期

疾病进一步发展为转归期，又称恢复期。如果病原体的致病性能增强，或动物体的抵抗力减退，则传染过程以动物死亡为转归。如果动物体的抵抗力得到改进和增强，机体便逐步恢复健康，表现为临床症状逐渐消退，体内的病理变化逐渐减弱，正常的生理机能逐步恢复。机体在一定时期保留免疫学特性。在病后一定时间内还有带菌（毒）排菌（毒）现象存在，但最后病原体可被消灭清除。

第三节　传染病流行规律

一、传染病流行过程的三个基本环节

家畜传染病的一个基本特征是能在家畜之间直接接触传染或间接地通过媒介物（生物或非生物的传播媒介）互相传染，构成流行。家畜传染病的流行过程，就是从家畜个体感

染发病发展到家畜群体发病的过程，也就是传染病在畜群中发生和发展的过程。传染病在畜群中蔓延流行，必须具备三个相互作用的条件，即传染源、传播途径及易感动物。这三个条件常统称为传染病流行过程的三个基本环节，当这三个条件同时存在并相互联系时就会造成传染病的发生。因此，掌握传染病流行过程的基本条件及其影响因素，有助于我们制订正确的防疫措施，控制传染病的蔓延或流行。

（一）传染源

传染源（亦称传染来源）是指有某种传染病的病原体在其中寄居、生长、繁殖，并能排出体外的动物机体。具体说传染源就是受感染的动物，包括传染病病畜和带菌（毒）动物。动物受感染后，可以表现为患病和携带病原两种状态，因此传染源一般可分为两种类型。

1. 患病动物 病畜是重要的传染源。不同病期的病畜，其作为传染源的意义也不相同。前驱期和症状明显期的病畜因能排出病原体且具有症状，尤其是在急性过程或者病程转剧阶段可排出大量毒力强大的病原体，因此作为传染源的作用也最大。潜伏期和恢复期的病畜是否具有传染源的作用，则随病种不同而异。

病畜能排出病原体的整个时期称为传染期。不同传染病传染期长短不同。各种传染病的隔离期就是根据传染期的长短来制订的。为了控制传染源，对病畜原则上应隔离至传染期终了为止。

2. 病原携带者 病原携带者是指外表无症状但携带并排出病原体的动物。病原携带者是一个统称，包括带菌者、带毒者、带虫者等。

病原携带者排出病原体的数量一般不及病畜，但因缺乏症状不易被发现，有时可成为十分重要的传染源，如果检疫不严，还可以随动物的运输散播到其他地区，造成新的暴发或流行。

病原携带者一般分为潜伏期病原携带者、恢复期病原携带者和健康病原携带者三类。

潜伏期病原携带者是指感染后至症状出现前即能排出病原体的动物。在这一时期，大多数传染病的病原体数量还很少，此时一般不具备排出条件，因此不能起传染源的作用。但有少数传染病如狂犬病、口蹄疫和猪瘟等在潜伏期后期能够排出病原体，此时就有传染性了。恢复期病原携带者是指在临床症状消失后仍能排病原体的动物。一般来说，这个时期的传染性已逐渐减少或已无传染性了。但还有不少传染病如猪气喘病、布鲁氏菌病等在临床痊愈的恢复期仍能排出病原体。

健康病原携带者是指过去没有患过某种传染病但却能排出该种病原体的动物。一般认为这是隐性感染的结果，通常只能靠实验室方法检出。如巴氏杆菌病、沙门氏菌病、猪丹毒和马腺疫等病的健康病原携带者为数众多，有时可成为重要的传染源。

病原携带者存在着间歇排出病原体的现象，因此仅凭一次病原学检查的阴性结果不能得出正确的结论，只有反复多次检查均为阴性时才能排除病原携带状态。消灭和防止引入病原携带者是传染病防制中艰巨的主要任务之一。

（二）传播途径

病原体由传染源排出后，经一定的方式再侵入其他易感动物所经的途径称为传播途径。研究传染病传播途径的目的在于切断病原体继续传播的途径，防止易感动物受传染，这是防制家畜传染病的重要环节之一。传播途径可分两大类。一是水平传播，即传染病在群体之间或个体之间以水平方式横向平行传播；二是垂直传播，即从母体到其后代两代之间的传播。

1. 水平传播 水平传播在传播方式上可分为直接接触和间接接触传播两种：

（1）直接接触传播 病原体通过被感染的动物（传染源）与易感动物直接接触（交配、舐咬等）而引起的传播方式。以直接接触为主要传播方式的传染病为数不多，在家畜中狂犬病具有代表性。直接接触而传播的传染病，其流行特点是一个接一个地发生，形成明显的链锁状。这种方式使疾病的传播受到限制。一般不易造成广泛的流行。

（2）间接接触传播 病原体通过传播媒介使易感动物发生传染的方式，称为间接接触传播。从传染源将病原体传播给易感动物的各种外界环境因素称为传播媒介。传播媒介可能是生物，也可能是无生命的物体。

大多数传染病如口蹄疫、牛瘟、猪瘟、鸡新城疫等以间接接触为主要传播方式，同时也可以通过直接接触传播。两种方式都能传播的传染病也可称为接触性传染病。间接接触一般通过如下几种途径而传播：

①经空气（飞沫、飞沫核、尘埃）传播 空气不适于任何病原体的生存，但空气可作为传染的媒介物，它可作为病原体在一定时间内暂时存留的环境。经空气而散播的传染主要是通过飞沫、飞沫核或尘埃为媒介而传播的。

飞散于空气中带有病原体的微细泡沫而散播的传染称为飞沫传染。所有的呼吸道传染病主要是通过飞沫而传播的，如口蹄疫、马立克氏病、结核病、牛肺疫、猪气喘病、猪流行性感冒、鸡传染性喉气管炎等。这类病畜的呼吸道往往积聚不少渗出液，刺激机体发生咳嗽或喷嚏，很强气流把带着病原体的渗出液从狭窄的呼吸道喷射出来形成飞沫飘浮于空气中，可被易感动物吸入而感染。一般来说，干燥、光亮、温暖和通风良好的环境，飞沫飘浮的时间较短，其中的病原体（特别是病毒）死亡较快；相反，畜群密度大、潮湿、阴暗、低温和通风不良，则飞沫传播的作用时间较长。

从传染源排出的分泌物、排泄物和处理不当的尸体散布在外界环境的病原体附着物，经干燥后，由于空气流动冲击，带有病原体的尘埃在空气中飘扬，被易感动物吸入而感染，称为尘埃传染。尘埃传染的时间和空间范围比飞沫传染要大，可以随空气流动转移到别的地区。但实际上尘埃传染的传播作用比飞沫要小，因为只有少数在外界环境生存能力较强病原体能耐过这种干燥环境或阳光的曝晒。能借尘埃传播的传染病有结核病、炭疽、痘等。

经空气飞沫传播的传染病的流行特征是：因传播途径易于实现，病例常连续发生，患者多为传染源周围的易感动物。在潜伏期短的传染病如流行性感冒等，易感动物集中时可形成暴发。未加有效控制时，此类传染病的发病率多有周期性和季节性升高现象，一般以冬春季多见。病的发生常与畜舍条件及拥挤有关。

②经污染的饲料和水传播 以消化道为主要侵入门户的传染病如口蹄疫、牛瘟、猪瘟、鸡新城疫、沙门氏菌病、结核病、炭疽、鼻疽等，其传播媒介主要是污染的饲料和饮水。传染源的分泌物、排出物和病畜尸体及其流出物污染了饲料、牧草、饲槽、

水池、水井、水桶，或由某些污染的管理用具、车船、畜舍等辗转污染了饲料、饮水而传给易感动物。因此，在防疫上应特别注意防止饲料和饮水的污染，防止饲料仓库、饲料加工场、畜舍、牧地、水源、有关人员和用具的污染，并做好相应的防疫消毒卫生管理。

③经污染的土壤传播 随病畜排泄物、分泌物或其尸体一起落入土壤而能在其中生存很久的病原微生物可称为土壤性病原微生物。它所引起的传染病有炭疽、气肿疽、破伤风、恶性水肿、猪丹毒等。

经污染的土壤传播的传染病，其病原体对外界环境的抵抗力较强，疫区的存在相当牢固。因此应特别注意病畜排泄物、污染的环境、物体和尸体的处理，防止病原体落入土壤，以免造成难以收拾的后患。

④经活的媒介物而传播 非本动物和人类也可能作为传播媒介传播家畜传染病。传播媒介主要有：

节肢动物：节肢动物中作为家畜传染病的媒介者主要是虻类、螫蝇、蚊、蠓、家蝇和蜱等。传播主要是机械性的，它们通过在病、健畜间的刺螫吸血而散播病原体。亦有少数是生物性传播，某些病原体（如立克次体）在感染家畜前，必须先在一定种类的节肢动物（如某种蜱）体内通过一定的发育阶段，才能致病。

野生动物：野生动物的传播可以分为两大类。一类是本身对病原体具有易感性，在受感染后再传染给禽畜，在此野生动物实际上是起了传染源的作用。如狐、狼、吸血蝙蝠等将狂犬病传染给家畜，鼠类传播沙门氏菌病、钩端螺旋体病、布鲁氏菌病、伪狂犬病，野鸭传播鸭瘟等。另一类是本身对该病原体无易感性，但可机械传播疾病，如乌鸦在啄食炭疽病畜的尸体后从粪内排出炭疽杆菌的芽孢。鼠类可能机械地传播猪瘟和口蹄疫等。

人类：饲养人员和兽医在工作中如不注意遵守防疫卫生制度，消毒不严时，容易传播病原体。如在进出病畜和健畜的畜舍时可将手上、衣服、鞋底沾染的病原体传播给健畜。兽医的体温计、注射针头以及其他器械如消毒不严就可能成为马传染性贫血、猪瘟、炭疽、鸡新城疫等病的传播媒介。有些人畜共患的疾病如口蹄疫、结核病、布鲁氏菌病等，人也可能作为传染源，因此结核病的患者不允许管理家畜。

2. 垂直传播 从广义上讲垂直传播属于间接接触传播，它包括下列几种方式：

（1）经胎盘传播 受感染的孕畜经胎盘血流传播病原体感染胎儿，称为胎盘传播。可经胎盘传播的疾病有猪瘟、猪细小病毒感染、牛黏膜病、蓝舌病、伪狂犬病、布鲁氏菌病、弯曲菌性流产、钩端螺旋体病等。

（2）经卵传播 由携带有病原体的卵细胞发育而使胚胎受感染，称为经卵传播。主要见于禽类。可经卵传播的病原体有禽白血病病毒、禽腺病毒、鸡传染性贫血病毒、禽脑脊髓炎病毒、鸡白痢沙门氏菌等。

（3）经产道传播 病原体经孕畜阴道通过子宫颈口到达绒毛膜或胎盘引起胎儿感染。或胎儿从无菌的羊膜腔穿出而暴露于严重污染的产道时，胎儿经皮肤、呼吸道、消化道感染母体的病原体。可经产道传播的病原体有大肠杆菌、葡萄球菌、链球菌、沙门氏菌和疱疹病毒等。

　　家畜传染病的传播途径比较复杂，每种传染病都有其特定的传播途径，有的可能只有一种途径，如皮肤霉菌病、虫媒病毒病等；有的有多种途径，如炭疽可经接触、饲料、饮水、空气、土壤或媒介节肢动物等途径传播。掌握病原体的传播方式及各传播途径所表现出来的流行特征，将有助于对现实的传播途径进行分析和判断。

　　（三）畜群的易感性

　　易感性是抵抗力的反面，指家畜对于某种传染病病原体感受性的大小。该地区畜群中易感个体所占的百分率，直接影响到传染病是否能造成流行以及疫病的严重程度。家畜易感性的高低虽与病原体的种类和毒力强弱有关，但主要还是由畜体的遗传特征等内在因素、特异免疫状态决定的。外界环境条件如气候、饲料、饲养管理卫生条件等因素都可能直接影响到畜群的易感性和病原体的传播。

　　疾病流行与否，流行强度和维持时间，取决于该疾病的潜伏期，致病因子的传染性，以及动物群体中易感动物所占的比例和易感动物群体的密度（单位面积中动物的头数）。

　　畜群免疫性并不要求畜群中的每一个成员都是有抵抗力的，如果有抵抗力的动物占比较高，一旦引进病原体后出现疾病的危险性就较小，通过接触可能只出现少数散发的病例。因此，发生流行的可能性不仅取决于畜群中有抵抗力的个体数，而且也与畜群中个体间接触的频率有关。一般如果畜群中有 70%～80% 是有抵抗力的，就不会发生大规模的暴发流行。这个事实可以解释为什么通过免疫接种畜群常能获得良好保护，尽管不是 100% 的易感动物都进行了免疫接种，或是应用集体免疫后不是所有动物都获得了充分的免疫力。

　　当一批新的易感动物引进一个畜群时，畜群免疫性的平均水平可能会出现变化。这些变化可使畜群免疫性逐渐降低以至引起疾病流行。在一次流行之后，畜群免疫性提高而保护了这个群体，但随时间推移，幼畜的出生，易感动物的比例逐步增加，在一定情况下足以引起新的疾病流行。

　　二、流行过程的某些规律性

　　1. 流行过程的表现形式　在家畜传染病的流行过程中，根据一定时间内发病率的高低和传染范围大小（即流行强度），可将动物群体中疾病的表现分为下列四种表现形式。

　　（1）散发性　疾病发生无规律性，随机发生，局部地区病例零星地散在发生，各病例在发病时间与发病地点上没有明显的关系时，称为散发。传染病为什么会出现这种散发的形式？可能因为：①畜群对某病的免疫水平较高，如猪瘟本是一种流行性很强的传染病，但在每年进行全面防疫注射后，易感动物这个环节基本上得到控制，如平时预防工作不够细致，防疫密度不够高时，还有可能出现散发病例。②某病的隐性感染比例较大，如家畜钩端螺旋体病、流行性乙型脑炎等通常在畜群中主要表现为隐性感染，仅有一部分动物偶尔表现症状。③某病的传播需要一定的条件，如破伤风、恶性水肿、放线菌病等。破伤风的发病由于需要有破伤风梭菌和厌氧缺氧伤口同时存在的条件，因此在一般情况下常只能零星散发。

　　（2）地方流行性　在一定的地区和畜群中，带有局限性传播特征的，并且是比较小规模流行的家畜传染病，可称为地方流行性，或谓病的发生有一定的地区性。

（3）**流行性** 所谓发生流行是指在一定时间内一定畜群出现比寻常为多的病例，它没有一个病例的绝对数界限，而仅仅是指疾病发生频率较高的一个相对名词。因此任何一种病当其称为流行时，各地各畜群所见的病例数是很不一致的。流行性疾病的传播范围广、发病率高，如不加防制常可传播到几个乡、县甚至省。这些疾病往往是病原的毒力较强，能以多种方式传播，畜群的易感性较高，如口蹄疫、牛瘟、猪瘟、鸡新城疫等重要疫病可能表现为流行性。

（4）**"暴发"** 是一个不太确切的名词，大致可作为流行性的同义词。一般认为，某种传染病在一个畜群单位或一定地区范围内，在短时间（该病的最长潜伏期内）突然出现很多病例时，可称为暴发。

（5）**大流行** 是一种规模非常大的流行，流行范围可扩大至全国，甚至可涉及几个国家或整个大陆。在历史上如口蹄疫、牛瘟和流感等都曾出现过大流行。上述几种流行形式之间的界限是相对的，并且不是固定不变的。

2. 流行过程的季节性和周期性 某些家畜传染病经常发生于一定的季节，或在一定的季节出现发病率显著上升的现象，称为流行过程的季节性。出现季节性的原因，主要有下述几个方面：

（1）**季节对病原体在外界环境中存在和散播的影响** 夏季气温高，日照时间长，这对那些抵抗力较弱的病原体在外界环境中的存活是不利的。例如炎热的气候和强烈的日光曝晒，可使散播在外界环境中的口蹄疫病毒很快失去活力，因此，口蹄疫的流行一般在夏季减缓或平息。又如在多雨和洪水泛滥季节，如土壤中含有炭疽杆菌芽孢或气肿疽梭菌芽孢，则可随洪水散播，因而炭疽或气肿疽的发生可能增多。

（2）**季节对活的传播媒介（如节肢动物）的影响** 夏秋炎热季节，蝇、蚊、虻类等吸血昆虫大量孳生和活动频繁，凡是能由它们传播的疾病，都较易发生，如猪丹毒、日本乙型脑炎、马传染性贫血、炭疽等。

（3）**季节对家畜活动和抵抗力的影响** 冬季舍饲期间，家畜聚集拥挤，接触机会增多，如舍内温度降低，湿度增高，通风不良，常易促使经由空气传播的呼吸道传染病暴发流行。

季节变化，主要是气温和饲料的变化，对家畜抵抗力有一定影响，这种影响对于由条件性病原微生物引起的传染病尤其明显。如在寒冬或初春，容易发生某些呼吸道传染病和羔羊痢疾等。

除了季节性以外，在某些家畜传染病如口蹄疫、牛流行热等，经过一定的间隔时期（常以数年计），还可能表现再度流行，这种现象称为家畜传染病的周期性。在传染病流行期间，易感家畜除发病死亡或淘汰以外，其余由于患病康复或隐性感染而获得免疫力，因而使流行逐渐停息。但是经过一定时间后，由于免疫力逐渐消失，或新的一代出生，或引进外来的易感家畜，使畜群易感性再度增高，结果可能重新暴发流行。在牛、马等大家畜群中每年更新的数量不大，多年以后易感畜的占比逐渐增大，疾病才能再度流行，因此周期性比较明显。猪和家禽等食用动物每年更新或流动的数目很大，疾病可以每年流行，周期性一般并不明显。

三、影响流行过程的因素

构成传染病的流行过程，必须具备传染源、传播途径及易感畜群三个基本环节。只有这个基本环节相互联结，协同作用时，传染病才有可能发生和流行。保证这三个基本环节相互联结、协同起作用的因素是动物活动所在的环境和条件，即各种自然因素和社会因素。它们对流行过程的影响是通过对传染源、传播途径和易感畜群的作用而发生的。

1. 自然因素　自然因素通过以下几种方式对流行过程产生影响。

（1）作用于传染源　例如一定的地理条件（海、河、高山等）对传染源的转移产生一定的限制，成为天然的隔离条件。季节变换，气候变化引起机体抵抗力的变动，如气喘病的隐性病猪，在寒冷潮湿的季节里病情恶化，咳嗽频繁，排出病原体增多，散播传染的机会增加。反之，在干燥、温暖的季节里，加上饲养情况较好，病情容易好转，咳嗽减少，散播传染的机会也小。当某些野生动物是传染源时，自然因素的影响特别显著。这些动物生活在一定的自然地理环境（如森林、沼泽、荒野等），它们所传播的疫病常局限于这些环境，往往能形成自然疫源地。

（2）作用于传播媒介　自然因素对传播媒介的影响非常明显。例如，夏季气温上升，在吸血昆虫滋生的地区，作为传播流行性乙型脑炎等病的媒介昆虫蚊类的活动增强，因而乙型脑炎病例增多。日光和干燥对多数病原体具有致死作用，反之，适宜的温度和湿度则有利于病原体在外界环境中较长期地存活。当温度降低湿度增大时，有利于气源性感染，因此呼吸道传染病在冬春季发病率常有增高的现象。洪水泛滥季节，地面粪尿被冲刷至河塘，造成水源污染，易引起钩端螺体病、炭疽等的流行。

（3）作用于易感动物　自然因素对易感动物这一环节的影响首先是增强或减弱机体的抵抗力。例如，低温高湿的条件下，不但可以使飞沫传播媒介的作用时间延长，同时也可使易感动物易于受凉、降低呼吸道黏膜的屏障作用，有利于呼吸道传染病的流行。在高气温的影响下，肠道的杀菌作用降低，使肠道传染病增加。应激反应是动物机体对扰乱机体内环境稳定的任何不良刺激的生物学反应总和，应激可导致畜禽的病理性损害。例如长途运输、过度拥挤等，都易使机体抵抗力降低或增加接触机会而导致某些传染病如口蹄疫、猪瘟等暴发流行。饲养管理因素、畜舍的建筑结构、通风设施、垫料种类等都是影响疾病发生的因素。小气候又称为微气候，是指在确定小空间中的气候，如畜禽舍的小气候或动物体表几毫米处的小气候。小气候对畜禽疫病的发生有很大影响。例如，鸡舍密度大或通风换气不足，常会发生慢性呼吸道疾病。饲养管理制度对疾病发生有很大影响。例如肉鸡生产采用全进全出制替代连续饲养，疾病的发病率会显著下降。

2. 社会因素　影响家畜疫病流行过程的社会因素主要包括社会制度、生产力和人民的经济、文化、科学技术水平以及贯彻执行法规的情况等。它们既可能是促进家畜疫病广泛流行的原因，也可以是有效消灭和控制疫病流行的关键因素。因为，家畜和它所处的环境，除受自然因素影响外，在很大程度上是受人们的社会生产活动影响的，而后者又取决于社会制度等因素。

总之，影响流行过程是多因素综合作用的结果。传染源、宿主和环境因素不是孤立地起作用，而是相互作用引起传染病的流行。

四、传染病传染过程的类型

病原微生物侵入机体引发疾病和机体抗感染的斗争过程是错综复杂的，并受许多因素的影响。因而，传染过程表现出不同形式。按照不同的分类方法可以分为如下类型：

1. 按感染的发生分 ①外源性感染：病原微生物从体外侵入到机体而引起的感染。②内源性感染：正常情况下存在于体内的条件性病原微生物在机体抵抗力降低时引起机体发病，如猪肺疫、猪丹毒等。

2. 按病原的种类分 ①单纯感染：由一种病原微生物引起的感染。②混合感染：有两种以上的病原微生物同时参与的感染。③继发感染：机体感染了一种病原微生物后，在抵抗力减弱的情况下，又由新侵入的或原来就存在于体内的另一种病原微生物引起感染，如慢性猪瘟，常引起猪肺疫继发感染。

3. 按临床表现分 ①显性感染：当侵入的病原微生物具有足够的毒力和数量，而机体抵抗力相对较弱时，感染的机体呈现出该病特有的临床表现，这种感染过程称为显性感染。②隐性感染：如果侵入的病原微生物定居在机体的某一部位，虽然进行一定的增殖，但机体不表现任何临床症状，这种感染过程称为隐性感染。③顿挫型感染：开始时症状较重，与急性病例相似，但特征性症状尚未出现就迅速恢复健康的感染。这是一种病程缩短而没有表现该病主要症状的病例。常见于流行后期。④消散型感染：开始症状较轻，特征性症状未出现即恢复的感染。又称一过性感染。

4. 按感染部位分 ①局部感染：侵入的病原微生物毒力较弱或数量较少，而机体抵抗力较强的情况下，病原微生物被局限于一定部位生长繁殖引起病变。②全身感染：如果机体抵抗力较弱，病原微生物冲破机体的各种防御屏障，侵入血流向全身扩散，使感染全身化。主要形式有败血症、脓毒败血症等。

5. 按病程长短分 ①最急性感染：病程短促，常在数小时或 1d 内突然死亡。症状和病变往往不显著，多出现于流行之初。②急性感染：病程也较短，一般为几天至二三周不等。伴有明显的典型症状或病变。一般在此期容易诊断。③亚急性感染：病程稍长，临床表现显著。如疹块型猪丹毒。④慢性感染：病程缓慢，常在 1 个月以上，症状不显著。如气喘病、结核病等。

第四章 猪群疫病诊断方法

第一节 临床检查

一、目的

在猪群没有暴发疾病时，应定期对猪群的整体、健康状况和生产能力作出评估。暴发疾病后，要对病猪群进行流行病学调查，确定是否为传染病、中毒病或代谢病等群发病。对病猪进行个体检查，以确定病情和疾病的种类；对死亡的猪进行尸体剖检，根据情况，选择实验室诊断。

二、临床检查内容

1. 检查养殖场的记录　检查养殖场的各种制度和记录，如饲养管理制度、人员流动制度、用药制度、养殖繁殖记录、免疫记录、用药和消毒记录、疫病监测记录和运输流通等记录。检查周围环境、饮水、饲料、公共卫生（老鼠、野禽、野生动物的出入）等有可能影响发病的各种因素。这部分内容在流行病学调查中已有详述。

2. 检查临床病变　采用"望、闻、问"的兽医临床诊断技术，观察猪群和个体是否出现一些典型的大体病变和特征性的临床症状，从皮肤、精神、消化、呼吸、泌尿生殖、循环、关节、骨骼等多角度、多层面地进行临床检查，寻找和发现发病病因。这时要注意收集整体发病猪群所表现的综合症状，必须个体表现与整体症状相结合，避免并发病的干扰，综合判断后方可做出初步诊断。因为一些并发的症状常掩盖原发病的临床表现，例如仔猪副伤寒引起的体温升高和皮肤出血，可掩盖附红细胞体引起的皮肤出血。

三、临床症状判断和分析

为便于读者尽快掌握和了解发病猪的典型临床症状，本书根据我国近年来猪群疫病发病的流行特点，将猪群发病的症状归纳为7大症候群，加以汇总如下。

（一）高烧不退

（1）2月龄以上猪持续发烧，神经症状，震颤，仰头弓背，间歇发作→查伪狂犬病。

（2）高烧不退，全身初发红后发黄，背部毛根出血，高温、高湿、蚊蝇肆虐季节多发→查猪附红细胞体感染。

（3）长时间在阳光或高温环境下，全身发红，体温升高，兴奋、休克→查日射病、热射病。

（4）高烧不退，肌肉震颤，剧烈呼吸，皮肤发紫，有应激史→查猪应激综合征。

（5）体温升高，剧烈咳喘，全群同时迅速发病，眼、鼻中有多量分泌物→查猪流感。

（6）高热不退，咳喘，拉稀或便秘，体表红斑，血便→查弓形虫病。

（二）猪腹泻症候群

1. 哺乳仔猪腹泻

（1）出生后 1~3d 发病，拉黄色含凝乳块的稀便，迅速死亡→查仔猪黄痢，脂肪性腹泻。

（2）出生后 3~10d 发病，灰白色腥臭稀便，死亡率低→查仔猪白痢，轮状病毒感染。

（3）出生后 7d 左右发病，血样稀便，死亡率高→查仔猪红痢，坏死性肠炎。

（4）上吐下泻，大小猪都发病，病程短，死亡率高→查传染性胃肠炎或流行性腹泻，中毒。

（5）冬春发病、水样腹泻，快速脱水，乳猪多发→查轮状病毒感染，低血糖症。

2. 保育猪及育肥猪腹泻

（1）潮湿季节多发，高烧 41℃左右，便秘或腹泻，耳朵、腹部红斑→查仔猪副伤寒，猪瘟。

（2）2~3 月龄猪拉黏液性血便，持续时间长，迅速消瘦→查猪血痢，肠炎。

（3）上吐下泻，大小猪都发病，病程短，中大猪死亡率低→查传染性胃肠炎或流行性腹泻。

（三）母猪繁殖障碍及产后无乳症候群

1. 流产、死胎、木乃伊胎、返情和屡配不孕

（1）流产，产死胎、木乃伊胎及弱仔，母猪咳嗽，发热→查伪狂犬病。

（2）在有蚊虫的季节多发，妊娠后期母猪突然流产，未见其他症状→查流行性乙型脑炎。

（3）初产母猪产死胎、畸形胎、木乃伊胎，未见其他症状→查细小病毒感染。

（4）妊娠 4~12 周流产，公猪睾丸炎→查布鲁氏菌病。

（5）潮湿季节多发，母猪流产，与母猪同时发病的还有中大猪，表现身体发黄、血尿→查钩端螺旋体病。

（6）母猪发热，厌食，怀孕后期流产，死胎，产弱仔，断奶小猪咳喘，死亡率高→查蓝耳病。

2. 母猪产后无乳

（1）产后少乳、无乳，体温升高，便秘→查无乳综合征（PPDS）。

（2）母猪产后体温升高，乳房热痛，少乳或无乳→查乳房炎。

（3）母猪产后从阴道内排出多量黏性分泌物，少乳或无乳→查子宫内膜炎。

（四）猪咳嗽、喘息及喷嚏症候群

1. 育成猪咳喘

（1）病初体温升高，咳嗽，流鼻液，结膜发炎，皮肤红斑→查猪肺疫。

（2）长期咳嗽，气喘时轻时重，吃喝正常，一般不死猪→查猪气喘病。

（3）全群同时迅速发病，体温升高，咳喘严重，眼鼻有多量分泌物→查猪流感。

（4）早晚、运动或遇冷空气时咳喘严重，鼻液黏稠，僵猪→查猪肺丝虫病。

2. 哺乳仔猪咳喘

（1）咳喘，发烧，呕吐，拉稀，神经症状→查伪狂犬病。

（2）咳喘，颌下肿包，高烧，流泪，鼻吻干燥→查链球菌病。

（3）呼吸困难，高热，出血点、斑，皮肤紫红色→查传染性胸膜肺炎。

（4）呼吸困难，肌肉震颤，后肢麻痹，共济失调，打喷嚏，皮肤紫红→查蓝耳病。

（5）咳喘，高热，拉稀或便秘，体表红斑，血便→查弓形虫病。

3. 哺乳仔猪打喷嚏

（1）患猪打喷嚏、甩鼻，流黏性鼻液，呼吸困难，鼻子拱地、来回蹭地→查猪萎缩性鼻炎。

（2）患猪咳喘、打喷嚏，全群同时迅速发病，体温升高，眼鼻中有多量分泌物→查猪流感。

（3）咳喘喷嚏，肌肉震颤，后肢麻痹，共济失调，皮肤紫红→查蓝耳病。

（五）神经症状

1. 新生仔猪出现神经症状

（1）新生仔猪静止、行动异常、怪叫，体温高，妊娠母猪流产、死胎、咳喘→查伪狂犬病。

（2）仔猪出生后颤抖，抽搐，走路摇摆，叼不住奶头→查仔猪先天性肌肉震颤，新生仔猪低血糖症。

（3）仔猪呼吸、心跳加快，拒食，震颤，步态不稳→查猪脑心肌炎。

2. 其他日龄猪出现神经症状

（1）病猪突然倒地，四肢划动，口吐白沫死亡→查链球菌性脑膜炎，仔猪水肿病，亚硝酸盐中毒，食盐中毒，氢氰酸中毒，黑斑病甘薯中毒，砷中毒。

（2）皮肤干燥，被毛粗乱，干眼病，步态不稳，易惊→查维生素 A 缺乏症。

（3）流涎，瞳孔缩小，肌肉震颤，呼吸困难→查有机磷中毒。

（六）猪皮肤症候群

1. 皮肤斑疹、水泡及渗出物

（1）5～6 日龄乳猪发病，红斑水泡，结痂，脱皮→查渗出性皮炎。

（2）炎热季节猪皮肤发红，体温升高，有神经症状→查日射病或热射病。

（3）见光后皮肤出现斑疹，发红疼痛，避光后减轻→查饲料疹。

2. 中大猪皮肤大片斑疹 如果同时伴有发烧，咳喘，整群发育差→查皮炎肾病综合征。

（七）仔猪全身性疾病症候群

1. 仔猪体温升高性全身疾病

（1）体温升高，扎堆，眼屎黏稠，初腹泻后便秘，皮肤红斑点→查猪瘟、仔猪副伤寒。

（2）高热，皮肤上有像烙铁烫过似的打火印，凸出皮肤表面→查猪丹毒。

（3）体温升高，呈犬坐姿势张口呼吸，从口鼻中流出带血的泡沫→查传染性胸膜肺炎。

2. 仔猪体温不高性全身疾病

（1）8～13 周龄仔猪普遍长势差，消瘦，腹泻，抵抗力低，呼吸困难→查猪圆环病毒病。

(2) 皮肤黏膜苍白，越来越瘦，被毛粗乱，全身衰竭→查铁缺乏症。

(3) 病猪症状一致，神经异常，上吐下泻，呼吸困难→查中毒。

(4) 病猪消瘦，被毛粗乱，全身苍白、发黄，拉稀，长势差→查寄生虫病。

(八) 哺乳仔猪呕吐、跛行症候群

1. 哺乳仔猪呕吐

(1) 呕吐，发烧，拉稀，呼吸困难，神经症状→查伪狂犬病。

(2) 呕吐，体温升高，眼屎黏稠，初腹泻后便秘，皮肤红斑点→查猪瘟。

(3) 上吐下泻，大小猪都发病，病程短，死亡率高，寒冷季节多发→查传染性胃肠炎、流行性腹泻。

(4) 呕吐、腹泻，快速脱水，冬春发病、哺乳仔猪多发→查轮状病毒感染。

(5) 呕吐，拒食，麻痹，震颤，兴奋状态下死亡，心肌变性→查猪脑心肌炎。

2. 哺乳仔猪跛行

(1) 腿瘸，一肢或多肢关节周围肌肉肿大，站立困难→查猪链球菌病。

(2) 站立、行走不稳，发育好的小猪多发，脸部水肿→查仔猪水肿病。

(3) 蹄壳裂开、出血，腿瘸，脱毛，烂皮→查生物素缺乏症，蹄部磨损。

(4) 经常用火碱带猪消毒猪舍，猪蹄底部溃烂、出血，腿瘸、不敢着地→查火碱消毒问题。

第二节　病理剖检

临床上遇到死亡病猪或濒死期病猪需要进行剖检。病理剖检是诊断猪病的一种重要手段，许多猪病通过剖检所观察到的特征性病理变化，再结合流行特点及发病症状，即可做出确切的诊断。最急性病例，剖检变化不如急性和亚急性病例的典型，但也有参考价值，多查几头，也可达到诊断的目的。例如：急性、亚急性或慢性的猪瘟、猪副伤寒、气喘病等，检查常可确诊。本节结合兽医临床实践，总结出一套切实可行的方法，以求在猪病的诊断和识别上为广大畜牧兽医技术人员提供参考。

一、剖检前的准备工作

剖检前应事先准备好消毒药、乳胶手套及手术刀、手术剪、骨剪、镊子等有关器械。如需采病料，还要准备灭菌的容器。剖检时，最好多剖检几头病死猪，以便寻找出共同的病理变化。剖检时应做好记录，内容一般包括猪的品种、性别、日龄、死亡日期、剖检日期、外观检查内容和病理剖检内容等。剖检时间应在猪只死亡后 6 h 内进行，特别是在夏季，气温较高，尸体易腐败。剖检工作最好在白天进行，以便于观察病变。剖检地点选择在远离居民区、牧场、水源、道路的地方，以防止病原体的传播。剖检后的病猪尸体要进行焚烧或深埋，剖检用过的器具及污染的地面要进行消毒处理，剖检者的手也要消毒。

二、剖检前的检查

剖检前首先对尸体的营养状况、皮肤、耳、眼、鼻、口腔、肛门等体表器官进行详细检查，看营养状况是否良好或体况是否消瘦，营养好而死亡的可能为急性病，消瘦的多为慢性病。皮肤上有结节可见于皮肤霉菌病、猪肾虫病；皮肤上有出血、水肿、脱毛等可见于外伤、仔猪水肿病、疥螨；猪眼结膜发白说明有贫血性疾病；如耳、面部上出现丘疹样结痂，是猪痘、猪水肿病的表现；下颌间隙、颈部肿胀常见于慢性巴氏杆菌病；眼睑肿胀，多见于仔猪水肿病；如瞳孔缩小或形状不规则，多见于有机磷农药中毒；眼结膜潮红，并有结膜炎、流泪、眼球浑浊、失明等可见于眼炎、猪瘟等热性病；肛门周围有稀便污染，多为各类传染病引起的下痢，如猪黄白痢、仔猪水肿病、仔猪副伤寒等；关节及脚趾肿胀常见于猪链球菌、布鲁氏菌病、关节炎型猪链球菌病、流行性乙型脑炎、脑心肌炎等。

三、尸体剖检术

置死猪成背卧位姿势，先切断肩胛骨内侧和髋关节周围的肌肉，使四肢摊开，然后沿腹中线进刀，向前切至下颌骨，向后到肛门，掀开皮肤，再切开剑状软骨与肛门之间的腹壁，沿左右最后肋骨切腹壁至脊柱部，这样使腹腔脏器全部暴露。此时，检查腹腔脏器的位置是否正常、有无异物和寄生虫、腹壁有无粘连、腹水的容量和颜色是否正常。然后自膈处切断食管，由骨盆腔处切断直肠，按肝、脾、肾、胃、肠次序分别取出。

胸腔脏器取出和检查：沿季肋部切去膈膜，先用刀或骨剪切断肋软骨和胸骨连接部，再把刀深入胸腔，划断脊柱两侧肋骨和胸椎连接部的胸膜和肌肉，然后用两手按压两侧的胸壁肋骨，则肋骨和胸椎连接处的关节自行拆裂而使胸腔敞开。首先检查胸腔液的数量和性状，胸膜的色泽和光滑度，有无出血、炎症或粘连，然后摘取心、肺等胸腔脏器进行检查。在脏器检查完毕后，清除头部的皮肤和肌肉，在两眼眶间横断额骨，然后再将两侧颞骨（与颧骨平行）及枕骨髁劈开，即可掀开顶骨，暴露颅骨，检查脑膜有无充血、出血，必要时取材送检。

四、病理剖检变化与常见传染病

（一）皮肤及肌肉骨骼组织、运动系统

1. 皮肤及皮下组织

（1）皮肤湿润，坏死和水肿，可考虑坏死性皮炎、坏疽性皮炎、链球菌病、仔猪水肿病；

（2）皮肤色暗发紫，可考虑猪丹毒、猪肺疫、蓝耳病、气喘病、脑心肌炎；

（3）皮肤苍白，可考虑贫血、营养不良；

（4）皮下出血，可考虑猪瘟、弓形虫病、猪丹毒、非洲猪瘟、败血型链球菌病、猪锥虫病；

（5）皮下水肿，积液，可考虑食盐中毒、猪肺疫、仔猪水肿病、仔猪黄痢；

（6）皮肤增厚、有皮屑，可考虑猪疥螨病、猪蠕行螨病、猪皮肤霉菌病；

（7）皮肤溃疡，皮下有水疱，可考虑猪传染性水疱病、口蹄疫、水疱性口炎、渗出性皮炎；

（8）皮肤黄染，可考虑猪附红细胞体病、钩端螺旋体病、猪巴贝斯虫病、急性实质性肝炎；

（9）皮下脓肿，可考虑猪渗出性皮炎、化脓性棒状杆菌感染。

2. 肌肉

（1）深红而干，考虑脱水、饮水不足、骨软化病、神经性病变；

（2）暗红、血管充血，考虑败血症；

（3）肌肉有出血点或斑，考虑猪瘟、弓形虫病、蓝耳病、猪丹毒、猪巴贝斯虫病；

（4）肉色苍白，考虑出血、贫血、白肌病（维生素 E 或硒缺乏症）、猪脑心肌炎；

（5）肌肉萎缩，考虑猪传染性脑脊髓炎；

（6）肌肉有粟粒至豌豆大白色囊泡，考虑猪囊尾蚴、住肉孢子虫病；

（7）肌肉中有与肌纤维平行毛根状小体，考虑猪旋毛虫病。

3. 骨骼

（1）肋骨畸形呈串珠，考虑佝偻病、骨软病、纤维素性骨营养不良；

（2）关节肿胀发炎，考虑猪链球菌病、布鲁氏菌病、慢性猪肺疫、葡萄球菌感染、慢性猪丹毒、外伤。

（二）呼吸系统

1. 咽喉部

（1）喉头黏膜点片状出血、扁桃体出血，考虑猪瘟、猪伪狂犬病、猪肺疫、败血性链球菌病、猪弓形虫病、咽炭疽；

（2）出血性浆液性炎症，考虑最急性猪肺疫、咽炭疽。

2. 气管

（1）黏膜充血、出血，考虑猪流感、猪伪狂犬病、猪附红细胞体、化脓性棒状杆菌感染；

（2）黏液增多，考虑猪附红细胞体、猪弓形虫病、猪气喘病、急慢性气管炎、支气管炎。

3. 肺脏

（1）肺脏水肿、充血，考虑猪伪狂犬病、猪脑心肌炎、猪细胞巨化病毒感染、猪衣原体病、猪肺疫、仔猪水肿病、败血性猪链球菌病、猪弓形虫病、猪巴贝斯虫病、亚硝酸盐中毒；

（2）化脓灶、脓肿，考虑类鼻疽、化脓棒状杆菌感染、肺脓肿；

（3）有白色或干酪样小结节，考虑猪肺结核、猪肾虫病；

（4）坏死灶，考虑慢性猪肺疫、仔猪副伤寒、坏死杆菌病；

（5）肝变、肉变，考虑猪圆环病毒病、急性猪肺疫、猪支原体肺炎、大叶性肺炎；

（6）萎缩，考虑先天性肺膨胀不全；

（7）化脓性病灶，考虑类鼻疽、化脓性棒状杆菌感染、猪肾虫病。

4. 胸膜

(1) 增厚、有纤维素样物质、与胸壁粘连，考虑副猪嗜血杆菌病、猪传染性胸膜肺炎、猪脑膜炎型链球菌病、亚急性猪肺疫；

(2) 胸腔积液，考虑流行性乙型脑炎、钩端螺旋体病、仔猪水肿病、仔猪红痢、副猪嗜血杆菌病、猪传染性胸膜肺炎、猪附红细胞体、猪巴贝斯虫病、猪肾虫病。

(三) 消化系统

1. 口腔、食道

(1) 口腔有水疱、溃疡，考虑猪传染性水疱病、口蹄疫、传染性口炎、口炎；

(2) 口腔发红、肿胀，考虑各类热性病。

2. 胃

(1) 胃黏膜充血、出血，考虑猪瘟、非洲猪瘟、猪传染性胃肠炎、猪流感、急性型猪丹毒、仔猪水肿病；

(2) 胃扩张、充满气体或内容物，考虑血凝性脑脊髓炎、仔猪黄痢、白痢、仔猪水肿病炎、肠套叠、肠扭转；

(3) 胃壁增厚，考虑轮状病毒感染、猪蛔虫病、猪胃线虫病；

(4) 胃壁水肿，考虑仔猪水肿病、水中毒；

(5) 胃黏膜糜烂、溃疡，考虑食盐中毒、慢性胃炎、胃溃疡。

3. 小肠

(1) 肠壁增厚，考虑增生性肠炎、猪棘头虫病；

(2) 肠壁变薄、肠绒毛萎缩，考虑猪传染性胃肠炎、猪流行性腹泻、猪轮状病毒病；

(3) 肠黏膜充血、出血，考虑猪瘟、非洲猪瘟、猪传染性胃肠炎、急性型猪丹毒、仔猪黄痢、仔猪水肿病、类圆线虫病、姜片吸虫病、猪蛔虫病、亚硝酸盐中毒；

(4) 肠黏膜糜烂、溃疡，考虑猪红痢、猪痢疾、猪球虫病、猪弓形虫病；

(5) 肠管扩张、充满气体或内容物，考虑猪传染性胃肠炎、流行性腹泻、仔猪黄痢、白痢、肠扭转、肠套叠；

(6) 白喉样假膜，考虑慢性猪红痢、慢性猪痢疾。

4. 大肠

(1) 肠壁增厚，考虑猪增生性肠炎、重剧猪鞭虫病、结肠小袋纤毛虫病、猪结节虫病；

(2) 肠黏膜坏死，考虑猪瘟、慢性猪痢疾、慢性仔猪水肿病、结肠小袋纤毛虫病；

(3) 肠壁变薄，考虑猪传染性胃肠炎、猪流行性腹泻、猪冠状病毒感染；

(4) 肠黏膜充血、出血，考虑仔猪黄痢、猪鞭虫病；

(5) 回盲口纽扣样溃疡，考虑猪瘟；

(6) 结肠黏膜火山口样溃疡、并有糠麸样物质，考虑仔猪副伤寒；

(7) 肠系膜水肿，考虑猪瘟、脑心肌炎、仔猪水肿病、猪痢疾。

5. 肛门

(1) 肛门松弛，见于长期腹泻性疾病；

（2）肛门紧闭，考虑肛门闭锁。

6. 肝脏

（1）肿胀、淤血，考虑猪巴贝斯虫病、仔猪副伤寒；

（2）肝脏肿胀、土黄色，考虑钩端螺旋体病、附红细胞体病、仔猪低血糖症、急慢性实质性肝炎；

（3）肿胀、充血、出血，考虑脑心肌炎、猪丹毒、流产衣原体病、锥虫病；

（4）凝固性小坏死灶，考虑仔猪黄痢、脑心肌炎；

（5）灰白色坏死点，考虑猪伪狂犬病、流行性乙型脑炎、猪球虫病、猪弓形虫病；

（6）硬化，考虑华支睾吸虫病、猪肾虫病、慢性实质性肝炎、黄曲霉毒素中毒。

7. 胆囊

（1）肿大、充满胆汁，考虑仔猪副伤寒、钩端螺旋体病、猪附红细胞体、华支睾吸虫病、仔猪低血糖症；

（2）壁有出血点，考虑猪瘟。

8. 胰腺

（1）萎缩、纤维化，考虑慢性胰腺炎；

（2）肿胀、充血、出血，考虑急性胰腺炎。

9. 腹泻及粪便状况

（1）粪便带血或呈黑色，考虑仔猪红痢、猪痢疾、猪增生性肠炎；

（2）粪便稀薄、白色，考虑仔猪白痢、猪球虫病、仔猪副伤寒；

（3）粪便干硬、覆有黏液，考虑猪流行性乙型脑炎、脑心肌炎、猪球虫病、肠便秘；

（4）水样便，考虑猪传染性胃肠炎、猪流行性腹泻、猪冠状病毒感染。

（四）泌尿生殖系统

1. 肾脏

（1）肿胀呈土黄色、有针尖状出血点，考虑猪瘟、猪弓形虫病；

（2）皮质下有出血点，考虑猪伪狂犬病、传染性死木胎病毒感染；

（3）肿胀、淤血，考虑猪圆环病毒病、猪丹毒、仔猪副伤寒、锥虫病；

（4）肿胀并有灰白色病灶，考虑仔猪黄痢、猪弓形虫病；

（5）萎缩，考虑慢性肾炎、黄曲霉毒素中毒。

2. 膀胱　黏膜充血、出血，考虑猪瘟、急性猪肺疫、仔猪副伤寒、猪肾虫病。

3. 尿液颜色

（1）尿液酱油色，考虑猪附红细胞体病；

（2）茶色尿，考虑猪巴贝斯虫病、钩端螺旋体病。

4. 卵巢　卵泡血管充血、出血，考虑各类卵巢炎。

5. 睾丸

（1）热性肿胀，考虑脑心肌炎、流行性乙型脑炎、猪链球菌病、类鼻疽；

（2）硬性肿胀，考虑布鲁氏菌病。

6. 子宫　子宫内膜充血、出血，考虑流行性乙型脑炎、猪布鲁氏菌病、猪细小病毒病、猪伪狂犬病、棒状杆菌感染。

7. 流产　考虑猪布鲁氏菌病、猪繁殖与呼吸综合征、猪细小病毒病、流行性乙型脑炎、脑心肌炎、猪流产衣原体病。

（五）免疫系统

1. 胸腺　胸腺萎缩，考虑温和型猪瘟。

2. 脾脏

（1）肿胀、淤血、出血，考虑仔猪副伤寒、猪附红细胞体病、猪圆环病毒病、猪巴贝斯虫病；

（2）肿大、充血，考虑急性猪丹毒、猪弓形虫病；

（3）边缘梗死灶，考虑猪瘟；

（4）灰白色坏死灶，考虑猪伪狂犬病、流行性乙型脑炎、仔猪水肿病；

（5）萎缩，考虑脑心肌炎、猪弓形虫病；

（6）变软，考虑附红细胞体病；

（7）变硬，考虑仔猪副伤寒。

3. 淋巴结

（1）全身淋巴结肿大，考虑钩端螺旋体病、猪巴贝斯虫病、附红细胞体病；

（2）肠系膜淋巴结水肿，考虑猪瘟、猪流行性腹泻、仔猪水肿病、猪弓形虫病；

（3）纵隔淋巴结肿大，考虑钩端螺旋体病；

（4）灰白色坏死灶，考虑附红细胞体病；

（5）充血、出血，考虑猪瘟、仔猪红痢痢、仔猪黄痢、白痢、仔猪水肿病、仔猪副伤寒、猪链球菌病；

（6）有化脓灶，考虑淋巴结炎型猪链球菌病、土拉杆菌病；

（7）萎缩，考虑慢性淋巴结炎。

4. 盲肠扁桃体

（1）肿胀、出血，考虑猪瘟、仔猪水肿病；

（2）坏死，考虑猪瘟、猪弓形虫病。

（六）神经系统

1. 脑部

（1）非化脓性脑炎，考虑猪伪狂犬病、狂犬病、猪乙型脑炎、猪脑心肌炎；

（2）脑膜充血、出血，考虑流行性乙型脑炎、猪伪狂犬病、猪细小病毒病、脑炎型猪链球菌病；

（3）脑脊液增加，考虑猪伪狂犬病、流行性乙型脑炎。

2. 神经症状

（1）神经反应性增高、肌肉震颤，考虑伪狂犬病、破伤风、猪低血糖症、仔猪先天性震颤等；

（2）兴奋后麻痹，考虑狂犬病；

（3）兴奋不安、转圈，考虑李氏杆菌病、流行性乙型脑炎、脑膜炎型链球菌病、脑包虫病等；

（4）神经麻痹与瘫痪，考虑仔猪水肿病、肉毒梭菌中毒、维生素A缺乏症。

（七）心血管循环系统

1. 心脏

（1）心包膜混浊、心包积液或纤维素性心包炎，考虑猪伪狂犬病、脑心肌炎、猪传染性胸膜肺炎、副猪嗜血杆菌病、钩端螺旋体病、仔猪水肿病、猪附红细胞体病；

（2）心冠状脂肪点状出血，考虑猪瘟、非洲猪瘟、猪丹毒；

（3）心脏扩张、肥大，考虑猪脑心肌炎、锥虫病、心力衰竭、心肌肥大；

（4）心壁变薄，考虑猪传染性脑脊髓炎；

（5）心肌出血，考虑猪瘟、猪弓形虫病、仔猪桑椹心；

（6）心外膜出血，考虑亚硝酸盐中毒、黄曲霉毒素中毒；

（7）心肌变淡柔软，考虑猪巴贝斯虫病、猪脑心肌炎；

（8）心内膜出血，考虑猪伪狂犬病、败血性猪链球菌病、黄曲霉毒中毒；

（9）心内膜菜花样赘生物，考虑慢性猪丹毒；

（10）心肌条纹状坏死，考虑口蹄疫。

2. 血液

（1）暗红、似酱油状，考虑亚硝酸盐中毒；

（2）血液鲜红，考虑一氧化碳中毒、氢氰酸中毒；

（3）血液稀薄，考虑猪附红细胞体病、猪巴贝斯虫病、缺铁性贫血。

在剖检的同时应采集必要的样品进行实验室诊断。采样的要求见本章第四节。

第三节　流行病学诊断

当某个猪场发生突发疫情时，除了开展具有针对性的临床诊断、病理剖检、采样等工作之外，尤其是在较短时间内发生较多同类病例的重大疫情或者原因未明的烈性疫病时，需要立即开展流行病学调查。通过调查可以进一步核实疫情、确定发病原因、追溯传染来源、确认危害程度、找到具有针对性的防治措施，以防止相同或类似疫情的再次发生。

具体的调查方法、方案、步骤等请参考本书第四章第1节。

第四节　样品采集、保存及运输

动物病料样品的采集是动物疾病诊断、流行病学调查、免疫监测中不可缺少的重要步骤。病料采集是否得当，直接关系到能否取得正确的诊断结果，必须认真做好。采集样品应有的放矢，在数量上应能满足统计学要求。采样必须小心谨慎，以免对动物产生不必要的刺激或损害，不能对采样者构成威胁。尸体剖检采样应注意以下几点：待采集病料的发病动物最好是急性病例，采样时间原则上愈早愈好。动物死亡后，肠道内的细菌很快穿过肠壁，进入腹腔，特别是在夏季，要求在动物死亡后2h以内采集病料。采集病料所用器械和容器都应事先灭菌，采样时要无菌操作，也要防止交叉污染，同时还要避免病原扩散。认真记录剖检病理变化和采样登记表，并将采集好的样品仔细包装、贴好标签，按样品类型、检测要求分类安全盛放，同时要注意所有的样品均应注明其来源，有关背景和所要检测的项目。采样结束后，应以最快的方式送往实验室。邮寄样品时，应符合国家相关规定。

一、采样时应遵循的一般原则

1. 采样前的检查 对于急性死亡的发病猪，如怀疑是炭疽时，不可随意解剖。未采样前，应采集血液涂片做显微镜检查，在排除炭疽后，方可进行采样。要尽可能采集有典型病变的脏器或组织，以便证明其病因。

2. 采样时间 以查明病因为目的的采样，一般应选择正处于急性发病期或濒临死亡的猪只进行剖检采样。若进行流行病学调查、免疫效果评估，原则上不受时间限制，可随时采样。若是采集病死猪的样品，尤其是内脏，应在患病猪死亡后立即进行，最迟不得超过6h。

3. 无菌采样 采样中所使用的器械，如解剖刀、剪刀、镊子等器械应在采样前进行充分消毒，即使在采样过程也应尽可能做到每猪一套器械。如果器械有限，应在采集另一头病死猪的病料前使用酒精、火焰等方式进行充分消毒。采血用的注射器、离心管等应是一次性的。盛放病料的塑料自封袋、平皿等也应是最新的、或者无菌的。

4. 自我防护及环境保护 在采样过程中，应做好个人防护和环境保护。由于有些动物疫病可以传染人，导致人感染，所以在采样时首先要做好个人防护，需要戴防护手套和口罩，穿防护衣。对于一些怀疑对人具有烈性传染性的疾病，如尼帕病，应戴护眼罩和头罩。在做好个人防护时，也要做好环境保护。不轻易在田间或野外剖检尸体，需在特定的剖检室内剖检尸体，采集病料。采集病料后，需对尸体进行无害化处理，包括高压灭菌、深埋等；如果确实需要在野外剖检尸体，采集病料后，对尸体要进行深埋，以免可能存在的病原扩散。

二、样品采集的一般要求

采集病料的种类，根据不同的疾病或检验目的，采其相应的脏器或内容物，详见表4-1。数量上应能满足统计学的要求。采样时必须小心谨慎，以免对动物产生不必要的刺激或损害和对采样者构成威胁。在无法估计病因时，采集的样品要全面。检查病变则待取材完毕后进行。

血液样品的采集前一般禁食24h。

表4-1 某些畜禽传染病病料采集一览表

病名	病料的采取		备注
	生 前	死 后	
炭疽	1. 濒死期末梢血液或作涂片数张 2. 炭疽痈的浮肿液或分泌物	1. 血液或脾脏，并作血片 2. 浮肿组织 3. 耳朵	防止感染或散菌

(续)

病名	病料的采取		备注
	生 前	死 后	
恶性水肿	患部水肿液	肝脏及患部水肿液	
巴氏杆菌病	血液并血片数张	心血、肝、脾、肺及涂片数张	
结核病	乳汁、粪便、尿、精液、阴道分泌物、溃疡渗出物及脓汁	有病变的肺和其他脏器各两小块	
布鲁氏菌病	1. 血液、乳汁 2. 整个胎儿或胎儿的胃、羊水，胎衣坏死灶		防止感染和散菌
口蹄疫和水疱病	1. 水疱皮和水疱液 2. 痊愈血清		严防散毒
狂犬病		未剖开的头或新鲜大脑	
钩端螺旋体病	血清	脾、肾、肝	
家畜沙门氏菌病	1. 急性病例采发热期血液、粪便，慢性病例采关节液、脓肿中的脓汁，流产病例采子宫分泌物和胎衣、胎儿 2. 马流产后 8～30 日内采血清	1. 血液、肝、脾、肾、肠淋巴结、胆汁 2. 有病变的肝、肺、肾、淋巴结、回盲瓣	
猪瘟	1. 发热期血液 2. 扁桃体组织	1. 肺、肝、脾、肾、淋巴结、血液 2. 有病变的肺、脾、肝、肾、肠淋巴结、脑	
猪丹毒	急性病例采血液，亚急性病例采皮肤疹块的渗出液，慢性病例采关节滑囊液	心血、肝、脾、肾、心瓣膜赘生物，尸体腐败时，采管骨	
猪传染性胃肠炎	粪便	小肠	

三、样品的采集

(一) 方法

1. 血液

(1) 采血部位 大的哺乳动物可选用颈静脉或尾静脉采血，也可用胫外静脉和乳房静脉。毛皮动物少量采血可穿刺耳尖或耳壳外侧静脉，多量采血可在隐静脉采集，也可用尖刀划破趾垫 0.5cm 深或剪断尾尖部采血。啮齿类动物可从尾尖采血，也可由眼窝内的血管丛采血；兔可从耳背静脉、颈静脉或心脏采血。禽类通常选择翅静脉采血，也可通过心脏采血。

(2) 采血方法 对动物采血部位的皮肤先剃毛（拔毛），再用 75% 的酒精消毒，待干燥后再行采血，采血可用针管、针头、真空管或用三棱针穿刺，将血液滴到开口的试管里。禽类等的少量血清样品的采集，可用塑料管采集。用针头刺破消毒过的翅静脉，将血液滴到直径为 3～4mm 的塑料管内，将一端封口。

（3）血样种类

①全血样品　进行血液学分析，细菌、病毒或原虫培养，通常用全血样品，样品中加抗凝剂。抗凝剂可用 0.1% 肝素、阿氏（Alserer）液 [取葡萄糖 2.05g，柠檬酸钠（$5H_2O$）0.80g，柠檬酸（H_2O），氯化钠 0.42g，加入 100mL 蒸馏水中]，阿氏液为红细胞保存液，使用时，以 1 份血液加 2 份阿氏液；也可以用 3.8% 枸橼酸钠溶液作为抗凝剂，使用时，每毫升血液中加 0.1mL 枸橼酸钠溶液即可。采血时应直接将血液滴入抗凝剂中，并立即连续摇动，充分混合。也可将血液放入装有玻璃珠的灭菌瓶内，震荡脱纤维蛋白。

②血清样品　进行血清学试验通常用血清样品。用作血清样品的血液中不加抗凝剂，血液在室温下静置 2~4h（防止曝晒），待血液凝固，有血清析出时，用无菌剥离针剥离血凝块，然后置 4℃冰箱过夜，待大部分血清析出后，经低速离心分离出血清。血清如需长时间保存（超过 48h），则加抗生素（如青、链霉素）抑菌。做病毒中和试验的血清避免使用化学防腐剂（如硼酸、硫柳汞等）。若需长时间保存要贴详细标签，将血清置 -20℃冰箱内保存。

③血浆样品　采血试管内先加入抗凝剂（每 10mL 血加柠檬酸钠 0.04~0.05g），血液采完后，将试管颠倒几次，使血液与抗凝剂充分混合，然后静止，待细胞下沉后，上层即为血浆。

2. 组织

（1）采样方法　用常规解剖器械剥离死亡动物的皮肤，体腔用消毒的器械剥开，所需病料按无菌操作方法从新鲜尸体采集。剖开腹腔后，注意不要损坏肠道。

（2）组织块的采集和处理

①作病原分离用　进行细菌、病毒、原虫等病原分离所用组织块的采集，可用一套刚消毒的器械切取所需器官的组织块，每块组织应单独放在消毒过的容器内，容器壁上注明日期、组织或动物名称。注意防止组织间相互污染。

②作病理组织学检查用　采集包括病灶及临近正常组织的组织块，立即放入 10 倍于组织块的 10% 福尔马林溶液中固定。组织块厚度不超过 0.5cm，切成 1~2cm²（检查狂犬病则需要较大的组织块）。组织块切忌挤压，刮摸和用水洗。

3. 肠内容物或粪便　肠道只需选择病变最明显的部分，将其中的内容物去掉，用灭菌生理盐水轻轻冲洗；也可烧烙肠壁表面，用吸管扎穿肠壁，从肠腔内吸取内容物，将肠内容物放入盛有灭菌的 30% 甘油盐水缓冲保存液 [将甘油 300mL，氯化钠 4.2g，磷酸氢二钾 3.1g，磷酸二氢钾 1.0g，0.02% 酚红溶液 1.5mL，蒸馏水加至 1 000mL，校正 pH 为 7.6，68.9kPa 灭菌 15min] 中送检。或者，将带有粪便的肠管两端结扎，从两端剪断送检。

从体外采集粪便，要力求新鲜。或者用拭子小心地插到直肠黏膜表面采集粪便，然后将拭子放入盛有灭菌的 30% 甘油盐水缓冲保存液中送检。

4. 胃液及瘤胃内容物

（1）胃液采集　抽取胃液的探管，可用普通胃管加以改进即可使用。在胃管的末端，用 3~4mm 的铁丝烧红钻 15~25 个孔。另备一台电动吸引器。将改进的胃管送入胃内，其外露端接在吸引器的负压瓶上，当马达开动后，胃液即可自动流出。

（2）瘤胃内容物采集　反刍动物在反刍时，当食团从食道逆入口腔时，立即开口拉住舌头，另一只手深入口腔即可取出少量的瘤胃内容物。

5. 呼吸道分泌物　应用灭菌的棉拭子采集鼻腔、咽喉或气管内的分泌物，蘸取分泌物后立即将拭子浸入保存液中，密封低温保存。常用的保存液有 pH7.2～7.4 的灭菌肉汤（向 1 000mL 蒸馏水中依次加入牛肉膏 3.5g，蛋白胨 10g，氯化钠 5g，充分混合后加温使其全部溶解，调整 pH 为 7.4～7.6，再经流通蒸汽加热 30min，用滤纸滤过后获得完全透明的黄色液体，分装试管或烧瓶，在 68.94kPa 压力下灭菌 20min）或磷酸盐缓冲盐水，如准备将待检标本接种组织培养，则保存于含 0.5％乳蛋白水解物的 Hank's 液［母液 A：取氯化钠 160g，氯化钾 8g，硫酸镁（7H$_2$O）2g，氯化镁（6H$_2$O）2g，溶于 800mL 无离子水中。取氯化钙 2.8g，溶于 100mL，并加 2mL 氯仿作为防腐剂，保存于 0～4℃冰箱内。母液 B：取磷酸二氢钾 1.2g，磷酸氢二钠（12H$_2$O）3.04g，葡萄糖 8.5g，溶于800mL 无离子水中，最后加入 100mL 0.4％酚红液。加无离子水至 1 000mL，加入 2mL氯仿防腐，0～4℃保存。应用液：取母液 A、B 各 1 份，无离子水 18 份，混匀后68.94kPa 灭菌 15min，置0～4℃冰箱内备用。使用时于 100mL Hank's 液中加 7％NaHCO$_3$调 pH 至 7.2～7.6］中。一般每支拭子需保存液 5mL。

6. 生殖道分泌物　可用阴道或包皮冲洗液作样品，或者采用合适的拭子，有时也可采用尿道拭子。

7. 眼睛分泌物　眼结膜表面用拭子轻轻擦拭后，放在灭菌的 30％甘油盐水缓冲保存液中送检。有时，也采取病变组织碎屑，置载玻片上，供显微检查。

8. 皮肤　病料直接采自病变部位，如病变皮肤的碎屑、未破裂水疱的水疱液。

9. 胎儿　将流产后的整个胎儿，用塑料薄膜、油布或数层不透水的油纸包紧，装入木箱内，立即送往实验室。

10. 小家畜及家禽　将整个尸体包入不透水塑料薄膜、油纸或油布中，装入木箱内，送往实验室。

11. 骨头　需要完整的骨头标本时，应将附着的肌肉和韧带等全部除去，表面撒上食盐，然后包入浸过 5％石炭酸水或 0.1％汞液的纱布或麻布中，装入木箱内送往实验室。

12. 脑、脊髓

（1）全脑、脊髓的采集　如采取脑、脊髓做病毒检查，可将脑、脊髓浸入 30％甘油盐水液中或将整个头部割下，包入浸过 0.1％汞液的纱布或麻布中，装入木箱内送往实验室。

（2）脑、脊髓液的采集

①采样前的准备　采样使用特制的专用穿刺针，或用长的封闭针头（将针头稍磨钝，并配上合适的针芯）；采样前术部及用具均按常规消毒。

②采样方法

颈椎穿刺法：穿刺点为寰枢孔。将动物实施站立或横卧保定，使其头部向前下方屈曲，术部经剪毛消毒，穿刺针与皮肤面呈垂直缓慢刺入。将针体刺入蛛网膜下腔，立即拔出针芯，脑脊髓液自动流出或点滴状流出，盛入消毒容器内。

腰椎穿刺法：穿刺部位为腰荐孔，即十字部的百会穴。动物实施站立保定，术部剪毛消毒后，用专用的穿刺针于百会穴垂直刺入，当刺入蛛网膜下腔时，即有脑脊髓液滴状滴出或用消毒注射器抽取，盛入消毒容器内。

③采样数量 大型动物颈部穿刺一次采集量 35～70mL，腰椎穿刺一次采集量 15～30mL。

13. 液体病料

（1）胆汁、脓汁、黏液或关节液等样品的采集 用烧红的铁片烫烙采样部位，用灭菌吸管、毛细吸管或注射器经烫烙部位插入，吸取内部液体材料，然后将材料注入灭菌的试管中，塞好棉塞送检。也可用接种环经消毒的部位插入，提取病料直接接种在培养基上。

（2）供显微镜检查用的脓、血液及黏液样品的采集 先将样品置于玻片上，再用一灭菌玻棒均匀涂抹或另用一玻片抹之。组织块、致密结节及脓汁等抑或放在二张玻片中间，然后沿水平面向两端推移。或持小镊将组织块的游离面在玻片上轻轻涂抹即可。

14. 乳汁 乳房先用消毒药水洗净（取乳者的手亦应事先消毒），并把乳房附近的毛刷湿，最初所挤的 3～4 把乳汁弃去，然后再采集 10mL 左右乳汁于灭菌试管中。若仅供显微镜直接染色检查，则可于其中加入 0.5％的福尔马林液。

15. 精液 阴茎先用消毒药水洗净，采集精液于灭菌试管中。

16. 尿液 在动物排尿时，用洁净的容器直接接取。也可使用塑料袋，固定在雌性动物外阴部或雄性动物的阴茎下接取尿液。采取尿液，宜早晨进行。

17. 环境 为监测卫生或调查疾病，可从遗弃物、通风管、下水道、孵化厂或屠宰场采样。

（二）样品送检单

送往实验室的样品应有一式三份的送检单，一份随样品送实验室，一份随后寄去，另一份存档。送检单内容应包括：

—— 畜主的姓名和地址。

—— 畜（农）场里饲养的动物品种及其数量。

—— 被感染的动物种类。

—— 首发病例和继发病例的日期及造成的损失。

—— 感染动物在畜群中的分布情况。

—— 死亡动物数、出现临床症状的动物数量及其年龄。

—— 临床症状及其持续时间，包括口腔、眼睛和腿部的情况、生产的记录，死亡情况和时间，免疫和用药情况等。

—— 饲养类型和标准，包括饲料种类。

—— 送检样品清单和说明。包括病料的种类、保存方法等。

—— 动物治疗史。

—— 要求做何种试验。

—— 送检者的姓名、地址、邮编和电话。

—— 送检日期。

（三）样品的运送

所采的样品以最快的直接途径送往实验室。如果样品能在采集后 24h 内送抵实验室，则可放在装有冰块的广口保温瓶中运送。只有在 24h 内不能将样品送往实验室的情况下，才有必要把样品冷冻，并以此状态运送。根据试验需要决定送往实验室的组织到底以干燥状态还是放在保存液中运送。

避免泄露样品。装在试管或广口瓶中的病料密封后装在冰瓶中运送，防止试管和容器倾倒。如需寄送，则用带螺丝口的瓶子装样品，并用胶带或石蜡封口。将装样品的并有识别标志的瓶子放到更大的具有坚实外壳的容器内，并垫上足够的缓冲材料。空运时，将其放到飞机的加压舱内。

做成的涂片、触片，玻片上应注明号码，并另附说明。玻片两端用火柴棒或细木棍隔开，层层叠加，底层和最上一片，涂面向内，用细线包扎，最后用纸包好，运送。所有样品都要贴上详细标签。

第五节　实验室诊断

一、诊断实验室基本建设要求

样品检测是涉及多学科的一项综合性工作。根据不同检测目的，可能需要进行细菌学、病毒学、免疫学、分子生物学、生物化学等各方面的工作。因而，诊断检测实验室应至少设有：病理学检测室、血清学检测室、病原学检测室和分子生物学检测室。如有条件，还可将上述实验室进一步细化，如将病原学实验室分为细菌学诊断室、病毒学诊断室、寄生虫学检测室等。同时，应设立相对独立的共用仪器室，以利于共用仪器的使用与管理。另外，应设相对独立的业务接待室和制样室，专门负责外来病例、样品的登记、处理、保存与管理等。

诊断室应按照其工作领域、诊断功能来配置仪器。在选用仪器时，应根据实际工作的需要，在充分了解其同类产品的性能和特点后选定。有的产品，除主要部件外，还有系列的配件和附件，以充分发挥其功能或扩展其功能。如一台功能齐全的倒置显微镜，它可包括普通光源功能、相差功能、恒温功能、显微拍照功能和显微摄像功能等，再如离心机应有足够转头。在购置仪器时，一方面应考虑有足够的配件，否则会降低仪器性能；另一方面从经济角度考虑不应盲目地求全，而应有目的地选择。有的仪器自动化程度比较高，操作方便，但价格昂贵，可根据实验室的工作量来确定。若工作量不饱和，应适当选用自动化程度稍低，但能达到检验目的的产品。有的大型仪器利用率很低，而在社会上可以有偿使用的，则不提倡购置，以免投入不必要的维护管理成本。

除各室必备的加样器（移液器）、冰箱（柜）及各种易耗品外，各检测室要配备各自专有的仪器设备。

病理学检测室：应配备的主要仪器设备有石蜡切片机、冷冻切片机、磨刀机、显微镜（带荧光功能）等。有条件的可配备全自动组织脱水机、组织包埋中心、多功能自动染片仪等。

血清学检测室：应配备的主要仪器设备有酶标仪（酶联检测仪）、酸度计、台式高速冷冻离心机、培养箱（生化型）、微量振荡器、漩涡混合器等。有条件的可配备 ELISA 自动洗板机、自动分液机等。

病原学检测室：应配备的主要仪器设备有恒温培养箱、二氧化碳培养箱、普通生物显微镜、倒置显微镜、超净工作台、酸度计、离心机、漩涡混合器、超声裂解仪等。有条件的可配备生物安全柜。

分子生物学检测室：应配备的主要仪器设备有 PCR 扩增仪、电泳仪、离心机、紫外投射仪、照相设备。有条件还可配置凝胶成像分析系统等。

共用仪器室：应配备的主要仪器设备有纯水机、电子天平、制冰机、酸度计、分光光度计等。

洗涤消毒室：应配备的主要仪器设备有高压灭菌锅、电热鼓风干燥箱、超声波清洗机、洗衣机等。

不同级别（功能）的兽医实验室建设要求请见本书附录十八。

二、兽医实验室生物安全管理

在实际样品检测过程中，特别是从事微生物检测的兽医实验室应着力做好以下几个方面的生物安全管理工作。

1. 检测场所的布局　在实验室布局方面，应充分考虑整个工作流程，采取单向流、分区缓冲或者双通道的方式，把洁净区、轻度污染区和重度污染区相对分开，保证人员和环境健康。

2. 生物样本　包括待检样品（血清、组织病料）、菌（毒、虫）种、细胞等。

3. 检测过程管理　为保证检测过程的生物安全防范，在实际工作中还应加强对涉及生物样本使用的贮藏、搬运、解剖、研磨、接种、离心、核酸提取、核酸检测、废弃物处理、高压等全部检测过程。特别当发生不慎跌落、破碎、泄露、接触等高危事件时，更应做好突发事件的防范和应急处置。

4. 设备管理　在处理、检测生物样本过程中，涉及研磨、离心、观察等操作，待操作结束后，应加强对实验仪器设备的清洁、消毒、保养等消除污染的处理，消除潜在隐患。

5. 风险防范　除做好上述 4 个方面的工作外，实验室生物安全的管理还应包括人员生物安全培训、生物风险因子界定等事先防范准备工作。

具体的生物安全管理内容、措施，请参考本书附录十六《兽医实验室生物安全管理规范》。

三、样品检测

随着我国养猪业的不断壮大发展，猪群疫病日趋复杂化，临床上多见混合/继发感染，单凭临床难以确定具体病因，必须结合流行病学以及系列实验室诊断方法才能最终确诊。常见的实验室诊断方法主要有以下几类：

（一）病原分离和鉴定

1. 细菌的分离和鉴定　对疑为细菌的病料，可以采用以下方法进行：无菌采集病死猪病料，分别画线接种于营养琼脂平板、血琼脂平板、巧克力琼脂平板和营养肉汤中，采用厌氧培养和需氧培养方法分离、培养和纯化细菌，利用细菌自动鉴定、药敏仪或普通生化反应进行细菌鉴定，对分离的细菌采用药敏纸片法进行药敏试验，从中筛选敏感治疗药物。

2. 病毒的分离和鉴定　病毒缺乏完整的酶系统，又无核糖体等细胞器，所以不能在任何无生命的培养液内生长，因此，实验动物、鸡胚以及体外培养的组织和细胞就成为人工增殖病毒的基本工具，通过人工培养获得大量病毒，为进一步研究病毒特性以及制备疫苗和特异性诊断制剂提供了先决条件。

（1）实验动物　兽医上常用的实验动物有家兔、小鼠、大鼠、豚鼠、仓鼠、猪、羊、牛、狗、马等多种动物。在进行动物实验时，首先考虑的是选择对目的病毒最敏感的实验动物品种和品系，以及适宜的接种途径和剂量。实验动物的主要用途有：①分离病毒，并借助感染范围试验鉴定病毒；②培养病毒，制造抗原和疫苗；③测定各毒株之间的抗原关系，例如应用实验动物作中和实验和交叉保护试验；④制备免疫血清和单克隆抗体；⑤作病毒感染的实验研究，包括病毒毒力测定，建立病毒病动物模型等。

（2）鸡胚　鸡胚可用于制备病毒抗原、疫苗和卵黄抗体等。鸡胚分离病毒的优点是来源充足，设备和操作简便易行，病毒易于增殖，感染病毒的组织和液体中含有大量病毒，容易采集和处理。鸡胚接种的常用方式有绒毛尿囊膜、尿囊腔、卵黄囊和羊膜腔等4种，针对不同病毒采用相应的接种方式。

（3）组织（细胞）培养　组织培养泛指体外的组织、器官和细胞培养，其中最常用的是细胞培养，已经成为分离和培养病毒以及进行病毒学研究简便而有效的工具和手段。细胞培养可分为原代细胞培养和传代细胞培养，尤以传代细胞培养最为常用。但需要注意的是，传代细胞要定期检测外源性病原的污染，如圆环病毒、支原体等。

（二）组织病理学检查　略

（三）血清学检测

血清学检测技术是利用免疫反应特异性的原理建立的各种检测与分析技术以及建立这些技术的各种制备方法，包括用于检测抗原或抗体的各种免疫体外反应。因为这些检测技术都需要用血清进行试验，通常称为免疫血清学反应或免疫血清学技术。按照抗原抗体反应性质不同可分为：凝聚性反应（包括凝集试验和沉淀试验）、标记抗体技术（包括荧光抗体、酶标抗体、放射性标记抗体、发光标记抗体技术等）、有补体参与的反应（补体结合试验、免疫黏附血凝试验等）、中和试验（病毒中和试验和毒素中和试验）以及免疫复合物散射反应（激光散射免疫技术）、电免疫反应（免疫传感器技术）和免疫转印技术等。这些血清学试验的敏感性和用途详见表4-2。

表4-2　各类血清学试验的敏感性和用途

反应类型	反应名称及建立时间	敏感性（µg/mL）	用途		
			定性	定量	定位
凝集试验	间接凝集试验（1896）	0.01～	＋	＋	－
	间接血细胞凝集试验（1953）	0.005～	＋	＋	－
	间接乳胶凝集试验（1973）	1.0～	＋	＋	－
	间接胶体金凝集试验（1981）	0.25～	＋	＋	＋
沉淀试验	絮状沉淀试验（1897）	3～	＋	＋	－
	琼脂扩散试验（1946）	0.2～	＋	－	－
	免疫电泳（1953）	3～	＋	－	－
	火箭电泳	0.5～	＋	＋	－
补体参与的试验	补体结合试验（1900）	0.01～	＋	＋	－
	免疫黏附细胞凝集试验	0.005～	＋	＋	－

（续）

反应类型	反应名称及建立时间	敏感性 ($\mu g/mL$)	用 途		
			定性	定量	定位
标记抗体技术	荧光抗体技术（1941）	—	＋	—	＋
	放射免疫测定（1959）	0.0001～	＋	＋	＋
	酶标抗体测定（1971）	0.0001～	＋	＋	＋
	发光标记技术（1976）	0.0001～	＋	＋	—
中和试验	病毒中和试验	0.01～	＋	＋	—
免疫复合物散射反应	激光散射免疫测定（1976）	0.005～	＋	＋	—
电免疫反应	免疫传感技术（1975）	0.001～	＋	＋	—

（四）PCR检测

1. PCR原理 聚合酶链反应（Polymerase chain reaction，PCR）是体外扩增特定 DNA 片段的一种技术。该技术的优点在于敏感性强、特异性高、实验简易快速，已成为现代生物研究领域必备和必需的一项基本技术。PCR 能特异地在体外扩增微量基因或 DNA 片段，将皮克（pg）级水平的 DNA 特异地扩增 $10^6 \sim 10^7$ 倍，达到微克级水平，最终达到检测诊断的目的；在对特异性基因进行扩增时可使核苷酸的错配率低于万分之一；其操作过程在 $2 \sim 4$ h 即可完成，有效缩短了诊断的时间，体现出其简便快速的特点。

2. PCR的应用 PCR 技术目前已广泛应用于医学、兽医学、农业、海洋等生物学领域，在临床上适用于细菌、病毒、寄生虫、支原体、螺旋体等各种病原体感染引起疫病的诊断。截至目前，所有的猪群疫病病原都建立了一种或多种 PCR 诊断方法。

3. PCR技术的种类 近几年随着 PCR 技术研究的不断深入，还陆续出现新的 PCR 技术方法，如 RT‐PCR、nRT‐PCR、原位 PCR、多重 PCR、免疫 PCR、实时荧光 PCR、固相 PCR、DNA 基因芯片等，进一步丰富和开拓了 PCR 技术的应用。本文对以上几种进行简单介绍。

（1）RT‐PCR 反转录 PCR（Reverse transcription RT‐PCR）以 RNA 为起始模板产生 cDNA，再以 cDNA 为模板进行 PCR 扩增。RT‐PCR 是目前从组织或细胞中获得目的基因以及对已知序列的 RNA 进行定性及半定量分析的最有效方法。鉴于猪瘟病毒、口蹄疫病毒、猪蓝耳病病毒等大部分猪病的病原体都属于 RNA 病毒，因此，RT‐PCR 是猪病检测中最常用的病原检测技术。

（2）nPCR 或 nRT‐PCR 巢式（nested‐PCR）又称套式 PCR。标本中待测 DNA 含量极低时，虽经 1 次 PCR，但有时仍难以检出，此时可用巢式 PCR 进行检测。巢式 PCR 检测时需要用内外两对引物，第 1 次 PCR 扩增时使用外引物，第 2 次 PCR 扩增时使用内引物，这样可大大提高检测的灵敏度。

（3）原位 PCR 原位 PCR（in situ PCR）是在组织切片或细胞涂片上的单个细胞内进行的 PCR 反应，然后用特异性探针进行原位杂交，即可检出待测 DNA 或 RNA 是否在该组织或细胞中存在。它可以直接用细胞涂片或石蜡包埋组织切片在单个细胞中进行 PCR 扩增，可进行细胞内定位，适用于检测病理切片中含量较少的靶序列。

（4）多重 PCR 在同一反应体系中用多对引物同时扩增几种基因片段的方法，主要用于同时检测多种病原体和病原体分型。如猪瘟病毒、猪蓝耳病病毒、猪细小病毒的多种PCR检测，猪流行性腹泻和猪传染性胃肠炎病毒的双重PCR。

（5）免疫PCR　通过一种能对DNA和抗体分子具有双重结合功能的联结分子，将DNA和抗体分子结合起来检测抗体的方法。当抗体与抗原结合后，标记的DNA分子通过PCR扩增，如存在PCR产物则表明待检抗原的存在，其灵敏性极高，大大超过任何一种其他免疫学方法。

（6）实时荧光PCR　实时荧光PCR（Real-time fluorogenetic quantitative PCR，FQ-PCR）是在PCR定性技术基础上发展起来的核酸定量技术。它是一种在PCR反应体系中加入荧光基因，利用荧光信号积累实时监测整个PCR进程，最后通过标准曲线对未知模板进行定量分析的方法。该技术不仅实现了对DNA模板的定量，而且具有灵敏度高、特异性和可靠性更强、能实现多重反应、自动化程度高、无污染性、具有实时性和准确性等特点、目前已经广泛应用于分子生物学研究和医学研究等领域，如病原检测（即病毒、细菌、霉菌等）、基因表达（即细胞因子、生长因子、转录因子等）和等位基因的鉴别（单核苷酸多态性的检测、SNP）等。

（7）固相PCR　固相PCR就是将特定的引物寡核苷酸共价固定在固相支持物上来扩增目的DNA。核酸在固相支持物上的固定方法可以将核酸的末端修饰上氨基。其中桥式固相PCR可以把核酸扩增、分离和检测3个步骤整合在一起，在固相支持物表面进行多个不同的反应，可以对病原DNA进行快速诊断。固相PCR的主要优点是容易分离纯化PCR产物。

（8）DNA基因芯片　DNA基因芯片技术是近年来发展迅猛的生物高新技术，它是利用光刻合成，高速打印或电定位等技术，在支持物硅、玻璃或尼龙膜上按照特定的排列方式有序地固化大量的基因探针，形成DNA微阵列。生物样品DNA/RNA通过PCR/RT PCR扩增和荧光标记后与DNA微阵列杂交，通过荧光扫描器及计算机分析，即可获得样品的基因序列及表达的信息。PCR技术无疑将广泛地应用于兽医学领域，包括诊断病原、基因表达、遗传病检测、肿瘤细胞监测等方面。

4. 测序及分析　通过PCR方法，对病原特异片段进行扩增，然后测序，主要用于病原的分子诊断和分子流行病学调查。对病原保守片段进行扩增，获得的序列和已知序列进行比较，可以进一步确定所扩增的片段为该病原，从而确定病料中含有该病原基因组。对病原变异区域进行扩增，可以进行病原分子流行病学调查。目前对病原的分子流行病学研究主要集中在两个方面，一是用不同基因对流行毒株进行基因型和基因亚型的划分，研究不同地区流行毒株之间的亲缘关系，从而达到追踪病原传播路径的目的；二是对毒株的主要功能基因，尤其是主要保护性抗原基因核苷酸序列变异及推导氨基酸序列的变异进行分析，研究主要保护性抗原序列的变异趋势以及对目前所用疫苗株保护力的潜在影响。

四、相关诊断标准

相关诊断标准见附录。截至目前，我国发布了一系列有关猪群疫病的实验室诊断方法的国家、行业标准。见表4-3。

表4-3所列每种猪病的实验室检测（诊断）方法分别来自陆生动物诊断试验和疫苗手册（OIE，2010版）、中华人民共和国国家标准或/和中华人民共和国农业部发布的相关标准。

表 4－3　猪群疫病的实验室诊断方法的国家及行业标准

病名	诊断标准	样品类型	检测方法	OIE 认可的方法 指定诊断方法	OIE 认可的方法 替代方法
猪链球菌病	GB/T 19915.1—2005	血清	平板和试管凝集试验		—
	GB/T 19915.2—2005	心、肝、肺、肾、脾脏、淋巴结等组织；关节液及周围组织；扁桃体拭子、鼻腔拭子	病原分离鉴定		
	GB/T 19915.3—2005	细菌培养物	定型 PCR		
	GB/T 19915.4—2005	细菌培养物	三重 PCR		
	GB/T 19915.5—2005	扁桃体和鼻腔拭子、增菌培养物、疑似病料（猪淋巴结、扁桃体、肉品）	二重 PCR		
	GB/T 19915.6—2005	扁桃体和鼻腔拭子、细菌培养物、疑似病料（猪淋巴结、扁桃体等）等	通用荧光 PCR		
	GB/T 19915.7—2005	扁桃体和鼻腔拭子、细菌培养物、疑似病料（猪淋巴结、扁桃体等）等	荧光 PCR		
	GB/T 19915.8—2005	扁桃体和鼻腔拭子、细菌培养物、疑似病料（猪淋巴结、扁桃体等）等	毒力因子荧光 PCR		
	GB/T 19915.9—2005	细菌培养物	2 型溶血素基因 PCR		
猪肺疫	无相应标准	生前：猪耳静脉血；死后：猪心血、肺脏、胸水、肝脏、肾脏及淋巴结等组织	病理剖检、病原分离、生化鉴定 PCR、ELISA 等	—	
炭疽	NY/T 561—2002	耳尖或根部血液、水肿液、毛发、皮张	病原分离鉴定、沉淀试验	—	
猪丹毒	NY/T 566—2002	急性病例：病猪的心血、肝、脾、淋巴结等器官；亚急性病例：皮肤疹块；慢性病例：关节液和心内膜的增生物	病原分离鉴定、血清凝集试验		
副猪嗜血杆菌病	无相应标准	肺脏、急性死亡猪的心血、胸腔血以及鼻腔血色分泌物	病原分离鉴定、AGID、PCR		

（续）

病名	诊断标准	样品类型	检测方法	OIE 认可的方法 指定诊断方法	OIE 认可的方法 替方法
布鲁氏菌病	GB/T 18846—2002 NY/T 907—2004	流产胎儿：胃内容物、淋巴结、脾脏、肝脏等组织 母畜：胎衣、绒毛膜渗出液、胸水、腹水、阴道分泌物、脓汁等 血清	病原分离鉴定 虎红平板凝集试验 试管凝集实验、补体结合试验	BBAT	—
猪李氏杆菌病		脑炎病例：脑脊液和脑干部实质等 败血症病例：肝、脾和血液等 流产病例：胎儿肝、脾和肾、消化器官内容物、子宫及阴道分泌物	病原分离鉴定、凝集实验 IFA、PCR		
猪支原体肺炎	NY/T 1186—2006	活体：喉头或鼻腔棉拭子 尸体：病变显著的肺脏组织	病原分离鉴定、间接血凝试验		
类鼻疽		血液、痰、脑脊液、尿、粪便、局部病灶及脓性渗出物	病原分离鉴定、间接红细胞凝集试验		
猪附红细胞体病	NY/T 1953—2010	新鲜血液	血涂片显微镜检查、PCR/荧光PCR		
猪钩端螺旋体病		发病初期：血液 发病后期：尿液 整个发病过程：肾脏、肾上腺、肝脏等组织	直接显微镜检查、病原分离鉴定、显微镜凝集试验（MAT）等		
猪增生性肠炎		新鲜粪便、回肠组织	IFA、IPMA、b-ELISA、PCR、IHC		
猪痢疾		新鲜粪便、结肠黏膜的刮取物或肠内容物	病原分离鉴定、凝集试验、IFA		
猪流感		喉头或鼻腔拭子、血清	病原分离鉴定、PCR、HI、ELISA		
口蹄疫	GB/T 18935—2003 GB/T 22915—2008	活体：水疱液或水疱皮、O-P液、血清 尸体：淋巴结、甲状腺和心肌等组织样品	病原分离鉴定、微量补体结合试验 RT-PCR/荧光RT-PCR、VN、LpB-ELISA、VIA-AGID	ELISA	VNCF

（续）

病名	诊断标准	样品类型	检测方法	OIE 认可的方法 指定诊断方法	OIE 认可的方法 替方法
猪繁殖与呼吸综合征	GB/T 18090—2008	血清、腹水、肺脏、淋巴结、扁桃体、脾脏	抗原/病毒：病毒分离鉴定、IP-MA、IFA、RT-PCR 抗体：间接 ELISA	—	—
古典猪瘟	GB/T 16551—2008	血清、扁桃体、淋巴结、脾脏、肾脏	抗原/病毒：兔体交互免疫试验、免疫酶染色试验、直接免疫荧光鉴定、RT-PCR、病毒分离鉴定 抗体：MAb-ELISA、荧光抗体、病毒中和试验	NPLA, FAVN, ELISA	VN
猪圆环病毒感染	GB/T 21674—2008	血清、全血、脾脏、淋巴结、肺脏、肾脏	抗原/病毒：病原分离鉴定、竞争 ELISA、IFA、PCR 抗体：ELISA		
猪伪狂犬病	GB/T 18641—2002	血清、大脑、三叉神经节、鼻拭子、扁桃体、肺、淋巴结	抗原/病毒：病原分离鉴定、PCR、家兔接种试验 抗体：血清中和试验、gE-ELISA、胶乳凝集实验	ELISA, VN	—
猪轮状病毒感染		新鲜粪便、小肠前、中、后各一段	抗原/病毒：病原分离鉴定、RT-PCR 抗体：夹心 ELISA		
猪传染性胃肠炎	NY/T 542—2002	血清、新鲜粪便、空肠中段和小肠及其内容物、扁桃体、肠系膜淋巴结	抗原/病毒：病原分离鉴定、直接免疫荧光、双抗体夹心 ELISA、RT-PCR（非标方法） 抗体：SNT、间接 ELISA	—	VN, ELISA
猪流行性腹泻	NY/T 544—2002		抗原/病毒：病原分离鉴定、PCR 抗体：荧光抗体试验		
猪细小病毒病					

（续）

病名	诊断标准	样品类型	检测方法	OIE 认可的方法	
				指定诊断方法	替代方法
水疱性口炎	NY/T 1188—2006 GB/T 22916—2008	血清、水疱皮、水疱液、O-P液、咽喉拭子	抗体：中和试验 抗原、病毒：病原分离鉴定、间接夹心 ELISA、荧光 RT-PCR	CF、ELISA、VN	—
猪水疱病	GB/T 22917—2008	水疱上皮、水疱液、血液、口腔分泌物等	荧光 RT-PCR，其他方法：病毒分离鉴定、反向间接红细胞凝集试验、ELISA、RT-PCR	VN	ELISA
非洲猪瘟	GB/T 18648—2002	血清、抗凝全血、粪便、鼻液、流产胎儿、仔猪尸体、病死猪的脾脏、淋巴结、肝脏、肺脏等组织	PCR、ELISA	ELISA	IFA
日本脑炎	GB/T 18638—2002 GB/T 22333—2008	病猪的血液、脑脊液、病死猪、流产胎儿的脑组织	抗原/病毒：病毒分离鉴定、RT-PCR 抗体：HI	—	—
旋毛虫病	GB/T 18642—2002	新鲜肉品或冻肉、血清	压片镜检、集样消化、ELISA	病原鉴定	ELISA
囊尾蚴病		血清、疑似肉品	ELISA、IHA、炭凝集反应、直接镜检	—	—
猪弓形虫病	NY/T 573—2002	脑组织、心、肝、肺、肾、骨骼肌、腹腔液、血清	病原分离鉴定、IHA	—	—
猪蛔虫病		粪便、病死猪的肝脏、肺脏	分辨样品：直接涂片查虫卵、饱和盐水漂浮法 组织样品：蛔蚴幼虫检查法 活体实验：皮内注射法		
细颈囊尾蚴病		屠宰后胴体、病死猪	屠宰检验、尸体剖检		
猪肺线虫病		新鲜粪便、浆液、活体	虫卵检测法、线虫病皮内反应诊断		
猪棘头虫病		肝、肺	切片镜检	—	—

（续）

病名	诊断标准	样品类型	检测方法	OIE 认可的方法	
				指定诊断方法	替代方法
猪棘头虫病		新鲜粪便、小肠	直接涂片法或水洗沉淀法、直接剖检肉眼观察		
猪姜片吸虫病		新鲜粪便、发病活体、血清	直接涂片法、离心沉淀法、水洗自然沉淀法、定量透明厚涂片法、皮内试验、ELISA		
猪华支睾吸虫病		新鲜粪便、血清	直接涂片法、集卵法、ELISA、IHA		
猪疥螨病		痂皮、皮屑	肉眼观察法、虫体浓集法、直接镜检法		
猪虱病		疑似发病活体	直接活体检查		

注：缩略语：

Agg	凝集试验	HI	血凝抑制试验（试验）
AGID	琼脂凝胶免疫扩散试验	IFA	同接荧光抗体
BBAT	缓冲布鲁氏菌抗原试验	IPMA	免疫过氧化物酶单层试验
CF	补体结合（试验）	MAT	显微凝集试验
CIEP	对流免疫电泳	NPLA	中和过氧化物酶结合试验
DTH	迟缓型过敏试验	PCR	聚合酶链反应
ELISA	酶联免疫吸附试验	PRN	蚀斑减数中和试验
FAVN	荧光抗体病毒中和试验	VN	病毒中和试验
FPA	荧光偏振试验	—	试验方法尚未确定

第五章 猪群疫病流行病学调查、监测及预警

第一节 流行病学调查

一、概述

1. 概念 流行病学调查是通过信访、问卷填写、现场查看、实验室检测等多种手段，全面收集与疾病事件有关的各种信息和数据，进行综合分析，以得出合乎逻辑的病因结论或病因假设的线索，提出疾病防控策略和措施建议的过程。

2. 目的及任务 流行病学调查旨在探索病因，为实施疾病防控措施提供第一手资料。主要任务包括4个方面：一是对报告的疫情进行核实；二是确定传染源、传播途径和暴露因素，查明病原传播扩散和流行情况，以便采取有效措施防止疫情扩散；三是在一定时间内，调查动物群体中的疾病事件和疾病现象，描述动物群体的患病状况、疾病三间分布和动态过程，提供有关致病因子、环境和宿主因素的病因线索，为进一步研究病因因素、制定防控对策提供依据；四是评估疾病防控措施实施效果及疫苗等生物制品使用效果。

3. 分类

（1）按实施范围的不同，可将流行病学调查分为抽样调查、疫病普查。

（2）按时间顺序的不同，可分为纵向调查、现况调查，其中纵向调查又分为回顾性调查和前瞻性调查两种。

（3）按工作性质的不同，可分为个案调查（病例调查）、暴发调查、专题调查、常规流行病学调查。

个案调查和暴发调查在调查内容和程序等方面很相似，是发生疫情后紧急开展的调查，属于紧急流行病学调查；抽样调查、疫病普查则是对特定时间内有关研究对象及其相关因素进行调查，收集的资料局限于特定的时间断面，又称横断面调查，属于现况调查。个案调查、暴发调查、抽样调查、疫病普查、定点调查5种类型的流行病学调查将在本章进行专门介绍。

4. 基本步骤 流行病学调查过程是一项系统工程，尽管不同类型的调查有所差异，但其基本过程是一致的。一般包括：明确调查目的、制订调查方案、组织开展调查、进行数据整理分析、提出措施建议、起草完成调查报告等基本过程。工作流程具见图5-1。

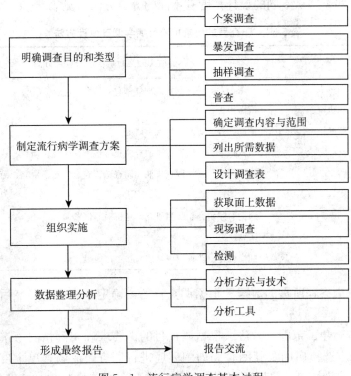

图 5-1　流行病学调查基本过程

二、流行病学调查方案设计

流行病学调查主要在野外进行，存在许多不可控因素，为确保调查的准确性，使调查结果能反映真实情况，在调查前（尤其是抽样调查和普查）必须对工作目的、调查对象、范围、时间、方法、经费、后勤保障等加以通盘考虑，也就是说必须事先拟定一个较为可行、科学、完整的实施方案。

（一）设计原则

1. 可行性　设计调查方案应充分考虑到包括工作人员组成、必要的仪器设备、经费额度等方面情况，对实施过程中可能遇到的困难，要有充分的考虑。

2. 科学性　在充分考虑流行病学调查可行的条件下，尽可能设计出一个完善、合理的调查方案，最大限度地优化调查指标。

3. 可靠性　在满足以上两个原则基础上，还应尽可能减少误差，提高调查结果的准确性和精确性。

（二）方案的基本内容

应包括调查目的、范围、内容、所需要数据、调查对象和方法等。此外，还需考虑到调查数据的统计、分析方法、组织分工、调查要求和注意事项、时间与进度安排、经费预算以及控制方法等内容。

（三）设计步骤

1. 明确调查目的和类型　根据所提出的问题，明确每次调查所要达到的目的，再确定调查类型。这些类型从不同的设计角度有不同的分类方法，见表 5-1。

表 5-1　研究目的与常用流行病学调查设计方法

研究目的	适用的流行病学调查设计方法
疾病分布特征、疫源地调查	个案调查、暴发调查、抽样调查、普查
发现新疾病、阐明疾病机理	病例报告、个案调查
描述疾病分布、疾病监测	抽样调查、普查、生态学研究
病因研究	病例报告、个案调查、抽样调查、普查、生态学研究、病例对照研究
尽早发现疾病	个案调查、暴发调查、抽样调查、普查、生态学研究、筛查
探究食物中毒和传染病暴发原因	暴发调查
检验病因假设	病例对照研究、队列研究、随机对照试验
描述疾病自然史	队列研究
评价疾病防控效果	抽样调查、普查、现场试验、免疫效果监测

2. 确定调查内容和所需的数据　根据调查目的，确定调查内容，然后确定所需要的数据。

3. 确定调查对象、范围、方法　根据调查目的、要求和实际情况来选择研究对象和范围。个案调查应选择病例及其圈舍和周围环境进行调查，或调查单个疫源地的宿主动物、媒介及人畜感染情况；暴发调查则是对某一或多个饲养场/户或地区短时间内集中发生的同类病例所作的调查；抽样调查应明确目标群体、研究群体和抽样群体及抽样方法；普查则根据普查范围、病种、畜种确定调查对象。根据调查目的和内容，选择调查方法，如全面调查、典型调查和抽样调查等。

4. 确定研究资料的收集方法　一般包括 4 种：一是用调查问卷（表）收集；二是通过现场调查直接获得；三是通过检测收集；四是通过查阅各种相关文献资料获得。

5. 明确分析方法　根据调查目的和获取数据的特点，明确分析方法，如描述性研究方法、分析性研究方法、实验性研究方法或建立相应的仿真模型进行仿真分析等。

6. 调查工作中的质量控制　具体包括做好调查的组织工作、培训调查员、统一标准和认识；正确编制调查表并提高被调查对象的依从性和应答率；确保抽样的随机化原则；正确选择测量工具和检测方法并规范操作；做好资料的复查和复合工作；选择正确的统计分析方法，注意辨析混杂因素及其影响。

三、流行病学调查问卷的设计

流行病学调查问卷是获取动物疫病流行病学信息的基础工具，问卷的质量直接决定着调查信息的质量。一份好的调查问卷，既要能有效获取调查所需的信息，又不能包含与调查目的无关的信息。信息容量小，难以满足研究需要；信息内容冗余，必然影响调查质量，浪费调查资源。

（一）问卷的类型

在调查问卷设计中，应根据调查目的选择不同的问卷设计类型。

1. 按调查问题的性质分

(1) 技术性问卷 主要用于收集调查期间调查者通过观察所获得的数据（圈舍大小、动物数量、病死情况等），或其他由畜主所掌握的数据。

(2) 观点性问卷 主要用于掌握被调查者对不同问题的看法，如养殖场户对高致病性猪蓝耳病疫苗副作用的看法。

(3) 混合型问卷 用于收集上述两类信息。实际调查中所用的调查问卷，多数为混合型问卷。

2. 按调查问卷的填写主体分

(1) 自填式问卷 将问卷交到被调查者手中，由被调查者自行填写。

(2) 访问式问卷 在调查过程中由调查人员根据被访者的回答进行填写。

3. 按调查问题的类型分

(1) 结构型问卷 即封闭型问卷，即按一定的提问方式和顺序进行安排。每个问题的后面附有备选答案，被调查对象可根据自己的情况选择填写。这种形式的问卷适合于大范围的调查研究。例如，调查养猪场（户）对当地兽医诊疗服务机构提供的诊疗技术满意程度，可设置 5 个备选答案：①很满意，②满意，③一般，④不满意，⑤很不满意。由被调查人员自行选择。结构型问卷的问题与答案是标准化的，易于日后统计分析；问题答案简单，问卷的应答率较高；调查问题明确单一，结果的可靠性高。当然结构型问卷因事先设计了备选答案，使一些研究对象的创造性受到限制，不利于发现新问题；容易造成研究对象盲目回答，或所给答案不适合于研究对象时，易造成盲目填写，使资料产生偏倚。

(2) 非结构型问卷 即开放型问卷，只在问卷中列出问题，不提供备选答案，由研究对象根据自身情况自由作答。此类问卷适合于深度个人访谈，所得资料不需量化分析。如调查畜主对目前母猪保险制度的看法，基层防疫人员对强制免疫措施的看法时，可使用这类问卷。非结构型问卷适用于探索性研究。这种问卷由于调查者并未设计问题的答案，研究对象可自由作答，可获得许多有价值的答案；调查时灵活性较大，回答者有较多的自我表现和发挥主观能动性的机会。但也存在所获信息有时会出现很大的差异，调查结果可能难以进行统计分析和相互比较，花费的时间多，甚至会出现被调查对象拒绝回答提问的情况。

(3) 混合型问卷 在问卷中既有附有备选答案的问题，又有开放性的问题。

4. 按调查工作的业务性质分 可分为病例个案调查表、疫情暴发调查表、风险因素调查表等。

（二）问卷的设计原则

1. 内容合理适当 要紧紧围绕调查目的设计调查内容，做到需要调查的项目一个不少，不需要调查的项目一个不要。要坚持"五不问"原则，即：可问可不问的问题不问；复杂、难以回答的问题不问；需查阅资料回答的问题一般不问；通过其他途径可获得的问题不问；研究对象不愿回答的问题不问。实际调查工作中，这方面的问题经常出现，严重影响了问卷质量。就容量而言，一份问卷作答的时间不宜过长，一般以 30min 为限。

2. 用词简洁易懂 调查问卷中语言表述应规范、精炼、明确，容易被应答者理解，避免用专业术语——"行话"，便于回答。尤其应注意所提问题不能引起被调查者的反感。

3. 问句清晰明确　设计问卷时，问句表达务必简明、生动，不可使用似是而非的语言。如："您对乡镇兽医站的印象如何？"，这样提问方式过于笼统；"您是否经常到活禽交易市场？"，这里的"经常"一词含义模糊，被访者难以回答，如改为"过去一周内您去过哪些活禽交易市场？"，则易于回答。

4. 指标客观定量　设定的问题应具有客观性而不应具有倾向性和引导性。同时，调查数据尽可能定量描述。用"好、较好、差"这种概念式的问题，调查人员往往难以掌握标准，被调查者也难以回答，如必须要问，必须给出相应的评判标准。

5. 问题层次清晰　问卷所提问题的排列应有一定规则，使问卷条理清晰，便于回答，减少拒答。一是应从简单问题问起，逐步向复杂问题过渡；二是按一定的逻辑顺序排列，同类或有关联的问题应系统整理，放在一起；三是核心问题应适当前置，专业性问题尽量后置；四是敏感性问题尽量后置；五是封闭性问题前置，开放性问题后置。封闭性问题易于回答，可放在前面，而开放性问题需要思考和组织语言，要花费较多的时间，一般放在最后提问。

6. 答案设计严密工整　问卷中出现备选答案的，设计时应注意两个问题：一是可供选择的答案要穷尽，即将问题的所有答案尽可能列出。如病死畜处理情况，只列出"出售""自己食用""无害化处理（掩埋等）"三个选项，则缺失了"随意丢弃"一项。二是所设计的答案要互斥。针对一个问题所列出的答案必须互不相容、互不重叠，否则回答者的选择有可能出现双重选择，不利于分析和整理。设计答案时，一定要注意避免答案之间的交叉和包容关系。

此外，在编制调查表时，应同时考虑数据采集完成后整理和分析工作的方便性，以便于后续整理和电脑输入。

（三）问卷的设计步骤

1. 明确调查目的　设计问卷前，一定要深入讨论，清晰界定调查目的，在此基础上建立前提假设和理论框架，明确本次调查的预期目标。

2. 确定调查内容　目的明确后，须进一步确定调查的主题和调查项目，并将问卷涉及的内容列出提纲，分析相关内容的必要性和主次顺序。在此阶段，应充分征求各方人员的意见，使问卷内容尽可能完备并切合实际需要。同时，应确定问卷结构，拟定并编排问题。

3. 列出所需要的数据　主要是根据调查的内容，确定分析所需要的数据类型、范围等。

4. 问卷设计　问卷一般包括前言、主体和结束语 3 个部分。对于自填式问卷，首先可根据研究目的写出说明信，在说明信里应交代研究的目的和意义、匿名保证及致谢。之后开始初步设计主体部分。根据要调查的内容，按照问卷设计的基本原则列出相应的问题，并考虑问题的提问方式，再对问题进行筛选和编排。对于每个问题，要注意考虑是否必要，答案是否全面与合理。

另外，对于复杂的问卷，问卷初步设计出来后可在小范围内进行试答，看问卷设计中问题是否明确、答案是否合适、有无遗漏、问题排列是否符合逻辑等。之后，对问卷进行调整、修改，直至定稿。调查问卷设计步骤见图 5-2。

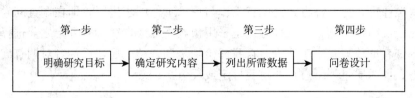

图 5-2　调查问卷设计步骤

（四）调查问卷的结构

1. 问卷的标题　概括说明调查的研究主题，使被调查者对所要回答的问题有所了解。标题不宜过长，应简明扼要，引起研究对象的兴趣。

2. 编码　设计问卷时，需考虑到日后对问卷资料的录入和分析。因此需对问卷中的各项问题进行编号，并做好相应的编码准备。同时每份问卷也应设计出问卷编号的填写位置。问卷的编号应考虑到抽样的信息。如预留出省（市）、地区等编码的填写位置。

3. 一般信息　主要是对调查对象的一些主要特征的调查。如对羊饲养场/户布鲁氏菌病传播流行风险因素调查，需要掌握饲养场/户存栏数量、养殖结构、饲养模式等信息。通过这些项目的调查，可对后面流产率、发病率及风险因素分析提供基本的信息和数据支持。如有必要，应记录被调查对象的姓名、单位或家庭住址、电话等，这些信息须征得调查对象的同意，以便将来的核查和随访调查。匿名调查时则不宜有上述内容。

4. 主题内容　是指调查者最关注的内容，同时也是本次调查的目的所在。它是问题的主体部分。这部分内容主要以提问的方式出现，它的设计关系到整个调查的成败。由于研究目的不同，调查内容千差万别，研究者可根据研究的目的选择该用何种类型问题开展调查。

5. 附加信息　在调查表的最后，常需附上调查人员的姓名、调查日期。

6. 填表说明　填表说明是告诉调查人员如何准确填写调查表中的内容。自填式问卷更需详细写好填表说明。填表说明首先需对问卷中的一些不易搞清或有特殊含义的指标进行解释，同时对填写的要求做出说明，对复杂的问卷填写做出示例。简单问卷的填写可不必单独写出填表说明，可在说明信中一并表达。填表说明一般包括下面的内容：①对选择答案所用符号进行规定；②对开放性问题回答的规定；③对所用代码表格的解释。

（五）问卷的评价

调查表设计完成后，研究人员通常都会关心调查表是否能准确反映所要研究现象的属性、被访者回答的重复性如何等。这需要对调查问卷进行再评价。

调查问卷的评价主要是对调查问卷的结构合理性、调查内容与调查目的相符程度、问题表述的准确性等方面进行评价。

调查问卷评价包括专家评价，同行评价，被调查人员评价和自我评价等几种评价方式。专家评价一般侧重于技术方面，主要是对调查表的信度和效度问题进行评价，包括获得调查结果的稳定性和一致性，以及调查问题设置能否正确衡量所调查内容等。同行评价主要是对调查表设计的整体结构、问题的表述、调查问卷的版式风格等方面进行评价。被调查人员评价是最有效、最直接的评价方式，但容易受被调查者的知识水平、经验等因素影响。被调查人员评价一般可采取三种方式：一种是在调查工作完成以后组织一些被调查者进行事后性评价；另一种方式是调查工作与评价工作同步进行，即在调查问卷的结束语部分安排几个反馈性问题；第三种方式是采用预调查方式，在调查开始之前选择一定数量的潜在被调查者试填写并给予评价。自我评价则是调查结束后，设计者对调查问卷的填写情况、获得数据的质量等所进行的自我肯定或反思。

四、流行病学调查应用

以下是我国猪群疫病流行病学调查工作中最为常用的两种调查方法。

(一) 暴发调查

1. 概念　对某养殖场或某一地区在较短时间内集中发生较多同类病例时所作的调查，称为暴发调查。对已知病因的疾病，则是在该病最长潜伏期内对突然发生多例病例事件的调查。暴发事件均是易感畜群暴露于共同的暴露因素而发生的结果。

2. 调查目的　主要包括以下几个方面：

（1）核实疫情报告，确定暴发原因　证实疫情报告和诊断，确定畜群中第一个患畜与不同畜群患畜间可能发生的联系。对已知病因的疫病，暴发调查用以确定具体暴发原因，查明病因来源；对未知病因疫病的暴发，则用以探求病因线索，指出研究方向。

（2）追溯传染来源，确定暴发流行的性质、范围、强度　暴发调查要对传染来源进行详细的追溯调查，如在传染来源的原饲养牧场找到同种疾病的患畜，接近发病畜群的野生动物及其生境等。追溯调查也可以为该起暴发事件的调查提供病因佐证。调查疫病的三间分布、传播方式、传播途径、传播范围及流行因素，确定暴发流行的性质、范围、强度。

（3）确定受害范围和受害程度，进行防控需求评估　掌握疾病暴发事件的实际危害和可能继发性危害，提出控制该暴发事件所需设备药品及技术人员的具体需求。

（4）提出防控措施建议　以便及时采取针对性措施，迅速扑灭疫情。

（5）积累疫情数据，防止相同或类似疾病事件的发生　通过完整的暴发调查，可以为该种疾病调查诊断、流行病学特征、临床特征以及处置提供数据资料，便于总结该种疾病暴发流行规律，建立长效机制，防止相同或类似疾病事件的发生。

3. 调查内容　调查内容不仅涉及发病场户，还涉及周围生态环境，一般包括：

（1）调查疫点、疫区、受威胁区及当地生猪养殖情况　掌握疫点、疫区养殖情况，可为计算发病率提供基础数据，以及需要扑杀销毁的生猪数量，大致判断疫情扑杀处理等措施实施所需要的人力、消毒药数量、补偿所要的资金等。掌握疫区、受威胁区及当地生猪养殖情况，可以推算本地区生猪饲养密度，如果不加以控制，结合传染系数等经验参数，可以判断自然状态下疫情传播速度、传播范围、传播时间等情况；还可以为紧急免疫所需调拨疫苗量、紧急免疫需要的人力等决策提供依据等。

（2）发病情况调查　发生疫情后，需要对发病动物的数量、死亡数量、发病动物免疫情况、发病过程、诊断、附近野生易感动物发病死亡情况、疫点周边地理特征、本地该病疫病史、近期易感动物调运等情况进行调查。掌握各发病单元发病情况，可以计算出发病率、病死率等判断疫情严重程度的指标；掌握发病过程，结合不同养殖及环境特点，可以得出不同条件下发病传播的经验参数，如传染系数、传播速度等，为疫情预警奠定基础；掌握疫点地理环境特征，可为判断疫情可能来源和可能扩散范围提供信息。

（3）疫病来源与扩散传播范围调查

①疫病来源调查　即追溯，是指调查疫病第一个病例发生前一段时期（通常是一个最大潜伏期）内所有与发病畜群接触的事件，这种接触包括直接接触和间接接触两种。直接接触是指发病场/户调入该种易感动物或与场外易感动物有过接触，此种接触疫病传入的风险最大；间接接触是指除直接接触本种易感动物外，通过人员、饲料等方式造成感染发病的接触。

②扩散传播范围调查　即追踪，是指疫情发生后，对所有可能将疫病传出的事件进行调查，以确定疫病是否传出及其范围。追踪期限一般为第一例病例发现前1个潜伏期至封锁之日。疫病来源与扩散传播范围调查对于判断疫病可能发生、传播区域、有效控制扑灭疫情具有重要意义，同时对于确定监测和紧急免疫范围等提供决策基础。

4. 疫情处置情况　疫情处置措施包括扑杀、消毒、无害化处理、封锁、免疫、监测等措施，对疫点、疫区、受威胁区所采取的措施有所不同。疫情处置措施实施情况是评估疫情处置效果的关键，调查人员可根据调查中发现的问题，提出防控措施的优化建议。

5. 基本步骤　启动暴发调查的前提条件是获得有关紧急疫病的相关信息，这些信息来源包括饲养场（户）报告、举报、媒体报道、监测发现或政府有关部门等。得到授权后或按程序前往现场开展调查。暴发调查一般是在个案调查和初步调查的基础上进行。具体步骤见图5-3。

图5-3　暴发调查基本步骤

（1）组织准备

①组成调查组　调查组一般包括流行病学家、临床兽医、微生物学专家、兽医行政官员、昆虫学家、当地政府官员、基层兽医技术人员、司机等。现场调查人员的多少及其组成取决于权威防疫专家对暴发做出的最为可靠的初步假设。

②统一领导，明确调查目的和任务　调查必须成立强有力的领导小组，以便工作小组协调一致地开展调查工作并保证工作质量。

③充足的物质及后勤保障　包括车辆、通讯工具、药品、防护用品、消毒设备、采样设备、试剂、相机、调查表等。

④实验室技术支持　事先通知权威或专业实验室作好必要的准备工作，以便作好病料采集、实验室检测及结果报告等工作。

（2）确定暴发存在　一般认为暴发即疾病的发生在时间和空间上均比较集中，如暴发定义中所指，病例数超过预期。暴发时间的确定，可从发病高峰时间向前推一个常见潜伏期即可。对重大动物疫病防控来说，确定可疑病例的存在相当于一般意义上的暴发确定。

（3）核实诊断　首先从流行病学角度判断疫病出现的时间、地点和群间分布是否与该病的一般规律相符，其次根据症状、病变和实验室检测进行核实。核实诊断的目的就是纠正错误的判断。对于口蹄疫、高致病性猪蓝耳病等重大动物疫病而言，就是对可疑病例进行实验室诊断。

（4）建立病例定义　对于猪群疫病而言，不可能对群体中所有发病猪进行实验室诊断，只能进行抽样检测或确诊。暴发调查中的病例定义不完全等同于病例的诊断，是根据病畜的主要临床症状、病理变化、分布特征和实验室检测指标四项内容给出标准，并据此定义可疑病例、疑似病例、确诊病例。一般来说，病例定义最好是在现场运用简单、容易，又客观的收集病例的标准。在调查早期，建议使用敏感性较高、较为宽松的病例定义，以免漏掉病例。例如发生口蹄疫疫情，可根据口蹄疫临床症状，确定发热、流涎、口腔等部位出现水疱、跛行或蹄壳脱落的猪为口蹄疫病例。

（5）核实病例并记录相关信息　核实病例的目的在于根据病例定义尽可能发现所有可能的病例，并排除非病例。建立病例定义后，对周边区域或高风险区域内的所有病例按此标准进行筛检，定义确诊病例、疑似病例或可疑病例。并收集、记录各种相关流行病学信息，包括该场（户）或地区易感畜数量、饲养方式、防疫条件、疫病史、饲料、饮水、家畜流动和周边地理环境等。这一步骤就是动物疫病防控中常说的疫情排查。

（6）描述性分析　对所有资料进行综合整理分析，并描述。目的是描述何种疾病正在暴发，在何时、何地、何种畜群中发生流行（三间分布），探求病因，判断暴发的同源性等。

①描述疾病三间分布特点　一是时间分布，根据时间顺序，对疾病发生、接触暴露因素、采取控制措施、出现控制效果等主要事件进行排序。并根据发病时间制作流行病学曲线，简单显示疫病流行强度、推断暴露时间或潜伏期、传播方式、传播周期、预测可能的发病趋势、评估所采取措施的效果。二是空间分布，用地图等显示病例的地区分布特征，可提示暴发的地区范围，有助于建立有关暴露因素、暴露地点的假设。三是群体分布，何种动物发病多？何种动物发病少？何种动物不发病？发病与年龄、性别、饲养方式、用途的关系，发病群的免疫状况、饲养方式、管理水平等。描述疫病的三间分布特征，有助于提出有关危险因素、传染源、传播方式的假设。

②探求病因。罹患率（袭击率）是衡量疾病暴发和疾病流行严重程度的指标，疾病暴发时的罹患率与日常发病率或预测发病率比较能够反映出疾病暴发的严重程度。通过计算

不同畜群的罹患率和不同动物种别、年龄和性别的特定因素罹患率有助于发现病因或与疾病有关的某些因素。对罹患率表中的数据内容通常进行下列几种比较分析：一是最高罹患率；二是最低罹患率；三是相对罹患率，即两组动物分别接触和不接触同一因素的两个罹患率之比，比值最大者可能是致病因素，比值最小者可能不是；四是归因袭击率，即两组动物分别接触和不接触同一因素的两个罹患率之差，差值最大者可能为致病因素，差值最小者可能不是；五是预测发病率或正常发病水平，与该值吻合的特定因素罹患率可能不是致病因素；六是绝对患畜数；七是与疾病类型吻合的罹患率和与特定因素分布吻合的罹患率。

③判断暴发同源性及暴露次数 一次共同来源暴发在时间、空间相结合的直方图呈现对数正态而稍偏左的分布（见图5-4），且疾病出现到结束所经历的时间分布近似一种疾病的潜伏期分布；若暴发是多源性的，则病例分布呈由少到多逐渐增长的趋势，病例出现至结束的时间较长（远远超过该病潜伏期）（见图5-5）。

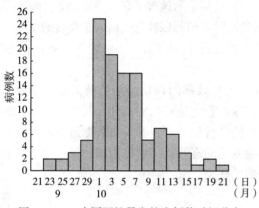

图5-4 一次同源性暴发的病例数时间分布

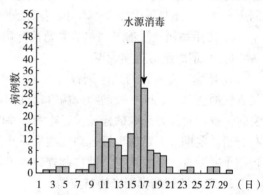

图5-5 水源多次污染引起的肠道感染暴发时间分布

（7）建立假设并验证

①建立假设 是利用上述步骤获得的信息来说明或推测暴发的来源。在建立研究设计之前，通常会考虑建立多种假设。根据初步假设，参考现有疾病知识，结合疾病分布特点和传播方式，调查者可用排除法得出最为可能的致病因素，并从正反两方面检查所形成的假设是否符合实际情况，如假设条件与观察现象是否一致，如果不一致，就应该对假设进行修改。一个假设中应包括以下几项因素：危险因素的来源；传播方式和传播媒介；引起暴发的特殊暴露因素；高危畜群。假设应具备以下特征：合理性；被调查的事实所支持；能够解释大多数的病例。

②验证假设 就是推敲暴露与发病之间的关系。推敲暴露与发病之间的因果关系或关联性有5条标准：关联性强度；与其他研究的一致性；暴露在前、疾病在后；生物学上言之有理；存在剂量-反应效应。假设形成后要进行直观的分析和检验，必要时还要进行实验检验和统计分析。如果一个假设被否定。另一个假设必须形成。因此，应尽可能地搜集各方面的附加资料。假设的形成和检验过程是循环往复的，最初形成的假设可能是广义的假设，包括多方面的内容或不够具体，随着调查的深入和试验的进行，一些假设被承认，一些假设被否定而代之以新的假设。

（8）提出预防控制措施建议并分析评价措施效果　在假设形成的同时，调查者还应能够提出合理的防控措施建议，以保护未感染动物和防止病例继续出现。如消毒、动物隔离等。通过措施实施后的效果，又反过来验证调查分析所得结论是否正确。在评价措施效果时应注意，采取措施后要经过一个该病常见潜伏期之后，见到的疫情上升或下降情况才能确定效果与措施有关；一次暴露共同传染来源引起的暴发，若采取措施的时间在疫情高峰期之后，则暴发的下降与措施无关。在评价措施的同时，对暴发趋势也要作出预测。

（9）调查结果的交流　全部工作结束后，根据受众的不同，将调查结果或发现归纳总结，采用不同的形式形成流行病学调查报告、业务总结报告、行政汇报材料、学术论文、新闻媒体的稿件等，及时进行交流和沟通，以求达到最大的效应，这也是暴发调查的最重要产出之一。书面报告的主要内容包括暴发或流行的总体情况描述，引起暴发或流行的主要原因，采取的控制措施及效果评价、应汲取的经验教训和对今后工作的建议。

暴发现场是多样的，复杂的，也就是说每起疫情都有各自的特点；调查过程始终处于动态变化中，不断有新的发现，不断有新的假设，又有可能不断地被推翻，因此调查步骤不是固定不变的，不是每次都缺一不可，有时是同时进行的，但都以控制疫情为主要目的。

6. 应用举例　可参考《猪病紧急流行病学调查表》（附件1）。

（二）定点流行病学调查

1. 概念　定点流行病学调查是国家或地方兽医行政部门根据疫情监视需要，选取有代表性的县（市、区）或动物疫病诊疗机构，持续、系统地对疾病事件及其相关因素开展实时调查，对调查采取的样品及时检测，将收集的各种信息资料和检测数据进行综合处理与分析，定期或不定期地报告调查结果，并预测疫情动态和提出防控措施建议。定点调查包括个案调查、暴发调查、抽样调查和较小范围的普查。

2. 定点流行病学调查的特点

（1）属于抽样调查和哨点监测的范畴；

（2）实时监视辖区疫情发生，实时开展个案调查、暴发调查；

（3）根据需要定期或不定期开展抽样调查和较小范围的普查；

（4）传染来源和疫源地监视是重点日常工作之一；

（5）开展动物饲养管理方式等疫情风险相关因素调查和监视；

（6）动物疫病诊疗机构定点监视，可以及时掌握当前主要动物疫病种类及疫情动态。

3. 定点流行病学调查的要求

（1）定点县的选取除了考虑动物饲养、调运、疫情监视的代表性外，还要考虑所在县工作的配合程度、工作基础、人员素质和实验室条件；

（2）定点县要指定专人分管和从事该项工作，能与上级业务部门密切配合开展工作；

（3）上级业务部门与定点县联合制定相关调查方案和调查监视计划；

（4）定点调查要与定点县的日常工作相结合，实现定点调查工作的日常化和规范化；

（5）上级业务部门与定点县及时共享和交流定期或不定期的调查报告结果；

（6）上级业务部门与定点县要定期或不定期开展对相关人员的培训和技术研讨；

（7）要有专项经费和机制保障。

4. 应用举例　具体参见《2014年家畜疫病流行病学调查方案》见附件两个。

附件1

猪_____（病）紧急流行病学调查表

说明： 1. 本表由县级动物疫病预防控制机构在接到疫情报告后，开展流行病学调查时填写。

2. 猪是单一易感动物的，无需填写牛羊等动物的相关数据。

3. 本表述及的单元（流行病学单元）是指处在同一环境、感染某种病原可能性相同的一群动物。如处在同一个封闭圈舍内的动物，或同一个场内（开放式圈舍）的动物，或某个村内饲养的所有易感动物，或者是使用同一个公共设施的一群动物（如水源等），均可称为一个流行病学单元。

序号：_____ 填表日期：_____ 年 月 日

一、基础信息

1. 疫点所在场/养殖小区/村概况

名 称		地理坐标	经度：	纬度：
地 址		省（自治区、直辖市） 县（市、区） 乡（镇） 村（场）		
联系电话		启用时间		
易感动物种类	养殖单元（户/舍）数		存栏数（头/只）	
猪				
牛				
羊				
其他（ ）				

2. 调查简要信息

调查原因				
调查人员姓名		单位		
发现首个病例日期		接到报告日期		调查日期

二、现况调查

1. 发病单元（户/舍）概况

户名或猪舍编号	母猪/育肥猪/仔猪①	存栏数②（头）	最后一次该病疫苗免疫情况							病死情况	
			应免数量	实免数量	免疫时间	疫苗种类	生产厂家	批号	来源	发病数③（头）	死亡数（头）

注：①母猪/育肥猪/仔猪：同一单元同时存在母猪、育肥猪、仔猪的，分行填写；

②存栏数：是指发病前的存栏数；

③发病数：是指出现该病临床症状或实验室检测为阳性的动物数。

2. 疫点发病过程（用于计算袭击率）

自发现之日起	新发病数	新病死数
第1日		
第2日		
第3日		
第4日		
第5日		
第6日		
第7日		
第8日		
第9日		
第10日		

3. 诊断情况

初步诊断	临床症状：						
	病理变化：						
	初步诊断结果：				诊断人员： 诊断日期：		
实验室诊断	样品类型	数量	采样时间	送样单位	检测单位	检测方法	检测结果
诊断结果	疑似诊断				确诊结果		

4. 疫情传播情况

村/场名	最初发病时间	存栏数	发病数	死亡数	传播途径

5. 周边野生易感动物分布及发病情况

野生易感动物种类	病死情况

6. 疫点所在地及周边地理特征（请在县级行政区域图上标出疫点所在地位置；注明周边地理环境特点，如靠近山脉、河流、公路等）

7. 疫点所在县易感动物生产信息（为判断暴露风险及做好应急准备等提供信息支持）

易感动物名称	疫　　区		受威胁区		全　　县	
	养殖场/户数	存栏量 （万头/万只）	养殖场/户数	存栏量 （万头/万只）	养殖场/户数	存栏量 （万头/万只）
猪						
牛						
羊						
其他						

8. 当地疫病史

三、疫病可能来源调查（追溯）

对疫点第一例病例发现前 1 个潜伏期内的可能传染来源途径进行调查。

可能来源途径	详细信息
易感动物购买或引进（数量、用途和相关时间、地点等）	
易感动物产品购入情况	
饲料调入情况	
水　源	
本场/户人员到过其他养殖场/户或活畜交易市场情况	
配种情况	
是否放养	
泔水饲喂情况	
营销人员、兽医及其他相关人员是否到过本场/户	
外来车辆进入或本场车辆外出情况	
与野生动物接触过情况	
其　他	

四、疫病可能扩散传播范围调查（追踪）

疫点发现第一例病例前1个潜伏期至封锁之日内，对以下事件进行调查。

可能事件	详细信息
易感动物出售/赠送情况	
配种情况	
参展情况	
放　养	
与野生动物接触情况	
诊疗兽医巡诊情况	
相关人员与易感动物接触情况	
其　他	

五、疫情处置情况（根据防控技术规范规定的内容填写）

疫点处置	扑杀动物数	
	无害化处理动物数	
	消毒情况（频次、面积、药名等）	
	隔离封锁措施（时间、范围等）	
	其他	
疫区防控	封锁时间、范围等	
	扑杀易感动物数	
	无害化处理数	
	消毒情况	
	紧急免疫数	
	监测情况	
	其他	
受威胁区防控	免疫数	
	消毒情况	
	监测情况	
	其他	
其他（如市场关闭等）		

填表人姓名：　　　　　　　　　　联系电话：
填表单位（签章）　　　　　　　　省级动物疫病预防控制机构复核（签章）

附件 2

2014 年猪群疫病流行病学调查实施方案

按照《农业部关于印发〈2014 年全国动物疫病监测与流行病学调查计划〉的通知》（农医发〔2014〕12 号）要求，为做好 2014 年猪群疫病流行病学调查工作，制定本方案。

一、目的

掌握口蹄疫、猪瘟、猪蓝耳病（包括高致病性猪蓝耳病）、猪伪狂犬病、猪流行性腹泻等猪群疫病流行动态、发展趋势，监视病原遗传演化特点，及时提出疫病动态预警及相关防控策略建议。

二、范围

黑龙江、辽宁、河北、河南、山东、安徽、江西、浙江、福建、湖南、广东、广西、云南、四川。

三、方法

1. 猪群疫病流行动态调查 采取问卷调查和采样检测相结合的方式进行。

2. 猪群疫病流行病学调查 分临床健康猪群、不稳定猪群和发病猪群三类进行定点流行病学调查、采样检测。

3. 样品检测方法 对采集的血清、组织样品按现行国家、行业标准中规定的方法进行检测。

四、内容

（一）猪群疫病流行动态调查

每季度在全国 20 个省份开展一次针对养殖场/户的猪群疫病流行动态问卷调查（抽取一定比例的猪场进行现场核实），了解主要猪群疫病的流行状况、流行强度、疫苗免疫效果等，在部分猪场采集组织、血清样品进行检测，以便及时研判疫病态势。问卷调查表（见附表 1）应于每季度最后一月 20 日前将调查表发到中国动物卫生与流行病学中心（以下简称动卫中心）指定电子邮箱。

（二）主要猪群疫病采样检测

1. 临床健康猪群 上述 14 省份，每省选 5 个调查点（县/市/区，见表），共采集 75 份组织样品（淋巴结、肺脏、脾脏等）进行主要猪群疫病病原学检测，每半年进行一次，采样登记表见附表 2。

采样点分布及要求

采样点	省会（首府）	养殖密集县（市、区）	散养县（市、区）
生猪屠宰场数	2个	2个	1个
采样数	15份/场	15份/场	15份/场
样品数	30份	30份	15份

2. 不稳定猪群　在上述调查范围内，针对部分不稳定猪群采集一定数量的组织和血清样品进行病原和抗体检测。

3. 发病猪群　上述14省份每半年向动卫中心畜病监测室送检一次临床发病猪的组织样品，采样登记表见附表3。

五、组织实施

中国动物卫生与流行病学中心与黑龙江等14个省（区）动物疫病预防控制机构（动物卫生监督所）联合实施。

六、时间安排

2014年，每季度开展一次猪群疫病流行动态调查，3～5月和9～11月各进行一次采样检测。

七、联系方式

单位：

联系人：

联系电话：

附表 1

20 ____年猪群疫病流行病学问卷调查表

_____省（自治区、直辖市）　　　　　　填表日期：2014____年____月____日

猪场地址	县（区、市）　　　乡（镇）	猪场启用时间	年　　　月

1. 现养殖情况（头）

	种公猪	经产母猪	哺乳仔猪	保育仔猪	生长育肥猪	年出栏数（头）
现存栏						

2. 疫苗采购情况

	蓝耳病疫苗	口蹄疫疫苗	猪瘟疫苗	圆环病毒病疫苗	胃—流二联苗
名　称	□灭活苗 □活苗	□灭活苗 □合成肽	□细胞苗 □淋脾苗 □传代细胞苗	□进口 □国产	□灭活苗 □活苗
来　源	□自购 □政府	□自购 □政府	□自购 □政府		
生产企业					

3. 疫苗使用情况及效果（名称：免疫的疫苗名称；效果填写：1. 好；2. 一般；3. 不明显；4. 无效）

疫苗种类	种　猪			仔　猪			育肥猪		
	名称	企业	效果	名称	企业	效果	名称	企业	效果
口蹄疫									
猪　瘟									
蓝耳病									
圆环病									
伪狂犬病									
副猪嗜血杆菌									
胃-流二联									

注 1. 名称填写：口蹄疫：合成肽、灭活苗；猪瘟：普通细胞苗、传代细胞苗、脾淋苗；蓝耳病：灭活苗、活疫苗、进口苗；圆环病：进口苗、灭活苗；胃流二联苗：灭活苗、活苗　2. 企业填写：生产企业。

4. 2014 年发病情况（时间是发病的月份；发病数、死亡数是绝对数，不是%）。

病种	种　猪			哺乳仔猪			保育仔猪			育肥猪		
	时间	发病数	死亡数	时间	发病数	死亡数	时间	发病数	死亡数	时间	发病数	死亡数
F 病												
蓝耳病												
猪瘟												
圆环病												
腹泻												

（续）

猪场地址	县（区、市）		乡（镇）		猪场启用时间				年 月		
病种	种 猪			哺乳仔猪			保育仔猪			育肥猪		
	时间	发病数	死亡数	时间	发病数	死亡数	时间	发病数	死亡数	时间	发病数	死亡数
副猪嗜血杆菌												
乙型脑炎												
猪伪狂犬病												
其 他												

5. 免疫程序：

6. 2014 年以来疫病造成损失严重程度的顺序是（1－表示最严重，依次类推）：
（　）口蹄疫，（　）猪瘟，（　）圆环病毒病，（　）蓝耳病，（　）流行性腹泻，（　）副猪嗜血杆菌病，（　）
其他：

7. 养猪业存在的最大问题是什么？需要得到什么帮助？

8. 影响猪场效益的主要因素：

说明：本表格仅作为流行病学调查专用，信息严格保密。
单位：　　　　联系人：　　　　联系电话：　　　　电子邮箱：

附表 2

屠宰场采样登记表

采样地点：_____省（区）_____市（地、州）_____县（市、区）_____乡（镇、街道）

屠宰场名称：_____；采样单位（公章）：_____

采样人：_____；采样日期：_____年_____月_____日

被采样猪来源	样品名称	样品编号	数量

注：1. 屠宰场采样需采集每头猪的扁桃体、肺脏、肺门淋巴结、脾脏、肠系膜淋巴结等。

2. 本表用于屠宰场采样登记，按被采样猪的来源（省-市/地/州-县）分栏填写，并顺序编号。

3. 此单一式三联，一联随样品封存，另两联分别由采样单位和养殖单位保存。

附表 3

发病猪群采样登记表

编号：

采样单位	（公章）	采样日期	
采样人		联系电话	
采样地址	_____省（区、市）_____市（地、州）_____县（市、区）_____乡（镇、街道） _____场/村		
场主/户主		联系电话	
猪场启用时间		养殖模式	□规模场 □专业户 □散养户
饲养管理	1. 猪群来源：□自繁；□外购，_____省_____市_____县； 　　□自繁＋外购，_____省_____市_____县 2. 现存栏量：公猪：_____头，能繁母猪：_____头，后备母猪：_____头， 　　断奶前仔猪：_____头，保育猪：_____头，育肥猪：_____头。 3. 饲养管理：①饲养员：□场/户主及家庭成员，□聘用人员，□二者兼有； 　　②兽医：□场户主本人，□专职兽医，□本场顾问，□没有。 4. 防疫屏障：□养殖场相对独立，□有门禁、消毒设施，□进场消毒、换胶靴，□定期消毒 5. 兽医、饲养员、销售员等出入猪场情况：_____		
采样情况	（每份样品包括：扁桃体、肺门淋巴结、肠系膜淋巴结、肺脏、脾脏、脑组织等；如有腹泻病例，应采集粪便和/或一小段肠道） 采样份数：　　　　　　　　　　　样品起止编号：		
被采样猪 发病情况	最初发病时间：_____，发病日龄：_____ 病程：_____，发病数：_____，死亡数：_____ 临床典型症状： 主要剖检病变：		
发病后 治疗情况			
被采样猪 免疫情况	1. 免疫病种：□ 口蹄疫；□猪瘟；□猪蓝耳病（含高致病性猪蓝耳病）；□圆环病毒病；□伪狂犬病；□猪传染性胃肠炎＋流行性腹泻；□其他：_____。 2. 请填写本场所用疫苗的免疫程序，包括疫苗（含活疫苗）种类、次数、最近一次时间等。		

注：1. 本表适用发病采样，每个采样场只填写一份表，同一个县（市、区）的不同场分开填写，按顺序编号。

　　2. 此单一式三联，一联随样品封存，另两联分别由采样单位和养殖场/户保存。

　　3. 请按照《动物疫病实验室检验采样方法》（NY/T541—2002）进行样品采集、保存及运输。采样过程中应规范操作，防止人员感染，并做好环境消毒以免散毒。

第二节　流行病学监测

流行病学监测是描述流行病学的重要组成部分，流行病学调查主要是针对单个或一系列动物卫生事件开展的调查，而流行病学监测（简称监测）包括一系列的流行病学调查活动，是深入、全面的描述流行病学工作。

一、概述

(一) 监测的概念

动物流行病学监测是指长期、连续、系统地收集疾病的动态分布及其影响因素资料，经过分析和信息交流活动，为决策者采取干预措施提供技术支持的活动。流行病学监测有广义和狭义之分，狭义的监测主要强调通过实验室检测获取相应的疾病分布及其影响因素资料；广义的监测则包含各种相关资料（疫病流行病学信息）。从这一概念出发，不难发现流行病学监测包括三个方面内容：一是必须持续、系统地开展监测活动，以发现疾病的分布规律和发展趋势；二是必须对收集到的资料进行整理、分析，才能从表象数据里面发掘出有价值的信息；三是必须开展信息交流，即将监测结果及有关建议反馈给有关部门（兽医行政管理机构），以发挥监测的作用或效果。

(二) 监测的目的

为防控决策提供技术支持。一是及早发现外来病、新发病和紧急传染病，并确定病因；二是确定疾病（特别是流行病）的发生及分布情况，评价危害程度，判断发展趋势；三是评估防控政策措施的执行效果，如免疫效果监测等；四是证明某一区域或国家的无疫状态。

(三) 监测的意义

1. 动物疫病监测涉及一个国家的重大安全问题　这包括生物安全、公共卫生、畜牧业生产安全以及食品安全等。正因为如此，法国和加拿大的动物疫病监测工作由国家食品安全署或国家食品检验署统一管理；澳大利亚动物疫病监测工作则由澳大利亚生物安全合作研究中心（Australian Biosecurity Cooperative Research Centre）统一筹划，这个中心由联邦政府、卫生、动物卫生等方面高官领导组成的委员会领导；美国把动物疫病监测列为美国国内安全早期预警体系（early warning system）中重要的组成部分，是美国预防恐怖袭击的一项基础性工作（美国国内安全第 9 号总统令）。

2. 监测是动物疫病防控工作的基础　通过监测，可以了解动物疫病的流行现状、危害程度、风险因子及发展趋势，早期识别疫病的暴发和流行，分析动物疫病发生原因。这些都为动物疫病防控工作提供了重要的决策依据，有利于决策者拿出最具针对性、最为科学、可行的疫病防控措施。

3. 监测是评估疫病防控效果重要的手段　我国对口蹄疫、猪瘟、高致病性猪蓝耳病实施强制免疫政策，但是疫苗免疫到底对疫病的预防和控制效果如何、疫苗接种的安全性、副反应是否严重，这些问题都有待于通过调查监测得到确切答案。

4. 监测是申报国际动物疫病无疫认证的基础性工作　疯牛病引起各国高度重视，我国目前为止没有发现疯牛病，但是为了促进我国明胶等动物产品的出口，以及阻止国外含有疯牛病风险的牛肉等产品进口，都需要通过 OIE 关于疯牛病风险状况的认证。同大多数疫病一样，完成规定指标的监测工作是向 OIE 申请无疫认证的最基本要求之一。

5. 动物疫病监测具有重要的学术价值 动物疫病监测能够阐述疫病流行现状、危害程度、风险因子、流行规律和发展趋势，能够阐述病原的多样性、变异和分布，能够为多方面的深入研究提供线索，能够建立和验证假说，因此具有重要的学术价值。我国动物疫病种类繁多，生态多样性和病原多样性丰富，开展动物疫病监测研究具有丰富的资源，但在进行相关研究时，需遵守法律法规。

（四）监测的类型

1. 按组织方式可划分为被动监测与主动监测 下级单位按常规上报监测数据，上级单位被动接收，称为被动监测。法定传染病报告即属被动监测范畴。根据特殊需要，由上级单位亲自组织或要求下级单位严格按照规定开展监测并收集相关资料，称为主动监测。我国农业部组织的动物疫病定点监测、专项监测，各级动物疫控机构开展的重点监测，均属主动监测。总体而言，主动监测的质量明显优于被动监测。

2. 按监测敏感性可划分为常规监测与哨点监测 常规监测是指国家和地方的常规报告系统开展的疾病监测（如我国的法定疫病报告），优点是覆盖面广，缺点是漏报率高、效率和质量较低。哨点监测是指基于某病或某些疾病的流行特点，有代表性地在全国不同地区设置监测点，根据事先制订的特定方案和程序而开展的监测，称为哨点监测。如我国的动物疫情测报站、边境动物疫情测报站和野生动物监测站的疫情监测。

3. 按监测动物群体是否具有目标性可划分为传统监测和风险监测 传统监测是指根据传统危害因素识别方法，按一定比例，定期在动物群体中抽样进行检测。风险监测是指在风险识别和风险分析基础上，遵循成本效益比原则，在高风险动物群体中或高风险地区进行抽样检测。与传统监测相比，风险监测提高了资源分配效率、投入产出比较高。

4. 按监测病种可划分为地方流行性病、新发病（与外来病）**监测** 地方流行性疫病监测旨在测量和描述疫病分布，分析疫病发展趋势；外来病和新发病监测旨在发现疫病。二者在抽样规模、检测方法等方面均有很大区别。

5. 专项监测 如无疫监测、免疫效果监测等。无疫监测旨在通过系统的监测活动证明某区域（或国家）无特定疫病；免疫效果监测旨在通过监测活动，评估疫苗使用效果，包括免疫抗体变化情况、健康带毒情况，以及疫苗副反应等。

（五）监测的内容

按与疫病发生相关性的远近，相关信息排序如下：

1. 养殖场所处自然环境信息 通过对野生动物分布、媒介分布、气象气候变化等方面的了解，判断相关疫病的发生风险变化情况。

2. 某区域或国家的畜牧业生产信息 用于了解某区域或国家易感动物的分布情况。一般来讲，养殖密度较大的地区，疫病发生的风险相对较高。

3. 动物及其产品进口信息 用于评估外来动物疫病传入或发生的风险。

4. 动物及其产品价格信息 用于了解不同区域间动物及其产品的流通情况。同一种动物及其动物产品，区间价格差异越大，动物及其产品总是从价格低的地区流向价格高的地区。这也是疫病监测中经常提到的市场价值链研究。

5. 饲养管理方式信息　用于了解动物防疫条件，防疫条件越好，疫病发生风险越低。

6. 动物免疫状况信息　免疫密度越高，疫病发生风险越低。但从另外一个角度讲，凡是使用特定疫病疫苗的地区，一般可能存在该种疫病的流行或发生风险；疫苗免疫密度越高，疫病流行情况可能越为严重。

7. 样品实验室检测信息　用于了解监测或调查中所采样样品中某种病原或其抗体的存在或变化情况，样品实验室检测信息是最贴近疫病发生或流行特点的信息。

8. 疫病发生信息　用于了解疫病在某区域或国家的发生、流行、扩散以及控制等情况，是较为直观反映疫病发生情况的信息。

上述信息（监测数据）在探索病因、评估疾病发生风险、制定防控措施等方面各有用途，应组合使用。作为流行病学工作者，必须注意监测信息的全面性、系统性和持续性。孤立的、片面的、静态的信息，在流行病学研究中一般意义不大。

（六）监测体系的组成

监测体系是为了达到某种监测目的而建立的架构，通常指监测工作的组织体系。一个完整的动物疫病（动物卫生事件）监测体系通常应包括以下5个部分：

1. 动物疫病监视系统　即信息提供者，这一系统的作用在于发现疫情。养殖场、屠宰场、兽医门诊、动物交易场所、隔离场、进出境检疫机构，以及其他饲养、接触动物的单位和个人，都属于监视系统的组成部分。我国法律规定，任何单位和个人发现疫情都应上报。

2. 动物疫病检测实验室体系　这一系统的作用在于诊断疫情。各级各类兽医检测（诊断）实验室都是这一体系的组成部分。

3. 动物疫情报告系统　这一系统在疫情监测体系中起着枢纽作用。

4. 流行病学分析系统　收集、整理监测到的信息，分析疫病发展趋势，提出防控措施建议，开展风险交流。

5. 决策系统　依据风险分析报告，制定防控政策，发布疫情信息和预警信息。它是领导和资助监测工作的国家或省级兽医行政管理部门，是需求的提出者、信息使用者和发布者。

（七）监测的质量控制

动物流行病学监测结果直接服务于防控决策，必须强化全过程质量控制。以下几个因素尤其需要重视：

1. 监测数据的完整性　设计监测方案时，必须围绕监测目的，合理设定监测指标，有用的项目一个不能少，无用的项目一个不能要。只有这样，才能保证监测数据的可用性，提高监测活动的资源利用率。

2. 采集样品的代表性　设计监测方案时，还应根据设定的监测目的，合理选择简单随机抽样、系统抽样、分层抽样等抽样方式，合理确定抽样单位数量和抽检样品数量。力争利用给定的经费，使抽样检测结果尽可能地贴近实际情况。

3. 检测方法的可靠性　检测活动中，检测方法的敏感性、特异性均应达到规定要求。

4. 病例定义的统一性　在大规模流行病学监测活动中，必须确定一个统一可操作的疾病诊断标准，一般情况下，应根据特定疾病流行特点、临床表现、病程经过、剖检病变、病原分离、血清学检测、分子生物学诊断等方面，对疑似病例、临床病例和确诊病例做出严格定义。不同监测单位的诊断标准不同，会对监测结果产生较大影响，甚至出现结果扭曲。监测活动中确定的病例称为监测病例，由特异性病因引起并表现出特征性症状和病变的病例称为实际病例。在疾病监测活动中，应逐步提高监测病例中实际病例的比例，而且应当能够估计这一比例的大小和变化。

5. 测量指标的合理性　正确使用发病率、流行率、感染率、死亡率等测量指标，清晰描述疫病的三间分布情况。

6. 信息交流的透明度　监测活动中，组织人员、调查人员、实验室人员应当注重与被调查人员以及该领域的专家的充分交流，及时发现存在的问题，使监测结果贴近实际情况。

二、动物疫病监测方案

(一) 监测方案设计

1. 研究监测目的和要求　要从养猪业的生产实际出发，充分把握猪群疫病防控现状和技术需求，综合分析监测的目的和需求。即通过监测要获得什么样的信息，这些信息通过哪些途径或方式获得。同时，还应考虑以下因素：

(1) 合理设定目标　猪群疫病监测目标的设置一般要以对养猪业危害较大或对公共卫生安全、产业安全危害严重的病种或症候群为重点，适当兼顾其他疫病，以达到工作目的。

(2) 可获得的资源和技术　包括经费支持、工作队伍、检测技术保障、后勤支持等。

(3) 获取监测信息的难度　一般情况下，一项监测工作最多设定一个或一类目标。监测活动的需求越多、变量就越多，往往会加大获取监测数据的难度。

(4) 参与方的兴趣和利益　监测工作是一项多方参与的系统工作，各参与方对工作的需求、支持、配合力度各有不同，这直接决定着监测工作能否顺利展开，应予重点考虑。

2. 明确病例定义和监测指标

(1) 病例定义 (case definition)　病例定义不完全等同于病例的诊断，是根据病畜的主要临床症状、病理变化、分布特征和实验室检测指标等给出标准，并以此定义可疑病例、疑似病例、确诊病例。一般来说，病例定义最好是在现场运用简单、客观的收集病例的标准。在调查早期，建议使用敏感性较高、较为宽松的病例定义，以免漏报。例如发生口蹄疫疫情，可根据口蹄疫临床症状，确定发热、流涎、口腔等部位出现水疱、跛行或蹄壳脱落的猪为口蹄疫病例。

(2) 监测指标 (surveillance index)　有直接指标和间接指标。监测病例的统计数字，如发病数、死亡数、发病率、死亡率等称为直接指标，通常用这些直接指标来分析疫病流行现状和发展趋势。多数情况下，直接指标不易获得。如 2006 年 6 月以来发生在我国南方部分部分省份的高致病性猪蓝耳病疫情，直接调查发生高致病性猪蓝耳病疫情的养猪场的分布，由于对该病的流行病学信息、临床特征尚无标准判定依据，往往难以及时获得确诊信息，而应将监测指标调整为发生高热、高死亡、耳朵发蓝（发绀）、腹部皮肤发红等症状的养猪场的分布，作为疫情监测一项间接指标，间接反映了发生高致病性猪蓝耳病疫情场户的分布情况。

3. 确定监测框架和组织分工

根据监测需求和目的、可利用的资源、被监测的疫病特征来确定监测框架。针对具体的猪群疫病监测，可以采用统一框架。OIE 关于口蹄疫、猪瘟等疫病的监测指南也提示各种动物疫病的监测方案可以采用统一框架，仅在某些细节略有不同。这种监测的基本框架如下：

（1）监测背景；

（2）监测目的；

（3）监测范围；

（4）病例定义；

（5）监测内容，包括监测方式、方法、监测指标；

（6）监测系统组成及各自职责；

（7）监测数据的收集、分析和报告（包括反馈等）；

（8）监测系统的质量控制。

4. 监测工作中的一些细节　如在猪群疫病定点流行病学监测工作中，应根据监测目的，被监测地区的疫病流行情况，明确监测点（县或场）的具体分布。如果在监测活动中还包括采样、检测，在设计方案时，还需考虑的细节包括：

（1）样品的采集、保存及运输　其中，必须明确监测的目标动物群、抽样方法、抽样数量、如何保存和运输样品等；

（2）选择合适的样品检测方法　应依据监测目的，选择一套标准、可信的实验室检测指标、检测方法、操作程序和判断标准；

（3）技术培训　在进行监测活动前应对实验室检测人员进行严格技术培训，使其熟练掌握即将采用的样品检测方法和结果分析技术；

（4）筛选稳定而可靠的检测试剂；

（5）必要的实验室设施设备，在进行一类病原检测时必须在三级生物安全设施内进行；

（6）进行样品检测的实验室应具有可靠的质量控制体系。

5. 选择数据分析方法　监测工作中除了要分析疫病的三间分布（动物群体、时间、地理）及其影响因素外，还应考虑数据的录入、加工以及输出方法，有时还需要建模。

6. 监测信息报告与使用权限　通过监测活动形成数据和报告后，应严格界定监测报告的提交机构和使用权限。包括监测报告的密级、监测结果将报告（或分发）给谁（机构和人员）、原始数据和相关报告向谁开放以及是否以某种方式向公众发布监测信息等。监测数据和（或）报告除了向上级和决策机关报送外，还应将监测信息以适当形式向工作相关方、参与单位以及信息提供者及时反馈。这有助于发挥监测结果的效应，有助于保持监测系统的正常运行，提升监测活动的参与度和报告质量。

7. 对监测方案的评价　包括一级评价和二级评价，一级评价是指对监测方案实施的重要性、必要性进行评价，即为何开展监测。一级评价一般应在监测工作启动前进行。二级评价是对已在实施的监测工作的进展情况及其预期结果进行评估，以便对监测工作进行及时改进，提高监测效能。

（二）误差控制

1. 基本概念　误差（error）是指监测的结果和真实值之间的差距。在监测过程中，我们不可能采用完美的方法按照严格的操作程序对所有的个体进行检测，只能用比较好的方法按照比较正确的操作程序对某些个体进行检测，因此难以避免误差的存在。如果误差在可以接受的范围之内，那么监测的结果就是有效的。认识误差的存在原因，对于优化监测方案，提高监测工作的效能非常重要。

2. 误差来源和减少误差的方法　在监测工作的每一个环节都有可能产生误差，如监测范围的大小、抽样方法、抽样数量、检测方法、结果分析方法等，这些变量都是误差产生的来源，不可避免。例如，拟对山东省开展猪蓝耳病流行病学检测，目标群应该是全省范围内的猪场，但在实际工作中往往通过具有代表性的市辖区范围的代表性群体进行监测，如养殖量较大的胶东半岛、临沂、潍坊，或者济青高速沿线一带的猪群。如此，监测的结果就很难准确反映该省猪蓝耳病的流行状况。或者，由于采样不正确、样品保存不当、检测方法单一等情况均能引起误差。一般而言，误差分为两类，一是抽样误差（sampling error）。这种误差可以通过优化抽样战略、增加样品数量等方法，提高样品的代表性来减少误差。二是信息误差，如所收集资料难以明确归类、把原本是阳性的样品归为阴性样品等，这种误差可通过改进信息收集方法、落实质量管理体系等方法减少信息上的误差。

（三）抽样设计

在流行病学调查抽样中，通常将群分为 3 类，即目标群、研究群和样本（图 5-6）。研究群是指样本动物（群）所在的动物群。目标群是指通过对调查结果的统计分析，直接可以推导的动物群体卫生状况的畜群，研究群通常是目标群中的一部分。

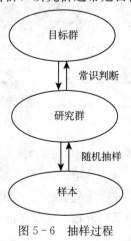

图 5-6　抽样过程

抽样设计的目的是通过较少的资源获取能够反映总体情况的信息。抽样可以分为非随机抽样和随机抽样。未采用随机方法进行的抽样就是非随机抽样。

1. 非随机抽样

（1）判断抽样　根据经验和现有条件确定样本的抽样方法称作判断抽样。实际工作中，有时不具备随机抽样条件，抽样人员可根据实际情况采取判断抽样的方法。

（2）偶遇抽样　即预先不确定样本大小，遇到哪个样本调查哪个样本。如在督察过程中，选择愿意配合畜主的畜群进行抽样。在分析性研究中，研究人员也会使用该抽样方法。

（3）配额抽样　按总体特征配置样本份额，抽样时由调查员随意抽取。猪病流行病学调查中，每个省选 3 个定点县，这种调查方法也属于配额抽样。

非随机抽样的准确性低、代表性差，在描述性流行病学研究中一般不采用，但在分析性研究中，非随机抽样由于其方便性，经常被采用。但是，分析的结果只具有参考价值，不能代表实际情况。

2. 随机抽样　随机抽样是根据随机原则，运用恰当工具从抽样总体中抽选调查单元。由于代表性和随机性是直接相关的，所以随机抽样得到的样本具有代表性，通过随机抽样得到的样本可计算抽样精确度。根据采取的抽样方法不同可采取不同的总体特征估计方法。常用的抽样调查方法有简单随机抽样、系统抽样、分层抽样、整群抽样和多级抽样等（表 5-2）。

（1）简单随机抽样（simple random sampling）　是最基本的抽样方法，做法是先将研究对象编号，再通过随机数字表、抽签、电脑抽取等方法进行抽样（图 5-7）。简单随机抽样操作简单，但需完整的抽样框，常用于动物数目较小的情况。图 5-7 描述了从 10 头猪中随机抽取 5 头作为调查对象的情况。

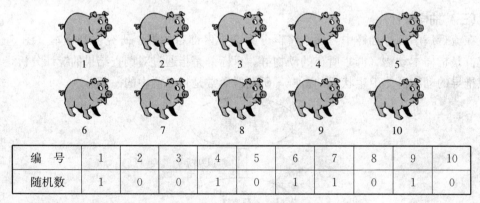

编　号	1	2	3	4	5	6	7	8	9	10
随机数	1	0	0	1	0	1	1	0	1	0

（选取随机数 1 作为样本）

图 5-7　简单随机抽样示例

（2）系统抽样（systematic random sampling）　按照一定顺序，机械地每隔一定数量的单位抽取一个单位，又称间隔抽样或机械抽样（图 5-8）。本方法简便易行，不需要目标群过多的信息，样本在总体中平均分布，比简单随机抽样的误差小，常用于在屠宰场抽样。

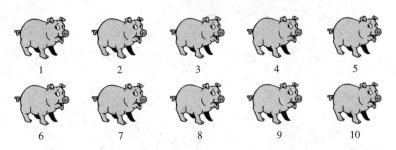

10/5＝2　每隔一个动物抽取一个样本

图 5-8　运用系统抽样从 10 只猪中选取 5 个作为样本

（3）分层抽样（stratified random sampling）　分层抽样是将研究对象按特征（如性别、年龄、种群、饲养方式等）分为几层，然后在各层中进行随机抽样的方法（图 5-9）。每一层内个体的差异越小越好，层间的差异则越大越好。分层可以提高总体指标估计的精确度，还可以分别估计各层内情况，且方便组织管理，在动物疫病状况和卫生状况调查中应用普遍。按照各层之间的抽样比是否相同，分层随机抽样可分为等比例分层抽样与非等比例分层抽样两种。

图 5-9 描述了分层抽样的一般方法。在总体中，按照动物特征将研究群分为 A、B 两类，再在 A、B 群中分别采用简单随机抽样的方法进行抽样，抽取调查单元。

图 5-9　分层随机抽样示例

（4）整群抽样（cluster sampling）　将总体分成若干群组，如棚舍、村等，随机抽取其中部分群组作为样本，所有被抽到的群组中的个体均是调查对象。整群抽样适用于缺乏总体单位的抽样框。应用整群抽样时，要求群内各单位的差异要大，群间差异要小。这种方法便于组织，节约人力、物力，多用于大规模调查。缺点是当不同群之间的差异较大时，抽样误差大、分析工作量大（图 5-10）。

图 5-10　整群抽样示例

（5）多级抽样（multistage sampling）　把抽样过程分为不同阶段，先从总体中抽取范围较大的单元，称为一级抽样单元（如省、直辖市、自治区），再从每个抽得的一级单元抽取范围较小的二级抽样单元（如县、乡），依此类推。多级抽样区别于分层抽样，也区别于整群抽样，优点是适用于抽样调查的面较广，没有一个包括所有总体单位的抽样框，或总体范围太大，无法直接抽取样本等情况，可以相对节省调查费用。其主要缺点是抽样时较为麻烦，而且从样本对总体的估计比较复杂。常用于大型调查，使用时应注意多阶段的连续性。各阶段抽样方法除简单随机抽样外，还可几种抽样方法结合使用（图5-11、表5-2）。

图 5-11　多级抽样示例

表 5 - 2　各种采样方法的比较

适用的抽样方法	案　例
简单随机抽样	了解一猪场猪瘟的感染率
等比分层随机抽样	了解猪场两种数量相同，品种不同母猪的平均产仔数
非等比分层随机抽样	了解猪场两种数量差异较大，品种不同母猪的平均产仔数
整群抽样	了解各省的猪瘟阳性情况，各县市负责采样，各省兽医实验室负责检测
多级抽样	了解特定地区内所有猪场的猪瘟感染率

（四）样本量的确定

样本量的确定需要考虑到统计学原理和监测目的。如果一个动物的畜群中有 8% 的动物感染某种疫病，检测的敏感性为 90%，特异性为 100%，在置信区间为 95%（即 $\alpha = 0.05$）确保至少能检出一例阳性动物，就需采集 40 头动物的样品。其计算公式为：

$$n = \ln (\alpha) \, 1 / n \, (1 - p \cdot Se)$$

公式中 ln 为自然对数符号，α 为显著性水平，p 是群体中的发生率，Se 为检测的灵敏度。

如果所用的检测方法特异性小于 100%，则阳性结果可能为假阳性。如果某种疫病发生率很低，而所用试验的特异性小于 100%，则阳性结果是假阳性的概率就很高。

对于随机抽样调查，需要设定恰当的流行率（上例中流行率设定为 8%）。如果设定流行率很低，检测样本的数量要足够大，才能保证能够检测到感染。流行率的设定必须依据当前和历史上某种疫病的流行情况，而了解这些情况需要事先开展一些监测和调查活动。对于国际无疫认证性监测，流行率不能设置太高，因为太高的流行率提示离无疫状态差距很远。

（五）样品采集

在猪群疫病监测活动中，所采集的样品主要包括血样、各种组织样品、体液、精液、粪便、流产胎儿等。每种样品的采集方法、数量、记录、保存及运输可参照农业行业标准《动物疫病实验室检验采样方法》（NY/T 541—2002）进行。

（六）样品检测

由于动物疫病检测方面的参考书很多，我国也已陆续发布了猪瘟、口蹄疫等猪群疫病的多种诊断试验方法，在本节不再赘述。具体在每一种猪病的诊断中加以阐述。动物疫病的监测中，考虑到各种检测方法的适用范围、灵敏度、特异性、操作复杂性、成本等因素，可能按照某种程序，采用一些而不是单一的检测方法来检测样品。这些检测方法的组合被称为检测系统（detection system）。

（七）流行病学调查

请参考上节。

三、流行病学监测举例

猪群疫病流行病学监测的种类很多，在本节以最为常见的"地方性流行病的监测"为例进行说明。农业部规定上报的疫病多呈地方性流行，有计划地开展地方流行病监测工作，有利于掌握疫情危害、流行特点和发展趋势等关键信息，这有助于决策机构合理制定防控措施、科学评估防控效果、优化各项防控措施。

（一）监测目的

一是掌握疾病的分布状况及其危害；二是分析疾病发生的风险因素，评估疫情发展趋势；三是监视病原变异情况；四是基于与既往监测结果的对比，评价现行防控措施实施效果，提出防控措施优化建议。

（二）监测体系的组成及监测活动范围

各级疫情测报体系共同组成地方流行病的监测体系。原则上，疫病流行地区及其周边地区都应当有计划地开展该项监测工作。

（三）监测的方式方法

对于特定的地方流行病而言，通常有三种监测方式：常规监测、定点监测和分子流行病学监视。三种方式用途不同、方法不同、执行主体不同。只有综合分析三者的结果，才能全面评估该病的疫情状况。

1. 常规监测 旨在掌握疫情的发生情况，属于被动监测。即通过现有疫情测报体系，系统地收集疫情个案和暴发病例的信息。对于发生的疫情，调查内容应当尽可能全面，包括疫情概况、流行特征、暴发原因、实验室检测结果、控制措施效果等（具体可参考相关疫病的紧急流行病学调查表）。相关信息应录入疫情数据库。

2. 定点监测 旨在掌握特定病原的感染情况（率）、免疫密度（效果）和相关风险因素，属于主动监测。即按照抽样调查的方式，有目的地获取相关监测数据，借以推断该病在特定区域或全国范围内的流行情况。

（1）监测点的布局原则 概括起来有三点：一要考虑经费支持情况，即在经费许可范围内确定监测点数量；二要考虑疫病流行情况，老疫区多设监测点、新疫区增设监测点、非疫区少设监测点；三要考虑当地监测能力，尽可能在检测能力强、工作积极性高的县市设立监测点。

（2）监测点的抽样数量 抽样数量主要取决于4个因素：一是当地易感动物存栏量，二是当地该病流行率，三是预设的精确度，四是预设的置信水平。四者确定后，即可按照第四章提及的计算方法测算抽样数量。流行率的确定是其中一项重要内容，一般是基于前期对感染发病情况的了解做出判断，无法获取前期感染发病情况时，可以选取50%或20%作为预测流行率进行预调查。

（3）监测内容 抽样时，除采集血清学和病原学检测样品外，还应同步调查收集第一节第五部分提及的相关内容，以便对疫情形势做出综合判断。

3. 分子流行病学监测 旨在掌握病原的变异情况。主要由国家和省级专业实验室承担。

（四）监测结果分析和报告

在长期、连续、系统地开展常规监测、定点监测以及分子流行病学监视的基础上，需要定期监视以下指标的动态变化情况，对特定疫病的分布、危害、流行特点、控制效果以及发生趋势做出判断分析，提出防控措施建议，形成完整的流行病学监测报告。

1. 疫病流行与发病情况　包括流行率、发病数、发病率，死亡数、死亡率和病死率，用于反映特定疫病的危害程度。

2. 病例分布情况　包括病畜的时间、空间和群间分布，用于反映特定疫病的流行规律。

3. 动物感染状况　包括病原学样品总体阳性数、总体阳性率，群体阳性数、群体阳性率，并对不同群体的群内阳性率进行比较分析。未免疫病种，可通过血清学监测数据获取。

4. 免疫效果　包括疫苗密度、有效率、保护率、应急反应率等。

5. 病原变异情况　通过分子流行病学调查和研究，掌握病原基因组的变异情况；根据该病的临床表现的变化，通过实验室的一些相关试验和动物试验，确定病原的毒力、免疫原性等的变异情况，以便及时掌握病原的变异，采取对应的措施。

6. 其他指标　动物流通情况、养殖条件变化情况、野生动物分布及其带毒情况等。

（五）质量控制

地方流行病学的监测工作涉及面广、工作量大、参与部门多、测量指标多样，必须做好以下关键环节的质量控制工作。

1. 工作计划　每年应根据上一年度的流行情况，制定下一年度工作计划或监测方案。

2. 技术指导和培训　应根据工作需要，指定相关部门或单位组织专业技术人员进行技术培训，特别要加强对各监测点的技术指导。

3. 实验室质量控制　要指定相关部门或单位定期对各监测实验室进行技术比对。上级业务部门应对下级监测部门的血清学检验、病原学检验结果定期复核。

4. 报表核实　要指定相关部门和人员对各种表格、相关原始记录、技术资料档案做好核实和管理工作。

5. 监测点的考核　每年定期抽检一定数量的监测点进行考核评估。

（六）工作报告

各监测点要定期报送信息，组织单位要做好分析报告。为了总结工作、交流经验，可考虑定期编发监测信息，必要时召开监测工作会议。

（七）保障措施

1. 加强领导、部门协作　地方流行病的监测工作涉及面广、工作量大。各参与部门应将其列入日常工作，提供必要的工作条件，充实专业技术人员并保持稳定。部门间要密切配合、互通信息，保障监测工作正常开展。

2. 经费、物资保障　各级兽医行政管理部门应对所需经费和物资给予保障，及时稳定地向监测点发放监测补助经费。

3. 加强调查研究，提升监测质量　监测工作开展后，业务部门要按监测方案逐项进行系统完整调查和监测，调查工作要认真负责，严格执行技术操作规程；资料有专人保管，保证资料的系统完整；抽样方法、检测方法和分析方法要不断改进，逐步提升监测质量。

四、流行病学监测方案举例

2011 年猪群疫病定点流行病学监测工作方案

根据《2011 年全国高致病性禽流感和口蹄疫等主要动物疫病流行病学调查方案》（农医发〔2010〕49 号）的要求，为做好 2011 年猪群疫病定点监测工作，制定本方案。

一、目的

掌握猪群疫病动态，监视猪群疫病主要病原分子流行病学和病原遗传演化特点。

二、范围

辽宁、河北、河南、山东、浙江、福建、江西、安徽、湖南、广西、云南、四川共 12 个省（自治区）。

三、时间

2011 年 3～5 月、9～11 月，在上述 12 省（自治区）开展两轮采样、监测工作。

四、工作方式

（一）屠宰场采样

每个被调查省份选择 5 个生猪屠宰场进行采样，见表 1。3～5 月和 9～11 月各进行一次现场采样。采样登记表见附表 1。

表 1　调查场/户规模及数量

采样点	省会城市	2 个地级市	1 个县级市
生猪屠宰场数	1 个	2 个	2 个
采样数	15 份	15 份/场	15 份/场
合计样品数	15 份	30 份	30 份

注：1. 省会城市选择宰杀量、跨省区流动数多的屠宰场；地级市选择养殖密度高或疫情发生风险高、养殖密度低或疫病风险低，所辖范围内为主要屠宰对象的屠宰场各 1 个；县级市选择养殖密度高、养殖密度低，县辖范围内为主要宰杀对象的屠宰场或点各 1 个。

2. 每一头猪采集扁桃体、肺脏、肺门淋巴结、脾脏、颌下淋巴结、肠系膜淋巴结。

（二）送样

各省份 2011 年 6 月 30 日之前，向中国动物卫生与流行病学中心各送检至少 25 头发病猪的病料，每份病料主要包括扁桃体、肺脏、淋巴结（颌下淋巴结、肠系膜淋巴结）、脾脏等，采样登记表见附表 2，采样要求见附表 3。

（三）随机调查、采样

根据送样检测结果以及各地疫情动态，对疫情高风险区域进行追溯性调查、采样及检测。

五、检测方法

CSFV、PRRSV、FMDV、PRV、PCV-2、BVDV、JEV 等病原均按照现行国家或行业标准进行检测。没有标准的，采用我中心建立的方法。

六、承担单位

中国动物卫生与流行病学中心、12 个省（自治区）动物疫病预防控制机构。

七、联系方式

单位：中国动物卫生与流行病学中心畜病监测室

地址：青岛市南京路 369 号　266032

联系人：

附表 1

屠宰场采样登记表

采样地点：_____省（自治区）_____市（地区、州）_____县（市、区）_____乡（镇、街道）

屠宰场名称：_____；采样单位（公章）：_____

采样人：_____；采样日期：_____年_____月_____日

被采样猪来源	样品名称	样品编号	数　量

屠宰场采样需采集每头猪的扁桃体、肺脏、肺门淋巴结、脾脏、颌下淋巴结、肠系膜淋巴结。

注：1. 本表适用于屠宰场采样登记，并按被采样猪的来源地（省-市/地区-县）分栏填写，并按顺序编号。

2. 此单一式三联，一联随样品封存，另两联分别由采样单位和养殖单位保存。

3. 邮寄地址：青岛市南京路 369 号中国动物卫生与流行病学中心畜病监测室　邮编：266032

收样人：_____　　　电话：_____　　　手机：_____

附表 2

发病样品采样登记表

编号：2011-

采样单位	（公章）	采样日期	
采样人		联系电话	
采样地址	_____省（区、市）_____市（地、州）_____县（市、区）_____乡（镇、街道）___场/村		
场主/户主		联系电话	
猪场启用时间		养殖模式	□规模场 □专业户 □散养户
饲养管理	1. 猪群来源：□自繁；□外购，_____省_____市_____县； □自繁＋外购，_____省_____市_____县 2. 现存栏量：公猪：_____头，能繁母猪：_____头，后备母猪：_____头， 断奶前仔猪：_____头，保育猪：_____头，育肥猪：_____头。 3. 饲养管理：①饲养员：□场/户主及家庭成员，□聘用人员，□二者兼有； ②兽医：□场户主本人，□专职兽医，□本场顾问，□没有。 4. 防疫屏障：□养殖场相对独立，□有门禁、消毒设施，□进场消毒、换胶靴，□定期消毒 5. 兽医、饲养员、销售员等出入猪场情况：_____		
采样情况	采样份数：_____样品起止编号：_____ （每份样品包括：扁桃体、颌下淋巴结、肺门淋巴结、肠系膜淋巴结、肺脏、脾脏、脑组织等，每头猪放在一个包装袋内）		
被采样猪发病情况	最初发病时间：_____，发病日龄：_____ 病程：_____，发病数：_____，死亡数：_____ 主要临床症状：_____ _____ 主要剖检病变：_____ _____		
发病后治疗情况			
被采样猪免疫情况	1. 免疫病种：□猪瘟；□猪蓝耳病；□高致病性猪蓝耳病；□伪狂犬病；□口蹄疫；□其他，如有请填写：_____。 2. 请填写本场所用疫苗的免疫程序，包括疫苗（含活疫苗）种类、次数、最近一次时间等。		

注：1. 本表适用发病采样，每个采样场只填写一份表，同一个县（市、区）的不同场分开填写，按顺序编号。
　　2. 此单一式三联，一联随样品封存，另两联分别由采样单位和养殖场/户保存。
　　3. 邮寄地址：青岛市南京路 369 号 中国动物卫生与流行病学中心畜病监测室　邮编：266032
　　收样人：　　　　　　　电话：　　　　　　　　　　　手机：

第三节 动物疫病的预警

近年来，全球范围内大规模暴发的 H5N1 亚型高致病性禽流感疫情对各国的家禽养殖业、禽产品国际贸易造成了巨大影响。与此同时，禽流感人间病例的不断发现和死亡，更是加剧了人们对禽流感可能引发全球流感大流行的恐慌。因此，FAO、OIE 等国际组织和各国政府正致力于加大对包括高致病性禽流感在内的动物疫病预警方面的研究投入，建立和完善动物疫病预警方法及系统，提高政府和相关机构尽早发现或预见突发动物疫病的能力，及时发布预警，及早做好各项应急防范措施。我国在动物疫病预警系统建设方面已取得了一系列进展，建立包括 450 个疫情测报站和边境监测站在内的动物疫情网络直报系统，国家、省、地、市各级实验室组成的全国动物疫病监测网络等，有利于提高在疫情发生初期发现病例的能力，并缩短疫情上报时间，为建立完善的动物疫病预警机制奠定了很好的基础。

一、疫病预警的基础理论

1. 信号理论 通过对一系列已获得的指标信号（数据）的分析，来判断一个公共卫生事件（如动物疫情的暴发或流行）的发生与否。这种识别方法将实际获得的数据与指标界值相比较，并采用敏感度、特异度和阳性预测值评价预警系统的精确度，用 ROC 曲线描述敏感度和特异度的关系，根据二者最优组合水平，结合所要预警的具体疾病的特征和所要求的时限来确定预警指标和预警方法。

2. 决策理论 是将预警技术应用在一个具体疾病的预警中，在对发生错误预警所需的费用和正确预警的收益评估的基础上，结合疾病的特征如潜伏期和病程长短的分析，寻找敏感度、特异度与及时性的最佳组合，最后做出是否发出预警，在什么时间发出预警的决策。

二、预警指标体系

建立预警指标体系是实现疫情预警的基础环节，但这一工作非常复杂，需要同时考虑到预警指标的敏感性、及时性、高效性、可操作性和可拓展性等。Delphi 法是一种通过向专家进行几轮咨询，获得专家一致性意见的预测方法，也是目前制定疫病预警指标体系常采用的方法。应用 Delphi 法挑选兽医流行病学及其他各个领域的专家，利用各位专家的知识和在实际疫病控制工作中的经验，结合现有的监测能力及上报数据的质量和防控能力等，筛选预警指标并用综合评价的方法建立可行的预警指标体系。

三、动物疫病预警体系的构建

目前，动物疫病预警体系的建设越来越受到国际社会的重视，FAO、OIE、欧盟等国际组织都建立了动物疫病预警体系（或系统）。如 FAO 建立了跨国界动植物病虫害紧急预防系统（EM-PRES）、跨国界动物疾病信息系统（TADinfo），FAO、OIE 和 WHO 联合建立了动物疫病全球预警体系（GLEWS）等。通常情况下动物疫病预警体系主要包括动物疫病监测体系、动物疫病报告体系、国外疫情监视体系和流行病学分析体系 4 个部分。

1. 动物疫病监测体系 是进行动物疫病流行病学分析的数据支持系统之一，也是动物疫病预警体系的基础性组成部分。建立该体系的主要目的是早期发现疫病，如欧盟的预警体系中包括了畜禽及其产品交易检测网络、实验室检测网络等多个检测网络；美国动物流行病学中心（CEAH）下设的动物卫生监测中心以及严密的实验室诊断和检测网络可以及早检测到某种疫病的发生，使其有足够的时间将疫病消灭在起始阶段。另外，美国除有农业部下设的几个联邦兽医诊断实验室外，几乎每个州都有一个兽医诊断实验室，每年都对大量的样品或病料进行检测，根据检测结果可以清楚了解各州各种动物疫病的控制情况和发生与流行的分布图。当发现可疑病例（美国已扑灭的疫病）时，要求在24h内将样品送至农业部梅岛外来病诊断实验室或艾姆斯病毒学诊断实验室进行确认。

2. 动物疫病报告体系 高效、快速的疫病报告体系是预警体系的一个枢纽性组成部分。疫情报告系统可以发现可能出现的任何疫情，一个有效的国家动物疫病预警体系至少要有一个从基层到最高兽医行政主管部门的有效疫情报告系统。例如，欧盟的预警体系中就包括了重大动物疫病通报系统（ADNS）、人畜共患病通报网络等疫情报告系统。欧盟重大动物疫病通报系统规定：当某成员国的某地出现重大动物疫病时，农场主必须立即向当地兽医部门报告，该成员国在确定疫情后24h内，必须通过动物疫病通报系统向欧盟委员会和其他成员国报告。系统会自动将信息立即传至欧盟及各成员国的相关机构。当传染性很强的重大疫病首次暴发时，通报系统将全天候运作，欧盟及各成员国之间会不间断跟踪传来的疫情信息，并及时做出必要反应。

美国的动物疫病报告体系相当完善，疫情报告主要分为常规报告、监测报告和紧急报告三种。常规报告主要由动物流行病学中心（CEAH）负责，通过国家动物卫生报告系统（NAHRS）定期向 OIE 通报 A 类和 B 类疫病在美国的情况；监测报告主要由国家动物卫生计划中心（NCAHP）负责，根据兽医局制定的国家动物疫病监测和扑灭计划，将各州报告的疫病监测信息进行汇总，定期向国内和 OIE 等国际组织通报；紧急报告（快报）则由紧急计划处（EP）负责，针对美国外来病或新发、突发病，进行紧急反应，并及时向 OIE 报告。

3. 国外疫情监视体系 国外疫情监视系统是动物疫情预警体系中重要的辅助支持系统，其通过监视国外或周边国家和地区的疫情现状与发展趋势，对疫情传入国内的风险进行评估和预测，为及时制订并实施预防性措施，调整相关动物及动物产品的国际贸易政策提供决策信息支持。例如，英国国际动物卫生处下设的国际疫病监测组是英国动物疫情预警体系的主要组成部分之一，负责监视国际上其他国家主要动物疫病的发生，评估疫情可能给英国造成的风险，24h内形成《国外动物疫情定性风险分析》报告，并在英国农业部网站上发布，以使英国政府尽早采取预防措施。CEAH 专设一紧急疫情室（CEI），每天监视国际上其他国家的疫情，在出现突发动物疫情时，及时结合相关的贸易信息起草风险分析简报，提醒政府采取预防措施。

4. 动物流行病学分析体系 该体系是预警体系中的技术性决策支持系统。它是建立在实验室检测结果和动物疫病监测结果及其他疾病因子之上的综合分析系统，也是预警体系的核心组成部分。其核心内容是根据某种疫病发生的历史和实时情况，结合疫病特定风险因子如环境因子、生态因子、气象因子等的变化规律，对疫情的可能发展趋势进行超前评估和预测，并据此提出最佳防控（风险管理）措施，供决策者参考。例如，CEAH负责将通过监测等途径获得的各种紧急动物疫情信息，经风险评估、流行病学分析、地理空间分析等多种手段对某种重大疫病可能对美国畜牧业造成的影响以及可能发生的程度进行预警性风险分析，提出最佳应急方案。

四、动物疫病预警的分级发布

国务院于2006年1月8日发布了《国家突发公共事件总体应急预案》（以下简称总体预案）。总体预案是全国应急预案体系的总纲，是指导预防和处置各类突发公共事件的规范性文件。文件中规定，突发公共事件分为四级。"突发公共事件"是指突然发生，造成或者可能造成重大人员伤亡、财产损失、生态环境破坏和严重社会危害，危及公共安全的紧急事件。

红橙黄蓝四色预警：总体预案要求，各地区、各部门要完善预测预警机制，建立预测预警系统，开展风险分析，做到早发现、早报告、早处置。在这个基础上，根据预测分析结果进行预警。在总体预案中，依据突发公共事件可能造成的危害程度、紧急程度和发展态势，把预警级别分为4级，特别严重的是Ⅰ级，严重的是Ⅱ级，较重的是Ⅲ级，一般的是Ⅳ级，依次用红色、橙色、黄色和蓝色表示。预警信息的主要内容应该具体、明确，要向公众讲清楚突发公共事件的类别、预警级别、起始时间、可能影响范围、警示事项、应采取的措施和发布机关等。为了使更多的人"接收"到预警信息，预警信息的发布、调整和解除要通过广播、电视、报刊、通信、信息网络、警报器、宣传车或组织人员逐户通知等方式进行。

五、疫病预警系统的评价

对预警系统有效的评价可以提高相关决策部门利用此系统进行决策的能力，目前的研究认为对预警系统进行评价应该包括以下几个方面：

1. 及时性 预警系统的及时性体现在从指示疫病暴发流行因素的出现到进行公共卫生干预之间的各个环节上，包括数据的及时收集、上报和分析；利用预警方法及时确定暴发流行的强度并发出相应级别的预警；及时执行干预措施以控制暴发流行范围的扩大。目前，对疫病预警方法的敏感度、特异度和阳性预测值等研究得较多，关于预警及时性定量或定性的研究较少，但预警的及时性对公共卫生干预非常重要。有研究对生物恐怖造成的炭疽、布鲁氏菌病和野兔病暴发流行干预控制及时性的需求进行了定量分析，其研究建立在一系列情景假设上（假定了事件发生的特定地点、特定人群、疾病暴发流行的曲线、人群的就医方式及抗生素和疫苗的有效率等），分别估算对暴发不进行干预和在不同时间下干预所造成的人群死亡数和经济损失，并进行比较。该研究结果证实了干预及时性对于各种疫病的重要性，并描述了每种疫病有效干预所需要的最佳时间。此研究方法的意义在于，当对流行的速度、严重程度及干预有效性等的评价如果是正确的，便可以定义确切的疫病暴发流行干预时间。

2. 有效性　评价一个预警系统发现疫病暴发流行的有效性，首先体现在对某病暴发流行的性质进行确定。通常统计上将高出基线发病率一定程度时确定为暴发，但在实际操作中，暴发通常是只有当某病流行程度达到可引起相关行业足够重视时，才由相关权限部门予以确定。理论上，有效性应该是根据不同疫病的特点，在综合考虑了系统的敏感度、特异度和阳性预测值等统计量后才能评定的，主要应该包括以下几个方面：暴发流行产生的危害程度，早期预警并干预的价值，干预和进一步调查需要的资源。例如当疫病暴发所产生的危害较大且及时发现暴发的价值较大，则需要较高的敏感度才能实现有效的预警。

3. 灵活性　灵活性是指预警系统根据不同地区、不同时期的实际情况，花最少的时间、人力和各种资源对预警指标体系本身进行调整以适应实际需要的能力。其调整的原则也是在暴发的危害性、干预的有效性和有限的资源间达到平衡。例如可根据各地具体情况增减指标或调整界值；在流行暴发的不同阶段，根据需要增加或精简一些数据，或是调整病例的定义。

4. 可接受性　指相关参与者和权力部门是否有意愿对预警所需数据的收集和分析做出贡献，这包括相关的监测数据能否被授权利用以及相关法律法规的制订，例如某地区的养殖场存在指示疫病暴发的症状，但又缺少紧急上报的证据，这个时候的数据如何获得和分析都需要相关权限部门的授权。

第六章　猪群疫病防控策略

近十年来，我国养猪业逐渐由传统的一家一户分散型饲养向规模化、商品化、企业化饲养转变，无论是养殖规模和单位面积饲养量均日益增大，养殖周期缩短，猪舍利用率不断提升。这种规模化、专业化的养殖模式在丰富了市场生猪及其产品的供给的同时，也带来了诸多问题或困扰，这其中最为广大从业人员、企业关注的是，养殖环境中的病原微生物（细菌、病毒、寄生虫等）污染严重，出现了老病新发、新病不断、混合或继发感染等问题，给我国养猪业健康发展、人民日常肉食品消费及生物安全带来了巨大损失与挑战。因此，如何有效控制猪瘟、猪蓝耳病等重大猪群疫病，已成为各级兽医行政主管部门、疫病控制机构以及养殖业者必须认真解决的棘手问题。从笔者从事猪群疫病诊断、调查、监测以及防控等相关工作经验入手，结合我国当前猪群疫病的流行现状、发展趋势，应切实建立、健全猪场的疫病控制体系。在"预防为主、综合防治"的原则指导下，以兽医流行病学、家畜传染病学等理论为指导，遵循生猪养殖基本规律，从养猪场（企业）的设计、选址、建设开始，逐步构筑起系统的饲养管理、环境控制、生物安全管理以及疫病综合控制体系，以保证生猪养殖业健康、稳定发展。

第一节　猪场生物安全体系

近年来，高致病性猪蓝耳病、仔猪腹泻等重大猪病的频发给我国养猪业造成了巨大经济损失，除去病原因素外，生物安全体系不完善是隐患所在。就猪场生物安全体系建设而言，应着重通过建立严格的隔离、消毒、防疫以及对人员和环境的控制，以阻止重大动物疫病的发生，进而保证猪场安全生产。具体包括以下几个方面：

一、猪场的选址与建设

猪场的选址、建设总体要求是：通风、干燥、卫生、冬暖、夏凉、环保，建设布局和生产流程科学、合理、有序。具体应符合《规模猪场建设》（GB/T 17824.1—2008）的有关要求。

（一）选址

猪场应位于法律、法规明确规定的禁养区以外，禁止在旅游区、自然保护区、水源保护地和环境公害污染严重的地区建场。场区应地势高燥、向阳、通风良好、交通便利、水电供应稳定、隔离条件良好。

猪场周围 3km 内无大型化工厂、矿场、皮革加工厂、屠宰场、肉食品加工厂和其他畜牧养殖场。场址距离干线公路、城镇、居民聚集区 1km 以上；场址应位于居民区常年主导风向的下风向或侧风向。猪场周围筑有高 2.6～3.0m 的围墙或较宽的绿化隔离带、防疫沟。

（二）猪场的布局

1. 猪场在总体布局上应将生活区与生产区严格分开，健康猪与病猪隔离，净道与污道分开。人员、动物和物资运转应采取单一流向，防止交叉污染和疫病传播。

2. 猪舍朝向应兼顾通风与采光，猪舍纵向轴线与常年主导风向呈30～60度角。

3. 根据当地的主导风向，生活区应置于生产区和饲料加工区的上风区或侧风区，隔离观察区、粪污处理区和病死猪处理区应置于生产区的下风向或侧风向，各区之间用隔离带隔开，并设置专用通道和消毒设施，以保障生物安全。

4. 生产区是全场的中心，按饲养工艺流程为种公猪舍→空怀母猪舍→妊娠猪舍→分娩舍→保育舍→育成舍，各猪舍之间的距离为20m。有条件最好采用多点式饲养，如"三点式"、"四点式"。

5. 根据防疫要求，猪场四周设围墙，在大门口设置值班室、更衣消毒室和车辆消毒通道；生产人员进出生产区要走专用通道，该通道由更衣间、淋浴间和消毒间组成；兽医室、隔离室和病死猪无害化处理间应设置在猪场的下风向处，离猪舍50m以外。

6. 养猪场应备有健全的清洗消毒设施，防止疫病传播，并对养猪场及相应设施如车辆等进行清洗消毒。生产区门口设有更衣、换鞋、洗手、消毒室和淋浴室。猪舍两端出入口处要设置长1.0m的消毒池，以供出入人员消毒。猪场的每个消毒池要经常更换消毒液，并保持有效浓度。

7. 猪场应建立隔离观察舍，进场种猪要在隔离圈观察，出场经过用围栏组成的通道，赶进装猪台。装猪台设在生产区的围墙外面。严禁购猪者进入装猪台内选猪、饲养员负责赶猪上车和多余猪返回舍内。

8. 场内应有自建水塔供全场用水，其水质应当符合国家规定卫生标准。

二、加强对种源的管理

（一）自繁自养、全进全出

实践证明，猪群的发病多数是由外疫的传入而引发的，因此从疫病防控的风险管理角度出发，猪场应采取自繁自养的模式，以杜绝外疫。同时在配种、妊娠、分娩、保育、生长育肥各阶段均实行全进全出，猪群全部转出后，猪舍经过严格清洗消毒，在达到一个完整的疾病潜伏期后（15d左右）再进下一批猪，已离场的猪禁止回场。

（二）慎重引种

引种是疫病传入的主要途径之一。因此，在从场外引种前应全面了解引种地、引种场的有关情况，做好引种前的产地检疫、引种群血清学和病原学检测等工作，在确认无外疫传入风险的前提条件下方能引种。同时还应做好运输检疫以及入场后的隔离观察。引种群到场后应隔离饲养、观察一段时间（30～45d），确认无疫后再混群饲养。对于引进的种猪应单独饲养，实施人工授精，加强对精液质量的检测，确保不发生疫病传播。

（三）严格的人员管理

在猪场运行过程中，兽医和饲养员是生物安全的核心，其专业水平、基本素养直接关乎猪场的疫病控制水平。此外，还应加强对外访人员，主要是饲料、兽药推销员、生猪经纪人、场外兽医和饲养员等高风险人群的管理。具体措施如下：

1. 加强对场外高风险人群的管理 严禁与本场无关的人群进入本场，并建立严格的登记、管理制度，对确需进场的人群应严格控制在生活管理区，不能进入生产区，以防外疫传入。

2. 对本场工作人员，特别是兽医和饲养员应加强管理，可采取的措施包括：

（1）加强饲养员和兽医防治员的培训 规模化养猪是一项高风险产业，员工素质的高低与养殖效益密切相关。在生产实践中，一定要加强对兽医和饲养员的考核、技术培训等。要经常对他们进行饲养管理、疫病防控等方面知识的培训，以提高业务水平。

（2）营造舒适的工作、生活环境 生产区既是兽医和饲养员的工作场所，也是其生活区域。因此在确保养猪生产安全的前提条件下，应尽可能改善其生活条件，提高工资待遇，及时排除其后顾之忧，进而营造一种和谐的工作生活环境。避免产生消极、抵触等不良情绪。

（3）完善的考核管理制度 猪场的各项管理制度要体现按劳分配、奖惩分明、责权统一等基本原则。避免出现消极怠工、不劳而获等不合理现象，以有利于猪场的顺利运行。

三、猪场的消毒

（一）门卫消毒

包括大门消毒、人员手脚消毒、车辆消毒等。具体包括：

1. 大门消毒池内的消毒液 2～3d 彻底更换一次，所用的消毒剂要求作用持久，较稳定，可选用氢氧化钠（3%）、过氧乙酸（1%）等。

2. 洗手消毒则可选用 0.5% 新洁尔灭季铵盐类消毒剂。

3. 车辆消毒，可选用过氧化氢溶液（0.5%）、过氧乙酸（1%）、二氯异氰尿酸钠等。任何车辆不得进入生产区，外来运猪车辆不能驶入生活区和生产管理区。

（二）猪场内消毒

1. 产房、保育舍、育肥舍的消毒 每批猪调出后，要求猪舍内的猪只必须全部出清，一头不留。彻底清扫猪舍内外的粪便、污物、疏通沟渠。取出舍内可移动的部件（饲槽、垫板、电热板、保温箱、料车、粪车等），洗净、晾干或置阳光下曝晒。舍内的地面、走道、墙壁等处用自来水或高压泵冲洗，栏栅、笼具进行洗刷和抹擦。闲置一天，自然干燥后才能喷雾消毒，消毒剂的用量为 $1L/m^2$。要求喷雾均匀，不留死角。可选用过氧乙酸（1%）、氢氧化钠（3%）、次氯酸钠（5%）等，并采用高锰酸钾＋福尔马林熏蒸消毒。消毒后需空栏 5～7d 才能进猪。

2. 带猪消毒 当某一猪圈内突然发现个别病猪或死猪，怀疑传染病时，需在消除传染源后，对可疑被污染的场地、物品和同圈猪进行消毒。可选用新洁尔灭（1%）、过氧乙酸（1%）、二氯异氰尿酸钠等。

3. 饮水消毒 饮用水中细菌总数或大肠杆菌数超标或可疑污染病原微生物的情况下，需进行消毒，要求消毒剂对猪体无毒害，对饮欲无影响。可选用二氯异氰尿酸钠、次氯酸钠、季铵盐类消毒剂等。

4. 器械消毒 注射器、针头、手术刀、剪子、镊子、耳号钳、止血钳等物品用前应进行清洗，然后置于消毒锅内煮沸消毒 30min 后即可使用。

5. 猪场环境消毒 场区道路和环境要保持清洁卫生，每天坚持打扫猪舍卫生，保持料槽、水槽、用具干净，地面清洁，选用高效、低毒、广谱的消毒药品，定期消毒。

6. 母猪进入产房前进行体表清洗和消毒，母猪用 0.1% 高锰酸钾溶液对外阴和乳房擦洗消毒。仔猪断脐要用 5% 碘酊严格消毒。

四、猪场的隔离

猪场与外界的隔离，场内生活区、办公区、生产区的相对隔离，各栋舍之间的相对隔离，能有效地切断传染，是控制疾病的根本方法。

1. 猪场严禁饲养禽、犬、猫及其他动物。猪场食堂不准外购猪只及其产品。职工家中不得养猪。定期驱除猪体内外寄生虫。搞好灭鼠、灭蚊蝇和吸血昆虫等工作，猪舍的窗户及开放部分覆盖纱网，防止蚊蝇鸟雀等进入。

2. 外来人员不得进入生产区，应在生活区指定的地点会客和住宿。生产人员进入生产区，要经过淋浴，更换专用消毒的工作服和鞋帽后才能进入。工作服和鞋帽必须每次都消毒。

3. 场内职工统一到食堂就餐，不准从市场购入猪肉。

4. 生产区内各生产阶段的人员、用具应固定，不得随意串舍和混用工具。

5. 生产区的人工授精和兽医等技术人员，不得在场外服务。

第二节 环境控制体系

一、猪舍温度

产房室温要求 18～22℃，哺乳仔猪保温箱内的温度要求 0～7 日龄 35～32℃，8～20 日龄 32～28℃；21 日龄断奶的保育猪舍的室温 28℃为宜，1 周后逐渐降至 26℃，60 日龄后可稳定在 23℃左右；育肥猪、种公、母猪温度控制在 15～22℃；外界气温超过 30℃，对种公猪、妊娠母猪应采取防暑降温措施。

二、湿度

不论大猪小猪都要求干燥的环境，猪舍内适宜的湿度为 65%～75%。

三、气流

加强通风换气和定期消毒，杀灭环境及空气中的有害有毒病原微生物，排除有毒有害气体和猪舍内的灰尘和微生物，是减少各种呼吸道和消化道疾病发生的必要手段。

四、合理的饲养密度

冬天为提高舍温可适当加大饲养密度，夏季降低饲养密度，并按性别、体重进行合理的分群，使猪只吃得多、吃得好、增重快。

第三节　疫病防制体系

一般情况下，应按照《集约化猪场防疫基本要求》（GB/T 17823—2009）做好如下工作：

一、坚持自繁自养、全进全出

实行自繁自养的生产制度，这样不仅避免外购传入疫病，又可降低生产成本。在引种时尽量从非疫区购入，并经动物卫生监督机构检疫，经消毒后进入隔离猪舍，经45d观察确认健康并按本场免疫程序注射疫苗后，再经过15d左右的适应观察，方可入场混群。

二、严格执行消毒制度

一般规模化猪场可每周消毒1~2次，疫情较大的猪场也可每天消毒1次，每次消毒时，应先将粪尿等污物、器具打扫干净，用消毒剂（稀释后）进行喷雾消毒。此外，各猪场还应根据本场猪群的免疫抗体水平、疫病的流行季节、病原感染情况制定合理的疫苗免疫程序。

三、制定严格的免疫程序

（一）免疫注射的病种

按照《农业部关于做好2007年猪病防控工作的通知》（农医发〔2007〕10号）文件要求，免疫的病种包括口蹄疫、猪瘟、高致病性猪蓝耳病、猪伪狂犬病、猪流行性乙型脑炎、猪细小病毒病、猪传染性胃肠炎、猪流行性腹泻、猪肺疫、猪丹毒、猪链球菌病、猪大肠杆菌病、仔猪副伤寒、猪气喘病、猪传染性萎缩性鼻炎和猪传染性胸膜肺炎等。推荐的免疫程序如下：

1. 商品猪

免疫时间	使 用 疫 苗
1日龄	猪瘟弱毒疫苗〔注1〕
7日龄	猪气喘病灭活疫苗〔注2〕
20日龄	猪瘟弱毒疫苗
21日龄	猪气喘病灭活疫苗〔注2〕
23~25日龄	高致病性猪蓝耳病灭活疫苗
	猪传染性胸膜肺炎灭活疫苗〔注2〕
	链球菌Ⅱ型灭活疫苗〔注2〕
28~35日龄	口蹄疫灭活疫苗
	猪丹毒疫苗、猪肺疫疫苗或猪丹毒-猪肺疫二联苗〔注2〕
	仔猪副伤寒弱毒疫苗〔注2〕
	传染性萎缩性鼻炎灭活疫苗〔注2〕

（续）

免疫时间	使 用 疫 苗
55 日龄	猪伪狂犬基因缺失弱毒疫苗
	传染性萎缩性鼻炎灭活疫苗［注 2］
60 日龄	口蹄疫灭活疫苗
	猪瘟弱毒疫苗
70 日龄	猪丹毒疫苗、猪肺疫疫苗或猪丹毒-猪肺疫二联苗［注 2］

备注：1. 猪瘟弱毒疫苗建议使用脾淋疫苗。

2. ［注 1］：在母猪带毒严重，垂直感染引发哺乳仔猪猪瘟的猪场实施。

3. ［注 2］：根据本地疫病流行情况可选择进行免疫。

2. 种母猪

免疫时间	使 用 疫 苗
每隔 4～6 个月	口蹄疫灭活疫苗
初产母猪配种前	猪瘟弱毒疫苗
	高致病性猪蓝耳病灭活疫苗
	猪细小病毒灭活疫苗
	猪伪狂犬基因缺失弱毒疫苗
经产母猪配种前	猪瘟弱毒疫苗
	高致病性猪蓝耳病灭活疫苗
产前 4～6 周	猪伪狂犬基因缺失弱毒疫苗
	大肠杆菌双价基因工程苗［注 2］
	猪传染性胃肠炎、流行性腹泻二联苗［注 2］

备注：1. 种猪 70 日龄前免疫程序同商品猪。

2. 乙型脑炎流行或受威胁地区，每年 3～5 月（蚊虫出现前 1～2 月），使用乙型脑炎疫苗间隔一个月免疫两次。

3. 猪瘟弱毒疫苗建议使用脾淋疫苗。

4. ［注 2］：根据本地疫病流行情况可选择进行免疫。

3. 种公猪

免疫时间	使 用 疫 苗
每隔 4～6 个月	口蹄疫灭活疫苗
每隔 6 个月	猪瘟弱毒疫苗
	高致病性猪蓝耳病灭活疫苗
	猪伪狂犬基因缺失弱毒疫苗

备注：1. 种猪 70 日龄前免疫程序同商品猪。

2. 乙型脑炎流行或受威胁地区，每年 3～5 月（蚊虫出现前 1～2 月），使用乙型脑炎疫苗间隔一个月免疫两次。

3. 猪瘟弱毒疫苗建议使用脾淋疫苗。

4. 技术要求

（1）必须使用经国家批准生产或已注册的疫苗，并做好疫苗管理，按照疫苗保存条件进行贮存和运输。

（2）免疫接种时应按照疫苗产品说明书要求规范操作，并对废弃物进行无害化处理。

（3）免疫过程中要做好各项消毒，同时要做到"一猪一针头"，防止交叉感染。

（4）经免疫监测，免疫抗体合格率达不到规定要求时，尽快实施一次加强免疫。

（5）当发生动物疫情时，应对受威胁的猪进行紧急免疫。

（6）建立完整的免疫档案。

（二）疫苗接种注意事项

（1）疫苗使用前应检查药品的名称、厂家、批号、有效期、物理性状、贮存条件等是否与说明书相符。仔细查阅使用说明书与瓶签是否相符，明确装置、稀释液、每头剂量、使用方法及有关注意事项，并严格遵守，以免影响效果。对过期、无批号、油乳剂破乳、失真空及颜色异常或不明来源的疫苗禁止使用。

（2）预防注射过程应严格消毒，注射器、针头应洗净煮沸 15～30min 备用，每注射一栏猪更换一枚针头，防止交叉传染。吸药时，绝不能用已刺注过动物的针头吸取，可用一个灭菌针头，插在瓶塞上不拔出、裹以挤干的酒精棉花专供吸药用，吸出的药液不应再回注瓶内。免疫弱毒菌苗前后 7d 不得使用抗生素和磺胺类等抗菌抑菌药物。

（3）注射器刻度要清晰，不滑杆、不漏液；注射的剂量要准确，不漏注、不白注；进针要稳，拔针宜速，不得打"飞针"以确保苗液真正足量地注射于肌内。

（4）免疫接种完毕，将所有用过的疫苗瓶及接触过疫苗液的瓶、皿、注射器等消毒处理。

（5）疫苗稀释

①对于冷冻贮藏的疫苗，如猪瘟苗稀释用的生理盐水，用时将疫苗同稀释液一起放置在室温中停置数分钟，避免两者的温差太大。

②稀释前先将苗瓶口的胶蜡除去，并用酒精棉消毒，晾干。

③用注射器取适量的稀释液插入疫苗瓶中，无需推压，检查瓶内是否真空（真空疫苗瓶能自动吸取稀释液），失真空的疫苗应废弃。

④根据免疫剂量、计划免疫头数和免疫人员的工作能力来决定疫苗的稀释量和稀释次数，做到现配现用，稀释后的疫苗应在 1～2h 内用完。

⑤不能用凉开水稀释，必须用生理盐水或专用稀释液稀释。稀释后的疫苗，放在有冰袋的保温瓶中，并在规定的时间内用完，防止长时间暴露于室温中。

（三）免疫接种具体操作要求

（1）接种时间应安排在猪群喂料前空腹时进行，高温季节应在早晚注射。

（2）液体苗使用前应充分摇匀，每次吸苗前再充分振摇。冻干苗加稀释液后应轻振摇匀。

（3）吸苗时可用煮沸消毒过的针头插在瓶塞上，裹以挤干的酒精棉球专供吸药用。吸入针管的疫苗不能再回注瓶内，也不能随便排放。

（4）注射部位要准确。肌肉注射部位，有颈部、臀部和后腿内侧等供选择，皮下注射在耳后或股内侧皮下疏松结缔组织部位。避免注射到脂肪组织内。需要交巢穴和胸腔注射的更需摸准部位。

（5）注射时要一猪一个针头，要一猪一标记，以免漏注。

（6）注射时动作要快捷、熟练，做到"稳、准、足"，避免飞针、针折、苗洒。苗量不足的立即补注。

（7）对怀孕母猪免疫操作要小心谨慎，产前 15d 内和怀孕前期尽量减少使用各种疫苗。

（8）疫苗不得混用（标记允许混用的除外），一般两种疫苗接种时间，至少间隔 5～7d。

（9）用苗前后严禁使用抗病毒药物；用活菌苗时，防疫前后 7d 内不能使用抗生素、磺胺类等抗菌、抑菌药物及激素类。

四、疫病诊断与监测

1. 对猪场发病死亡猪只，兽医技术人员应积极开展临床和病理诊断，并做好发病和死亡记录。

2. 采集发病死亡猪只的血清、组织样本，及时送相关实验室进行病原学与血清学诊断。

3. 猪场应定期开展疫病监测工作，掌握猪群病原感染与带毒状况。按猪群规模采集一定数量的血清样本送相关实验室进行检测，一般一年进行 3～4 次监测。

五、疫情处理

猪场发生疫情时，按规定及早报告，并依照相关法律法规进行处置。

六、药物防治

1. 猪场应依据本场细菌性疾病发生状况，制定各个阶段猪群的合理科学的药物预防与保健方案。

2. 对发病猪群，有针对性地使用药物进行对症治疗，选用敏感、高效的抗菌药物，严格执行各类药物停药期的规定。不能使用国家禁用的各类药物。

3. 制定猪场寄生虫控制计划，选择高效、安全、广谱的抗寄生虫药。首次执行寄生虫控制程序的猪场，应首先对全场猪进行彻底驱虫。对怀孕母猪于产前 1～4 周内用一次抗寄生虫药。对公猪每年至少用药 2 次，对体外寄生虫感染严重的猪场，每年应用药 4～6 次。所有仔猪在转群时用药一次。后备母猪在配种前用药 1 次。新进的猪只驱虫两次（每次间隔 10～14d）后，并隔离饲养至少 30d 才能和其他猪并群。

七、疫病净化

猪场应积极开展种猪群伪狂犬病、猪瘟等疾病的净化，建立阴性、健康的种猪群。

第四节 建立完善的养殖档案

生猪养殖场（企业）、应当依法向所在地县级人民政府畜牧兽医行政主管部门备案，并符合《动物防疫条件审查办法》（中华人民共和国农业部令，2010 年 第 7 号）的有关要求。标准的养猪场应当建立完整的养殖档案，并详细记录以下内容：

1. 生猪的品种、数量、繁殖记录、标识情况、来源和进出场日期；饲养种畜应当建立个体养殖档案，注明标识编码、性别、出生日期、父系和母系品种类型、母本的标识编码等信息。

2. 饲料、饲料添加剂等投入品和兽药的来源、名称、使用对象、时间和用量等有关情况；

3. 检疫、免疫、监测、消毒情况；

4. 畜禽发病、诊疗、死亡和无害化处理情况。

商品猪的养殖档案和防疫档案保存时间为 2 年，种猪的养殖档案长期保存。

第七章　美国猪病控制消灭案例

第一节　美国猪瘟消灭计划

古典猪瘟在美国流行一个多世纪以后，1961 年美国国会批准实施猪瘟消灭计划。1976 年，美国发现最后一例猪瘟病例，1977 年，美国宣布消灭古典猪瘟。美国猪瘟消灭计划前后实施了 17 年，这一成功消灭猪瘟的做法为世界所瞩目。本章简要介绍了美国猪瘟消灭计划的做法，以希为我国猪瘟消灭提供借鉴。

一、美国猪瘟消灭计划诞生的背景

1. 美国猪瘟的感染和流行状况　17 世纪初，欧洲猪进入北美洲大西洋沿岸各殖民地。18 世纪 60 年代初，欧洲高产种猪引入了美国。随着美国西部经济的快速发展，养猪数量激增。1847 年美国生猪存栏数达到 3 500 万头，年屠宰量 2 300 万头，而美国当时总人口只有 2 000 万。

19 世纪 30 年代本病流行之前，猪瘟的问题并不突出，发病仅见于动物个体。但此后疫情暴发次数迅速增加。从东海岸到墨西哥湾，从北部到印第安纳州广阔的区域，都发生过疫情。1846—1855 年，13 个州暴发 95 次疫情，1856—1860 年，22 个州暴发 173 次疫情。到 1887 年，已有 35 个州报告发生疫情，从缅因州到德克萨斯州，再到加利福尼亚州，美国养猪业损失惨重。美国农业部估算，1886 年因猪瘟死亡的猪占饲养量 13% 以上。

2. 美国猪瘟疫苗和诊断方法的研究　到 1885 年，猪瘟已在美国流行 50 多年，但对猪瘟和其他猪病的了解仍旧不多。研究主要集中在疫病造成的损失，可能对人带来的危害，疫病的分布、临床症状和病理变化等。1903 年才分离出猪瘟病毒，1906 年美国开始生产猪瘟高免血清。从 1833 年首次发现猪瘟，历时 70 多年的时间，美国养猪业第一次有了安全可靠的预防方法，避免猪群因猪瘟而全群覆灭。

1903—1906 年的研究工作进展快速，引起业界的广泛关注，对研究成果进行田间应用的呼声也越来越高。高免血清的免疫效果得到证实，到 1912 年，已有 30 多个州开始应用高免血清，1913 年，依据相关法律，美国农业部开始对血清制品进行检查。1913 年开始区域性试验，1914 年覆盖国内不同地区的 17 个县。

1913 年，美国国会向养殖协会拨款 75 000 美元，用于研究有效的猪瘟预防、消灭方法。1915 年，养猪业开始研究猪瘟控制方法，以降低疫病造成的损失。1917 年研究工作结束，美国农业部认为猪瘟消灭暂不可行。

1918 年，血清中和病毒的效果被广泛接受。随着病毒生产量的增加，血清的产量已经从 1915 年的 2.08 亿 mL 增长到 5 亿 mL，1927 年由于猪瘟的发生，血清的生产量增至 10 亿 mL，此后每年的产量基本上保持在该水平。到 20 世纪 50 年代，由于其他疫苗的出现才有所下降。不容置疑，病毒血清的使用极大地降低了美国猪瘟的发病率。

到 20 世纪 30 年代早期，研究人员开始致力于开发猪瘟灭活疫苗，猪瘟病毒经灭活后仍然保持免疫原性。1933 年，W. H. Boynton 发表了关于灭活疫苗的文章，相关兽医部门的科学家也正在研究几种制造程序。新型猪瘟疫苗的开发不是一件容易的事情，而且成功的病毒-血清治疗方法可以产生 90％以上的保护力，这就对新型疫苗的研究提出了更高的要求。

1934 年，Marion Dorset 及其同事研制成功结晶紫疫苗；1937 年，W. H. Boynton 和他的助手采用甘油和桉油醇处理感染猪的组织研制出猪瘟灭活疫苗。

1946 年，J. A. Baker、H. Kaprowski 发现猪瘟病毒在兔体传代后毒力有所减弱，为新一代猪瘟弱毒疫苗开辟了新的途径。猪瘟病毒通过兔体或猪源性细胞传代来改变或减弱病毒的致病力从而研制出弱毒疫苗。发明弱毒疫苗后，人们开始消灭全价病毒，1954 年，亚拉巴马州首先开始采取行动。尽管仍存在一些问题，但新产品的优点使其获得了信赖。在短期内，他们就替代了一些原有的方法，这个行动克服了最终消灭猪瘟的一个最大障碍。

到 1956 年，全美已经有 2/3 的猪群使用疫苗来预防猪瘟，其中弱毒疫苗占 90％以上，其余使灭活疫苗。这些安全高效的疫苗，使最终消灭猪瘟成为可能。

3. 美国猪瘟消灭的准备工作

（1）猪水疱病成功消灭的范例　20 世纪 50 年代早期，另一种对消灭猪瘟有重大影响的疾病在全国蔓延开来。1932 年首先在加利福尼亚用泔水饲喂的猪群中暴发了类似口蹄疫的疫病，即猪水疱病，它在临床上与口蹄疫没有区别，这种疾病在加利福尼亚州持续存在了 20 年，95％以上猪群的发生原因是饲喂了泔水。

1952 年美国开始实施水疱病消灭计划，除规定下脚料在饲喂猪之前必须煮熟消毒外，还规定严格禁止带有病猪的下脚料及肉产品跨州运输。1956 年，新泽西州发现最后一个水疱病病例，1959 年美国宣布消灭水疱病，这对后来的消灭猪瘟有着重大意义。

（2）启动猪瘟消灭行动　随着高效、安全疫苗的出现，美国消灭猪瘟的计划又被提上日程。1951 年，美国动物卫生协会成立了一个在全国范围内扑灭猪瘟的委员会，最早的 22 名成员来自农场管理层、兽医研究领域、养猪业户、农场人员、兽医微生物学界以及州、联邦政府的代表。委员会认为消灭猪瘟在技术上不存在问题，但在人们的重视程度和掌握知识方面仍显不够。

委员会首先要求养殖场参加全国疫病消灭计划，学习、掌握一些必要的知识。各州动物卫生机构和兽医官必须与各养殖场的负责人建立密切的工作关系，这将成为全国猪瘟消灭行动成功与否的关键因素。1956 年，委员会为了消灭猪瘟提出了 9 项计划，包括以下几个方面：消灭强毒力型猪瘟病毒，禁止给猪饲喂未经加工的下脚料，对已知或疑似病例要求上报，对感染猪群实施检疫措施，加强猪瘟免疫接种，控制猪群流动，清扫和消毒车辆和感染的猪舍，加强对猪瘟的研究，制定长远的信息和教育计划。

该委员会并督促美国农业部成立一个工作小组，并为小组拨款。1958 年，家畜保护团体，现在称为家畜保护协会——一个全国性的家畜养殖业户联合团体，成立全国猪瘟消灭委员会以使他们的活动正规化。在开始的几年里，家畜保护协会采用了 9 项计划，以成立全国猪瘟消灭计划委员会为起点，领导各地区农场与美国农业部合作。

（3）联邦立法　1960年，农场组织和其他相关团体分别派代表到华盛顿特区进行讨论，要求制定更加完善的猪瘟消灭计划，并要求联邦政府承担必要的责任。1961年春天，参议院与众议院联合制定了全国猪瘟消灭计划，很快参议院便向农业部呈报了此项计划的预计拨款，统计了各个组织团体对该项计划的捐助，最后估计这个计划第一年拨款400万美元，随后4～5年增加到1 000万美元。各州政府需要把这笔资金用到动物疾病的控制计划中去。1961年9月6日，肯尼迪总统签发了第87-209号政府令，开始全国消灭猪瘟计划行动，众议院表决完全支持。

该法案很短，肯尼迪总统直接命令农业部部长执行全国猪瘟消灭计划，并为顺利执行该计划、禁止或限制猪瘟强毒株或其他毒株在州间的相互流动提供了依据。法案同时允许农业部部长成立一个顾问委员会来帮助执行该项计划。顾问委员会成员来自各个猪场及相关企业，各州与政府机构，专家团体和公众，决定消灭存在了一个多世纪的猪瘟。

二、美国猪瘟扑灭计划过程

1961年10月华盛顿会议上，美国USAHA和USDA同意了一个分为四个阶段的全国性猪瘟消灭计划。尽管每个阶段的规定在全国都是一样的，但是，每个阶段侧重点不同，进度、目标也不同，因此，允许各个州根据实际情况加入这个计划和进一步制订计划。四个阶段计划作为连续几年行动基础，每个阶段的计划明确了目标。这些阶段和州加入计划或转入下一阶段之前要求达到的要点如下：

1. 第一阶段——准备（1961—1966年）　主要是做好疾病控制工作，内容包括确定诊断程序、诊断培训、建立紧急疫情报告系统、研究猪瘟可疑病例、研究猪瘟病毒的其他宿主、制定防控猪瘟的法规与措施、提高免疫水平和确定计划初期的资金投入。

加入计划的州要求上报猪瘟疫情，饲喂猪的下脚料必须煮熟，控制猪只流动，对感染的猪场进行检疫、检查和消毒，生物制品实行专控。建立州和县消灭猪瘟委员会，建立疫情快速上报的制度，调查上报的可疑疫情，通过标准诊断程序确认每一份报告。

2. 第二阶段——降低发病率（1966—1970年）　主要解决免疫安全问题（第二阶段禁止使用活疫苗、第三阶段禁止使用灭活疫苗）和流通中的疫病控制等问题，对可疑猪群进行检疫隔离直到最终确诊为止，连续对感染猪群维持检疫隔离直到对其他猪群没有威胁为止，被检疫隔离的猪群不能移动，除被运到指定的地点在控制条件下屠宰之外，检查进入市场后需要返回农场的猪只，坚持记录猪的来源和经销商信息。

3. 第三阶段——消灭疫情（1966—1970年）　主要解决重点扑灭和确定补偿资金问题。为全面清除感染猪群，为此，联邦、州政府须提供必要的补偿，制定和实施处理感染和与之有接触的猪群的行动计划，检查感染地区猪和经由市场渠道暴露接触的猪群。清除和消毒被感染猪群的猪舍和并消毒处理器具。

4. 第四阶段——防止再次感染（1970—1977年）　主要采取了禁止使用疫苗、广泛调查和紧急行动、支付赔偿金的措施和最后两年的监测。对一年内没有发现猪瘟的州，要积极实施报告、监测计划。禁止使用猪瘟活疫苗，使用灭活疫苗免疫必须上报到州。以饲养和繁殖为生产目的引进的猪必须隔离21d，除非来自于"无猪瘟"的州，所有经过四个阶段的州都可以宣布没有猪瘟。大家公认为尽管采取预防措施，仅仅一个州还是不可能避免与来自其他州的暴露接触，因此，如果出现猪瘟单次暴发且很快完全地被消灭而没有扩散的情况下，无猪瘟的州就可以保持非疫区地位。

三、美国猪瘟消灭计划的启示

1. 技术上具有消灭猪瘟的可行性　研究人员与田间诊断学家、流行病学专家一起解决了快速、准确的诊断技术，病毒在野猪群及其环境中的动力学，使用各种修饰疫苗的相关风险分析等问题，从科学上论证了消灭猪瘟的可行性。

2. 多方合作　在美国，完成这一计划需要许多公共机构和私人团体等的积极参与和持久而坚强的合作。在众多作出巨大贡献的个人和团体因素中，养猪业的领导作用是关键——使得其他因素更具成效。兽医生物制品生产商整个行业的积极参与，在从依赖于猪瘟疫苗到不使用疫苗的转变中起到了强有力的作用。

3. 强有力的经济支持　美国政府实施猪瘟消灭计划实施前 9 年（1961—1970 财政年度）项目支出为 6 130 万美元，后 7 年（1971—1977 财政年度）增长至 7 900 万美元，合计约为 14 亿美元。这个简单的比较没有将利润的因素考虑进去，否则将得到更加准确的投入回报估算。在计划实施过程尤其是早期阶段，畜主们还得遭受猪瘟带来的损失和昂贵的预防接种费用，这些都在计划税款之外。因此，这些都需要国家提供强有力的经济支持。

第二节　美国猪伪狂犬病控制消灭计划

一、美国猪伪狂犬病根除计划背景

美国是世界上养猪最多的国家之一，生产量占全世界总量的 10%，出口量居世界第二位。猪每年的销售额超过 300 亿美元。另外，养猪业解决了 60 万人的就业。美国政府历来重视养猪业，重视猪病的研究、预防和根除工作。伪狂犬病是美国最重要的疾病之一，在美国已经有 150 多年的历史，对美国养猪业的年收入造成了巨大的损失。养猪企业每年单就伪狂犬病一项将用去 3 000 万美元，其中 1 700 万用于购买疫苗，1 100 万是猪死亡的损失费，余下的用于伪狂犬病的诊断等。因此，美国政府决心根除伪狂犬病。

二、美国猪伪狂犬病根除计划实施过程

1. 第一阶段：1989—1998 年，建立、实施根除伪狂犬病项目（Pseudorabies Eradication Program）　1989 年，美国农业部建立了根除猪伪狂犬病项目。该项目包括监测伪狂犬病：系统地对猪群进行鉴定；注射伪狂犬病疫苗；消除隐性感染源和建立阴性动物群。这个项目由联邦政府、州政府、企业负责，对他们饲养的动物的采样测试、注射伪狂犬病疫苗，并按规定对圈舍进行清扫、消毒等。该项目预计 2000 年完成，资金由这三方共同承担。

到 1992 年，经官方认可的实验室进行伪狂犬病抗体检测和病毒分离，确认美国有大约 8 000 个感染猪群分布于美国各州。该项目实施几年后，取得了明显的效果，伪狂犬病得到了很好的控制。到 1998 年 12 月，已有 28 个州和 2 个特区根除了伪狂犬病，有 7 个

州处于无伪狂犬病的考核期，感染群已降到 1 110 个，只有 190 万头感染猪分布于 14 个州（Iowa，Indiana，Minnesota，North Carolina，Nebraska，Florida，Illinois，Pennsylvania，Michinan，California，South Dakota，Texas，Massachusetts，Louisana）。

2. 第二阶段：1999—2001 年，加速根除伪狂犬病项目（Accelerated Pseudorabies Eradication Prgram，APEP）　近年来，猪的市场价格不断下跌，1998 年猪价已跌到近 50 年来的最低点，一些猪场濒临破产。许多养猪生产企业不愿注射伪狂犬病疫苗以增加成本。这将严重影响根除猪伪狂犬病项目的进行，葬送这几年已取得的成果。伪狂犬病毒可能从感染群迅速传播到未注射疫苗的阴性猪群，伪狂犬病有可能再度在美国流行，影响美国作为世界第二大出口国的地位。

1998 年 12 月 24 日，美国农业部宣布了"加速伪狂犬病根除项目（APEP）"的计划，APEP 不是替代已存在的猪伪狂犬病根除项目，而是在原来的基础上，按照科学、公正的程度，用全群扑杀的方法快速消除感染猪群，以防止伪狂犬病的扩散。本加速根除计划将耗资 8 000 万美元，除购买阳性猪群外，余下的资金用于猪的运输、购买有关的设备和猪尸体的销毁。加速伪狂犬病的根除项目本着自愿的原则，农场主可以参加，也可以不参加，如果不参加 APEP，仍须遵循伪狂犬病的根除项目制订的州—联邦—企业标准。APEP 也是政府在养猪企业最困难的时候给予企业财政帮助。

此计划从 1999 年 1 月 7 日开始实施，计划用半年的时间消灭大部分已知感染猪群。具体的方法是：由美国农业部动植物健康检疫所在各地的兽医官以公平的市场价格向农场主购买已感染伪狂犬病的猪，即便一头感染伪狂犬病，动植物健康检疫所也将购买全群猪，并将这些猪运到指定的地点，通过脊髓穿刺、CO_2 窒息、注射化学药品或电击等方法使猪死亡，然后火化或深埋进行销毁，以减少病毒传播的危险。

第二篇　各　论

第八章 病毒性传染病

第一节 口蹄疫

口蹄疫（Foot and mouth disease）是由口蹄疫病毒（foot and mouth disease virus，FMDV）引起的一种主要危害偶蹄动物的急性、热性、高度接触性传染病，典型病例以感染动物蹄叉、口腔黏膜和母畜乳腺周围出现水疱疹为特征。口蹄疫被世界动物卫生组织（OIE）列为必须上报的法定传染病，我国将其列为一类传染病，本病被认为是所有动物疾病中最烈性的传染病之一。口蹄疫病毒被我国列为一类病原，开展该病病原学研究的实验室必须有相应的资质，并需经过国家批准。

一、病原学

口蹄疫病毒（FMDV）属于微RNA病毒目（Picornavirales）微RNA病毒科（Picornaviridae）口蹄疫病毒属（Aphthavirus）。核酸为RNA。其结构蛋白VP1是病毒最主要的免疫原蛋白。FMDV具有多型性、易变性的特点。根据其血清学特性，现已知有7个血清型，即O、A、C、SAT1、SAT2、SAT3（即南非1、2、3型）以及Asia1（亚洲1型）。同型及各亚型之间交叉保护程度较低，亚型内各毒株之间抗原性也有明显的差异。

病毒基因组由1个开放性阅读框（ORF）及5′和3′端非编码区（NCR）组成，ORF编码4种结构蛋白（VP1、VP2、VP3及VP4，即1D、1B、1C及1A）及RNA聚合酶（3D）、蛋白酶（L、2A和3C）及非结构蛋白（如3A等）。结构蛋白VP1是主要的型特异性抗原，具有抗原性和免疫原性，能刺激机体产生中和抗体，同时，VP1包含病毒受体结合区，决定病毒和细胞间的吸附作用，直接影响病毒感染。FMDV的毒力和抗原性都易发生变异，VP1基因变异性最高，存在2个明显的可变区：42～60位氨基酸和134～158位氨基酸序列。研究表明：同型不同亚型的毒株，在134～158位氨基酸可变区仅一个氨基酸存在差异，就可表现出亚型特异性；若2个可变区发生变化，则表现型的差异。不同型FMDV的VP1基因G-H环中的RGD基序具有遗传稳定性。

依据O型FMDV的VP1基因C末端核苷酸序列分析结果，以10％序列差异作为分型标准，将O型毒株划分8个主要基因型：欧洲-南美型（Euro-SA）、古典中国型（Cathay）、西非型（WA）、东非型（EA）、东亚南亚中部型（ME-SA/Pan Asia）型、东南亚型（SEA）及2个印度尼西亚型（Indonesian）。我国O型口蹄疫毒株基因型主要是SEA-Ⅰ、SEA-Ⅱ、Cahty和Pan-Asia基因型。近年来，我国流行的O型FMDV的主要基因型是Pan-Asia，对猪、牛、羊均呈高致病力。

口蹄疫病毒在低温下十分稳定，在4～7℃下可存活几个月，在-20℃，特别是-70～-50℃十分稳定，可以保存几年之久；在冷冻条件下，病毒在脾、肺、肾、肠、舌内至少存活 210 天。冷藏（4℃）胴体产酸能在 3d 内杀死病毒，但淋巴结、脊髓和大血管血凝块的酸化程度不够，如肌肉 pH5.5 时，附近淋巴结仍在 pH6 以上。病毒可在淋巴结和骨髓中存活半年以上。

口蹄疫病毒对热作用比较敏感，在 26℃ 下能生存 3 周，37℃ 只能存活 48h。60℃ 15min、70℃ 10min 或 85℃ 1min 均能杀灭病毒，使病毒失去感染力；病毒对酸碱都十分敏感，因此一些常用的碱性、酸性消毒剂如 2%～4% 氢氧化钠、5% 氨水、3%～5% 福尔马林、1% 强力消毒灵都是良好的消毒药；电离辐射，如 α、β、γ 射线均可使病毒灭活；紫外线也可使病毒迅速灭活；对脂溶剂如乙醚、氯仿、三氯乙烯、丙酮等有抵抗力。

二、流行病学

口蹄疫是一种古老的疫病，第一次确认的记载出现于 1514 年意大利首次发生口蹄疫。1898 年，口蹄疫被确认是由病毒引起的疾病。本病是世界性传染病，全球范围内，仅有新西兰无本病流行的报道，目前，发达国家和部分岛国消灭或控制了本病，发展中国家，特别是接壤较多的大陆国家流行严重。

FMDV 可以感染的宿主众多，传染性强，少量的病毒粒子就可引起易感动物发病。FMD 的流行强度与病毒株、宿主、环境等多种因素有关。口蹄疫可以导致多种家畜和野生哺乳动物发病，家畜中，以黄牛最易感，牦牛、水牛次之，骆驼、山羊、猪又次之。非洲水牛、疣猪、瞪羚、花鹿、麋鹿、刺猬等 11 目、33 科、105 种野生动物都有自然感染的报道。

口蹄疫传染途径多、速度快。发病或处于潜伏期的动物是主要的传染源。处于 FMD 潜伏期的动物，几乎所有的组织、器官和分泌物、排泄物等都含有 FMDV。病毒可通过空气、灰尘、病畜的水疱、唾液、乳汁、粪便、尿液、精液等分泌物和排泄物，以及被污染的饲料、褥草以及接触过病畜的人员的衣物传播。口蹄疫通过空气传播时，病毒能随风散播到 50～100km 以外的地方。其中，在自然状态下经呼吸道感染是口蹄疫病毒最主要的传播途径，数个感染性病毒颗粒即可引起动物发病。动物、人员及运输工具等均可机械性地散播病毒。

病畜是最危险的传染源。在临床症状出现前，从病畜体开始排出大量病毒，发病初期排毒量最多。在病的恢复期排毒量逐步减少。病毒随分泌物和排泄物同时排出。水疱液、水疱皮、奶、尿、唾液及粪便含毒量最多，毒力也最强，富于传染性。病愈动物的带毒期长短不一，一般不超过 2～3 个月。带毒的牛与猪同居常不表现出明显的临床症状，但部分猪的血液中可产生抗体。以病愈带毒牛的咽喉、食道处刮取物接种健康牛和猪可引发明显的疾病。康复牛的咽喉带毒可达 24～27 个月。这些病毒可藏于牛肾，从尿排出，羊最长带毒时间可达 7 个月。据大量资料统计和观察，口蹄疫的暴发流行有周期性的特点，热带及亚热带地区每隔二年或三五年就流行一次，每隔 10 年发生一次大流行。

当前我国猪群流行的毒株以 O 型为主，O 型口蹄疫流行毒株分为三个遗传谱系：猪毒谱系（Cathay）、泛亚谱系（Pan-Asia）和缅甸 98 谱系（MYA98）。2006 年以来，我国（包括大陆、台湾和香港）猪发生的口蹄疫均为 O 型。其中，2009 年以前分离的毒株均为中国拓扑型。而 2010 年（估计实际在 2009 年后半年已开始）O 型口蹄疫的流行趋势发生了新的变化，出现了东南亚拓扑型的缅甸 98（MYA98）。从目前的数据来看，2010 年以来，我国猪口蹄疫主要以缅甸 98 株为主，包括以前称之为耿马谱系的 1997 年的 GM 毒、2002 年 GM 华南支系、2003 年 GM 北方支系的流行毒，都属于国际上称为 O 型口蹄疫病毒东南亚拓扑型（SEA Topotype）MYA/98 谱系。只是传入我国的时间、流行区域、危害程度不同。我国当前流行的病毒是新传入的 MYA/98 谱系病毒。

在我国猪群中曾经检测到过亚洲 1 型，但随后再也没有发现该型毒株；2013 年我国广东茂名某养猪场发病猪群检测到 A 型口蹄疫，国家参考实验室试验证实该毒株与近年来发生在泰国、越南的毒株高度同源，属于南亚 97 毒株，该毒株对牛的致病性较强，对猪有一定的致病性，但不稳定。尽管在我国猪群中监测到亚洲 1 型、A 型南亚 97 毒株，但是，根据大量的调查数据、监测数据证实，这些毒株不足以引起猪群发生或暴发猪口蹄疫。

三、临床症状

由于多种动物的易感性不同，也由于病毒的数量、毒力以及感染途径不同，潜伏期的长短和症状也不完全一致。猪的潜伏期为 1～2d，病猪以蹄部水疱为主要特征，病初体温升高至 40～41℃，精神不振，食欲减少或废绝。口黏膜（包括舌、唇、齿龈、咽、腭）形成小水疱或糜烂。蹄冠、蹄叉、蹄踵等部出现局部发红、微热、敏感等症状，不久逐渐形成米粒大、蚕豆大的水疱，水疱破裂后表面出血，形成糜烂，如无细菌感染，一周左右痊愈。如有继发感染，严重者影响蹄叶、蹄壳脱落。患肢不能着地，常卧地不起，病猪鼻镜、乳房也常见到烂斑，尤其是哺乳母猪，乳头上的皮肤病灶较为常见，但也发于鼻面上。其他部位皮肤如阴唇及睾丸上的病变少见，还可常见跛行，有时流产，乳房炎及慢性蹄变形。吃奶仔猪的口蹄疫，通常呈急性胃肠炎和心肌炎而突然死亡。病死率可达 60%～80%，病程稍长者，亦可见到口腔（齿龈、唇、舌等）及鼻面上有水疱和糜烂。

四、病理变化

除口腔和蹄部的水疱和烂斑外，在咽喉、气管、支气管和前胃黏膜有时可见到圆形烂斑和溃疡，真胃和肠黏膜可见出血性炎症。另外，具有重要诊断意义的是心脏病变，心包膜有弥散性及点状出血，心肌松软，心肌切面有灰白色或淡黄色斑点或条纹，如老虎皮上的斑纹，故称"虎斑心"。

五、诊断

（一）临床诊断

典型的 FMD 病例，其特征是在蹄、口腔黏膜以及雌性动物乳头上有水疱发生。表现出多种临床症状，从温和型到严重型，致死型也可发生，特别是对幼龄易感动物；对于某些种类的动物，如非洲水牛感染可能出现亚临床症状。诊断要点为：发病急、流行快、传播广、发病率高，但死亡率低；大量流涎；口腔黏膜、蹄部和乳头皮肤有水疱、糜烂；恶性口蹄疫时可见虎斑心。由于口蹄疫、水疱性口炎、水疱疹和猪水疱病等 4 种疾病极为相似，故需进行实验室诊断以确诊。可通过从样品中进行病毒分离、检测病毒抗原成分或检测病毒核酸进行 FMD 诊断。检测特异性抗体也常被用作诊断。检测病毒非结构蛋白（NSPs）的抗体可以确定动物是否感染 FMDV，不需要考虑动物的免疫状态。

（二）病原学诊断

1. 病料的采集、处理和运输　适于诊断的组织是未破裂和刚破裂的水疱皮或水疱液；水疱液约需 10mL，水疱皮 10g 左右，采后立即加入等量 pH7.6 含 10％胎牛血清的细胞培养液中。在不能获得水疱皮或水疱液的情况下，可采集血液和（或）猪的咽喉拭子，这些样品中也存在病毒；对于死亡病例，可采集心肌组织淋巴结、甲状腺或血液，但如有可能还是以水疱皮为好。将采集的样品置于等量的 pH7.6 0.04mol/L 磷酸盐缓冲液和 50％甘油配置成的运输液缓冲盐水中，放入装有制冷剂的保温瓶中送检。

可疑病例样品必须在安全条件下按国际规则运输，而且只能送往指定的授权实验室。只有国家口蹄疫参考实验室或经过国家授权的实验室才能进行口蹄疫病毒的分离、鉴定。如果病料需长途运输，应将其置于盛有冰-盐混合物的保温瓶，且按照国家有关病原微生物样品运输的相关规定进行包装和运输。

2. 病毒分离与鉴定　病毒的分离与鉴定是 FMD 诊断的经典方法，是目前毒株鉴定最常用的方法。检测到 FMDV 抗原或核酸就足以作出 FMD 阳性诊断。

（1）病毒的增殖和分离　如果样品量不足或试验结果不确定，须用细胞培养或 2～7 日龄未断奶的小鼠对样品中可能存在的病毒进行增殖。

①乳鼠接种　将病畜水疱皮置于平皿内，以灭菌的 pH7.6 磷酸盐缓冲液冲洗 4～5 次，并用灭菌滤纸吸干。称重后置于灭菌乳钵中，剪碎，加入适量海砂磨成糊状。按水疱皮重量加 pH7.6 的磷酸盐缓冲液制成 1∶5 的悬液（悬液浓度可按实际情况适当增减）。如有水疱液，可在此时加入。为防止细菌污染，每毫升加入青、链霉素各 1 000IU，置 2～4℃冰箱内浸毒 4～6h，然后以 3 000r/min 的速度离心沉淀 10～15min，吸取上清液备用。取 4～7 日龄乳鼠 10 只，于颈背部皮下接种上述病毒感染液 0.2mL。自接种后 18h 开始，每隔 1～2h 检查一次。如果病料内含有口蹄疫病毒，被接种乳鼠一般在接种后 20～30h 出现典型的口蹄疫症状。发病乳鼠运动不灵活，用镊子夹尾巴或四肢，常可发现其已失去知觉，随后四肢麻痹，呼吸促迫，最后死亡。如于注射后 12h 内死亡，则多因注射技术不佳或其他非特异感染所致。

②组织培养　将病料置于灭菌乳钵中以无菌手续剪碎，并研磨，加入 pH7.6 PBS 液制成 1∶3 的悬液。加双抗 100IU/mL 处理。再加入悬液的 20％氯仿，置 4℃浸毒 4～6h。以 2 000r/min 离心 10～15min，吸取上清液，接种牛舌上皮细胞、牛甲状腺细胞以及猪和羊胎肾细胞等。每瓶细胞培养接种病料 1mL，置 37℃吸附 60min，随后加入不含血清的维持液 3mL，pH 为 7.6～7.8，继续培养。若病料中含有病毒，一般在 36～48h 即可出现较明显的细胞病变（CPE），病变以圆缩和核致密化为特征。

（2）病毒的鉴定　病毒经乳鼠增殖或细胞分离，需进行鉴定。可用病毒中和试验、RT-PCR 方法、补体结合试验、ELISA 试验对分离的病毒进行鉴定。

3. 酶联免疫吸附试验（ELISA）　在 FAO 的世界 FMD 参考实验室（WRL），检测 FMD 病毒抗原和鉴定病毒血清型的优选方法是 ELISA 方法。这是一种间接夹心法试验，即多孔板的不同排用兔抗 FMD 病毒 7 个血清型的一种抗血清包被，这些抗血清称为"捕获"血清。然后，每排的各孔加入被检样品悬液，并设适当的对照。接着，再加抗每一种血清型 FMD 病毒的豚鼠抗血清，随后，加酶标记的兔抗豚鼠血清。每一步都应充分洗涤，以去掉未结合的试剂。加酶底物后，出现颜色反应时可判为阳性反应。强阳性反应，肉眼即可判定，也可用分光光度计调适当波长读取结果。在这种情况下，光吸收值比背景大 0.1 以上即可判为阳性反应；也可鉴定 FMD 病毒的血清型。光吸收值接近 0.1 时，应重做，或用组织培养物传代扩增抗原，当出现细胞病变效应（CPE）时，检测上清液。

根据感染动物种类和样品来源地，可同时作猪水疱病（SVD）病毒或水疱性口炎（VS）病毒检测试验，以便作出鉴别诊断。

FMD 7 个血清型病毒（如果需要，包括 SVD 病毒）146S 抗原的兔抗血清作为捕获抗体，用 pH9.6 的碳酸盐/重碳酸盐缓冲液预先调整至适当的浓度。

从 FMD 病毒的 7 个型的每一个型种选出一些毒株，用 BHK - 21 单层培养细胞繁殖（如果需要加上 SVD 病毒，SVD 病毒用 IB - RS - 2 细胞），制备对照抗原。可以使用未纯化的上清液，在 ELISA 板上预先滴定。最后稀释度是根据滴定曲线线形区的吸收值顶点（光密度约 2.0）所对应的抗原稀释度而确定，在试验中通常使用 5 倍系列稀释对照抗原，读出另外二个较低的光密度值，由此可获得滴定曲线。使用的稀释剂（PBST）为含有 0.05% 的吐温－20 和有酚红指示剂的 PBS。

用某一个血清型 FMD 病毒（如果需要，包括 SVD 病毒）的 146S 抗原接种豚鼠，制备豚鼠抗血清，用正常牛血清（NBS）阻断。预先用含 0.05% 的吐温－20 和 5% 脱脂奶（PBSTM）的 PBS 确定最适浓度。

使用兔（或绵羊）抗豚鼠免疫球蛋白结合到辣根过氧化物酶并用 NBS 阻断，用 PBSTM 预先测定最适浓度，替代豚鼠或兔抗血清，可用单克隆抗体（MABs）作为 ELISA 板的捕获抗体或者过氧化物酶结合检测抗体。

试验程序如下：

（1）pH9.6 碳酸盐/重碳酸盐缓冲液稀释兔抗病毒血清，将 O，A，C，SAT1，SAT2，SAT3，ASIA1 和 SVD 病毒（选择使用）抗血清分别包被 ELISA 板 A 到 H 排，每孔 50μL。

（2）4℃过夜或在 37℃旋转振荡器中以 100～200r/min 孵育 1h。

（3）制备试验样品悬浮液（即 20% 的原始样品悬液或未稀释的澄清的细胞培养上清液）。

（4）用 PBS 洗板 5 次。

（5）每块板 4，8 和 12 列各孔加 50μL PBST。另外，板 1 的 A 到 H 排的 2 和 3 孔加 50μL PBST，板 1 的 A 排的第 1 孔加 50μL 对照 O 型抗原和 A 排的第 2 孔加 12.5μL 的对照 O 型抗原。将第 2 孔抗原与稀释液混合后移出 12.5μL 到 A 排的第 3 孔。混合后，从第 3 孔弃去 12.5μL（这时 O 型抗原 5 倍系列稀释）。A 型抗原也一样，A 型抗原 50μL 加到 B 排的第 1 孔，12.5μL 加到第 2 孔，然后混合，从第 2 孔移出 12.5μL 到第 3 孔（像前面 O 型抗原那样进行）。继续对 C，SAT1，SAT2，SAT3，ASIA1 和 SVD（如果需要）操作。每种抗原需要更换吸头。剩下的板孔加试验样品，50μL 样品 1 加到 A 排 H 排的 5、6、7 孔中，样品 2 加到 A 排 H 排的 9、10、11 孔中。

如果有 2 个以上的样品同时做试验的话，ELISA 板应如下排列：

50μL PBST 加到 A 到 H 排的 4、8 列和 12 列（缓冲液对照列）。注意该板不需要对照抗原。这些被检样品 50μL 分别加在 A 到 H 排的 1、2、3、5、6、7、9、10、11 列中。

（6）加盖，置 37℃ 旋转振荡器中振荡 1h。

（7）如前用 PBS 洗涤 3 次之后，甩去残留洗液，将板吸干。

（8）按顺序，每块板分别加入 50μL 豚鼠抗血清，例如 A 到 H 排（O、A、C、SAT1、SAT2、SAT3、ASIA1）血清型和 SVD 病毒（任选）的抗血清。

（9）加盖，置旋转振荡器，37℃ 振荡 1h。

（10）再洗 3 次 ELISA 板，每孔加入 50μL 辣根过氧化物酶结合的兔抗豚鼠血清，置 37℃ 下孵育 1h。

（11）再洗 3 次反应板，每孔加 50μL 含有 0.05% H_2O_2 的（加）邻苯二胺的底物，或合适的替换显色剂。

（12）15min 后，加 50μL 1.25mol/L 硫酸中止反应，在联有计算机的分光光度计 492nm 下判读结果。

4. 电子显微镜检查 在培养物负染标本中，可见直径约 20～25nm 呈圆形或六角形的病毒粒子，核衣壳由约 32 个壳粒组成。病料组织超薄切片电镜观察，可见胞浆内呈晶格状排列的病毒粒子，目前该方法主要用于分离毒株的鉴定，很少用于疫病的诊断。

5. 补体结合试验 在 96 孔微量板 U 型孔内将 FMDV 7 个血清型的各抗血清从初始浓度 1∶16 开始用巴比妥缓冲液按 1∶5 倍稀释，每孔留下 25μL，每孔加 3 个单位 50μL 的补体后，加 25μL 被检样品悬液，37℃ 孵育 1h 后每孔加入 25μL 经 5 个单位的免疫绵羊红细胞血清致敏的 1.4% 的绵羊红细胞，再于 37℃ 孵育 30min，然后离心判定结果。试验中应设置被检抗原、抗血清、细胞、补体等适宜的对照。补体结合试验的结果以产生 50% 溶血时的血清稀释度来表示。CFT 滴定值为 36（第 3 孔），判为阳性；24 为可疑，应重复试验或增毒后再滴定。如今，补体结合试验已逐渐被 ELISA 方法取代。

6. 分子生物学诊断 近年来采用分子生物技术进行口蹄疫病毒型、亚型监测的方法报道很多，RT-PCR 可用于扩增诊断材料中 FMD 病毒的基因组片段，已经设计出区别 7 个血清型的特异引物，需要注意的是，PCR 结束后还要进行序列测定，然后才能得出确诊结论。另外还建立了原位杂交技术检测组织样品中的 FMDV RNA 以及快速特异的荧光 RT-PCR 诊断方法，但这几种技术只能在专门的实验室中应用。

（三）血清学诊断

如果动物没有免疫接种，通过检测特异性应答反应抗体，可诊断 FMD 病毒感染。通常采用病毒中和试验（VN）和 ELISA 方法，也是国际贸易中指定使用的方法。中和试验具有型特异性，需要较好的实验室条件和细胞培养设施，需 2～3d 才能获得结果。ELISA 是指利用血清型专一的单或多克隆抗体的阻断或竞争 ELISA，并同样具有型特异性、敏感性高、定量、操作更快、更稳定和不需要组织培养等优点。少数血清会出现低滴度的假阳性，用 ELISA 进行筛选，再经 VN 试验确定阳性，以减少假阳性结果的出现。OIE 通过协调参考血清的生产，促成 FMD 血清学检验的标准化；血清可从 OIE 参考实验室获取。

FMD 病毒非结构（NS）蛋白抗体测定已用于鉴别 7 个血清型病毒（既往或当前）感染和动物是否接种疫苗。一般应用琼脂凝胶免疫扩散试验（AGID）检测病毒感染相关抗原（VIAA；病毒 RNA 聚合酶蛋白 3D）的抗体，尽管相对来说，该试验不敏感，但价廉，易操作。在南美扑灭 FMD 计划中，许多国家广泛使用这种方法检测群体动物中病毒情况。VIAA 试验现已被广泛使用的检测 FMD 病毒 NS 蛋白抗体的方法所取代，这种蛋白是用重组技术以不同体外表达方法而制备的。多聚蛋白 3AB 或 3ABC 抗体是最可靠的感染指标。在 3AB 或 3ABC 血清抗体阳性动物中，检测到抗一种或多种其他 NS 蛋白，包括 L、2C、3A 或 3D 蛋白抗体，可进一步确证感染。该试验可以使用在疫苗接种的畜群和非免疫接种群体动物的 FMD 病毒的检测。然而，在重复接种的动物中，由于疫苗制备时痕量 NSP 的存在可导致假阳性反应，因此，必须重点考虑疫苗纯度。另外，实验证据表明，几种接种后攻毒的持续感染动物，不能在抗 NSP 实验中检测出来，而导致假阴性结果。因此，对免疫种群的 NSP 检测应在群的水平而非个体水平上检测 FMD 病毒活动。

1. 固相竞争酶联免疫吸附试验（国际贸易指定试验） 近年来，ELISA 已在口蹄疫的诊断中逐步代替补体结合试验以及中和试验。检测田间样品时，ELISA 的敏感性高于补体结合试验；对于含毒量较高的样品，例如新鲜的水疱皮和细胞培养物，可在 2～4h 内获得结果。应用预先在实验室内包被的免疫反应板以及冻干剂，将更便于现场检测。根据检测目的的不同，可用双抗体夹心法及其变法进行病毒抗原的检出，也可应用阻断夹心法等测定血清中的病毒抗体。英国 Pirbright 实验室应用免疫牛群血清，对田间分离毒株与参考毒株进行比较研究，可以迅速确定流行毒株的型和亚型，乃至发现新的具有独特抗原性差异的毒株，从而能在最短时期内选定参考毒株或新分离毒株制造相应的灭活疫苗。该试验是使用 FMDV 的 7 个血清型之一的 146S 抗原（完整口蹄疫病毒粒子）的兔抗血清作为捕获抗体，在实验前将该血清用 pH9.6 碳酸盐/重碳酸盐缓冲液稀释成最适浓度；用乙烯亚胺灭活细胞增殖的病毒制备抗原，在加入等量稀释液后，选取滴定曲线上端的吸光值（光密度约为 1.5）对应的稀释度作为选定的最终稀释度，使用含 0.05％吐温－20 和酚红指示剂的 PBS 作为稀释剂（PBST）。试验程序为：

（1）ELISA 板每孔用 $50\mu L$ pH9.6 碳酸盐/重碳酸盐缓冲液稀释的兔抗病毒血清包被，置湿盒中，4℃过夜。

（2）用 PBS 液将 ELISA 板洗涤 5 次。

（3）ELISA 板每孔加入 $50\mu L$ 阻断缓冲液稀释的 FMDV 抗原，加盖，置 37℃1h。

（4）用 PBS 液将 ELISA 板洗涤 5 次，每孔加入 $40\mu L$ 阻断缓冲液，$10\mu L$ 备检血清（或对照血清），被检血清被稀释 5 倍。

（5）每孔滴加 $50\mu L$ 阻断液稀释的豚鼠抗血清，被检血清被稀释 10 倍。

（6）加盖，置 37℃孵育 1h。

（7）用 PBS 液将 ELISA 洗涤 5 次，每孔加入 $50\mu L$ 阻断液稀释的抗豚鼠免疫球蛋白结合物，加盖，置 37℃1h。

（8）再次洗涤 ELISA 板，每孔加入 $50\mu L$ 底物（含 0.05％ H_2O_2 的邻苯二胺或适当的其他显色剂溶液）。

（9）10min 后，加 50μL 2mol/L 硫酸终止反应，置于分光光度计上，在 492nm 波长条件下读取光吸收值。

（10）对照　每板 2 孔作为结合物（无豚鼠血清）对照，4 孔对照，即强阳性、弱阳性和两个阴性血清，以及 4 孔 0% 竞争对照（无检验血清）。

（11）结果解释　计算每孔抑制百分比。该值代表了检验血清与豚鼠抗血清对 ELISA 板 FDMV 的竞争。抑制大于 60% 判读阳性。

2. 液相阻断酶联免疫吸附试验　抗原为生长于单层 BHK21 细胞的特定血清型的 FD-MV，用未提纯上清作 2 倍系列稀释进行预滴定，但血清不用做稀释，加入等量稀释液后，将滴定曲线线性区的上端光密度值所对应的稀释度作为确定的最终稀释浓度。含 0.05% 吐温-20 和酚红指示剂的 PBS 作为稀释剂（PBST）。其他试剂和操作程序与固相阻断 ELISA。试验程序为：

（1）ELISA 板每孔用兔抗 146S 抗原血清包被，置湿盒中，室温过夜。

（2）用 PBS 液将 ELISA 板洗涤 5 次。

（3）在 U 型底的多孔板（载体板）内，将每一份被检血清做 2 个重复，每份 50μL 被检血清，2 倍连续稀释，起始为 1∶4，向每孔内加入相应的 50μL 同型病毒抗原，混合后置 4℃过夜，或在 37℃1h，加入抗原使血清的起始稀释度为 1∶8。

（4）然后将 50μL 血清/抗原混合物从载体板转移到兔血清包被的 ELISA 板中，置 37℃孵育 1h。

（5）用 PBS 液将 ELISA 板洗涤 5 次，每孔加入 50μL 前一步使用的同型病毒抗原的豚鼠血清，置 37℃孵育 1h。

（6）用 PBS 液将 ELISA 板洗涤 5 次，每孔加入 50μL 兔抗鼠免疫球蛋白辣根过氧化物酶结合物，置 37℃孵育 1h。

（7）再用 PBS 液将 ELISA 板洗涤 3 次，每孔加入 50μL 含 0.05% H_2O_2（30% W/V）的邻苯二胺或适当的其他显色剂溶液。

（8）10min 后，加 50μL 1mol/L 硫酸终止反应，置于分光光度计上，在 492nm 波长条件下读取光吸收值。

（9）对照　最少要 4 孔对照，即强阳性、弱阳性和 1∶32 稀释度的牛参考血清，以及用不含血清稀释液稀释的抗原对照孔。对于终点滴定试验，每批次至少一块板应包括重复的 2 倍系列稀释的阳性和阴性同源牛参考血清。

（10）结果解释　抗体滴度以 50% 终点滴度表示，抗原对照孔平均光密度值的计算方法是选 2 个光密度值的平均值，通常，滴度超过或等于 1∶90 认为阳性，1∶40 以下认为阴性。如果试验的目的是国际贸易，则滴度大于 1∶40 且小于 1∶90 认为可疑，如果试验的目的是基于动物群的流行病学监测，则取 1∶90 作为临界值；如果用于评价疫苗的免疫保护效果，还要考虑相关疫苗和动物种类的相关性最终确定临界值。

3. 病毒中和试验（国际贸易指定方法）

（1）血清的处理　血清于 56℃灭活 30min，标准阳性对照血清为感染口蹄病毒康复后 21 天的血清（通常用猪血清）。从 1∶4 开始，血清在培养板上横向做 2 倍连续稀释，每份血清使用 2～4 孔（4 孔最好），每孔 50μL。

（2）病毒的准备　种毒在单层细胞培养物中繁殖，加入 50% 甘油后置 -20℃ 保存，试验前需要滴定病毒的 $TCID_{50}$，试验时，按照每 $50\mu L$ 单位体积的病毒悬液应含大约 $100TCID_{50}$。

（3）对照　每次试验每块培养板都要设立下列对照：已知滴度的标准抗血清、阴性血清、细胞对照、培养基对照和用病毒滴定法计算试验中病毒实际滴度。

（4）中和　37℃ 孵育 1h。

（5）加入细胞　用含 10% 牛血清的细胞生长液将细胞制成每毫升 10^6 个细胞的细胞悬液。每孔加 $50\mu L$ 细胞悬液。

（6）培养　封盖置 37℃ 温箱培养。48h 后，显微镜下作适当判断，72h 后固定染色。细胞层染成蓝色是阳性，不着色是阴性。血清 1：45 以上可判为阳性。

病毒中和试验结果，对于没有免疫的群体，可以得出确诊，但对于免疫的群体只能作为一种辅助诊断，确诊必须进行病原学监测。对于免疫群体，中和试验结果能够真实地反映群体的免疫保护状态，抗体水平离散度大，也可以间接证实群体感染的存在。

4. 非结构蛋白抗体试验　利用 FMDV 重组非结构蛋白 NSPs（3A，3B，2B，2C，3ABC 等）建立了多种不同的 ELISA 方法或免疫斑点试验用于检测口蹄疫的抗体，这些 ELISA 方法使用纯化抗原直接吸附包被到 ELISA 板上，或者使用单克隆抗体或多克隆抗体去捕获抗原，一些检测牛 3ABC 抗体的间接和竞争 ELISA 方法也取得了较好的效果。

这一方法特别适用于没有免疫动物的抗体监测，如果该动物的抗体呈现阳性，则表明该动物已经感染了 FMDV。对于使用疫苗后的动物血清监测存在一定的假阳性，由于在疫苗的制备过程中存在抗原纯度提纯不够的问题，导致动物多次免疫后有产生一定滴度的 3ABC 抗体，从而影响正常的 3ABC 抗体的检测。国外生产的 FMDV 非结构蛋白 ELISA 检测试剂盒已经在国内市场销售，国内有数个厂家已经生产 FMDV 的 NSP 检测试剂盒。

5. 酶联免疫电转移印迹试验（EITB）　EITB 法测定法已在南美广泛应用于血清学监测，以及评估动物流动风险。目前程序是间接 ELSIA 作 3ABC 抗体的筛选试验，如果样品为阳性或可疑，再用 EITB 测定法确定，在大量样品进行血清学调查时，建议结合使用这两种方法。

6. 反向间接血凝试验　FMD 反向间接血凝试验是将口蹄疫病毒抗体以化学方法偶联于醛化的绵羊红细胞上，当贴附于血细胞上的抗体与游离的抗原相遇时，形成抗原抗体凝集网络，绵羊红细胞也随之凝集，出现肉眼可见的红细胞凝集现象。反向间接血凝试验可作为 FMD 病毒抗原型别鉴定的初步方法，该方法简便、快捷，适合于田间使用。目前该法仅在前苏联国家和我国使用，西方国家很少应用，也未列入国际推荐方法。

（四）诊断解析

被 OIE 认可的 FMDV 诊断方法包括病毒分离、ELISA、分子生物学诊断等病原学方法以及病毒中和试验、液相阻断酶联免疫吸附试验、固相竞争酶联免疫吸附试验、非结构蛋白抗体试验和酶联免疫电转移印迹试验等血清学诊断方法。

我国已经公布 2 个有关口蹄疫诊断的国家标准：《口蹄疫诊断技术》（GB/T 18935—2003）和《口蹄疫病毒实时荧光 RT - PCR 检测方法》（GB/T 27528—2011）。在《口蹄疫诊断技术》标准中规定了微量补体结合试验、食道探杯查毒试验、反转录聚合酶链反应

（RT-PCR）、病毒中和试验、液相阻断酶联免疫吸附试验（ELISA）、病毒感染相关抗原（VIA）琼脂凝胶免疫扩散（AGID）试验等，适用于检测各种不同样品中的口蹄疫病毒抗原或抗体，其中常用的技术有 RT-PCR、液相阻断 ELISA、iELISA 等。

我国商品化的诊断试剂盒有口蹄疫病毒多重 RT-PCR 诊断试剂盒、口蹄疫抗原捕获 ELISA 检测试剂盒、猪口蹄疫一步法荧光 RT-PCR 诊断试剂盒、猪口蹄疫 O 型抗体诊断试剂盒、猪口蹄疫 3ABC 鉴别 ELISA 诊断试剂盒、口蹄疫合成肽诊断试剂盒等。

六、防治

我国对口蹄疫采取积极的疫苗免疫结合扑杀综合性防控措施，经过多年的实践，取得了较好的成效。

1. 疫情处置原则　应按照"早、快、严、小"的原则及时处理，以防止疫情扩散。一旦发现疫情，应按照《口蹄疫防控应急预案》和《口蹄疫防治技术规范》的要求，立即实施隔离、封锁、检疫、消毒等措施，及时通报疫情，查源灭疫，以及时拔除疫点，并对周围易感群进行紧急接种。具体措施请参考本书附录相应章节。

2. 预防接种　我国用于口蹄疫预防的疫苗是灭活疫苗和合成肽疫苗两类，20 世纪在边境地区使用的弱毒活疫苗已经取消注册，在国内禁止使用。

我国对口蹄疫预防免疫，主要分为常规免疫和紧急接种两种情况，发生疫情时，在常规免疫的基础上需要对疫区和受威胁区内的健畜进行紧急接种，在受威胁地区的周围建立免疫带以防疫情扩展（强化免疫）。常规免疫最理想的是按照监测结果，制定免疫程序，进行免疫，一般情况建议种猪一年免疫不少于 3 次，仔猪间隔免疫 2 次。免疫的质量可以通过血清学监测进行评估。免疫质量主要取决于生产疫苗毒株与流行毒株的匹配性（毒株的同源性），匹配性越高预防野毒攻击能力越强；其次取决于疫苗中免疫原的含量，OIE 对口蹄疫疫苗的要求是常规免疫不低于 3 个 PD_{50}，紧急免疫接种不低于 6 个 PD_{50}，近几年，绝大多数地方政府采购疫苗要求要达到 6 个 PD_{50}，一些生产企业自主销售的产品甚至于达到 10 个 PD_{50} 以上，这无疑对该病的预防提供了较好的技术基础。

值得注意的是，尽管国内生药企业的毒株、工艺相同，但是，疫苗临床使用的效果有一定的差异。同时在近年的调查中也发现，一些养殖企业采用没有注册的进口疫苗，这类产品的临床使用效果并不理想，建议禁止使用。

第二节　水疱性口炎

水疱性口炎（Vesicular stomatitis，VS）又名鼻疮、口疮、伪口疮，是由一组形态学上相似的水疱性口炎病毒（Vesicular stomatitis virus，VSV）引起的一种人畜（牛、马、猪、羊及野生脊椎动物）共患、急性、高度接触性传染病。OIE 将其列为必须报告的动物疫病，我国将该病列为一类传染病，我国境内尚未有发病报道。

一、病原学

水疱性口炎病毒（Vesicular stomatitis virus，VSV）为弹状病毒科（Rhabdoviridae)、水疱病毒属（Vesiculovirus）成员，病毒粒子呈子弹状或圆柱状，长约150～180nm，宽约50～70nm，沉降系数为625S。病毒颗粒表面具有囊膜，囊膜表面均匀密布长约10nm的纤突，是病毒的型特异性抗原成分，并有内脂环绕。病毒颗粒内部为核衣壳，其外径约49nm，由壳粒密集盘卷成螺旋状结构。壳粒直径为4～5nm，核衣壳中央为核蛋白。

VSV基因组为不分节段的单股负链RNA，长约11kb，分别编码核蛋白（N）、磷酸蛋白（P）、基质蛋白（M）、糖蛋白（G）以及RNA聚合酶（L）等主要蛋白。在水疱性口炎病毒增殖过程中，可产生一些较小的缺失性干扰（DI）颗粒，该颗粒无传染性。这种颗粒含有病毒的全部结构蛋白，但基因组不完整，具有部分C基因。DI颗粒虽可复制，但需要在同源病毒的存在下，竞争亲本基因和酶才能进行，因而引起干扰作用，故常作为高效的干扰素诱发剂，其沉降系数为33S。

依据中和试验和补体结合试验结果，将病毒分为2种血清型，代表毒株分别为印第安纳型（Indiana type，IN）和新泽西型（New Jersey type，NJ）。根据抗原交叉反应性，IN型又分为3个亚型：IN1、IN2（Cocal）和IN3（Alagoas）；根据病毒核酸酶指纹图谱和毒株间的进化关系，NJ型至少可分为3个亚型。

水疱性口炎病毒感染的细胞培养物可以产生血凝素。生成血凝素的适宜条件似狂犬病病毒，即维持液内不含血清，但加0.4%的牛血清蛋白。在0～4℃、pH 6.2的条件下，可以凝集鹅红细胞。病毒不能从凝集的红细胞表面自行脱落。将被凝集的鹅红细胞上的病毒粒子洗脱以后，红细胞还能再次凝集，从而证明水疱性口炎病毒没有受体破坏酶。

VSV在大多数脊椎动物、鸟类、爬行动物、鱼类以及昆虫的细胞上进行生长。VSV感染脊椎动物细胞后，18～24h即可引起细胞快速圆缩、脱落，在动物单层原代肾细胞产生大小不同的蚀斑，但感染昆虫细胞后无明显的细胞病变（CPE）。

病毒对理化因子的抵抗力与FMDV类似，56℃ 30min、可见光、紫外线、氯仿都能将其灭活。在土壤中4～6℃可存活若干天。0.05%的结晶紫可使其失去感染性。病毒不耐酸。

二、流行病学

水疱性口炎曾于1916年在美国牛、马中多次发生流行，1925年Couon在从堪萨斯城运到印第安的病牛水疱中首次分离到病毒——印第安纳（Indiana）水疱性口炎病毒，1926年又从新泽西的病牛中分离到新泽西（New Jersey）水疱性口炎病毒。经血清学证明，这两株病毒为不同的血清型，而且大多数牲畜发生的水疱性口炎也是这两型病毒所致。

1939年阿根廷牛、马发生水疱性口炎，随后委内瑞拉的牛、马、猪也发生水疱性口炎，墨西哥的牛、马，巴西的马、骡，哥伦比亚的猪也相继发生。中美和南美北部的各国牲畜中均有此病发生。Hanson在研究了多次水疱性口炎的暴发以后，于1950年提出，水疱性口炎的传播可能与节肢动物有关。Brdish于1956年对水疱性口炎病毒进行了生物物理学研究和电镜观察，发现病毒为独特的子弹型。1960年从巴西鼠的肝、脾中分离到皮累（Piry）病毒，1961年从特立尼达捕获的巨螨（Gigantolaclapssp）中分离到科卡

（Cocal）病毒，1964年从巴西的马、骡中分离到阿拉戈斯（Alagois）病毒。经鉴定，科卡和阿拉戈斯病毒与印第安纳型病毒抗原性密切相关。1965年从印度发热病人血液中分离到强地普拉病毒，血清学调查表明，该病毒引起的感染分布比较广泛。此后又从尼日利亚2种刺猬的肝脏分离到，同年从新墨西哥背点伊蚊（Aedes dorsalis）中分离到印第安纳型病毒。1967年Federer提出，将印第安纳型分为三个亚型：原型印第安纳水疱性口炎病为第一亚型；科卡和阿根廷株属第二亚型；阿拉戈斯为第三亚型。同年Shelokov从巴拿马热带雨林捕获的白蛉及1975年从伊朗捕获的巴氏白蛉（Phlebotomus）中分别分离到印第安纳和伊斯法罕（Isfahan）病毒。在此前后还从尖音库蚊（Culex nigripdlus）、曼蚊（Mansonin indubnitous）中分离到印第安纳病毒。

水疱性口炎病毒各型在自然界存在的生态环境不同直接影响到它们的地理分布。印第安纳型和新泽西型主要分布在温带至热带的美洲，如美国、墨西哥、巴拿马、委内瑞拉、哥伦比亚、巴拉圭、巴西等西半球国家，如今已扩展到欧洲。其他型口炎病毒的分布：科卡型、阿拉戈斯型、皮累型等在美洲东部，羌狄普拉在印度、尼日利亚，伊斯法罕在伊朗。这充分说明了该病毒分布的广泛性。

患病动物和感染动物是本病的传染源。病毒主要存在于感染动物的鼻、口、舌、冠状带和乳头，另外水疱液和唾液中也含有大量病毒。病毒主要通过接触损伤的呼吸道、消化道黏膜传染。双翅目昆虫可充当传播媒介。本病主要侵害家猪和野猪，但牛、马、鹿、刺猬、雪貂、豚鼠、仓鼠、小鼠、鸡都易感。绵羊、山羊、犬和兔不易感。VSV感染人后会引起感冒样症状，伴有发烧、肌肉疼痛以及严重的头痛。

三、临床症状

猪感染水疱性口炎病毒后，潜伏期为1～7d不等，《国际动物卫生法典》规定最长潜伏期21d。感染猪最初的症状是体温升高，达到40～41℃，表现为倦怠、食欲不振、流涎。感染后3～4d，口腔和鼻端发生水疱，病猪食欲减退、磨牙、流涎增多。水疱很容易破裂，随后表皮脱落留下糜烂和溃疡，体温逐渐恢复正常。但随后蹄冠和趾间发生水疱，破裂后形成痂块，蹄冠水疱病灶扩大则可使蹄壳脱落。整个病程约两周，转归良好，病灶不留痕迹。

四、病理变化

病毒呈嗜上皮性，侵入宿主机体后，病毒即到达上皮马氏层，在其棘细胞中复制。病毒表面突起与细胞受体接触，然后束膜与细胞膜融合进入细胞或直接被细胞吞入，形成吞饮泡。在酸性环境中及细胞酶的作用下裂解，释放核酸，于细胞浆内，依赖逆转录酶进行大量复制。在细胞膜或胞浆空泡膜上出芽，释放出成熟的病毒颗粒。病毒颗粒常聚集于细胞间隙中，并以同样的方式再感染相邻的细胞。受感染的角质细胞胞浆膜增厚，胞浆内弹力丝减少，出现许多颗粒和胞浆空泡。受染细胞的胞浆皱缩，胞浆间隔变得明显。上皮水肿并引起海绵层水肿，发生丘疹和红斑。极度的胞浆皱缩继以核皱和变性，在腔隙中形成渗出，融合，导致水肿液积蓄，而最后形成水疱。水疱区有高形核细胞浸润。病毒于感染48h后到达血液，引起发热，病畜体温可高达40～40.5℃，通常可持续3～4d。病毒血症可逐渐消失，但水疱增大，水疱液中病毒滴度可高达 10^{-10}/mL。此后病畜体温突然下降，病畜大量流涎，感染上皮发生腐烂脱落，出现新鲜的出血面，偶尔形成溃疡。

五、诊断

（一）临床诊断

VS 与猪水疱病（SVD）和 FMD 临床症状极为相似，很难区别。当马、猪和牛同时发病时，可诊断为疑似 VS。由于 VS 的临床症状很难与 FMD（当牛和猪被感染时）、SVD（当只有猪发病时）相区别，因此必须进行快速鉴别诊断。本病具有较明显的季节性，多发于夏季、秋季，发病率、死亡率较低，发病猪的舌面、鼻端、唇部上皮有水疱，并伴有采食减少和流涎；发病后期，蹄冠、趾间有水疱，尤以蹄冠部严重。

（二）病原学诊断

VS 病毒易用多种组织培养系统、未断乳小鼠或鸡胚进行分离。因此，可用间接夹心酶联免疫吸附试验（IS-ELISA）鉴定病毒抗原，这是一种低成本、快速的试验方法。补体结合（CF）试验也是一种可供选用的好方法。也可用病毒中和（VN）试验，但该方法烦琐、周期长。近年来发展的病毒核酸检测也为本病的诊断提供了一种有效的方法。

1. 样品采集　从病毒的口、唇、鼻、舌、牙床、耳及蹄等部位采集水疱液，未破裂的水疱上皮或新破裂的水疱上皮片等。为避免伤及协助人员和使动物免受痛苦，建议采样前给动物服用镇静剂。水疱液置于含 20% 胎牛血清和 5% 葡萄糖灭菌液氮管内保存，上皮样品放在含有 pH 7.2~7.7 的 10%~20% 缓冲甘油灭菌液氮管内，密封后立即置液氮内或 -80℃ 以下保存备检。

2. 病原分离及鉴定　将采集标本按病毒分离常规处理后接种敏感细胞：牛、猪、豚鼠的胚胎肾细胞、HELA、VERO、BHK 及 C6/36 等，同时接种 2~5 日龄乳小鼠、3 周龄小鼠及 6~10 日龄鸡胚。逐日观察结果，细胞（CPE）病变及小鼠、鸡胚发病情况，并收取病变组织材料置液氮或 -80℃ 冰箱内保存备鉴定，仍无病变者视为阴性弃去。

3. 病毒中和试验　病毒中和试验在平底微量组织培养板中进行，用灭活血清检样，$100TCID_{50}$（50% 组织培养感染量）（或 $1\,000TCID_{50}$）NJ 或 IDN 型 VS 病毒和预先制备单层细胞或 IB-RS-2 细胞悬液检测未中和病毒。

4. 分子生物学诊断　现已建立针对 VSV 的 RT-PCR 检测方法，也有多重 RT-PCR 方法以便快速鉴别 FMDV、VSV 和 SVDV（猪水疱病）。RT-PCR 不仅可以起到快速诊断的作用，还可以区分 VSV 的血清型。近年来已发展起实时荧光定量 RT-PCR 方法和基因芯片技术用于本病的检测。

5. 其他方法　检测病毒抗原最好的方法是酶联免疫吸附试验（ELISA），也可用病毒 NJ 型和 IND 型的已知抗血清在组织培养物、未断乳的小鼠和鸡胚作病毒中和（VN）试验。间接夹心 ELISA（ZS-ELISA）是 VS 和其他水疱病毒血清型鉴定广泛选用的诊断方法，特别是以 IND 血清型三个亚型代表株的病毒颗粒制备的一套多价兔/豚鼠抗血清的 ELISA 方法，可以鉴定 VS 病毒 IND 血清型的所有毒株，对于 VS 病毒 NJ 毒株的检测，则使用单价兔、豚鼠抗血清试剂盒最合适。

（三）血清学诊断

液相阻断 ELISA（LP‑ELISA）、竞争 ELISA 和 VN 可以检测出感染 4～8d 后处于恢复期的动物产生的血清型特异性抗体。其他试验方法有 CF、琼脂免疫扩散试验、对流免疫电泳。

1. 补体结合试验　用于检出感染 4～5d 产生的特异性抗体，用于疫病的早期诊断。本法是国际贸易指定试验之一。

2. 血清中和试验　待检血清经 56℃灭活 30min，再与 1 000 个 $TCID_{50}$ 的病毒混合，接种 VERO 细胞或 IBRS‑2 细胞，如无细胞病变，即可认为该血清为 VSV 阳性。该法是国际贸易指定试验。

3. ELISA　OIE 推荐使用液相阻断 ELISA，建议使用表达的病毒糖蛋白为诊断抗原，以降低非特异性反应。

（四）诊断剖析

OIE 认可的 VSV 诊断方法包括病原分离、间接夹心 ELISA 和病毒中和试验，病毒分离可用多种组织系统、未断乳小鼠和鸡胚进行，ELISA 成本较低且快速，病毒中和试验较为烦琐，周期也较长，但 OIE 认为 PCR 技术不宜用作 VSV 筛检的常规方法；认可的血清学试验主要是液相阻断 ELISA 和竞争 ELISA，其他如病毒中和试验、补体结合试验、琼脂扩散试验等很少使用。我国也规定了 VSV 的荧光 RT‑PCR 诊断技术国家标准（GB/T 22916—2008）。在农业部行业标准中，规定了水疱性口炎的病毒分离试验、阻断 ELISA 试验和病毒中和试验，均与 OIE 诊断技术文件等效。

六、防治

目前，我国还没有疫苗用于该病的防控，主要采取一些综合性的预防措施来控制该病。

除加强饲养管理、消毒、生物安全管理外，应着重加强检疫。一旦发生疫情，应按照《重大动物疫情应急条例》采取隔离、消毒、捕杀处理等措施，尽快扑灭本病。注意猪舍和放牧地的条件，避免有使猪吻突或蹄的表皮造成擦伤的物品和地面，以防病毒的侵入。在发现有其他动物感染本病时，应积极予以封锁隔离，防止本区域的猪受到感染。常用的消毒药有 2%～4% NaOH、10%石灰乳、0.2%～0.5%过氧乙酸等，可用于日常和发病后的消毒。

第三节　猪水疱病

猪水疱病（Swine vesicular disease，SVD）是由猪水疱病病毒（Swine vesicular disease virus，SVDV）引起猪的一种急性接触性传染病，其流行性强、发病率高，以蹄部、口部、鼻端和腹部、乳头周围皮肤和黏膜发生水疱为特征。虽然本病的临床症状与口蹄疫极为相似，但牛、羊等家畜不发病。从临床角度看，猪水疱病一般只对猪的肥育计划产生轻微的影响，但本病的症状与口蹄疫的症状很难区别，从而妨碍了生猪及其产品的流通与国际贸易，OIE 将其列为必须通报的动物疫病，我国将其列为一类动物疫病。

一、病原学

猪水疱病是 20 世纪 60 年代中期发现的一种猪的传染病。本病传播快，发病率高，若无继发感染，死亡率不高。但是蹄部水疱炎症严重，妨碍站立、行走，影响猪只饮水、采食，迅速掉膘，因而危害严重，且与口蹄疫极为相似，各国都予以严重关注。1966 年 10 月在意大利 Lombardy 地区发生一种临床症状与猪口蹄疫不能相区别的猪传染病。此后，该病于 1971 年在中国香港，1972 年在英国，以及一些欧洲国家和日本相继出现。1973 年 1 月和 4 月联合国粮农组织欧洲口蹄疫防治委员会在罗马召开的第 20 届会议以及 1973 年 5 月世界动物卫生组织第 41 次大会确认这是一种新病，定名为猪水疱病（Swine Vesicular Disease）。

SVDV 属小核糖核酸病毒科（Picornaviridae）肠道病毒属（Enterovirus）成员，其抗原特性与人柯萨奇病毒 B5 关系密切，因而有人认为 SVDV 是该病毒的变种或亚种。迄今，SVDV 只有一个血清型。SVDV 核酸为单股正链 RNA，相对分子质量为 2.5×10^6，基因组全长约 7 400 个核苷酸。病毒的结构蛋白有 4 种多肽，分别是 VP_1、VP_2、VP_3、VP_4，病毒空壳所特有的 VP_0 是 VP_2 和 VP_4 的前体蛋白。

该病毒可在原代仔猪肾细胞、PK-15 以及人羊膜传代细胞上增殖，并能产生细胞病变，表现为细胞圆缩、脱落。人工接种 1~2 日龄乳鼠和乳仓鼠可引起痉挛、麻痹等神经症状并于接种后 3~4d 死亡。

SVDV 无类脂质囊膜，比较稳定。该病毒对乙醚、氯仿不敏感，在 pH 2.5~12.5 范围内仍能保持活力，对冷冻和干燥环境也具有一定的抵抗力。但 SVDV 不耐热，56℃ 1h 可灭活。病毒对消毒液也有较强的抵抗力。在有机物存在条件下，可被 1% 氢氧化钠加去污剂灭活；在不存在有机物时，可用氧化剂、碘伏、酸等消毒剂加去污剂消毒，于 25℃ 密闭的猪舍内熏蒸可以达到彻底消毒的目的。病毒在火腿中可存活 180d，在香肠和加工的肠衣中可存活 1 年或 2 年以上。

二、流行病学

本病在欧、亚、澳等各大洲都有过流行。中国香港地区 1971—1977 年，1979—1981 年，1984—1985 年，1987—1989 年，1991 年均有猪水疱病流行。台湾省于 1997 年、1998 年暴发了猪水疱病。猪水疱病在亚洲、欧洲、大洋洲一些国家和地区，自发生以来长期存在或流行，威胁养猪业，给生猪及其猪的产品贸易造成重大损失。猪水疱病和口蹄疫一样，造成的直接、间接损失之巨大难以确切评估。

猪是唯一的自然宿主，猪水疱病自然感染引起发病的动物仅见于猪。有学者指出，野猪同样易感，并显示出与家猪相似的症状。猪只不分年龄、性别、品种都可感染本病，但纯种或杂种猪较易感，小猪较大猪易感。本病不感染牛、羊等家畜。实验感染驴、牛、绵羊、豚鼠、兔、雏鸡、灰鼠等均未见任何病状，但可感染和致死乳鼠。

感染方式与途径：与病猪、带毒的康复猪同居，或进入污染了病毒的栏、圈、车、船或采食污染了病毒的饲料和泔水而被感染是本病的主要感染方式。病毒通过受伤的蹄部、鼻端皮肤或口腔及胃肠黏膜进入机体内，为主要感染途径。带毒母猪可经胎盘垂直传播，造成新生仔猪死亡。

本病自然感染的潜伏期为 3～7d，人工接种潜伏期为 2～6d。本病一年四季均可发生，传染性强，发病率高，常呈地方性流行。在猪只调运频繁、大量集中或气候突变等应激情况下发病率高达 50%～90%。

三、临床症状

猪水疱病的临床症状以蹄、鼻、口腔黏膜、舌出现水疱为特征。病猪在出现水疱时体温升高到 40～41℃，水疱破裂后即恢复正常。但若病损部位被细菌感染而溃烂，则体温又回升。水疱常见于蹄冠之侧部。蹄冠水疱可扩展到蹄叉、蹄中，内含水疱液。有时仅一蹄发生水疱，有时四蹄发生水疱。水疱小者如绿豆，大者可环绕整个趾节，破裂之后能使蹄壳分离、脱落。由于蹄部水疱性炎症，致使病猪脚痛、跛行，多卧地不起，食欲废绝。哄赶时，表现紧张、步态不稳、腰背弓弯，以致跪膝爬行，尖叫。体重越大的猪，对蹄部的压力也越大，症状显得尤为严重，在坚硬地面行走比在柔软地面行走困难，加之发高烧，掉膘极快。体重小的幼猪，水疱少而小，症状往往不明显。

四、病理变化

猪水疱病的水疱病变经肉眼观察与口蹄疫的一样，开始均在上皮深处发展，其特征是上皮细胞退化和白细胞浸润。整个上皮的增厚形成了肉眼可见的皮肤凝固性坏死，这种坏死在棘状层开始，但迅速扩展至其他层。在蹄冠上有肉眼可见的肿胀，这是由于液体渗出到坏死组织中并积聚在活的真皮和死亡的表皮之间，从而使二者分离。大体变化都只限于蹄冠、跖部和鼻的皮肤上以及舌面上形成水疱。该病最早的变化都是蹄冠带发白和轻微的肿胀，角质和皮肤下面都具有一 2～3mm 褐色环带，病变皮肤直径大多数小于 5mm，伸延至跖部和趾间隙。水疱破裂液体溢完剩下死皮，覆盖着浅的溃疡。在某些病例中，角质底部扩大，实际上造成蹄壳脱落。附趾受到类似病害。形成水疱两周左右，蹄冠部皮肤与角质的分离仍然明显，剥去死的组织能够暴露出新生的上皮。鼻和舌的病变通常是小的破裂小疱，其周围残留有上皮碎片。它们的发展和愈复的过程与蹄部病变一样。

五、诊断

SVD 的最重要一点就是从临床上很难与口蹄疫（FMD）相区别。因此，在猪暴发水疱性疾病时，要先假定是 FMD，直到经实验室证实排除。见到猪有水疱，经酶联免疫吸附试验（ELISA）证明在破溃的水疱病料或水疱液样品中有 SVD 病毒抗原存在，就足以做出阳性诊断。如果提供的破溃水疱病料的量不够（少于 0.5g），或者是试验结果是阴性或无结果，可通过接种猪细胞培养，进行病毒分离。之后，如果任何培养物产生细胞病变，经 ELISA 证明 SVD 抗原存在，亦可做出阳性诊断。

可用微量中和试验或 ELISA 方可鉴定 SVD 病毒的特异性抗体。虽然微量中和试验需要 2～3d 才能完成，但它仍然是 SVD 病毒抗体的确证试验。少量正常的、未感染的猪（最高 0.1%）SVD 血清学检验阳性。这些个别的反应只能通过再次采集阳性动物及同群动物样品进行抗体测定来甄别。

（一）临床诊断

临床症状以蹄、鼻、口腔黏膜、舌出现水疱为特征。病猪在出现水疱时体温升高到 $40\sim41℃$，水疱破裂后即恢复正常。水疱常见于蹄冠之侧部。蹄冠水疱可扩展到蹄叉、蹄踵，内含水疱液。

（二）病原学诊断

1. 实验动物分离病毒　选择 $1\sim2$ 日龄健康吮乳小鼠 $8\sim10$ 只，每只颈背部皮下注射病毒液 0.2mL，由母鼠哺乳。同时设健康对照 2 只。逐日检查每只乳鼠发病情况，详细记录。观察 $5\sim7d$，一般于接种后 $48\sim96h$ 发病死亡。收集发病死亡乳鼠，在无菌室或无菌罩内解剖。先用酒精棉球将体表消毒，除去胃、肠、膀胱、头、脚及皮肤，取其胴体。该胴体即含有被分离的病毒，可记为 MF1。用于病毒鉴定时，将胴体称重，最好 $2\sim3$ 只混合，然后用 pH 7.6 的 0.085mol/L PBS 于研钵中洗涤一次，去除血液。加少许石英砂研磨制成 $1:10$ 悬液，加青、链霉素粉剂，剂量同病料处理。4℃中浸毒过夜，3 000r/min 离心 30min，上清液即可用于病毒鉴定。该胴体也可用于保存病毒，即将其置于含 50% 甘油，pH7.6 的 0.05mol/L PB 液中，－20℃冻存。

若接种的乳鼠 $48\sim72h$ 未见发病，可将其致死，按上述方法制成 $1:10$ 悬液，再接种乳鼠盲传 $2\sim3$ 代后，若分离物中含有 SVDV，可获得典型发病的死亡鼠。

2. 细胞培养分离病毒　IB-RS-2 细胞分离病毒。猪水疱病病毒能在猪源细胞（如原代肾细胞、IB-RS-2 及 PK-15 细胞株）中很好地繁殖，并表现为特征性的致细胞病变作用，而在牛源细胞上如甲状腺或肾细胞、地鼠肾传代细胞系 BHK-21 中均不生长繁殖，这也是与口蹄疫病毒的鉴别方法之一。CPE 表现为胞浆开始收缩，局部单层细胞变圆，经 $48\sim72h$ 的培养，细胞大部分变圆，胞浆颜色变深，数个变圆细胞集成小丛，圆细胞周围形成空斑，部分细胞破碎脱落，至 75% 细胞脱落时收毒。

3. 反向间接红细胞凝集试验　本方法是用提纯的猪或豚鼠抗 SVDV 免疫球蛋白 IgG，致敏用戊二醛、甲醛固定的绵羊红细胞，获得猪水疱病红细胞诊断液。用该诊断液检测鼠组织毒抗原，活力为 $1:120$；检测猪水疱皮抗原时，活力为 $1:960\sim1:1\,920$，特异性稀释度为 $1:30$。该方法快速、灵敏、操作简便、特异性强，能与口蹄疫等类症相鉴别，这两种疾病可以在同一块微型板上一次性操作，即可诊断。该方法还可应用于污染肉品检测。

4. 分子生物学诊断　RT-PCR 方法是临床及亚临床病例样品中 SVDV 基因检测的有效方法，RT-PCR 方法目前有很多，其区别在于 RNA 提取、引物设计以及扩增产物检测等方法不同。我国也规定了 SVDV 的荧光 RT-PCR 诊断技术国家标准（GB/T 22917—2008）。

（三）酶联免疫吸附试验（ELISA）

国外利用单克隆抗体 5B7 建立的 ELISA 方法，用于监测整个猪群是否感染水疱病，比反向间接红细胞凝集试验敏感和稳定。

（四）诊断解析

OIE 认可的猪水疱病病原鉴定技术包括 ELISA 和病原分离鉴定，如果猪发生了水疱，经 ELISA 证明在破溃的水疱病料或水疱液样品中有 SVDV 存在，就足以作出阳性诊断。

如果提供的样品量不够，可以接种猪细胞培养，进行病毒分离，之后，如果任何培养物产生细胞病变，经 ELISA 证明有 SVDV 存在，也可以作出阳性诊断。认可的血清学诊断技术包括微量中和试验和 ELISA。ELISA 准确、方便、快速，最为常用，微量中和试验一般需要 2～3d，但仍是经典的诊断方法。

我国发布了猪水疱病的国家诊断标准（GB/T 19200—2003）和（GB/T 22917—2008），前者规定了猪水疱病病毒分离及鉴定，反向间接血凝试验（RIHA）、琼脂凝胶扩散试验和病毒中和试验；后者规定了猪水疱病病毒荧光 RT-PCR 诊断方法。

反向间接红细胞凝集试验和酶联免疫吸附试验（ELISA）可以鉴别诊断口蹄疫，分子生物学诊断技术在检查本病时更灵敏、特异。中和试验（VN）和 ELISA 试验最为常用。VN 试验是国际贸易指定试验，缺点是需要病毒培养设施，2～3d 才能出结果；ELISA 试验结果快捷，且更容易标准化，但检测未接触过 SVDV 的猪血清时，存在少量的假阳性反应。反向间接红细胞凝集试验仅我国和部分前苏联国家使用。

六、防治

本病无特效治疗药物，在应急情况下可以使用高免血清对易感仔猪按 0.1～0.3 mL/kg 的剂量进行紧急注射，可提供 90% 的保护力，有效期 1 个月。

可应用的疫苗有豚鼠化弱毒疫苗、细胞培养物弱毒疫苗，该疫苗的免疫保护力在 80%，保护期半年以上。灭活疫苗较安全，但保护期仅有 4 个月。

一旦发生疫情，应立即报告，并按照"早、快、严、小"的原则，尽快加以隔离、封锁和扑杀。对受疫情威胁的猪群，可根据情况使用抗血清并进行疫苗接种，对疫区应进行严格的消毒。其他可采取的措施包括：禁止从疫区引进活猪及其产品，防止将病毒从疫区带到非疫区。同时应加强检疫监督，从源头上杜绝传播。

由于猪水疱病的临床症状酷似猪口蹄疫，加之有这两种疫病同时或交替流行，仅靠临床诊断是无法得到确切结论的，所以实验室诊断就显得尤为重要。

第四节　猪　　瘟

猪瘟（Classical swine fever，CSF）又称"烂肠瘟"，是由猪瘟病毒（Classical swine fever virus，CSFV）引起的猪的一种急性或慢性、热性和高度接触性传染病，主要特征是高热稽留、微血管变性而引起全身出血、坏死、梗塞，各年龄猪均易感，具有很高的发病率和死亡率。猪瘟呈世界性分布，危害程度高，对养猪业造成巨大经济损失，因而被世界动物卫生组织（OIE）列为 A 类必须上报的动物疫病，并规定为国际重点检疫对象。我国也将其列为一类动物疾病。

一、病原学

猪瘟病毒是黄病毒科（Flaviviridae）瘟病毒属（Pestivirus）的一个成员，基因组为单股正链线状 RNA。不能凝集红细胞，与牛病毒性腹泻黏膜病毒有抗原交叉。CSFV 蛋白在病毒基因组的编码顺序为：N^{pro}、C、E、E1、E2、P7、NS2、NS3、NS4A、NS4B、

NS5A 和 NS5B。NS3、NS4A、NS4B 和 NS5A 形成复制复合体，与具有 RNA 依赖性 RNA 聚合酶活性的 NS5B 共同参与病毒 RNA 的复制。结构蛋白 E2 是 CSFV 的 3 个囊膜糖蛋白中保守性最低、最容易发生变异的囊膜糖蛋白，同时还是 CSFV 的主要保护抗原，可诱导产生中和抗体。

该病毒对环境的抵抗力不强，56℃ 60min 可被灭活，60℃ 10min 使其完全丧失致病力。猪瘟病毒在 pH5～10 稳定，过酸或过碱能使病毒失活，在氢氧化钠、漂白粉等溶液中很快失活，对乙醚、氯仿和去氧胆酸盐敏感，能够迅速丧失感染性。CSFV 能在猪源的原代和传代细胞如 PK-15、SK-6 上增殖，但不产生细胞病理变化。若与新城疫病毒共培养，则可增强后者的致细胞病理变化作用。

二、流行病学

该病于 1833 年首先发现于美国俄亥俄州，呈世界性分布。流行于除北美和大洋洲以外的世界上各大洲和地区。但以下国家无猪瘟：澳大利亚、加拿大、英国、冰岛、爱尔兰、新西兰、斯堪的那维亚地区国家、瑞士和美国。近年来在一些原已宣布消灭猪瘟的欧洲国家如荷兰、比利时、英国、德国、意大利、西班牙等又相继复发。我国何时开始有猪瘟，没有明确的记载。据 1935 年的调查报告，当时我国绝大部分省份都有猪瘟发生，经济损失巨大。

本病在自然条件下只感染猪，不同日龄、性别、品种的猪都易感，一年四季均可发生。带毒猪和病猪是主要传染源，排泄物和分泌物，脏器及尸体，急宰病猪的血、肉、内脏、废水、废料，污染的饲料、饮水都可散播病毒，猪瘟的传播主要通过接触，经消化道感染。此外，患病和弱毒株感染的母猪也可以经胎盘垂直感染胎儿，产生弱仔猪、死胎、木乃伊胎等。在本病常发地区，猪群有一定抵抗力，其发病率和死亡率较低，在新疫区发病率和死亡率在 90% 以上。本病一年四季可发生，一般以春秋季较为严重。由于普遍进行疫苗免疫接种等预防措施，大多数集约化猪场已具有一定免疫力，使近年来猪瘟流行形式发生了变化，出现非典型猪瘟、温和猪瘟，呈散发性流行。发病特点为临床症状轻或不明显，死亡率低，病理变化不特征，必须依赖试验室诊断才能确诊。

国际上将猪瘟病毒分为 3 个基因群共 10 个基因亚群。1986 年 Lowings 对世界上的 20 多个国家的 115 株 CSFV 进行了序列比较、中和抗体反应性及内切酶分析后，将 115 株毒划分为 2 个群（血清型）。血清型 I 有 2 个亚群，主要包括 Brescia 株（荷兰）、疫苗毒株和 60 年代流行毒；血清型 II 有 3 个亚群，主要包括 Alfort 株（德国）和近 10 年来的流行毒。在此基础上，1999 年 Sakosa 通过对 40 余猪 CSFV 流行毒的序列分析，将 CSFV 分为三群：I 群称为古典猪瘟病毒，以 Bresica 株为代表；II 群以 Alfort 株为代表；3 群与上述 2 个群均有较大差异，包括日本、泰国和中国台湾等地 20 世纪 70～90 年代的流行毒株。

三、临床症状

自然感染潜伏期一般为 5～7d，根据临床症状可分为最急性、急性、慢性和温和型和繁殖障碍性 5 种类型。

1. 最急性型 在临床较为少见，病猪除体温升高外，常无明显症状，突然死亡，一般出现在初发病地区和流行初期。

2. 急性型 病猪精神高度沉郁，体温在 40～42℃ 之间，呈现稽留热，喜卧、弓背、寒颤及行走摇晃。食欲减退或废绝，喜欢饮水，有的发生呕吐。结膜发炎，流脓性分泌物，常将上下眼睑黏住，不能张开，鼻流脓性鼻液。初期便秘，干硬的粪球表面附有大量白色的肠黏液，后期腹泻，粪便恶臭，带有黏液或血液，病猪的鼻端、耳后根、腹部及四肢内侧的皮肤及齿龈、唇内、肛门等处黏膜出现针尖状出血点，指压不退色，腹股沟淋巴结肿大。公猪包皮发炎，阴鞘积尿，用手挤压时有恶臭浑浊液体射出。小猪可出现神经症状，表现磨牙、后退、转圈、强直、侧卧及游泳状，甚至昏迷等。

3. 慢性型 病猪体温变化无规律，食欲不振，便秘与腹泻交替出现，逐渐消瘦、贫血，衰弱，被毛粗乱，行走时两后肢摇晃无力，行走不稳。有些病猪的耳尖、尾端和四肢下部成蓝紫色或坏死、脱落，病程可长达一个月以上，最后衰弱死亡，死亡率极高。此型猪瘟主要侵害小猪。

4. 温和型 又称非典型，主要发生较多的是断奶后的仔猪及架子猪，表现症状轻微，不典型，病情缓和，病理变化不明显，病程较长，体温稽留在 40℃ 左右，极少数在 41℃ 以上。皮肤无出血小点，但有淤血和坏死，食欲时好时坏，粪便时干时稀，病猪十分瘦弱，致死率较高，也有耐过的，但生长发育严重受阻。

5. 繁殖障碍型 妊娠母猪主要表现为早产或流产，产木乃伊胎、死胎、畸形胎，以及产后数天内出现弱胎仔猪死亡等；弱仔猪主要表现为虚弱，全身发抖，站立不稳，皮肤带黄色，叫声嘶哑等。

四、病理变化

1. 急性型 呈现多发性出血为特征的败血症变化，在皮肤、浆膜、黏膜和内脏器官有不同程度的出血，通常为斑点状。全身淋巴结肿胀，多汁、充血、出血、外表呈现紫黑色，切面如大理石状，肾脏色淡，皮质有针尖至小米状的出血点，出血部位以皮质表面最常见，呈现所谓的"雀斑肾"。脾脏有梗死，以边缘多见，呈色黑小紫块，口腔黏膜、齿龈有出血点或坏死灶，喉头黏膜及扁桃体出血。膀胱黏膜有散在的出血点。胃、肠黏膜呈卡他性炎症。大肠的回盲瓣处形成纽扣状溃疡，这一病变具有一定的指导意义。

2. 慢性型 主要表现肾脏表面有陈旧性针尖状出血点，皮质、肾盂、肾乳头均可见到不易觉察出的小出血点。其特征性病变是坏死性肠炎，全身性出血变化不明显，由于钙磷代谢的扰乱，断奶病猪可见肋骨末端和软骨组织变界处有因骨化障碍而形成的黄色骨化线。

3. 温和型（非典型） 病理变化不太明显，大多数病猪无猪瘟的典型病变。主要变化为：扁桃体充血、出血、化脓溃疡。胆囊肿大，胆汁浓稠。胃底呈片状充血或出血，有的只有溃疡。淋巴结肿大，多数见不到大理石样的出血性病变。肾脏、膀胱出血不明显。回盲瓣很少出现纽扣状溃疡，但有溃疡和坏死病理变化。

4. 繁殖障碍型 死胎及弱胎最显著的病理变化是全身皮下水肿，胸腔、腹腔积水，扁桃体出血，肾有针尖大小出血点。胎儿畸形，有的肾脏只能看到散在的小出血点。畸形胎儿头及四肢变形，小脑、肺发育不全。

五、诊断

CSF 临床表现多样性，单纯依据临床和病理学资料难以诊断。因此，实验室试验对本病的确诊十分重要。对于活猪，进行检测全血中的病毒和血清中的抗体是 CSF 实验室诊断的主要方法。然而，当猪死亡后，检测病死猪器官样品中的病毒或抗原是最适宜的诊断方法。

(一)临床诊断

本病症状差别很大，对于不典型的病例，仅靠临床症状和病理变化只能作出初步诊断，需进行实验室确诊。

(二)病原学诊断

用感染猪的冰冻组织切片直接做荧光抗体试验（FAT），可用于 CSF 抗原检测。一些单克隆抗体（Mab）可用于确定荧光是否由 CSF 抗原反应引起。对 FAT 呈阴性的病例，应以 PK-15 或其他敏感细胞系来分离 CSF 病毒。用直接免疫荧光或直接过氧化物酶染色检查细胞培养物中的病毒，若结果呈阳性，则采用 Mab 技术或部分基调测序做进一步的鉴定。有的实验室使用聚合酶链反应方法鉴定 CSFV。疑似致病毒株的分离和鉴定应在有病毒安全措施的实验室进行。

1. 病料的采集和处理　采取病死猪的扁桃体、脾、肾和回肠末段。可不加任何防腐剂，但应低温保存送检。

2. 病毒分离与鉴定　使用猪肾、猪睾丸次代或传代细胞均可。病料经研磨、离心、除菌过滤后接种细胞进行培养，细胞不出现病变，一般需要传 3~4 代，然后采用荧光抗体法或免疫过氧化物酶染色试验进行鉴定，这是猪瘟诊断的金标准。

3. 荧光抗体试验　本法适用于扁桃体、脾、胰脏、肾、淋巴结和远端回肠等组织样品（冰冻切片）检测，可快速检测出猪瘟病毒抗原。病料经冷冻切片后，用丙酮固定，滴加猪瘟荧光抗体（已有商品），置湿盒内 37℃ 45min 后取出，用磷酸盐缓冲液漂洗 5 次，晾干，用缓冲甘油（pH9.5）封片，荧光显微镜检查。间接荧光抗体试验则是先用抗猪瘟病毒的抗体吸附后，然后再加入 FITC 标记的第二抗体孵育，洗涤后用荧光显微镜检查。如果细胞浆中呈现黄绿色或亮绿色荧光，指示有猪瘟病毒抗原存在，如反差不明显，可用 1% 伊文思蓝复染（复染后脱色不要过度）。

4. 分子生物学诊断　目前，已经建立和正在开发的 RT-PCR 方法有很多，与 AC-ELISA 和病毒分离试验相比，RT-PCR 方法更快速、更敏感，尤其适合于前临床感染猪的诊断，可用于普查以筛检疑似病例，已被国际广泛接受。但该试验可因实验室污染而出现假阳性结果，或样品中含抑制剂而出现假阴性结果，因此每批试验都应设置足量的阴性和阳性对照，尤其应设内对照组，该试验可用于检测单份血样或混合血样，以及组织器官样品，已被成功应用于疫情控制实战中。CSFV 分子流行病学调查中有多个基因可作为流行病学分析的靶基因，如 5′端非编码区、E2 基因等。通过比较野毒株与数据库中的已有毒株的序列比较，可以确定流行毒株的基因亚群和变异规律。

（三）血清学诊断

检测病毒特异性抗体，对感染 CSFV 至少 30d 的可疑猪群的确诊特别有用。血清学方法对疫病监测和流行病学研究也颇有价值，在本病发生率不高的情况下，血清学方法也很有用处。如果一个国家希望被国际上承认没有 CSF，在不用疫苗免疫的情况下，必须使用血清学方法对 CSF 特异性抗体进行监测。

由于经常在种猪体内检测到反刍动物瘟病毒抗体，因此，筛选试验后必须进行确证性试验进行确诊。选用适当的方法，鉴别牛病毒性腹泻（BVD）、边界病病毒（BD）和 CSFV 感染诱导的抗体，排除其他瘟病毒感染的可能性。因此，过氧化物酶联中和试验（NPLA）、荧光抗体病毒中和试验（FAVN）和酶联免疫吸附试验（ELISA）就特别适合。三种试验敏感性和特异性较高，NPLA 和 ELISA 结果可用肉眼观察，也能通过仪器自动测定。

1. 过氧化物酶联中和试验（NPLA） 本法和荧光抗体试验都是国际贸易指定诊断试验。该法在平底微量板上进行，血清需先以 56℃30min 灭活，然后被检病料制剂接种细胞培养前，分别与猪瘟、牛病毒性腹泻和羊边界病毒阳性血清等量混合，置 37℃30min（试验设对照组），然后按荧光抗体法检测细胞培养瓶中盖玻片上的病毒抗原，从而推断被检物与 3 种瘟病毒之间的关系。

2. 酶标抗体试验 酶标抗体有商品出售，按生产厂家使用说明书操作即可。建立在猪瘟病毒糖蛋白（E2）特异性单克隆抗体基础上的酶联免疫吸附试验早已被许多国家用于猪瘟的血清学诊断和流行病学调查。建立在猪瘟特异性单克隆抗体基础上的酶标方法可用于检查病料冷冻切片中猪瘟病毒抗原，也可用于区分猪瘟流行野毒和疫苗病毒。

3. 间接血凝试验（IHA） 主要用于猪瘟免疫后，免疫抗体的检查与评价。操作方法，按厂家说明书进行，主要在我国国内使用。

（四）诊断解析

OIE 认可的猪瘟病原学诊断方法包括：荧光抗体试验、单克隆抗体免疫过氧化物酶试验鉴别瘟病毒属病毒、抗原捕获 ELISA 以及病毒分离和反转录聚合酶链式反应；认可的血清学诊断方法包括荧光抗体病毒中和试验、过氧化物酶联中和试验（NPLA）和酶联免疫吸附试验，这 3 种方法都是国际贸易指定试验。

我国已发布《猪瘟诊断技术》（GB/T 16551—2008）和《猪瘟病毒实时荧光 RT-PCR 检测方法》（GB/T 27540—2011）国家标准。在《猪瘟诊断技术》中规定了猪瘟的临床诊断、病理学诊断和实验室诊断方法，实验室诊断方法包括兔体交互免疫试验、免疫酶染色试验、病毒分离与鉴定试验、直接免疫荧光抗体试验、荧光抗体病毒中和试验、猪瘟单抗酶联免疫吸附试验和反转录聚合酶链式反应等诊断技术，其中最常用的技术是病毒分离与鉴定试验和反转录聚合酶链式反应。

国内已有商品化的猪瘟抗原捕获 ELISA 检测试剂盒、猪瘟病毒实时荧光 RT-PCR 检测试剂盒、猪瘟病毒反转录聚合酶链式反应检测试剂盒和猪瘟抗体 ELISA 检测试剂盒等。

六、防治

(一) 控制措施

免疫接种。长期的实践表明，疫苗是控制猪瘟的重要手段，传统的猪瘟疫苗包括灭活疫苗和弱毒疫苗。各国都在努力研究安全有效的疫苗。我国选用免疫原性优良的石门系毒株制备结晶紫-甘油疫苗，早被前苏联和东欧国家所推崇和采用。此外，中国兽医药品监察所周泰冲等相继用 4 株 CSFV 诱使家兔发病，经过长期试验，于 1954 年终于选育出一株能够适应家兔的 CSFV，并减弱其对猪的致病力，但仍保持坚强的免疫原性。制成疫苗在全国推广应用，对控制猪瘟的发生起到了决定性的作用，且被国外广泛应用，称为"54-Ⅲ系"，即 C 系（株），即中国猪瘟兔化弱毒株。该种毒自 1956 年起，先后赠送匈牙利、前苏联、罗马尼亚等国。据匈牙利报道，证明该疫苗比其他商品疫苗优越，对种猪、乳猪无残余毒力，并有坚强持久的免疫性。多年来在欧洲等应用，公认是安全有效的弱毒疫苗株，为我国和世界许多国家、地区猪瘟的控制起到了决定性的作用。经过多年应用，世界范围公认安全有效，没有残余致病力的弱毒疫苗株有 3 种：①中国 C-株兔化弱毒疫苗；②日本 GPE-细胞弱毒疫苗；③法国"Thiveosal"冷变异弱毒株。利用该毒株我国现有猪瘟脾淋苗、猪瘟传代细胞苗和猪瘟细胞苗三种，猪场可以根据自己猪场的情况选用。

母猪每年接种三次或者跟胎免疫（跟胎免疫主要是防止那些发情、返情、空怀、流产等猪的漏打或者接种的不及时等）；仔猪在疫区建议超前免疫，用 0-35-70 的免疫程序，非疫区可以按 3～5 周首免，7～8 周二免；对于出栏时超过 120kg 以上的猪在 110 日龄左右进行三免更好；如果确定是猪瘟感染，也可以紧急接种猪瘟疫苗，一般接种一周以后猪群会慢慢稳定。

开展免疫监测，采用酶联免疫吸附试验或正向间接血凝试验等方法开展免疫抗体监测，及时淘汰隐性感染带毒种猪。

坚持自繁自养，全进全出的饲养管理制度。

做好猪场、猪舍的隔离、卫生、消毒和杀虫工作，减少猪瘟病毒的侵入。

(二) 疫情处理

应按照《猪瘟防治技术规范》（见附录）的要求进行。

1. 立即报告，及时诊断。
2. 划定疫点。
3. 封锁疫点、疫区。
4. 处理病猪，做出无害化处理。
5. 紧急预防接种。疫区里的假定健康猪和受威胁地区的生猪即接种猪瘟弱毒疫苗。
6. 认真消毒被污染的场地、圈舍、用具等，粪便堆积发酵、无害化处理猪瘟。

第五节　非洲猪瘟

非洲猪瘟（African swine fever，ASF）是由非洲猪瘟病毒（African swine fever virus，ASFV）引起的家猪和野猪的一种急性、热性、高度接触性传染病，又称非洲猪瘟疫、疣猪病。临床发病过程短，以高热、食欲废绝、皮肤和内脏器官出血、高死亡为特征。非洲猪瘟在症状上与急性猪瘟很难区分。本病于 1921 年在肯尼亚首次发现，现已在非洲、欧洲和美洲数十个国家流行，我国境内一直未见报道。OIE 将其列为必须通报的动物疫病，我国将其列为一类动物疫病。

一、病原学

2005 年 7 月国际病毒分类学委员会（ICTV）将 ASFV 列入双链 DNA 病毒目（dsD-NA）非洲猪瘟病毒科（Asfarviridae）非洲猪瘟病毒属（*Asfivirus*）。ASFV 颗粒有囊膜，直径 175～215nm，核衣壳呈 20 面体对称，直径 180nm。该病毒基因组为双链 DNA，大小约 170～190kb，编码约 200 种蛋白。病毒粒子主要由 5 种多肽组成，其中两个为糖蛋白多肽。空衣壳含有两种多肽，vp72 和 vp73，膜由 vp1 和 vp4 组成，vp5 可能与病毒的 DNA 有关。vp72 为组成病毒囊膜的结构蛋白，其相应的基因序列在各个分离株中保守性很强，在同一大洲中分离株的同源性达 98％以上，在不同大洲中分离株的同源性也可达 95％以上，因该结构蛋白为 ASFV 所仅有，因此，ASFV vp72 可作为诊断用抗原。抗原变异主要发生在结构蛋白 vp150、vp14 和 vp12 上。

ASFV 至少有 8 个血清型。病毒具有吸附猪红细胞的特性，但细胞传代培养的病毒失去这种特性，也可被抗血清阻断。根据 ASFV 的这种对猪红细胞的吸附特性，ASFV 可分为红细胞吸附性病毒和非红细胞吸附性病毒。

病毒能在动物体内单核巨噬细胞系统进行复制。体外培养时，可在猪的单核细胞、骨髓细胞和白细胞中复制，还可在鸡胚卵黄囊培养繁殖，也适应 PK - 15、BHK - 21、Vero 传代细胞，并产生明显的细胞病变。

无论是自然感染或人工感染，该病毒均不能刺激机体产生典型的中和抗体，参与保护性免疫的机理有待探讨。除某些超强毒株外，康复猪能抵抗同源毒株的攻击或再次感染。

本病毒对乙醚、氯仿等脂溶剂敏感，但对热、腐败、干燥的抵抗力较强。低温暗室内血液中存在的病毒可生存 6 年，室温中可活数周，加热感染病毒的血液 55℃ 30min 或 60℃ 10min，病毒可被破坏。许多脂溶剂和消毒剂也可以将病毒破坏。

二、流行病学

ASF 首先发现于东非，是在 20 世纪初由欧洲向非洲运入家猪后。暴发 ASF 的猪大都有与疣猪或丛林猪等野猪的接触史。野生疣猪和丛林猪通常呈亚临床感染或无症状感染，但长期带毒。曾有研究者从明显健康的 4 头疣猪的 3 头中分离到非洲猪瘟病毒。1910 年以来，非洲猪瘟病毒迅速散布于赤道以南的大多数非洲地区。1957 年，ASF 首次发现于欧洲葡萄牙里斯本飞机场附近的一个农场，后来证实是因喂饲由安哥拉来的班机中的泔水而发生的。由于迅速采取了屠宰政策，疾病未蔓延。但在两年后该病再次发生于里斯本，并扩散蔓延，传播至西班牙（1960）。1961 年，法国南部发现 ASF，1967 年意大利也发现了 ASF。1971 年该病首次发现于古巴，1978 年再次发生，并传入巴西和多米尼亚。20 世纪 80～90 年代西班牙政府对 ASF 非常重视，投入了巨大的人力、物力，于 90 年代末期宣布消灭了 ASF。目前欧洲除意大利的撒丁岛有零星散发外，欧洲近几年未见

ASF 发生的报道。现在拉丁美洲和非洲仍有 ASFR 发生和流行，并有继续扩大蔓延的趋势。2000 年西非的尼日利亚再次暴发 ASF，2008 年格鲁吉亚、亚美尼亚、阿塞拜疆和俄罗斯高加索地区相继发生 ASF 疫情，引起世人广泛关注。我国及其他亚洲国家尚无本病发生的报道。

猪、疣猪、豪猪、欧洲野猪和美洲野猪对本病易感，易感性与品种有关。非洲野猪（疣猪和豪猪）常呈隐性感染。该病的传播途径为经口和上呼吸道感染，短距离内可发生空气传播。健康猪与病猪直接接触可被传染，或通过生物媒介（钝缘蜱属软蜱）以及饲喂污染的饲料、泔水、剩菜、肉屑和污染的栏舍、车辆、器具、衣物等间接传染。猪群初次发生本病时，传染快，发病率和死亡率都很高，以后有所下降。病愈猪带毒时间很长，但抗体的存在时间及其对同型病毒的免疫性保持时间较短。病猪、康复猪和隐性感染猪为主要传染源。病猪在发热前 1～2d 就可排毒，主要从鼻咽部排毒。隐性带毒猪、康复猪可终生带毒，如非洲野猪及流行地区家猪。病毒分布于急性型病猪的各种组织、体液、分泌物和排泄物中。钝缘蜱属软蜱也是传染源。

三、临床症状

潜伏期为 5～19d。《陆生动物卫生法典》规定，非洲猪瘟的感染期为 40d。

1. 急性型　突然高烧达 41～42℃，稽留约 4d。食欲不振，脉搏加速，呼吸加快，伴发咳嗽。眼、鼻有浆液性或黏脓性分泌物。早期（48～72h）白细胞及血小板减少，白细胞总数下降至正常的 40%～50%，淋巴细胞明显减少，幼稚型中性粒细胞增多。

皮肤充血、发绀，尤其在耳、鼻、腹壁、尾、外阴、肢端等无毛或少毛处呈不规则的淤斑、血肿和坏死斑。还有呕吐及腹泻（有时粪便带血）。怀孕母猪可发生流产。病猪发病后 6～13d 死亡，长的达 20 多 d。家猪病死率通常可达 100%，幸存者将终生带毒。

2. 亚急性型　症状较轻，病程较长。发病后 15～45d 死亡，病死率 30%～70%。怀孕母猪流产。

3. 慢性型　呈不规则波浪热，有慢性肺炎症状，时有咳嗽，呼吸加快以致困难。病程数周至数月。皮肤可见坏死、溃疡、斑块或小结；耳、关节、尾和鼻、唇可见坏死性溃疡脱落。关节呈无痛性软性肿胀。病程达 2～15 个月，病死率低。

四、病理变化

在耳、鼻端、腹壁、外阴等部位皮肤有界限明显的紫绀区及散在的出血区，中央黑色，四周干枯；胸、腹腔及心包有积液，黏膜下、浆膜下、肺小叶间、脏器间有不同程度的水肿；全身淋巴结严重出血，紫红色，状似血瘤；心内外膜、肾、膀胱、喉头有出血点；胃肠黏膜出血、溃疡。病程稍长病例盲肠黏膜可能有轮状溃疡；有的病猪脾脏充血肿胀，边缘有梗死灶；胆囊胀满，囊壁水肿、增厚；慢性病猪有肺炎变化。

五、诊断

ASF 的实验室诊断方法分为两类：第一类包括病毒分离、病毒抗原和基因组 DNA 检测，第二类为抗体检测。试验方法的选择主要依据在某一地区或某个国家的疾病的情况而定。

在没有 ASF 但又怀疑其存在的国家中，实验室诊断必须将可疑材料同时接种猪白细胞或骨髓的培养物进行病毒分离；并用直接荧光抗体试验（FAT）检测组织涂片和冰冻切片中的抗原；可能的话，要用聚合酶链反应（PCR）检测基因组 DNA；还要同时使用间接荧光抗体（IFA）试验检测组织液中的抗体。

在呈地方性流行或由低毒力毒株引起的初次暴发的地方，对于新暴发病的调查研究应包括应用 ELISA 检测血清中或组织提取物中的特异性抗体。

我国已发布《非洲猪瘟诊断技术》（GB/T 18648—2002）国家标准。

（一）临床诊断

淋巴结有猪瘟样罕见的某种程度的出血现象，切面有似血肿之结节。

脾脏肿大，髓质肿胀区呈深紫黑色，切面突起，淋巴滤泡小而少，有 7% 猪脾脏有小而暗红色突起三角形栓塞。

循环系统：心包液特别多，少数病例心包液呈混浊且含有纤维蛋白，但多数心包下及次心内膜充血。

呼吸系统：喉、会厌有淤斑充血及扩散性出血，比猪瘟更甚，气管前 1/3 处有淤斑，肠有充血而没有出血病灶，肺泡则呈现出血现象，淋巴球破裂。

肝脏：肉眼检查正常，充血暗色或斑点大多异常，近胆部分组织有充血及水肿现象，小叶间结缔组织有淋巴细胞、浆细胞及间质细胞浸润。

（二）病原学诊断

对从野外可疑病例得到的组织，应制作涂片或冰冻切片，用 FAT 检查特异性抗原，并每天通过检查是否有血细胞吸附和细胞病变，确认接种的原代猪白细胞培养物是否存在病毒。对阴性培养物的细胞，则要用 FAT 检查抗原，并将其重新接种到新鲜的白细胞培养物上。

PCR 可用于检测组织中的病毒基因组，尤其适用于不适合病毒分离和抗原检测的情况。对可疑病例的材料要按上述程序重复继代培养。

1. 病原分离及鉴定（OIE 推荐的方法）　可作为病原分离的材料为抗凝血（用肝素或 EDTA 作抗凝剂）、脾脏、扁桃体、肾脏、淋巴结。样品在运输过程中要尽可能保持低温，但不能冻结。

组织材料用 0.1mol/L PBS 研磨制成悬浮液（含 1 000 IU/mL 的青链霉素）。

对抗凝血和组织材料用 1 000g 离心 5min，澄清悬液。

用含 1 000 IU/mL 的青、链霉素和含 20% 猪血清的组织培养液将猪白细胞悬浮至 10^7/mL。

按每份 1.5mL 将细胞悬液分装到 160mm×16mm 的试管中，将试管呈 5°~10° 倾斜放置，置 37℃ 培养。

取 3 管细胞，每管接种组织样品 0.2mL，如送检样品保管不好，可将样品作 10 倍或 100 倍稀释后再接种到培养物上。

接种含有能吸附血细胞的病毒培养物为阳性对照，未接种的阴性对照对监测非特异性血细胞吸附是必需的。

3d 后，每管加 0.2mL 用缓冲盐水配制的新鲜的 10％猪血细胞。

从第 7 天开始到第 10 天，每天用显微镜检查细胞病变（CPE）和血细胞吸附的情况。

判定结果：如接种物中含 ASFV，则出现血细胞吸附现象（大量猪血细胞附着在感染细胞的表面）。在无血细胞吸附的情况下发生的贴壁细胞数减少的 CPE 是由于接种物的细胞毒性所致，可用细胞沉淀物进一步作 FAT 或用 PCR 来验证。

2. 血细胞吸附试验（OIE 推荐的方法）　血细胞吸附（HAD）试验在 ASF 诊断方面是成熟的。其原理是：猪的白细胞吸附在感染 ASF 病毒猪的单核细胞或巨噬细胞的表面。用可疑猪的血液或组织悬液接种原代白细胞培养物，或用实验室接种的以及野外可疑猪血液制备的白细胞培养物作"自动玫瑰花环"试验。每 100mL 肝素纤维蛋白或加肝素抗凝的血液可制备 300 份培养物。

（1）原代白细胞培养物的血细胞吸附试验。

（2）采集需要量的加肝素的新鲜猪血（每毫升猪血含肝素 100IU）。

（3）以后步骤同病毒分离部分。

3. 动物试验　取高热期病猪的脾、淋巴结、血液等病料，做成 10％悬液，经处理后，接种易感猪或猪瘟免疫猪，每头 5～10mL。如两者都发病，则为非洲猪瘟，如仅易感猪发病，则为猪瘟。

4. 直接荧光抗体试验　FAT 可检测野外可疑猪或实验室接种猪组织中的抗原。另外，它可用于检测无血细胞吸附现象的白细胞培养物中的 ASF 病毒抗原，从而能够鉴定没有血细胞吸附能力的病毒株。这一试验还可用于区分 ASF 病毒和其他病毒，如伪狂犬病病毒或有细胞毒性的接种物引起的 CPE。

（三）诊断解析

我国已经颁布《非洲猪瘟诊断技术》（GB/T 18648—2002）。

六、防治

目前尚无有效药物和疫苗用于防治本病。已发病国家均采取的是封锁、扑杀和消毒等措施以控制其流行。

我国无本病发生，但必须时刻保持高度警惕，严禁从有疫地区和国家进口猪及其产品。销毁或正确处置来自感染国家（地区）的船舶、飞机的废弃食物和泔水等。加强口岸检疫，以防本病传入。一旦发现可疑疫情，应立即上报，并将病料严密包装，迅速送检。同时按《中华人民共和国动物防疫法》和《重大动物疫情应急条例》规定，采取紧急、强制性的控制和扑灭措施。封锁疫区，控制疫区生猪移动。迅速扑杀疫区所有生猪，无害化处理动物尸体及相关动物产品。对栏舍、场地、用具进行全面清扫及消毒。紧急开展详细的流行病学调查和追溯，对疫区及其周边地区进行密集监测，严防扩散。

第六节　猪繁殖与呼吸综合征

猪繁殖与呼吸综合征（Porcine reproductive and respiratory syndrome，PRRS），又称蓝耳病，是由猪繁殖与呼吸综合征病毒（Porcine reproductive and respiratory syndrome virus，PRRSV）引起的一种传染病。经典 PRRSV 可引起经典蓝耳病，以母猪繁殖障碍和仔猪呼吸系统疾病为特征。在临床上以妊娠母猪流产、产出死胎、弱胎、木乃伊胎以及仔猪、肥育猪的呼吸困难和高死亡率为特征，病理学上以局灶性间质性肺炎为特点。美洲型 PRRSV 变异株引起的高致病性猪蓝耳病，发病特征是母猪发情滞后、坐胎率低、怀孕后期流产、死胎和弱胎为特征，流产率可达 30% 以上；哺乳仔猪和断奶仔猪以呼吸道疾病和高死亡率为特征，初次发病，发病率可达 100%，死亡率 50% 以上，育肥和成年猪也可发病死亡。根据毒株基因型、毒力差异，我国将由高致病性 PRRSV 引起的高致病性猪蓝耳病列为一类传染病，而将经典 PRRSV 毒株引起的猪蓝耳病列为二类传染病。

一、病原学

病原为猪繁殖与呼吸综合征病毒（PRRSV），属于套式病毒目（Nidovirales）动脉炎病毒科（Arteriviridae）动脉炎病毒属（Arterivirus）。该病毒有脂质囊膜，对乙醚和氯仿敏感；病毒粒子在电镜下呈球形，直径 45~65nm。核衣壳直径 25~35nm，呈十二面体对称，内含不分节段的单股正链 RNA，大小约 15kb，有 8 个开放阅读框，编码 8 种特异性病毒蛋白；其中 ORF1a 和 1b 编码复制酶和聚合蛋白非结构蛋白。ORF1a 编码的聚合蛋白经裂解后产生 6 种非结构蛋白（Nsp1α、Nsp1β 和 Nsp2~5）。ORF1b 编码的聚合蛋白被 ORF1a 编码的蛋白酶切割后形成 4 个蛋白（RdRp、CP2、CP3 和 CP4）。ORF2－7 编码 7 种结构蛋白。ORF7 编码核衣壳蛋白（N 蛋白），ORF6 编码非糖基化膜蛋白（M 蛋白），ORF2~5 分别编码 GP2、GP3、GP4、GP5 四种糖基化膜蛋白以及 GP2b 蛋白；GP5 和 N 蛋白是主要结构蛋白。GP5 和 Nsp2 是最易发生变异的蛋白。

根据抗原和基因差异，PRRSV 可分为 2 个血清型，即美洲型（主要流行于美洲和亚洲）和欧洲型（主要流行于欧洲），代表毒株分别为 VR－2332 株和 LV 株（Lelystadt）。通过对我国分离毒株的基因组分析，目前在我国流行的毒株主要是美洲型，但已有分离鉴定到欧洲型 PRRSV 毒株的报道。

PRRSV 对温度和 pH 敏感，37℃ 48h 或 56℃ 45min 可使病毒完全失去活性，在低温－70℃下，PRRSV 具有较好的稳定性；PRRSV 在 pH6.5~7.5 之间相对稳定，pH 高于 7 或低于 5 时，感染力很快消失。PRRSV 同其他动脉炎病毒一样，无红细胞凝集特性，但用非离子除垢剂处理后，再用脂溶剂处理，可凝集小鼠红细胞。

PRRSV 具有严格的宿主要求，常用的原代和传代细胞都不能支持其生长。但病毒对单核-巨噬系统的多种细胞具有亲嗜性，包括猪肺泡巨噬细胞（PAM）、外周血单核细胞、肺血管内巨噬细胞（PIM）等。在分离 PRRSV 时首选 6~8 周龄的仔猪肺泡巨噬细胞（PAM），在病毒侵染 PAM 后 24~72h 可观察到特异的细胞病变效应（CPE），主要表现为细胞圆缩、聚集成堆、脱落直至崩解，病毒效价（$TCID_{50}$）可达 10^6 以上。此外，PRRSV 也可在 MA－104、Marc－145、CL2621、CRL1117 以及 HS.2H 等传代细胞系中增殖，在这些细胞中进行病毒增殖其 CPE 特点与在 PAM 中增殖产生的 CPE 类似，但病毒效价略低，一般在 10^5~10^6 之间。但有研究表明，同一基因型的不同 PRRSV 毒株对同一细胞株如 Marc145 的致 CPE 时间、CPE 的特点以及病毒效价均有差异。总体而言，美洲型毒株较欧洲型毒株更能适应 Marc145 等细胞，欧洲型 PRRSV 毒株更适应于在 PAM 中增殖。

PRRSV 还有一个重要的生物学特性——抗体依赖性增强作用（Antibody-dependent enhancement，ADE），是指在病毒感染早期产生的针对 PRRSV 的抗体（多针对 N 蛋白），特别是亚种和水平的 PRRSV 特异性抗体（多针对 GP5 蛋白）不仅不能中和病毒，反而能促进病毒的增殖，这种 ADE 作用无论在体内还是体外均存在。有研究表明 ADE 的产生是由 PRRSV GP5 糖蛋白上的抗原表位诱导产生的中和抗体和 PAM 上存在的 Fc 受体相互作用的结果。

PRRSV 具有持续感染性，即病毒可在感染猪的体内持续存在，也可在感染猪群中持续存在。人工感染试验结果证实，在病毒感染猪后，病毒血症可持续 2~3 周，最长可持续 7 周，病毒血症期间可从被感染猪的肺脏、多种组织、淋巴结以及血清中分离到病毒，病毒血症的长短与感染猪的日龄、感染的病毒剂量以及毒株的不同而不同。有研究认为 PRRSV 的持续感染性主要有三个方面的机制：（1）可能是通过阻碍猪体内干扰素活性的诱导和（或）通过阻断专噬性细胞中抗病毒蛋白活性从而逃脱机体的免疫；（2）突出于病毒囊膜表面之外的 GP5 胞外域产生了某些突变，从而使机体不能有效清除病毒而产生持续感染；（3）PRRSV 具有 ADE 现象，使得病毒在微量抗体存在的条件下能进一步增殖，也能导致持续性感染。但目前有关 PRRSV 持续性感染的分子机制尚未完全明了，还有待深入研究。

此外，PRRSV 具有极强的变异特点，这种毒株的遗传变异不仅存在于美洲型毒株之间，也存在于欧洲型毒株，即使是同一毒株的不同代次也可能存在变异。现有研究结果表明，美洲型毒株的变异多发生在 ORF1a 基因内的 Nsp2 区域，Nsp2 基因可以耐受基因片段的插入或缺失（以美洲型经典代表毒株 VR2332 为参照物），比较具有代表性的毒株有 16244 株（Nsp2 有基因片段插入）、JXA1（Nsp2 有基因片段缺失）等。2006 年，开始在我国流行一种 PRRSV 的变异株，对猪具有高致病性，俗称"高热病"。分离到的第一个变异毒株为 NVDC-JXA1 株，通过基因序列分析得知，该毒株的 Nsp2 蛋白第 481 位、532~560 位氨基酸缺失，与 VR2332 株的氨基酸同源性为 89.6%，与我国经典 PRRSV HB-1（sh）的同源性达 89.5%~97.0%，与 LV 的同源性为 54.7%。另外，欧洲型 PRRSV 的变异也很大，在一些欧洲国家分离到的 PRRSV 毒株与欧洲型代表毒株 LV 株的差异已非常明显，也发现某些欧洲型 PRRSV 的 ORF7 基因序列介于美洲型和欧洲型之间。此外，已有研究结果表明，PRRSV 在猪体内传代过程中，会有准种或新的病毒亚群的出现，也发现了不同 PRRSV 毒株之间可能发生基因重组。国内外大量研究结果表明，PRRSV 不断在发生变异，这种变异将会导致其致病性发生改变，将进一步加大各国对该病的防控难度。

二、流行病学

该病最早于 1987 年在美国中西部发现，此后，在加拿大、德国、法国、荷兰、英国、西班牙等欧美国家相继发生。我国台湾省于 1991 年出现此病，我国内地于 1996 年由郭宝清等首次在暴发流产胎儿中分离到 PRRSV（Ch-1a 株）。随后许多省份也陆续报道了该病的发生，几乎传遍我国所有地区（尚未见西藏有病例报告）。2006 年夏季以来，我国江西、安徽等南方地区发生了猪"高热病"，并在随后席卷了我国近 25 个省份，经大量研究表明，这种疫情主要由变异了的 PRRSV 导致，这种毒株被称之为高致病性猪蓝耳病病毒（Highly pathogenic porcine reproductive and respiratory syndrome virus，HP - PRRSV），代表毒株为 JXA1（Nsp2 基因存在 90 个碱基缺失），这次大范围的高致病性猪蓝耳病疫情给我国养猪业造成了巨大经济损失。其主要原因之一就是由新型毒力更强的 PRRSV 所致，也称高致病性 PRRSV，使该病的预防和控制面临更严峻的形势。

本病只感染猪，各种年龄和品种的猪均易感，但主要以侵害繁殖母猪和 1 月龄以内的仔猪为主。患病猪和带毒猪是本病的重要传染源。感染母猪可明显排毒，如鼻分泌物、粪便、尿均含有病毒。耐过猪可长期带毒和不断向外排毒，有证据显示感染猪在临床症状消失后 8 周仍可向外排毒。持续性感染是 PRRS 流行病学的一个主要特征。本病的主要传播途径是接触感染、空气传播和精液传播，也可以通过胎盘垂直传播。易感猪可经口、鼻腔、肌肉、腹腔、静脉及子宫内接种等多种途径而感染病毒。易感猪与带毒猪直接接触或与污染有 PRRSV 的运输工具、器械接触均可受到感染。同圈饲养、频繁调运、高度集中也容易导致本病发生和流行，猪场卫生条件差，气候恶劣，饲养密度大，可促进本病的流行。

三、临床症状

（一）经典猪蓝耳病

本病的潜伏期差异较大，最短为 3d，最长为 37d。临诊症状变化也很大，且受病毒株、免疫状态及饲养管理因素和环境条件的影响。低致病力毒株可引起猪群无临床症状的流行，而强毒株能够引起严重的临床疾病，临床上通常可分为急性型、慢性型、亚临床型等。

1. **急性型**　发病母猪主要表现为精神沉郁、食欲减少或废绝、发热，出现不同程度的呼吸困难，妊娠后期母猪发生流产、早产、死胎、木乃伊胎、弱仔。部分新生仔猪表现呼吸困难，运动失调及轻瘫等症状，产后 1 周内死亡率明显增高。少数母猪表现为产后无乳、胎衣停滞及阴道分泌物增多。

1 月龄仔猪表现出典型的呼吸道症状，呼吸困难，有时呈腹式呼吸，食欲减退或废绝，体温升高到 40℃以上，腹泻。被毛粗乱，共济失调，渐进性消瘦，眼睑水肿。少部分仔猪可见耳部、体表皮肤发紫，断奶前仔猪死亡率可达 80%～100%，断奶后仔猪的增重降低，死亡率升高。耐过猪生长缓慢，易继发其他疾病。

生长猪和育肥猪表现出轻度的临床症状，有不同程度的呼吸系统症状，少数病例可表现出咳嗽及双耳背面、边缘、腹部及尾部皮肤出现深紫色。感染猪易发生继发感染，并出现相应症状。

种公猪的发病率较低，一般不表现临床症状，但公猪的精液品质下降，精子出现畸形，精液可带毒。

2. **慢性型**　这是目前在规模化猪场 PRRS 表现的主要形式。主要表现为猪群的生产性能下降，生长缓慢，母猪群的繁殖性能下降，猪群免疫功能下降，易继发感染其他细菌性和病毒性疾病。猪群的呼吸道疾病（如支原体感染、传染性胸膜肺炎、链球菌病、附红细胞体病）发病率上升。

3. 亚临床型 感染猪不发病，表现为 PRRSV 的持续性感染，猪群的血清学抗体阳性，阳性率一般在 10%～88%。

（二）高致病性猪蓝耳病

本病的潜伏期一般为 3～10d。任何年龄、品种猪只均可发病，仔猪最敏感。体温明显升高，可达 41℃以上，嗜睡，早期皮肤发红，眼结膜炎、眼睑水肿；随病程发展，耳部、腹下、臀部和四肢末梢等身体多处皮肤呈紫红色；咳嗽、气喘、鼻漏等呼吸道症状；妊娠母猪不分阶段发生流产，部分病例拉稀；部分猪出现后躯无力、不能站立或共济失调等神经症状；仔猪发病率可达 100%、死亡率可达 50%以上，母猪流产率可达 30%以上，成年猪也可发病死亡，死亡率因继发感染有较大差异。

本病常常继发或混合感染其他疫病。可继发或混合感染猪瘟（CSF）、多杀性巴氏杆菌（PM）、链球菌（SS）、副猪嗜血杆菌（HP）、放线杆菌（AS）、支原体（MHR）、圆环病毒（PCV-2）等病，表现出相应的临床症状，并引起大量死亡。

四、病理变化

1. 经典猪蓝耳病 即普通猪蓝耳病的主要病变可见弥漫性间质性肺炎，并伴有细胞浸润和卡他性炎区，在腹膜、肾周围脂肪、肠系膜淋巴结、皮下脂肪、肌肉和肺脏发生水肿。组织学变化为鼻黏膜上皮细胞变性，纤毛上皮消失，支气管上皮细胞变性，肺泡壁增厚，膈有巨噬细胞和淋巴细胞浸润，母猪可见脑内灶性血管炎，脑髓质可见单核淋巴细胞性血管套，动脉周围淋巴鞘的淋巴细胞减少，细胞核破裂和空泡化，有的可见单个肝细胞变性、坏死。

2. 高致病性猪蓝耳病 本病主要病理变化有间质性肺炎，肺脏肝变、实变；皮下、扁桃体、心脏、膀胱、脾脏、肝脏和肠道均可见出血点和出血斑；全身淋巴结肿大、出血，肠系膜淋巴结出血肿大尤其明显；脾脏实变或呈泡沫样病变，边缘或表面可见梗死灶；肾脏表面可见针尖至小米粒大的出血点；部分病例可见胃肠道出血、溃疡、坏死。

五、诊断

PRRS 遍布于全世界主要养猪地区。繁殖障碍的特征是流产、产死胎和病弱仔猪，仔猪产出后由于呼吸道疾病和继发感染常常很快死亡。年龄较大的猪可能出现温和型呼吸道症状，有时因继发感染而使病情复杂。除猪以外，其他动物似乎不感染 PRRS。

（一）初步诊断

根据流行病学、临床症状和病理变化可作出初步诊断，确诊需进行实验室诊断。

在临床和病理剖检上，要注意与猪瘟、猪细小病毒病、伪狂犬病、猪流感、猪脑心肌炎、猪衣原体性流产、猪肺疫等相似症状的猪病进行鉴别。

（二）病原学诊断

病原学诊断 PRRSV 感染较困难；可从血清、腹水或组织器官样品，如感染猪的肺、扁桃体、淋巴结和脾中分离病毒。猪肺泡巨噬细胞是两种抗原型病毒的最敏感的培养体系，建议作为分离病毒的细胞，也可采用 MARC 145（MA 104 克隆）细胞。不同批次的猪肺泡巨噬细胞系对 PRRSV 的敏感性存在较大差异，因此，需要鉴别具有较高敏感性的猪肺泡巨噬细胞，并在液氮中保存。可采用特异性抗血清免疫染色鉴定病毒。此外，实验室已建立了其他一些技术，如针对固定组织的免疫组化、原位杂交和反转录聚合酶链反应确诊 PRRSV 感染。

1. 病料的采集和处理 采集病猪、疑似病猪、新鲜死胎或活产胎儿组织病料，哺乳仔猪的肺、脾、脑、扁桃体、支气管淋巴结和胸腔积液等；木乃伊胎儿和组织自溶性胎儿不宜用于病毒分离。用含抗生素的维持液（含 2％胎牛血清的 MEM 营养液）做 1：10 稀释，4 500r/min 离心 30min，经 0.45μm 滤膜过滤，滤液用 MEM 做 1：30 稀释，制成悬液，供分离病毒接种之用。

2. 病原分离与鉴定 将用病料制备的滤液接种于猪肺巨噬细胞（PAM）或 CL2621 和 MA_{104} 细胞单层，于 37℃吸附 24h，加含 4％胎牛血清的 MEM，培养 7d，观察 CPE。每份样品可盲传一代，出现 CPE 并能被特异性抗血清中和的样品即为 PRRSV。

3. 电子显微镜检查 将被检样品（病毒细胞培养物冻融后的离心上清液）悬浮液一滴（约 20μL）滴于蜡盘上。将被覆 Formvar 膜的铜网，膜面朝下放到液滴上，吸附 2～3min，取下铜网，用滤纸吸掉多余的液体。再将该铜网放到 pH7.0 2％的磷钨酸染色液上染色 1～2min，取下铜网，用滤纸吸去多余的染色液，干燥后，放入电镜进行检查，可见带有纤突，呈球形或卵圆形，具有囊膜，20 面体对称，直径 30～35nm 的病毒粒子。

4. 分子生物学检测 可根据经典 PRRSV 和高致病性 PRRSV 基因组的特点设计引物，通过 RT－PCR 或荧光定量 PCR 从病料中进行病毒核酸的检测。我国已经发布 PRRSV 的诊断标准。

（三）血清学诊断

目前已有多种检测 PRRSV 用抗体的血清学方法。用肺泡巨噬细胞的免疫过氧化物酶单层细胞法和使用欧洲或美洲抗原型病毒感染 MAR－145 细胞的间接免疫荧光法，这两种方法虽然均可检测出 PRRS 病毒型，但现在常用的是商品化或内部使用的 ELISA 法。有一种商品化的 ELISA 对欧洲型和美洲型病毒的检测具有非常强的特异性。间接 ELISA、阻断 ELISA 和夹心 ELISA 法均可用来区别欧洲型和美洲型 PRRS 病毒的血清学反应。

1. 间接酶联免疫吸附试验（ELISA）

（1）材料准备

待检血清：耳静脉和颈静脉采集疑似发病猪血液，分离血清备用。

标准阳性血清：用已知纯化的 PRRSV 免疫血清抗体阴性猪制备。

标准阴性血清：无 PRRSV 中和抗体健康猪血清或 SPF 猪血清。

细胞：Marc－145 细胞系。

包被缓冲液：无水 $NaCO_3$ 1.50g，$Na_2HPO_4 \cdot 12H_2O$ 2.90g，加蒸馏水溶解后再定容至 1 000mL（0.05mol/L，pH9.6）。

洗涤液：$NaH_2PO_4 \cdot 2H_2O$ 0.26g，$Na_2HPO_4 \cdot 12H_2O$ 2.90g，NaCl 8.77g，KCl 0.20g，吐温－20 0.50mL，加蒸馏水溶解后定容至 1 000mL（pH7.4）。

磷酸盐-柠檬酸盐缓冲液：取 19.20g/L 柠檬酸 28.00mL，加入 71.39g/L Na$_2$HPO$_4$·12H$_2$O 22.00mL，再用蒸馏水定容至 100mL（pH5.0）。

底物：称取邻苯二胺 4mg，溶于 10mL 的磷酸盐-柠檬酸盐缓冲液中，用前再加 30% 的 H$_2$O$_2$ 2μL。

PRRSV 抗原的制备：将 Marc-145 细胞接种于 MEM（犊牛血清含量为 100mL/L），37℃培养，长满单层后弃掉营养液，接种 PRRSV 美洲株，37℃感作 1h，加入犊牛血清含量为 20mL/L 的 MEM 维持液继续培养，当 70% 细胞出现病变时收毒，−70℃冻融 3 次，经超声波裂解（1×10^{4}Hz，3min/次，3 次）。经 1 000r/min4℃离心 10min 除去沉淀，上清液再经 5 000r/min4℃离心 45min 除去沉淀，将上清液经 100 000r/min4℃离心 2h 弃上清，沉淀用少许 pH9.6 的包被液悬浮，测定蛋白浓度后，分装，−20℃保存。

阴性抗原：对未感染 PRRSV 的细胞作同样的处理，作为细胞抗原。

终止液：2mol/L H$_2$SO$_4$。

封闭液：灭活马血清含量为 100mL/L。

（2）操作程序

包被：用包被液将 PRRSV 抗原稀释成 2.2mg/L，在 96 孔酶标板上 A、C、E、G 行各孔分别加入 100μL，将正常细胞抗原加入 B、D、F、H 行，每孔 100μL，分别做好标记，4℃放置 18h 以上（最长不超过 2 周）。

洗涤：弃去孔中液体，用洗涤液洗 3 次，每次 3min，最后 1 次用吸水纸拍干。

封闭：各孔加入 200μL 的封闭液，37℃封闭 1h。

洗涤：同上。

加入待检血清：将待检血清用稀释液作 1∶100 稀释，同份血清分别加入 PRRSV 抗原孔和细胞抗原孔中，每孔 100μL，37℃作用 1h。

洗涤：同前。

加入酶标二抗：将酶标二抗用稀释液稀释至工作浓度，每孔加入 100μL，37℃作用 1h。

洗涤：同前。

加底物溶液：每孔加入 100μL，避光 37℃放置 15min。

加终止液：每孔加入 50μL 终止液，终止反应。

（3）结果判定　　反应终止后，用 492nm 波长读取结果。OD≥0.14 为阳性。OD＜0.14 为阴性。

2. 免疫过氧化物酶单层试验（IPMA）

（1）材料准备

器材：微量移液器、倒置显微镜等。

试剂：IPMA 诊断板。

标准阳性血清、标准阴性血清和兔抗猪过氧化物酶结合物均由国家指定单位提供，使用前按说明书规定稀释至工作浓度。洗涤液、血清稀释液和显色/底物溶液自行配制。

样品：采集被检猪血液，分离血清，血清必须新鲜透明，不溶血，无污染，密装于灭菌小瓶内。4℃或－30℃冰箱保存或立即送检。试验前将被检血清统一编号，并用血清稀释液作 20 倍稀释。

（2）操作方法　取已作 20 倍稀释的被检血清加入 IPMA 诊断板同一排相邻的 2 个病毒感染细胞孔（V＋）及其后的 1 个未感染细胞孔（V－）内，每孔 50μL，同时设立标准阳性血清、标准阴性血清和空白对照，以血清稀释液代替血清设立空白对照，封板并于 4℃条件下过夜。

弃去板中液体，用洗涤液洗板 3 次，每孔 100μL，每次 1～3min，最后在吸水纸上轻轻拍干。

每孔加入工作浓度的兔抗猪过氧化物酶结合物 50μL，封板后放在保温盒内于 37℃恒温箱中感作 60min。

弃去板中液体，洗涤 3 次，方法同上。

每孔加入显色/底物溶液 50μL，封板于室温（18～24℃）下感作 30min。

弃去板中液体，洗涤 1 次，再用三馏水洗涤 2 次，最后在吸水纸上轻轻拍干，待检。

（3）结果判定与解释　将 IPMA 诊断板置于倒置显微镜判读。在对照标本都成立的前提下，即空白对照感染细胞孔（P·V＋）和未感染细胞孔（P·V－）均应为阴性反应；标准阳性血清对照感染细胞孔（P·V＋）应呈典型阳性反应，未感染细胞孔（P·V－）应为阴性反应；标准阴性血清对照感染细胞孔（N·V＋）和感染细胞孔（N·V－）均应呈阴性反应；被检血清未感染细胞孔（V－）不应出现阳性反应。被检血清标本的细胞浆（可能仅见于部分细胞）出现弥漫状或团块状棕红色着染者，判读为免疫过氧化物酶单层试验阳性，记作 IPMA（＋）；无棕红色着染者，判读为免疫过氧化物酶单层试验阴性，记作 IPMA（－）。IPMA（＋）者表明被检猪的血清中含有 PRRS 病毒的抗体。

3. 间接免疫荧光试验（IFA）

（1）材料准备

器材：荧光显微镜、恒温箱、保湿盒、微量移液器等。

试剂：IFA 诊断板。

兔抗猪异硫氰酸荧光黄（FITC）结合物、标准阳性血清和标准阴性血清，由国家指定单位提供。

样品：采集被检猪血液，分离血清，血清必须新鲜、透明、不溶血、无污染，密装于灭菌小瓶内，4℃或－30℃冰箱保存或立即送检。试验前将被检血清统一编号，并用 PBS 液作 20 倍稀释。

（2）操作方法　取 IFA 诊断板，编号，弃去板中的乙醇溶液，置超净工作台中风干，每孔加 100μL PBS 液洗一次，弃去 PBS 液并在吸水纸上轻轻拍干。

在编号对应的孔内加入 20 倍稀释的被检血清：同一排相邻的感染细胞孔 2 个及其后感染细胞孔 1 个，每孔 100μL，同时做标准阴、阳性血清及空白对照，空白对照是用 PBS 液代替血清。置 37℃恒温箱中感作 45min。

弃去板中血清，用 PBS 液洗板 4 次，每孔 100μL，每次 3min，最后在吸水纸上轻轻拍干。

每孔加入工作浓度的兔抗猪 FITC 结合物 50μL，在 37℃恒温箱中感作 45min。

（3）荧光显微镜检查及判定与解释　荧光显微镜采用蓝紫光（激发滤板通常用 BG12，吸收滤板用 OG1 或 GG9），在 5～10 倍目镜下检查。标准阳性血清对照中感染细胞孔（P·V＋）应出现典型的特异性荧光，而未感染细胞孔（P·V－）不应出现特异性荧光，标准阴性血清对照、空白对照中感染细胞孔（N·V＋）和未感染细胞孔（N·V－）均不应出现特异性荧光；被检血清对照中未感染细胞孔（C·V－）不应出现特异性荧光。被检血清样品感染细胞孔（N·V＋）出现特异性胞浆亮绿色荧光判为阳性；否则，判为阴性。

（四）诊断解析

OIE 认可的 PRRS 病原学诊断方法有病毒分离、原位杂交试验、免疫组化实验和反转录聚合酶链式反应；认可的血清学诊断方法包括免疫过氧化物酶单层试验（IPMA）和 ELISA。

我国已发布《猪繁殖与呼吸综合征诊断方法》（GB/T 18090—2008）和《鉴别猪繁殖与呼吸综合征病毒高致病性与经典毒株复合 RT-PCR 方法》（GB/T 27517—2011）两项国家标准。在《猪繁殖与呼吸综合征诊断方法》标准中规定了病毒分离鉴定、免疫过氧化物酶单层试验（IPMA）、间接免疫荧光试验（IFA）、间接酶联免疫吸附试验（间接ELISA）、反转录-聚合酶链式反应（RT-PCR）等诊断方法。这些方法中，病毒的分离和鉴定多用于极性病例的确诊和新疫区的确定，RT-PCR 适用于该病病原的快速诊断，血清学方法主要用于检测 PRRSV 抗体。IPMA、IFA 和间接 ELISA 在群体水平上进行血清学诊断较易操作，特异性和敏感性都较强，但对个体检测比较困难，有时出现非特异性反应，但是在 2～4 周后采血重复检测能够解决此问题。

目前已经有商品化的 PRRSV 抗体 ELISA 检测试剂盒。

六、防治

本病目前尚无特效药物疗法，主要采取免疫接种、综合防治措施及对症疗法。但最根本的办法是清除病猪、带毒猪和彻底消毒，切断传播途径。在地方流行性区域给猪接种疫苗对预防繁殖障碍是比较有效的。目前国内外已推出商品化的 PRRS 弱毒疫苗和灭活苗，在我国境内批准注册和使用的猪蓝耳病疫苗主要有进口 MLV 株弱毒活疫苗，国内批准的 CH-1a 株灭活苗、JXA1 灭活苗、CH-1aR 株弱毒疫苗、JXA1-R 株弱毒疫苗、TJM98 株弱毒疫苗、HuN4-F112 株弱毒疫苗等，具体每个猪场使用何种疫苗应根据本场及周边地区的猪蓝耳病流行情况以及本场猪蓝耳病抗体和病原学检测结果为依据，切不可盲从。一般认为灭活疫苗的免疫效力有限，需多次免疫，但安全性没有问题。一般来说，在没有猪蓝耳病流行的地区或猪场不建议使用蓝耳病疫苗，如需使用也应选择灭活疫苗；而在本病流行的地区或猪场，推荐使用弱毒疫苗，但应做好抗体和病原学检测，尤其需要制定适合本场的个性化免疫方案。后备母猪在配种前进行 2 次免疫，然后在进入生产群后每 3 个月接种一次，仔猪的免疫应早免疫，一般在 5～10 日龄免疫。同时，由于蓝耳病具有一个抗体依赖增强性作用（ADE 现象），当有一定的母源抗体存在时，更有利于仔猪接种后弱毒在体内的增殖，产生更好更快的免疫应答。

第七节　猪　流　感

猪流感（Swine influenza，SI）又称为"猪流行性感冒"，是由正黏病毒科（Orthomyxoviridae）流感病毒属（Influenzavirus）的猪流感病毒引起的一种急性、热性和高度接触性的呼吸道传染病。其特征是突然发病，并迅速波及全群，发病率高，但能很快恢复，病死率不足1‰，仅有少数病例可因发生病毒性肺炎而死亡。

一、病原学

病原为猪流感病毒（Swine influenza virus，SIV），属正黏病毒科（Orthomyxoviridae）A型流感病毒属（Influenzavirus A）成员。根据核壳蛋白（NP）和基质蛋白（M）抗原性的差异，流感病毒分为A、B、C三型（我国分别称为甲、乙、丙型），分别属于正黏病毒科下设的A型流感病毒属（Influenza virus A）、B型流感病毒属（Influenza virus B）和C型流感病毒属（Influenza virus C）。SIV属于A型流感病毒属；根据血凝素（HA）和神经氨酸酶（NA）抗原性不同，又将流感病毒进一步分为不同的亚型。SIV分为许多血清亚型，在猪中最常分离到的血清亚型有古典和禽型H1N1亚型，重组的rH3N2和rH1N2亚型；其他血清亚型有rH1N7、rH3N1重组亚型和avH3N3、avH4N6和avH9N2禽型。

A型流感病毒直径20～120nm，为由8个节段组成的单股RNA。核衣壳呈螺旋对称，外有囊膜，囊膜上有呈辐射状密集排列的两种穗状突起物（纤突），一种是血凝素（HA），另一种是神经氨酸酶（NA）。内部抗原为核蛋白（NP）和基质蛋白（M1），很稳定，具有型特异性；表面抗原为HA和NA，根据表面抗原，又将流感病毒分为不同的亚型。A型流感病毒的HA和NA容易变异。HA能凝集马、驴、猪、羊、牛、鸡、鸽、豚鼠和人的红细胞，不凝集兔红细胞。

各型病毒都能在鸡胚内良好增殖，鸡胚是目前应用最为广泛的培养流感病毒疫苗生产用的培养载体。多数流感病毒可在犬、马、猴、犊牛、雏鸡和人胚胎的肾细胞内增殖。流感病毒对乙醚、丙酮等有机溶剂敏感，对热也较为敏感。56℃加热30min，60℃加热10min，65～70℃加热数分钟均可丧失活性。流感病毒对干燥和低温的抵抗力强，在−70℃稳定，冻干可保存数年。一般消毒剂对病毒均有作用，对碘蒸气和碘溶液特别敏感。

二、流行病学

1931年Shope首先分离到该病病原，并命名为猪流感病毒。随后，猪流感在世界范围内蔓延开来。1969年我国台湾省分离到猪流感A₀型病毒，1981年德国发现由H1N1亚型病毒引起的猪流感。到目前为止，除澳大利亚外，世界上许多国家已经发现猪流感病毒和与之相应的抗体。

自然条件下，猪是SIV的天然宿主，各个年龄、性别和品种的猪对SIV都有易感性。病猪和带毒猪是本病的传染源，带毒猪可带毒6周至3个月之久。猪流感病毒可通过隐性感染或慢性感染的猪在猪群中长期保留，当外界因素改变引起猪体应激时，就可导致猪流感的暴发和流行。猪场一旦有猪流感的暴发与流行，该猪场就很难在猪群中清除本病。

呼吸道感染是本病的主要传播途径。病毒凭借飞沫和粉尘颗粒通过呼吸道感染猪体，也可通过猪体直接接触感染该病。

本病流行呈一定季节性，深秋、寒冬和早春是易发季节。研究表明：SIV终年存在（Hinshaw等，1978；Olsen等，2000），且随着养猪业全密集饲养制，临床疾病的季节性已不太突出。当环境恶劣、营养不良以及饲养条件突变时都会促使猪流感的发生与流行。

此外，猪流感的发生与人流感的发生具有相关性，猪流感发病率高的地区，人流感的血清学检出率也相对较高，几乎每次在人流感病毒新变异株引起人流感暴发或流行的前后都有猪流感的发生和流行，并分离到抗原与遗传学关系十分密切的类似毒株。已经证实人和猪的流感病毒可在人和猪宿主之间交叉感染和传播。1918年最大的一次世界性人类流感大流行就是由猪流感引起的。1976年美国人伍新兵中曾发生猪流感病毒（H1N1）引起的流感小暴发，我国对H1N1和H3N2在猪群和人群中的状况进行了数年的血清学调查，并证实二者的HA阳性检出率呈平行关系。因此，猪流感的研究在公共卫生方面占有极其重要的地位。

在对我国猪流感疫情进行大范围的血清学和病原学研究证实，我国东北、华北、华中、华南、西南地区的猪群中存在着H1、H3的其他亚型SIV引起的SI，明确了近年来我国不同地区猪群的猪流感以H3N2亚型为主。对SI的监测和研究表明，我国本土SIV分离株基因来源于水禽，属欧亚猪谱系，与其他一些亚型代表株的核苷酸和氨基酸高度同源。我国香港SIV某些基因已传入我国内地猪群中，并引起一定范围的流行，出现了人和猪流感病毒的交叉感染和种间的基因重组。进一步证实了流感病毒"禽—猪—人"的种间传播链环。

三、临床症状

潜伏期很短。几小时到数天。自然发病平均4d，人工感染则为24～48h。突然发病，常全群几乎同时感染。病猪体温突然升高到40.3～41.5℃，有时可高达42℃。食欲减退，甚至废绝，精神极度委顿，常卧地不愿起立或钻卧垫草中，捕捉时则发出惨叫声。病猪挤卧在一起，难以移动，触摸肌肉僵硬、疼痛，出现膈肌痉挛、腹式呼吸，夹杂阵发性痉挛性咳嗽。粪便干硬。眼和鼻流出黏性分泌物，有时鼻分泌物带有血色。病程较短，如无并发症，多数病猪可于6～7d后康复。如有继发性感染，则可使病势加重而死亡。个别病例可转为慢性，持续咳嗽、消化不良、瘦弱，长期不愈，可拖延一个月以上，也常引起死亡。母猪在怀孕期感染，产下的仔猪在产后2～5d发病很重，有些在哺乳期及断奶前后死亡。

四、病理变化

病变主要在呼吸器官。鼻、喉、气管和支气管黏膜出血，表面有大量泡沫状黏液，有时杂有血液。肺的病变部呈紫红色如鲜牛肉状。病区肺膨胀不全，塌陷，其周围肺组织则呈气肿和苍白色，与周围组织有明显的界线，病变部通常限于尖叶、心叶和中间叶，常为两侧性呈不规则的对称，如为单侧性，则以右侧为常见。颈淋巴结和纵隔淋巴结肿大、充血、水肿，支气管淋巴结肿大多汁。脾常轻度肿大，胃肠有卡他性炎症。

五、诊断

(一)临床诊断

猪流感是猪的一种高度接触性病毒感染。感染猪流感病毒（SIV）是以咳嗽、打喷嚏、鼻分泌物增多、体温升高、昏睡、呼吸困难以及食欲减退为特征的呼吸道疾病。在一些病例中，SIV 感染与繁殖障碍有关，例如流产。感染后 24h 内可出现临床症状和从鼻排出病毒。SIV 感染发病率可达 100%，而死亡率通常较低。如继发细菌性感染临床症状可能会进一步恶化。传播主要是接触含有 SIV 的分泌物，如咳嗽、打喷嚏及鼻排出的气而感染。

本病潜伏期较短，常全群几乎同时感染；病猪挤卧在一起，触摸肌肉僵硬、有痛感；出现膈肌痉挛、腹式呼吸、夹杂阵发性痉挛性咳嗽；眼和鼻流出黏性分泌物，有时鼻分泌物带有血色；鼻、喉、气管和支气管黏膜出血，表面有大量泡沫状黏液，有时杂有血液。尖叶、膈叶、中间叶上往往有与周边未病变组织界限明显（如同用笔画了一样）的鲜红色肉样变。

(二)病原学诊断

病毒鉴定在出现临床症状后 24～48h 内采集样品来完成。应采集急性、体温高的及未经处理的病猪的肺组织和鼻拭子。这些材料很容易检测到病毒。用鸡胚细胞和连续细胞株可以分离病毒。血凝抑制试验（HI）和神经氨酸酶抑制试验可以鉴定亚型。免疫组织化学法使用福尔马林固定组织，新鲜组织可以用荧光抗体试验。聚合酶链反应也是可行的，已有商品化的酶联免疫吸附法（ELISA）试剂盒进行 A 型流感病毒的检测。

1. 病料的采集和处理 可采取发病 2～3d 急性病猪的鼻分泌物，气管或支气管的渗出物作为病料，并进行病毒分离，也可采取急性病猪的脾脏和肝脏进行病毒分离，其中从呼吸道分离病毒的可能性最大，而从支气管淋巴结分离病毒的可能性较小。采用大小不同的棉拭子擦取鼻腔或气管深部的分泌物，然后将棉拭子放入无菌的保存液（25%～50%的甘油缓冲盐水、肉汤或含 1 000IU/mL 青霉素和 10mg/mL 链霉素的细胞维持液）中。若48h 内进行实验，可 4℃保存病料，否则应冻存。病料采取时间很重要，应在感染初期或急性发病期采取，否则病毒分离效果不好。

2. 病原分离与鉴定 通常选用非免疫鸡胚，最好是 SPF 鸡胚。采取病料如系脏器，应先用 PBS 或肉汤培养基（含 1 000IU/mL 青霉素和 10mg/mL 链霉素）制成 5～10 倍的乳剂；若为棉拭子取浸出液，经 2 000～3 000r/min 离心 20min，吸取上清液，加入 1 000IU/mL 青霉素和 10mg/mL 链霉素，40℃放置 1h，或用 0.22μm 的针头滤器过滤。选用9～10日龄鸡胚，尿囊腔和羊膜腔同时接种，每胚 0.2mL。继续孵育 48～72h，无菌采取尿囊液和羊水，检测有无血凝素，以判定是否有病毒存在。如无血凝素，则盲传 3 代，如仍无血凝素，则判为阴性；如有血凝素，则用已知阳性血清对分离病毒进行分型。

3. 电子显微镜检查 负性染色法：将被检样品（羊水和尿囊液经差速离心浓缩和蔗糖密度梯度离心纯化）悬浮液滴于石蜡盘上。将被覆 Formvar 膜的铜网，膜面朝下悬于液滴上，吸附 2～3min，取下铜网，用滤纸吸去多余的液体。再将该铜网放到 2％磷钨酸（pH7.0）染色液上染色 1～2min，然后取出，用滤纸吸去多余的液体，干燥后，电镜观察。

超薄切片法：将被检样品（呼吸道黏膜上皮）放入 4％戊二醛中固定 2～4h，用磷酸缓冲液漂洗后，1％四氧化锇固定 1～2h，再用 50％→70％→80％→95％→100％的乙醇逐级脱水，其中 100％乙醇脱水 3 次，环氧丙烷漂洗两次。然后，将样品包埋于包埋剂中（EPON812）。经 32℃浸透过夜，再经 70℃聚合 96h。将聚合好的组织块进行切片。将组织切片用醋酸铀和柠檬酸铅双重染色。然后进行电镜检查。

结果判定：经电镜检查，若为阳性，在电镜下，可见丝状体或近似球体的病毒颗粒，球状病毒的囊膜表面有致密的钉状突起物。

（三）血清学诊断

SIV 检测抗体的血清学试验使用双份血清进行 HI 试验。HI 试验对亚型是特异的。通常采集间隔 10～21d 的双份血清。第二次采集的血清滴度比第一次血清滴度呈 4 倍增长或大可以被认为 SIV 感染。此外，血清学试验还有琼脂凝胶免疫扩散试验、间接荧光抗体试验、病毒中和试验和 ELISA。

1. 血凝试验（HA）和血凝抑制试验（HI）

（1）血凝试验

①取微量 V 型反应板，每孔滴加生理盐水 1 滴 25μL，每份材料作两排。

②用移液弃吸取 25μL 被检材料于反应孔内，吹打数次混匀，然后从第一孔吸 25μL 混匀液移至第二孔，充分混合，依此类推至倒数第二孔，然后吸 25μL 混匀液弃去，最后一孔留作对照。

③再于每孔中滴加生理盐水 25μL（此处生理盐水在抑制试验中为 4 单位病毒）。

④滴加 1％鸡红细胞，每孔 25μL。

⑤于微量振荡器上充分振荡 5min。

⑥静置 30min 观察反应结果。

⑦结果判定　30min 后，将反应板翻转呈 45°～60°角进行观察。如果红细胞不往下掉，并且孔底有明显的凝集为"♯"，反之，红细胞往下掉呈"猫眼状"为"—"。

能完全凝集红细胞的抗原最大稀释度为该抗原的血凝滴度。

（2）血凝抑制试验

①取微量 V 型反应板，每孔滴加生理盐水 1 滴（0.025mL）25μL，作 2 排。

②用移液器吸取已知阳性血清于反应孔内进行稀释（方法同血凝试验）。

③滴加 4 单位病毒，每孔 25μL。

④加 1％鸡红细胞，每孔 25μL。

⑤于微量振荡器上充分振荡 5min。

⑥静置感作 30min，观察反应结果。

⑦结果判定　同血凝试验。

凡能使 4 单位病毒凝集红细胞的作用，完全受到抑制的血清最高稀释倍数，称为血凝抑制价。如果已知阳性血清能抑制被检病毒的血凝作用，而不被已知阴性血清抑制，则被检病毒为猪流感病毒。也可用已知病毒检测病猪血清中的抑制抗体，但不适用于急性病例，因为抑制抗体出现慢。

2. 琼脂扩散试验与对流免疫电泳　主要用于型和亚型的鉴定、抗原关系分析以及动物血清的诊断。由于琼脂扩散试验敏感性较低，流感病毒粒子不易透过琼脂凝胶，所以必须将病毒浓缩提纯裂解，才能作为抗原，并用单因子血清，例如抗 HA 血清、抗神经氨酸酶血清、抗膜内蛋白血清、抗核蛋白血清等作为抗体，同时设置标准毒株作为对照，根据沉淀线融合或交叉，判定被检毒株与标准毒株之间的抗原关系。

3. 其他血清学试验方法还有免疫荧光抗体检测，神经氨酸酶（NA）及其抑制试验等。

（四）诊断分析

我国已经颁布和实施了多项有关猪流感诊断的国家标准，包括《猪流感病毒核酸 RT－PCR检测方法》（GB/T 27521—2011）、《猪流感 HI 抗体检测方法》（GB/T 27535—2011）、《猪流感病毒分离与鉴定方法》（GB/T 27536—2011）和《动物流感检测 A 型流感病毒通用荧光 RT－PCR 检测方法》（GB/T 27539—2011）。

六、防治

生物安全的严格执行和疫苗免疫接种仍然是目前预防猪流感的主要措施。

1. 加强生物安全　猪舍外环境、主干道、猪场大门周围、装猪台及装猪台之外的拉猪车道等处加强定期消毒，可用 2%～3% 火碱溶液进行喷雾消毒，一周 2 次。在该病的高发季节，猪舍内可用"食醋"或碘类消毒剂进行定期熏蒸消毒。加强秋冬季节的保暖和减少温差波动的应激，确保空气流通，给猪只营造清洁干燥的生活环境，减少昼夜温差，以免应激导致的抵抗力下降而发病。加强饲养管理，严格执行早期断奶、全进全出等管理方式，提供全价营养平衡的饲料，及充足清洁的饮水。做好保健措施，换料、转群、气候骤变时，及时在饲料中和（或）饮水中添加降低应激的电解多维、预防继发感染的敏感广谱抗生素，一般连用 7～10d，以减少或控制体内细菌早期感染来提高猪群的整体健康程度。对患猪要早发现，早治疗，且要按疗程用药。治疗本病尚无特效药物。一般用解热镇痛等对症疗法以减轻症状和使用抗生素或磺胺类药物以控制继发感染。最好的办法是全群饮水加药，主要是加一些氨基酸、电解多维和扑热西痛就可以了，能有效缓解症状，缩短病程。

2. 疫苗免疫接种　可选择合适的猪流感灭活疫苗来预防猪流感的发生和流行。在美国和欧洲已有用于肌肉注射的商品化 SIV 灭活疫苗，主要用于母猪的免疫接种。一般于母猪产前 3～6 周免疫，首次免疫间隔 3 周加强一次，以后维持免疫仅一次。母猪免疫接种后仔猪通过哺乳获得的母源抗体对仔猪甚至育成猪都能起到一定的被动保护作用。

3. 避免人感染猪流感　人感染猪流感症状与感冒类似，患者会出现发烧、咳嗽、疲劳、食欲不振等。在预防方面正确的做法是养成良好的个人卫生习惯，充足睡眠、勤于锻炼、减少压力、足够营养；勤洗手，尤其是接触过公共物品后要先洗手再触摸自己的眼睛、鼻子和嘴巴；打喷嚏和咳嗽的时候应该用纸巾捂住口鼻；室内保持通风等。

第八节 猪圆环病毒病

猪圆环病毒病（Porcine circovirus disease，PCVD）是由猪圆环病毒 2 型（Porcine circovirus type 2，PCV2）所引起的一系列疾病的总称，包括断奶仔猪多系统衰竭综合征（PMWS）、猪皮炎肾病综合征（PDNS）、猪呼吸疾病综合征（PRDC）和猪圆环病毒 2 型繁殖障碍等。PMWS 的特征为体质下降、消瘦、腹泻、呼吸困难。PCV2 不仅引起感染及死亡，而且使免疫组织细胞受损，导致机体免疫抑制，易并发或继发其他病原感染，使病情加重，造成更大的经济损失。PCV2 感染已成为我国规模化猪场危害养猪生产的重要免疫抑制性疫病之一。由于该病的持久性和广泛蔓延，已给养猪业造成严重威胁。

一、病原学

病原为猪圆环病毒 2 型（Porcine circovirus 2，PCV2），属于圆环病毒科（Circoviridae）圆环病毒属（Circovirus），是已知动物病毒中最小的病毒，无囊膜，呈正十二面体结构，病毒基因组是一条环状的单股 DNA，病毒衣壳蛋白为一条多肽链。在国际病毒分类委员会（ICTV）的第七次报告中，PCV 包括 PCV1 和 PCV2 两种病毒，其中 PCV1 对猪无致病力，而 PCV2 与猪的多种疾病有关。根据 PCV2 基因序列的长度与 GeneBank 上登陆的 PCV2 全长基因序列进行同源性比较，可以将其明显地分成 2 种基因群即 1 群（1 767bp）和 2 群（1 768bp），其中 Olverasa 又将这两个群分成了 1A，1B，1C，2A，2B，2C，2D 和 2E 八个亚群，亚群的划分表明 PCV2 虽然为 DNA 病毒，基因整体上同源性高，在 93% 以上，但也存在一些差异。Grau‐Roma 对从发生 PMWS 猪场与没发生 PMWS 猪场分离到的 PCV2 毒株进行了基因序列的同源性分析，结果表明毒株序列差异导致了致病力的差异，1 群 PCV2 比 2 群 PCV2 致病性可能更强。一些结果发现同一猪体内可以同时感染多种不同基因群或基因亚群的 PCV2 毒株。

PCV 对外界的抵抗力较强，在 pH 3 的酸性环境中很长时间不被灭活。该病毒对氯仿不敏感，在 56 ℃或 70 ℃处理一段时间不被灭活。在高温环境也能存活一段时间。不凝集牛、羊、猪、鸡等多种动物和人的红细胞。

二、流行病学

PCV2 分布很广，从 1991 年首次在加拿大暴发 PCV2 后，该病毒在全世界范围内迅速传播，世界上其他主要养猪国家都陆续报道了 PCV2 的发生。在我国，2000 年郎洪武等首先检测到了 PCV2 的流行，在北京、河北、山东、天津、江西、吉林、河南等省市的猪群中检测到了 PCV2 抗体，阳性率高达 51%，随后在我国其他养猪的省份陆续见有发生该病的报道。广东省农业科学院兽医研究所的宋长绪等 2002—2003 年间对广东 124 个猪场 PCV2 抗体检测显示，阳性率 71%，母猪血清阳性率 25%，检测病料 487 份，阳性率 63%；2004—2006 年刘燕玲等从广东 4 个不同地区 458 个规模化猪场采集 2 128 份病料进行 PCV2 检测，猪场阳性率达 81.2%，样品阳性率 40.5%；龚朋飞等 2008 年调查的广东部分猪场的 PCV2 抗体抗原阳性率已经达到 100%，840 头猪血清样品抗体 ELISA 检测结果，平均阳性率 45.7％，其中后备猪、公猪、怀孕母猪及流产母猪感染较为普遍，阳性率在 60％以上。

本病主要感染断奶后仔猪，哺乳猪很少发病。常见的 PMWS 主要发生在 5～16 周龄的猪，最常见于 6～8 周龄的猪。一般于断奶后 2～3d 或 1 周开始发病，急性发病猪群中，病死率可达 10％，耐过猪后期发育明显受阻，但常常由于并发或继发细菌或病毒感染而使死亡率大大增加，病死率可达 25％以上。有人发现乳猪出生后母源抗体在 8～9 周龄时消失，但在 13～15 周龄又出现抗体，这说明小猪又感染了 PCV。如果采取早期断奶的猪场，10～14 日龄断奶猪也可发病。一般本病集中于断奶后 2～3 周和 5～8 周龄的仔猪。饲养条件差、通风不良、饲养密度高、不同日龄猪混养等应激因素，均可加重病情的发展。

猪对 PCV2 具有较强的易感性，感染猪可自鼻液、粪便等废物中排出病毒，经口腔、呼吸道途径感染不同年龄的猪。怀孕母猪感染 PCV2 后，可经胎盘垂直传播感染仔猪。人工感染 PCV2 血清阴性的公猪后精液中含有 PCV2 的 DNA，说明精液可能是另一种传播途径。用 PCV2 人工感染试验猪后，其他未接种猪的同居感染率是 100％，这说明该病毒可水平传播。猪在不同猪群间的移动是该病毒的主要传播途径，也可通过被污染的衣服和设备进行传播。工厂化养殖方式可能与本病有关，饲养管理不善、恶劣的断奶环境、不同来源及年龄的猪混群、饲养密度过高及刺激仔猪免疫系统均为诱发本病的重要危险因素。

研究表明 PCV2 可以分为三个主要的亚型，分别命名为 PCV2a、PCV2b 和 PCV2c，其中 PCV2b 在世界范围内起着重要作用，而 PCV2c 亚型毒株至今只在丹麦分离并报道。2007 年，Olvera 根据 PCV2 基因的进化特征，提出了 PCV2 的分类模型：PCV2 分为 2 个主要的群——PCV2b 和 PCV2a，共 8 个基因类型，分别为 1A、1B、1C、2A、2B、2C、2D、2E。但不论按何种分类模型，PCV2a 就是基因 2 群，PCV2b 就是基因 1 群。这些基因型的差异主要存在于编码 cap 蛋白的核苷酸序列上。世界范围内 PCV2 病毒的分析结果显示，这些病毒的抗原决定簇核苷酸序列的同源性高达 93％以上。

三、临床症状

1. 断奶仔猪多系统衰弱综合征（PMWS）　通常侵袭 2～4 月龄猪，感染猪场发病率一般为 4％～30％，偶尔高达 50％～60％，死亡率为 4％～20％。临床特征为消瘦，皮肤苍白，呼吸不畅，偶尔腹泻和黄疸，临床早期常见皮下淋巴结肿大。

2. 猪皮炎肾病综合征（PDNS）　主要侵袭保育猪、育肥猪和成年猪，流行率一般不到 1％。3 月龄以下幼猪死亡率近 50％，而 3 月龄以上猪死亡率几乎 100％，严重者在临床症状出现后的几天内死亡。病猪厌食、沉郁，轻微发热或者不发热，伏地不愿行走，或步态僵硬。最明显症状为皮肤出现不规则、由红到紫的斑疹和丘疹，多出现在后腿和会阴周围，有时在其他部位也出现，之后形成黑色痂斑，脱落后可能留下瘢痕。

3. 猪圆环病毒 2 型繁殖障碍　以母猪后期流产和产死胎为特征，但临床上少见。可能因为成年猪 PCV2 抗体阳性率较高，大多数种猪不表现临床症状。

PCV2 感染可引起猪的免疫抑制，从而使机体更易感染其他病原，这也是圆环病毒与猪的许多疾病混合感染有关的原因。最常见的混合感染有 PRRSV、PRV（伪狂犬病病毒)、PPV（细小病毒）、肺炎支原体、多杀性巴氏杆菌、PEDV（流行性腹泻病毒）、SIV（猪流感病毒），有的呈二重感染或三重感染，其病猪的病死率也将大大提高，有的可达25%～40%。在PRRS阳性猪场中，由于继发感染，还可见有关节炎、肺炎，这给诊断带来难度。

四、病理变化

本病主要的病理变化为患猪消瘦、贫血、皮肤苍白、黄疸（疑似PMWS的猪有20%出现）。淋巴结肿大4～5倍，在胃、肠系膜、气管等淋巴结尤为突出，切面呈均质苍白色。肺部有散在隆起的橡皮状硬块。严重病例肺泡出血，在心叶和尖叶有暗红色或棕色斑块。肝脏发暗，呈浅黄到橘黄色外观，萎缩，肝小叶间结缔组织增生。脾脏轻度肿大，质地如肉。肾水肿，苍白，有散在白色病灶，被膜易于剥落，肾盂周围组织水肿。胃在靠近食管区常有大片溃疡形成。盲肠和结肠黏膜充血和出血点，少数病例见盲肠壁水肿而明显增厚。

五、诊断

（一）临床诊断

生长发育不良，消瘦，呼吸困难，皮肤黄染；淋巴结切面呈均质苍白色；肾水肿，苍白有散在白色病灶，被膜易于剥落，肾盂周围组织水肿。

（二）病原学诊断

1. 病料的采集和处理 无菌采取病死猪的脾脏、淋巴结、肾脏等，病料尽可能新鲜，制成100g/L的组织悬液，加入双抗各1 000IU处理，4℃3 000r/min离心20min，取上清液备用。

2. 病原分离与鉴定 取上述处理过的病料接种于PK-15细胞单层，37℃培养6h，用300mmol/L D2-葡糖胺37℃处理30min，再培养72～96h，收集细胞培养物，反复冻融3次，离心或静置取上清液再接种细胞，传代6次。若病料中含有PCV2，可用间接荧光抗体测知。

3. 电子显微镜检查 将细胞病毒培养物冻融3次，按5g/L加Triton114，37℃作用30min，4 000r/min离心30min，弃沉淀，将上清液加入盛有300g/L蔗糖垫的离心管中，10 000r/min离心3h。弃上清，用0.01mol/L TE缓冲液（pH8.0）重悬并收集病毒，乙酸双氧铀负染后电镜观察。可见直径约17nm、分散、呈球状、边缘较清晰、无囊膜病毒粒子。病料冰冻切片电镜观察，可见淋巴结、脾组织细胞核内堆积大量的无囊膜病毒粒子。根据放大倍数推算，病毒粒子大小为17nm左右、圆形、无囊膜，符合PCV2特征。

4. 分子生物学检测 我国已经发布猪圆环病毒的聚合酶链式反应的国家标准，该诊断标准不仅可以诊断PCV2，还可以用于鉴别PCV1和PCV2型。操作步骤简述如下：

无菌采取脾脏、淋巴结1g，加入4倍的PBS缓冲液，在研磨器中研磨，然后吸取250μL匀浆液，加入DNA裂解液（如DNAZol）750μL，混匀后，室温2min加入1mL DNAZol，倒置混匀，室温放置3min，10 000g离心10min；上清转移至另一离心管中，加入550mL无水乙醇，颠倒混匀，室温放置5min，6 000g离心5min；沉淀用1mL 75%

的酒精洗涤两次；最后用 $40\mu L$ 的 8mmol/L NaOH 溶解，$-20℃$ 保存备用。

PCR 扩增体系：DNA 模板 $3\mu L$，上下游引物各 $1\mu L$，$10\times buffer5\mu L$，dNTP4μL，双蒸水 $35\mu L$，Taq 酶 $1\mu L$。

反应体系：$95℃$ 预变性 3min；$94℃$ 30s，$55℃$ 45s，$72℃$ 45s，共 35 个循环；最后 $72℃$ 延伸 8min。取反应产物 $5\mu L$，在 1%的琼脂糖凝胶上进行电泳。结果扩增出特异性目的片段，即为阳性。

（三）血清学诊断

竞争 ELISA 试验

抗原包被：用细胞培养病毒处理后作为抗原，加入等量的包被液混匀，在 96 孔酶标板上，每孔加入 100uL，$37℃$ 包被 1h，用洗涤液洗 3 次，每次静置 3min，于洁净滤纸上拍干。

封闭：以 1%的明胶封闭，每孔 $200\mu L$，$37℃$ 孵育 1h，洗涤液洗 3 次，拍干。

加一抗（被检血清）：被检血清作 1：2、1：4、1：8、1：16、1：32、1：64、1：128、1：256、1：512 倍比稀释。细胞培养病毒抗原作一定浓度稀释，稀释的被检血清和稀释抗原分别等量混合，在 1～9 孔每孔加入 $100\mu L$，第 10 孔作为零对照，第 11 孔加入阴性血清，第 12 孔加入 1：40 稀释阳性血清，$37℃$ 作用 1h。洗涤 3 次，滤纸上拍干。

加入酶标二抗：每孔加入工作浓度的 PCV2 特异性酶标单克隆抗体，每孔 $100\mu L$，$37℃$ 反应 40min，洗 4 次，拍干。

加入底物溶液：每孔加入 $100\mu L$，室温避光显色 15～20min。

加终止液：每孔加入 2mol/L H_2SO_4 $50\mu L$ 终止反应 3～5min，用酶标仪在 490nm 波长测定各孔 OD 值。

结果判定：依据空白对照、阴性对照、阳性对照各孔的 OD 值判定是否发生竞争。根据竞争情况判定被检血清的效价。

用细胞培养的病毒（PCV2）作为抗原，用 PCV2 特异性单克隆抗体作为竞争试剂建立竞争 ELISA 方法，竞争 ELISA 方法的检出率为 99.58%，而间接免疫荧光法的检出率仅为 97.14%。该方法可用于 PCV2 抗体的大规模监测。

实验室检测结果的解读：竞争 ELISA 方法可用于 PCV2 抗体的大规模监测，进行血清流行病学调查，制定防疫措施；PCR 扩增出特异性片段则可以确诊。

（四）诊断剖析

我国已颁布国家标准——《猪圆环病毒聚合酶链反应试验方法》（GB/T 21674—2008）。利用 PCR 可以迅速地作出猪圆环病毒的阳性诊断，此法也可用于流行病学调查和检测，目前已有商品化的猪圆环病毒 PCR 检测试剂盒、猪圆环病毒实时荧光 PCR 检测试剂盒。另外，猪圆环病毒抗体的诊断主要采用 ELISA 方法，目前也有商品化的 ELISA 试剂盒出售，国外和国内均有生产。

六、防治

1. 加强饲养管理和兽医防疫卫生措施　一旦发现病猪后应该及时隔离，并加强消毒，切断传播途径，杜绝疫情传播。患猪生产性能下降和高死亡率，使本病显得尤为重要。而且因为 PCV2 的持续感染，使本病在经济上具有更大的破坏性。抗生素的应用和良好的管理有助于解决并发感染的问题。加强饲养管理、降低饲养密度、实行严格的全进全出制和混群制度、减少环境应激因素、控制并发感染、保证猪群具有稳定的免疫状态、加强猪场内部和外部的生物安全措施、购猪时保证猪来自清洁的猪场是预防控制本病、降低经济损失的有效措施。

世界各国控制本病的经验是对猪群进行共同感染源作适当的主动免疫和被动免疫，所以做好猪场猪瘟、猪伪狂犬病、猪细小病毒病、气喘病和蓝耳病等疫苗的免疫接种，确保胎儿和吮乳期仔猪的安全是关键。因此根据不同的可能病原和不同的疫苗对母猪实施合理的免疫程序至关重要。

2. 免疫接种　　目前市场上用于预防猪群中 PCVD 发生的商品化疫苗一共有 5 种，其分别是 Merial 生产的 CircovacHT5SS，Boehringer Ingelheim 生产的 Ingelvac Cir-coFLEX，Intervet（Merck）生产的 Circum vent，Schering-Plough（Merck）生产的 Porellis PCV，Pfizer 生产的 Fostera™ PCV（Suvaxyn PCV - 2 One Dose 升级版）。从 2010 年开始，国内一些厂家也陆续研制推出 PCV 疫苗，如 PCV2 全病毒灭活苗、PCV2 表达苗和 PCV2 重组苗，为我国猪场的防治提供了有效工具。

第九节　伪狂犬病

伪狂犬病（Pseudorabies，PR）又称奥耶斯基病（AD），是由伪狂犬病病毒（PRV）引起的急性传染病，以发热、奇痒（猪除外）、脑脊髓炎为特征。猪感染后，主要引起仔猪脑脊髓炎和高死亡率，母猪感染造成流产、死胎和木乃伊等繁殖障碍，生长育肥猪感染引起呼吸道病增多，导致猪场繁殖率、育成率及生长速度、料肉比等多方面生长指标下降，对猪场正常生产危害大，是影响猪场生产的主要疫病之一。猪场猪群暴发本病时，犬常先于猪或与猪同时发病，由于本病与狂犬病有类似症状，所以以前认为本病与狂犬病是同一种疾病。后匈牙利学者 Aujeszky 证明此病与狂犬病不是同一种疾病，而是一种独立的疾病，故又称阿氏病。

一、病原学

本病病原为伪狂犬病病毒（Pseudorabies，PRV），学名为猪疱疹病毒Ⅰ型（Swine herpesvirus 1，SHV - 1），属疱疹病毒科（Herpesviridae）甲型疱疹病毒亚科（Alphaher-pesvirinae）水痘病毒属（Varicellovirus）成员。1902 年由匈牙利兽医 Aujeszky 正式发现，1934 年 Sabin 和 Wrght 确认为疱疹病毒。

PRV 与牛疱疹病毒 1 型（BHV - 1）、马疱疹病毒 1 型（EHV - 1）和水痘-带状疱疹病毒（VZV）关系密切。病毒粒子呈椭圆形或圆形，无囊膜粒子直径为 110～150nm；有囊膜的成熟病毒粒子直径 180nm。囊膜表面有呈放射状排列的纤突，长 8～10nm，DNA 相对分子质量为 87×10^6。

PRV 是疱疹病毒中抵抗力较强的一种。在物体表面和液体中可存活 7d。在 pH4～9

之间保持稳定。伪狂犬病病毒对外界环境的抵抗力较强，8℃可存活 46d，24℃可存活 30d。在有蛋白质保护时抵抗力更强。腐败条件下，病料中的病毒经 11d 失去感染力。PRV 对乙醚、氯仿等脂溶剂、福尔马林和紫外线照射等敏感。5%石炭酸经 2min 灭活，0.5%～1%氢氧化钠使其灭活。对热的抵抗力较强，55～60℃经 30～50min 才能灭活，80℃经 3min 灭活。迄今为止，还没有发现抗原性不同的 PRV 毒株。在病毒与宿主的相互作用中，病毒的糖蛋白起着重要作用，现已发现在 PRV 至少有 gⅠ、gⅡ、gⅢ、gp50、gp63、gX、gH、gL、gM、gN 和 gK 等 11 种糖蛋白。PRV 的毒力决定蛋白分为病毒膜糖蛋白、病毒编码酶和非必需衣壳蛋白。病毒编码酶参与核酸代谢，是病毒毒力的决定因素。非必需衣壳蛋白 gE（gI）是 PRV 的主要毒力基因，也是目前基因缺失疫苗最普遍应用的标记基因，几乎所有基因缺失疫苗均缺失 gE 基因（有一种国产疫苗不缺失 gE 基因），不缺失 gE 的 PRV 毒株毒力较强，不宜用于幼龄猪群，也不利于用 IDEXX 试剂盒检测鉴别野毒株和疫苗株；TK 是控制 PRV 在神经组织内复制的基因，缺失 TK 基因的疫苗毒株不能诱导疫苗株神经节内占位所产生的局部免疫力，抗野毒潜伏感染能力差；gI（gp63 基因）是 PRV 的毒力基因，对刺激产生免疫力不重要，但是，未经过 gI（gp63）基因去毒处理的疫苗毒株，接种猪后会引起免疫猪的发热等副作用，临床上易导致怀孕早期母猪的免疫后返情或流产，非靶动物（如猫，狗）接种后会致死。gG（gX）为较少用的标记基因；RR 为控制病毒繁殖的基因，若缺失会影响毒株的免疫原性；gB、gC、gD 等基因是诱导机体产生保护性免疫的重要基因，不能切除。

二、流行病学

伪狂犬病曾遍及欧洲、美国、东南亚及非洲等 40 多个国家和地区，但目前很多欧美国家已经净化此病；亚洲主要疫区在我国周边的一些国家，如泰国、韩国、日本、菲律宾、老挝等。中国自 1947 年首次报道以来，已有 31 个省份有本病流行。

伪狂犬病病毒污染的污物是易感猪的主要感染源。犬、猫、鼠皆为致死性终末宿主，在疾病的传播中也具有重要作用。这类动物感染一般是与感染猪有过直接或间接接触，感染持续时间短，出现临床症状后 2～3d 内死亡。而且大多数在出现症状后，通过鼻和口腔的分泌物排毒，再直接或间接传播给猪。当然用感染动物尸体或污染饲料饲喂动物也可造成感染。病毒在猪群内通过鼻与鼻的接触、授精或通过感染猪的阴道和精液，或通过胎盘直接传播。间接传播的方式包括吸入含病毒的气雾或饮用被病毒污染的水等。在相对湿度不低于 55%的环境中，病毒感染水平可持续 7h。农场发生感染最常见的途径是引进排毒或潜伏感染的猪，包括种猪、育肥猪或与野猪接触等。地区之间发生传播与人员、伴侣动物、运输工具、野生动物、水和空气流动有关。已证明，含病毒的气溶胶可将病毒从某个感染点传播到 2km 以外的非感染区。本病一年四季都可发生，但以冬春两季和产仔旺季多发，这是因为低温有利于病毒的存活。

2000 年以前的文献多数为感染率调查资料，而实际病料报道较少，2000 年以后病例报道的文献大为增加，并以阳性场复发为主，15 日龄以前仔猪病死率一般在 90%以上甚至 100%，断奶仔猪发病率可达 20%～40%，怀孕母猪繁殖障碍率可达 50%左右。PRV 野毒的感染也比较严重，刘有昌等对我国 10 个省份 1 502 份血清样品应用 PRV gE 抗体

ELISA 检测试剂盒进行野毒监测，最高感染率为100％，平均感染率为49％。

三、临床症状

猪的伪狂犬病临床症状随着年龄的不同而有很大的差异。

本病的潜伏期一般为3～6d，少数达10d。新生仔猪感染后表现眼眶发红，闭目昏睡，体温升高至41～41.5℃，顽固性腹泻，精神沉郁，一定的病程后会出现口角有大量泡沫或流出唾液，内容物黄色，临死前往往伴有神经症状；有的呕吐或腹泻，内容物黄色。乳猪两耳后立，初期遇到声音刺激，出现兴奋和鸣叫，后期任何强度的疼痛刺激都可能引起肌肉反射活动。有的病猪呈"鹅步式"。病猪眼睑和嘴角有水肿，腹部几乎都有粟粒大的紫色斑点，有的甚至全身呈紫色，病初站立不稳或步态蹒跚，有的只能向后退行，姿态异常，容易跌倒，进一步发展为四肢麻痹，不能站立，头向后仰，四肢划水状，或出现两肢开张或交叉。伪狂犬病引起新生仔猪大量死亡，主要表现在刚生下的仔猪第1天还很好，从第2天开始发病，3～5d内是死亡高峰期，有的整窝死亡。15日龄以内仔猪死亡率可高达100％。

20日龄以上到断奶前后的仔猪，症状轻微，体温41℃以上，呼吸短促，被毛粗乱，不食或食欲减少，发病率和死亡率都低于15日龄以内的仔猪。但断奶前后的仔猪若拉黄色水样粪便，则可100％死亡。

4月龄左右的猪，发病后只有数日的轻度发热，呼吸困难，流鼻液，咳嗽，精神沉郁，食欲不振，耳尖发紫，有的呈犬坐姿势，有的呕吐和腹泻，几日内即可完全恢复，重度者可延长半个月以上，这样的病猪表现为四肢僵直（尤其是后肢），震颤，行走困难。出现神经症状的病猪则预后不良。

妊娠母猪发生流产，产死胎、木乃伊胎，其中以产死胎为主。死亡初生仔猪的日龄已观察到19日龄。剖检主要是肾脏布满针尖样出血点，有时见到肺水肿，脑膜表面充血、出血。伪狂犬病病毒引起断奶仔猪发病死亡，发病率在20％～40％，死亡率10％～20％，主要表现为神经症状、拉稀、呕吐等。种猪感染后导致不育症。公猪感染伪狂犬病病毒后，表现不育、睾丸肿胀，萎缩，丧失种用能力。母猪感染后不发情、配不上种，返情率高达90％，有反复配种数次都屡配不上，耽误了整个配种期。此外成年猪仅表现增重减慢等轻微温和症状。

四、病理变化

本病没有特征性的病理变化，在诊断上具有参考价值的变化是鼻腔卡他性或化脓出血性炎，扁桃体水肿并伴以咽炎和喉头水肿，勺状软骨和会厌皱襞呈浆液性浸润，淋巴结充血、肿大、呈褐色（与猪瘟不同）。心肌松软、心内膜有斑状出血、肾点状出（针尖状）血，几乎见于所有的病猪。胃底部可见大面积出血。组织变化见中枢神经系统呈弥漫性非化脓性脑膜炎，有明显血管套和胶质细胞坏死。在鼻咽黏膜，脾和淋巴结的淋巴细胞有核内包涵体。

五、诊断

（一）临床诊断
新生仔猪出现体温升高、顽固性腹泻、腹式呼吸、口角有白色泡沫、神经症状等临床症状，大量死亡，发病率、死亡率高；15日龄以内仔猪死亡率可高达100%；神经症状明显；仔猪震颤，母猪乏情，公猪睾丸肿胀、萎缩、不育等。特别是，当猪场的狗先于猪发病，表现出类似狂犬病症状，死亡，应优先怀疑本病。

（二）病原学诊断

病原学诊断可以通过分离伪狂犬病病毒，然后进行病毒鉴定。首先将采集的诸如脑、扁桃体或采自鼻/喉的样品匀浆后，接种易感细胞系，如猪肾细胞（PK-15）或SK6细胞、原代或传代细胞系加以增殖，然后通过免疫荧光、免疫过氧化物酶或特异性抗血清中和试验、PCR等方法对出现特征性细胞病变加以鉴定。此外，还可用PCR对病料直接进行检测，以证明是否含有病毒的核酸。

1. 病料的采集和处理　最好采取病死猪或病猪发热期的脑组织（中脑、脑桥和延脑）及扁桃体。对隐性感染猪来说，三叉神经是病毒最密集的部位。亚临床感染或康复猪，可收集鼻黏液或口咽部棉拭子样品。需保存的样品应剪成小块，放入50%甘油缓冲盐水中冷藏。也可用5～10倍含双抗的生理盐水（或PBS）将病料研磨制成乳浊液，经低速离心吸取上清液-20℃冰箱保存备用。

2. 病原分离与鉴定　将病料悬液的上清液接种于PK-15（或BHK-21）单层细胞，细胞接毒后逐日观察。多数于接毒后48h出现细胞病变（CPE）。通常有两种类型，一种是感染细胞质内很快出现颗粒，细胞变圆膨大，形成一堆堆折光力强的分散的细胞病灶；另一种是感染细胞相互融合，形成轮廓不清的合胞体，融合迅速扩展，进一步形成大的合胞体。出现细胞病变的培养物，用酸性固定液固定，苏木素-伊红染色，可见典型的嗜酸性核内包涵体。还可将受检样品用免疫荧光、免疫过氧化物酶或特异性抗血清的中和试验鉴定病毒。如果没有出现明显的CPE，则可进行盲传1～2代，待出现CPE，再进行鉴定。除此之外，还可用鸡胚分离病毒。

3. 电镜观察　将被检样品（病毒细胞培养物冻融后的离心上清液）悬浮液1滴（约20μL）滴于蜡盘上。将被覆Formvar膜的铜网，膜面朝下放到液滴上，吸附2～3min，取下铜网，用滤纸吸去多余的液体。再将该铜网放到pH7.0 2%的磷钨酸染色液上染色1～2min，取下铜网，用滤纸吸去多余的染色液，干燥后，放入电镜进行检查。如果含PRV，可见到典型的疱疹病毒粒子，完整的病毒粒子由核心、衣壳、外膜或囊膜组成。带囊膜的完整病毒粒子直径180nm，病毒粒子核心直径约为75nm，核衣壳直径105～110nm。

4. 分子生物学诊断　近年来，根据PRV的不同基因设计引物而建立了多种PCR诊断方法，但比较常用的有两种，一种是基于缺失的gE基因而建立的PCR方法，该方法能检测出含gE基因的强毒株（即流行野毒）；另一种是基于gD基因建立的PCR方法，可检测出所有PRV毒株。具体操作为：

无菌采取脾脏、淋巴结1g，加入4倍的PBS缓冲液，在研磨器中研磨，然后吸取250μL匀浆液，加入DNA裂解液（如DNAZol）750μL，混匀后，室温2min，加入1mL DNAZol，倒置混匀，室温放置3min，10 000g离心10min；上清转移至另一离心管中，加入550mL无水乙醇，颠倒混匀，室温放置5min，6 000g离心5min；沉淀用1mL 75%的酒精洗涤两次；最后用40μL的8mmol/L NaOH溶解，-20℃保存备用。

PCR 扩增体系：DNA 模板 $3\mu L$，上下游引物各 $1\mu L$，$10\times buffer$ $5\mu L$，$dNTP4\mu L$，双蒸水 $35\mu L$，Taq 酶 1 个单位。

反应体系：95℃预变性 5min，94℃ 40s，60℃ 60s，72℃ 1min，共 30 个循环；最后 72℃延伸 8min。取反应产物 $5\mu L$，在 1%的琼脂糖凝胶上进行电泳。结果扩增出特异性目的片段，同时阴性、阳性对照成立，即可判断样品为阳性。

（三）血清学诊断

可用病毒中和试验、乳胶凝集试验或酶联免疫吸附试验（ELISA）检测伪狂犬病抗体。世界上已有许多商品化 ELISA 检测试剂盒可供使用。OIE 推荐的一种国际标准血清规定了敏感性的下限，用于本病血清学实验室常规检测。1990 年以来，推广接种基因缺失苗及相应的技术检测方法，该方法可区分接种疫苗抗体和自然感染抗体。

1. 琼脂扩散试验　称取 0.7g 琼脂糖加入 100mL Tris 缓冲液（0.05mol/L Tris-HCl，0.05mol/L NaCl，pH7.2），加热充分融化后滴加叠氮钠至 0.01%，倾注平板，厚约 3mm。凝固后用打孔器按 7 孔型梅花图案打孔，孔径为 3mm，中央孔与外周孔孔距为 3mm。

加样：中央孔加抗原，周围孔加待检血清、阳性和阴性血清，置 25℃，同时保持一定湿度，24~48h 后观察结果。

结果判定：在阴、阳性对照均成立的条件下，当抗原孔与待检血清孔间出现沉淀线并与对照阳性血清所产生的沉淀线相融合者判为阳性，阳性血清沉淀线向被检血清孔微弯曲为弱阳性，不出现沉淀线为阴性反应。

2. 酶联免疫吸附试验

（1）材料准备

包被用抗原：用抗原稀释液将制备抗原稀释至工作浓度（蛋白含量约为 60mg/L）。

阴性标准血清：健康且无 PRV 中和抗体的猪血清或 SPF 猪血清。

阳性标准血清：用纯化 PRV 免疫猪制备。

兔抗猪酶标抗体：商品，使用时稀释至工作浓度（按说明书稀释）。

其他：96 孔酶标反应板，微量移液器，酶标测定仪。

（2）操作程序　用 pH9.6 的碳酸盐缓冲液稀释抗原，每孔加入 $100\mu L$，37℃孵育 1h，4℃过夜，用洗涤液洗涤 3 次，每次 3min（以下均同）；每孔加入稀释的被检血清 $100\mu L$，同时设阳性、阴性血清和空白对照，37℃感作 1h；洗涤后，每孔加入 $100\mu L$ 的酶结合物，37℃感作 1h；洗涤后，每孔加入底物溶液 $100\mu L$，37℃避光显色 20~30min，每孔加入 2mol/L 的 H_2SO_4 $5\mu L$ 终止反应；在酶标仪上，用 492nm 波长测定 OD 值。结果判定：以 $P/N\geqslant 2.0$ 判为阳性，并记录结果。

3. 实验室检测结果的解读　酶联免疫吸附试验阳性，表明被检猪正在发生或发生过或接种过 PRV 疫苗；若用于 3 月龄以内的猪及种猪的血清抗体检测，可了解种猪免疫后抗体水平及仔猪母源抗体的消失情况，指导免疫的合理时间。若用抗 PRV gE 抗体试剂盒检测，阳性反应，即表明被检猪已被野毒感染。此方法，一方面可以了解种群中 PRV 的带毒状况，另一方面可以了解育成猪群 PRV 的免疫保护状况。当 3 月龄以后育成猪 PRV gE 抗体阳性率较高时，可说明该猪群 PRV 的感染率高或免疫保护不足。

（四）诊断解析

OIE 推荐使用病毒分离鉴定、PCR 以及免疫荧光、免疫过氧化物酶或特异性血清中和试验来鉴别病原，还推荐使用病毒中和试验、乳胶凝集试验和 ELISA 检测伪狂犬病的抗体。我国已经颁布了农业行业标准《猪伪狂犬病免疫酶试验方法》（NY/T 678—2003）和国家标准《伪狂犬病诊断技术》（GB/T 18641—2002）。伪狂犬病的国家诊断标准中规定了病毒分离鉴定、聚合酶链式反应、家兔接种试验适用于伪狂犬病病毒的检测；中和试验、酶联免疫吸附试验适用于非免疫动物伪狂犬病抗体的检测以及免疫后抗体的监测；乳胶凝集试验适用于实验室和现场对伪狂犬病抗体的早期检测。

目前有商品化的猪伪狂犬病病毒 PCR 检测试剂盒、猪伪狂犬病病毒实时荧光 PCR 检测试剂盒、猪伪狂犬病乳胶凝集试验试剂盒、猪伪狂犬病病毒 gE 蛋白 ELISA 检测试剂盒、猪伪狂犬病病毒 gB 蛋白 ELISA 检测试剂盒等。

六、防治

本病无特效治疗方法，免疫预防控制最有效。猪伪狂犬病有灭活疫苗、弱毒疫苗和基因缺失疫苗三种。目前我国主要是应用灭活疫苗和基因缺失疫苗。在刚刚发生流行的猪场，用高滴度的基因缺失疫苗鼻内接种，可以达到很快控制病情的作用。建议免疫程序：种猪（包括公猪），第一次注射后，间隔 4~6 周后加强免疫一次，以后每次产前一个月左右加强免疫一次或者每年 3~4 次普免，可获得非常好的免疫效果，可保护哺乳仔猪到断奶。种用的仔猪在出生 1~3d 滴鼻，可以有效地阻断野毒的感染，利于净化，断奶时 60 日龄左右加强免疫一次，注射一次，间隔 4~6 周后，加强免疫一次，以后按种猪免疫程序进行。肉猪在出生 1~3 日龄滴鼻，断奶时注射一次，如感染压力较大，可以在 60 日龄左右加强免疫一次，直到出栏。

其他防治方法包括隔离、消毒、灭鼠等。将未受感染的母猪和仔猪以及妊娠母猪与已受感染的猪隔离管理，以防机械传播。暴发本病的猪舍地面、墙壁、设施及用具等隔日消毒一次，用 3% 来苏儿喷雾，粪尿放发酵池处理，分娩栏和病猪死后的栏用 2% 烧碱消毒，哺乳母猪乳头用 2% 高锰酸钾水洗后，才允许吃初乳。病死猪要深埋，全场范围内要进行灭鼠和扑灭野生动物，禁止散养家禽和防止猫、犬进入该区。

伪狂犬病是一个很好净化的疾病，按上述免疫程序坚持免疫，3 年后当原来感染过的阳性母猪全部淘汰时，就基本上净化了。其次是已有可鉴别野毒和疫苗毒的实验室诊断技术，所以在滴鼻的半年内，通过检测可能做到仔猪 6 周龄以后野毒感染阴性（因为滴鼻能有效阻断野毒的感染），3 个月后阳性的母猪都淘汰（正常的母猪更新，因为伪狂犬病是一旦感染终身野毒阳性，所以只有让阴性的后备猪更替后才能逐渐让母猪群呈野毒阴性），猪场就是伪狂犬病阴性了。

第十节　猪轮状病毒病

猪轮状病毒病（Pig rotavirus disease）是由猪轮状病毒（Pig rotavirus）引起的猪急性肠道传染病，仔猪的主要症状为厌食、呕吐、下痢，中猪和大猪没有症状，为隐性感染。轮状病毒病是一种人畜共患传染病，轮状病毒除感染猪外，还可感染人及牛、羊等多种动物。

一、病原学

轮状病毒（Rotavirus）属呼肠孤病毒科（Reoviridae）、轮状病毒属（Rotavirus）。该病毒由 11 个双股 RNA 片段组成，有双层衣壳，因像车轮而得名。该病毒与同科的其他成员无抗原关系。各种动物和人的轮状病毒内衣壳具有共同抗原（群特异抗原），可用补体结合试验、免疫荧光、免疫扩散和免疫电镜方法检查出来。轮状病毒分为 A、B、C、D、E、F 等 6 个群，A 群又分为两个亚群（亚群 I 和亚群 II）。A 群为常见的典型轮状病毒，宿主包括人和各种动物，其他几个群则不常见。B 群宿主为猪、牛、大鼠和人；C 群和 E 群的宿主为猪；D 群宿主为鸡和火鸡；F 群宿主为禽类。

轮状病毒有较强的抵抗力，pH 3～9 时稳定，能耐超声震荡和脂溶剂。病毒在室温能保存 7 个月；加热 60℃，能存活 30min；但 63℃，30min 则被灭活。牛轮状病毒在 37℃下用 1％福尔马林须经 3d 才能灭活，0.01％碘、1％次氯酸钠和 70％酒精可使病毒丧失感染力。

二、流行病学

本病多发于寒冷的晚秋，冬季和早春季节，传染方式多为暴发或散发。各种年龄的猪都可感染本病，但以 8 周龄以内仔猪多发，感染率可达 90％～100％。病猪和隐性带毒猪是本病的主要传染源。传染途径主要是经消化道传播，轮状病毒主要存在于病猪及带毒猪的消化道，病猪排出的粪便污染饲料、饮水和各种用具，可成为本病的传染因素。寒冷、潮湿、卫生不良、饲料营养不全和其他病的侵袭等，均能促使本病的发生。在发病地区，大部分成年猪都已感染，因而被动获得免疫。

1974 年 Woode 等在英国首次报道猪的 RV 后，RV 在猪中的传播引起了许多国家的重视，接着澳大利亚、北爱尔兰、美国、法国等均有 RV 引起仔猪腹泻的报道。据报道，美国断奶仔猪感染阳性率为 80％，病死率为 15％；当有混合感染时，病死率更高。英国报道 1～4 周龄仔猪的发病率超过 80％，病死率 10％～30％，发病猪体重急剧下降10％～20％。中国自 1982 年从腹泻猪粪便中分离到 RV，证实猪 RV 感染在我国普遍存在，至今已有 24 年。该病可以引起仔猪的死亡，成年猪的掉膘，饲料报酬的降低，增加人工费和药费的开支等。李国平等用 RV 抗原酶标诊断试剂盒对福建省福州、南平等地的部分猪场进行了仔猪 RV 感染情况调查，结果显示 10 日龄至断奶仔猪的阳性率高达82.3％～91.7％。程健频等于 2002 年 10 月对甘肃省 2 100 头仔猪进行了初步调查，发病仔猪 1 460 头，发病率达 69.5％，其中环境温度下降继发大肠埃希菌病死亡 690 头，死亡率 47.8％。

三、临床症状

本病潜伏期一般为 12～24h，呈地方流行性。各种年龄和性别的猪都有可能感染发病，但多发生于 8 周龄以内的仔猪。有些仔猪吃奶后常发生呕吐，迅速发生腹泻，粪便呈水样或糊状，颜色有黄白色、灰色或暗黑色。患猪常在严重腹泻后 2～3d 发生脱水，由于脱水而导致血液酸碱平衡紊乱，衰竭致死。本病的严重程度取决于仔猪日龄和环境状况，特别是当外界温度下降或继发大肠杆菌感染时，能使病情加重，死亡率也会增加。若无母源抗体保护，仔猪感染发病严重，死亡率达 100%；如果有母源抗体保护，则 1 周龄的仔猪一般不易感染发病。10～20 日龄仔猪症状轻微，死亡率 10%～30%。

四、病理变化

病理变化主要见于消化道。幼龄动物胃壁蠕动弛缓，胃内充满凝乳块和乳汁。小肠壁菲薄，半透明，内容物呈液状，灰黄或灰黑色。有时小肠广泛出血，肠系膜淋巴结肿大。病猪小肠绒毛经电镜切片观察和免疫荧光检查，可看到绒毛萎缩变短，隐窝细胞增生，圆柱状的绒毛上皮细胞被鳞状或立方形的细胞所取代，而绒毛固有层有淋巴细胞浸润。

五、诊断

1. 临床诊断　本病潜伏期一般为 12～24h，呈地方流行性。各种年龄和性别的猪都有可能感染，但多发生于 8 周龄以内的仔猪。有些仔猪吃奶后常发生呕吐，迅速腹泻，粪便呈水样或糊状，颜色有黄白色、灰色或暗黑色，常在严重腹泻后 2～3d 发生脱水，由于脱水导致血液酸碱平衡紊乱，衰竭致死。

2. 实验室诊断　取仔猪发病后 25h 内的粪便，装入青霉素空瓶，送实验室检查。世界动物卫生组织（OIE）推荐的方法是夹心法酶联免疫吸附试验，也可做电镜或免疫电镜检查，均可迅速得出结论。还可采取小肠前、中、后各一段冷冻，供荧光抗体试验检查。

3. 诊断解析　夹心法酶联免疫吸附试验是世界动物卫生组织（OIE）推荐的方法，该法与电镜或免疫电镜检查方法均可迅速确诊。目前我国还没有发布有关猪轮状病毒病的诊断标准，仅有颁布了《实验动物：兔轮状病毒检测方法》（GB/T 14926.30—2001）。该标准包括了三种诊断方法：酶联免疫吸附试验、免疫酶试验和免疫荧光试验。

目前商品化的诊断试剂盒有轮状病毒基因检测试剂盒、猪轮状病毒荧光检测试剂盒、猪轮状病毒检测试剂盒（乳胶凝集法）、猪轮状病毒抗体 ELISA 检测试剂盒等。

六、防治

（1）加强饲养管理，保持栏舍清洁卫生。要注意仔猪的防寒保暖，增强母猪和仔猪的抵抗力。

（2）在疫区要使新生仔猪及早吃到初乳，因初乳中含有一定量的保护性抗体，仔猪吃到初乳后可获得一定的抵抗力。

（3）猪舍及用具经常进行消毒，可减少环境中病毒的含量，也可防止一些细菌的继发感染，减少发病的机会。

（4）发现病猪立即隔离到清洁、消毒、干燥和温暖的猪舍中，加强护理，清除病猪粪便及其污染的垫草，消毒被污染的环境和器物。用葡萄糖甘氨酸溶液（葡萄糖 22.5g，氯化钠 4.75g，甘氨酸 3.44g，柠檬酸 0.27g，枸橼酸钾 0.04g，无水磷酸钾 2.27g，溶于 1L 水中即成）或葡萄糖盐水给病猪自由饮用。停止喂乳，投服收敛止泻剂，使用抗生素和磺胺类等药物以防止继发性细菌感染。静脉注射葡萄糖盐水（5%～10%）和碳酸氢钠溶液（3%～10%）以防治脱水和酸中毒，一般可收到良好效果。

（5）免疫接种 RV 疫苗能刺激机体产生局部和血清抗体，可预防 RV 的感染和减少重症 RV 腹泻的发生，母源抗体能大幅度减少和减轻仔猪 RV 的发病。目前，猪 RV 疫苗主要有两种类型：一类是细胞灭活苗，是将适应 MA-104 细胞的低代次毒灭活后以矿物油为佐剂制备而成的油佐剂灭活苗，在怀孕母猪分娩前 30d 免疫，仔猪在出生后 7d 和 21d 各免疫 1 次；另一类是美国 Ambico 公司研制的弱毒苗，由 AI（OSU 株）和 A2（Iowa 株）组成，疫苗株的病毒含量为 10 TCID$_{50}$/mL，接种途径为口服或肌肉注射，弱毒苗在分娩前 5 周和 2 周各接种 1 次。

第十一节 猪细小病毒病

猪细小病毒病（Porcine parvovirus infection）是由猪细小病毒（Porcine parvovirus，PPV）引起的一种猪的繁殖障碍病。猪感染细小病毒后，一般不表现明显的临床症状。该病主要危害繁殖母猪，使胚胎和早期胎儿死亡，妊娠后期出现流产、死产、产出木乃伊和发育不正常胎儿，给养猪业造成较大的经济损失。

一、病原学

猪细小病毒为细小病毒科（Parvoviridae）细小病毒属（*Parvovirus*）成员。病毒粒子呈六角形或圆形，无囊膜，直径 20～30nm，20 面体等轴对称。衣壳由 32 个壳粒组成，核心含单股线状 DNA。病毒编码结构蛋白 VP1、VP2 和非结构蛋白 NS1、NS2、NS3，其中结构蛋白基因变异较大，但可诱导机体产生中和抗体。也有报道称可用 NS1 蛋白来区别灭活疫苗感染和自然感染。VP2 是核衣壳蛋白的主要成分，具有血凝活性。本病毒能凝集豚鼠、大鼠、小鼠、鸡、鹅、猫、猴和人 O 型红细胞，其中以豚鼠的红细胞凝集效果最好。

病毒适应生长的细胞谱较广，可在猪肾或睾丸原代细胞、PK-15、ST、IBRS2 等细胞中增殖，并能产生细胞病变。病毒能以完整的病毒粒子和空衣壳粒子两种形态存在。

PPV 只有一个血清型，但不同分离毒株的毒力不同。按病毒致病性与组织嗜性大致可分为 4 个型。第 1 型是以 NADL-2 为代表的细胞适应型弱毒株，不会造成垂直感染；第 2 型是以 NADL-28 株为代表的强毒株，可导致病毒血症和垂直感染；第 3 型是以 Kressc 株为代表的皮炎型强毒株，能使妊娠后期的胎儿死亡；第 4 型为肠炎型毒株，主要引起肠道病变。

本病毒对外界抵抗力极强，在 56℃恒温 48h，病毒的传染性和凝集红细胞能力均无明显改变；70℃经 2h 处理后仍不失感染力；在 80℃经 5min 加热才可使病毒失去血凝活性和感染性。0.5%漂白粉、2%氢氧化钠 5min 可杀死病毒。甲醛蒸汽和紫外线需要相当长的时间才能杀死病毒。

二、流行病学

猪细小病毒最早是 Mayr 和 Mahnel 在 1966 年进行猪瘟病毒组织培养时发现的。1967年，Cartwright 首次分离出了猪细小病毒，随后，研究者相继从欧洲、美洲、亚洲等很多国家分离到病毒并检出抗体。病毒抗体在猪群中检出率较高，猪群的血清抗体阳性率达50%以上。我国潘雪珠等于 1982 年从上海首次分离到该病毒，随后在北京、吉林、黑龙江、四川和浙江等地分离到猪细小病毒，血清学调查的阳性率为 80%。

猪是猪细小病毒唯一的已知宿主，不同年龄、性别和品种的家猪、野猪都可感染。但发病常见于初产母猪，一般呈地方流行性或散发。在新建猪场和初次感染的猪场常呈流行性，一旦引入，多引起暴发流行，可持续多年，引发严重的母猪繁殖障碍。感染本病的母猪、公猪及污染的精液等是本病的主要传染源。本病可经胎盘垂直感染和交配感染，公猪、育肥猪、母猪主要通过被污染的食物、环境经呼吸道、消化道感染。初产母猪的感染多是经与带毒公猪配种而发生。鼠类也能传播本病。

病猪和带毒猪，特别是感染母猪是本病的主要传染源。病毒可通过胎盘传染给胎儿，感染本病的母猪所产的死胎、弱仔、健康仔猪以及子宫分泌物中均含有高滴度的病毒。荧光抗体检测结果表明，在猪体内，病毒主要分布在淋巴发生中心、结肠固有层、肾间质、鼻颊骨膜等组织中。子宫内感染的仔猪可带毒 9 周，具有免疫耐受性的仔猪可能终生带毒和排毒。公猪在本病的传播过程中起重要作用，可在公猪的精液、精索、附睾、性腺中分离到病毒，通过配种可将病毒传染给易感母猪。污染的猪舍是本病毒的储存场所，在病猪被转移出舍、空圈 4 个月，经彻底清扫后，再转入的易感猪群仍可被感染。被污染的饲料、猪的唾液均具有长久的感染性。

本病的发生与季节关系密切，多发生在春夏季节或母猪产仔和交配季节。母猪怀孕早期感染时，其胚胎、胚猪死亡率高达 80%～100%。本病的感染率与动物年龄呈正相关，5～6 月龄阳性率为 8%～29%，11～16 月龄阳性率可达 80%～100%。在阳性猪群中约有30%～50%的猪带毒。

三、临床症状

仔猪和母猪的急性感染通常都表现为亚临床症状。猪细小病毒感染的主要症状表现为母猪繁殖障碍。感染的母猪可能重新发情而不分娩，或只产出少数仔猪，或产大部分死胎、弱仔及木乃伊胎等。怀孕中期感染的母猪腹围减小，无其他明显临床症状。此外，本病还可引起产仔瘦小、弱胎、母猪发情不正常、久配不孕等症状。

四、病理变化

妊娠母猪无肉眼可见病变，仅在脑、脊椎和眼脉络膜的血管周围镜检可见由小圆形淋巴细胞和浆细胞形成的管套。母猪流产时，肉眼可见母猪有轻度子宫内膜炎变化，胎盘部分钙化。具有特征性的病理变化主要在胎儿，胎儿在子宫内有被溶解和被吸收的现象。大多数死胎、死仔或弱仔皮下充血或水肿，胸、腹腔积有淡红或淡黄色渗出液。大脑灰白质和软脑膜血管周围存在由增生的小圆形组织细胞和浆细胞形成的血管周围管套。胚胎体液被吸收和组织化。肝、脾、肾有时肿大脆弱或萎缩发暗，个别死胎、死仔皮肤出血，弱仔生后半小时先在耳尖，后在颈、胸、腹部及四肢上端内侧出现淤血、出血斑，半日内皮肤全变紫而死亡。除上述各种变化外，还可见到畸形胎儿、干尸化胎儿（木乃伊）及骨质不全的腐败胎儿。

五、诊断

（一）临床诊断

如果第 1～2 胎母猪发生流产、死胎、胎儿发育异常，但母猪没有明显的临床症状，应考虑到本病。此外，本病还可引起产仔瘦小、弱胎、母猪发情不正常、久配不孕等症状。

（二）病原学诊断

1. 病毒分离与鉴定　取流产胎儿或死产仔猪的肾、睾丸、肺、肝、肠系膜淋巴结或母猪胎盘，用含抗生素（青霉素 1 000 IU/mL，链霉素 1 000 IU /mL）的 pH 7.2 的磷酸盐缓冲盐水（PBS）将样品制成匀浆，配成 10% 的悬液。冻融三次，经低速离心澄清。取上清与等量的灭活牛血清混合，以减少样品材料对细胞的毒性作用，然后将混合液接种于原代胎猪或仔猪肾细胞或猪源传代细胞上。最适接种时间是在细胞分裂旺盛时期（单层形成 1/2 以前），或在制备细胞悬液的同时接种病料悬液，有利于病毒的增殖。可用免疫荧光抗体检测病毒是否分离到。

2. 荧光抗体试验检测病毒抗原　取感染仔猪扁桃体生长中心，木乃伊胎或死胎的肺组织，截取 1cm³ 的样品，在固体二氧化碳中速冻。在冷冻切片机上切成 6 μm 厚的切片，置于盖玻片上，空气干燥后用丙酮固定。固定后的阳性和阴性对照片都放在 −20℃ 低温保存，以做同步染色。切片用 pH 8.7 的 Tris 缓冲液冲洗后，滴加稀释好的抗猪细小病毒的 FITC 抗体结合物染色，然后放在潮湿的培养箱中作用 30 min，再用 Tris 缓冲液冲洗，以除掉未结合的荧光抗体。切片再用 1/10 000 稀释的伊文斯兰- Tris 缓冲液复染，用甘油封片后待检。应用紫外显微镜检查，可参考对照切片评价切片的染色质量。镜检若见到细胞内有荧光抗体着色的病毒抗原的集结，可确诊。

3. 分子生物学检测　现在已经建立了针对 VP1、NS1 等多个基因的 PCR 和巢式 PCR 诊断方法。现将 PCR 的检测方法简单描述如下：无菌采取流产胎儿、死产胎儿的肾、睾丸、肺、淋巴结或母猪胎盘、阴道分泌物等，加入 4 倍的 PBS 缓冲液，在研磨器中研磨，制成悬液。吸取 250μL 匀浆液，加入 DNA 裂解液（如 DNAZol）750μL，混匀后，室温放置 3min，10 000g 离心 10min；上清转移至另一离心管中，加入 550mL 无水乙醇，颠倒混匀，室温放置 5min，6 000g 离心 5min；沉淀用 1mL 75% 的酒精洗涤两次；最后用 40μL 的 8mmol/L NaOH 溶解，−20℃ 保存备用。

PCR 扩增体系：DNA 模板 3μL，上下游引物各 1μL，10×buffer 5μL，dNTP 4uL，双蒸水 35μL，Taq 酶 1μL。

反应体系：95℃ 预变性 5min，94℃ 40s，60℃ 60s，72℃ 1min，共 30 个循环；最后 72℃ 延伸 8min。取反应产物 5μL，在 1% 的琼脂糖凝胶上进行电泳。结果扩增出特异性目的片段，即为阳性。

（三）血清学诊断

血清中和试验、血凝试验（HA）和血凝抑制试验（HI）、胶乳凝集试验、荧光抗体技术、酶联免疫吸附试验（ELISA）、琼脂扩散试验（AGID）等方法，均可用于本病的抗体诊断。

1. HI 最常用方法，一般应采集母猪血清或 70 日龄以上感染胎儿的心血或组织浸出液。检测前，先将血清经 56℃灭活 30min，加入 50％ 豚鼠红细胞和等量高岭土，摇匀后室温放置 15min，经 2 000r/min 离心 10min 取上清，以除掉血清中的非特异性凝集素和抑制因素。抗原用 4 个凝集单位的标准血凝素，红细胞用 0.5％ 的豚鼠红细胞悬液。判定标准一般为 1∶256。

2. 免疫荧光抗体技术 该方法直接镜检胎儿组织冰冻切片，可以快速准确地检测出病毒抗原，也可以在病毒培养过程中检查接种病毒的单层细胞，较 HI 敏感。

（四）诊断解析

母猪发病相对少、流产和胎儿发育不正常可区别猪细小病毒病和其他生殖疾病。证实抗原存在对诊断该病有临床意义，分离病毒为最确实的诊断方法，但很少作为常规诊断程序，常用的病原诊断方法是聚合酶链式反应。我国目前没有颁布有关猪细小病毒病诊断的国家标准和农业行业标准，只有国家认证认可监督管理委员会发布了《猪细小病毒病聚合酶链反应操作规程》（SN/T 1874—2007）。血凝及血凝抑制试验、免疫荧光抗体是抗体诊断的主要方法。从胎儿、死胎和刚出生未哺的仔猪血清中检测出抗体对诊断有临床意义，母畜的双份血清抗体效价的变化也对诊断意义重大。

目前商品化的诊断试剂盒有猪细小病毒基因检测试剂盒、猪细小病毒荧光检测试剂盒、猪细小病毒检测试剂条、猪轮状病毒抗体 ELISA 检测试剂盒等。

六、防治

目前对本病尚无有效的治疗药物和方法。当母猪群发现有流产、死胎、产木乃伊胎等临床表现时，应在饲料或饮水中添加广谱抗生类药物以控制产后感染。

1. 疫苗接种 PPV 主要引起母猪繁殖障碍，其血清型单一，且免疫原性亦好，故疫苗接种种公猪及种母猪，以预防母猪感染猪细小病毒所引起的流产、死胎、产木乃伊胎等临床症状，效果显著。后备猪配种前接种两次，此后建议经产母猪还是要免疫，产后两周接种一次。目前，可供使用的疫苗有弱毒活疫苗和灭活疫苗，已在全世界范围内得到应用，预防效果良好。目前有两类疫苗生产：一类为灭活疫苗，有单价和二联苗，即 PPV－t－PRV（伪狂犬病病毒）和 PPV＋JEV（乙脑病毒）；另一类为弱毒疫苗：在日本生产供应的弱毒疫苗（HT－SK－C株）是经猪肾细胞低温（30℃）连续传代（54 代）再用紫外线照射后传代而培育成功的。我国从广西初产母猪所产死胎的脏器中分离出一株自然弱毒株，经初步试验，效果不错，但由于 PPV 强毒株的大量存在，人们对病毒重组及弱毒返强的担心一直使弱毒苗的应用受到一定限制。上述两类疫苗在防疫上均发挥了良好作用，但灭活苗效价不稳定，成本高，而弱毒疫苗有可能毒力返强或基因重组，出现新毒株，因而需要研究更理想的疫苗。目前已研制出的有基因工程亚单位、多价亚单位以及基因（核酸）疫苗，均能产生较高水平的体液免疫和细胞免疫，比常规灭活疫苗产生更高水平的抗体。

2. 引种控制 引种往往是导致猪细小病毒病发生的重要原因，引种前应了解被引进场猪群是否有猪细小病毒感染，怀孕母猪是否有繁殖障碍临床表现，母猪群是否做过疫苗预防接种。不能单纯以引进种（母）猪 PPV 血清抗体检测阴性为标准，引进的种（母）猪应先饲养在隔离场（舍、圈）。引回一周内接种一次疫苗，配种前半个月再强化免疫1次。

3. 强化生物安全体系建设 环境条件、硬件设施要满足猪生长、繁殖的要求，健全和落实卫生、消毒、隔离、无害化处理等疫病防控制度。

第十二节 猪流行性腹泻

猪流行性腹泻（Porcine epidemic diarrhea，PED）是由猪流行性腹泻病毒（Porcine epidemic diarrhea virus，PEDV）引起的猪的一种以腹泻、呕吐和脱水为主要特征的猪肠道急性高度接触性传染病。各种年龄的猪都易感，哺乳仔猪、架子猪或育肥猪的发病率可达100%，尤其是哺乳仔猪受害最严重。本病主要发生在冬季，夏季也可发生。我国以12月至翌年2月为高发季节。

一、病原学

1991 年国际病毒分类委员会（ICTV）第五次报告将 PEDV 列为冠状病毒属的可能成员，1991 年第六次报告将其列为冠状病毒属的正式成员。PEDV 为冠状病毒科（Coronviridae）冠状病毒属（Coronavirus）成员。其病毒粒子形态与其他冠状病毒非常相似。在粪便样品中病毒粒子呈多形性，趋向于球形，平均直径（包括纤突在内）为 130nm（95～190nm 之间），外有囊膜，其上有花瓣状纤突，纤突长 18～23nm。

病毒核酸为线性单股正链 RNA，长约 28 kb，5′端有帽子结构，3′端为 poly（A），具有侵染性，导入真核细胞后能引起感染。冠状病毒感染细胞后，其基因组既可作为 mRNA 翻译出病毒特异的蛋白质，又可作为模板，转录互补的负链 RNA。转录出的病毒特异性负链 RNA 可作为模板，转录出新的具有 mRNA 功能的基因组 RNA 和几种大小不等的亚基因组 mRNA 以及基因组的前导序列。在成熟的病毒粒子中只存在基因组正链 RNA，其他几种大小不等的亚基因组 mRNA 只能在被感染细胞中检测到，这些感染后合成的 mRNA 3′末端序列相同而相对分子质量大小不同，因而可以指导合成各种不同的特异性结构蛋白多肽和非结构蛋白多肽。自从 PEDV 适应 Vero 细胞培养成功后，PEDV 的分子生物学才得到了较快发展。迄今为止，已测定了 PEDV CV777、LZC 等毒株的完整基因组序列。

基因组 5′端非翻译区（5′UTR）位于基因 1 上游，长 296 nt。5′UTR 内含有长为65～98nt 的前导序列（L）、1 个以 AUG 为起始密码子的 Kozak 序列（GUUCaugC）和 1个编码 12 个氨基酸的开放阅读框（ORF）。目前，除人冠状病毒 229E 毒株（HCoV-229E）外，已知的其他冠状病毒成员都有 Kozak 序列，但序列有所差异。基因组 3′端非翻译区（3′UTR）长度为 334nt，末端连有 Poly（A）序列。3′UTR 内含有由 8 个碱基

（GGAAGAGC）组成的保守序列，起始于 poly（A）上游的 73nt 处。所有冠状病毒成员都包含这个序列，只是在基因组中位置不同。剩余基因组序列包括 6 个 ORF，从 5'-3'端依次为编码复制酶多聚蛋白 lab（pplab）、纤突蛋白（S）、ORF3 蛋白、小膜蛋白（E）、膜糖蛋白（M）和核衣壳蛋白（N）的基因。复制酶多聚蛋白基因（基因 1）占全基因组的 2/3，长 20 346nt，包括 ORF1a（12 354nt）和 ORF1b（8 037nt）两个开放阅读框，二者之间有 46nt 的重叠序列，重叠处有滑动序列（UUUAAAC）和假结结构，它们能使核糖体进行移码阅读，从而保证基因 1 的正确翻译。S 基因、E 基因、M 基因和 N 基因分别编码病毒的结构蛋白，长度分别为 4 152，231，681 和 1 326nt。ORF3 基因长 675nt，编码非结构蛋白。在每两个相邻基因之间有基因间隔序列（IS），它与基因组和亚基因组 mRNA 的 L 序列 3' 端有 7～8 个碱基相同，在病毒基因组复制和翻译过程中发挥重要作用。

PEDV 的很多特征与冠状病毒科的其他病毒非常相似。用病毒中和实验、免疫荧光技术都可以证明 PEDV 在抗原上与猪的其他冠状病毒（如 TGEV）无相同的抗原。至今，尚未发现 PEDV 有不同的血清型。

由于在细胞培养液中加入小牛血清会抑制 PEDV 与细胞膜受体的结合，所以 PEDV 的细胞培养很长一段时间内未获成功。1982 年长春兽医大学用吉林分离毒株在胎猪肠组织原代单层细胞中培养获得成功，这在国内外尚属首次。瑞典 Hoffman 等（1998）首次在 Vero 传代细胞培养液中加入胰酶，连续传 5 代出现细胞病变。我国李树根等（1991）报道，在 Vero 传代细胞培养液中加入胰酶，PEDV 在 Vero 细胞上一代即可产生细胞病变，已适应 Vero 细胞的 PEDV 可转入 PK 和 ST 细胞增殖，并可产生细胞病变。此后，何孔旺等亦报道成功进行了 PEDV 的细胞培养。这对 PEDV 血清学、病原学、免疫学等方面的研究提供了一个良好的条件。

PEDV 不凝集家兔、猪、鼠、犬、马、雏鸡、山羊、绵羊、母牛和人的红细胞。对外界的抵抗力弱，对乙醚、氯仿敏感，一般的消毒药可将其杀死。病毒在 60℃ 30min 可失去感染力，但在 50℃ 条件下相对稳定，在 4℃、pH5.0～9.0 或在 37℃、pH6.5～7.5 时稳定。

二、流行病学

各种年龄猪对病毒都很敏感，都能感染发病。

病猪是主要的传染源，在肠绒毛上皮和肠系膜淋巴结内存在的病毒，随粪便排出，污染周围环境和饲养用具，散播传染。

本病主要经消化道传染，但有人报道本病还可经呼吸道传染，并可由呼吸道分泌物排出病毒，病毒多经发病猪的粪便排出，运输车辆、饲养员的鞋子或其他带毒的动物，都可以作为传播媒介。

1971 年英国首次报道了本病，之后比利时、德国、加拿大、匈牙利、法国、日本、保加利亚等国报道有该病发生，现已成为重要的猪病毒性腹泻病之一。目前该病在世界范围内广泛流行，但其流行情况不尽相同。欧洲对此病的报告现在主要集中在断奶猪或架子猪的顽固性、重复性水样腹泻，并可造成生长迟滞，但死亡较少。在亚洲，不同于与欧洲发病情况的是 PEDV 引起的腹泻致死率更为严重，且在临床上与典型的急性猪传染性胃肠炎极为相似，造成的经济损失非常严重。自 20 世纪 90 年代以来，猪流行性腹泻已成为具有重要经济意义的肠道疾病。虽然亚洲的病毒分离株与欧洲的病原没有区别，但是从其急性和严重的临床表现来看，发病与欧洲 70 年代的情景相仿，仍然呈典型暴发，所有年龄的猪，包括母猪均发生水泻。新生仔猪因水泻和脱水而死亡，死亡率为 50%~95%。例如，在韩国，该病呈全国性流行，几乎全年都可发生，但常发于寒冷季节。日本在 1993—1994 年间以及在 1996 年报告了若干次发病，分别有 14 000 和 39 000 头新生仔猪死亡。在 1996 年冬天，日本 9 个县 108 个哺乳仔猪和育肥猪场发生 PED，哺乳仔猪腹泻，死亡率高。在暴发期间，成年猪只表现为一过性食欲下降，泌乳减少。从最近在韩国和印度进行的血清学调查结果来看，猪流行性腹泻在这些国家也正成为地方性流行病，印度 2~6 月龄仔猪中平均 21.2% 为阳性，韩国则 45% 为阳性。

我国于 1980 年首次分离到 PEDV，以后许多地区均有 PED 发生的报道。而且近年来 PED 在我国流行范围逐渐扩大。杨群等应用多重 RT-PCR 对来自 10 省市的 158 份临床猪粪样的检测结果表明：我国很多猪场普遍存在 TGEV 和 PEDV，尤其以 PEDV 感染更为严重，感染率达 53.2%。但双重感染率较低，仅为 4.4%。于晓龙用 RT-PCR 的方法对 113 份疑似病料进行了检测，PEDV 阳性率为 33.6%，其中 32 份样品表现为猪传染性胃肠炎病毒与猪流行性腹泻病毒混合感染，占样品总数的 29.2%。2010 年冬季至 2011 年夏季期间，我国河南、山东等多个省份暴发了极为严重的仔猪死亡疫情，经中国农业大学、中国动物卫生与流行病学中心等单位检测发现，病原仍主要是 PEDV，并伴有 TGEV 等的感染。

三、临床症状

猪流行性腹泻引起各年龄猪的水样腹泻，新生仔猪的死亡率很高，10 日龄内哺乳仔猪症状明显。发病后一般先呕吐，后腹泻，迅速脱水，皮肤发绀，停止吃乳，12~24h 死亡。腹泻开始时排黄色黏稠便，以后迅速变成水样便并混杂有黄白色的凝乳块，腹泻最严重时几乎全部为水分，死亡率极高，可达 50%~100%。成年猪仅见呕吐和厌食，以后恢复正常。少数生长发育不良哺乳仔猪、架子猪和育肥猪发病率可达 100%，表现为精神委顿、厌食和持续 1 周的腹泻。如果没有继发其他疾病且护理得当，猪很少会发生死亡，但较大日龄的青年猪或育肥猪可能出现急性死亡。

四、病理变化

病死仔猪尸体消瘦脱水，皮下干燥，胃内有多量黄白色的乳凝块，小肠病变具有特征性，通常肠管膨胀扩张、充满黄色液体、肠壁变薄、肠系膜充血、个别小肠黏膜有出血点，肠系膜淋巴结水肿。镜下小肠绒毛变性，呈坏死性变化，致使小肠绒毛显著萎缩，甚至消失。其他实质性器官无明显病理变化。

五、诊断

(一) 临床诊断

PED、猪传染性胃肠炎（TGE）及猪轮状病毒性腹泻（PRD）的临床症状、流行病学、病理变化等无明显差异。如需确诊，应结合实验室诊断结果。

（二）病原学诊断

1. 免疫电镜法（IEM） 由于 PEDV 与 TGEV 同属冠状病毒，形状非常相似，在普通电镜下无法区别，因此需用免疫电镜（IEM）法。IEM 法既可用已知的 PEDV 高免血清检测未知抗原，又可用已知的 PEDV 抗原检测未知抗体。土继科等把抗原和抗体分别经 10 000g 离心、免疫复合物又经 12 000g 离心、最后在电镜下直接观察典型的病毒粒子形成的免疫复合物，建立了具有三次筛选作用的改良的 IEM 法，具有简便、直观、快速和定性正确等优点。但由于需用电镜设备，该法不适合于大规模诊断和临床诊断。

2. 免疫荧光法（IF） 用直接免疫荧光法（FAT）检测 PEDV 是可靠的特异性诊断方法，目前应用最为广泛。崔现兰等应用 FAT 检查病猪小肠的冷冻切片或小肠抹片，对 PEDV 人工感染仔猪的检出率为 91.4%，电镜观察阳性率为 47.8%，对自然腹泻猪的检出率为 47.8%。应用间接免疫荧光法（IFAT）对 PED 阳性猪血清的检出阳性率为 89%。PED 血清于−20℃冻存 10 个月，未见效价下降。

3. 分子生物学诊断 Ishikawa 等根据 S 基因序列设计了一对可扩增目的片段 854bp 的引物，成功地建立了诊断 PEDV 的 RT−PCR 法，可进行细胞毒和粪便毒的检测，灵敏度可达 $100TCID_{50}/mL$，并可在 8h 内测出。Kubota 等根据 N 基因序列设计了一对可扩增目的片段 540bp 的引物，成功地建立了诊断 PEDV 的 RT−PCR 法，可进行细胞毒和粪便毒的检测。此法敏感性和特异性都很好，但只适合于实验室诊断。

（三）血清学诊断

1. 间接血凝试验（IHA） 朱维正等用细胞培养的 PED 病毒致敏醛化鞣酸化红细胞，建立了 IHA 诊断 PED 法，并用 IFAT 法进行了比较，检测了病愈后 20d 至 2 个月以上的 93 份猪血清，两者的阳性检出率分别为 50.43% 和 89.25%。不过，IHA 法没有 IFAT 法敏感。

2. ELISA ELISA 法最大的优点是可从粪便中直接检查 PEDV 抗原，目前应用也较为广泛。朱维正等应用双抗体 ELISA 从病猪粪便中直接检测 PED 病毒抗原，当病猪一出现腹泻，即可采便检查，即使痊愈不久的病猪，仍可用本法检出。该法与电镜检查的阳性符合率为 97.37%，阴性符合率为 100%。于强等将 PEDV 吉株的猪胎肠单层细胞培养物用冻融法制备抗原，建立了 ELISA 间接法检测 PED 抗体的方法。对 30 份直接免疫荧光证实的 PED 病猪群血清测定，97% 为阳性，并证实包被板于−20℃可保存 2 个月。

（四）诊断解析

OIE 还没有把 PED 作为与贸易相关的重要疫病，我国已发布了《猪流行性腹泻诊断技术》（NY/T 544—2002）的农业行业标准。该标准规定了猪流行性腹泻的病毒分离鉴定与检测病毒抗原的直接免疫荧光法、双抗体夹心酶联免疫吸附试验（ELISA），检测抗体的血清中和试验、间接 ELISA 试验技术。这些诊断方法可用于猪流行性腹泻的诊断、产地检疫及流行病学调查等。随着诊断要求的提高，聚合酶链式反应在病原的诊断中应用得越来越广泛，PEDV 的聚合酶链式反应试验的行业标准也在制定中。

目前已经有商品化的抗原捕获 ELISA 试剂盒、猪流行性腹泻病毒 RT−PCR 检测试剂盒和抗体 ELISA 检测试剂盒。

六、防治

一般性的防治包括对症疗法和隔离消毒等防治措施，特异性防治可用疫苗、抗血清等方法。

1. 一般预防措施　平时要加强管理和卫生防疫工作，防止本病传入。禁止从疫区购入仔猪，防止家养动物流入猪场，严格执行消毒卫生管理制度。一旦发生本病，应立即封锁，限制人员参观，严格消毒猪舍、用具、车轮和通道。

2. 免疫预防　PED疫苗已有组织灭活苗、细胞灭活苗和细胞弱毒苗。

组织灭活苗：由于组织灭活苗效果很好，目前应用最为广泛。哈兽研、江苏农科院牧医所和上海农科院牧医所都有中试产品。王明等用PED沪株研制氢氧化铝灭活苗接种后海穴。以0.1mL/头主动免疫3日龄仔猪，保护率为77.28%；以0.5mL/头主动免疫接种3～22日龄猪，保护率为85%；以5mL/头被动免疫妊娠母猪，其所产3日龄仔猪的保护率为97.06%。接种疫苗后14d开始产生免疫力，免疫期可达6个月。

细胞灭活苗：细胞灭活苗制备方便，应用也越来越广泛。马思奇等研制的氢氧化铝细胞灭活疫苗的主、被动免疫试验的保护率为88.9%及90.7%，并研制了猪传染性胃肠炎病毒与猪流行性腹泻二联氢氧化铝细胞灭活疫苗，灭活前毒价均为$10^{7.0}$～$10^{7.5}$ TCID$_{50}$/0.3mL，主动免疫保护率为TGE 100%，PED 92.0%，被动免疫保护率为TGE 87.9%，PED 82.4%，免疫期6个月。疫苗保存期一年，田间试验保护率92.0%～96.4%。

细胞弱毒苗：由于灭活苗产生完全免疫力需要两周，剂量偏大，不利于紧急预防与降低疫苗费用，所以研究者又研制了细胞弱毒苗，这是今后的发展方向。国内终有恩等用CV777强毒株适应Vero细胞系，并在83代后适应了仔猪肾原代细胞。以104～124代的5批次主动免疫试验的总保护率为95.9%，以106～139代的8批次被动免疫试验的总保护率为96.2%。在与TGE弱毒组合制备的二联弱毒苗的初步田间试验中取得良好效果。国外Kweon等用分离到的野毒株KPEDV-9适应Vero细胞并连续传至93代，进行主动免疫试验和被动免疫试验以及安全性试验，都证实了该苗已可作为弱毒苗使用。

3. 治疗　本病应用抗生素治疗无效，但抗生素可用于治疗继发感染。可以采取对症治疗，减少仔猪死亡率，如口服补液盐溶液、注射阿托品等缓解肠道蠕动等。

第十三节　猪传染性胃肠炎

猪传染性胃肠炎（Transmissible gastroenferitis，TGE）又称幼猪胃肠炎，是由猪传染性胃肠炎病毒（Transmissible gastroenferitis virus，TGEV）引起的猪的一种具有高度接触性、传染性的肠道传染病。临床上以呕吐、水样腹泻和脱水为特征。不同年龄和品种的猪都易感，一周龄以内仔猪死亡率极高，可达100%。随着日龄的增大，死亡率逐渐下降，但可引起生长缓慢，造成的经济损失十分巨大。OIE将其列为B类疾病，我国列为三类动物疫病。

一、病原学

猪传染性胃肠炎病毒是套式病毒目（Nidovirales）冠状病毒科（Coronaviridae）甲型冠状病毒属（*Alphacoronavirus*）成员。病毒粒子呈圆形或椭圆形，直径为 80～120nm，有双层膜，外膜上覆有花瓣状纤突，纤突长约 18～24nm，其末端呈球状，直径约 10nm。病毒粒子以磷钨酸负染后，可见到一个电子透明中心或没有特征的核心。

TGEV 是单股正链 RNA 病毒，基因组不分节段，长约 28.5kb，与核蛋白结合，具有感染性。共编码 8 个开放阅读框（ORF），其结构顺序为 5'-1a-1b-S-3a-Sm-M-N-7-3'，主要有 S、M、N、SM 4 种结构蛋白，是构成病毒不可缺少的成分；另有 3 种非结构蛋白（ORF1、ORF 3 和 ORF 7 的编码产物），其中 ORF1 占整个基因组的 2/3（约 20kb），编码病毒复制酶，ORF 3 和 ORF 7 的功能尚不清楚。

病毒主要存在于十二指肠、空肠及回肠的黏膜，在鼻腔、气管、肺的黏膜、扁桃体、颌下淋巴结、肠系膜淋巴结等处均能检测到病毒。人工感染发现，除上述组织外，病毒在肺、肝、脾、肾、脑以及血液中都有分布。病毒可在猪的肾细胞、甲状腺细胞、唾液腺细胞、睾丸细胞、犬和猫的肾细胞中进行增殖，但以甲状腺细胞最敏感，接种 TGEV 后 24h 即可出现典型细胞病变。近年来研究发现，ST 和 PK-15 细胞也可用来培养 TGEV。研究表明，TGEV 感染细胞 4～5h 就可通过免疫荧光试验检测到病毒抗原。TGEV 主要侵染小肠绒毛上皮细胞，引起小肠绒毛萎缩，最终导致病猪发生严重腹泻。

目前全球各地分离到的 TGEV 均属同一个血清型。该病毒在抗原性上与猪呼吸道冠状病毒（PRCV）、猫传染性腹膜炎病毒和犬冠状病毒有一定相关性，特别是 TGEV 与 PRCV 的核苷酸和氨基酸序列有 96% 的同源性，并已证明 PRCV 是由 TGEV 突变而来，但与人的传染性非典型性肺炎（SARS）冠状病毒无抗原交叉。

病毒对乙醚、氯仿、次氯酸盐、氢氧化钠、甲醛、碘、碳酸以及季铵化合物等敏感，不耐光照，粪便中的病毒在阳光下 6h 失去活性，病毒细胞培养物在紫外线照射下 30min 即可灭活。病毒对胆汁有抵抗力，耐酸，弱毒株在 pH3 时活力不减，强毒株在 pH2 时仍然相当稳定，在经过乳酸发酵的肉制品里病毒仍能存活。TGEV 不能在腐败的组织中存活。病毒对热敏感，56℃30min 能很快灭活，37℃ 4d 丧失毒力，但在低温下能长期保存，液氮中存放 3 年毒力无明显下降。

二、流行病学

1933 年起，美国就有本病的记载，此后该病在美国广泛流行。1946 年 Doyle 等确定本病的病原体为病毒，并作了比较详细的报道。1956 年日本、1957 年英国相继发生本病，此后法国、荷兰、德国、匈牙利、意大利、波兰、前苏联、罗马尼亚、比利时、南斯拉夫、我国台湾省、马来西亚和加拿大相继报道了本病。从 20 世纪 50 年代末期起，我国就有关于本病的记载及报道。目前，尚未见到哪个国家有消灭本病的报道。

各年龄的猪均可感染发病，但症状轻微，并可自然康复。10 日龄以下的哺乳仔猪发病率和死亡率最高，随年龄的增大，死亡率稳步下降。其他动物对本病无易感性，犬、猫、狐狸等可带毒排毒，但不发病。该病主要以暴发性和地方流行性两种形式发生。在新疫区呈流行性发生，且传播迅速，几乎全部猪均可感染发病；在老疫区则呈地方流行性或间歇性发生。由于经常产仔和不断补充易感猪发病，本病在猪群中常在。猪场中曾经感染过 TGEV 的母猪一般不会重复感染。

病猪和带毒猪是本病的主要传染来源。该病在猪舍密闭、湿度大、猪只集中的养殖场传播迅速。病毒存在于病猪和带毒猪的粪便、乳汁和鼻分泌物中，病猪康复后可长时间带毒，有的带毒长达 10 周。病毒可通过猪的直接接触传播。母猪乳汁可以排毒，并通过乳汁传播给哺乳仔猪，也可以通过呼吸道传播。粪便带有病毒，可经口、鼻感染传播。

TGE 的发生和流行具有明显季节性，多发生于冬季和春季，发病高峰为 1~2 月。2005—2007 年，中国农业科学院哈尔滨兽医研究所对猪的几种腹泻病进行 RT－PCR 检测，结果显示，导致猪腹泻的主要病毒有 PEDV、PoRV 和 TGEV 3 种，其中，PEDV 病例占 46%，PoRV 病例占 8%、TGEV 病例占 15%，3 种病毒混合感染的病例占 31%。

三、临床症状

本病的潜伏期随病毒的毒力而异，一般在 18h 至 3d 左右，仔猪的潜伏期 0.5~1d。该病传播速度极快，数日内即可传遍全场。典型症状是病猪突然发生一过性呕吐，伴有或很快出现激烈水样腹泻。粪便物通常呈黄绿色，有时呈浅黄色，内含凝乳块。病猪体温短期升高，产生极度渴感，明显脱水、体重迅速下降，常在发病后 1~5d 内死亡。7 日龄内的仔猪死亡率很高，日龄越大死亡率越低。病愈仔猪在一段时间内生长发育不良，影响增重。架子猪、肥猪和成猪的潜伏期 1~4d，症状常限于 1 至数日内厌食，剧烈腹泻和体重迅速减轻。少数猪有呕吐，一般经过 5~7d 复愈，发生死亡常与并发症有关。妊娠母猪产仔前发病较少，多在产仔后数日内母子几乎同时发病。母猪先发病，仔猪迅即感染发病；母猪泌乳大减或停止，仔猪症状急速加剧，短期内死亡。如仔猪先感染发病，后传染给母猪，则需经 4~7d 母猪才发病，泌乳停止，仔猪病程则较长。部分母猪、仔猪发病后本身不表现症状。

四、病理变化

尸体脱水明显，最常见的肉眼病变是胃肠卡他性炎症。黏膜下有不同程度的出血斑，胃内充满白色较干凝乳块，胃底部黏膜轻度充血，肠内充满浅黄色或半液状至液状物。肠壁变薄，缺乏弹性，以致肠管扩张，呈半透明状。肠系膜血管充血，扩张，淋巴结肿胀，肠滤泡肿大，黏膜上皮细胞变性、脱落。小肠（特别是空肠或回肠）绒毛的萎缩变短是本病的特征性病变。健康仔猪的绒毛长度与肠腺的比例是 7∶1，而感染本病（4~5d 之内）的仔猪绒毛萎缩后显著变短，与肠腺的比例几乎是 1∶1，据此可对本病作出简单快速的初步诊断。观察方法也很简单，将小段空肠纵向切开，用水冲洗 2~3 次，置盛有清水或 PBS 液的器皿中，使组织淹没于水中，用高倍放大镜或用放大 5~10 倍的解剖显微镜观察绒毛变化，可清楚地辨认。

五、诊断

实验室的诊断主要通过从疑似病料中检出病毒、病毒抗原或者病毒核酸来确定，也可以通过捡出病毒的特异性体液抗体而确定。

（一）临床诊断

潜伏期很短，猪群突然发生一过性呕吐，伴有或很快出现激烈水样腹泻。粪便通常呈黄绿色，有时呈浅黄色，内含凝乳块。病猪体温短期升高，有极度渴感，明显脱水、体重迅速下降。7日龄内的仔猪死亡率很高，日龄越大死亡率越低。妊娠母猪产仔前发病较少，多在产仔后数日内母子几乎同时发病，母猪先发病，仔猪迅即感染发病，母猪泌乳大减或停止，仔猪症状急速加剧，短期内死亡。

（二）病原学诊断

可通过组织培养法分离病毒、电镜观察和各种免疫诊断方法以及近来经常采用的病毒特异性 RNA 检测来鉴定。而应用最为广泛的快速鉴定方法可能是免疫学诊断方法，特别是对粪便进行酶联免疫吸附试验（ELISA）和小肠冰冻切片的荧光抗体试验（FAT）。病原也可以用间接血凝试验来检测。另一种猪的肠道病毒性疾病，猪流行性腹泻（PED），是由一种血清学不同的冠状病毒引起的，这种病毒在电子显微镜下的形态与 TGEV 相同，但是免疫电镜可以将其区分开来。

1. 病毒分离 将采集的小段空肠剪碎，将肠道与肠内容物用青霉素（10 000IU）、链霉素（10 000μg/mL）PBS 液制成 5 倍悬液，在 4℃条件下 3 000r/min 离心 30min，取上清液，经 0.22μm 微孔滤膜过滤。将过滤液（按病毒培养液 10%的量）接种 PK15 细胞单层上，在 37℃吸附 1h 后补加病毒培养液，逐日观察细胞病变（CPE），连续观察 3～4d，按 CPE 变化情况可盲传 2～3 代。CPE 的特点：细胞颗粒增多，圆缩，呈小堆状或葡萄串样均匀分布，细胞破损，脱落。

2. 直接免疫荧光法

（1）设备 荧光显微镜、冰冻切片机、载玻片、滴管、温箱等。

（2）荧光抗体（FA）。

（3）磷酸盐缓冲液、0.1%伊文思蓝原液、磷酸盐缓冲甘油。

（4）样品组织标本 从急性病例的空肠（中段）、扁桃体、肠系膜淋巴结任选一种组织；慢性、隐性感染病例采取扁桃体。

（5）操作方法

标本片的制备：将组织样本制成 4～7μm 冰冻切片。或将组织标本制成涂片：扁桃体、肠系膜淋巴结用其横断面涂片；空肠则刮取黏膜面做压片。标本片制好后，风干，于丙酮中固定 15min，再置于 PBS 中浸泡 10～15min，风干。

细胞培养盖玻片：将接毒 24～48h 的细胞制成的盖玻片及阳性、阴性对照片在 PBS 中洗三次。

染色：用 2/10 000 伊文思蓝液将 FA 稀释至工作浓度（1∶8 以上合格），4 000r/min 离心 10min，取上清滴于标本上。37℃恒温恒湿染色 30min，取出后用 PBS 冲洗三次，依次为 3、4、5min，风干。

固定：滴加磷酸盐缓冲甘油，用盖玻片封固，尽快做荧光显微镜检查。如当日检查不完则将荧光片置 4℃冰箱中，48h 内检查完。

结果判定：被检标本的细胞结构应完整清晰，在阳性、阴性对照片成立时判定，细胞核暗黑色，胞浆呈苹果绿色判为阳性，所有细胞质中无特异性荧光判定为阴性。

按荧光强度划为 4 级：

强阳性（＋＋＋＋）：胞浆内可见闪亮的苹果绿色荧光。

阳性（＋＋＋）：胞浆内为明亮的苹果绿色荧光。

阳性（＋＋）：胞浆内呈一般苹果绿色荧光。

弱阳性（＋）：胞浆内可见微弱荧光，但清晰可见。

阴性（－）：无特异性荧光，细胞质被伊文思蓝染成红色，胞核黑红色。

3. 分子生物学诊断　根据 S 基因序列设计特异性引物，建立诊断 TGEV 的 RT-PCR 法，可进行细胞毒和粪便样品的检测，一般能在 4～6h 内出结果。此法敏感性和特异性都很好，但只适合于实验室诊断。

（三）血清学诊断

应用最广泛的有血清学中和试验和 ELISA，只有后者才能把 TGEV 和 PRCV 区别开来，因为两者的抗体存在完全的中和交叉反应。另外，间接血凝试验和血凝抑制试验也可用于 TGE 的血清学诊断。

1. 双抗体夹心 ELISA

器材：定量加液器、微量吸液器及配套吸头、96 孔聚乙烯微量反应板、酶标测试仪。猪抗 TGE-lgG 及猪抗 TGE-lgG-HRP。

溶液：洗液、包被稀释液、样品稀释液、酶标抗体稀释液、底物溶液、终止液。

待检样品：取发病猪粪便或仔猪肠内容物，用生理盐水 1∶5 稀释，3 000r/min 离心 20min，取上清液，分装，－20℃保存备用。

操作方法：

冲洗包被板　向各孔注入洗液，浸泡 3min，甩干，再注入洗液，重复三次。甩干孔内残液，在滤纸上吸干。

包被抗体　用包被稀释液稀释猪抗 TGE-lgG 至使用倍数，每孔加 100μL，置 4℃过夜，弃液，冲洗同上。

加样品　将制备的被检样品用样品稀释液做 5 倍稀释，加入两个孔，每孔 100μL，每块反应板设阴性抗原、阳性抗原及稀释液对照各两孔，置 37℃作用 2h，弃液，冲洗同上。

加酶标抗体　每孔加 100μL 经酶标抗体稀释至使用浓度的猪抗 TGE-lgG-HRP，置 37℃ 2h，冲洗同上。

加底物溶液　每孔加入新配制的底物溶液 100μL，置 37℃ 30min。

终止反应　每孔加终止液 50μL，置室温 15min。

结果判定：用酶标测试仪在波长 492nm 测定 OD 值，阴性抗原对照两孔平均 OD 值≤0.2，阳性抗原对照两孔平均 OD 值>0.8（参考值）为正常反应。按以下两个条件判定结果：P/N 值≥2，且被检抗原两孔平均 OD≥0.2 判为阳性，否则为阴性。

2. 血清中和试验

器材：单通道、8 通道微量吸液器及配套吸头、96 孔聚乙烯微量平底反应板、二氧化碳培养箱或温箱、倒置显微镜、微量振荡器及小培养瓶等。

细胞：原代仔猪肾细胞或 PK15、ST 细胞系。

病毒抗原和标准阴、阳性血清：暂由标准起草单位供应。

指示毒毒价测定后立即小量分装，置-30℃冻存，避免反复冻融，使用剂量为500～1 000TCID$_{50}$。

样品：被检血清，相同头份的健康（或病初）猪血清和康复三周后的猪血清（双份）。单份血清也可以进行检测，被检样品需56℃水浴灭活30min。

溶液：稀释液、细胞培养液、病毒培养液、HEPES液。

操作方法（96孔板）：用稀释液倍比稀释血清，每个稀释度加4孔，每孔50μL。再分别加入50μL工作浓度的指示毒，经微量振荡1～2min，置37℃中和1h后，每孔加入细胞悬液100μL（15万～20万个细胞/mL）。微量板置37℃二氧化碳培养箱或用胶带封口置37℃温箱培养，72～96h判定结果，对照组设置同常量法。

结果判定：在对照系统成立时（病毒抗原及阴性血清对照组均出现CPE，阳性血清及细胞对照组均无CPE），以能保护半数接种细胞不出现细胞病变的血清稀释度作为终点，并以抑制细胞病变的最高血清稀释度的倒数来表示中和抗体滴度。

发病后3周以上的康复血清抗体滴度是健康（或病初）抗体滴度的4倍，或单份血清的中和抗体滴度达1∶8或以上，则判为阳性。

3. 间接ELISA

器材：定量加液器、微量吸液器及配套吸头、96孔聚乙烯微量反应板、酶标测试仪等。

抗原和酶标抗体。

溶液：磷酸缓冲液、洗液、包被稀释液、样品稀释液、酶标抗体稀释液、底物溶液及终止液。

操作方法：

冲洗包被板　向各孔注入洗液，浸泡3min，甩干孔内残液，在滤纸上吸干，重复3次。

抗原包被　用包被稀释液稀释抗原至使用浓度，包被量为每孔100μL，置4℃冰箱湿盒内24h，弃掉包被液，用洗液冲洗3次，每次3min。

加被检血清及对照血清　将每份被检血清样品用血清稀释液做1∶100稀释，加入2个孔，每孔100μL，每块反应板设阳性血清、阴性血清及稀释液对照各2孔，每孔100μL。盖好包被板置37℃湿盒1h，冲洗同上。

加酶标抗体　用酶标抗体稀释液将酶标抗体稀释至使用浓度，每孔加100μL，置37℃湿盒内1h，冲洗同上。

加底物溶液　每孔加新配制的底物溶液100μL，在室温下避光反应5～10min。

终止反应　每孔加终止液50μL。

结果判定：用酶标测试仪，在波长492nm下，测定各孔OD值，阳性血清对照两孔平均OD值＞0.7（参考值），阴性血清对照两孔平均OD值≤0.183为正常反应。按以下标准判定结果：OD值≥0.2为阳性；OD值＜0.183为阴性；OD值在0.183～0.2之间疑似。对疑似样品可复检一次，如仍为疑似范围，则看P/N值，P/N≥2判为阳性，＜2判为阴性。

(四) 诊断解析

病毒分离鉴定、直接免疫荧光法及双抗体夹心 ELISA 用于病毒分离及病毒抗原检测，血清中和试验及间接 ELISA 试验用于血清抗体检测，后两种诊断方法是世界动物卫生组织规定的国际贸易动物疫病诊断试验检测 TGE 的方法。我国已经发布了《猪传染性胃肠炎诊断技术》(NY/T 548—2002)。该标准已于 2011 年重新立项修订，目前还没有颁布。分子生物学诊断技术等实验室诊断方法适用于对猪传染性胃肠炎的临床诊断、产地检疫、口岸进出口检疫及流行病学调查等。

目前已经有商品化的抗原捕获 ELISA 试剂盒、猪传染性胃肠炎病毒 RT‑PCR 检测试剂盒和抗体 ELISA 检测试剂盒。

六、防治

1. 免疫预防　接种疫苗是最有效的手段。目前我国已研制成功预防猪传染性胃肠炎弱毒疫苗、猪流行性腹泻灭活苗及猪传染性胃肠炎与猪流行性腹泻二联灭活苗及弱毒苗，可按猪群情况选择使用。一般建议在 9 月接种一次，10 月加强一次，然后第二年的 1 月再做一次。仔猪也是从 9 月开始接种，一般在 3 周龄左右接种一次。

2. 加强饲养管理，增强抗病力　经常保持圈舍和周围环境清洁卫生，健全猪场生物安全管理措施，定期消毒制度，实行全进全出、分点饲养的方法，严禁从疫区进猪，寒冷季节注意保暖。

3. 紧急处置　猪场一旦发病，要立即采取果断措施：紧急消毒、紧急免疫接种，并进行必要的对症治疗。具体措施如下：

(1) 对猪舍、养殖场周围环境、用具等进行全面、彻底的清扫和消毒。

(2) 隔离发病猪并进行对症治疗，补充电解质、补液盐以减轻脱水和酸中毒，口服磺胺、呋喃西林、高锰酸钾等防止继发感染，用微生态制剂调节肠道菌群，也可以使用一些中草药抗病毒制剂。有条件的猪场也可以紧急注射抗血清，以便及时控制病情。

(3) 对未发病猪紧急接种猪传染性胃肠炎和猪流行性腹泻二联灭活疫苗。

(4) 对失去治疗价值的病猪、死猪应及时进行无害化处理，对被污染的圈舍、场地等实施严格的消毒，防止疫情散播。

第十四节　猪乙型脑炎

本病应称日本脑炎 (Japanese encephalitis)，又称为流行性乙型脑炎，是由日本脑炎病毒 (Japanese encephalitis virus, JEV) 引起的一种人畜共患传染病。在人和马呈现脑炎症状，主要引起母猪流产、死胎和公猪睾丸炎，其他家畜和家禽大多呈隐性感染。本病具有明显的季节性。

一、病原学

日本脑炎病毒 (Japanese encephalitis virus, JEV) 属黄病毒科 (Flaviviridae) 黄病毒属 (*Flavivirus*) 日本脑炎病毒群 (Japanese encephalitis virus group) 成员。黄病毒属

成员多为人畜共患病原，按基因组及中和表位可分为蚊媒脑炎病毒、蜱媒病毒等8个病毒群。JEV、圣路易脑炎病毒、墨累河谷脑炎病毒和西尼罗河病毒同属蚊媒脑炎病毒群，病毒须经蚊—脊椎动物—蚊循环才能得到传代，三带喙库蚊是主要的传播媒介。JEV在动物血液中繁殖，并引起病毒血症。

病毒粒子呈球形，核衣壳呈20面体对称。外被类脂囊膜，表面有糖蛋白纤突，具有血凝活性，能凝集鹅、鸽、绵羊和雏鸡的红细胞。但不同毒株的血凝滴度有明显差异，血凝活性的最适pH范围是6.4～6.8。JEV只有一个血清型。

病毒的基因组为单股正链RNA，其基因组结构为5'-C-PrM-E-NS1-NS2A-NS2B-NS3-NS4A-NS4B-NS5-3'。基因组全长约11kb，包括3种结构蛋白基因，7种非结构蛋白基因和2个非翻译区。目前发现JEV的囊膜蛋白基因（E基因）能更好地代表JEV全基因而进行进化树分析（遗传演化分析），按照病毒E基因进化树分析结果可将JEV分为5个基因型。但现有研究发现JEV的抗原性十分稳定，尚未发现在免疫原性方面有不同的型或亚型。

JEV能在动物、鸡胚及细胞培养中生长繁殖。最常用的实验动物是小鼠，日龄越小越易感。乳鼠极易感，脑内接种72h即可引起脑炎而死亡。此外，病毒也能在多种细胞中进行增殖，如鸡胚成纤维细胞，猪、羊、猴或仓鼠肾原代细胞和细胞系，白纹伊蚊细胞等。病毒能致BHK-21、猪肾原代细胞和VERO细胞产生典型的细胞病变，这三种细胞和鼠脑是国内外用于增殖JEV的主要细胞和组织。

本病毒在外环境中不稳定。病毒的最佳pH为7.4，耐受范围是5.0～10.0；易被常用消毒药灭活，如2%NaOH或3%来苏儿；对乙醚、氯仿和脱氧胆酸钠敏感，也对蛋白水解酶和脂肪水解酶敏感。56℃ 30min、100℃ 2min病毒即被灭活；病毒颗粒经蛋白酶处理后即灭活，且丧失血凝活性；病毒-20℃可保存一年，但毒价降低，在50%甘油生理盐水中于4℃可存活6个月。

二、流行病学

本病在东亚、东南亚和南亚各国广泛存在，已传至印度、东印度尼西亚群岛、新几内亚和北澳大利亚等南太平洋地区。在热带地区，本病全年均可发生。本病在亚热带和温带地区有明显的季节性，主要在夏季至初秋的7～9月流行，这与蚊的生态学有密切关系。

多种动物和人感染本病后都可成为其传染源。调查发现，在本病流行地区，畜禽的隐性感染率均很高。国内很多地区的猪、马、牛等的血清抗体阳性率在90%以上，特别是猪的感染最为普遍。猪感染后出现病毒血症的时间较长，血中的病毒含量较高，媒介蚊又嗜其血，而且猪的饲养数量大，更新快，容易通过猪—蚊—猪等的循环，扩大病毒的传播，所以猪是本病毒的主要增殖宿主和传染源。其他温血动物虽能感染本病毒，但随着血中抗体的产生，病毒很快消失，作为传染源的作用较少。

本病主要通过带病毒的蚊虫叮咬而传播。三带喙库蚊是优势蚊种之一，嗜吸畜（猪、牛、马）血和人血，感染阈低（小剂量即能感染），传染性强。病毒能在蚊体内繁殖和越冬，且可经卵传至后代，带毒越冬蚊能成为次年感染人畜的传染源，因此蚊不仅是传播媒介，也是病毒的贮存宿主。某些带毒的野鸟在传播本病方面的作用亦不应忽视。

猪不分品种和性别均易感，发病年龄多与性成熟期相吻合。本病在猪群中的流行特征是感染率高，发病率低，绝大多数在病愈后不再复发，成为带毒猪。但在新疫区常可见到猪、马集中发生和流行。人的病例多见于 10 岁以下的儿童，尤以 3～6 岁发病率最高。

三、临床症状

人工感染潜伏期一般为 3～4d。常突然发病，体温升高达 40～41℃，呈稽留热，精神沉郁、嗜睡，食欲减退，饮欲增加，粪便干燥呈球状，表面常附有灰白色黏液，尿呈深黄色。有的猪后肢轻度麻痹，步态不稳，也有后肢关节肿胀疼痛而跛行。个别表现明显神经症状，视力障碍，摆头，乱冲乱撞，后肢麻痹，最后倒地不起而死亡。

妊娠母猪常突然发生流产。流产前除有轻度减食或发热外，常不被人们所注意。流产多在妊娠后期发生，流产后症状减轻，体温、食欲恢复正常。少数母猪流产后从阴道流出红褐色乃至灰褐色黏液，胎衣不下。母猪流产后对继续繁殖无影响。

流产胎儿多为死胎或木乃伊胎，或濒于死亡。死胎或是产后死亡的主要是脑发育不全者，打开大脑，会发现颅内有大量的积水，脑组织没有充满整个颅腔。部分存活仔猪虽然外表正常，但衰弱不能站立，不会吮乳；有的生后出现神经症状，全身痉挛，倒地不起，1～3d 死亡；有些仔猪哺乳期生长良莠不齐，同一窝仔猪有很大差别。

公猪除有上述一般症状外，突出表现是在发热后发生睾丸炎。一侧或两侧睾丸明显肿大，较正常睾丸大半倍到一倍，具有特征性，但须与布鲁氏菌病相区别。患睾阴囊皱褶消失，温热，有痛觉。病猪阴囊皮肤发红，两三天后肿胀消退或恢复正常，或者变小、变硬，丧失制造精子功能。如一侧萎缩，尚能有配种能力。

四、病理变化

猪出生后感染 JEV 尚未发现有病理变化，但妊娠期感染 JEV 后，流产胎儿出现死胎、弱胎，并出现脑积水，皮下水肿，胸膜积水，浆膜有出血点，肝脏、脾脏出现坏死点，脑膜脊椎充血，部分胎儿中枢神经系统发育不良，大脑皮层萎缩。

组织学病变主要在中枢神经系统上，呈典型的非化脓性脑炎病理变化。脑组织及脊椎膜血管扩张充血。血管周围淋巴间隙增宽，出血，有浆液浸出和细胞浸润，浸润细胞以淋巴细胞为主，其次为单核细胞。神经细胞体积增大，变圆。

五、诊断

本病的确诊有赖于从疑似动物中分离病毒。由于病毒分离的成功率很低，所以临床症状、血清学试验和病理学检查均有助于诊断。

（一）临床诊断

本病有严格的季节性，呈散在性发生。多发生于幼龄动物和 10 岁以下的儿童，有明显的脑炎症状。怀孕母猪发生流产，公猪发生睾丸炎。死后取大脑皮质、丘脑和海马角进行组织学检查，发现非化脓性脑炎等，可作为诊断的依据。

（二）病原学诊断

1. 病毒分离　在本病流行初期，采取濒死动物的脑组织或发热期血液，分离方法包括接种乳鼠和细胞培养物，用含有小牛血清（或牛血清白蛋白）及抗生素的缓冲盐水将脑组织制成悬液后，给2～4日龄乳鼠作脑内接种。一旦小鼠在接种后14d内出现神经症状并死亡，则以细胞培养对病毒进行鉴定。鸡胚细胞、猪或仓鼠肾细胞、Vero细胞、MD-BK和蚊子细胞系均可用于病毒分离。

有些细胞培养物会显示细胞病变，但一般不很明显。可通过血清学方法来鉴定小鼠或组织培养物中的病毒。

2. 间接免疫荧光（IFA）鉴定　常采用特异性的 JEV 单克隆抗体或其他黄病毒属病毒单克隆抗体鉴定病毒。

3. 分子生物学诊断　这一方法已非常成熟，国内也有相应的国家标准 GB/T 22333—2008 可供应用。

（三）血清学诊断

1. 常用血清学方法　包括血凝抑制试验、病毒中和试验、补体结合试验以及乳胶凝集试验等。由于这些抗体在病的初期效价较低，且隐性感染或免疫接种过的人、畜血清中都可出现这些抗体，因此均以双份血清抗体效价升高4倍以上作为诊断标准。这些血清学方法只能用于疾病回顾性诊断，调查群体的流行率、地理分布以及免疫抗体水平，无早期诊断价值。其中病毒中和试验的特异性最好，它能鉴别日本脑炎病毒与其他黄病毒感染，最好用蚀斑减数中和试验。具体操作步骤请参考 GB/T 18638—2002《流行性乙型脑炎诊断技术》。

2. 其他方法

2-巯基乙醇（2-ME）法：机体感染本病毒后，特异性 IgM 抗体于病后3～4d 即可产生，2周达高峰，因此确定单份血清中的 IgM 抗体，可以达到早期诊断的目的。检测血清中 IgM 抗体，通常采用2-巯基乙醇（2-ME）法。此法的早期诊断率可达80%以上。

（四）诊断解析

世界动物卫生组织和日本的资料，都采用病毒分离鉴定、免疫荧光试验、血凝抑制试验、补体结合试验、血清中和试验等进行诊断。我国已经颁布一项农业行业标准《日本脑炎病毒抗体间接检测　酶联免疫吸附法》（NY/T 1873—2010）和两项国家标准——《日本乙型脑炎病毒反转录聚合酶链反应试验方法》（GB/T 22333—2008）和《流行性乙型脑炎诊断技术》（GB/T 18638—2002）。比较常用的诊断方法仍是国家标准（GB/T 18638—2002）规定的病毒分离鉴定、血凝抑制试验、补体结合试验，病毒分离鉴定适用于流行性乙型脑炎新疫区的确定和病畜的确诊，间接免疫荧光试验适用于可疑流行性乙型脑炎病毒标本的快速检测和病毒分离株的初步鉴定，补体结合试验适用于流行性乙型脑炎的较早期诊断和流行病学调查。可根据实际需要，任选一种或两种检验方法，以达到准确诊断的目的。

目前已经有商品化的 RT-PCR 检测试剂盒、荧光 RT-PCR 检测试剂盒、乳胶凝集试验试剂盒和猪乙型脑炎抗体 ELISA 检测试剂盒。

六、防治

应从畜群免疫接种、消灭传播媒介和宿主动物的管理三个方面采取措施。

1. 免疫接种 患本病恢复后的动物可获得较长时间的免疫力。为了提高畜群的免疫力，可接种乙脑疫苗。马属动物和猪使用我国研制选育的仓鼠肾细胞培养的弱毒活疫苗（SA14-14-2株），安全有效。预防注射应在当地流行开始前1个月内完成。一般建议母猪群每年的3、9月各接种一次；应用乙脑疫苗，给马、猪进行预防注射，不但可预防流行，还可降低本动物的带毒率，既可控制本病的传染源，也为控制人群中乙脑的流行发挥作用。

2. 消灭传播媒介 杜绝传播媒介以灭蚊防蚊为主，尤其是三带喙库蚊。三带喙库蚊以成虫越冬，越冬后活动时间较其他蚊类晚，主要产卵和孳生地是水田或积聚浅水的地方，此时数量少，孳生范围小，较易控制和消灭。选用有效杀虫剂（如毒死蜱、双硫磷等）进行超低容量喷洒。对猪舍、羊圈等饲养家畜的地方，应定期进行喷药灭蚊。对贵重种用动物畜舍必要时应加防蚊设备。

3. 治疗 本病无特效疗法，应积极采取对症疗法和支持疗法。病畜在发病早期采取降低颅内压、调整大脑机能、解毒为主的综合性治疗措施，同时加强护理，可收到一定的疗效。

第九章　细菌性传染病

第一节　猪链球菌病

猪链球菌病（Swine Streptococcosis）是链球菌属（*Streptococcus*）中马链球菌兽疫亚种（*Streptococcus equi* subsp *equi*）、马链球菌类马亚种（*Streptococcus equi* subsp *equisimilis*）Lancefield 分群中 C、D、E、L 群链球菌以及猪链球菌（*Streptococcus suis*）引致猪疫病的总称。临床上常见的有败血性链球菌病和淋巴结脓肿两种类型。急性病例常为败血症和脑膜炎，由 C 群链球菌引起，发病率和病死率高，危害大；慢性病例则为关节炎、心内膜炎及组织化脓性炎，其中，以 E 群链球菌引起的淋巴脓肿最为常见，流行最广。近年来，多以 R 群的猪链球菌 2 型引起发病为主。2 型猪链球菌不仅可引起猪关节炎、脑膜炎、肺炎、败血症、心内膜炎、脑炎、多浆膜炎、流产及脓肿，在某些特定诱因作用下，发病猪群的死亡率可以达到 80％以上。猪链球菌还可以感染特定人群发病，严重的可导致死亡，是一种重要的人畜共患病病原。

我国于 1991 年在广东省首次证实此病存在。1998—1999 年夏季，猪链球菌在我国江苏省部分地区猪群中暴发流行，并导致特定人群感染致死。2005 年在四川发生链球菌感染人群并致死事件。这些感染猪链球菌的病例均系猪链球菌 2 型所致。我国将该病列为二类动物疫病。

一、病原学

链球菌种类很多，在自然界分布广泛。猪链球菌属于链球菌属中的一类，菌体呈圆形或椭圆形，直径小于 $2.0~\mu m$，一般呈链状或成双排列，但链的长短不一，短者成对，或由 4～8 个菌组成，长者数十个甚至上百个。在固体培养基上常呈短链，在液体培养基中易呈长链。大多数链球菌在幼龄培养物中可见到荚膜，不形成芽孢，多数无鞭毛，革兰氏染色阳性。多数致病菌株具有溶血能力。

本菌为需氧或兼性厌氧菌。多数致病菌的生长要求较高，在普通琼脂上生长不良，在加有血液或血清的培养基中生长良好。在菌落周围形成 α 型（草绿色溶血）或 β 型（完全溶血）溶血环，前者称草绿色链球菌，致病力较低；后者称溶血性链球菌，致病力强，常引起人和动物的多种疾病。本菌的致病因子主要有溶血毒素、红斑毒素、肽聚糖多糖复合物内毒素、透明质酸酶、DNA 酶（有扩散感染作用）和 NAD 酶（有白细胞毒性）等。

引起猪发病的链球菌以 2 型为主。溶菌酶释放蛋白（MRP）和细胞外蛋白因子（EF）是猪链球菌 2 型两种重要的毒力因子。链球菌的抗原构造比较复杂，有核蛋白抗原（P 抗原），无群、型特异性；群特异性抗原（C 抗原），具有群特异性；型特异性抗原，又称表面抗原，具有型特异性。根据 C 抗原不同，用兰氏（Lance field）血清学分类，目前已确定 20 个血清群，从 A～V，缺 I 和 J，常见的为 A～G 群。动物病原菌以 B、C 群较多，人多为 A 群。引起猪链球菌病的病原多为 C 群的兽疫链球菌（*S. zooepidemicus*）和类马链球菌（*S. equisimilis*），D 群的猪链球菌（*S. suis*），以及 E、L、S、R 等群。猪链球菌分为 35 个血清型（1～34、1/2）及相当数量无法定型的菌株，其中 1、2、7、9 型是猪的致病菌，但 2 型最为常见。

猪链球菌 2 型在环境中的抵抗力较强。在经常性污染环境中，可以在粪、灰尘及水中存活较长时间。100℃煮沸水可直接杀灭本菌，60℃水中该菌可存活 10min，50℃条件下可存活 2h；25℃时在灰尘和粪中分别能存活 24h 和 8d，0℃时分别可以存活 1 个月和 3 个月；在 4℃的动物尸体中能存活 6 周，在 22～25℃可存活 12d。但本菌对一般消毒剂敏感，常用的消毒剂和清洁剂能在 1min 内杀死细菌。

二、流行病学

猪链球菌病在世界上分布广泛。最早见于荷兰（1951 年）和英国（1954 年）等报道。此后，猪链球菌病在所有养猪业发达的国家都有报道，目前大约有 22 个国家。我国最早是吴硕显（1949）报道在上海郊区发现本病的散发病例。1963 年广西部分地区开始流行，继之蔓延至广东、四川、福建、安徽、辽宁、吉林等我国大部分省、自治区、直辖市，流行范围大，发病率高。特别是急性败血型和脑膜炎型链球菌病，其病死率较高，据报道可达 78%。1998—1999 年连续 2 年在江苏省南通地区，猪群大面积暴发流行 2 型猪链球菌病，发病猪不分品种、年龄、性别均易感染，发病猪占同群猪的 26.38%，病死率达 47.21%，造成 1.4 万多头猪死亡。另外，在猪发病后，又传染给了人，造成当地 30 多人患病，10 多人死亡。2005 年夏季，四川省多个地区发生 2 型猪链球菌病疫情，造成 500 多头生猪死亡，人感染 200 多例，死亡 30 多例。

随着我国规模化养猪业的发展，猪链球菌病已成为养猪生产中的常见病和多发病，迄今我国已有 13 个省（自治区、直辖市）报道了猪链球菌病，特别是近十多年来，猪链球菌的流行范围扩大，其发病率不断升高，往往成为一些病毒性疾病的继发病。近年来在我国养猪业发达省份如四川、广东、江苏等省份都发生过本病，给我国养殖业造成了很大的经济损失。

链球菌的易感动物较多，猪、马属动物、牛、绵羊、山羊、鸡、兔、水貂以及鱼等均有易感性，但在流行病学上的表现不完全一致。猪链球菌病可发生于各种年龄的猪，与品种和性别无关。常见于断奶前后仔猪，但仔猪多发败血症和脑膜炎，淋巴结脓肿型多发于育肥猪和成年猪。

该病的流行虽无明显季节性，一年四季均可发生，但以 7～10 月，即炎热、潮湿季节较为多发。本病流行大多呈散发和地方性流行，偶有暴发。在养猪场，猪链球菌病已成为一种常见病，经常成为一些病毒性疾病，如猪瘟、猪繁殖与呼吸综合征、猪圆环病毒 2 型感染等的继发病。而且，常与一些疾病如附红细胞体病、巴氏杆菌病、副猪嗜血杆菌病、传染性胸膜肺炎等混合感染。一些诱因如气候的变化、营养不良、卫生条件差、多雨和潮湿、长途运输等均可促使本病的发生。败血型的发病率一般为 30% 左右，有时在某些特定诱因作用下死亡率可达 80% 以上。人感染 2 型链球菌也与职业有密切关系，与猪或猪肉密切接触的人员（如屠宰场工人及饲养员等）较其他人群感染的概率高 1 500 倍。

猪链球菌自然感染部位是猪的上呼吸道（特别是扁桃体和鼻腔）、消化道和生殖道，也可经受损的皮肤及黏膜感染。病猪和带菌猪是该病的主要传染源，其排泄物和分泌物中均有病原菌。无症状和病愈后的带菌猪也可排出病菌成为传染源。仔猪感染本病多是由母猪传染仔猪而引起的。病猪和未经无害化处理的死猪及其内脏及废弃物，以及被污染的饲料、饮水和运输工具等器物是本病传播的重要原因。幼畜可因断脐时处理不当引起感染。

三、临床症状

本病在临床上分为猪败血性链球菌病、猪链球菌性脑膜炎和猪淋巴结脓肿三个类型。

1. 猪败血性链球菌病　病原为 C 群马链球菌兽疫亚种及类马链球菌，D 群及 I 群链球菌也能引发本病。潜伏期一般为 1～3d，长的可在 6d 以上。根据病程的长短和临床表现，分为最急性、急性和慢性三种类型。

最急性型：发病急、病程短，多在不见任何异常表现的情况下突然死亡。突然减食或停食，精神委顿，体温升高达 41～42℃，卧地不起，呼吸促迫，多在 6.5～24h 内迅速死于败血症。

急性型：常突然发病，病程稍长，可达 3～5d，病初体温升高达 40～41.5℃，继而升高到 42～43℃，呈稽留热，精神沉郁、呆立、嗜卧，食欲减少或废绝，喜饮水。眼结膜潮红，有出血斑，流泪。呼吸促迫，间有咳嗽。鼻镜干燥，流出浆液性、脓性鼻汁。颈部、耳廓、腹下及四肢下端皮肤呈紫红色，并有出血点。个别病例出现血尿、便秘或腹泻。常因心力衰竭死亡。

慢性型：多由急性型转化而来，主要表现为多发性关节炎，一肢或多肢关节发炎。关节周围肌肉肿胀，高度跛行，有痛感，站立困难，严重病例后肢瘫痪。最后因体质衰竭、麻痹死亡。

2. 猪链球菌性脑膜炎　主要由 C 群链球菌所引起，以脑膜炎为主症的急性传染病。多见于哺乳仔猪和断奶仔猪，较大的猪也可能发生。哺乳仔猪的发病常与母猪带菌有关。病初体温升高，停食，便秘，流浆液性或黏液性鼻汁，迅速表现出神经症状，盲目走动，步态不稳，或作转圈运动，磨牙、空嚼。当有人接近时或触及躯体时，发出尖叫或抽搐，或突然倒地，口吐白沫，四肢划动，状似游泳，继而衰竭或麻痹，急性型多在 30～36h 死亡；亚急性或慢性型病程稍长，主要表现为多发性关节炎，逐渐消瘦衰竭死亡或康复。

3. 猪淋巴结脓肿　多由 E 群链球菌引起。以颌下、咽部、颈部等处淋巴结化脓和形成脓肿为特征。猪扁桃体是 β 型溶血性链球菌常在部位，特别是康复猪，其扁桃体带菌可达 6 个月以上，在传播本病上起着重要作用。猪淋巴结脓肿以颌下淋巴结发生化脓性炎症为最常见，其次在耳下部和颈部等处淋巴结也常见到。受害淋巴结首先出现小脓肿，逐渐增大，感染后 3 周达 5cm 以上，局部显著隆起，触之坚硬，有热痛。病猪体温升高、食欲减退，嗜中性粒细胞增多。由于局部受害淋巴结疼痛和压迫周围组织，可影响采食、咀嚼、吞咽，甚至引起呼吸障碍。脓肿成熟后自行破溃，流出带绿色、稠厚、无臭味的脓汁。此时全身症状显著减轻。脓汁排净后，肉芽组织新生，逐渐康复。病程 2～3 周，一般不引起死亡。

此外，C、D、E、L 群 β 型溶血性链球菌也可经呼吸道感染，引起肺炎或胸膜肺炎，经生殖道感染引起不育和流产。

四、病理变化

死于出血性败血症的猪，颈下、腹下及四肢末端等处皮肤可呈现紫红色出血斑点。急性死亡猪可从天然孔流出暗红色血液，凝固不良。胸腔有大量黄色或混浊液体，含微黄色纤维素絮片样物质。心包液增多，心肌柔软，颜色变淡呈煮肉样。右心室扩张，心耳、心冠沟和右心室内膜有出血斑点。心肌外膜与心包膜常粘连。脾脏明显肿大，有的可大到1~3倍，呈灰红或暗红色，质脆而软，包膜下有小点出血，边缘有出血梗死区，切面隆起，结构模糊。肝脏边缘钝厚，质硬，切面结构模糊。胆囊水肿，胆囊壁增厚。肾脏稍肿大，皮质髓质界限不清，有出血斑点。胃肠黏膜、浆膜散在点状出血。全身淋巴结水肿、出血。脑脊髓可见脑脊液增加，脑膜和脊髓软膜充血、出血。

个别病例脑膜下水肿，脑切面可见白质与灰质有小点状出血。

患病关节多有浆液纤维素性炎症。关节囊膜面充血、粗糙、滑液混浊，并含有黄白色奶酪样块状物。有时关节周围皮下有胶样水肿，严重病例周围肌肉组织化脓、坏死。

五、诊断

由于发病急，病程短，病变复杂，无明显特征，疾病的早期与猪瘟、猪肺疫相似，而后期与猪丹毒症状类似，本病的发生特点、临床症状和病例变化只能作疑似该病的依据，如需确诊，必须进行实验室检验。

（一）细菌学检查

1. 病料的采集　根据不同临床症状类型采集不同的病料。败血型：无菌采取心、脾、肝、肾和肺等有病变的部位，大小约2cm^3。脓肿型：无菌采取肿胀深部的脓汁。脑膜炎型：无菌采取脑脊液或脑组织。

2. 涂片镜检　将上述病料制成触片、压印片和涂片，用美蓝或革兰氏染色，镜检。若见到多数散在或呈双、短链排列的圆形、椭圆形球菌，无芽孢，美蓝染色可见粉红色荚膜，革兰氏染色呈阳性，可作出初步诊断。观察时注意与双球菌和巴氏杆菌的区别。

3. 分离培养特性及生化反应鉴定　败血症时可采取血液，经硫乙醇酸盐肉汤增菌后，再转接于叠氮钠血液琼脂平板上；其他病料可直接接种于叠氮钠血液琼脂平板上，作常规画线分离培养。本菌最适温度37℃，pH7.2~7.8。菌落形态：在叠氮钠血液琼脂上，形成湿润、黏稠、隆起、半透明"露滴状"菌落。在菌落周围可见透明的β溶血环或半透明绿色的α溶血环。生化反应：本菌能水解淀粉、精氨酸，分解葡萄糖、乳糖、蔗糖、水杨苷、七叶苷、蕈糖，不分解甘露醇、山梨醇、菊糖、伯胶糖。不液化明胶，紫乳无变化，6.5%NaCl不生长，4.0%胆汁不生长。由于不同菌株产生的毒素和酶不同，因此反映出的理化特性有很大差异。

（二）血清学诊断

病猪耳静脉采血，分离血清，对用0.05mol/L盐酸处理的菌悬液的上清液进行沉淀后试验。本方法对慢性猪链球菌病具有一定的诊断意义。

（三）实验动物接种试验

如果病料污染杂菌较多，分离链球菌培养比较困难时，可进行动物接种试验。将病料制成 5～10 倍乳剂，给家兔皮下或腹腔注射 1.0～2.0mL，12～24h 死亡后，从家兔的心血、脾分离培养和鉴定。

（四）分子生物学诊断

猪链球菌病疑似病料或分离培养的疑似菌可经 PCR 进行鉴定，包括分型和鉴定毒力因子。OIE 现在还没有推荐链球菌的诊断方法，在实际使用中可以参考一系列国家标准，如猪源链球菌通用荧光 PCR 检测方法（GB/T 19915.6—2005）、猪链球菌 2 型 PCR 定型检测技术（GB/T 19915.3—2005）、猪链球菌 2 型三重 PCR 检测方法（GB/T 19915.4—2005）、猪链球菌 2 型多重 PCR 检测方法（GB/T 19915.5—2005）、猪链球菌 2 型荧光 PCR 检测方法（GB/T 19915.7—2005）、猪链球菌 2 型毒力因子荧光 PCR 检测方法（GB/T 19915.8—2005）、猪链球菌 2 型溶血素基因 PCR 检测方法（GB/T 19915.9—2005）。具体选用何种方法应根据诊断需要和实验室的仪器设备而定。

六、防治

1. 处置原则　早发现、早报告、早隔离、早治疗。

2. 疫苗　猪链球菌病疫苗有弱毒活疫苗和灭活疫苗，前者是由 C 群链球菌制备的，但预防由猪链球菌 2 型引起的疾病效果不佳。灭活疫苗又分为单价灭活菌苗和二价灭活菌苗，单价灭活菌苗是由猪链球菌 2 型菌株制备的，对预防由该型菌株引起的疾病有较好的免疫效果，妊娠母猪可于产前 4 周进行接种；仔猪可于 30 日龄和 45 日龄各接种 1 次，在生产实践中，因仔猪感染链球菌较早，如果母猪免疫过早，则仔猪在哺乳中后期就有可能出现临床表现，所以仔猪可在 7 日龄接种即可，之后不用加强，因为后续目前用药较多，对猪群的危害已不明显。后备母猪于配种前接种 1 次，免疫期可达半年。二价灭活菌苗以马链球菌兽疫亚种株和猪链球菌 2 型株作为生产菌株，加入蜂胶或氢氧化铝作为佐剂研制而成，该二联灭活菌苗对仔猪安全，并具有较好的免疫保护效果，对马链球菌兽疫亚种的保护率达到 92.3%，对猪链球菌 2 型的保护率达到 100%。接种方式可以采用颈部肌肉注射。1～2 月龄健康仔猪，每只注射 2mL。免疫期为 6 个月。

3. 处置

（1）发病处置　对疫区应实施封锁。在疫点出入口必须设立消毒设施，限制人、畜、车辆进出和动物产品及可能受污染的物品运出。对疫点内畜舍、场地以及所有运输工具、饮水用具等，可用含氯制剂、过氧乙酸和氢氧化钠等消毒剂进行严格、彻底消毒。对发病猪群应严格隔离和消毒环境。病死猪一律不准屠宰加工、不准食用、不准售卖、不准转运。对病死猪应进行消毒深埋，作无害化处理。对同群猪立即进行强制免疫接种或用药物预防，并隔离观察 14d，必要时对同群猪进行捕杀处理。同时应对受威胁区内及疫区内的所有易感猪只，用猪链球菌 2 型灭活疫苗进行紧急免疫接种。

（2）感染处置　凡对革兰氏阳性菌有效的药物均可用于本病治疗。应用 Kirby Bauer 方法，猪链球菌对青霉素的敏感性一般为 80%～95%。大多数分离株对青霉素中度敏感，对阿莫西林、氨苄西林敏感率为 90% 左右。据报道，猪链球菌分离株对四环素、林可霉素、红霉素、卡那霉素、新霉素和链霉素均具有高度的抵抗力。发生败血型链球菌病的架子猪用替硝唑葡萄糖注射液缓慢滴注，每日 1 次，治疗效果显著，治愈率可达 95％，以上猪链球菌病暴发流行时可用青霉素、头孢类药物、喹诺酮类药物（如恩诺沙星、氧氟沙星）进行治疗，连续用药，可收到较好的效果。以头孢类药物为首选，哺乳仔猪肌肉注射（最好用水针剂），每天二次，连用 2～3d，保育及育肥猪可以用饮水加药，用头孢拉定的粉剂，连用一周。应当注意的是：本病对药物，特别是抗生素容易产生抗药性。

第二节　猪 肺 疫

猪肺疫（Pneumonic pasteurellosis）又称猪巴氏杆菌病或猪出血性败血症，俗称"锁喉风""清水喉"，是由多杀性巴氏杆菌（*Pasteurella multocida*）所引起的猪的一种急性（或慢性）、热性传染病，临床上以败血症、咽喉炎和胸膜肺炎为主要特征。我国习惯上将急性、败血症经过的病例称之为猪出败或猪肺疫，临床表现多呈纤维素性胸膜肺炎；而慢性型病例较为少见，临床主要表现为慢性肺炎，国外将慢性病例称为肺炎巴氏杆菌病。我国农业部将猪肺疫列为二类动物疫病。

一、病原学

多杀性巴氏杆菌（*Pasteurella multocida*）属巴氏杆菌目（Pasteurellales）巴氏杆菌科（Pasteurellaceae）巴氏杆菌属（*Pasteurella*）成员，革兰氏染色阴性，是两端钝圆、中央微凸的球杆菌或短杆菌。不形成芽孢，无鞭毛，不能运动。新分离的强毒菌株有荚膜，常单在，有时成双排列。病料涂片以瑞氏、姬姆萨或亚甲蓝染色时，菌体多呈卵圆形，两极着色，很像并列的两个球菌，所以又叫两极杆菌。

本菌为需氧及兼性厌氧菌。根据菌落形态将本菌分为黏液型（M）、平滑型（S）和粗糙型（R）。M 型和 S 型含有荚膜物质。在血清琼脂上生长的菌落，呈蓝绿色带金光，边缘有窄的红黄光带称为 Fg 型，这种血清型的菌株对猪等家畜毒力较强；菌落呈橘红色带金光，边缘或有乳白色带，称为 Fo 型，对禽类毒力较强；不带荧光的菌落为 Nf 型，对畜禽的毒力均较弱。在一定条件下，Fg 和 Fo 可以发生相互转变。

依据荚膜抗原和菌体抗原可将巴氏杆菌分为若干血清型。用特异性荚膜（K）抗原作间接血凝试验，将其分为 A、B、D、E 和 F 5 个荚膜抗原血清型，用菌体（O）抗原作凝集反应，可分为 12 个血清型，用耐热抗原作琼脂扩散试验，可分为 16 个血清型。一般将 K 抗原用英文大写字母表示，将 O 抗原和耐热抗原用阿拉伯数字表示。因此，该菌株的血清型可表示，如 3：A，5：A，6：B，2：D 等（即 O 抗原：K 抗原），或 A：1，B：2，5，D：2 等（即 K 抗原：耐热抗原）。A：3 型菌株广泛存在，感染猪后多取散发性的慢性经过，并且多与其他疾病混合感染或继发；D：3 型菌株比例数很低，目前报道很少，为慢性经过；而 B 荚膜型菌株感染多取急性和最急性经过，存在于东南亚地区、我国和印度。在我国，猪肺疫多由 5：A、6：B 血清型菌株感染引起，其次为 8：A、2：D 血清型。

本菌存在于病猪等家畜的全身各组织、体液、分泌物及排泄物，仅少数慢性病例存在于肺脏的小病灶里。健康家畜的上呼吸道也可能带菌。

该菌对直射日光、干燥、热和常用消毒药等物理和化学因素的抵抗力比较低。普通消毒药常用浓度都有良好的消毒作用，但克辽林对本菌的杀菌力很差。该菌在腐败的尸体中可生存1～3个月。

二、流行病学

多杀性巴氏杆菌对多种动物（家畜、野兽、禽类）和人均有致病性。家畜中以猪、牛（黄牛、牦牛、水牛）发病较多，绵羊也易感，鹿、骆驼和马亦可发病，但较少见；家禽和兔也易感染。各年龄的猪均对本病易感，尤以中猪、小猪易感性更大。其他畜禽也可感染本病。

病猪及健康带菌猪为本病的传染源，病菌存在于急性或慢性病猪的肺脏病灶、最急性型病猪的各个器官以及某些健康猪的呼吸道和肠管中，并可经分泌物及排泄物排出。

本病主要经呼吸道、消化道、损伤的皮肤传染。此外，健康带菌猪因某些因素，特别是上呼吸道黏膜受到刺激而使机体抵抗力降低时，也可发生内源性传染。

本病的发生一般无明显的季节性，但以冷热交替、气候剧变、闷热、潮湿、多雨的时期发生较多。本病一般为散发性，最急性型猪肺疫，常呈地方流行性；急性型和慢性型猪肺疫多呈散发性，并且常与猪瘟、猪支原体肺炎等混合感染。

三、临床症状

本病潜伏期1～5d，一般为2d左右。临床上一般分为最急性、急性和慢性。

最急性型：俗称"锁喉风"，多见于流行初期，多表现为突然发病、迅速死亡。病程稍长、症状明显的可表现体温高达41～42℃，食欲废绝，全身衰弱，呼吸困难，心跳加快。颈下咽喉部发热、红肿、坚硬，严重者向上延及耳根，向后可达胸前。病猪呼吸极度困难，常作犬坐势，伸长头颈呼吸，有时发出喘鸣声，口鼻流出泡沫，可视黏膜发绀，腹侧、耳根和四肢内侧皮肤出现红斑，一经出现呼吸症状，即迅速恶化，很快死亡。病程1～2d。病死率100％，未见自然康复的。

急性型：是本病常见病型。除具有败血症的一般症状外，还表现纤维素性胸膜肺炎。病初体温升高达40～41℃，痉挛性干咳，呼吸困难，鼻流黏稠液。后变为湿咳，咳时感痛，触诊胸部有剧烈的疼痛。病势发展后，呼吸更感困难，张口吐舌，作犬坐姿势，可视黏膜蓝紫，常有黏脓性结膜炎。初便秘，后腹泻。末期心脏衰弱，心跳加快，皮肤淤血和小出血点。病猪消瘦无力，卧地不起，多因窒息而死。病程5～8d，不死的转为慢性。

慢性型：主要表现为慢性肺炎和慢性胃肠炎症状。病猪持续咳嗽，呼吸困难，鼻腔流出黏性或脓性分泌物，胸部听诊有啰音和摩擦音，关节肿胀，常有泻痢现象，呈进行性营养不良，极度消瘦，多经过2周以上衰竭而死，病死率60％～70％。

四、病理变化

最急性病例：主要为全身黏膜、浆膜和皮下组织大量出血点，尤以咽喉部及其周围结缔组织的出血性浆液浸润最为特征。切开颈部皮肤时，可见大量胶冻样淡黄或灰青色纤维素性浆液。水肿可自颈部蔓延至前肢。全身淋巴结出血，切面红色。心外膜和心包膜有小出血点。肺急性水肿。脾有出血，但不肿大。胃肠黏膜有出血性炎症变化。皮肤有红斑。

急性型病例：除了全身黏膜、浆膜、实质器官和淋巴结和出血性病变外，特征性的病变是纤维素性肺炎。肺有不同程度的肝变区，周围常伴有水肿和气肿，病程长的肝变区内还有坏死灶，肺小叶间浆液浸润，切面呈大理石纹理。胸膜常有纤维素性附着物，严重的胸膜与病肺粘连。胸腔及心包积液。胸腔淋巴结肿胀，切面发红、多汁。支气管、气管内含有多量泡沫状黏液，黏膜发炎。

慢性型病例：尸体极度消瘦、贫血。肺肝变区广大，并有黄色或灰色坏死灶，外面有结缔组织包囊，内含干酪样物质，有的形成空洞，与支气管相通。心包与胸腔积液，胸腔有纤维素性沉着，肋膜肥厚，常与病肺粘连。有时在肋间肌、支气管周围淋巴结、纵隔淋巴结以及扁桃体、关节和皮下组织见有坏死灶。

五、诊断

最急性型常表现为发病急、喉头水肿、迅速死亡；急性型则以体温升高（40～41℃）、痉挛性咳嗽，呼吸困难，鼻流黏液，有时混有血液，触诊胸部有剧痛感，颈部发红水肿；慢性型常为进行性营养不良，有时有持续性咳嗽与呼吸困难，慢性腹泻，极度消瘦。根据这些临床特点，可以做出初步诊断，确诊必须进行实验室诊断。

（一）病原学诊断

1. 病料的采集与直接染色镜检　生前采取耳静脉血，剖检尸体尽可能采取新鲜病料如心血、颈部水肿液、胸水、肝、脾、淋巴结等材料，作成触片和涂片，自然干燥后，用甲醇固定2～3min，以碱性美蓝染色1～2min，或以瑞特氏染液染色5min，经水洗，干燥后镜检。发现两极浓染的杆菌，结合临床症状及病史，即可作出诊断。

2. 细菌分离培养与鉴定　将新鲜病料接种于加血红素马丁琼脂平板、血液平板和麦康凯平板上，37℃培养24h后观察。严重污染的样品，先用10倍的心脑汤（BHI）逐步稀释，过夜，然后上板培养。本菌在血液琼脂平板上形成浅灰色、圆整、湿润的"露滴状"小菌落，菌落周围不溶血。在马丁琼脂平板上形成直径2mm左右的菌落，在45°折射光下观察，菌落具有特征性的虹光结构，如果菌落结构比较细致，以蓝绿色虹光为主，红光不强，即为Fg型，对猪毒力强；如果以橘黄色虹光为主，蓝绿色虹光少，即为Fo型，对猪毒力不强，对禽毒力强。

3. 生化试验　将分离菌株接种于三糖铁培养基，可使三糖铁底部变黄。本菌能分解葡萄糖、蔗糖、果糖、半乳糖和甘露糖，产酸不产气，对鼠李糖及乳糖等不能分解。尿素酶阴性，靛基质阳性，硫化氢试验阳性，紫乳无变化，不液化明胶。

4. PCR检测　可根据猪巴氏杆菌设计特异引物，对病料或培养物进行特异性扩增，对该病具有诊断意义。

（二）血清学诊断

1. 荚膜物质鉴定　将分离菌株接种于血液琼脂或马丁琼脂上，用3～4mL生理盐水洗下培养物，经56℃水浴处理30min（促使荚膜物质脱落菌体），再离心，取上清液（荚膜提取液）作为致敏红细胞抗原；若为黏液状菌落，可先用透明质酸酶处理，即用

0.1mol/L pH 为 6.0 的磷酸缓冲盐水洗下菌落，悬液中再加内含 15 个国际单位的睾丸透明质酸酶 1mL，置 37℃水浴 3～4h。然后 56℃水浴处理 30min，离心，取上清液作为致敏红细胞抗原。按常规方法进行抗原致敏红细胞。致敏后的红细胞，用生理盐水配成 0.5％悬液。取一块微量反应板，用生理盐水将 A、B、C、D、E 抗血清分别梯度稀释为 1∶10、1∶20、1∶40、1∶80、1∶160 和 1∶320，然后取各稀释度的抗血清 0.25mL 与等量的 0.5％致敏红细胞抗原混合，此时抗血清最后稀释度为 1∶20、1∶40、1∶80、1∶160、1∶320 和 1∶640，吹打充分混合，置室温下感作约 2h，观察结果。如出现明显凝集即为阳性反应，如不凝集可过夜，第二天观察结果，若出现明显凝集为阳性反应。试验需设 0.25mL 生理盐水＋0.25mL 0.5％致敏红细胞悬液；0.25mL 1∶10 稀释抗血清＋0.25mL 未致敏的 0.5％红细胞悬液对照。另外，还可用对流免疫电泳鉴定荚膜 B 与 E 型；用透明质酸酶鉴定荚膜 A 型菌株；用吖啶黄鉴定 D 型荚膜。

2. 菌体血清群抗原的鉴定 试验时，先将分离菌株接种于葡萄糖淀粉琼脂斜面上，培养 18h，用 0.3％甲醛生理盐水洗下菌落，使呈浓厚菌液，在水浴中加热至 100℃，保持 1h，离心沉淀，取上清液作为抗原。凝胶制备方法：用 8.5％氯化钠溶液加入 1％的琼脂和 0.01％硫柳汞，融化后倒板，按常规方法打孔。中央孔加入抗原，外周孔加入抗血清，加满勿溢出。置 37℃ 24～48h 判定结果，有明显沉淀线者判为阳性。

（三）诊断解析

应注意与猪瘟、猪丹毒、猪副伤寒、猪败血型链球菌病、猪放线杆菌性胸膜肺炎和猪萎缩性鼻炎等疫病相区别。

国家已经发布了猪巴氏杆菌病的诊断技术行业标准（NY/T 564—2002），标准规定了猪巴氏杆菌病的临床诊断、病例剖检和病原分离鉴定，适用于猪巴氏杆菌病的诊断，间接血凝试验和琼脂扩散沉淀试验适用于血清学分群和定型鉴定。

六、防治

根据本病流行病学特点，首先应加强、改善猪的饲养管理和卫生条件，以增强机体抵抗力，消除可能降低机体抗病力的因素。当天气突变或长途运输时，应在饲料中加入抗生素进行预防。应定期做好猪场的消毒工作，对病死猪进行高温处理或深埋。此外，每年应定期进行预防接种，如使用三联苗（猪瘟—猪丹毒—猪肺疫）。

1. 加强饲养管理 该菌一定程度上是一种条件性致病菌，平时严格的饲养管理非常重要，合理搭配日粮、营养平衡，注意通风、保暖，干燥、减少应激，增强抵抗力非常关键。

2. 坚持自繁自养与严格引种 实行封闭式生产，坚持自繁自养的原则，防止引入隐性感染猪。必须引入，也得来自非疫区、具有检疫证明和猪肺疫免疫标识或经血清学检测为阴性的健康猪，入圈前圈舍进行彻底消毒，隔离观察 1 个月，确定健康后方可合群。

3. 规范制度与定期消毒 建立健全规模化养猪场的各项防疫、免疫档案和生物制品管理等制度。实行全进全出制，定期对猪群进行监测，及时淘汰感染猪。对病猪及时隔离，圈舍、用具用百毒杀消毒，2 次/d，连续消毒 7d，病死猪进行深埋处理。我国南方地区要注意猪与水牛分开饲养，特别是有猪肺疫发病史的老疫区，对巴氏杆菌病将起到很好的控制作用。

4. 免疫接种　由于该菌血清型很多。必须选择与当地常见血清型相同的菌株或当地分离菌株制成的疫苗进行免疫。（1）猪肺疫口服弱毒活苗，只可口服，绝不可用于注射，病弱猪、临产猪不宜服用。具体按疫苗使用说明书，按照每瓶免疫头数，用冷开水稀释，依所喂头份添加于质量好的饲料中，充分拌匀后，令猪采食，7d 后产生免疫力，免疫期 10 个月，疫苗稀释后 2h 内用完。（2）猪肺疫氢氧化铝甲醛灭活苗，猪断奶后一律皮下肌肉注射 5mL，14d 后产生免疫力，免疫期 9 个月。（3）为方便生产，哈尔滨兽医研究所与中国兽药监察所等研制的猪瘟、猪丹毒和猪肺疫三联疫苗可选用。

5. 治疗方法　发病初期用高免血清效果良好，青霉素、链霉素、庆大霉素、四环素族抗生素都有一定疗效，一般连用 3d，中间不停药，最好做药敏试验，选取敏感药物。如能将抗生素与高免血清共用效果会更佳。具体如下：处方 1：①抗血清 25mL，1 次皮下注射，0.5mL/（kg·bw），次日再注射 1 次；②氯霉素 1 次肌肉注射，10～30mg/（kg.bw），2 次/d，直到痊愈。处方 2：①青霉素和链霉素混合肌肉注射；②庆大霉素与猪肺疫抗血清同时肌肉注射；③磺胺嘧啶钠，首次 70～200mg/kg 体重，维持剂量减半，耳静脉注射，2 次/d，间隔 12h。另外要注意在肌肉或静脉注射抗菌药时应配合盐酸环丙沙星或恩诺沙星饮水。

第三节　猪　炭　疽

猪炭疽（Swine anthrax）是由炭疽芽孢杆菌引起的一种人畜共患的急性、热性、败血性传染病。本病主要感染草食动物，但猪可感染发病，猪炭疽多为咽喉型，使咽喉部显著肿胀。临床上以突然高热和死亡、可视黏膜发绀和天然孔流出煤焦油样血液为特征。炭疽主要感染草食动物，也可感染哺乳动物如人及某些鸟类，该病死亡率很高，特别是对食草动物。其病原是革兰氏阳性、带有芽孢的炭疽杆菌。炭疽遍及世界各地，它不但严重影响畜牧业生产和野生动物群体，而且威胁人类健康，特别是从事易感职业的人群。OIE 将其列为必须通报的疾病，我国将其列为二类动物疫病。

一、病原学

病原为炭疽芽孢杆菌（*Bacillus anthracis*），习惯上称之为炭疽杆菌，属芽孢杆菌目（Bacillales）芽孢杆菌科（Bacillaceae）芽孢杆菌属（*Bacillus*）蜡样芽孢杆菌群（*Bacillus cereus* group）成员。是一种革兰氏染色阳性的大杆菌，大小为 $1.0～1.5\mu m \times 3～5\mu m$。菌体两端平直，呈竹节状，无鞭毛，不运动。芽孢椭圆形，位于菌体中央，可形成荚膜。在病料样中常单个存在或呈 2～3 个短链排列（竹节状），有荚膜。在腐败病料的涂片中，只能看到无菌体的菌影。在培养基中则形成较长的链，一般不形成荚膜。本菌在病猪体内和未剖开的尸体中不形成芽孢，一旦暴露在有充足氧气和适当温度下（25～30℃）能在菌体中央处形成芽孢。

炭疽杆菌为兼性需氧菌，对培养基要求不严格。可在普通琼脂平板上长成灰白色、表面粗糙的菌落，放大观察菌落有花纹，呈卷发状，中央暗褐色，边缘有菌丝射出。

本病的发生和致死与炭疽毒素有直接关联。炭疽毒素是外毒素蛋白复合物，由水肿因子（EF）、保护性抗原（PA）和致死因子（LF）三种成分构成，其中任何单一因素无毒性作用，这三种成分必须协同作用才对猪等家畜致病，它们的整体作用是损伤及杀死吞噬细胞，抑制补体活性，激活凝血酶原，致使发生弥漫性血管内凝血，并损伤毛细血管内皮，使液体外漏，血压下降，最终引起水肿、休克及死亡。用特异性抗血清可中和这种作用。

炭疽杆菌菌体对外界理化因素的抵抗力不强，在尸体内经 24～96h 经腐败作用即死亡，加热到 60℃ 30～50min、75℃ 5～15min、煮沸 2～5min 均可杀死。一般浓度的常用消毒药可在短时间内将病菌杀灭。但炭疽芽孢则有坚强的抵抗力，在干燥状态下可存活 32～50 年，煮沸 15min 或 150℃干热 1h 方可杀死。强氧化剂（高锰酸钾、漂白粉）对芽孢具有较强的杀灭作用，现场消毒常用 20% 的漂白粉、0.1% 碘溶液、0.5% 过氧乙酸。但来苏儿、石炭酸和酒精对芽孢的杀灭作用很差。

二、流行病学

1973 年，据联合国粮农组织（FAO）、世界卫生组织（WHO）发布的报告，1972 年全球各大陆都有猪发生过这种病。近年来，我国各地时有本病发生。

本病对猪和多种家畜、野生动物以及人都有不同程度的易感性。在自然情况下，绵羊、牛、驴、马、骡、山羊、鹿最多发病，骆驼、水牛及野生动物次之，猪对炭疽杆菌的抵抗力强，发病较少，犬、猫最低，家禽一般不感染。野生动物，如虎、豹、狼、狐狸等可因吞食炭疽病死亡尸体而发病，并可成为本病的传播者。人主要通过食入或接触污染炭疽杆菌的畜产品而感染。实验动物以豚鼠、小鼠、家兔较敏感。本病多发生于夏季，呈散发或地方性流行。

患病动物和因本病死亡动物的尸体是重要的传染来源。炭疽病畜及死后的畜体、血液、脏器组织及其分泌物、排泄物等均含有大量炭疽杆菌，如处理不当则可散布传染。本病传染的途径有三种。通过消化道感染是主要途径，因摄入被炭疽杆菌污染的饲料或饮水受到感染；圈养时摄入未经煮沸的被污染的泔水感染，农村放牧猪拱食被污染土壤而感染。其次是通过皮肤感染，主要是由带有炭疽杆菌的吸血昆虫叮咬及通过创伤而感染。第三，通过呼吸感染，是由于吸入混有炭疽芽孢的灰尘，经过呼吸道黏膜侵入血液而发病。

炭疽芽孢在土壤中生存时间较久，可使污染地区成为疫源地。大雨或江河洪水泛滥时可将土壤中的病原菌冲刷出来，污染放牧地或饲料、水源等，随水流范围扩大传染。本病有一定季节性，夏季发病较多，秋、冬发病较少。夏季发生较多的原因，可能与气温高、雨量多、洪水泛滥、吸血昆虫大量活动等因素有关。有的地区发病是因从疫区运入病畜产品，如骨粉、血粉、皮革、羊毛及屠宰下脚料等而引起。国内有因贩卖和食入病畜（牛、羊、猪）或私自屠宰病畜引起人、畜被传染发病的报道。

三、临床症状

本病的潜伏期一般为 1～3d，最长可达 2 周，OIE《陆生动物卫生法典》定为 20d。

猪炭疽病表现三种类型：咽型、肠型和败血型。咽型猪炭疽主要表现为扁桃体炎、咽炎和呼吸困难。精神沉郁、厌食和呕吐。体温可升达 41.7℃，但不稽留。多数猪在颈部出现水肿后 24h 内死亡，也常有不治而愈的，表现肿胀逐渐消失，以致完全康复，但这种猪可继续成为炭疽杆菌带菌者。肠型炭疽表现不明显，常见呕吐、停食及血痢。最严重的可死亡，轻者常康复。败血型猪炭疽通常表现为死亡而无其他症状，临床上较为少见。

四、病理变化

1. 急性咽型猪炭疽　可见咽喉部皮下出血性胶样浸润，头颈部淋巴结，特别是颌下淋巴结急剧肿大，切面呈砖红色，并有灰白色凹陷坏死灶。在口腔、软腭、会厌、舌根和咽部黏膜脓肿和出血，黏膜下与肌间结缔组织出血性胶样浸润。扁桃体常充血、出血或坏死，有时表面覆有纤维素性假膜。在黏膜下深层组织内，也常有边缘不整的砖红色或黑紫色病灶。

2. 慢性咽型猪炭疽　患猪咽喉部个别淋巴结肿大，被膜增厚，质地变硬，切面干燥，有砖红色或灰黄色坏死灶；病程较长者坏死灶周围常有包裹形成，或继发细菌感染而形成脓肿，脓汁吸收后呈干酪样或碎屑状颗粒。

3. 肠型猪炭疽　主要发生在小肠，多表现肿大、出血和坏死，以淋巴小结为中心，形成局灶性、出血性、坏死性病变，病灶为纤维素样坏死的黑色痂膜，邻接的肠黏膜呈出血性胶样浸润。肠系膜淋巴结肿大。镜检见肠绒毛呈大片坏死，固有层和黏膜下层积有大量的红细胞、纤维蛋白、嗜中性粒细胞与浆液。以上病变偶见于大肠和胃。腹腔常有桃红色腹水，与空气接触后凝结成块。脾软而肿大。肝充血或水肿，间有出血性坏死灶。肾充血，皮质呈小点出血，肾上腺间有出血性坏死灶。

4. 败血型猪炭疽　在腹腔出现血样液体和局部有淤血点。有些情况下，肾脏出现淤血点。

五、诊断

(一) 临床诊断

该病是由外毒素所致。表现为最急性型、急性型、亚急性型和较少发生的慢性型。发生最急性型和急性型感染动物无任何临床症状即突然死亡；亚急性型表现为进行性发热、精神不振、厌食、虚弱、衰竭、死亡；慢性型表现为局灶性肿胀、发热、淋巴结肿大，如呼吸道阻塞导致死亡。剖检死亡动物（必须特别小心以避免术者感染或污染环境）可见许多病变，但无特征性病变或病变不完全一致，最常见的病变为全身性败血症、脾脏肿大呈黑草莓酱样、血液凝固不全。死亡动物可见鼻、口或肛门出血。

本病多为散发或地方流行，常在夏季多雨或干旱季节发生。多数猪在颈部出现水肿后 24h 内死亡。常见呕吐、停食及血痢，颌下淋巴结急剧肿大。注意：疑似病死动物严禁剖检，以免炭疽杆菌污染环境，主要靠实验室检查才能确诊。可采取临死前或刚刚死亡动物的末梢血液，或切一块耳朵，必要时才剖开取一块脾脏为病料，置入密闭灭菌容器，动物要进行无害化处理。

(二) 病原学诊断

1. 病料的采集与镜检　生前可采取静脉血、水肿液或血便，死后可采取耳尖血和四肢末梢血，或局部解剖取脾脏、淋巴结及肾脏作触片、涂片。用 Zenker's 液（能杀死芽孢）或低热固定，美蓝染色 2min，水洗，干燥后镜检。可见菌体蓝色，荚膜粉红色、单个或呈短链排列的大杆菌，即可确诊。陈旧病料中菌体往往消失，出现空荚膜，称为菌影。血涂片经美蓝染色（M' Fadyean）见有大量、带有荚膜的芽孢杆菌，即可确诊。

2. 细菌分离培养与鉴定　新鲜病料可直接于普通琼脂或肉汤中培养，污染或陈旧的病料应先制成悬液，70℃加热 30min，杀死非芽孢菌后再接种培养。在普通琼脂上炭疽杆菌形成扁平、灰白色不透明、表面干燥、边缘不整齐的大菌落，用低倍镜观察，菌落边缘由细长的菌丝交织而成，形成卷发状。对分离的可疑菌株可作噬菌体裂解试验、荚膜形成试验及串珠试验。这几种方法中以串珠试验简易快速且敏感特异性较高。在 37℃有氧环境下，炭疽杆菌易于在营养肉汤或营养琼脂上生长，从刚患炭疽死亡的动物血液和组织中，可分离到大量的炭疽杆菌，也可选用血琼脂进行培养。当尸体迅速腐败，特别是在炎热的环境中，由于腐败细菌过度生长，无法分离到炭疽杆菌，这时可从被排泄物污染的土壤中分离炭疽杆菌。营养性炭疽杆菌体较大，长 3～5μm，宽 1μm，生长指数末期有椭圆形芽孢出现，革兰氏染色阳性，体外培养呈链状；体内生长可呈两个或短链状排列。感染组织涂片可见带有荚膜的菌体，有氧条件下培养形成粗糙菌落，并且无荚膜。在除去纤维蛋白的马血培养基上培养 5h 以上，或在含有 0.7% 碳酸氢钠的营养琼脂上，37℃，CO_2 条件下培养，可诱导细菌形成荚膜。

实验室鉴定炭疽杆菌还需进行：运动力的检测，γ-噬菌体裂解试验，对青霉素抑制试验，及通过 PCR 技术鉴定毒力和产荚膜基因，用动物试验来检测毒力。1911 年，Ascoli 建立的耐热沉淀素试验在一些国家仍作为腐败尸体和动物产品中炭疽的回顾性检验试验。

（三）血清学诊断

一般很少通过感染动物血清中的抗体检查进行诊断，但此法仍是主要的研究方法，目前主要的方法是酶联免疫吸附试验（ELISA）。

Ascoli 反应：是诊断炭疽简便而快速的方法，其优点是培养失效时，仍可用于诊断，因而适宜于腐败病料及动物皮张、风干、腌浸过肉品的检验，但先决条件是被检材料中必须含有足够检出的抗原量。

1. 沉淀原的制备　有以下三种抗原制备方法。

脏器沉淀原：通常采用热浸法。取被检材料（最好是脾、肝等实质脏器）约 1g，在灭菌乳钵研碎，并加入 5～10mL 生理盐水（如为血液或渗出液时，直接用生理盐水稀释 5～10 倍）混合后，用移液管吸至试管内，置于水浴锅中煮沸 15～30min，取出冷却后，用中性石棉滤过，获得的透明液体即为沉淀原。

皮革沉淀原：先将毛皮、皮革等检验材料用高压灭菌法消毒 60min（如为新鲜皮革时，须经干燥后再行灭菌较好），冷却后将皮革剪成 1cm 大小的小块，加入 5～10 倍量的 0.3% 石炭酸生理盐水，于室温下放置 16～20h，用石棉或滤纸滤过后的透明液即为沉淀原。

炭疽杆菌沉淀原：用分离菌的肉汤培养物或琼脂斜面培养物的生理盐水混悬液，煮沸 15～30min，冷却后用中性石棉滤过，所得透明滤液即为沉淀原。

2. 操作方法及判定　用毛细吸管吸取炭疽沉淀素血清，徐徐注入斜置的沉淀试管内达到管的 1/3 高处（最好提前装好，以免管壁附有沉淀素血清，影响观察），然后用另一支毛细吸管吸取制备的沉淀原，沿反应管壁缓慢注加到沉淀素血清上，达到管的 2/3 高处（注意不要发生气泡或摇动）。随即将斜置的试管立起，准备观察判定。呈阳性反应时，在 1~5min 内于两液面的交界处出现清晰致密如线的白轮。

为验证结果的正确性，每次检验都应做以下三种对照（条件不具备时，可选做其中一两种）。

第一种对照：炭疽抗原加炭疽沉淀素血清，应为阳性。

第二种对照：健康组织浸出液加炭疽沉淀素血清，应为阴性。

第三种对照：生理盐水加炭疽沉淀素血清，应为阴性。

此外，炭疽杆菌可利用间接血凝试验和荧光抗体染色法进行快速检验。

(四) 诊断解析

OIE 推荐炭疽的主要诊断方法为病原学鉴定，即利用涂片美蓝染色观察细菌和荚膜形态，进行炭疽杆菌的培养和生化鉴定，再利用 PCR 技术确定毒力，免疫学和血清学实验很少采用。

在炭疽的农业行业标准中（NY/T 561－2002），规定了动物炭疽杆菌分离培养鉴定及血清学试验方法，包括新鲜疑似炭疽病料标本的细菌性检查，炭疽杆菌的分离培养检查，小鼠接种试验，以及腐败、陈旧脏器、尸体、鬃毛、皮张等物品中炭疽杆菌的检查等，可根据需要选择使用。

六、防治

1. 预防 在疫区或常发地区，每年对易感动物进行预防注射，常用的疫苗是无毒炭疽芽孢苗，接种 14d 后产生免疫力，免疫期为一年。另外，要加强检疫和大力宣传有关本病的危害性及防治办法，特别是告诫广大牧民不可食用死于本病动物的肉品。

2. 疫情扑灭 发生本病时，应尽快上报疫情，划定疫点、疫区，采取隔离封锁等措施。

3. 封锁 禁止疫区内牲畜交易和输出畜产品及草料。禁止食用病畜乳、肉。人炭疽的预防应着重于与家畜及其畜产品频繁接触的人员，凡在近 2~3 年内有炭疽发生的疫区人群、畜牧兽医人员，应在每年的 4~5 月前接种"人用皮上划痕炭疽减毒活菌苗"，连续 3 年。发生疫情时，病人应住院隔离治疗，病人的分泌物、排泄物及污染的用具、物品及被子衣服均要严格消毒，与病人或病死畜接触者要进行医学观察，皮肤有损伤者同时用青霉素预防，局部用 2％碘酊消毒。

4. 消毒 病尸天然孔及切开处，用浸泡过消毒液的棉花或纱布堵塞，连同粪便、垫草一起焚烧，尸体可就地深埋，病死畜躺过的地面应除去表土 15~20cm 并与 20％漂白粉混合后深埋。畜舍及用具场地均应彻底消毒。

第四节　猪　丹　毒

猪丹毒（Swine erysipelas）是由猪丹毒杆菌（*Erysipelothix rhusiopathiae*）引起的

一种急性或慢性经过、热性的人畜共患传染病。急性型呈败血症经过，亚急性型在皮肤上出现特异性紫红色疹块，慢性型常发生非化脓性关节炎或增生性心内膜炎。我国将该病划为二类动物疫病。

一、病原学

病原为猪丹毒杆菌，属丹毒丝菌目（Eryselothrichales）丹毒丝菌科（Erysipelotrichaceae）丹毒丝菌属（Erysipelothix）的唯一成员。本菌是一种平直或稍弯的细杆菌，两端钝圆，大小为 $0.2\sim0.4\mu m\times0.8\sim2.5\mu m$，单在或呈 V 型、堆状或短链排列，也可成长丝状，革兰氏阳性，无鞭毛、不运动，不形成芽孢，无荚膜。

该菌为需氧菌，在血琼脂或血清琼脂上生长更佳。在固体培养基上培养 24 h，在 45°折射光下用实体显微镜观察生长的菌落，一般可分为光滑型、粗糙型和介于两者之间的中间型。根据菌体肽聚糖的抗原性，可分为 25 个血清型，即 1a、1b、2～22、及 N 型，我国主要为 1a 型（分离自急性败血症病例的菌株）和 2 型（从亚急性、慢性病例分离的菌株）。

本菌对热较敏感，对盐腌、烟熏、干燥、腐败和日光等自然因素的抵抗力较强。耐酸性也较强，在 0.5％石炭酸中可存活 99d，猪胃内的酸度不能杀死它，常用消毒药如 2％福尔马林、1％漂白粉、1％氢氧化钠或 5％石灰乳均能迅速将病菌杀死。

二、流行病学

猪丹毒广泛流行于全世界所有养猪的国家，我国也存在。

本病一年四季均可发生，以夏季炎热、多雨季节流行最盛，5～9 月是流行高峰，多呈地方流行性和散发发生。各年龄猪均可感染，以架子猪发病率最高，牛、羊、马、犬、鼠、家禽、鸟类以及人也能感染发病。主要经消化道、损伤皮肤、吸血昆虫传播。

本病主要发生于架子猪，其他家畜和禽类也有病例报告。人也可以感染本病，称为类丹毒。病猪和带菌猪是本病的传染源。约 35％～50％健康猪的扁桃体和其他淋巴组织中存在此菌。病猪、带菌猪以及其他带菌动物（分泌物、排泄物）排出菌体污染饲料、饮水、土壤、用具和场舍等，经消化道传染给易感猪。本病也可以通过损伤皮肤及蚊、蝇、虱、蜱等吸血昆虫传播。屠宰场、加工场的废料、废水，食堂的残羹，动物性蛋白质饲料（如鱼粉、肉粉等）喂猪常常引起发病。猪丹毒一年四季都有发生，有些地方以炎热多雨季节流行得最盛。本病常为散发性或地方流行性传染，有时也发生暴发性流行。

三、临床症状

潜伏期一般为 3～5d，最短 1～2d，最长可达 8d 以上。根据病程长短，可分为最急性型、急性型、亚急性型和慢性型。据报道，我国流行的猪丹毒以急性型和亚急性型为主，慢性型较少。在流行初期最急性型和急性型多见。

1. 最急性型 又称为无色型或闪电型，在没有任何临床表现的情况下，突然死亡，病程极短。剖检无明显可见的病理变化。

2. 急性败血型 以突然暴发为主，死亡率高。常见精神不振、体温达 42～43℃不退、虚弱、卧地、不食、有时呕吐、结膜充血。后期出现下痢，耳、颈、背皮肤潮红、发紫。

病程 3～4d，病死率 80％左右，不死者转为疹块型或慢性型。

3. 亚急性疹块型　病较轻，1～2d 在身体不同部位，尤其胸侧、背部、颈部至全身出现界限明显，圆形、四边形，有热感的疹块，俗称"打火印"，指压褪色。疹块突出皮肤 2～3mm，大小约 1 至数厘米，从几个到几十个不等，干枯后形成棕色痂皮。口渴、便秘、呕吐、体温高，也有不少病猪在发病过程中，症状恶化而转变为败血型而死。病程约 1～2 周。

4. 慢性型　由急性型或亚急性型转变而来，也有原发性，常见关节炎，关节肿大、变形、疼痛、跛行、僵直。溃疡性或椰菜样疣状赘生性心内膜炎。心律不齐、呼吸困难、贫血。病程数周至数月。

四、病理变化

1. 急性型　肠黏膜发生炎性水肿，胃底、幽门部严重，小肠、十二指肠、回肠黏膜上有小出血点，体表皮肤出现红斑，淋巴结肿大、充血，脾肿大呈樱桃红色或紫红色，质松软，边缘纯圆，切面外翻，脾小梁和滤胞的结构模糊。肾脏表面、切面可见针尖状出血点，肿大，心包积水，心肌炎性变化，肝充血，红棕色。肺充血肿大。急性猪丹毒的红斑发生于真皮的乳头层和真皮的浅表层。乳头层可见渗出性出血以及浆液与淋巴细胞浸润。由于血循环停滞，该部最终出现灶性坏死。病变的淋巴结内血管高度充血，淋巴窦扩张，并充满浆液、白细胞和红细胞，呈急性浆液性或出血性淋巴结炎变化。有时在实质中见到大小不等的坏死灶。脾脏的红髓部分主要由红细胞组成，白髓中及其周围也有出血现象。病程稍长的猪，网状内皮组织增生严重，白髓萎缩，不同程度的脾组织坏死，伴有白细胞和纤维素渗出。

2. 疹块型　以皮肤疹块为特征变化。肉眼所见的红色疹块是该区域内真皮小动脉和毛细血管的炎性充血，之后静脉和毛细血管高度淤血，并形成透明血栓，此时疹块为蓝紫色。

3. 慢性型　溃疡性心内膜炎，增生，二尖瓣上有灰白色菜花状赘生物，瓣膜变厚，肺充血，肾梗塞，关节肿大，变形。慢性猪丹毒，在血栓附着的心内膜有陈旧的肉芽组织发生透明变性，在血栓头有富含血管的结缔组织及幼嫩的肉芽组织形成。在血栓表面有细菌存在和血栓内有细菌交织而成的奇特团块，即"花椰菜"样赘生物。

五、诊断

亚急性型可根据皮肤上出现特征性疹块做出诊断，临床上对败血型或慢性心内膜炎型或慢性关节炎型病例，往往与其他类似病症进行鉴别，需要做实验室检查确证。

（一）病原学诊断

病原学检查是诊断猪丹毒较为可靠的方法，可用于病猪的生前和死后检查。

1. 病料的采集和处理　无菌采取发病猪的耳静脉血和切开疹块挤压出渗出液，或死后猪的心血、肝、脾、肾及淋巴结，慢性病例的心内膜增生物和关节液。

2. 细菌学检查　将血液、疹块渗出液、脏器或疹块皮肤制成抹片，染色镜检，如发现革兰氏阳性纤细杆菌，在心内膜增生物触片和关节液涂片中，可见长丝状菌体或菌团，可作初步诊断。

3. 细菌分离与鉴定　将新鲜病料接种血琼脂，培养 48h 后，长出小菌落，表面光滑，边缘整齐，有蓝绿色荧光。明胶穿刺呈试管刷状生长，不液化。还可将病料制成乳剂，分别接种小鼠、鸽和豚鼠，如小鼠和鸽死亡，尸体内可检出本菌，而豚鼠无反应，可确诊为该病。

4. 生化试验　猪丹毒杆菌可发酵葡萄糖、乳糖、半乳糖和果糖，产酸不产气；分解木糖和蜜二糖可能产酸；一般不发酵蜜三糖、蔗糖、海藻糖、松三糖、鼠李糖、山梨醇、甘露醇、肌醇、甘油、棉籽糖、淀粉、菊糖、水杨苷等；能产生硫化氢，不产生靛基质，不分解尿素，紫乳无变化，MR 和 VP 阴性，硝酸盐还原试验阴性。

5. PCR 检测　应用聚合酶链式反应（PCR）可以达到快速诊断的目的，可以对临床采集的病料样品和分离到的菌株进行检测，目前已有该方法的建立及应用报道。

（二）血清学诊断

目前常用的方法有血清培养凝集试验，可用于血清抗体检测和免疫水平评价；SPA 协同凝集试验可用于该菌的鉴别和菌株分型；琼扩试验也用于菌株血清型鉴定；荧光抗体可用作快速诊断，直接检查病料中的本菌，并可与李氏杆菌鉴别。

（三）诊断解析

我国已颁布《猪丹毒诊断技术》（NY/T 566—2002）。在标准中规定了猪丹毒的诊断技术，其中临床症状观察和病原分离鉴定适用于猪丹毒的诊断；血清培养凝集试验用于流行病学调查和 SPF 猪群的监测。

在进行本病诊断的时候，应注意与猪瘟、猪链球菌病、最急性猪肺疫、急性猪副伤寒相鉴别。

六、防治

（一）预防

1. 加强饲养管理及农贸市场、屠宰厂、交通运输的检疫工作，对购入新猪隔离观察 21d，对圈舍、用具进行定期消毒。

2. 预防免疫，种公、母猪每年春秋两次进行猪丹毒氢氧化铝甲醛苗免疫。育肥猪 60 日龄时进行一次猪丹毒氢氧化铝甲醛苗或猪三联苗免疫一次即可。目前，国内也有预防该病的国产弱毒疫苗（G4T10 株），该苗可以通过饮水、拌料口服以及皮下注射的方式进行免疫，但皮下注射副反应大。

（二）治疗

发生疫情隔离治疗、消毒。未发病猪用青霉素注射，每日二次，3～4d 为止，加强免疫。

（三）其他措施

发现病猪后，应立即对全群猪测体温，及早检出病猪。病猪隔离治疗，死猪应深埋或烧毁。与病猪同群而未发病的猪，注射青霉素进行药物预防。待疫情扑灭后，进行 1 次大消毒，并注射菌苗，巩固防疫效果。对慢性病猪及早淘汰，以减少经济损失，防止带菌传播。

第五节 副猪嗜血杆菌病

副猪嗜血杆菌病（Haemophilus parasuis，HPS）又称格氏病（Glaesser's Disease）、纤维素性浆膜炎和关节炎，是由副猪嗜血杆菌引起的猪的多发性纤维素性浆膜炎和关节炎的统称。本病多发于断奶前后、保育仔猪和小猪，临床上以发热、咳嗽、呼吸困难、消瘦、跛行、关节肿胀、多发性浆膜炎和关节炎为特征。

一、病原学

副猪嗜血杆菌起初被称为猪嗜血杆菌（*Haemophilus suis*）或猪流感嗜血杆菌（*Haemophilus influenza swine*），后来证明其生长时不需要 X 因子，因而被更名为副猪嗜血杆菌（*Haemophilus parasuis*），属巴氏杆菌目（Pasteurellales）巴氏杆菌科（Pasteurellaceae）嗜血杆菌属（*Haemophilus*）成员。副猪嗜血杆菌为革兰氏阴性菌，多为短杆状，或呈球形、杆状或长丝状；多单在，也可形成短链；无鞭毛，不运动，无芽孢，新分离的致病菌株有荚膜。

该菌按 Kieletein-Rapp-Gabriedson（KRG）琼脂扩散血清分型方法，至少可将副猪嗜血杆菌分为 15 种血清型，另有 20％以上的分离菌株不可定型。各血清型菌株之间的致病力存在极大差异，其中血清 1、5、10、12、13、14 型毒力最强，其次是血清 2、4、8、15 型，血清 3、6、7、9、11 型的毒力较弱，各血清型之间交叉保护率低。我国分离到的菌株多为 4 型、5 型、12 型和 13 型。

该菌对外界的抵抗力不强，干燥环境中容易死亡，60℃ 5～20min 即可被杀死，4℃环境中一般只能存活 7～10d。常用消毒剂可很容易杀灭该细菌。对四环素、青霉素、磺胺、喹诺酮类敏感，但易耐受。

二、流行病学

1910 年，德国科学家 Glasser 首次报道该病，因此又称为格氏病（Glaesser's disease）。目前，该病呈世界性分布，我国也时有发生的报道。

副猪嗜血杆菌具有较强的宿主特异性，通常只感染猪。2 周龄至 4 月龄的猪均易感，哺乳仔猪因有母源抗体保护，呈隐性感染，多在断奶后、保育期间发病，临床多发于 5～8 周龄的猪。发病率一般为 10％～15％，严重时死亡率可达 50％。

病猪和带菌猪是本病的主要传染源。本菌为条件性致病菌，常存在于猪的上呼吸道，通常情况下，无症状隐性带菌猪较常见，如母猪和育肥猪是主要的带菌者。

该病主要经空气飞沫、直接接触及排泄物传播。多呈地方性流行，相同血清型的不同地方分离株可能毒力不同。当猪群中存在繁殖与呼吸综合征、流感或地方性肺炎的情况下，该病更容易发生。环境差，断水等情况下该病更容易发生。饲养环境不良时本病多发。断奶、转群、混群或运输也是常见的诱因。副猪嗜血杆菌病曾一度被认为是由应激所引起的。

本病虽四季均可发生，但以早春和深秋天气变化比较大的时候发生。

在临床上，本病多表现为继发感染，细菌会作为继发病原伴随其他主要病原混合感染，尤其是地方性猪肺炎。在肺炎中，副猪嗜血杆菌被假定为一种随机入侵的次要病原，是一种典型的"机会主义"病原，只在与其他病毒或细菌协同时才引发疾病。近年来，从患肺炎的猪中分离出副猪嗜血杆菌的比率越来越高，这与支原体肺炎的日趋流行有关，也与病毒性肺炎的日趋流行有关。这些病毒主要有猪繁殖与呼吸综合征、圆环病毒、猪流感和猪呼吸道冠状病毒。

三、临床症状

本病的临床症状取决于炎性损伤的部位。初次感染的猪群，发病很快，接触病原后几天内就发病。临床表现包括发热、食欲不振、厌食、反应迟钝、呼吸困难、咳嗽、疼痛（尖叫）、关节肿胀、跛行、颤抖、共济失调、可视黏膜发绀、侧卧、消瘦和被毛凌乱，随后可能死亡。急性感染后可能留下后遗症，即母猪流产、公猪慢性跛行。即使应用抗生素治疗感染母猪，分娩时也可能引发严重疾病，哺乳母猪的慢性跛行可能导致母性行为极端弱化。

四、病理变化

剖检病理变化表现为胸膜炎、肺炎、心包炎、腹膜炎、关节炎和脑膜炎等。此外，副猪嗜血杆菌还可引起败血症，并且可能留下后遗症，即母猪流产、公猪慢性破行。死亡时体表发紫，腹部膨胀，切开内有大量黄色腹水，肠系膜上有大量纤维素渗出，尤其肝脏整个被包住，肺水肿。胸膜炎明显（包括心包炎和肺炎），关节炎次之，腹膜炎和脑膜炎相对少一些。以浆液性、纤维素性渗出（严重的呈豆腐渣样）为炎症特征。肺可有间质水肿、粘连，心包积液、粗糙、增厚，腹腔积液，肝脾肿大、与腹腔粘连，关节病变亦相似。腹股沟淋巴结呈大理石状，颌下淋巴结出血严重，肠系膜淋巴变化不明显，肝脏边缘出血严重，脾脏有出血，边缘隆起米粒大的血泡，肾乳头出血严重，肾可能有出血点，最明显是心包积液，心包膜增厚，心肌表面有大量纤维素渗出，喉管内有大量黏液，后肢关节切开有胶冻样物。

五、诊断

（一）临床诊断

疼痛（尖叫）、关节肿胀、跛行、颤抖、共济失调；急性感染后可能留下后遗症，即母猪流产、公猪慢性跛行；哺乳母猪的慢性跛行可能导致母性行为极端弱化。本病应注意与其他败血性细菌感染相区别，能引起败血性感染的细菌有链球菌、巴氏杆菌、胸膜肺炎放线杆菌、猪丹毒丝菌、猪放线杆菌、猪霍乱沙门氏菌以及大肠杆菌等。

（二）病原学诊断

1. 病料的采集和处理 无菌采取病死猪有病变的肺脏，大小 $2cm^3$ 左右，或急性死亡猪的心血、胸水以及鼻腔血色分泌物，立即接种培养基。如果不能马上接种应放在无菌试管中，用低温冰瓶（4℃左右）在 12h 内送达实验室。

2. 细菌分离与鉴定 培养基可用鲜血琼脂、巧克力琼脂或加入生长因子和灭能马血清的牛心浸液琼脂培养基。牛心浸液培养基的制造方法：以牛心浸液为基础，加入大豆蛋白胨1%、肺蛋白胨 0.5%、胰蛋白胨 0.5%、氯化钠 0.5%、葡萄糖 0.1%、琼脂粉1.3%，调 pH7.0～7.2，121℃高压灭菌 15min，待冷至 45～50℃时，加入 56℃30min 灭能的马血清达 10%、1%过滤除菌的 NAD 1mL，倾倒平板，4℃保存备用。该菌十分娇嫩，分离培养往往很难成功。分离培养时，将副猪嗜血杆菌病料水平画线接种于鲜血琼脂平板上，再用金黄色葡萄球菌垂直画线，37℃培养 24～48h，在金黄色葡萄球菌菌落周围呈现出典型的"卫星"生长现象，并且不溶血。

3. 生化试验　本菌能分解葡萄糖、蔗糖产酸，不分解木糖、甘露醇，尿素酶阴性，吲哚阴性，鸟氨酸脱羧酶试验阴性，精氨酸水解酶试验阴性，触酶试验阳性，氧化酶试验阴性，氮还原试验阳性。生长需要 V 因子，不需要 X 因子。在血液琼脂上不溶血。

（三）血清学诊断

因副猪嗜血杆菌十分娇嫩，分离培养给往往不易成功，血清学诊断方法较少。主要血清学检验方法有：琼脂扩散试验、补体结合试验和间接血凝试验。

（四）分子生物学诊断

可根据本菌的 16S RNA 序列设计一对特异性引物进行 PCR 检测，可以直接使用临床病料经提取基因组后进行快速检测，可起到快速诊断的目的。另外，根据肠杆菌科基因间重复一致序列设计出可鉴别血清型的引物，对本菌进行血清型鉴定。国内外已有很多针对该病的 PCR 方法可供参考。

（五）诊断解析

本病与猪链球菌病、猪丹毒、猪传染性胸膜肺炎、猪霍乱沙门氏菌病、大肠杆菌病等容易混淆，在进行临床或实验室诊断时应注意鉴别。

副猪嗜血杆菌病不是 OIE 疫病名录中所列疫病。我国暂时还没有发布副猪嗜血杆菌的国家和行业标准，只有副猪嗜血杆菌的诊断防治技术地方标准。

目前商品化的试剂盒有副猪嗜血杆菌 PCR 诊断试剂盒、副猪嗜血杆菌基因检测试剂盒、副猪嗜血杆菌间接血凝抗体检测试剂盒、副猪嗜血杆菌抗体间接 ELISA 试剂盒。

六、防治

目前，猪副嗜血杆菌病发生呈递增趋势，且以多发性浆膜炎和关节炎及高发病率和高死亡率为特征，影响猪生产的各个阶段，给养猪业带来了严重的损失，因此，应对本病引起高度重视。当猪群发病严重时，应注意蓝耳病和圆环病毒的感染情况，很多情况下这两种病是本病的指示信号。如果蓝耳病和圆环病毒病还相对稳定表现时，说明已产生很强的耐药性，建议用商品化的疫苗控制，母猪产前 4～8 周接种一次（目前有单针的商品苗，一定是在上产床前已产生保护），仔猪也应在 2 周龄之内免疫，不受母源抗体的干扰。但由于副猪嗜血杆菌的血清型众多，疫苗研制受到了一定程度的制约，因此，应加强对本病的监测，根据当地流行菌株的主要血清型研制具有针对性的疫苗。

猪群一旦发病，首先将病猪隔离开，用大剂量的抗生素进行治疗。但应注意，一般情况下治疗效果不良。对没有发病受威胁的猪口服抗生素进行药物预防。为控制本病的发生发展和耐药菌株出现，应进行药敏试验，科学使用抗生素。

另外，加强饲养管理，严格执行日常的饲养管理制度。保持圈舍内外良好的卫生环境，温度、湿度适宜，通风良好，饲养密度适中，不同日龄的猪不混养。还要对外来车辆和人员进行严格的消毒，以免带入外源性致病菌株。在管理模式上最好坚持"全进全出"，发现疑似病例要马上隔离或捕杀淘汰，并进行环境消毒和疫苗免疫，以防病原菌的传播扩散。预防时可以对全群猪用电解质加维生素 C 粉饮水 5~7d，以增强机体抵抗力，减少应激反应。

第六节　猪布鲁氏菌病

猪布鲁氏菌病（Swine brucellosis）简称猪布病，从 1914 年发现以来，一直被认为是一种特殊存在的传染病。该病是由猪种布鲁氏杆菌（*Br. suis*）引起的急性或慢性人兽共患病。该病主要特征是：妊娠母猪的子宫和胎膜发生化脓性炎症，公猪发生睾丸炎。

一、病原学

布鲁氏菌属有 6 个种，即马耳他布鲁氏菌（*Brucella melitensis*）、流产布鲁氏菌（*Br. abortus*）、猪布鲁氏菌（*Br. suis*）、林鼠布鲁氏菌（*Br. neotomae*）、绵羊布鲁氏菌（*Br. ovis*）和犬布鲁氏菌（*Br. canis*）。习惯上称马耳他布鲁氏菌为羊布鲁氏菌，流产布鲁氏菌为牛布鲁氏菌。各个种与生物型菌株之间，形态及染色特性等方面无明显差别。

布鲁氏菌菌落有光滑型与非光滑型之分。在正常情况下，牛种、羊种、猪种均为光滑型。光滑型布鲁氏菌表面含有 A 抗原物质及 B 抗原物质，不同种或不同生物型的光滑型布鲁氏菌所含 A 抗原物质或 B 抗原物质的多少有差异，对鉴定种或生物型有帮助。

Br. suis 是唯一被公认为引起猪全身感染从而导致繁殖障碍的布鲁氏菌，虽然其他布鲁氏菌也可经人工感染或自然感染猪，但几乎不引起临床症状。与该属其他种一样，*Br. suis* 的初代分离培养物多呈球杆状，次代培养物逐渐变成小杆状。布鲁氏菌在显微镜下呈革兰氏阴性杆菌或球菌，单个分布，不运动。来源不同，菌株大小也不相同，但一般是 $0.4\sim0.8\mu m \times 0.6\sim0.3\mu m$。本菌对外界的抵抗力较强，在污染的土壤、水、粪便、尿及饲料中可存活 1 个月，对热和消毒剂的抵抗力不强，常用消毒剂可迅速将其灭活。

二、流行病学

病猪和带菌猪是主要传染源，尤其是受感染的妊娠母猪是该病的主要传染源。病原菌可随感染动物的精液、乳汁、脓汁，特别是流产胎儿、胎衣、羊水及子宫渗出物污染环境，通过饮水、饲料、用具和草场等媒介造成动物感染。

消化道感染是本病的主要传播途径，也可通过结膜、阴道、损伤或未损伤的皮肤感染。猪的习性和该病的一般特点决定了消化道是该病最常见的侵入门户。各种年龄的猪都可能吃到或喝到被病原菌污染的物品。仔猪可经母乳感染。猪布鲁氏菌病也是猪的一种性病，当母猪与感染的公猪交配时，或用污染了 *Br. canis* 的精液人工授精时，母猪很快被感染。

除猪感染本病外，还有欧洲野兔和野猪也是本病的主要潜在传染源。在控制布鲁氏菌病时，野猪和家猪的接触是布病流行病学的重要内容，野猪 *Br. canis* 的感染对人类的威胁不亚于家猪。

人的传染源主要是患病动物，一般不由人传染于人。在我国，人布鲁氏菌病最多的地区是羊布鲁氏菌病严重流行的地区，从人体分离的布鲁氏菌大多数是羊布鲁氏菌。一般牧区人的感染率要高于农区。患者有明显的职业特征。

三、临床症状

最明显的症状是流产，多发生在妊娠第 4～12 周。有的在妊娠第 2～3 周即流产，有的接近妊娠期满即早产。早期流产常不易发现，因母猪常将胎儿连同胎衣吃掉。流产的前兆症状常见沉郁，阴唇和乳房肿胀，有时阴道流出黏性或黏脓性分泌液。流产后胎衣滞留情况少见，子宫分泌液一般在 8d 内消失。少数情况因胎衣滞留，引起子宫炎和不孕。公猪常见睾丸炎和附睾炎。有时在开始即表现全身发热，局部疼痛不愿配种，但通常则是逐渐发生，即睾丸及附睾的不痛肿胀。较少见的症状还有皮下脓肿、关节炎、腱鞘炎等，如椎骨中有病变时，还可能发生后肢麻痹。

四、病理变化

发病母猪子宫不管妊娠与否均有明显病变。可见黏膜上散在分布着很多呈淡黄色的小结节，其直径多在 2～3mm。结节质地硬实，切开有少量干酪样物质。小结节相互融合成斑块，从而使子宫壁增厚和内膜狭窄，通常称其为粟粒性子宫。输卵管也有类似子宫结节病变，有时可引起输卵管阻塞。

一般组织学变化，主要包括：子宫腺体淋巴细胞浸润，子宫内膜基质细胞浸润，腺体周围结缔组织增生。弥散的化脓性炎症在感染胎盘经常出现，也可出现大量上皮细胞坏死和纤维素性结缔组织增生。在菌血症期内，实质脏器有局部的显微肉芽肿，常见于淋巴细胞、巨噬细胞、嗜中性粒细胞浸润的坏死区，并有结缔组织和上皮细胞覆盖，同时会发现有干酪样或凝固性坏死中心。

五、诊断

（一）临床诊断

猪布鲁氏菌病的症状包括妊娠期任何阶段的流产、死产或弱仔。公猪最明显的症状是附睾炎，影响次级性器官。最明显的症状是流产，多发生在妊娠第 4～12 周。流产的前兆症状常见沉郁，阴唇和乳房肿胀，有时阴道流出黏性或黏脓性分泌液。流产后胎衣滞留情况少见，子宫分泌液一般在 8d 内消失。公猪常见睾丸炎和附睾炎。有时在开始即表现全身发热，局部疼痛不愿配种，但通常则是逐渐发生，即睾丸及附睾的不痛肿胀。有时无临床症状的猪精液中存在猪布鲁氏菌。猪通过交配传播布鲁氏菌病比反刍兽更普遍。不管是公猪或母猪，会影响骨骼特别是关节和腱鞘，引起跛行，有时瘫痪。用牛种布鲁氏菌和羊种布鲁氏菌人工感染，猪易感，但没有这些菌引起猪自然发病的报道。在人，感染有职业性倾向，一般限于与猪接触及实验室的工作人员。但猪种布鲁氏菌能在牛乳房寄生，易在人群中引起严重流行。

(二)病原学诊断

猪种布鲁氏菌易从猪的分娩物、猪尸淋巴结和器官培养物中分离到。污染样品的培养可用选择性培养基。自然情况下，猪种布鲁氏菌经常呈光滑型，在固体培养基上呈典型光滑型布鲁氏菌的特性。猪源生物型布鲁氏菌能与单因子抗 A 血清而不与抗 M 血清凝集。可用噬菌体裂解试验和生化试验来准确鉴定种和生物群，一般由专门实验室完成。

1. 病料的采集 可采取流产胎儿、胎盘、羊水、阴道分泌物等。其他可采取淋巴结、骨髓、乳腺、子宫、睾丸、乳汁、精液等。尽快送到实验室进行分离培养，不得超过 24h。

2. 细菌分离与鉴定 本菌为需氧兼性厌氧菌。初次分离时，需要 5%～10%的 CO_2。最适温度 37℃，pH6.6～7.0。在普通琼脂上可生长，但贫瘠，血液琼脂、血清葡萄糖琼脂、胰陈琼脂、肝浸液琼脂、血液马铃薯浸液琼脂等生长较佳。为了抑制杂菌生长，可在培养基中加入 0.002%的硫堇蓝，以抑制牛种或羊种布鲁氏菌生长，提高分离率。

布鲁氏菌生长较慢，特别是初次分离时。最快的 2～4d，最慢的 2～4 周，实验室保存的菌株 1～2d 可见生长。在血清葡萄糖培养基上的菌落为圆形、光滑、边缘整齐、潮润闪光、低隆、半透明，透光看微现蓝色，直径 1～2mm，继续培养可达 3～4mm，隆起度增加，最大的菌落可达 9～8mm。肝汤琼脂培养基上菌落带淡黄色或黄褐色，在马铃薯斜面上大多数菌株现暗黄色或暗褐色的色素，培养天数多的色素较深。血液琼脂培养基上不溶血。布鲁氏菌有光滑型与非光滑型之分。在正常情况下，牛种、羊种、猪种均为光滑型，在不利条件下也可变为非光滑型。

3. 生化试验 布鲁氏菌生化活性不甚活跃，不产生吲哚，不液化明胶，MR、VP 阴性。能分解葡萄糖、麦芽糖、蔗糖产酸，不分解甘露醇、鼠李糖等。能还原硝酸盐为亚硝酸盐，接触酶阳性，氧化酶多为阳性，产生尿素酶。猪布鲁氏菌 1 型产生大量的硫化氢，牛布鲁氏菌次之，羊布鲁氏菌仅产生微量或不产生硫化氢。染料抑菌作用亦有助于区别各种布鲁氏菌，一些牛种的布氏杆菌不能在 0.05%的硫堇中生长，大多数猪种布氏杆菌不能在 0.05%的碱性复红中生长。

(三)血清学诊断

目前，猪个体常规诊断还没有可靠的血清学试验，血清学方法仅用于确定感染畜群。间接酶联免疫吸附试验（ELISA）和竞争 ELISA 是国际贸易指定方法。缓冲布鲁氏菌抗原试验（BBAT），如缓冲平板凝集试验（BPAT）和虎红平板凝集试验（RBT），可用于筛选畜群。已建立了荧光偏振试验方法。皮肤变态反应也适用于鉴定感染畜群。

1. 待检血清的采取 经动物静脉采血，自然析出血清，于 24h 内送检，最迟不得超过 3d，不能按期送达者，需加石炭酸防腐，每 0.9mL 血清加 5%石炭酸 0.1mL，立即振荡混合，血清应无明显蛋白凝块，无严重溶血和腐败气味。

2. 平板凝集试验 操作方法如下：

（1）取洁净玻板一块，用蜡笔划成方格，并注明待检血清号码，每一份血清用 4 格。

（2）用 0.2mL 移液器吸取血清，按 0.08mL、0.04mL、0.02mL 和 0.01mL 顺序加于 4 小格内，每一检样需换一个吸头。

（3）每格加布鲁氏菌平板凝集抗原 0.03mL，混匀，每份血清用 1 个吸头，从血清量少的到血清量多的逐格混匀。

（4）混合完毕，将玻板置于室温下感作 3～5min，记录结果。

（5）每次试验须用标准阳性血清和阴性血清作对照。

结果判定：

以"＋……＋＋＋＋"记录反应强度：

＋＋＋＋：出现大的凝集块，液体完全透明，100％凝集。

＋＋＋：有明显凝集颗粒，液体几乎完全透明，即 75％凝集。

＋＋：有可见凝集颗粒，液体不甚透明，即 50％凝集。

＋：液体混浊，有少量凝集颗粒，25％凝集。

－：液体均匀混浊，不凝集。

以"＋＋"以上凝集判为阳性，记录各血清量的结果。

3. 试管凝集试验　操作方法如下：

（1）每份血清用 4 支试管，按表加入 0.5％石炭酸生理盐水，然后用 1mL 吸管吸取待检血清 0.2mL，加入第一管中，吹吸 3 次后，吸出 0.5mL 弃去，再吸 0.5mL 于第二管，依次吸混合至第四管，混合后弃去 0.5mL，各管的血清稀释度依次为 1∶12.5、1∶25、1∶50 和 1∶100，各管液量均为 0.5mL。用于牛、马和骆驼时，第一管用 2.4mL 石炭酸生理盐水加 0.1mL 血清，各管稀释度依次递增一倍，最后每管留下的稀释血清仍为 0.5mL。

（2）各管加入用 0.5％石炭酸生理盐水 20 倍稀释的布鲁氏菌试管凝集抗原 0.5mL，每次试验须设抗原对照，阳性血清和阴性血清对照，按下表加入各种成分。

（3）加完抗原后，充分摇匀，置 37℃温箱 4～10h，再移置室温 18～24h（总计 28h），此时各管的血清稀释度分别为 1∶25、1∶50、1∶100 和 1∶200。

布鲁氏菌试管凝集试验术式（猪、羊）

单位：mL

成分	血清稀释度				对照		
					抗原对照	阳性对照 1∶25	阴性对照 1∶25
	1∶25	1∶50	1∶100	1∶200			
0.5％石炭酸生理盐水	2.3	0.5	0.5	0.5	0.5	—	—
待检血清	0.2	0.5	0.5	0.5	—	0.5	0.5
抗原（1∶20）	0.5	0.5	0.5	0.5	0.5	0.5	0.5
	弃去 1.5				弃去 0.5		

结果判定：

以"＋……＋＋＋＋"记录各管凝集程度。

＋＋＋＋：液体完全透明，菌体完全凝集呈伞状沉于管底，振摇时，沉淀物呈片状和絮状，为 100％凝集。

＋＋＋：液体略呈混浊，菌体大部沉降于管底，呈伞状，为 75％凝集。

＋＋：液体不甚透明，有明显的颗粒状凝集，为 50％凝集。

＋：液体不透明，有少量颗粒状沉淀，为 25％凝集。

一：液体不透明，管底无颗粒状沉淀，不凝集。

出现＋＋以上凝集的血清最高稀释度即为该血清的凝集价。

牛、马和骆驼凝集价 1：100 以上，猪、羊凝集价 1：50 以上判为阳性；牛、马、骆驼 1：50，猪、羊 1：25 为可疑。

4. 虎红平板试验 将布鲁氏菌抗原混悬于 pH3.6～3.8 的酸性缓冲液中，制成酸性缓冲液抗原，与血清作平板试验，可以排除由 IgM 引起的假阳性反应。此种抗原常加虎红（四氯四碘荧光素钠盐）着色，故称为虎红抗原试验，美国、加拿大等以纸片代替玻板，故亦称卡片试验。

操作方法：取血清、抗原各 0.03mL 于玻板上混合，5min 内读结果，无可疑反应。

5. 全乳环状试验 取 1mL 待检奶样于试管中，加入抗原 2 滴（约 0.05mL）混匀，37℃水浴 1h，取出看结果。乳脂红色，乳柱白色判为阳性；乳脂白色，乳柱红色判为阴性；乳脂和乳柱均为红色者判为可疑。

6. 其他血清学方法还有 乳清凝集试验，精液凝集试验，补体结合试验，间接溶血试验，抗球蛋白试验等。

（四）诊断解析

OIE 认为病原鉴定仍是布鲁氏菌病最好的诊断方法，其中包括细菌培养、定型、噬菌体试验、PCR 技术等，猪个体常规诊断还没有可靠的血清学方法，但仍然指定 ELISA 作为国际贸易的试验方法，用于筛检大批血清样品。

我国发布了《动物布鲁氏菌病诊断技术》（GB/T 18646—2002）国家标准，其中规定了虎红平板凝集试验、乳牛全乳环状试验适用于家畜布病田间筛选试验和乳牛场布病的监测及诊断泌乳母牛布病的初筛试验；试管凝集试验和补体结合试验适用于诊断羊种、牛种和猪种布病感染的家畜，尤其需要注意，标准中规定的试管凝集试验不适用于犬种和绵羊副睾种布病感染家畜的检疫。

目前的商品化诊断试剂有布鲁氏菌病 PCR 诊断试剂盒、布鲁氏菌病抗体检测试剂盒等。

六、防治

应当着重体现"预防为主"的原则。最好办法是自繁自养，必须引进种猪或补充猪群时，要严格检疫，即将引进猪隔离饲养两个月，同时进行布鲁氏菌病的检查，全群两次免疫血清学检查阴性者，才可以与原猪群接触。保持清净的畜群还应定期检疫（至少一年一次），一经发现，即应淘汰。

猪群中如果发现流产，除隔离流产猪和消毒环境及流产胎儿、胎衣外，应尽快做出诊断。均应采取措施，将其消灭。消灭布鲁氏菌病的措施是检疫、隔离、控制传染源、切断传播途径、培养清净猪群及主动免疫接种。

通过免疫接种和血清学检查，在畜群中反复进行检查和淘汰（屠宰），可以获得清净猪群。阳性猪淘汰，阴性者作为假定健康畜继续观察检疫，经 1 年以上无阳性者出现（初期 1 个月检查 1 次，2～3 次后，可 6 个月检查 1 次），且已正常分娩，即可认为是无病猪群。

培养健康猪群由仔猪着手，成功机会较多。仔猪在断乳后即隔离饲养，2 月龄及 4 月龄各检验一次，如全为阴性即可视为健康仔猪。

疫苗接种是控制本病的有效措施。已经证实，布鲁氏菌病的免疫机理是细胞免疫。保护宿主抵抗流产布鲁氏菌的细胞免疫作用是：特异的 T 细胞与流产布鲁氏菌抗原反应，产生淋巴因子，进而提高巨噬细胞活性战胜其细胞内细菌。因而在没有严格隔离条件的畜群，可以接种疫苗以预防本病的传入，也可以用疫苗接种作为控制本病的方法之一。

目前多采用活疫苗进行免疫接种，我国使用 S2 号弱毒活苗，通过口服和注射进行接种。

S2 号苗对山羊、绵羊、猪和牛都有较好的免疫效力，可供预防羊、猪、牛布鲁氏菌病之用，口服可用于怀孕母猪。猪 2 号苗的毒力稳定，使用安全，免疫力好，在生产上已经收到良好效果。

应当指出，上述弱毒活苗仍有一定的剩余毒力，因此，在使用中应做好工作人员的自身保护。

布鲁氏菌是兼性细胞内寄生菌，化疗药剂不易生效。病畜不做治疗，应淘汰或屠宰。

人类布鲁氏菌病的预防，首先要注意职业性感染，凡在动物养殖场、屠宰场、畜产品加工厂的工作者以及兽医、实验室工作人员等，必须严守防护制度（即穿着防护服装，做好消毒工作），尤其在仔畜大批生产季节，更要特别注意。病畜乳肉食品必须灭菌后食用。必要时可用疫苗（如 Ba-19 苗）皮上划痕接种，接种前应行变态反应试验，阴性反应者才能接种。

第七节　猪李氏杆菌病

猪李氏杆菌病（Swine listeriosis）又名转圈病、脑膜炎等，是由产单核细胞李氏杆菌（*Listeria monocytogenes*，LM）引起的一种人畜共患的散发性传染病。人和家畜以流产、脑膜炎和败血症等症状为特征；啮齿类动物则以心肌炎、坏死性肝炎和单核细胞增多症为特征。猪发生该病后，临床上仔猪以败血症、育肥猪和肥猪以脑膜炎、孕猪以流产为特征；猪发生本病后最明显的症状是中枢神经系统机能障碍。我国将其列为三类动物疫病。

一、病原学

本病由产单核细胞李氏杆菌（*Listeria monocytogenes*）引起，在分类学上属于芽孢杆菌目（Bacillales）李氏杆菌科（Listeriaceae）李氏杆菌属（*Listeria*）。李氏杆菌属有 7 个成员，分为两个群：第一群包括产单核细胞李氏杆菌、伊万诺夫李氏杆菌（*L. ivanovii*）、无害李氏杆菌（*L. innocua*）、维斯梅尔李氏杆菌（*L. welshimeri*）和西里杰李氏杆菌（*L. seeligeri*），第二群有格式李氏杆菌（*L. grayi*）和莫氏李氏杆菌（*L. murrayi*），其中第二群的成员被认为没有致病性。

产单核细胞李氏杆菌是一种革兰氏阳性的小杆菌，大小为（0.4～0.5）μm×（0.5～

2）μm，呈规则的短杆状，两端钝圆，无荚膜，不形成芽孢，多单在，有时呈"V"型、短链。在抹片中单个分散或两个菌排成 V 形或并列。在 1～45℃的温度范围内可以生长，但以 30～37℃生长最佳。在普通琼脂培养基中可生长，在血液或全血琼脂培养基上生长良好，加入 0.2%～1%的葡萄糖及 2%～3%的甘油生长更佳。在 4℃可缓慢增殖，约需7d，故可用低温增菌法从病料中分离病菌。菌落可产生光滑型和粗糙型变异，光滑型菌落透明、蓝灰色，培养 3～7d 直径可达 3～5mm，在 45°斜射光照射镜检时，菌落呈特征性蓝绿光泽，在绵羊血琼脂上可形成窄的 β 溶血环，此特性可与棒状杆菌、猪丹毒杆菌鉴别。在粗糙型菌落中可见到长 20μm 甚至更长的纤丝。该菌在 37℃中培养 24h 可分解葡萄糖、果糖、海藻糖、水杨苷、鼠李糖，产酸不产气；不分解棉子糖、肌醇、卫矛醇、侧金盏花醇、木糖及甘露醇。不还原硝酸盐、不产生靛基质和硫化氢，甲基红及 VP 试验阳性。

用凝集素试验可将本菌分出 15 种 O 抗原和 4 种 H 抗原，可组合成 16 个血清型，现已查明本菌有 7 个血清型和 11 个亚型，猪、禽以 I 型多见。

本菌在 pH5.0 以下缺乏耐受性，pH5.0 以上才能繁殖，至 pH9.6 仍能生长。本菌对食盐有较强的耐受性，在 10%食盐的培养基中仍能生长，在 20%的食盐溶液中经久不死。本菌对热的耐受性较强，常规巴氏消毒法不能杀灭它，65℃经 30～40min 才能被杀灭。兽医上常用的消毒药都易使之灭活。本菌对青霉素有抵抗力，对链霉素敏感，但易形成抗药性；对四环素类和磺胺类药物敏感。

本菌的抵抗力较强，在土壤、粪便、青贮饲料和干草中能长期存活。对酸和碱的耐受性较强，在 pH 5.0～9.6 和 10%盐溶液中仍能生长，在 20%盐溶液内能经久不死。对热的耐受性比大多数无芽孢杆菌强，常规巴氏消毒法不能杀灭它，65℃ 30～40min、70℃30min、100℃ 15min 才能杀灭。但一般消毒剂都易使之灭活。

二、流行病学

19 世纪末人类就受到了该病的威胁，并从人体组织中分离出了病原。1910 年以前，冰岛的羊群也受到了该病的危害，但对其病原还不清楚。1911 年瑞典的 Hulpbers 从兔肝组织中分离出病原菌，命名为 *Bacillus bepatis*。1926 年 Murray 等首先在英国实验室从家兔和豚鼠中分离到该菌，并在家兔的回归试验中出现了明显的单核细胞增多现象，明确地描述了该菌与动物流行病有关，并将该菌称为单核细胞增多性杆菌（*Bacterium monocytogenes*）。从 1933 年 Cill 等人查明了羊转圈病的病原为单核细胞增多性李氏杆菌后，才引起世界各国的重视。

猪李氏杆菌病遍布世界各地，以欧美国家报道最多，如英国、瑞典、德国、荷兰、美国、俄罗斯、法国、乌拉圭、匈牙利、意大利。南非、大洋洲、亚洲等地均有发生。20世纪 50 年代中国农业科学院哈尔滨兽医研究所首先从患病猪中分离到该病病原。以后各省陆续有猪发病的报道。

现已查明，有 42 种哺乳动物和 22 种鸟类对本病易感，家畜中以绵羊、猪、兔、牛（水牛）较易感，山羊次之。各种年龄的动物均可感染，幼龄动物较老龄动物易感，怀孕动物更易感。

患病动物、带菌动物是本病的传染源，被污染的食品、饲料和水源是本病主要的传播媒介。细菌主要分布于眼、鼻及生殖道的分泌物、粪尿、乳汁及精液中，该病主要经消化道、呼吸道、损伤的皮肤、黏膜及眼结膜感染。

本病多为散发，个别呈地方流行，发病率低，但致死率高。本病无明显的季节性，但以冬季和初春季节多发。

三、临床症状

猪李氏杆菌病自然感染的潜伏期为 2~3 周，短的只有几天，最长可达 2 个月之久。表现为败血症的潜伏期为 1~2d。

各种动物患病后的临床症状表现不一，主要有脑炎型、内脏型、短期发热型等，也有的不表现任何症状。幼龄动物常以败血症为主，成年动物常以脑炎为主，妊娠动物常发生流产，但都有神经症状。

发病后，最明显的临床症状是中枢神经系统机能障碍，以 2~5 月龄的仔猪发病率最高，且多呈急性经过，病程为 1~5d。发病初期，病猪体温升高，以后降至常温或常温以下。常突然发病，以急性型出现，大多数表现为脑膜炎症状。病初表现为间歇性的神经兴奋。发作时常出现运动失常，作转圈运动。多数可见视力障碍，无目的地行走或后退，或以头抵地不动。有的表现两前肢或四肢麻痹，有的口吐白沫，肌肉呈阵发性痉挛，侧卧，四肢呈游泳状运动，有的头颈及四肢强直，呈破伤风症状。一般经 1~4d 死亡，病程较长的为 7~9d，个别可达 1 个月以上。妊娠母猪无明显症状而发生流产。仔猪感染以败血症为主，体温显著升高达 42℃，食欲减退或废绝。有的表现口渴、咳嗽、腹泻、皮疹、呼吸困难、耳部及腹部皮肤发绀。病程大约 1~3d，死亡率高。

本病多为散发，呈地方性流行，发病率低，但致死率高。一年四季均可发病，但以冬春季节较为多见，夏秋季节较少。

四、病理变化

李氏杆菌病畜剖检无特殊的典型病变。有脑膜炎的剖检可见脑膜和脑实质炎性水肿，脑沟回充血并有出血点，脑实质软化，脑脊液增多，稍混浊，脑干变软并有细小的化脓灶，血管周围有单核细胞浸润，脑软膜淤血，延脑断面有灰黄色变色部分。猪的心外膜有大片条状出血，肝脏有小坏死灶。有败血症症状的剖检可见肝脾肿大，肝脏有坏死灶，流产母畜可见子宫内膜炎变化，心肌和肝脏有坏死和广泛性坏死。

脑炎病例的脏器在显微镜下无特殊变化，只是在延脑、脑桥、小脑髓质、脊髓上部的各实质中有中性粒细胞、单核细胞和淋巴细胞等组成的细胞浸润灶，由圆核细胞组成的血管周围性细胞浸润和神经胶质细胞浸润等。败血症病例以各脏器充血、出血变化为特征，尤以肝脏形成小的坏死灶、病灶内星状细胞异常肿大和细胞内有李氏杆菌增殖为特征。

五、诊断

（一）临床诊断

幼龄动物常以败血症为主，成年动物常以脑炎为主，妊娠动物常发生流产，但都有神经症状。通常病猪多出现于 1～6 月，2～5 月龄的仔猪发病率高，且多为急性经过，病程为 1～5d。

（二）病原学诊断

1. 病料的采集和处理　首先就根据不同的病例，进行相应部位的无菌采样，同时避免自身感染。脑炎病例，应取脑脊液和脑干部脑实质，或将死亡动物的头割下送实验室检查。败血症病例，不限特定器官，一般常用的是肝、脾和血液。流产病例，一般取流产胎儿消化器官的内容物、子宫及阴道分泌物、流产胎儿的肝、脾和肾等。

2. 细菌分离与鉴定　取脑脊液或子宫阴道分泌物和流产胎儿脑、肝、脾组织或病畜脑组织匀浆液。画线接种于血液（羊或兔）琼脂平板、亚碲酸钾琼脂平板或 TNA 平板，置 $10\%CO_2$ 环境中 37℃孵育 24～48h。在血液琼脂平板上，可见露珠状针头大菌落，继续培养 48h，菌落为粒大扁平或边缘略高菌落，呈灰蓝色或淡黄色，菌落周围有明显的 β 溶血环。在亚碲酸钾琼脂平板上形成黑色菌落。在 TNA 平板上形成亮绿色到蓝绿色菌落。对污染的病料可先接种于胰陈肉汤中，48h 后再接种血液琼脂平板、亚碲酸钾平板、TNA 平板。肉汤培养，37℃24h 培养呈轻微均匀混浊，48h 有颗粒状见于管底，摇动时有发辫状浮起，无菌膜和壁环。幼龄培养物抹片镜检，可见细菌呈栅栏状排列或 V、Y 字形排列。本菌无芽孢、无荚膜、有鞭毛，能作滚动运动。

3. 生化试验　本菌能发酵葡萄糖、乳糖、麦芽糖、鼠李糖、水杨苷，产酸不产气；能发酵蔗糖和糊精，但很慢（7d 以上）；不发酵甘露醇、阿拉伯糖、棉实糖、木糖、卫予醇。MR 和 VP 试验常为阳性，CAMP 试验阳性。半固体培养基穿刺，细菌呈漏斗状发育，沿穿刺线向四周扩散，说明细菌可运动。

4. 动物实验　选择健康的断奶仔猪（2 月龄），取病料悬液进行腹腔、脑腔、静脉注射或滴眼，观察有无败血症状、结膜炎等李氏杆菌病特有症状，发病死亡后取病料进行细菌分离鉴定。建议选用小鼠进行腹腔注射，发病死亡后，剖检若发现脾脏、淋巴结、肺脏、肾上腺、心肌、胃肠道中有较小的坏死灶，取心、肝、脾直接抹片镜检，若发现大量呈"V"型、栅栏状的长丝状革兰氏阳性杆菌即可诊断为李氏杆菌病阳性。

（三）血清学诊断

根据李氏杆菌的菌体和鞭毛抗原不同，可分为 1、2、3、4 等 4 个血清型。鉴于自人、家畜、啮齿类动物、野生动物、水生动物等正常动物均可分离到李氏杆菌，而且该菌与肠球菌、埃希氏大肠杆菌、一些具有运动能力的棒状杆菌和许多革兰氏阳性菌之间能产生交叉反应，因此，血清学检验对该病的诊断只具有一定的参考价值。检测李氏杆菌的血清学方法有：

1. 凝集试验　其试验方法可参照布病的凝集反应的操作方法进行。该反应的滴度只有高于 1∶320 时，才认为是特异性反应。该试验可以检出猪群中的李氏杆菌隐性或潜伏感染猪。

2. 免疫荧光试验（IFA）　将李氏杆菌经 TSA‐YE 37℃培养 18h，以 PBS 制成 10^8 个细菌/mL 悬液；或经 TSB‐YE 培养，离心沉淀后，重新悬液至上述浓度，取上述菌液涂片，室温干燥，用－20℃丙酮固定 15min，应用荧光抗体作直接法染色，李氏杆菌在菌液涂片内呈现具有荧光的球菌状与双球菌状特征。

3. 补体结合反应、间接血凝试验和 ELISA 法　前两者因其敏感性低，非特异性强，故没有实用价值。有报道间接 ELISA 法可检测李氏杆菌病血清抗体，其方法是将接种于 TSB-YE25℃培养 2～3d 的培养物经离心获得的菌体以热处理制成 ELISA 抗原。取 10^8 个细菌/mL 的抗原包被在微量滴定板上，每孔 50μL。于 37℃孵育 2h，洗板，并加入 1：5 000 辣根过氧化物酶标记的羊抗鼠 IgG McAb，37℃孵育 1h，再洗板，每孔加底物溶液显色后，用分光光度计以 450nm 判读每孔的吸收值。结果判定是以超过数份阴性血清的平均光吸收值＋3 个标准差的样品判为阳性。

（四）其他方法

1. PCR　可参考 Deeneer 等设计的引物，Lis-1：5'-GCATCTGCATTCAATAAA-GA-3'，Lis-2：5'-TGTCACTGCATCTCCGTGGT-3'，产物大小为 174bp。检测步骤参照常规 PCR 方法。

2. 已建立的李氏杆菌检测方法还有流式细胞计法（FCM）、DNA 杂交法、寡核苷酸探针、基因探针、磁免疫 PCR（MIPA）等。

（五）诊断解析

在本病诊断中应注意与中毒、猪伪狂犬病、传染性脑脊髓炎等具有类似症状的疾病进行鉴别。

六、防治

本病无有效疫苗用于免疫预防，主要采取加强检疫、消毒和饲养管理等综合性措施进行控制。

平时须驱除鼠类和其他啮齿动物，驱除体外寄生虫，不要从有病地区引入畜禽。发病时应实施隔离、消毒、治疗等一般防疫措施。人在参与病畜禽饲养管理或剖检尸体和接触污染物时，应注意自身防护。病畜（禽）肉及其产品，须经无害化处理后才能利用。平时应注意饮食卫生，防止食用被污染的蔬菜或乳肉蛋而感染。

对本病的治疗，应经药敏试验，选择敏感的抗生素进行治疗。本菌对新霉素、磺胺甲氧嗪钠、卡那霉素、红霉素、氨苄青霉素、先锋霉素敏感；对庆大霉素、丁胺卡那霉素、痢特灵、土霉素、青霉素中度敏感；对新诺明、链霉素、氯霉素、呋喃安酮低度敏感；多黏霉素、羧苄青霉素、萘碇酮酸、利福平等对李氏杆菌无抑制作用。

第八节　猪支原体肺炎

猪支原体肺炎（Mycoplasmal pneumonia of swine）又称猪地方流行性肺炎（Swine enzootic pneumonia），俗称猪气喘病，是由猪肺炎支原体引起猪的一种慢性呼吸道传染病。主要症状为连续性的干性咳嗽和气喘，病变的特征是肺的尖叶、心叶、中间叶和膈叶前缘呈肉样或虾肉样实变。猪肺炎支原体常与多杀性巴氏杆菌、副猪嗜血杆菌或胸膜肺炎放线杆菌等病原菌协同引起猪地方性肺炎，还常与猪繁殖与呼吸综合征病毒、猪圆环病毒 2 型或猪流感病毒共同致病，引起猪呼吸道综合征，对养猪业危害很大。

一、病原学

病原为猪肺炎支原体（*Mycoplasma hyopneumoniae* 或 *M. suipneumoniae*），属支原体科（Mycoplasmataceae）支原体属（*Mycoplasma*）成员。病原存在于病猪的呼吸道（咽喉、气管、肺组织）、肺门淋巴结和纵隔淋巴结中。因无细胞壁，故是多形态微生物，有环状、球状、点状、杆状和两极状等。本菌不易着色，可用姬姆萨或瑞特氏染色。

猪肺炎支原体对自然环境抵抗力不强，圈舍、用具上的支原体，一般在 2～3d 失活，病料悬液中支原体在 15～20℃放置 36h，即丧失致病力。常用的化学消毒剂均能达到消毒目的。

二、流行病学

全球所有养猪国家和地区，特别是现代密集型饲养的猪场分布较广。调查结果表明，曾经有 30%～80%屠宰猪有支原体肺炎典型病变。在来自美国 13 个州 337 个猪群的屠宰猪中，有 99%猪群有此病。可给养猪业造成较大经济损失。自然感染病例仅见于猪，其他家畜、动物和人类未见自然感染的报道。人工感染其他动物，除可在乳鼠、仓鼠、绵羊和山羊体内传代，并且不表现任何症状和病理变化外，其他动物均不能感染。不同年龄、性别和品种的猪均有易感性，而以哺乳猪和刚断奶仔猪最易感，其次是怀孕后期母猪和哺乳母猪。育肥猪和成年猪发病率低、病情也轻。

猪是本病的自然宿主，各种品种、年龄、性别的猪均可感染。病猪和带菌猪是本病的传染源。病猪与健康猪直接接触，通过病猪咳嗽、气喘和喷嚏将含病原体的分泌物喷射出来，形成飞沫，经呼吸道而感染。如给健康猪皮下、静脉、肌肉注射或胃管投入病原体都不能发病。

很多地区和猪场由于从外地引进猪只时，未经严格检疫购入带菌猪，引起本病的暴发。哺乳仔猪从患病的母猪受到感染。有的猪场连续不断发病是由于病猪在临床症状消失后，在相当长时间内不断排菌感染于健康猪。本病一旦传入后，如不采取严密措施，很难彻底扑灭。

本病一年四季均可发生，但在寒冷、多雨、潮湿或气候骤变时较为多见。饲养管理和卫生条件是影响本病发病率和死亡率的重要因素，尤以饲料的质量，猪舍潮湿和拥挤、通风不良等影响较大。

三、临床症状

潜伏期一般为 11～16d，短则 5～7d，最长可达 1 个月以上。根据病的经过，大致可分为急性、慢性和隐性三个类型。最常见的为慢性型和隐性型。

急性型：主要见于新疫区和新感染的猪群，病初精神不振，头下垂，病猪呼吸困难，严重者张口喘气，发出喘鸣声，有明显腹式呼吸。体温一般正常，如有继发感染则可升到40℃以上。病程一般为 1～2 周，病死率也较高。

慢性型：急性转为慢性，也有部分病猪开始时就取慢性经过，常见于老疫区的架子猪、育肥猪和后备母猪。主要症状为咳嗽，站立不动，背拱，颈伸直，头下垂，用力咳嗽多次，严重时呈连续的痉挛性咳嗽。食欲变化不大，病势严重时减少或完全不食。病期较长的小猪，身体消瘦而衰弱，生长发育停滞。病程长，可拖延 2～3 个月，甚至长达半年以上。

隐性型：可由急性或慢性转变而成。有的猪只在较好的饲养管理条件下，感染后不表现症状，但用 X 线检查或剖检时发现肺炎病变，在老疫区的猪只中本型占相当大比例。

四、病理变化

主要病变只见于肺、肺门淋巴结和纵隔淋巴结。急性死亡见肺有不同程度的水肿和气肿。在心叶、尖叶、中间叶及部分病例的膈叶出现融合性支气管肺炎，以心叶、尖叶最为显著，常呈对称性肉变，中间叶次之，然后波及到膈叶。病变部的颜色多为淡红色或灰红色，半透明状，病变部界限明显，像鲜嫩的肌肉样，俗称肉变，做浮水试验沉于水。随着病程延长或病情加重，病变部颜色转为浅红色、灰白色或灰红色，半透明状态的程度减轻，俗称胰变或虾肉样变。支气管内往往有炎性分泌物，肺门和纵隔淋巴结显著肿大，有时边缘轻度充血。继发感染细菌时，引起肺和胸膜的纤维素性、化脓性和坏死性病变，还可见其他脏器的病变。

发病早期病例，在肺脏可见到支气管周围及小血管周围有大量的淋巴细胞浸润和滤泡样增生，形成套管。随着病情的发展，小支气管周围的肺泡扩大，泡腔内充满大量的炎性渗出物。渗出物为浆液性，其中混有淋巴细胞和脱落的上皮细胞。并能见到许多小病灶融合形成大的实变区。肺泡壁上的毛细血管轻度充血，病灶周围的肺泡气肿，小支气管周围积聚大量淋巴样细胞，气管黏膜上皮增生、变厚，管腔内潴留数量不等的渗出物。小叶间质增宽，有水肿和炎性细胞浸润。

五、诊断

(一)临床诊断

急性型，病猪呼吸困难，严重者张口喘气，发出喘鸣声，有明显腹式呼吸；体温一般正常；慢性型，主要为连续性的干咳，站立不动，背拱，颈伸直，头下垂，用力咳嗽多次，严重时呈连续的痉挛性咳嗽。当动物表现出上述临床特征时可以怀疑是猪肺炎支原体感染，但由于支原体肺炎的眼观和镜下的病理变化是非特异性的，因此，需用其他方法证实。

(二)病原学诊断

1. 病料的采集　用无菌方法采取肺脏实变区与健康部位交界处组织，如果遇到肺脏表面污染严重，可割取大块肺组织放入沸水中煮 8～10s，然后再无菌切取病料。采集的病料应包括支气管。

2. 细菌分离与鉴定　将病料剪成 1mm³ 的小块，直接接种于培养基中，37℃ 培养10～14d，每天观察培养基变化情况。待培养基变为均匀混浊的黄色时，将培养物接种于固体培养基中，1mL/培养皿（直径 9cm），37℃ 培养，每天观察一次。待长出菌落时，在显微镜低倍镜下观察菌落形态，挑取可疑菌落作纯培养及染色镜检。采用狄氏染色法对菌落进行染色，30min 后观察结果。如菌落不退色，且有深蓝色中心者为支原体菌落，反之为细菌菌落。

3. 生化试验　支原体的生化试验鉴定程序，是从毛地黄皂甙的敏感性开始，接着是尿酶实验，如果与类似支原体属鉴别，应先确定是否发酵葡萄糖或水解精氨酸来确定支原体种的组合。常见支原体种的范围归纳为两组，发酵葡萄糖/不水解精氨酸，不发酵葡萄糖/水解精氨酸。

（三）血清学诊断

将直径为 6mm 的滤纸片灭菌后，每片用 0.02mL 猪肺炎支原体抗血清浸透，室温空气干燥，于 -30℃ 冰箱中保存备用。试验时将分离菌的纯培养菌液以滚滴法接种于固体培养基中，当液体吸收后贴上含猪肺炎支原体抗血清的纸片，于 37℃ 培养，每天观察，出现菌落后记录结果，若抑菌圈 ≥2mm 为猪肺炎支原体，小于 2mm 则非猪肺炎支原体。生长抑制试验是国际支原体分类委员会推荐的法定方法之一。

微量补体结合试验、免疫荧光、微量间接血凝试验、微粒凝集试验、ELISA、核酸探针、PCR 等诊断方法也有助于本病的快速诊断。

（四）物理学诊断

X-射线检查，在肺野的内侧区和心膈角区肺野呈现不规则的云絮状渗出性阴影为特征，阴影密度中等，边缘模糊。病期不同，病变阴影表现各异。疾病早期背腹位检查，在心膈角肺野呈现轻度的密度较高的絮状阴影，浓淡不均，边缘模糊；侧位检查，心脏阴影浓淡不均，其后缘的肺野也有絮状阴影出现。疾病严重期，背腹位检查肺野中央区有广泛的弥漫性云雾状渗出性阴影；侧位检查，腹侧部肺野有广泛性高密度阴影，心脏被隐没。疾病消退期，阴影由广泛弥漫的渗出性阴影转变为较稀疏的阴影，肺野基本恢复充气的透明状态，心脏轮廓可见。

（五）诊断解析

我国公布了猪支原体肺炎的农业行业诊断标准（NY/T 1186—2006），规定了猪支原体肺炎的病原分离鉴定和间接血凝试验技术。

六、防治

本病在大多数猪场呈普遍感染，目前，控制本病有效的方法是用疫苗免疫接种。至今所使用的猪肺炎支原体疫苗大多是灭活疫苗，免疫效果均不理想，保护率低，主要是对仔猪进行免疫。中国兽医药品监察所研制成的猪气喘病乳兔化弱毒冻干苗，经使用表明该疫苗安全有效，能使 80% 的免疫猪在强毒攻击后肺组织不出现任何病变，而对照组全部发病，是世界上首先成功研究出的猪气喘病弱毒疫苗，而且其保护率至今仍是最高的。但该疫苗也存在一定的缺陷，即产量低、成本高、反应较大，此外采用胸腔注射的免疫途径不容易被一般用户所接受，因而在推广应用上受到限制。江苏省农业科学院畜牧兽医研究所研制的 168 株弱毒菌苗，对杂交猪安全，但对地方猪仍不够安全。

在日常生产管理方面，必须坚持自繁自养的原则，防止购入隐性感染猪。确实需引进种猪时，应远离生产区隔离饲养 3 个月，并经检疫证明无疫病，方可混群饲养。尽量减少仔猪寄养，避免不同来源的猪只混群。

从分娩、保育到生长育成均严格采用"全进全出"的饲养方式，做到同一栋猪舍的猪群同时全部转出，缩小断奶日龄差异，避免把日龄相差太大的猪只混群饲养，在每批猪出栏后猪舍须经严格冲洗消毒，空置几天后再转入新的猪群，能对控制本病起到重要的作用，这是简单而又最重要的控制呼吸道病的措施之一。

第九节　类鼻疽

类鼻疽（Malioidosis）是由伪鼻疽伯氏菌引起的人畜共患病，又称伪鼻疽。猪等动物多为隐性感染，慢性经过，发病后以在实质脏器形成化脓性炎症和特征性肉芽肿结节为特征。人感染后长期带菌，可突然发病致死。本病多见于热带、亚热带地区。我国将其列为三类动物疫病。

人感染类鼻疽后，多预后不良，病死率高达 90％～95％；动物多为隐性感染，猪偶有暴发性流行，病死率较高；羊的感染率亦较高，由此对人的健康及畜牧业的发展造成极大威胁。因类鼻疽杆菌具有独特的生物学特性，所致疾病临床表现复杂多样，治疗又比较困难，且缺乏有效的特异预防法，故在国际上认为该菌是可能使用的生物战剂之一，因此对该病的研究备受关注。

一、病原学

伪鼻疽伯氏菌（*Burkholderia pseudomallei*，Bp），又名类鼻疽杆菌，属伯氏菌目（Burkholderiales）伯氏菌科（Burkholderiaceae）伯氏菌属（*Burkholderia*）成员。

本菌具有诊断意义的特性是：该菌为短而直的中等大革兰氏阴性短杆菌，多单在，也有成双、短链或栅状排列，不形成荚膜及芽孢，一端有三根或三根以上鞭毛，故能活泼运动，和鼻疽杆菌一样，在菌体内有多聚 β-羟丁酸盐颗粒作为碳贮而蓄积，所以染色时也有两端浓染的倾向。

伪鼻疽伯氏菌系需氧菌，生长温度为 18～42℃，但在 25～27℃ 之间生长良好；最适 pH6.8～7.0；对营养要求不严格，在 4％甘油培养基上生长良好，加入甘油可促进生长。在普通肉汤中培养 24h，呈均匀混浊生长，并逐渐形成脂样菌膜，4～5d 后菌膜增厚产生皱褶，甚至成为坚韧的黏性沉淀物下沉，上液变为透明，培养物有特异的泥土味和霉臭味。在 4％甘油琼脂上培养 24h，形成正圆形、中央微隆起、光滑的直径 0.3～0.6mm 菌落，48h 后变为粗糙型，表面出现明显的皱褶，呈同心圆状，有霉臭味，继续培养到 72h 后，菌落的上述特征更明显，且其直径可增大到 1～1.5mm 甚至 3mm。多次移植后，又可变为光滑型，发酵能力明显降低。在 5％血液琼脂上可使培养基中的血液缓慢溶血。在 2％～3％氯化钠琼脂上，虽能生长，但缓慢，形成的菌落小，如将氯化钠浓度提高到 4％则不生长。

根据耐热性不同，可将本菌区分为两种主要抗原，一为特异性耐热多糖抗原，另一为与鼻疽杆菌相同的不耐热蛋白质共同抗原；还有鞭毛抗原。根据不耐热抗原的有无，可将该菌分为两个血清型，Ⅰ型菌具有不耐热和耐热两种抗原，主要分布于亚洲，Ⅱ型菌没有不耐热抗原只有耐热抗原，主要分布于澳大利亚和非洲。从我国分离的菌株大部分属Ⅰ型，少部分属Ⅱ型。由于本菌与鼻疽杆菌之间存在共同抗原，所以二者在凝集试验、补体结合试验及变态反应中均发生交叉，检验时应予特别注意。

由于伪鼻疽伯氏菌是一种环境性腐生菌，该菌的生存能力与环境因素，如温度、湿度、雨量、土壤以及水的性状等条件有着密切的关系。该菌在自然环境的水和土壤中可以活存 1 年以上，在粪便中可存活 22d，在尿液中存活 17d。但不耐热和低温，加热 56℃ 10min 即可被杀死，常用消毒剂能将其杀灭。对多种抗生素具有天然耐药性，但对强力霉素、四环素和磺胺药物敏感。

二、流行病学

1921 年由 Whitmore 于缅甸仰光首次发现的与人鼻疽相类似的一种疾病，将其称为类鼻疽或伪鼻疽。其后亦曾称为惠特姆尔氏病（Whitmore's disease）。至于 Melioidosis 的命名，则来自 Stanton 和 Fletcher（1921）的建议，原为类似瘟疫之意。

本病主要分布于南北回归线之间的热带、亚热带地区，近年来发现其分布有从传统流行地区向外扩展的趋势，但大量病例仍发生于东南亚、南亚、中西非、中美洲以及大洋洲北部等地区。我国于 1975 年首次在海南发现本病，进一步调查证实疫源地分布于海南省、广东和广西南部的边缘热带和南亚热带地区，但已超出北纬 20°的范围。

类鼻疽杆菌是热带地区泥土和死水中的常在菌，对环境因素的抵抗力较强，对营养要求不高，很像腐生菌，高温高湿有利于本菌的生长繁殖。所以本病的流行有明显的地区性，主要发生于该地区高温多雨季节。如患者有在流行区停留史的，任何不能解释的化脓性疾病或热性病者，均应考虑有感染本病的可能。

多种哺乳动物和人类都有易感性。家畜中以猪、羊较为易感，马、牛的易感性较低。灵长类动物、犬、猫、兔、啮齿类及禽类也有感染的报道。细菌可随感染动物的迁移而扩散，并污染环境进而形成新的疫源地。尽管如此，人及家畜都是偶然宿主，维持本病流行的连续性作用并不大，人间传播较为罕见。

类鼻疽可能有集中传播途径：一是破损的皮肤、伤口直接接触到含有病菌的水或者土壤，这是本病的最主要传播途径；二是吸入含有病菌的尘土或气溶胶；三是食入被污染的饲料；四是被吸血昆虫（跳蚤、蚊虫）叮咬。经动物实验证明，类鼻疽杆菌能在印度跳蚤和埃及伊蚊的消化道内繁殖，并保持传染性达 50d 之久。

三、临床症状

类鼻疽的临床表现随动物种类而不同，但多缺乏特征性症状。猪类鼻疽发病较多，常呈暴发或地方性流行。病猪多表现体温升高，精神沉郁，呼吸增数、咳嗽，运动失调或跛行，关节肿胀，鼻眼流出脓性分泌物，尿色黄并混有淡红色纤维素样物质。公猪睾丸肿胀。仔猪呈急性经过，病死率高。成年猪多呈慢性经过。

四、病理变化

受侵害的脏器主要表现为化脓性炎症和结节。急性感染时，可在体内各部发现小脓肿和坏死灶；亚急性和慢性感染病变常局限于某些器官，最常见的受侵害器官是肺脏，其次是肝、脾、淋巴结、肾、皮肤，其他如骨骼肌、关节、骨髓、睾丸、前列腺、肾上腺、脑和心肌也可见到病变。猪在肺脏常见有肺炎和结节，在肝脏、脾脏、淋巴结及睾丸有大小不一、数量不等的结节，有的病例出现化脓性关节炎，有的病例在肋胸膜和膈亦见结节病变。肺实变区多位于尖叶、心叶和膈叶的前下部，质地坚实，呈淡黄色至灰白色，切面湿润、致密，有时可见干酪样坏死灶。肝、脾病变常与肠系膜、邻近器官或腹壁发生粘连。肾脏结节较少，肾上腺、盲肠、结肠和膀胱有时亦见结节。公猪睾丸坚实，切面见有黄色干燥、干酪样坏死。病猪肺脏出现渗出性支气管源性肺炎，结节变化分为渗出型与增生型，渗出型见结节中心为崩溃的嗜中性粒细胞、外围环绕巨噬细胞和嗜中性粒细胞，再外围为疏松的网状结缔组织，其中有较多的巨噬细胞、淋巴细胞和浆细胞浸润，不伴有明显的包囊形成。肝脏早期的典型病变是在肝小叶的窦状隙内有成群的上皮样细胞聚集，以后在上皮样细胞之中掺杂着许多巨噬细胞和淋巴细胞，形成较大的细胞性结节。肾脏结节为散发性，有良好的包囊形成。另外，肾脏还表现广泛性血管淤血，肾小球肿大皱缩，球囊壁增厚，球囊周围与间质内可见大量淋巴细胞浸润，髓质有不同程度的纤维化和炎性细胞浸润。有些集合管和乳头管内见有单核细胞和嗜中性粒细胞组成的细胞性团块。

五、诊断

(一)临床诊断

本病的分布具有一定的地区性（热带、亚热带地区），呈地方性流行，对于任何不能解释的化脓性疾病（特别是空洞性肺部疾患）或发热性疾病，都应考虑类鼻疽的可能。猪感染发病后，多表现为体温升高，精神沉郁，咳嗽，运动失调，关节肿胀等上述临床症状，可作出初步诊断，确诊需要实验室诊断。

(二)病原学诊断

1. 病料的采集和处理　可采集的病料有血液、脑脊液、尿、粪便、有病变的脏器、组织等。先在中性红胆盐（0.5％）肉汤中增菌。水、泥土样本先集菌。水样本直接加入碳酸氢钠和明矾，土样品，先用水混合，再加入碳酸氢钠，混匀后，使其凝絮沉淀，滤纸过滤，滤渣用生理盐水洗下，接种选择性培养基及地鼠。

2. 细菌分离与鉴定　常用培养基为4％甘油琼脂，再加40μg/mL先锋霉素和100μg/mL多黏菌素。如标本污染严重可增加先锋霉素500～1 000μg/mL，经培养后，挑选可疑菌落，与已知阳性血清作血清学检查。本菌在固体培养基上，最初呈S型菌落，但不久表面形成皱褶，放出特异性臭味。在液体培养基中开始呈均匀混浊，形成厚的菌膜，但不久菌膜就下沉到管底。

3. 生化试验　本菌能分解葡萄糖、乳糖、麦芽糖、甘露醇、蔗糖、伯胶糖、赤藓醇和卫矛醇，产酸不产气；不分解左旋木糖，水解淀粉，分解左旋核糖及乙酰丙酸盐；还原硝酸盐为亚硝酸盐，液化明胶，不产生H_2S及靛基质，不分解尿素，MR试验及VP试验均阴性。

(三)血清学诊断

1. 间接红细胞凝集试验（IHA）　所用抗原为类鼻疽杆菌的4％甘油琼脂48h培养物，做成100亿细菌/mL的悬液，以100℃加热2h杀菌，高速离心沉淀，取含多糖的上清为抗原，用其直接致敏5％绵羊（或鸡）红细胞制备诊断液，在V型孔血清反应板实施反应；人和猪的血清滴度不低于1∶40呈现"＋＋"以上者判为阳性反应。IHA是美国疾病控制中心推荐的血清学检查方法。

2. 补体结合试验 要求效价在 1：8 以上才有诊断意义。虽然补结抗体出现较早，并可保持 2 年以上，其敏感性优于血凝试验，但特异性较差，交叉反应较高，实用价值不大。

3. 酶联免疫吸附试验 Dharakul 在包被抗原方面作了改进，使用 DNA 片段相对分子质量为 $30×10^3$、$19×10^3$，作抗原和抗体 IgG 和 IgM 等单克隆抗体方面的提纯，其诊断有效率为 85％ 以下，误诊率和漏诊率均为 15％。陈光远等对此又作了改进，采用 2 000bp 特异抗原作间接 ELISA 包被抗原的研究，结果其诊断有效率提高到 98％，漏诊率为 3.9％，误诊率仅为 1％。并认为以前后 2 次抗体呈 4 倍以上升高者为现症感染，下降者为既往感染。

其他尚有琼脂免疫扩散试验和荧光抗体技术检查等方法。

(四) 分子生物学诊断

采用 22bp 寡核苷酸引物扩增出 178bp 的 DNA 产物。可以检测到 1mL 全血中含 10 个细菌的水平。

(五) 诊断解析

本病在急性期应与伤寒、疟疾、葡萄球菌败血症和葡萄球菌肺炎相鉴别，亚急性或慢性病例应与结核病相鉴别。

六、防治

目前尚无有效预防本病的疫苗可供应用。类鼻疽杆菌的自然耐药性又很强，对许多常用抗生素不敏感，给治疗带来困难。

可供采取的综合性防治措施包括：加强饲料和水源管理，做好猪舍及周围环境的卫生和消毒，消灭啮齿动物，这些措施的目的是防止病原菌扩散和切断传染途径。此外要特别注意流行地区猪、羊等动物的感染发病情况，一旦检出病畜，即应按规定处理，对有病灶或污染的胴体和羊奶要高温化制或废弃。放牧中的牛、羊等，及作业中的人特别是插秧的农民更应注意防止污染有本菌的泥土和水经破损的皮肤、黏膜侵入体内。病人和患畜的排泄物和脓性渗出物应以漂白粉等消毒。

第十节　附红细胞体病

附红细胞体病（Eperythrozoonosis）简称附红体病，是由附红细胞体（Eperythrozo-on）寄生于人和动物红细胞表面、血浆及骨髓中，引起发热、贫血、黄疸、生长缓慢等为主要临床症状的一种人畜共患传染病。我国将其列为三类动物疫病。

一、病原学

病原为附红细胞体（Eperythrozoon），属于支原体目（Mycoplasmatales）支原体科（Mycopliasmataceae）附红细胞体属（*Eperythrozoon*）。现已知附红细胞体分为牛温氏附红体（*E. weyoni*）、绵羊附红体（*E. ovis*）、猪附红体（*E. suis*）、鼠球状附红体（*E.*

coccoides)、猫附红体（*E. felis*）、狗彼来客洛波夫附红体（*E. perekropovi*）等 14 种。我国报道的有家兔的兔附红体（*E. lepus*）和山羊的山羊附红体（*E. hirci*）。其中，猪附红体和绵羊附红体致病力较强，温氏附红体致病力较弱。

附红体是一种多形态微生物，多数为环形、球形和卵圆形，少数呈顿号形和杆状。附红体多在红细胞表面单个或成团寄生，呈链状或鳞片状，也有在血浆中呈游离状态。附红体对苯胺色素易于着染，革兰氏染色阴性，姬姆萨染色呈紫红色，瑞脱氏染色为淡蓝色。在红细胞上以二分裂方式进行增殖。迄今尚无研究出附红体纯培养物的报道。

附红体对干燥和化学药物比较敏感，一般常用浓度的消毒药在几分钟内即可使其死亡，0.5％石炭酸于 37℃经 3h 可将其杀死；但对低温冷冻的抵抗力较强，在 5℃时可保存 15d，在冰冻凝固的血液中可存活 31d，在加 15％甘油的血液中于－79℃条件下可保存 80d，冻干保存可活 765d。

二、流行病学

附红细胞体病最早发现于 1928 年，直到 1950 年确定猪的黄疸性贫血是由附红细胞体引起才逐渐得到重视，现已成世界性分布。我国有本病的报道已有 30 多年，据调查，近年猪的附红细胞体病有趋于严重的态势，很多猪场因此损失惨重。

附红体寄生的宿主有鼠类、绵羊、山羊、牛、猪、狗、、猫、鸟类、骆马（美洲驼）和人等。据认为，附红体有相对宿主特异性，感染牛的附红体不能感染山羊、鹿和去脾的绵羊；绵羊附红体只要感染一个红细胞就能使绵羊得病，而山羊却很不敏感；有人试图用感染骆马的附红体感染猪、绵羊和猫，但没有成功，因而认为感染骆马的附红体可能是一个新种。

附红细胞体对宿主的选择并不严格，人、牛、猪、羊等多种动物均可感染，且感染率比较高。有人做过调查，各种阶段猪的感染率达 80％～90％；人的感染阳性率可达 86％；而鸡的阳性率更高，可达 90％。但除了猪之外的其他动物发病率不高。猪附红细胞体病可发生于各龄猪，但以仔猪和长势好的架子猪死亡率较高，母猪的感染也比较严重。

患病猪及隐性感染猪是重要的传染源。传播途径目前还不十分清楚。猪通过摄食血液或带血的物质，如舔食断尾的伤口、互相斗殴等可以直接传播。间接传播可通过活的媒介如疥螨、虱子、吸血昆虫（如刺蝇、蚊子、蜱等）传播。注射针头的传播也是不可忽视的因素，因为在注射治疗或免疫接种时，同窝的猪往往用一只针头注射，有可能造成附红细胞体人为传播。附红细胞体可经交配传播，也可经胎盘垂直传播。在所有的感染途径中，吸血昆虫的传播是最重要的。

本病多发生于温暖的夏季，尤其是高温高湿天气。冬季相对较少。最早见于广东、广西、上海、浙江、江苏、福建等地，后来逐渐蔓延至河南、山东、河北，甚至新疆和东北地区。

附红细胞体病是由多种因素引发的疾病，仅感染附红细胞体一般不会使健康猪发生急性症状，应激是导致本病暴发的主要因素。通常情况下只发生于那些抵抗力下降的猪，分娩、过度拥挤、长途运输、恶劣的天气、饲养管理不良、更换圈舍或饲料及其他疾病感染时，亦可能暴发此病。

三、临床症状

猪附红细胞体病在临床上主要表现黄疸、贫血和高热，但因品种和个体差异而有不同，临床症状差别很大。主要引起：仔猪体质变差，贫血，肠道及呼吸道感染增加；育肥猪日增重下降，急性溶血性贫血；母猪生产性能下降等。

哺乳仔猪，5d 内发病症状明显，新生仔猪出现身体皮肤潮红，精神沉郁，哺乳减少或废绝，急性死亡，一般 7～10 日龄多发，体温升高，眼结膜皮肤苍白或黄染，贫血，四肢抽搐、发抖、腹泻、粪便深黄色或黄色黏稠，有腥臭味，死亡率达 20%～90%，部分很快死亡。大部分仔猪临死前四肢抽搐或划地，有的角弓反张。部分治愈的仔猪会变成僵猪。

育肥猪，根据病程长短不同可分为三种类型：急性型、亚急性型和慢性型。急性型病例较少见，病程 1～3d。亚急性型病猪体温升高，达 39.5～42℃。病初精神委顿，食欲减退，颤抖转圈或不愿站立，离群卧地。出现便秘或拉稀，有时便秘和拉稀交替出现。病猪耳朵、颈下、胸前、腹下、四肢内侧等部位皮肤红紫，指压不褪色，成为"红皮猪"。有的病猪两后肢发生麻痹，不能站立，卧地不起。部分病畜可见耳廓、尾、四肢末端坏死。有的病猪流涎，心悸，呼吸加快，咳嗽，眼结膜发炎，病程 3～7d，或死亡或转为慢性经过。慢性型患猪体温在 39.5℃左右，主要表现贫血和黄疸。患猪尿呈黄色，大便干如栗状，表面带有黑褐色或鲜红色的血液。生长缓慢，出栏延迟。

母猪，症状分为急性型和慢性型两种。急性感染的症状为持续高热（体温可高达 42℃），厌食，偶有乳房和阴唇水肿，产仔后奶量少，缺乏母性。慢性感染猪呈现衰弱，黏膜苍白及黄疸，不发情或屡配不孕，如有其他疾病或营养不良，可使症状加重，甚至死亡。繁殖母猪流产、分娩延迟。母猪产后发烧，乳房炎和缺乳症。仔猪贫血，无活动能力。生长猪拉稀，生长缓慢，与其他呼吸道疾病并发引起死亡。

四、病理变化

主要病理变化为贫血及黄疸。皮肤及黏膜苍白，血液稀薄、色淡、不易凝固，全身性黄疸，皮下组织水肿，多数有胸水和腹水。心包积水，心外膜有出血点，心肌松弛，色熟肉样，质地脆弱。肝脏肿大变性呈黄棕色，表面有黄色条纹状或灰白色坏死灶。胆囊膨胀，内部充满浓稠明胶样胆汁。脾脏肿大变软，呈暗黑色，有的脾脏有针头大至米粒大灰白（黄）色坏死结节。肾脏肿大，有微细出血点或黄色斑点，有时淋巴结水肿。

附红细胞体破坏血液中的红细胞，使红细胞变形，表面内陷溶血，使其携氧功能丧失而引起猪抵抗力下降，易并发感染其他疾病。也有人认为变形的红细胞经过脾脏时溶血，也可能导致全身免疫性溶血，使血凝系统发生改变。

五、诊断

（一）临床诊断

黄疸、贫血和高热，并且全身发红；繁殖母猪流产、分娩延迟；母猪产后发烧，乳房炎和缺乳症；仔猪贫血，无活动能力；可见黏膜浆膜黄染，肌肉组织、脂肪、肝脏黄染。

淋巴结苍白肿大，血液黏稠度差，皮下一般都有密集性的出血点，特别是在乳头周边，外表扑克呈青紫色。

（二）病原学诊断

1 病料采集 对本病进行诊断宜采集发病初期猪的血液样品。

2. 镜检

（1）直接涂片镜检 将无菌采集的新鲜血样加等量生理盐水稀释后取一滴置载玻片上，加盖玻片，置光学显微镜下观察，感染附红细胞体的红细胞常发生形态学变化，细胞呈锯齿状、菜花状或星芒状等，而健康猪的红细胞形态规则。

（2）涂片染色镜检 自耳静脉或前腔静脉无菌采血，制作血涂片，采用姬姆萨方法染色镜检，被附红细胞体感染的红细胞呈波浪状、星芒状、锯齿状，形态改变，且红细胞周围有染成紫红色的小体，而健康猪的红细胞形态规则，边缘光滑，染色均匀。

值得注意的是，镜检的方法都易造成"假阳性"结果，在操作时应注意。

（3）电镜观察 在透射电镜下，附红细胞体为大小不等的以球形小体为主的多形性小体，偶见杆状附红细胞体，可单个、多个呈小团状附着于红细胞表面，并使附着的红细胞表面局部凹陷。附红细胞体无核、无细胞器，只有单层膜包裹，可见电子密度大的颗粒状物无规则地分布在胞浆内。电镜检测虽能准确诊断，但操作复杂、且设备昂贵，成本较大。

3 病原分离 附红体在红细胞上以二分裂方式进行增殖。迄今尚无成功在体外培养附红体的报道。

（三）血清学诊断

用血清学方法不仅可诊断本病，还可进行流行病学调查和疾病监测，尤其是1986年Lang等建立了将附红体与红细胞分开，用以制备抗原的方法以后，推动了血清学方法的发展。

1. 补体结合试验 本法首先被用于诊断猪的附红体病。病猪于出现症状后1～7d呈阳性反应，于2～3周后即行阴转。本试验诊断急性病猪效果好，但不能检出耐过猪。

2. 间接血凝试验 用此法诊断猪的附红体病的报道较多。滴度＞1∶40为阳性，此法灵敏性较高，能检出补反阴转后的耐过猪。

3. 间接免疫荧光试验 将感染的血样固定在载玻片上，将待检血清倍比稀释后与感染的红细胞结合，通过荧光标记的二抗结合后在荧光显微镜下观察。

4. 酶联免疫吸附试验 采用感染血液作为包被抗原建立ELISA检测方法。近期瑞士苏黎世大学有学者体外表达了附红细胞体的MSGI基因，并以此作为包被抗原建立了ELISA检测方法，结果显示该方法具有较高的敏感性和特异性。

（四）分子生物学诊断

1. 聚合酶链式反应（PCR） 这种方法可以更为快速、准确地对本病进行诊断。本法最为关键的是引物设计，一般应选择附红细胞体的16S RNA和新发现的功能性基因ORF2作为检测的靶基因。目前相关方法已非常成熟，我国已发布农业行业标准NY/T 1953—2010，可根据此标准进行。但应注意，根据16S RNA基因设计的检测方法，为消除假阳性和进行鉴别诊断，在检测结束后建议对扩增产物进行回收测序，以便最终确诊。

2. 荧光定量 PCR 检测 该方法一般以新发现的附红细胞体功能性基因 ORF2 为检测的靶基因设计引物和荧光探针，该方法较普通 PCR 方法具有更高的特异性、敏感性和准确性，适合于大批量的快速检测，但对技术、设备和人员的要求较高。

（五）诊断解析

我国发布了附红细胞体病的诊断技术规程行业标准（NY/T 1953—2010），其中规定了附红细胞体的临床症状、镜检、PCR 检测等方法。

在诊断本病时，应注意将本病与猪弓形虫病、猪瘟、猪圆环病毒 2 型感染、猪蓝耳病、副猪嗜血杆菌病、猪链球菌病、钩端螺旋体病、营养性贫血以及黄疸型贫血等相鉴别。

六、防治

目前，没有疫苗可用于本病的预防。一般多采取综合性措施，对发病猪进行对症治疗。

预防本病要采取综合性措施，尤其要加强猪场的生物安全体系建设，搞好猪场内外的环境卫生，加强饲养管理、营养水平、慎重引种以防止本病的入侵。其他措施包括：驱除媒介昆虫，做好针头、注射器的消毒，消除应激因素。此外，可使用一些药物如将四环素族抗生素混于饲料中，可预防猪发生本病。较有效的预防办法是每年两次用药，3～4 月一次、8～9 月一次，全群用药，用砷制剂和四环素类的配伍先用一周，再停掉抗生素，单用砷制剂量减半用一个月；当然也有的用长效土霉素，母猪产后用一次，仔猪两到三针保健也是有一定的预防效果。

猪场一旦发生本病，应立即实施隔离、消毒等措施，及时进行对症治疗，常用的治疗药物有四环素、卡那霉素、强力霉素、土霉素、黄色素、血虫净（贝尼尔）、914 等，一般认为四环素、914 是首选药物。实践中用长效土霉素和血虫净同时治疗，一边一针，间隔一天再做一次，治疗效果很好。

第十一节　钩端螺旋体病

钩端螺旋体病（Leptospirosis）是由致病性钩端螺旋体引起的一种人畜共患传染病和自然疫源性传染病。在家畜中主要发生于猪，牛、犬、马、羊等次之。本病临床表现形式多样，多呈隐性感染，少数急性病例表现发热、贫血、黄疸、血红蛋白尿、皮肤和黏膜坏死等。我国将其列为二类动物疫病。

一、病原学

病原为致病钩端螺旋体，属螺旋体目（Spirochaetales）钩端螺旋体科（Leptospiraceae）钩端螺旋体属（Leptospira）成员。目前，将致病钩端螺旋体分为 17 个命名种和 4 个基因种，已发现 25 个血清群共 200 多个血清型，它们的宿主、地理分布、致病力各有差异。我国至少已发现 18 个血清群和 70 多个血清型。

菌体呈细长丝状，圆柱形，至少有 18 个弯曲、细密而规则的螺旋。在暗视野检查时，菌体似细长的串珠样形态，其一端或两端弯曲成钩状，使菌体呈现出"C"或"S"形。菌体长约 $4\sim20\mu m$，平均 $6\sim10\mu m$，直径约 $0.1\sim0.2\mu m$。本菌为革兰氏阴性菌，不易被普通染料染色，姬姆萨染色呈淡紫红色，用镀银法染色，呈棕黑色。

本菌为需氧菌，在柯氏培养基中生长良好，孵育温度为 $25\sim30℃$。

钩端螺旋体在水或湿土中可存活数周至数月，在干燥环境下数分钟即可死亡，极易被稀盐酸、70%酒精、漂白粉、来苏儿、石炭酸、肥皂水灭活。对理化因素的抵抗力较弱，如对紫外线和温热敏感，$50\sim55℃$ 30min 即可被杀灭，但对砷制剂有抗性。

二、流行病学

该病呈全球性分布，易感动物非常广泛，家畜和野生哺乳动物以及人等均可感染。病畜或带菌动物是本病的主要传染源，带菌鼠和感染猪在该病的传播上起着重要作用。我国南方的主要传染源是鼠类，北方则主要是猪，猪的带菌率达 60%以上，排菌量大，时间可达半年。鼠类和蛙类也是很重要的传染源，它们都是该菌的自然贮存宿主。鼠类能终生带菌，通过尿液排菌，造成环境的长期污染。蛙类主要是排尿污染水源。

各种带菌动物主要通过尿液排菌，污染周围的水源、土壤、植物、食物及用具等，接触这些污染物通过皮肤、黏膜感染，特别是破损皮肤的感染率极高，也可经消化道食入或交配而感染。

猪钩端螺旋体病的流行病学十分复杂，猪可以被任何致病性血清型感染，但仅有少数的血清型在一些特殊地区或国家呈地方性流行。猪钩端螺旋体病是一种自然疫源性疾病，每种血清型倾向于保持在特异的保存宿主，因此，在任何地区，猪可以被猪携带的血清型或本区域其他动物的血清型传染。这些偶然感染的相对重要性是由随带状况、饲养管理和环境因素所提供钩体从其他动物到猪的接触和传播的机会来确定的。以猪为保存宿主的血清型有：波摩那、澳洲和塔拉索型，而属于犬型、黄疸出血和流感伤寒型的菌株感染猪更为普遍。

本病的流行特点多为散发性或地方流行性，气温较高的地区多发。一年四季均可发生，其中以夏、秋多雨季节为流行高峰期，气候温暖、潮湿、鼠类繁多地区多发。

三、临床症状

潜伏期 $2\sim20d$ 不等，临床表现多样，分为亚临床型、急性黄疸、亚急性和慢性、繁殖障碍型。

亚临床型：这一临床类型多见于育肥猪和初产母猪，呈隐性感染，很少见到临床症状，但血清学检测呈阳性结果，肾脏和生殖道可分离到病菌。

急性黄疸型：多发于大猪和中猪，呈散发性，偶见暴发。病猪体温升高到 $39.5\sim41℃$，食欲减退，皮肤干燥，有时见病猪用力在栅栏或墙壁上摩擦，$1\sim2d$ 内全身皮肤和黏膜发黄，尿呈浓茶色或血尿。几天内或数小时内突然惊厥死亡，致死率很高。

亚急性和慢性型：多发生于断奶后至 30kg 以下的小猪，呈地方性流行或暴发。病初体温升高，精神不振，食欲差。几天后，眼结膜发黄或苍白浮肿，有的在上下颌、头部、颈部甚至全身出现水肿，指压有凹陷，俗称"大头瘟"。尿液变为黄色或茶色，血红蛋白尿甚至血尿。便秘或腹泻。日渐消瘦，病程由十几天到 1 个多月不等，死亡率达 50％以上。康复猪往往生长迟缓，成"僵猪"。

繁殖障碍型：临床表现为妊娠母猪在妊娠期的后 1/3 流产，伴有发热，泌乳下降，黄疸。流产率可达 20％～70％，可见死胎、木乃伊、弱仔，常于产后不久死亡。

四、病理变化

本病在家畜所引起的病变和组织学变化基本一致，其主要病变是小血管的内皮细胞膜的损伤。

急性病例：急性病例可见的主要病变是全身性黄疸、出血、血红蛋白尿以及肝和肾不同程度的损害。眼观可见尸体鼻部、乳房部皮肤发生溃疡、坏死。可视黏膜、皮肤、皮下脂肪、浆膜、肝脏、肾脏以及膀胱等组织黄染和具有不同程度的出血。胸腔、心包积有少量黄色、透明或稍混浊的液体。脾脏肿大、淤血、偶有出血性梗死。肝脏肿大，呈土黄色或棕黄色，被膜下可见粟粒大到黄豆大小的出血灶，切面可见黄绿色散在性或弥漫性点状或粟粒大小的胆栓。肾脏一般淤血、肿大，肾周围脂肪、肾盂、肾实质明显黄疸，肾皮质有出血点或出血斑。膀胱高度膨胀，积有血红蛋白尿或茶褐色尿，膀胱黏膜有散在的点状出血。结肠前段的黏膜表面糜烂，有时可见出血性浸润。肝，肾淋巴结肿大，充出血。

亚急性与慢性型：亚急性与慢性型主要表现为身体各部组织水肿，以头颈部、腹部、胸部、四肢最明显。肾脏、肺脏、肝脏、心外膜出血。肾皮质与肾盂周围出血明显。浆膜腔内经常有过量的草黄色液体与纤维蛋白。肝脏、脾脏、肾脏肿大，有时在肝脏边缘出现 2～5mm 的棕褐色坏死灶。成年猪的慢性钩体病，以肾脏的眼观病变最为显著，肾皮质出现大小为 1～3mm 的散在性灰白色病灶，病灶周围可见到明显的红晕。有的病灶稍突出于肾表面，有的则稍凹陷，切面上的病灶多集中于肾皮质，有时蔓延至肾髓质区。病程稍长时，肾脏呈固缩硬化，表面凹凸不平或结节状，被膜粘连，不易剥离。

胎儿流产的眼观病理学是非常特异的，包括不同组织的水肿，在体腔中有浆液性或血液样的液体，有时肾皮质有点状出血。在有些流产仔猪可以看到黄疸。

五、诊断

钩端螺旋体病是由致病性钩端螺旋体感染引起的人畜共患传染性疾病。实验室诊断钩端螺旋体病的方法复杂，可以分为两类：一类是检测钩端螺旋体抗体，另一类是检测动物组织或体液中的钩端螺旋体，钩端螺旋体抗原或者是动物组织或体液中的钩端螺旋体核酸。试验方法的选择取决于检测的目的（例如群体调查或个体检测）以及在区域内可以利用的检测和技术手段。

（一）临床诊断

全身皮肤和黏膜发黄，尿呈浓茶色或血尿；皮肤有的发红擦痒，有的发黄，有的在上下颌、头部、颈部甚至全身水肿；尿液变为黄色或茶色，血红蛋白尿甚至血尿。便秘或腹泻；怀孕母猪感染后发生流产，产死胎、木乃伊或弱仔，有的流产后发生急性死亡。

（二）病原学诊断

1. 病料的采集和处理　分离和证实钩端螺旋体的材料包括：（1）动物的内脏器官

（如肝、肺、脑、肾）和体液（血、乳、脑脊液、胸水、腹水）能够确诊急性临床感染，胎儿则只能够确诊其母畜的慢性感染。（2）没有临床症状动物的肾、尿道或生殖道仅有诊断慢性携带者的作用。

发病初期可采取病猪的血液，后期采取病猪尿液，在整个发病过程中都可采取肾脏、肾上腺、肝脏等组织。血液可由静脉采取 3～5mL，加入枸橼酸钠或 1‰草酸钠溶液抗凝。尿液取 5～10mL，肾脏及肝脏组织用灭菌生理盐水制成 1：5 或 1：10 悬液。血或尿液经 1 500r/min 离心 5min，取上清液再以 3 000～4 000r/min 离心 1～2h 进行集菌，然后取沉淀物涂片染色镜检。脏器悬液以 1 500r/min 离心取上清液，再以 3 000r/min 离心 0.5～1h，取沉淀物涂片染色镜检。

2. 细菌学检验　从肾脏带菌者中分离钩端螺旋体将有助于流行病学调查，以确定不同的动物群体、动物品种或地域所表现的血清型。

勾取上述处理样品，置于载玻片上并覆以盖玻片，在暗视野显微镜下直接检查活体钩端螺旋体，先低倍镜，后用高倍镜检查。钩体呈细长弯曲，可活泼地进行旋转及伸缩屈曲地自由运动，其螺旋弯曲极为紧密，暗视野中模糊不清，常似小珠链样，菌体的一端或两端弯转如钩，且由于旋转式摆动而可弯绕呈 8 字形、丁字形或网球拍状，菌体常呈 C、S 等形状，这种弯曲可在运动中随时迅速消失。钩体染色呈革兰氏阴性，用姬姆萨染色呈淡红色，以染色液浸泡过夜效果最好。也可用方登纳（Fontana）氏镀银染色，钩体呈黑色，背景为棕色。

3. 细菌分离与鉴定　从临床病料中分离钩端螺旋体并做出鉴定，需要较长的时间，可以由专门的参考实验室来完成。最常用的培养基为含 10‰兔血清的柯索夫（Korthof）培养基和捷尔斯基赫（Tepckhx）培养基。最适培养温度为 28～30℃，最适 pH 为 7.2～7.6。钩体在培养基上生长较慢，初代培养至少需 10～14d，传代培养则仅需 3～4d。初代培养时，为了增加获得阳性结果的机会，提高检出率，接种材料血液、尿液及组织乳剂量需较大，且每种材料至少应接种培养基 3 管。血液可静脉采血直接接种，每管接种 3 滴；尿液最好先调 pH 至中性，并经灭菌的赛氏滤器过滤后接种，每管接种 10 滴。接种后置 28～30℃温箱中培养，每隔 5～7d 对培养物进行一次悬滴压片在暗视野显微镜下检查，观察有无钩体生长。如无生长应继续观察培养 3 个月，才可作阴性结果和废弃，因初次分离，生长缓慢，需要较长时间培养。

4. 动物接种　将患畜的血液或其他体液接种于实验动物（幼年豚鼠和黄金地鼠）腹腔内，晚期病例可用尿液接种于实验动物腹部皮下，接种后 3～5d，用暗视野检查腹腔液，亦可在接种后 3～6d 时取心血检查。

5. 免疫化学试验（免疫荧光和免疫组化法）　检测钩端螺旋体，更适用于大多数实验室。但是这些方法的效果取决于组织中的病原量，而组织培养并不敏感。除非使用专用试剂，否则该法不能够确定病原的血清型，而且必须结合血清学检测的结果才能得出结论。最好由高滴度的 IgG 钩端螺旋体抗血清来制备免疫荧光试验试剂，但是这种血清目前还未商品化。兔钩端螺旋体分型血清可以用作免疫组织化学试验，由钩端螺旋体参考实验室提供。

6. 聚合酶链反应（PCR）　可以测定组织或体液中的钩端螺旋体遗传物质。PCR 方法敏感，但是其质量控制程序以及样品的处理要求十分严格，动物的组织、体液及其他不同样品须采取不同的处理方法。与免疫化学方法一样，大多数 PCR 检验方法不能确定感染的血清型。

（三）血清学诊断

血清学试验是诊断钩端螺旋体病最常用的方法，显微凝集试验（MAT）是诊断钩端螺旋体病的标准方法。在 MAT 中抗原选自特定地区已知血清群代表菌株，以及被检宿主的其他地方的菌株。

MAT 主要用于群体检查。为了获得有价值的资料，每个群至少应检查 10 头或 10% 的动物，甚至更多，而且还要了解动物免疫史。MAT 对于个体动物的急性感染诊断十分有效，如果康复期的血清样品中抗体滴度比急性期升高 4 倍，则可以做出诊断。

显微凝集试验是猪群检测应用的基本试验方法，对至少 10 头猪或猪群 10% 的猪或更多的猪进行检测，以便获得有效的数据。当大多数受检动物的抗体效价达 1：1 000 或更高时，要了解急性钩体病和波摩那型流产病史，增加样品体积和不同畜群的样品数量可以明显提高流行病学信息、临床疾病调查、免疫接种需要评估和公共卫生检测水平。当检测动物个体时，诊断急性感染 MAT 是非常有用的，高的抗体效价是急性期和恢复期血清样本的特征。胎儿血清存在抗体是钩体性流产的特征。

1. 塑料板法 用自动稀释器将血清样品用 PBS 在塑料反应板上分别作 1：15、1：45、1：150、1：450、1：1 500 稀释。全部血清稀释后，在每个孔内加入等量活菌抗原，其最后稀释度为 1：30、1：90、1：300、1：900、1：3 000，超过 1：300 滴度的血清样品可以用同样的方法依次稀释。阳性和阴性对照血清应与各组试验同时稀释。稀释完毕后，将塑料板置于 37℃温箱中孵育 1.75h。

结果判定：孵育后直接用显微镜于暗视野集光器及 6.3 倍物镜、12.5 倍目镜观察。凝集程度可分为＋＋＋＋、＋＋＋、＋＋、＋，以大约 50% 菌体凝集为最低阳性。记录时首先观察板片底部的凝集程度，然后记录上边剩余的活动菌体。含有高滴度抗体的血清，当低滴度倍比稀释时，如 1：30，可出现一种近似前带现象的凝集。这种凝集现象为紧密在一起的菌体（溶解体）所代替，并经常看不到活动的菌体，菌体凝成良好而疏松的蛛网状。如不细心观察这些疏松的凝集现象，可误认为阴性反应。

2. 载玻片法 血清在试管内或平板上作 1：15、1：50、1：150、1：500、1：1 500、1：5 000、1：15 000、1：50 000 倍稀释，稀释后的血清加入等量的抗原，其最后稀释度为 1：30、1：100、1：1 000、1：3 000、1：10 000、1：30 000、1：100 000。用蜡笔将载玻片划成合适的小方格，再用铂耳蘸取一铂耳稀释的血清置载玻片上，然后加一铂耳的抗原混合。一个载玻片可放 6 点血清抗原混合物，每块玻片都放置在弯曲的玻棒上或放在含有潮湿滤纸的平皿中以防干燥，玻片下垫以火柴梗，盖上平皿盖并放置室温 30min。为了观察结果，使用暗视野集光器，10 倍物镜和 10 倍目镜，并间断地扭动显微镜细螺旋。从试验到观察结果最少需要 30min，除玻片干涸外，在不影响判断结果时可延长观察时间。

结果判定：按照惯例为最高稀释度呈 50% 凝集，试验时血清必须稀释为 1：100 和 1：1 000。最高滴度必须出现 50% 凝集可判为阳性。必要时考虑两次采血，即病初和病后 2 周采血，在检查第二次血清时，凝集滴度比第一次血清增高 10 倍时即表明感染了该病。

对于单个动物的慢性感染以及群体动物的地方性感染，MAT 存在着局限性。感染的动物可能流产或成为肾性及生殖道性钩端螺旋体携带者，其 MAT 滴度低于普遍接受的最低滴度 1∶100（最终稀释度）。

酶联免疫吸附试验（ELISA）也可以用于测定钩端螺旋体抗体。已经建立了许多方法，但主要用于测定最近感染以及筛选用于攻毒实验的动物。已采用相关血清型进行免疫的动物在多种 ELISA 检测中可能是阳性的，因此使结果的分析变得复杂起来。

（四）诊断解析

卫生部门发布了钩端螺旋体病的行业诊断标准，规定了钩端螺旋体直接镜检、分离培养和分群分型的方法，聚合酶链式反应的病原检测方法以及显微镜凝集试验（MAT）、间接酶联免疫吸附试验（间接 ELISA）的血清学方法，兽医部门可以参考该标准进行操作。

六、防治

根据本病流行病学特点，首先应加强、改善猪的饲养管理和卫生条件，加强对猪舍的卫生管理，坚持每天清扫猪舍，保持清洁干燥，并定期杀虫，消灭鼠类；对被污染的水源、污水、淤泥、牧地、饲料、场舍和用具等，常用的消毒剂为 2% 烧碱溶液或 20% 生石灰乳，污染的水源可用漂白粉。按每千克饲料内加入土霉素 1～1.5g，连喂一周，可消除猪的慢性带菌。消除带菌排菌的各种动物，感染带菌猪只与易感猪只隔离饲养，防止传染人群。人多通过接触被细菌污染的水源、土壤或食用被污染的食物、饮水而感染；也可因接触带菌畜体的分泌物、排泄物、血液、内脏而感染。

对本病可使用多价浓缩苗或使用与当地血清型一致的灭活菌苗进行免疫接种，提高猪群免疫力，及时用钩端螺旋体病多价苗（人用的 5 价或 3 价苗可选用）进行紧急预防接种。接种剂量为 15kg 以下的猪 5mL，15～40kg 以上的 8～10mL，皮下或肌肉注射。

对病猪，用青霉素、链霉素、土霉素和四环素等抗生素都有一定疗效。严重病例，同时静脉注射葡萄糖、维生素 C，以及使用强心利尿药物，对提高治愈率有重要作用。青霉素、链霉素混合肌肉注射，每日 2 次，3～5d 为一疗程。长效抗菌剂，每千克体重 0.1mL，1 次肌肉注射。土霉素或四环素肌肉注射，每日 1 次，连用 4～6d。中药治疗龙胆草 9g，柴胡 6g，泽泻 6g，车前子、木通、生地、枝子、黄芩各 8g，当归 3g。水煎服。

第十二节　增生性肠炎

增生性肠炎（Proliferative enteritis，PE），又称回肠炎（Ileitis）、增生性肠道病（Bowl Disease）、肠腺瘤病（Intestinal Adenomatosis）、增生性出血性肠炎（Proliferate Haemorrhage Enteritis，PHE）等。1993 年发现该病是由专性胞内劳森氏菌引起的猪的接触性传染病，以回肠和结肠隐窝内未成熟的肠细胞发生根瘤样增生为特征，临床上表现为猪食欲下降、生长速度减慢、群体的均匀度差、腹泻等，最终导致猪场的生产水平下降并造成巨大的经济损失。该病在世界范围内流行，死亡率不高，但严重影响猪的生长。

一、病原学

病原为胞内劳森菌（*Lawsonia intracellularis*），属脱硫弧菌属，具有典型的弧菌外形，末端渐细或钝圆，长 $1.25\sim1.75\mu m$，宽 $0.25\sim0.43\mu m$，为专性肠道细胞内寄生菌，多呈弯曲形、逗点形，大小为 $1.25\sim1.75\mu m\times0.25\sim0.34\mu m$，具有波状的三层膜做外壁，无鞭毛，革兰氏染色阴性，抗酸染色阳性。

本菌微嗜氧，培养时需 $5\%CO_2$。细菌经肠隐窝腔进入肠黏膜细胞内增殖，主要分布在刷状缘下方的细胞胞浆顶部，不聚集成团或形成包涵体。该菌生长繁殖时需要特异性上皮细胞，在不含细胞的培养基上不能生长。体外可在鼠、猪或人肠的细胞系上生长，如 Henle 407、IEC-18 和 IPEC-J2 等，一般感染单层细胞不出现细胞病理变化。

细菌可在 $5\sim15{}^\circ C$ 的环境中存活至少 $1\sim2$ 周，纯培养物对季铵盐类消毒剂和含碘消毒剂敏感。

二、流行病学

本病首现于 1931 年，直到 20 世纪 90 年代才由英国爱丁堡大学的 Lawson 证实。全球几乎所有养猪的国家和地区均存在此病，美国、澳大利亚、英国和丹麦都报道了增生性肠炎的严重暴发。在欧洲、亚洲和北美许多国家猪场进行的流行病学调查结果表明，$1/4\sim1/2$ 被调查的猪场存在严重的回肠炎感染，2008 年所做的一次流行病学调查发现，多数国家超过 90% 的猪场存在该病原。胞内劳森菌及其引起的增生性肠炎对世界上处于不同饲养管理水平（精细或粗放、单点或多点）的猪场都有影响，这些猪场都可检测到该病原和疾病。

在我国，2003 年上海奉贤兽医站卫秀余等进行的 PCR 检测结果显示：17 家疑似回肠炎感染猪场中有 12 个为阳性。52 份粪便样品中 30 份为阳性，52 份回肠组织样品中阳性样本有 35 份，粪便样本和回肠组织样本的相关性＞85%。2004 年，南京农业大学、中国农业大学对全国 54 个规模化猪场进行回肠炎抗体检测（阻断 ELISA），结果显示：所有受检猪场抗体阳性率 100%，受检猪群的种猪群抗体阳性率在 80% 以上。

世界上受胞内劳森菌影响的主要物种是家猪。自然状态下也可从多数家畜、野生动物体内分离到类似原始猪分离株的细菌。从未在人的肠道疾病中观察到胞内劳森菌，即使在克罗恩氏病（Crohn's disease）或与此相关的肠病中也没有，因此该病不是人畜共患病。

该致病菌可从感染猪的粪便排出，另一猪的鼻口部接触粪则传播该病，为粪口传播。自然感染后 7d 可以从粪便中检出病菌，人工感染猪排菌时间不定，但至少为 10 周。感染猪从粪便大量排出病原。因此，病猪和带菌猪粪便在传播病原中同等重要。鸟类和鼠类在该病传播过程中起重要作用，与该病全球性散发或流行有关。

本病主要发生在断奶后 $6\sim20$ 周龄的生长育成猪，白色品种猪易感性强，发病率 $0.7\%\sim30\%$，与天气热应激或突然变化有关，混群或转群不久发病，长途运输和饲养密度过大则能促进本病的发生。临床发病的生长育肥猪有 $1\%\sim5\%$ 的死亡率，如无继发症，$4\sim6$ 周可自然康复，有的猪长期不愈而成为僵猪，大量存在阳性的隐性感染猪。

本病一年四季均可发生，但主要在 $3\sim6$ 月份呈散发或流行。一些应激因素，如天气突变、长途运输、昼夜温差过大、湿度过大、转群混群、饲养密度过大等均可促进本病的发生。

三、临床症状

自然感染潜伏期为 2～3 周，病程大约 15～25 d。人工感染潜伏期为 8～10 d。

急性型：多见于 3～12 周龄仔猪，发病率最高达 30%～40%，严重时高达 80%，死亡率变化范围很大。临床症状主要表现为突然发病，多数病猪体温正常，表现出血性下痢，病程稍长时，后期排煤焦油状稀粪。少数猪未见粪便异常，仅表现皮肤苍白贫血而死亡。怀孕母猪感染后常排血便而死亡，少部分母猪表现分娩征兆，6d 内可能流产。PE 患猪多见皮肤苍白，有别于传染性胃肠炎。

慢性型和亚临床型：临床上最为常见。多发于 6～20 周龄断奶仔猪，发病率通常低于 10%～15%。主要表现精神沉郁，食欲减退或废绝，即对食物好奇但又不吃。出现间歇性下痢，粪便变软、变稀而呈糊状或水样，颜色较深，有时混有血液或坏死组织屑片，有呈水泥浆样状。有的仅轻微下痢或无下痢，病程长者表现消瘦贫血，皮肤苍白，部分母猪发情延迟。如无继发感染，死亡率不超过 5%，但患猪饲料利用率下降 17%～40%，常成为僵猪而被淘汰。慢性型和亚临床型在生产中较常见。

四、病理变化

PE 病例肠系膜淋巴结肿大，切面多汁。最常见的病变位于小肠末端 50 cm 处和邻近结肠上 1/3 处。肠壁增厚，肠管直径增加，浆膜下和肠系膜水肿。肠黏膜出血，有弥漫性、坏死性炎症，黏膜表面湿润，但没有黏液，有时黏附着点状炎性渗出物。被感染的肠黏膜脱落入横向或纵向皱褶深处。黏膜脱落严重的大肠可产生显著的蚀斑，形成息肉。有的直肠有血液和粪便混合成的黑色柏油样粪便。

病理组织学变化主要为回肠和结肠肠腺上皮细胞发生腺瘤样增生。H.E 染色发现，肠腺上皮由正常的一层细胞增生到 3～6 层未成熟细胞，并呈现大量的有丝分裂现象，其他感染细胞的核呈肿大淡染小泡状结构或深染纺锤形，杯状细胞减少或消失。肠绒毛不完整或完全脱落。固有层增厚，淋巴组织增生，可见有大量的嗜酸性粒细胞、嗜中性粒细胞、淋巴细胞浸润，静脉广泛淤血及出血现象。病变肠段切片经姬姆萨染色、Ziehl-Neelsen 氏抗酸染色或镀银染色，主要在回肠后段增生的肠腺上皮细胞顶部胞浆中出现大量的胞内劳森菌。有时，肠腺上皮细胞呈典型腺瘤样增生，杯状细胞消失，但只有少数切片内能发现胞内劳森菌。如从 663 例 PE 猪结肠样本发现 11 例有严重的腺瘤样增生，而且肠上皮细胞内有细菌着色；另外 16 例出现腺瘤样增生和杯状细胞消失，但未发现胞内劳森菌。

五、诊断

(一)临床诊断

该病主要发生在断奶后 6～20 周龄的生长育成猪，发病率 5%～30%，无并发症的 4～6 周可能康复，但存在隐性感染情况。病猪精神沉郁、食欲减退、粪便变软、变稀、有的腹泻或间歇性下痢，排焦油样黑色粪便或血便，有的未见症状而突然死亡。病猪饲料转化率降低，生长缓慢、消瘦、弓背弯腰，有的站立不稳，病程长的皮肤苍白，妊娠母猪发生流产。

病理剖检肉眼观察可见小肠后部、结肠前部和盲肠的肠壁增厚，直径增加，浆膜下和肠系膜常见水肿（常误诊为水肿）。切开见肠黏膜肥厚隆起，呈现特征分枝状横向或纵行皱褶，黏膜表面湿润而无黏液，有时附有颗粒状炎性渗出物。增生性出血性肠病的病变同增生性肠炎，但很少波及大肠，小肠内有凝血块，结肠内有混有血液的粪便。

（二）病原学诊断

尸体解剖时，对肠黏膜涂片用改良的 Ziehl-Neelsen 氏抗酸染色或姬姆萨染色法检查，可见胞内劳森菌为直的或弯曲的细菌，带有革兰氏阴性菌特有的波浪状三层外壁。在增殖的肠病变部位可能发现弯曲杆菌，接种猪不能复制该病，只在继发感染中起作用。

（三）血清学方法

应用间接免疫荧光试验可以检测到胞内劳森菌感染早期（接种后持续 8 周）最主要的两类抗体 IgM 和 IgA。进行免疫组化染色时，以甲醛固定组织病料效果好，采用镀银染色、ELISA 等技术对发病猪血清和粪样进行诊断，猪被感染 14～21d 后血清中出现抗体阳性反应，能检测自然感染猪特异性 IgG，而且能检测母源抗体。免疫过氧化物酶单层抗体试验也可用于检测感染猪的胞内劳森菌血清抗体。我国对 PPE 的血清学诊断尚处于起步阶段，用进口 ELISA 试剂盒对我国 6 家猪场近 200 份血清样本检测表明，成年母猪及 100 日龄肥育猪血样阳性率分别达 100% 和 50%～53%，40 日龄仔猪阳性率 10%，60 日龄猪均为阴性。

（四）分子生物学诊断

国内外已能应用常规 PCR 技术和套式 PCR 技术从 1g 粪便中检出 1×10^3 个胞内劳森菌，多重 PCR 可以同时检测 PPE、猪痢疾和猪沙门氏菌病，灵敏度达 10～100 pg DNA，并能实现鉴别诊断。

（五）诊断解析

本病主要和猪痢疾、猪梭菌性肠炎（仔猪红痢）和猪沙门氏菌病进行鉴别诊断。

1. 猪痢疾 主要表现黏性血痢，各种年龄的猪均可感染，但以 7～12 周龄仔猪多发。病理变化集中于大肠，可见大肠黏液性出血性或坏死性炎症。取急性病猪新鲜病样镜检可见大量密螺旋体。

2. 猪梭菌性肠炎（仔猪红痢） 由 C 型产气荚膜梭菌引起的肠毒血症，主要侵害 1 周龄以内仔猪。病猪体温一般不升高，以排血样、水样便，有的排出黄色软粪，有时排泄物为红褐色带有泡沫、坏死组织碎片的稀粪，有特殊腥臭味。有的病仔猪呕吐。发病后 3～5d 死亡，病程短，致死率高。病理变化为小肠出血坏死，以空肠最严重，十二指肠一般不受损害。空肠常可见到长短不一的出血性坏死灶，外观肠壁呈深红色，肠管内充满含血内容物。肠系膜淋巴结周边出血。肠内容物触片镜检、细菌分离鉴定、毒素检查可以确诊。

3. 猪沙门氏菌病 临床症状为顽固性腹泻，多发于 3 月龄左右仔猪，发热，粪便灰白或黄绿色，恶臭。病变集中于盲肠和结肠，肠黏膜肥厚，有灰绿色溃疡病变，肝有点状灰黄色坏死灶。

六、防治

(一) 免疫接种

目前市场上已经有猪增生性肠炎菌苗，能有效阻止病菌在猪体内繁殖和引起病变。在哺乳或保育阶段口服接种活苗，即可产生比较好的保护效果。使用活菌苗时，在接种前后至少各7d不能使用抗生素。被动免疫可以用抗胞内劳森菌特异性鸡卵黄抗体，能取得较好效果，保护率达67％。接种后检测血液抗体水平及通过粪便检测查明排毒时间，当抗体下降和粪便排菌增加时及时用抗生素治疗，能减少感染猪临床症状的发生。

(二) 加强管理

我国猪场实际观察结合血清学检查证明，实行全进全出、彻底消毒及早期隔离断奶是防控PE的有效措施。由于母猪粪便是主要传播来源，哺乳期间必须减少仔猪接触母猪粪便的机会，实行早期隔离断奶，并加强灭鼠。减少应激可以减少发病，故转栏、换料前应给予适当的药物以有效的预防。

(三) 严格引种

应从PE阴性猪场引进种猪，隔离观察1个月以上。尽量减少各种不良应激因素。猪增生性肠炎主要通过粪便接触感染，因此，应切实加强粪便的管理，改善饲养环境卫生。另外，饲粮结构与猪肠道疾病有密切的相关性，调整日粮结构，如饲喂高纤维含量的饲粮、控制饲粮中可溶性非淀粉类多糖含量等，可以大大降低肠道病原体的增殖，能有效地减少PE的发生。

(四) 消毒

完善兽医卫生防疫制度和消毒制度，搞好灭鼠、灭蚊等工作。每栋猪舍门口都要设立消毒池（盆），定期更换敏感的消毒药（如碘类、季铵盐类），特别注意靴子的清洁和消毒，建议使用非氨类消毒剂加强消毒。因为在没有彻底清洁之前，消毒药不可能杀死粪便中的细菌。所以，带猪消毒没有实际意义，只有彻底清除粪便后，用消毒药对猪舍、猪体、饲槽、用具和周围环境，每两天1次，直到病猪康复为止。

(五) 药物防治

胞内劳森菌多数菌株对枝原净、爱乐新、泰乐菌素、林可霉素、替米考星、四环素、红霉素、硫黏菌素、威里霉素、壮观霉素等抗生素敏感。另外，泰龙（Tylan）、盐酸万古霉素、金霉素等能有效防治该病。对尚未表现临床症状的同群假定健康猪，按剂量在饲料中添加氟苯尼考粉，连用5d后停药，再在日粮中添加庆大霉素粉，连喂5d，可有效地预防在同群猪有新的病例发生。同时还可最大限度地预防因继发其他细菌性感染增加本病的发病率和死亡率。

治疗时，应该在感染后立刻用药，而且应该隔离治疗，用药量也不能过小。患猪改饮用水为口服补液盐，利于增加机体的电解质，保持酸碱平衡，增加抗病能力，促进生长发育。同时，每吨饲料中添加80％枝原净60g＋金霉素250g，给后备母猪配种前每月加药连用7～10d；生产母猪产前产后各连用7d，可有效降低仔猪增生性肠炎的早期感染；在断奶仔猪换料后连用10～15d，不仅能有效预防回肠炎、猪痢疾和结肠炎，而且可有效预防呼吸道疾病综合征的细菌性病原体感染。爱乐新（Aivlosin）50～60g/t、泰龙100～110g/t、金霉素200～300g/t、林可霉素110g/t、泰乐菌素100g/t、硫黏菌素100～120g/t、氯四环素300～400g/t或泰妙菌素35g/t等，连续拌料2～3周，可取得良好的效果。连续投药2～3周，均能起到预防和治疗效果。重病猪交替使用2.5％恩诺沙星注射液和2％环丙沙星注射液，按说明书的剂量后海穴注射，每天2次，连续3～4d。对急性出血型病猪肌肉注射枝原净10mg/kg体重，每天2次，连用2～3d，或用枝原净60mg/L，连饮5天，慢性病例连饮15d。

对少数机体瘦弱、贫血、食量少的猪，分别每头1次肌肉注射牲血素（含硒型）2.5～3mL，复合维生素B注射液4～5mL。对增加食欲，恢复健康，促进生长发育有良好的作用。

第十三节　猪密螺旋体病

猪密螺旋体病（Swine dysentery）又称猪痢疾、猪血痢、黑痢、出血性痢疾等，该病曾称为猪密螺旋体痢疾，是由猪痢疾短螺旋体引起猪的一种严重肠道传染病，本病多见于8～14周龄的幼猪，其特征为严重的黏膜出血性下痢，急性病例以出血性下痢为主，亚急性和慢性病例以黏液性腹泻为主。我国将其列为三类动物疫病。

一、病原学

病原为猪痢疾短螺旋体（Brachyspira hyodysenteriae），属螺旋体目（Spirochaetales）短螺旋体科（Srachyspiraceae）短螺旋体属（Brachyspira），主要存在于病猪病变的肠道黏膜、肠内容物以及排出的粪便中。本菌革兰氏染色阴性，苯胺染料或姬姆萨染色良好，组织切片以镀银染色最好。菌体有4～6个弯曲，两端尖锐，形如翼状，呈缓慢旋转的螺丝线状。在暗视野显微镜下较活泼，以长轴为中心旋转运动。

本菌为严格的厌氧菌，对培养基要求严格。在鲜血琼脂平板上可见明显的β溶血，在溶血带的边缘有云雾状薄层生长物或针尖状透明菌落。

菌体含有两种抗原成分，一种为蛋白质抗原，为特异性抗原，可与猪痢疾短螺旋体的抗体发生沉淀反应，而不与其他动物蛇形螺旋体抗体发生反应；另一种为脂多糖抗原，是型特异性抗原，可用琼脂扩散试验将本菌分为11个血清群。

猪痢疾短螺旋体对外界环境抵抗力较强，在密闭猪舍粪尿沟中可存活30d，粪便中5～25℃能存活7～61d，在土壤中4℃能存活102d以上。病菌对阳光照射、加热和干燥敏感。对消毒药抵抗力不强，普通浓度的过氧乙酸、来苏儿和氢氧化钠均能迅速将其杀死。

二、流行病学

全世界所有养猪国家和地区均存在本病，是继猪大肠杆菌病的第二大肠道疾病。

猪和野鼠是本菌的贮存宿主。病猪和带菌猪是主要传染源，康复猪带菌可长达3个月之久，经常从粪便中排出大量菌体，污染周围环境、饲料、饮水或经饲养员、用具、运输工具的携带而传播。本病的传染途径是经消化道，健康猪吃下污染的饲料、饮水而感染。

运输、拥挤、寒冷、过热，或环境卫生不良等诱因都是本病发生的应激因素。

本病流行无明显的季节性，各品种、年龄的猪均易感，但以8～14周的幼猪发病最多。流行初期多取急性经过，病死率较高，以后逐渐呈亚急性和慢性经过，影响猪的生长发育。一旦传入猪群可反复发病，难以根除。

自然情况下，只引起猪发病，且以断奶猪（2月龄）最易感。该病多因引进带菌的种猪引发，主要通过摄入临床感染猪或临床健康的带菌猪的粪便传播，也可以通过传播媒介间接引起。狗、鸟经口感染后13d和8h仍在粪便中带有菌体。苍蝇至少带菌4h，小鼠可带菌100多d，大鼠带菌2d。从猪舍中的老鼠、家犬、苍蝇体内可以分离到病菌，提示这些动物在本病的传播中起着传播媒介的作用。

三、临床症状

本病的潜伏期长短不一，达3d至2个月以上。自然感染多为1～2周。以拉稀，粪便呈粥样或水样，内含黏液或血液为特征。有体温升高和腹痛现象。病程较长者还表现为脱水、消瘦和共济失调。根据病程长短，一般分为最急性、急性和慢性三个类型。

最急性和急性：最急性病例往往突然死亡。急性病例病初精神稍差，食欲减少，粪便变软，表面附有条状黏液。以后迅速下痢，粪便黄色柔软或水样。重病例在1～2d间粪便充满血液和黏液。随着病程的发展，病猪精神沉郁，体重减轻，迅速消瘦，弓腰缩腹，起立无力，极度衰弱，最后死亡。病程约1周。

亚急性和慢性：病情较轻，下痢，黏液及坏死组织碎片较多，血液较少，病期较长。进行性消瘦，生长迟滞。不少病例能自然康复，但在一定的间隔时间内，部分病例可能复发甚至死亡。病程为1个月以上。

四、病理变化

病变局限于大肠、回盲结合处。大肠黏膜肿胀，并覆盖着黏液和带血块的纤维素。大肠内容物软至稀薄，并混有黏液、血液和组织碎片。当病情进一步发展时，黏膜表面坏死，形成假膜；有时黏膜上只有散在成片的薄而密集的纤维素。剥去假膜露出浅表糜烂面。其他脏器无明显病变。

仅在盲肠、结肠和直肠发现显微病变，典型的急性病变为由于血管充血和体液与白细胞的外渗，而造成的黏膜和黏膜下层明显增厚。杯状细胞也增生，腺窝基部的上皮细胞形态变长，着色加深。在固有层，不同形态的白细胞数量增加，由于正常猪也有一定数量的白细胞，所以定量评价病变很困难，但在肠腔周围的毛细血管内及其周围常常见到大量的嗜中性粒细胞集聚。在疾病的早期，肠腔表面的上皮细胞群可能与固有层分离，使毛细血管暴露，导致局部出血。在覆盖的黏液上面有血液，使急性期的结肠内容物变成典型的血斑样外观。晚期变化为大肠的黏膜腺窝和肠腔表面有大量的纤维素、黏液和细胞碎片，黏膜表面有广泛性的浅表性坏死，但深部溃疡不典型。在整个固有层，都能见到嗜中性粒细胞增加。在疾病的各个时期，在肠腔内和腺窝内都能发现猪痢疾短螺旋体，但在急性期数量最多。

慢性病变不具有特异性，充血和水肿不明显。多见黏膜浅表性坏死，通常有厚的纤维素性伪膜。

疾病早期的超微组织学变化具有特征性。在肠腔表面和腺窝内，见到大量的具有猪痢疾短螺旋体形态的螺旋体，邻近的上皮细胞微绒毛结构破坏，线粒体和内质网肿胀，其他细胞器丢失和致密度下降。当损伤进一步明显时，上皮细胞皱缩，并浓染。猪痢疾短螺旋体侵入上皮细胞、杯状细胞和固有层，在某些上皮细胞里见到丛堆状的螺旋体，表明已在细胞内增殖。

五、诊断

（一）临床诊断

本病以拉稀，粪便呈粥样或水样，内含黏液或血液为特征。有体温升高和腹痛现象。病程较长者还表现为脱水、消瘦和共济失调。剖检病变主要限于大肠，肠壁充血、出血及水肿，滤泡增大为白色颗粒。肠内容物稀薄，带血液及组织碎片。黏膜可见纤维素沉着及坏死，其他器官无明显变化。

（二）病原学诊断

1. 病料的采集　采取病猪急性期带血的新鲜粪便和结肠黏膜的刮取物或肠内容物。

2. 直接镜检　媒染剂的配制：取鞣酸 1g、钾明矾 1g 和中国蓝 0.25g，加入 20％乙醇 100mL，充分溶解过滤即成。染色液的配制：取 3％复红酒精溶液 10mL，加入 5％石炭酸水溶液 90mL，混合过滤即为石炭酸复红溶液；取美蓝饱和酒精溶液 30mL，加入 0.01％氢氧化钾水溶液 100mL，混合均匀，即为碱性美蓝溶液。取石炭酸复红和碱性美蓝溶液等量混合，过滤，即为猪痢疾短螺旋体的染色液。将粪便样直接涂片或用生理盐水作 5 倍稀释，静置 30min，取上层液体涂片，自然干燥，火焰固定。用生理盐水漂洗，加媒染剂，作用 5min 水洗。加染色液染色 2min，水洗，晾干后镜检。猪痢疾短螺旋体被染成淡红色，背景呈淡蓝色。菌体形态呈波浪卷曲、两端尖锐，而且数量较多，每个视野 3～5 条以上，可确诊为猪痢疾。但要注意与健康猪大肠中存在的小螺旋体或类螺旋体相区别，后者较小，只有一个螺旋，两端钝圆。培养时在血液琼脂上不产生溶血或弱 β 溶血，无致病性。直接镜检法对急性后期，慢性或用药后的病例，检出率低。

3. 暗视野检查　取用生理盐水稀释的粪样一滴制成悬滴或压滴标本，在暗视野显微镜下检查，可见到折光度一致，活泼旋转运动的较大的螺旋状形态的微生物，同时要注意与肠道中的小螺旋体或其他形态的微生物区别。

4. 细菌分离与鉴定　本菌的分离培养，采用直接分离培养，因杂菌太多，不易分离成功，因此多采用稀释法和过滤法分离培养。

（1）稀释法　选择培养基采用酪蛋白胨血液琼脂培养基。配方如下：酪蛋白胨胰酶消化物（Trypticase）15g，大豆蛋白胨 5g，氯化钠 5g，琼脂 15g，蒸馏水 1 000mL。调 pH7.3，加热溶解，过滤分装，121℃灭菌 15min。在 45～50℃左右，加入 5％～10％的无菌脱纤马或牛血液，加入 400μg/mL 的壮观霉素。用生理盐水 10 倍递减稀释法，稀释至 10^{-6}，分别取 0.1mL 接种于分离培养基中，在 37℃或 42℃厌氧培养 3～6d，可见条状的 β 溶血区，呈云雾点状表面生长，有时可见针尖样透明菌落。形态学检查可见卷曲大螺旋体。

（2）过滤法　将被检样品用生理盐水 10 倍稀释，低速离心，弃渣，将上清液用 0.65μm 的微孔滤膜过滤，然后将滤液接种于上述培养基上，培养检查同上。

5. 生化试验　本菌的生化反应不活泼，只能分解少数糖，如葡萄糖、麦芽糖。最终鉴定还需进行病原性和血清学特异性检查。

（三）血清学诊断

1. 微量凝集试验　先将被检血清用 1％新生犊牛血清的 PBS 稀释 1∶8，于 56℃水浴灭能 30min。在 U 型微量反应板上，每孔加入 0.05mL 1％新生犊牛血清 PBS 液，于第一孔加入 0.05mL 处理过的被检血清，混合均匀后，取 0.05mL 于第二孔，如此依次稀释至最后一孔，弃去 0.05mL。每一检样作一排。稀释完毕后，每孔加入凝集抗原 0.05mL，于微量振荡器上振荡混合均匀，置 38℃感作 16～24h，判定结果。其血清凝集价＞1∶32，判为阳性；凝集价＜1∶16，判为阴性。

2. 平板凝集试验　将被检血清用生理盐水作 1∶8～1∶128 倍的倍比稀释，分别取一滴于玻璃板上，再加结晶紫平板抗原一滴，充分混匀，在室温下感作 15min，判定结果。凝集价＞1∶32，判为阳性。

3. 免疫荧光试验

（1）直接荧光抗体法　可用猪的粪便作为检验材料，制成涂片，自然干燥后，浸于丙酮液中，在 4℃或室温下固定 10～15min，立即用毛细滴管加 1 滴（约 20μL）工作浓度的猪痢疾短螺旋体荧光抗体，覆盖整个标本面。放入 37℃湿盒内孵育 30min，取出，在 pH7.4 的 0.01mol/L PBS 液中漂洗 3 次，每次 3min，最后用蒸馏水漂洗 30s。甩干，加 pH7.4 缓冲甘油封片镜检。可见耀眼的黄绿色荧光，为阳性。同时设空白对照。

（2）间接荧光抗体法　先将已知血清型的猪痢疾短螺旋体制成抗原涂片，再将经 56℃ 30min 灭能的被检血清用 pH7.4 PBS 做 1∶2～1∶256 系列稀释，分别滴加于抗原片上，同时作已知阳性和阴性血清对照，置 37℃湿盒内孵育 30min，取出，用 PBS 液漂洗 3 次，每次 5min。甩干，滴加兔抗猪荧光抗体，置 37℃湿盒内孵育 30min，取出，用 PBS 液漂洗 3 次，每次 5min。甩干后镜检，可见耀眼的黄绿色荧光，为阳性。判定结果，抗体效价≥1∶8，为阳性；＜1∶2，为阴性；1∶4 为疑似。

4. 免疫扩散试验　在含 Tris 缓冲生理盐水配成的 1％琼脂板上，用打孔器打孔，孔径 6mm，孔间距 10mm。在中央孔加入抗原，外周孔加入被检血清，置于 37℃湿盒内 4～6h，再置室温 6～18h，观察结果。在抗原孔与血清孔之间出现白色沉淀线，即为阳性反应。

（四）诊断解析

我国公布了猪痢疾短螺旋体分离培养操作规程的行业标准（SN/T 1207—2003），规定了猪痢疾短螺旋体的分离培养方法，生化鉴定方法和致病性测定方法。

六、防治

尚无预防用菌苗。在饲料中添加药物，有短期预防作用，但不能彻底消灭。控制本病主要采取综合性防治措施和药物对症治疗的方法。一是严禁从疫区引进生猪，必须引进时，应隔离检疫 2 个月。二是猪场实行全进全出饲养方式，进猪前应按消毒程序与要求对猪舍进行消毒，加强饲养管理，保持舍内外干燥，防鼠灭鼠措施严格，粪便及时无害处理，饮水应加含氯消毒剂处理。三是发病场最好全群淘汰，并彻底清理和消毒，空舍 2～3 个月，再引进健康猪。

第十四节　猪传染性胸膜肺炎

猪传染性胸膜肺炎（Porcine contagious pleuropneumonia，PCP）是由猪胸膜肺炎放线杆菌引起的以急性出血性和慢性纤维素性胸膜肺炎为主要特征的猪的一种呼吸道传染病，在临床上可表现出最急性、急性和慢性三种疾病类型。急性型病猪具有很高的死亡率，慢性者常能耐过，但导致生长缓慢，降低饲料报酬。该病分布广泛，是国际公认的对养猪业颇具危害的重要传染病。

一、病原学

猪胸膜肺炎放线杆菌（*Actinobacillus pleuropneumoniae*，APP）是革兰氏阴性小球杆菌，具有多形性，新鲜病料中的菌两极染色，带荚膜和鞭毛，具有运动性。本菌兼性厌氧，营养要求较高，在普通营养基上不生长，需添加 V 因子；常用巧克力琼脂培养基培养，24～48h 能形成淡灰色、不透明的菌落；在绵羊血平板上产生稳定的 β 溶血。金黄色葡萄球菌可增强其溶血圈（CAMP 试验阳性）。根据其荚膜多糖和 LPS 的抗原性差异，目前将本菌分为 15 个血清型，其中 1 型和 5 型又分为 1a 和 1b 及 5a 和 5b 两个亚型。根据本菌对辅酶 I（NAD）的依赖性，又分为生物 I 型和生物 II 型。I 型菌依赖 NAD，包括 1～12 及 15 血清型，II 型菌不依赖 NAD，含 13 型和 14 型。由于 LPS 侧链及结构的相似性，某些型之间存在抗原交叉。血清型 1、9 和 11，3、6 和 8，4 和 7 含有共同的 LPS 抗原。在不同地区，流行菌的血清型不同，我国主要是 1、5 和 7 型。APP 引起猪致病有几个毒力因素：荚膜多糖、LPS、外膜蛋白、转铁结合蛋白、蛋白酶、渗透因子及溶血素等。APP 具有荚膜，能产生 APX I～APX IV 毒素，这些毒素能杀灭宿主肺泡内的巨噬细胞和损害红细胞，是引起肺严重病理损害的主要原因。血清型有毒力差异，其中 1、5、9 及 11 型毒力最强，10^2 个 CFU 的 1 型菌可使猪发病，10^2 个 CFU 可致猪死亡。3 型和 6 型毒力低。生物 II 菌的毒力比生物 I 型的低。

本菌抵抗力不强，对常用消毒剂敏感，60℃ 5～20min 即可杀死。对结晶紫和杆菌肽有一定的抵抗力，从污染病料分离本菌时，可在培养基中添加上述物质。

二、流行病学

PCP 分布广泛，一年四季均可发生，但秋末春初季节变化时多发。各种猪龄均易感，但以 2～4 月龄猪多发，一般发病率为 5%～80%，死亡率一般为 6%～20%。饲养管理、卫生条件和气候变化是造成发病和死亡的重要因素。

APP 对猪的呼吸道具有高度的宿主特异性，急性感染不仅可在肺病变和血液中见到，而且在鼻液中也存在大量本菌。病猪和带菌猪是主要传染源，隐性带菌猪较常见。病菌主要位于坏死的肺病变处和扁桃体中。主要传播途径是空气传播，通过猪与猪的直接接触或短距离飞沫传播。急性暴发时，可从一个猪栏"跳跃"到另一个猪栏，另外，也可以通过配种传播。

本病在猪群之间的传播主要由引进带菌猪引起。密度大、气温急剧变化、相对湿度高、通风不良等应激因素可促进本病的发生和传播，使发病率和死亡率升高。一般来讲，大群猪比小群猪更易发生本病。老疫区的猪群发病率和死亡率趋于稳定，如突然暴发，是由于饲养管理或新的血清型菌入侵所致。

三、临床症状

潜伏期依据菌株的毒力和感染量而不同，自然感染1～2d。因猪的免疫状态、环境应激和对本菌暴露程度的不同，临床症状存在差异，可分为最急性、急性和慢性。

1. 最急性型 通常有一头或几头猪突然严重发病，体温升高至41.5℃，精神沉郁，食欲废绝，有短期的下痢或呕吐。病猪卧于地上，初期无显著呼吸症状，但心跳加快，鼻、耳、腿、体侧皮肤发绀。最后阶段出现严重呼吸困难，张口呼吸，呈犬坐姿势。临死前从口、鼻中流出大量带血色的泡沫液体。死亡发生在24～36h内。偶尔有的猪突然死亡而无任何先兆症状，初生猪则为败血症致死。

2. 急性型 常常有许多猪受害，表现体温升高，猪体温升高至40.5～41℃，精神沉郁，拒绝采食。有呼吸困难、咳嗽、张口呼吸等严重呼吸症状。病程视肺部损害程度和开始治疗的时间而定。

3. 亚急性和慢性型 发生在急性症状消失之后。不发热，有程度不等的间歇性咳嗽，食欲不振、增重减少。慢性感染猪群常有很多亚临床病猪，临床症状可因其他病原，如肺炎支原体、巴氏杆菌等而导致呼吸道感染加重。

四、病理变化

剖检后的眼观变化主要是肺炎症状。肺炎大多数是两侧性，可波及心叶和尖叶以及膈叶的一部分。肺炎区色深而质地坚实，切面易碎。纤维素性胸膜炎明显，胸腔含有带血色的液体。在急性病例中，气管和支气管充满带血色的黏液性泡沫渗出物。在较慢性病例，肺膈叶上有大小不一的脓肿样结节。胸膜有粘连区。早期的组织学变化以肺组织坏死、出血、中性粒细胞浸润、巨噬细胞和血小板激活、血管栓塞、广泛水肿和纤维素性渗出为特征。在坏死区周围发生巨噬细胞浸润和纤维化。

五、诊断

急性暴发期的病猪可根据典型症状和病变，做出初步诊断。慢性病猪在外观上貌似健康猪，易与气喘病混淆，二者混合感染时更难诊断，剖检时可在胸膜和心包上有界限明显的纤维素性渗出物。确诊需实验室诊断。

（一）细菌学诊断

从新鲜病死猪的气管、鼻腔的分泌物及肺部病变区内很容易分离到病原菌。肺部病变区的涂片，经革兰氏染色，可发现大量阴性球杆菌。生化鉴定的内容包括CAMP试验、脲酶活性以及甘露糖发酵等。

（二）血清学诊断

1. 葡萄球菌 A 蛋白（SPA）协同凝集试验 协同凝集试验可用于菌株的血清分型，与荚膜血清分型和环状沉淀试验结果一致。用全菌悬液或其盐水浸液做协同凝集试验，结果一致。当全菌盐水悬液或其盐水浸液在 4℃保存长时间，或煮沸 15min，除血清型 6 与 3、5 有轻微交叉反应外，所有抗原在协同凝集试验中具有型特异性。在进行菌株血清分型时，协同凝集试验比环状沉淀试验敏感，操作方便，效果更好。

2. 琼脂扩散试验 用猪胸膜肺炎放线杆菌（APP）制备酚水抗原，与抗 APP 阳性血清做琼脂扩散试验，可获得清晰沉淀线。

3. 间接血凝试验 经戊二醛-鞣酸处理绵羊红细胞用 APP 抗原致敏，以此为抗原，进行 IHA 试验，检测猪传染性胸膜肺炎血清抗体，具有型特异性。本方法适用于猪传染性胸膜肺炎流行病学调查和血清型定性。

4. ELISA 试验 已建立多种 ELISA 方法检测 APP 抗体。有研究表明，ELISA 方法比 CF（补体反应）敏感。用 ELISA 方法检测血清和唾液中 IgA 抗体，具有很好的符合性。在自然感染的早期，检测不到血清抗体，但能检测出唾液中的 IgA 抗体；在感染的晚期，血清中的 IgA 抗体出现，而唾液中的抗体消失。因此，检测黏膜液，如唾液、鼻液、支气管泡液中的 IgA 抗体可用于诊断 APP 早期感染。

5. PCR 方法 PCR 方法扩增 APP 不同特异片段，可用于 APP 的诊断。选用的目的基因包括 APP 的 dsbE 基因、APXIV 基因。套式 PCR 敏感性更高，可用于临床样品的检测。PCR 方法比细菌分离方法更灵敏、特异，而且操作简单，出结果时间短，因此被广泛用于临床样品的检测。

六、防疫措施

1. 加强饲养管理 APP 为条件性致病菌，在猪饲养过程中，应加强饲养管理，减少应激。适当的饲养密度和良好的通风条件是控制和预防本病的一项重要措施，可以有效降低猪舍内空气中病菌的浓度，保证氧气的充分供应，增强机体的免疫能力。要注意圈舍清洁干燥，及时消毒、清除粪便和污水，降低污物腐败和发酵产生的有害气体对猪呼吸系统的损害；保证投入全价饲料和清洁饮水；根据季节变化，控制好小环境的温度和湿度。

2. 做好平时的隔离和消毒 猪场严格控制人员进出，工作人员互不串舍。进入生产区要更换鞋帽，用消毒液洗手。衣物和用具等应及时用紫外线消毒。对出现临床症状的病猪必须进行隔离观察、治疗或淘汰。死猪做好无害化处理。

3. 加强检疫 坚持自繁自养的原则，防止引入病猪。确需引种的，至少隔离 3 个月，经血清抗体检测为阴性，确认为健康猪，方可进入猪场混群饲养。猪舍需至少空舍 1 个月再使用。

4. 做好免疫接种 免疫接种是预防本病的有效方法，但 APP 血清型多，相互之间交叉保护能力差，故疫苗所含的血清型一定要有针对性。我国主要流行的是 1、5 和 7 型。可每半年免疫一次，经产母猪产后 1 个月免疫一次，仔猪 14 日龄首免，断奶后 7d 重免。后备种猪在配种前 1 个月免疫 1 次。由于疫苗具有一定的副反应，免疫后要注意观察，对个别出现副反应的猪要及时采取措施。

5. 治疗　受威胁的猪场在平时可进行预防性给药，可参考选用 0.06%～0.08% 的土霉素或 0.05% 的氨苄青霉素等，一般连用 3～5d，每一个季度或半年换药 1 次。对于发病猪场，早期及时治疗是提高疗效的重要条件。需根据药敏试验的结果选择药物。对个别严重的猪要淘汰。

第十五节　猪大肠杆菌病

猪大肠杆菌病（Swine colibacillosis）是由致病性大肠杆菌引起的一类猪的传染病，按其发病日龄分为 3 种：即出生数日发生的仔猪黄痢、2～3 周龄发生的仔猪白痢，6～15 周龄发生的仔猪水肿病。该病可引起仔猪腹泻或败血症，主要危害仔猪。

一、病原学

大肠杆菌（*Escherichia coli*）是中等大小的杆菌，有鞭毛，无芽孢，革兰氏阴性。易在普通琼脂上生长，形成凸起、光滑、湿润的乳白色菌落。对糖类发酵能力强，在麦康凯和远藤氏琼脂上形成红色菌落，在 SS 琼脂上多数不生长，少数形成深红色菌落。对外界不利因素抵抗力不强。

致病性与非致病性大肠杆菌在形态、染色、培养特性等方面没有差别，但抗原结构不同。大肠杆菌的抗原构造由菌体抗原（O）、鞭毛抗原（H）和微荚膜抗原（K）组成，已发现有 170 多种 O 抗原、50 多种 H 抗原、100 多种 K 抗原，这 3 种抗原互相组合，可构成几千个血清型。

致病性大肠杆菌，按其对人和动物的致病性不同，可将致病性大肠杆菌分为 8 类：

产肠毒素性大肠杆菌（Enterotoxigenic *E. coli*，ETEC）：ETEC 能借菌毛（黏附因子）的帮助黏附于小肠黏膜表面生长繁殖，同时产生耐热肠毒素（ST）或不耐热肠毒素（LT），引起肠道分泌增强，促进大量液体积聚于回肠而出现腹泻。ETEC 是引起人、猪、牛和羊腹泻的常见原因。

致病性大肠杆菌（Enterpathogenic *E. coli*，EPEC）：EPEC 不产生肠毒素，也未发现有侵袭力，而是产生束状菌毛（BFP）和紧密素（intimin），黏附在十二指肠、空肠和回肠上端的肠壁细胞表面，引起黏附和脱落损伤，引起腹泻。EPEC 可引起人和兔的腹泻。

侵袭性大肠杆菌（Enteroinvasive *E. coli*，EIEC）：EIEC 虽然不产生肠毒素，但能侵袭大肠肠壁上皮细胞，引起炎症和溃疡，导致腹泻和脓血便。EIEC 只引起人的腹泻，尚未发现可引起动物发病。

产志贺毒素大肠杆菌（Shiga toxin-producing *E. coli*，STEC）：STEC 产生志贺毒素（Stx），Stx 又称志贺样毒素（SLT）或 vero 毒素（VT），其中有的血清型，如 O157：H7 引起人的出血性结肠炎，称为肠道出血性大肠杆菌（EHEC）。EHEC 也产生紧密素，引起黏附和脱落损伤。STEC 是引起人出血性结肠炎、溶血性尿毒综合征和猪水肿病的病原。

肠道聚集黏附性大肠杆菌（Enteroaggregation *E. coli*，Eagg EC）：Eagg EC 与儿童持续性腹泻有关，产生一质粒编码的耐热肠毒素，称为 EAST，还产生溶血素，与致病作用有关。

败血症大肠杆菌（Septicemic *E. coli*，SEPEC）：SEPEC 可以定居到肠道、呼吸道和其他黏膜表面，产生气杆菌素、溶血素及坏死因子（CNF）等，侵入循环系统，引起人、牛、猪、禽等败血症。

尿道致病性大肠杆菌（Uropathogenic *E. coli*，UPEC）：依靠 P 菌毛、I 型菌毛黏附于尿道，产生溶血素、K1 抗原等，引起尿道感染。UPEC 仅感染人。

新生儿脑膜炎大肠杆菌（Neonatal Meningitis *E. coli*，NMEC）：从鼻咽和胃肠道侵入血液循环，然后到达脑膜。NMEC 感染仅见于人。

二、猪大肠杆菌病

(一) 仔猪黄痢 (Yellow scour of newborn piglet)

仔猪黄痢又称早发性大肠杆菌病，是出生仔猪的一种急性、致死性疾病。临床上以排黄色液体状粪便为特征。引起仔猪黄痢的血清型很多，常见有 O8、O9、O20、O60、O64、O101、O115、O138、O139、O141、O149、O157 等血清型。这些菌株属于ETEC，产生肠道定植因子菌毛黏附素 K88、K99 和 987P，使细菌可以定植于肠道。产生LT 或 ST，引起腹泻。

1. 流行病学 本病的传染源主要是带菌的母猪，由粪便排出的病原菌污染母猪的乳头和皮肤，仔猪吸乳或舔母猪皮肤时，食入病菌。下痢的仔猪又从粪便中排出大量病菌，污染环境，通过水、饲料和用具传染给其他仔猪，形成新的传染源。主要经消化道传染，少数经呼吸道传染。

本病发生于出生 1 周以内的仔猪，以 1～3 日龄最为常见，随着日龄增长而减少，至7 日龄以上很少发生。同窝仔猪的发病率很高，常在 90％以上，病死率也很高，甚至全窝死亡。本病的发生无季节性，猪场内发生本病后，如不采取措施，可长时间不断发生，造成严重经济损失。

2. 症状 潜伏期短的 12h，长的 1～3d。仔猪出生时正常，12h 后突然有 1～2 头表现全身衰弱，很快死亡。其后其他仔猪相继发生腹泻，粪便呈黄色浆状，凝乳小片。捕捉时，由于挣扎而由肛门排出稀便。迅速消瘦、脱水、昏迷而死。

3. 病理变化 颈部、腹部皮下水肿，肠道内有多量黄色液体状内容物和气体，肠黏膜有急性卡他性炎症变化。以十二指肠最严重，空肠、回肠次之，结肠较轻，肠系膜淋巴结有弥漫性小出血点。肝、肾有小的凝固性坏死灶。

4. 诊断 根据发病日龄、排黄色稀粪、发病率和死亡率很高以及急性死亡特点，可做出初步诊断。确诊需采集死亡猪的肠道前段内容物进行细菌分离，然后进行生化鉴定和溶血试验，或用大肠杆菌标准阳性血清进行鉴定。如果分离菌株不是常见的致病性血清型，还应该做肠毒素检查和新生仔猪口服接种试验，也可以检测 ST、LT 基因。

临床上须注意与仔猪红痢、猪传染性胃肠炎，猪流行性腹泻等鉴别。

5. 防治措施

（1）治疗 在仔猪发病时，应立即全窝猪给药。链霉素、新霉素、多黏菌素、土霉素、金霉素、磺胺等对本菌有抑制作用，但应轮换用药，否则细菌产生耐药性，降低治疗效果。最好做药敏试验，根据结果选择抗生素。

（2）预防措施　加强饲养管理，保持母猪产房清洁干燥，注意经常消毒。在仔猪吃奶前，对母猪的乳房，特别是乳头进行彻底消毒，用0.1%高锰酸钾擦拭乳房和乳头，同时做好圈舍的消毒，使仔猪尽早吃上初乳，使仔猪迅速获得初乳抗体，增强抵抗力。

可以给母猪免疫大肠杆菌疫苗，常用的有K88ac⁻LTB双价基因工程菌苗，新生猪腹泻大肠杆菌K88、K99双价基因工程菌苗，仔猪大肠杆菌腹泻K88、K99、987P三价灭活菌苗，使仔猪获得很高的被动免疫保护率。动物微生态生物菌制剂对本病也有预防作用。也可以用药物进行预防，仔猪产后12h内口服或注射抗生素，连用数天，也可防止本病发生。

（二）仔猪白痢

仔猪白痢是2~3周龄仔猪常发的一种急性肠道传染病，以排出灰白色糊糊样稀便为特征。引起仔猪白痢的大肠杆菌血清型，一部分与仔猪黄痢和猪水肿病相同，以O8：K88较常见，有些地区K99血清型较多。

1. 流行病学　本病发生于10~30日龄仔猪，以2~3周龄仔猪较常见，1月龄以上的仔猪很少发生。发病率较高，而病死率低。一窝仔猪中发病常见有先后，此愈彼发，拖延时间长。有的仔猪窝发病多，有的仔猪发病少或不发病，症状也轻重不一。本病的发生与各种应激因素有关，如阴雨潮湿、圈舍污秽、室内温度异常、突然更换饲料，母猪乳汁不足等，都可以促进本病的发生或增加本病的严重程度。

2. 症状　本病的发生与肠道菌群失调有密切关系，加之10日龄以后，仔猪母源抗体减少，肠壁的免疫机能尚不完全，不足以抵抗大肠杆菌的侵袭及肠毒素的作用。本病主要症状是腹泻，开始排黄色糊糊样稀便，继而变成水样，最后变成白痢，具有腥臭味。体温和食欲无明显改变。病猪逐渐消瘦，拱背，毛皮粗糙不洁，发育迟缓。病程3~7d，绝大多数猪能够自愈。

3. 诊断　根据2~3周龄仔猪成窝发病，体温不高，排出白色糊糊样稀便；剖检仅见有胃肠卡他性炎症，通常可做出诊断。在必要时，可作细菌学检查。由小肠内容物分离出大肠杆菌，用血清学方法鉴定，即可确诊，也可以检测ST或LT基因，进行确诊。临床诊断应注意与仔猪黄痢、仔猪红痢、猪痢疾及猪传染性胃肠炎等鉴别。

4. 防治措施

（1）治疗　早期给药，治愈率很高，治疗药物参照仔猪黄痢。此外，适当给些收敛、止泻和助消化药物，可促进本病早日康复。

（2）预防措施　除参照仔猪黄痢外，应使仔猪提早开食，在仔猪运动场内放置少许熟料任仔猪自由采食。防止仔猪贫血，可在运动场放置深层黄土块，任仔猪啃食，或注射抗贫血药，也可以给母猪喂抗贫血药。

（三）猪水肿病

猪水肿病是由产志贺毒素大肠杆菌引起的，以发病突然、头部水肿、共济失调、惊厥和麻痹为特征，剖检可见胃壁和结肠系膜显著水肿。常见的血清型有O2、O8、O138、O139、O141等，但主要的血清型有O139：H1、O141：H14和O138：H14，产生志贺毒素2v，是引起发病的主要原因。O138和O139产生肠毒素，是猪水肿病时出现腹泻的原因。

1. 流行病学 本病常见于断奶后 1 周的仔猪，但也有个别在 1 周内发病。肥胖的猪最易发病，育肥猪及 10d 以下的猪很多少发病。一般仅限个别猪群，不广泛传播。多见于春季和秋季。其发生与饲料更换、饲养方式的改变和气候变化有关。多为散发，发病率不高，但病死率高。

2. 症状 突然发病，精神沉郁，食欲减少或废绝，心跳加速，呼吸初期浅而快，后来慢而深。病猪行走四肢无力，共济失调，步态摇摆不稳，有时做圆圈运动。静卧时表现肌肉震颤，不时抽搐，四肢做游泳状，触摸时敏感发呻吟或鸣叫。体温变化不大。

本病的特殊症状是脸部和眼睑水肿，有时波及颈部和腹部皮下，但有些病猪体表没有明显水肿变化。病程一般为 1~2d，个别达 7d，病死率约 90%。

3. 病理变化 主要病理变化是水肿，常见于眼睑、前额、胃壁、肠系膜及肠系膜淋巴结，有些病例的胆囊、喉头及肾薄膜水肿，脊髓、大脑皮层及脑干有非炎性水肿，水肿较轻的病例，内脏出血变化较重，出血性肠炎尤为常见。

4. 诊断 本病根据发病猪的日龄、特殊的临床症状及病理变化，一般可以做出诊断。在与类似疾病鉴别时，可采取前段小肠内容物，分离病原菌，鉴定其血清型。还可以检测分离菌株的 Stx2v 基因。临床上应注意与贫血性水肿、缺硒性水肿鉴别，二者无明显神经症状，注射抗贫血药物或硒，很快收效。

5. 防治措施

（1）治疗 对发病猪可以注射卡那霉素、5%碳酸氢钠和葡萄糖，同时配合维生素 C。

（2）预防措施 仔猪断奶时应注意加强饲养管理，不要突然改变饲料或饲养方法，饲喂量应逐渐增加，喂全价饲料。发现断奶猪便秘，可适量喂盐类泻剂，促进肠道蠕动和分泌，防止致病性大肠杆菌在肠道内繁殖。在有病的猪群内，对断奶仔猪，可在饲料中添加抗生素。国内采用大肠杆菌灭活菌苗，可以产生保护作用，国外有灭活的 Stx2v 疫苗，具有很好的保护效果。

第十六节　猪传染性萎缩性鼻炎

猪传染性萎缩性鼻炎（Atrophic rhinitis of swine）是由产毒性多杀性巴氏杆菌（C 型）和（或）支气管败血波氏杆菌（D 型或 A 型）引起的猪的一种慢性呼吸道传染病，其特征为鼻炎、颜面部变形、鼻甲骨尤其是鼻甲骨下卷曲发生萎缩和生长迟缓。临床表现为病猪打喷嚏、流鼻血、颜面变形、鼻部歪斜和生长迟滞。发生本病后，因猪只呼吸道正常结构和功能受到损害，猪体抵抗力降低，极易感染其他疾病，并引发呼吸系统综合征，从而给猪场造成巨大经济损失。我国农业部将其列为二类动物疫病。

一、病原学

本病的病原为支气管败血波氏杆菌（*Bordetella bronchiseptica*，Bb）和多杀性巴氏杆菌（*Toxigenic Pasteurella multocida*，T^+ Pm），前者属伯氏菌目（Burkholderiales）产碱菌科（Alcaligenaceae）波氏杆菌属（*Bordetella*）成员；后者属巴氏杆菌目（Pasteurellales）巴氏杆菌科（Pasteurellaceae）巴氏杆菌属（*Pasteurella*）成员。

支气管败血波氏杆菌（Bb）为革兰氏阴性小杆菌或球状菌，大小约 $0.2\sim0.3\ \mu m\times$ $0.5\sim1\ \mu m$，两极着色，有运动性，但不形成芽孢，常散在或成对排列。本菌为严格需氧菌，最适生长温度 $35\sim37℃$，在培养基中加入血液或血清有助于生长。Bb 在鲜血琼脂中能形成 β 溶血；在葡萄糖中性红琼脂平板上，菌落中等大小，呈透明烟灰色；在肉汤培养基中呈轻度均匀混浊生长，不形成菌膜，有腐霉气味；在马铃薯培养基上培养，可使马铃薯变黑，菌落黄棕而微带绿色。该菌不发酵糖类，使石蕊牛乳变碱性，但不凝固。该菌在自然感染、人工培养过程中极易发生变异，有三个菌相；其中，Ⅰ相菌毒力较强，为有荚膜的球形或短杆状菌，具有表面 K 抗原和强坏死毒素（类内毒素）；Ⅱ相菌和Ⅲ相菌则毒力弱；Ⅰ相菌在抗体作用或不适当培养条件下，可向Ⅱ相、Ⅲ相菌变异。Bb 对外界环境抵抗力弱，常规消毒药即可将其杀死。

多杀性巴氏杆菌为革兰氏阴性、两端钝圆、中央微凸的球杆菌或短杆菌，大小约 $0.3\ \mu m\times0.6\ \mu m$，不形成芽孢，无鞭毛，不能运动，新分离的强毒菌株有荚膜，常单在，有时成双排列，以瑞氏、姬姆萨或亚甲蓝染色时菌体两极着色。本菌为需氧菌，可分解糖类，产气，产生吲哚。根据荚膜抗原的特征，可将 Pm 分为 A、B、D、E 4 个血清型，诱发猪传染性萎缩性鼻炎的 T^+ Pm 多数属于 D 型，且毒力较强，少数属于 A 型，为弱毒株。不同血清型毒株的毒素有抗原交叉性，其抗毒素也有交叉保护性。本菌对外界环境的抵抗力不强，一般消毒药均可杀死病菌。在液体中，$58℃$ 15min 可将其杀灭。

现有研究证实，单独感染支气管败血波氏杆菌Ⅰ相菌可引起较温和、非渐进性、无病变的鼻甲骨萎缩；在健康猪群中，几乎所有的猪都可感染支气管败血波氏杆菌和非产毒性多杀性巴氏杆菌，并伴有不同程度的鼻甲骨萎缩；如果感染支气管败血波氏杆菌后继发感染产毒性多杀性巴氏杆菌（D 型或 A 型），则会引发严重的萎缩性鼻炎。此外，大量细菌学、血清学和人工感染试验证明，鼻甲骨萎缩是以感染为主，营养、应激等因素为次的症候群。

二、流行病学

不同年龄、品种的猪对本病均具有易感性，但以幼猪的病变最为明显，长白猪最易感，国内的土种猪发病较为轻微。初生 5 周内的仔猪感染本病发生鼻炎后，多能引起鼻甲骨萎缩，但如在断奶后发生感染，多不发生或只发生轻度的鼻甲骨萎缩，但易成为带菌猪。因此，在出生后不久受到感染的猪，重症病例居多，1 月龄以后的感染猪多为较轻的病例，3 月龄以后的感染猪，一般看不到临床症状而成为带菌者。

病猪和带菌猪是本病的传染源，且已证明，其他带菌动物（如犬、猫、鸡、麻雀、兔、鼠等）甚至人也能作为传染源使猪感染，鼠类可能是本病的自然贮存宿主。

本病主要通过飞沫传播，病猪、带菌猪通过和健康猪群接触经呼吸道传播本病。但疫病的传播比较缓慢。

本病常年均可发生，但冬春季节多发，多散发。

有一些猪对本病的抵抗力较强，即使将其子代与病猪直接接触也很少发病，但也有一些猪种对本病特别易感，如长白猪，可能与遗传因素有关。另外，本病的发生存在明显的年龄相关性，即猪龄越小感染率越高，临床症状亦越严重。随着猪龄增长，抗体的保护率增高而病菌的分离率下降，一般不容易发生再感染。

一般认为感染上述两种病菌是本病的原发因素。各种应激因素是诱发本病的重要原因。如猪场的卫生条件、管理水平、饲养密度、通风等以及猪的营养水平、遗传因素、品种等都可能诱发本病。此外，有的猪可能会在发病后继发感染其他微生物（如放线菌、绿脓杆菌、嗜血杆菌及毛滴虫等），可使病情加重。

三、临床症状

乳猪波氏杆菌肺炎可在 3～4 周龄发生，表现为剧烈咳嗽、呼吸困难，体温一般为 39～40℃，病猪极度消瘦，常可使全窝仔猪死亡，而母猪不发病。

萎缩性鼻炎早期症状多数见于 6～8 周龄的仔猪，病初表现为打喷嚏和吸气困难，有少量黏液脓性渗出物排出。鼻炎常使鼻泪管发生阻塞，甚至引起结膜炎，导致泪液分泌增多。

鼻炎之后可出现鼻甲骨萎缩，致使鼻腔和面部变形，当两侧鼻甲骨病损几乎相等时，则鼻腔变得短小，外观为鼻缩短，若一侧鼻甲骨萎缩较严重时，则使鼻腔歪向一侧，严重时可歪成 45°角。

猪萎缩性鼻炎的临床诊断可以依据频繁打喷嚏、呼吸困难、鼻黏膜发炎、生长发育停滞和面部变形来定，但常采用病理解剖学诊断。

四、病理变化

从口腔两侧第一、二对臼齿间的连线将鼻腔横断锯开，当鼻甲骨萎缩时，最特征的病变是鼻腔的软骨和鼻甲骨的软化和萎缩，特别是下鼻甲骨下卷曲最为常见，筛骨及上鼻甲骨有时也发生，有的萎缩严重，甚至鼻甲骨消失，鼻中隔发生部分或完全弯曲，鼻腔成为一个鼻道，有的下鼻甲骨消失，而只留下小块黏膜皱褶在鼻腔的外侧壁上。鼻腔中有大量黏脓性干酪性分泌物。

组织学病变可见鼻甲骨萎缩上皮呈不同程度的脱落和糜烂，杯状细胞增多，由于生发层代代偿脱屑的作用，复层立方上皮取代了正常的假复层柱状纤毛上皮，黏膜下层主要是中性粒细胞和淋巴细胞浸润。滤过性病原引起的病变，上皮仅有轻度变化，黏膜下层以淋巴细胞浸润为主，管泡状腺轻度增生，成骨细胞则广泛增生。

五、诊断

1. 临床诊断　本病依据临床症状特点：病猪打喷嚏、流鼻血、颜面变形、鼻部歪斜，可以做出初步诊断，但确诊还需进行实验室诊断。

2. 病料采集及处理　活体采样时，将猪保定，用酒精棉球将鼻孔周围消毒，最后用较干燥的酒精棉擦拭，避免鼻孔周围有多余的残留酒精而影响病原分离。然后用比较柔软的棉头拭子，轻轻捻动插入鼻腔采取鼻汁样，拭子探入鼻腔的深度相当于鼻孔至眼角的长度。应该于两侧鼻腔分别采取鼻拭子样。对病死猪，可在剖检观察鼻甲骨萎缩病变时，用灭菌棉拭子采样。如需分离多杀性巴氏杆菌，应采集扁桃体棉拭子。对采集的新鲜样品，可立即涂片、染色、镜检；如不能立即接种培养基，应将拭子放在试管中，装于冰瓶送检或者放于冰箱中冷藏待检。

3. 病原分离培养　应采用选择性培养基进行分离培养。多杀性巴氏杆菌宜采用改良Knight 培养基（牛血琼脂，含 $5\mu g/mL$ 氯林可霉素、$0.75\mu g/mL$ 庆大霉素）或 KPMD 培养基（牛血琼脂，含 $3.75\mu g/mL$ 杆菌肽、$0.75\mu g/mL$ 庆大霉素和 $2.25\mu g/mL$ 二性霉素B）；分离波氏杆菌宜采用含 1% 葡萄糖、$20\mu g/mL$ 呋喃它酮的麦康凯琼脂，也有报道用Smith-Baskerville 培养基（蛋白胨琼脂，含 $20\mu g/mL$ 青霉素、$20\mu g/mL$ 呋喃它酮和 $0.5\mu g/mL$ 庆大霉素）效果更好。也可选用能同时分离这两种病菌的选择性血琼脂培养基（含 5mg/L 氯林可霉素、0.75mg/L 庆大霉素、2.5mg/L 碲酸钾、5mg/L 二性霉素 B 和15mg/L 杆菌肽）。

4. 生化特性鉴定

（1）多杀性巴氏杆菌荚膜定型　传统的荚膜定型方法是间接凝集试验，但很难获得用于实验的抗血清。往往采用简单的化学方法，如透明质酸酶试验（区分 A 型多杀性巴氏杆菌）。

（2）固体抗原定型试验　通过琼脂扩散沉淀试验可区分 16 个抗原型的多杀性巴氏杆菌。

（3）多杀性巴氏杆菌毒素检测　可取细菌培养上清，接种 Vero 细胞，检测细胞病变效应；也可用相应的单克隆抗体做 ELISA 检测以确定细菌毒素。

5. 核酸检测方法　上述病原分离、鉴定方法相对比较耗时，近年来发展起来用于产毒性多杀性巴氏杆菌或支气管波氏杆菌的 DNA 探针、聚合酶链式反应（PCR）限制性内切酶分析（REA）或者脉冲场凝胶电泳分析（PFGE）等核酸检测方法，这些方法的靶基因为菌株的毒力基因，可用于毒株鉴定和荚膜定型，检测结果更为快速、准确。

6. 血清学方法　目前尚未有多杀性巴氏杆菌感染诊断的可用血清学方法，只有针对支气管败血波氏杆菌的诊断方法。由于感染母猪能通过初乳将抗体传给仔猪，血清学诊断方法仅限于未注苗的 2 月龄以上猪。常用的方法有试管凝集和平板凝集试验两种。

六、防治

对本病，应采取"预防为主""早发现早治疗"的原则。

（一）药物治疗与预防

母猪在产前 2 周开始饲喂含有 0.02% 泰灭净的饲料，到仔猪断奶时停止。仔猪从 2日龄开始，每周 1 次用长效土霉素，连用 3 次；或每隔 1 周肌肉注射 1 次增效磺胺，连用3 次；结合哺乳仔猪鼻腔用药（2.5% 磷酸卡那霉素喷雾，滴注 0.15% 高锰酸钾、2% 硼酸），直至断乳为止。用于治疗的药物包括卡那霉素、庆大霉素、金霉素、环丙沙星和各种磺胺类药物。对早期有鼻炎症状的病猪，定期向鼻腔内注入卢格氏液、1%～2% 硼酸液、0.1% 高锰酸钾液等消毒或收敛剂，都会有一定好处。使用药物时，禁止使用国家明令禁止的药物进行治疗，尽量少用或者不用易产生耐药性、毒性的药物、抗生素。

（二）预防

1. 加强引种检疫　引进种猪时应严格检疫和监测，要进行为期 3～6 个月的隔离、检测，确认病原检测阴性时方可引进，以防引入病原。同时，各猪场应采取坚决的淘汰和净化措施。

2. 强化猪场生物安全措施 猪场应坚持自繁自养原则，并有效防止病原侵入、感染猪群。应建立严格的卫生消毒制度，严格做好出入厂区的通道、产房、圈舍以及场区环境消毒。对发病猪只应严格实施隔离、清群、消毒以及集中无害化处理措施，防止感染健康猪群。

3. 改善饲养管理 应采取全进全出的饲养模式；降低饲养密度，防止拥挤；改善通风条件，减少空气中有害气体；保持猪舍清洁、干燥、防寒保暖；防止各种应激因素的发生；做好清洁卫生工作，严格执行消毒卫生防疫制度。

4. 免疫预防 用支气管败血波氏杆菌（Ⅰ相菌）灭活菌苗和支气管败血波氏杆菌及D型产毒多杀性巴氏杆菌灭活二联苗，在母猪产仔前2个月及1个月对其接种，通过母源抗体保护仔猪几周内不感染。也可以给1～3周龄仔猪免疫接种，间隔1周进行第二免疫。

第十七节 猪沙门氏菌病

猪沙门氏菌病（Swine salmonellosis）又称猪副伤寒（Paratyphus of swine），是由多种沙门氏菌引起的仔猪的一种传染病，主要发生在2～4个月龄的仔猪，故又称为仔猪副伤寒。潜伏期一般为2d到数周不等。临床上分为急性、亚急性和慢性，急性病例主要表现为败血症，而亚急性和慢性病例则主要以坏死性肠炎，或有卡他性、干酪样肺炎为特征。

一、病原学

引起猪副伤寒的沙门氏菌主要有猪霍乱沙门氏菌（*S. cholerasuis*）、猪霍乱沙门氏菌Kunze-ndorf变种、猪伤寒沙门氏菌（*S. typhisuis*）、猪伤寒沙门氏菌Voldagsen变种、鼠伤寒沙门氏菌（*S. typhimurium*）、肠炎沙门氏菌（*S. enteritidis*）等，它们都属于沙门氏菌属的成员。

沙门氏菌为革兰氏阴性、能运动、不形成芽孢、兼性厌氧、具周身鞭毛的杆菌。在普通培养基上生长良好，37℃培养24h，形成圆形、光滑、边缘整齐、稍隆起、湿润的小菌落。在S.S培养基上呈无色菌落。在肉汤培养基中呈均匀混浊，长时间培养可形成沉淀和菌膜。大部分沙门氏菌能利用葡萄糖、麦芽糖、甘露醇、山梨醇，产酸产气，不分解乳糖和蔗糖，不凝固牛乳，不产生靛基质。

沙门氏菌具有O、H、Vi和菌毛4种抗原，O、H抗原是其主要抗原，构成绝大多数沙门氏菌血清型鉴定的物质基础，O抗原又是每个菌株必有的成分。绝大多数沙门氏菌都有周鞭毛（鸡白痢和鸡伤寒沙门氏菌除外），H抗原又分特异相（Ⅰ相）和非特异相（Ⅱ相），两相可互变。目前，本菌至少有2 500个血清型。其中有20个血清型属于邦戈尔沙门菌，其余均属于肠道沙门菌，且99%的沙门菌能致人和动物疫病的菌株属于肠道沙门菌肠道亚种。肠道沙门菌肠道亚种中至少有1 450多种血清型，常见的有猪霍乱、肠炎、鸡伤寒、鼠伤寒等血清型。对每一种具体的致病菌的鉴定应根据菌株的培养特性、生化试验和DNA特征进行。

二、流行病学

本病常发生于 6 月龄以下的猪，以 1～4 月龄者发生较多。病猪和带菌动物是主要传染源，它们可由粪、尿等排泄物和分泌物污染水源和饲料等经消化道引起健猪感染。带菌的动物性蛋白饲料（包括骨肉粉、血粉和鱼粉等）以及带菌鼠类可传播本病。临床上健康猪的带菌（特别是鼠伤寒沙门氏菌）现象较为普遍。病菌可潜藏于消化道、淋巴组织和胆囊内。当外界不良因素使动物抵抗力降低时，病菌可变为活动化而发生内源性感染。

环境污秽、潮湿、拥挤，粪便堆积；饲料和饮水供应不足；长途运输中气候恶劣、疲劳和饥饿；寄生虫侵袭和病毒感染等，可促进本病的发生。本病呈散发性或地方性流行。

沙门氏菌病广布世界各地，在动物中很普遍，人的沙门氏菌感染和带菌也非常普遍。由于动物的生前感染或食品受到污染，均可使人发生食物中毒。在世界各地的食物中毒中，沙门氏菌食物中毒占首位或第二位。世界各国对动物及其产品的进出境须做沙门氏菌检验。

三、临床症状

本病的潜伏期，根据猪体的抵抗力、细菌的数量和毒力强弱的不同而异。短的两天，长的可达数周。临床上分急性型、亚急性型和慢性型。

急性型（败血型）多见于断乳前后的仔猪突然发病死亡。病程稍长的体温升高（41～42℃），精神沉郁、不食，后期间断下痢，呼吸困难，耳根、胸前和腹下皮肤有紫红色斑点。病程 2～4d，病死率很高。

亚急性和慢性型较为多见，体温升高（40.5～41.5℃），精神不振、寒战、喜钻垫草，堆叠一起，眼有黏性或脓性分泌物，少数发生角膜混浊，严重的为溃疡。食欲不振，初期便秘，后期腹泻，粪便淡黄色或灰绿色，恶臭。病猪消瘦，被毛粗乱。部分病猪在病的中后期皮肤出现弥漫性湿疹，特别在腹部皮肤，可见绿豆大、干涸的浆性覆盖物，揭开见浅表溃疡。病程往往拖延 2～3 周或更长，最后极度消瘦，衰竭而死。有时病猪症状逐渐减轻，状似恢复，但以后生长发育不良或经短期又行复发。

四、病理变化

急性者主要为败血症病变。脾常肿大、色暗带蓝、坚度似橡皮，切面蓝红色，脾髓质不软化。肠系膜淋巴结索状肿大。其他淋巴结也有不同程度的增大，软而红，类似大理石状。肝、肾有不同程度的肿大、充血和出血。有时肝实质呈糠皮状，有细小的灰黄色坏死点。全身各处浆膜和黏膜均有不同程度的出血斑点，胃、肠黏膜可见急性卡他性炎症。

亚急性和慢性型的特征性病变为坏死性肠炎。盲肠、结肠肠壁增厚，黏膜上覆盖着一层弥漫性坏死性和腐乳状物质，剥开见底部红色，边缘不规则的溃疡面，此种病变有时波及至回肠后段。少数病例滤泡周围黏膜损坏，稍突出于表面，有纤维蛋白渗出物积聚，形成隐约可见的轮环状。肠系膜淋巴结索状肿胀，部分成干酪样变。脾稍肿大，呈网状组织增生状。肝有可见的黄灰色坏死小点。

五、诊断

根据流行病学、临床症状和病理变化，可对猪副伤寒做出初步诊断。确诊需从病（死）猪的血液、肝、脾、淋巴结采样，从粪便采样进行沙门氏菌的分离培养和鉴定。近年来，沙门氏菌单克隆抗体技术逐步成熟起来，可用快检法筛检，然后再进行细菌的培养和鉴定。本病的亚急性和慢性型症状与亚急性及慢性猪瘟的症状有相似之处，需注意区别；本病常继发其他疾病，特别是猪瘟，必要时应做区别性实验诊断。

1. 病原分离及鉴定 从病（死）猪血液、肝、脾、淋巴结等脏器组织采样，如检查带菌状况则可从粪便采样，另外还可从可疑饲料采样。如采集粪便和可疑饲料，则必须增菌培养，以抑制其他微生物的生长。将检样接种于四硫磺酸钠煌绿（TTB）或亚硒酸盐胱氨酸增菌液，37℃培养20h后再移种于选择性培养基SS、DHL或HE、麦康凯琼脂平板，不需要增菌培养的检样可直接接种于选择性培养基。本病原菌在SS琼脂和DHL琼脂上呈无色半透明菌落，菌落中心为黑色。在HE琼脂上呈蓝绿色或蓝色，菌落中心为黑色。在麦康凯琼脂上呈无色半透明、边缘整齐、光滑稍隆起的菌落。从每块平板上挑选3个以上的可疑菌落，接种三糖铁培养基，斜面画线而后底部穿刺，37℃培养过夜。沙门氏菌在三糖铁培养基上，斜面部分保持原来颜色（红色），而垂直部分变为黄色并有黑色的硫化铁存在，产酸产气。

生化试验：在三糖铁培养基上初步鉴定，符合沙门氏菌，再作生化试验。将培养物移种于下表中列出的7种生化试验培养基，以测定分离菌的生化特性。

猪霍乱沙门氏菌等的分群、抗原式及生化特性

菌名	分群	抗原式	糖（醇）发酵				产生	利用	
			卫矛醇	伯胶糖	蕈糖	甘露醇	硫化氢	酒石酸盐	枸橼酸盐
猪霍乱沙门氏菌原种	C	6,7；C：1,5	×	−	−	+	+	+	−
猪霍乱沙门氏菌孔氏变种	C	6,7；−1,5	×	−	−	+	+	+	−
猪伤寒沙门氏菌原种	C	6,7；C：1,5	+				−×		+
猪伤寒沙门氏菌伍氏变种	C	6,7；−1,5	+				−×		+
鼠伤寒沙门氏菌	B	1,4(5),12；i：1,2	+	+	√	√	+	√+	
肠炎沙门氏菌	D	1,9,12；g，m	√		+	√	+	√	√

注：＋阳性；−阴性；×迟缓阳性；√不定。

2. 血清学鉴定 在洁净玻片上滴加生理盐水一滴，以灭菌铂耳从菌落勾取少许培养物与玻片的生理盐水混合均匀，制成菌悬液，再滴加少许沙门氏菌OA-F群抗血清，混匀，室温下3min内出现凝集颗粒者为阳性。同法再用群共同的特异抗血清分别作凝集试验。分离菌所在群确定后，再以单因子抗血清作凝集试验，最后还需作鞭毛凝集试验，以确定分离菌的抗原式。沙门氏菌的检验程序，可参考下图。详细分离鉴定程序可参考中华人民共和国国家标准《食品卫生微生物学检验方法》中的沙门氏菌检验。

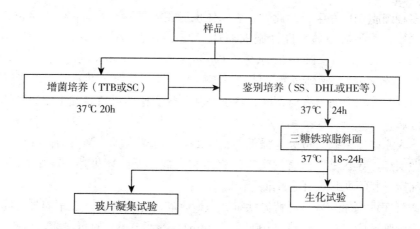

六、防治

本病的预防应加强饲养管理，消除诱发因素，保持环境、饲料和饮水的清洁卫生，断奶前后仔猪的饲料中添加适量的抗生素等饲料添加剂。必要时给 2～3 周龄仔猪接种猪副伤寒弱毒冻干疫苗。发病时选用细菌敏感的抗生素、磺胺类或呋喃类等药物治疗。

第十八节　猪衣原体病

猪衣原体病（Swine chlamydiosis）是由鹦鹉热衣原体（*Chlamydia psittacosis*）的某些菌株感染猪引起的一种慢性接触性传染病，又称流行性流产、猪衣原体性流产。本病为人畜共患病，多种哺乳动物、禽类和人均能感染发病。猪发病后的临床症状主要表现为：妊娠母猪流产、死产和产弱仔，种公猪睾丸炎，新生仔猪肺炎、肠炎、胸膜炎、心包炎、关节炎等，仔猪的病死率较高。因菌株毒力差异，不同性别、年龄、生理状况和饲养环境的猪往往表现为不同的症候群。20 世纪 60 年代，美国、罗马尼亚等许多国家相继报道了该病。我国于 20 世纪 80 年代初，先后从羊流产和猪繁殖障碍病料中分离出鹦鹉热衣原体，从而证实我国动物衣原体病的存在。目前，在我国规模化养猪场中存在有不同程度的衣原体感染，并时有发病和流行的报道。

一、病原学

猪衣原体的病原为鹦鹉热衣原体，是立克次氏体纲、衣原体目、衣原体科、衣原体属成员，是一类具有滤过性、严格细胞内寄生、介于细菌和病毒之间、类似于立克次氏体的一类原核细胞性微生物，呈球状，大小为 0.2～1.5μm，含有 DNA、RNA 两种遗传物质，革兰氏染色阴性，不具运动性。衣原体不能在人工培养基上生长，只能在活细胞胞浆内繁殖，依赖于宿主细胞的代谢。在 6～8 日龄鸡胚卵黄囊中或 10～12 日龄鸡胚的绒毛尿囊腔内生长繁殖，发育周期一般为 2～3d，经二等分裂繁殖形成包涵体，在感染后死亡的鸡胚卵黄囊膜内可见衣原体包含体、原始颗粒和始体颗粒。衣原体能在 Hela、BHK - 21、

VERO 等多种细胞中良好生长。此外，衣原体也能在小鼠等实验动物体内生长繁殖。

目前已知有 4 种衣原体，即沙眼衣原体（*Chlamydia trachomatis*）、鹦鹉热衣原体（*Chlamydia psittacosis*）、肺炎衣原体（*Chlamydia pneumoniae*）和反刍动物衣原体（*Chlamydia pecorum*）。除肺炎衣原体（只感染人）外，其他 3 种衣原体均能感染猪，但它们对猪的致病性和致病力有所不同，特别是鹦鹉热衣原体可致猪发生流产、肺炎、关节炎等多种疾病。

鹦鹉热衣原体按致病力可分为强毒力、弱毒力菌株两大类。强毒力菌株可使动物发生急性致死性疾病，导致重要器官发生广泛充血和炎症，死亡率可达 30%；弱毒力菌株引起疾病的临床症状不明显，死亡率低于 5%。

衣原体有 3 种抗原：一是属特异性抗原，所有衣原体均具有，在不同种之间可引起交叉反应，为细胞壁脂多糖，耐热（100℃，30min），能耐 0.5% 的石炭酸，对乙醚、胰酶、木瓜蛋白酶等有抵抗力，但可被过碘酸盐灭活，具有补体结合特性；二是种特异性抗原，存在于细胞壁中，对热（60℃，30min）敏感，可被石炭酸或木瓜蛋白酶等所破坏，耐高碘酸盐；三是亚种或型特异型抗原，是一种含量丰富的半胱氨酸大分子。

经纯化的衣原体在含 1.8mg/mL BSA 的 2% 醋酸铵溶液中，可长期保持稳定；在 0.4 mol/L 蔗糖溶液中加 Na^+ 比在 0.2 mol/L 蔗糖溶液中加 K^+，其感染力保持的时间更长；pH7.0～7.4 的 0.4 mol/L 蔗糖溶液或 0.02 mol/L 磷酸盐缓冲液是保持衣原体毒力的较理想的保存液。−70℃ 条件下，衣原体在感染的鸡胚卵黄囊中至少可存活 10 年以上。

鹦鹉热衣原体对热敏感，在 100℃ 15s、70℃ 5min、56℃ 25min、37℃ 7d、室温下 10d 可失活。紫外线、γ 射线对衣原体有很强的杀灭作用。2% 的来苏儿、0.1% 的福尔马林、2% 的苛性纳或苛性钾、1% 盐酸及 75% 的酒精溶液可用于衣原体消毒。鹦鹉热衣原体对链霉素、制霉菌素、卡那霉素、庆大霉素、新霉素、万古霉素及磺胺类药物不敏感，但对四环素族、泰乐菌素、强力霉素、红霉素、螺旋霉素敏感。

二、流行病学

1955 年，美国人 Willigan 等首次从患心包炎病猪病料中分离出了衣原体。1959 年、1965 年，罗马尼亚学者 Sorodok 等报道了猪群感染衣原体，发生肺炎，大批母猪流产及新生仔猪死亡的病例。此后，英国、前苏联、德国、日本陆续报道了表现不同症状的猪衣原体病例。进入 20 世纪 90 年代，猪衣原体感染呈上升趋势，对养猪业的危害日趋严重。美国（1990 年、1997 年）、乌克兰（1991 年）、日本（1992 年，发现了衣原体的一个新种——反刍动物衣原体）、德国（1991—1992 年）、瑞士（1995 年、1997 年、2000 年）、奥地利（1991 年）、印度（1997 年）以及多数东欧国家陆续发生了沙眼衣原体、鹦鹉热衣原体和反刍动物衣原体感染猪而导致的发病，主要症状多表现为：母猪流产、弱产、肠炎；公猪睾丸炎、附睾炎；仔猪心包炎、肺炎、多关节、肠炎；育成猪关节炎、结膜炎和肠炎等。我国自 20 世纪 80 年代以来，各省（自治区、直辖市）不断有该病发生、流行的报道，特别是规模化猪场发病严重，给各地的养猪业造成了严重经济损失。

不同品种及年龄的猪群都可感染，但以妊娠母猪和新生仔猪最易感。病猪和隐性带菌猪是本病的主要传染源，种公猪可通过精液传播本病。几乎所有的鸟粪都可能携带衣原体。绵羊、牛和啮齿动物携带病原菌都可能成为猪感染衣原体的疫源。通过粪便、尿、乳汁、胎衣、羊水等污染水源和饲料，经消化道感染，也可由飞沫和污染的尘埃经呼吸道感染，交配也能传播本病；蝇、蜱可起到传播媒介的作用。

本病无明显季节性，以秋冬季流行较严重，一般呈慢性经过，多呈地方性流行。猪场可因引入病猪后暴发疫情，康复猪可长期带菌。本病的发生、流行与一些诱发因素（如卫生条件、饲养管理、营养、长途运输等）有关。另一方面，衣原体野毒在易感猪群中不断自然传代，其毒力可能会增强，在一定条件下导致疫病暴发，因此，持续潜伏性传染是猪衣原体病的重要流行病学特征。此外，衣原体与其他致病菌（如布鲁氏菌、放线杆菌、大肠杆菌、厌气梭菌等）混合感染猪群，发病率和死亡率明显提高。

三、临床症状

本病临床症状多样，表现为以下几种。

1. 流产　多发生在初产母猪，流产率可达 40% 以上，经产母猪流产率较低。妊娠母猪感染衣原体后在妊娠早期没有征兆，只是在怀孕后期突然发生流产、早产、产死胎或弱仔。感染母猪有的整窝产死胎，或间隔产活仔和死胎，所产弱仔多在产后数日内死亡。曾感染过本病的经产母猪发病率较低，如果公猪精液中存在衣原体，仍有可能再次发生流产。

2. 肺炎　多见于断奶前后的仔猪。临床表现为体温升高（41～41.5℃），病猪精神沉郁，食欲下降，颤抖，干咳，呼吸困难，流泪，从鼻腔流出浆液性分泌物，预后不良。

3. 肠炎　多见于断奶前后的仔猪。临床表现为腹泻、脱水、吮乳无力，死亡率高。

4. 多发性关节炎　多见于架子猪（育肥阶段）。临床表现为关节肿大，跛行，患关节触诊敏感，但很少死亡。

5. 脑炎　多见于断奶仔猪。临床表现为兴奋、尖叫，盲目冲撞或转圈运动，倒地后四肢呈游泳状划动，不久死亡。

6. 角膜炎　多见于新生仔猪和架子猪。临床表现畏光、流泪，视诊结膜充血（俗称红眼病），眼角分泌物增多，有的角膜混浊。

四、病理变化

剖检可见流产母猪的子宫内膜水肿、充血，分布有大小不一的坏死灶，流产胎儿身体水肿，头颈和四肢出血，肝充血、出血和肿大。

患病种公猪睾丸变硬，输精管出血，阴茎水肿、出血或坏死；有的腹股沟淋巴结肿大。

肺炎病例可见肺肿大，肺表面布有许多出血点和出血斑，有的肺充血或淤血，质地变硬，在气管、支气管内有多量分泌物。

肠炎病例可见肠系膜淋巴结充血、水肿，肠黏膜充血、出血，肠内容物稀薄，有的红染，肝、脾肿大。

关节炎病例局部剖检，可见关节周围组织水肿、充血或出血，关节腔内渗出物增多。

五、诊断

本病临床症状多样，因此，在诊断时仅凭上述临床症状和病理变化难以做出确诊，必须进行实验室诊断。本病的实验室诊断方法主要有以下几个方面。

（一）病料采集

可采集的发病样品包括：流产母猪的胎衣（病变部分），流产胎儿的肝、脾、肺及胃液，公猪精液；对肺炎病例，应采集发病猪的肺脏和气管分泌物；肠炎病例，可采集新鲜粪便及内脏；角膜炎病例，可采集分泌物棉拭子；对脑炎病例，则主要采集发病猪的大脑。要注意采集的组织样品必须新鲜且应妥善保存和运输，以免腐败；同时，还应采集病猪的血清，以便进行血清学诊断。

（二）实验室诊断方法

1. 触片染色　可用多种病料做触片（涂片）进行姬姆萨（Giemsa）染色。待涂片自然干燥后，用甲醇固定 5min，用姬姆萨染色 30～60min，用 PBS（pH7.2）或蒸馏水进行冲洗，晾干后镜检，如在油镜下可见衣原体原生小体（EB）被染成紫红色，网状体（RB）被染成蓝紫色，即可初步判定，但须进一步做病原分离。

2. 病原分离　主要有以下几种方法。

（1）鸡胚接种　将镜检发现的疑似衣原体感染的发病猪新鲜样品经研磨、链霉素和庆大霉素处理、离心收集上清、微孔滤膜滤过除菌后，接种 7 日龄发育良好的 SPF 鸡胚，接种部位是卵黄囊（0.4mL），蜡封后置 37～38.5℃温箱中孵育。收集接种后 3～10d 内死亡鸡胚的卵黄膜研磨处理后继续传代，直至鸡胚呈规律性死亡（接种后 4～7d 内死亡），感染滴度 10^8 ELD_{50}/0.4mL 以上。鸡胚接种法，因有的不致死鸡胚，应盲传 3～4 代，仍不致死的且镜检未发现疑似衣原体颗粒者，可判为衣原体感染阴性。本方法成功与否与样品的新鲜度、鸡胚是否有衣原体感染有一定关系。本法操作简单，但比较耗时，且敏感性较低。

（2）动物接种　常用选用 3～4 周龄的小鼠，样品的处理方法与上节相同，对于污染的样本，接种前须用抗生素加以处理。一般通过腹腔接种或脑内（腹腔接种量为 0.5mL/只，脑内接种量为 0.02mL/只），小鼠经接种后一般于 7～14d 内死亡，未死亡小鼠待接种后 21d 后迫杀，无菌取脾、肝以其表面或断面做触片，用马氏染色，镜检有无包涵体或原生小体。

（3）细胞分离培养　该法的敏感性显著高于鸡胚培养和动物接种法，发病样品经处理后接种细胞培养可以提高分离率，被视为衣原体检测的标准方法。衣原体可在多种细胞中增殖、分离或培养，最常用是 McCoy 和 L929 细胞，其他传代细胞如 BHK-21、PK15、Vero 等传代细胞均可选用。将接种后的细胞用荧光标记抗体、单克隆抗体、碘或姬姆萨氏染色，胞浆中若出现特征性的包涵体，即可确诊为衣原体感染。本法的敏感性和特异性均较高，但对费用、对检测人员技术能力、标本采集和运送等要求也较高。

3. 血清学检测　主要包括补体结合试验（CF）、间接血凝（IHA）试验、免疫荧光（IF）试验、琼脂扩散（AGID）试验、酶联免疫吸附试验（ELISA）等。国际口岸检疫动物衣原体血清抗体的经典方法为 CF，但目前多采用 ELISA 方法，便于大批量检测。

4. PCR 检测　与上述方法相比，衣原体 PCR 诊断方法较为快速、可靠，具有较高的灵敏度、特异性。目前国内外已成功应用衣原体的 16S rRNA 或外膜蛋白基因（MOMP）、热休克蛋白、脂多糖为靶基因，开展了衣原体的 PCR 或 Real-Time PCR 快速检测或诊断。

5. 鉴别诊断　因本病临床症状、病理变化多样，在诊断过程中应注意与猪细小病毒病、伪狂犬病、蓝耳病、猪瘟、乙型脑炎、弓形虫病、大肠杆菌病、传染性胃肠炎以及猪链球菌病相鉴别。

六、防治

（一）治疗

可选敏感药物，如四环素、强力霉素、青霉素、氯霉素、麦迪霉素、金霉素、泰乐菌素、螺旋霉素、土霉素、红霉素等进行猪衣原体的预防和治疗。对出现临床症状的新生仔猪，可肌肉注射 1％土霉素 1mg/kg，连续治疗 5～7d；对怀孕母猪在产前 2～3 周，可注射四环素族抗生素，以预防新生仔猪感染本病。在流行期，可将四环素或土霉素添加于饲料中（300g/t），进行群体预防。为了防止出现抗药性，要合理交替用药。

（二）预防

1. 加强引种检疫　引进种猪时应严格检疫和监测，要进行为期 30d 的隔离观察，确认为衣原体阴性时方可引进，防止引入病原。同时，各猪场也应及时淘汰发病的公、母猪。

2. 强化猪场生物安全措施　猪场应坚持自繁自养原则，建立密闭的种猪群饲养系统，并有效防止其他动物（如猫、野鼠、狗、野鸟、家禽、牛、羊等）携带病原侵入和感染猪群。另外，应建立严格的卫生消毒制度，严格做好出入厂区的通道、产房、圈舍以及场区环境消毒。对发病猪只、流产胎儿、死胎、胎衣要进行集中无害化处理，并实施全面彻底消毒。可选消毒药有 2％～5％的来苏儿或 2％氢氧化钠等。

3. 免疫预防　可用猪衣原体灭活疫苗对母猪进行免疫接种。后备母猪在配种前接种两次，二免在首免后 1 个月进行；经产母猪配种前免疫 1 次；种公猪每年免疫 2 次。

第十章　寄生虫病

第一节　猪旋毛虫病

猪旋毛虫病（Porcine trichinellosis）是由旋毛形线虫寄生于猪的横纹肌而引起的一种线虫病，属人畜共患病。目前，已发现至少有 150 种动物可被该寄生虫感染。成虫一般寄生在宿主的小肠内，生命期较短，一般引起宿主暂时性的胃肠炎等轻微症状；而幼虫移行于全身和寄生在随意肌时，会引发严重症状。鉴于其危害性，旋毛虫检验被 OIE 列为屠宰生猪时必须强制检验的人畜共患病病种，欧盟也已将马肉的旋毛虫检验列入必检名单。该病被 OIE 列为 B 类疫病，我国将其列为二类动物疫病。

一、病原学

本病病原为线虫动物门（Nemathelminthes）、无尾感器纲（Aphasmida）、毛形目、毛形科（Trichinellidae）、毛形属（*Trichina*）成员。旋毛虫属目前有 8 个种和 4 个尚未明确的基因型，均可感染人类并使人致病。其分型、分布以及宿主见下表。

旋毛虫分型及分布

分型	宿主（按易感顺序）	分布地区
T1，旋毛虫	家猪、野猪、大鼠、小鼠以及其他食肉哺乳动物	温带地区
T2，北方旋毛虫	食肉哺乳动物	北极、次北极地区
T3，布氏旋毛虫	野生动物、猪、马	亚洲、北美洲、欧洲、澳洲
T4，伪旋毛虫	猛禽、野生食肉动物、鼠类、有袋类	全球分布
T5，米氏旋毛虫	食肉哺乳动物、猪	北美洲
T6 基因型	猪	北美洲北部地区
T7，南方旋毛虫	野生食肉动物、猪	东非到南非地区
T8 基因型	食肉哺乳动物	纳米比亚和东非地区
T9 基因型	食肉哺乳动物	日本
T10，巴布亚毛形线虫	猪、野猪、鳄鱼、人	巴布亚新几内亚
T11，津巴布韦旋毛虫	野生鳄鱼、蜥蜴	津巴布韦、埃塞俄比亚、莫桑比克
T12 基因型	食肉哺乳动物	南美大陆南部

旋毛虫成虫细小，呈毛发状，头细尾粗。雄虫长 1～1.8mm，尾端有后肠开口的泄殖孔，泄殖孔外侧具有 1 对呈耳状的交配叶，内侧有 2 对小乳突，无交合刺及刺鞘。雌虫长 1.5～4mm，肛门位于尾端，阴门开口于食道中部，卵巢位于虫体的后部，呈管状。卵巢之后连有一短而窄的输卵管，在输卵管和子宫之间为受精囊。在子宫内可以观察到早期的

幼虫。旋毛虫属胎生，通常将寄生于小肠的成虫称为肠旋毛虫，寄生于横纹肌的幼虫称为肌旋毛虫。旋毛虫对外界的抵抗力较强，盐渍或烟熏不能杀死肌肉深部的幼虫，肌肉包囊中的幼虫在低温-12℃可以存活近 2 个月，高于 70℃的高温才能杀死包囊内的幼虫。幼虫在腐败的肉里能活 100d 以上。

二、流行病学

（一）生活发育史

旋毛虫的发育不需要在外界进行，成虫和幼虫寄生于同一宿主，其先为终末宿主后为中间宿主，但要延续生活史必须更换宿主。旋毛虫的发育经历以下的过程。

（1）宿主因摄食含有包囊幼虫的动物肌肉而感染，在胃蛋白酶作用下，肌组织及包囊被溶解，从而释放出幼虫。幼虫进入十二指肠和空肠的黏膜细胞，在 48h 内经 4 次蜕皮即可发育为性成熟的肠旋毛虫。雌雄成虫交配后，雄虫大多死亡，排出宿主体外。

（2）雌虫受精后虫体钻入肠腺或肠黏膜中继续发育，于感染后第 5～10 天，子宫内受精卵经过了胚胎发生期而发育为新生幼虫，并从阴门排出。雌虫的产幼虫期可持续 4～16 周。在此期间，一条雌虫可以产 1 000～10 000 条幼虫。雌虫的寿命一般为 1～4 个月，其死亡后随宿主粪便排出体外。

（3）雌虫所产生的新生幼虫经肠系膜进入局部的淋巴管和小静脉，随淋巴和血液循环进入右心，再经肺循环回到左心，然后再随体循环到达身体各部，但只有移行到横纹肌内的幼虫才能进一步发育。血液中出现大量的幼虫是在感染后的第 10～15 天。

（4）刚产生的幼虫呈圆柱状或棒状，长为 75～125μm，它们在进入横纹肌细胞后迅速发育为感染性第一期幼虫，随即停止生长，并开始卷曲。幼虫的机械刺激和代谢产物的刺激使肌细胞受损，出现炎性细胞浸润和纤维组织增生，从而在虫体周围形成包囊。包囊呈梭形，其内一般含有 1 条幼虫，但有的可达 3～7 条。

（5）幼虫在包囊内充分卷曲，只要宿主不死亡，含幼虫的包囊则可一直持续有感染性。即使在包囊钙化后，幼虫仍可存活数年，甚至长达 30 年。若被另一宿主食入，肌幼虫又可在新宿主体内发育为成虫，又开始其新的生活史。

（二）分布

旋毛虫病分布于世界各地。西欧与北美发病率较高。我国已有 20 多个省份有关于动物和人感染旋毛虫病的报道，河南、云南、西藏、湖北等地区尤为严重。

旋毛虫病的宿主范围较广，几乎所有的哺乳动物，如人、猪、鼠、犬、猫、狼、狐、熊等近 150 种动物均可感染旋毛虫。

（三）传播感染

旋毛虫病主要是经口传播，含有旋毛虫的动物肉是人体旋毛虫病的主要感染源，如猪、犬、牛和羊等动物感染旋毛虫后，人食用可导致旋毛虫病。此外，食用腌制品、烧烤、切过生肉（有旋毛虫包囊）的菜刀、砧板污染了其他食品，也可引起感染。

猪感染旋毛虫的主要原因是吞食了含有幼虫包囊的老鼠、某些动物的尸体、蝇蛆或某些动物排出的含有未被消化的幼虫包囊，以上均可成为传染源。用生的病肉屑、洗肉水或含有病肉的废弃物喂猪都可引起旋毛虫感染。

该病的流行没有季节性，且呈世界性分布。

三、临床症状

旋毛虫对猪的致病力较轻微，几乎无任何可见的症状，但对人危害较大，不但影响健康，还可造成死亡。当猪感染量大时，感染后 3～7d，有食欲减退、呕吐和腹泻症状。感染后 2 周幼虫进入肌肉引起肌炎，可见疼痛或麻痹、运动障碍、声音嘶哑、咀嚼与吞咽障碍、体温上升和消瘦。有时眼睑和四肢水肿。死亡较少，多于 4～6 周康复。

四、病理变化

1. 组织水肿和出血　宿主感染旋毛虫后，免疫复合物增加，促使组胺、嗜酸性粒细胞、5-羟色胺等细胞因子聚集，导致毛细血管通透性增强，从而发生组织水肿（主要在眼周围）。肝、肺、心肌、肠黏膜、骨骼肌等有出血病变。

2. 发热　5-羟色胺浓度增加、白细胞数量增多、白介素 IL-1 产生等内源性致热因素作用于体温调节中枢，导致发热。

3. 肌肉疼痛　旋毛虫幼虫移行进入肌细胞后，肌肉组织受损，发生一系列的生理、生化特性变化，从而刺激神经末梢致肌肉疼痛。受损的肌细胞发生结构变化，形成了在解剖结构上独立于其他肌细胞的营养细胞即"保姆细胞"，其功能是给幼虫提供所需的营养物质并保护幼虫免遭宿主免疫反应的破坏。

4. 腹痛和神经症状　成虫寄生于肠黏膜时，可引起宿主急性卡他性肠炎，导致腹痛或腹泻症状。另外，幼虫进入脑脊髓还可引起头痛、头晕等症状。

五、诊断

吃生的或未煮熟的肉存在患旋毛虫病的风险，因此食品动物和野生动物的旋毛虫病对公共卫生影响重大。旋毛虫的成虫最多可存活 2 个月，可见于人、猪、小鼠、熊、海象和许多其他食肉哺乳动物的小肠内，偶见于马属动物。大多数旋毛虫幼虫寄生于宿主的随意骨骼肌内形成包囊，易感动物吞食了含有包囊的组织就感染此病。

猪旋毛虫的诊断方法可分为两类：一类是直接检查横纹肌组织中的一期幼虫或包囊。另一类是查特异性抗体，间接检测寄生虫的存在。血清学方法的灵敏度与特异性与所用抗原的类型和质量密切相关，此方法应用于猪上有很好的效果。但在轻度感染或中度感染病例中，当猪肌肉中幼虫具有感染性后 3 周或更长的时间内，血清学方法常常检测不出阳性，在这种情况下呈假阴性。报道血清学方法存在假阳性的例子很少。对动物尸体的检查，只建议采用直接检查方法；对于未感染的群体或地区的监测和确证，适宜采用血清学方法。

（一）病原学诊断

1. 目检法　将新鲜膈肌角撕去肌膜，肌肉纵向拉平，观察肌纤维表面。若发现长 250～500μm，呈梭形或椭圆形，其长轴顺肌纤维平行，如针尖大小呈白色者，即为旋毛虫幼虫形成的包囊。随着包囊形成时间的延长，其色泽逐渐变成乳白色、灰白色或黄白色。该方法漏检率较高。

2. 压片镜检法 是检验肉品中有无旋毛虫的传统方法。猪肉取左、右膈肌角各一小块，先撕去肌膜作肉眼观察，顺肌纤维方向剪成米粒大12粒，两块共24粒，放于两玻片之间压薄。低倍显微镜下观察，若发现有梭形或椭圆形呈螺旋状盘曲的旋毛虫包囊，即可确诊。当被检样本放置时间较久，包囊已不清晰，可用美蓝溶液染色……染色后肌纤维呈淡蓝色，包囊呈蓝色或淡蓝色，虫体不着色。在感染早期及轻度感染时镜检法的漏检率较高。

3. 集样消化法 肌肉组织可用消化液消化，这样能使肌囊中释放出活的旋毛虫。取肉样用搅拌机搅碎，每克加入60mL水、0.5g胃蛋白酶、0.7mL浓盐酸，混匀。37℃消化1～2h后，镜检沉渣中有无幼虫。

（二）血清学诊断

1. 酶联免疫吸附试验 用于检验寄生虫特异性抗体的ELISA试验为动物屠宰前后的血清学检验提供了一种快速的方法，能检测到100g组织中只有一个包蚴的低水平感染。试验程序如下：

（1）用包被缓冲液（50mmol/L碳酸盐/碳酸氢盐缓冲液，pH9.6）将旋毛虫分泌性（ES）抗原稀释至5μg/mL，每孔加入100μL包被96孔微量滴定板，37℃放置60min或4℃过夜。

（2）用洗液（含50mmol/L Tris，pH7.4，150mmol/L NaCl，5.0%脱脂干奶和1.0% Triton X-100）将板冲洗3次。每次洗涤后，将滴定板晾干。

（3）用洗液1：10或1：100稀释猪血清。另外还可用全血和组织液替代血清。加100μL稀释的猪血清到抗原包被孔，每板设与试验血清相同稀释度的已知阳性和阴性血清对照。室温下孵育30min。

（4）按第二步洗涤3次。

（5）用洗液将兔抗猪IgG过氧化物酶结合物（0.1mg/mL）作1：1 000稀释，每孔加入100μL。室温下孵育30min。

（6）按第二步洗涤3次，最后一次用蒸馏水冲洗。

（7）加入100μL适当的过氧化物酶底物〔如5'-对氨基水杨酸（0.8mg/mL）含0.005%过氧化氢酶解底物，pH5.6～6.0〕。

（8）5～15min后，用酶标仪以450nm波长测定微量板的光密度值。当该值达到混合性对照血清值的4倍则判为阳性，达3倍则判为可疑。阻断值受猪品种影响。

2. 旋毛虫试纸条 以河南百奥生物工程有限公司检测猪旋毛虫抗体试纸条为例，具体步骤如下：

（1）分离血清，将全血3 000r/min离心5min，用微量移液器取上清，即为待检血清，用2～3mL生理盐水稀释血清。

（2）从冰箱内取出旋毛虫抗体检测试纸条，恢复至室温。手拿试纸条的手柄端，将测试端MAX线以下部分插入待检血清中，当NC膜吸满液体时，取出试纸条平放，5min内观察结果。

（3）若试纸条出现两条棕红色线时，判为阳性。若靠近手柄端的对照线颜色较淡，则为强阳性。若试纸条靠近手柄端出现一条棕红色对照线时，判为阴性。用测抗体和抗原试纸条同时检测时，任何一种试纸条出现阳性结果时，检测样品均可判为阳性。若试纸条没出现任何一条棕红色线，表明操作有误或试纸条失效。

3. 其他血清学（免疫学）方法 除上述两种方法外，用于检测旋毛虫的血清学方法还有免疫荧光试验、免疫印迹试验、酶免疫组织化学试验等，但这些方法尚未标准化，也无标准化诊断试剂。

（三）分子生物学诊断

已经建立检测旋毛虫的 PCR 方法，该方法不便用于常规检测，但可以对旋毛虫进行种/型的鉴别，在了解旋毛虫流行病学、评估人类接触感染相关风险、追溯感染源等方面具有重要意义。

（四）诊断解析

现有两种普通方法即压片法和肌肉组织消化法可用于直接检查猪的旋毛虫感染。两种方法均用于检查严重感染组织中的旋毛虫。尽管局部组织的感染程度只部分地依赖于全身感染状况，仍可通过局部反映整体。在猪体，感染组织严重程度的顺序依次为膈肌脚、舌肌、咬肌及腹肌；在马属动物，主要感染舌肌、咬肌，其次是膈肌脚和颈部肌肉。

压片法是借助肌肉组织压片对包囊进行原位视觉直接检查。这需设一台立体显微镜，通常是专门的显微镜即旋毛虫镜。用这种显微镜检测估计可达到每克组织中有 3 个包囊的高效率。但其缺点是：一个胴体要检查几个样品耗费时间太多；另外，对于一些幼虫不存在于胶原质中的旋毛虫如美洲鳄鱼中的拟气门旋毛虫，拟旋毛虫（*T. pseudospiralis*）、巴布亚毛形线虫（*Trichinella papuae*）、津巴布韦毛形线虫（*T. zimbabwensis*）很难做出诊断。由于以上原因，压片法并不是最好的检查方法，但当人工消化法的设备不具备而又有些高度感染的动物需要检查时，这种方法很有用。

人工消化法是先消化一份或多份肌肉组织样品，再进行选择性筛选、过滤或沉淀程序，最后，用显微镜检查样品中的幼虫。消化时可借助于机械性搅拌匀浆处理消化物。猪用 1g 样品而野生动物和马属动物用 10g 样品。消化方法的检测效率约为每克组织 3 个包囊。这种方法用于将被人食用的动物（猪、马、野生动物）单个胴体的检查。

酶联免疫吸附试验（ELISA）是宰前诊断猪旋毛虫病的唯一最适合的方法，其敏感性能达到 100g 组织中能检出一个幼虫感染。ELISA 诊断旋毛虫病的特异性与实验中使用的抗原类别及性能直接相关。尽管一些研究证明存在极少的假阳性现象，体外短期保存的肌旋毛虫幼虫的分泌性抗原仍是近来试验中最特异、最廉价的抗原来源。

对于近期低水平感染的动物，可能会出现低比率的假阳性结果。因此，在 ELISA 中建议使用分泌抗原。这可作为群体监测的一项措施，不建议此法作为个体尸体检测手段。消化 100g 或更多组织能确保诊断的准确性，可作为一种确诊试验。

我国公布了旋毛虫病的国家诊断标准（GB/T 18642—2002），其中规定了本病的诊断方法主要有两类。一是病原学诊断，包括直接采集肌肉进行目检、压片镜检和集样消化，主要用于感染旋毛虫猪的定性；另一类是血清学诊断，包括皮内反应、补体结合反应、对流免疫电泳、胶乳凝集试验、间接荧光抗体、皂土絮凝试验、间接血凝试验、环蚴沉淀试验、酶联免疫吸附试验（ELISA）等。

六、防治

(一)治疗

临床上常用的广谱、高效、低毒的驱线虫药物如丙硫咪唑、甲苯咪唑对人和动物的旋毛虫病均有很好的疗效。其中，丙硫咪唑是我国治疗人和动物旋毛虫病的首选药物，对猪旋毛虫病，可按 15～30mg/kg 体重拌料，连续喂 10～15d；对狗旋毛虫病，可按 25～40mg/kg 的剂量口服 5～7d；在旋毛虫病流行严重的地区，可按 100mg/kg 的剂量将药物混入饲料投喂，进行防治。

(二)预防措施

预防旋毛虫病可采取"防、检、治相结合"的综合防治措施。加强卫生宣传，提倡肉品熟食、生熟分开，防止旋毛虫幼虫对食品及餐具的污染。不用混有生肉屑的泔水喂猪。猪场要灭鼠，防止饲料污染。

加强对各种肉品卫生检疫，对检出的旋毛虫肉品及内脏严格按《畜禽病害肉尸及其产品无害化处理规程》进行处理。

第二节　猪囊尾蚴病

猪囊尾蚴病（Cysticercus cellulosae）又称猪囊虫病，也就是人们常说的米猪肉、米星猪、豆猪等，是由猪带绦虫（*Taenia solium*）的幼虫——猪囊尾蚴寄生于猪和人等中间宿主体内所引起的一种严重的人畜共患寄生虫病。囊尾蚴寄生于人、猪各部横纹肌及心脏、脑、眼等器官，危害十分严重，不仅影响养猪业的发展，造成重大经济损失，而且给人类健康带来严重威胁，是肉品卫生检验的重点项项目之一。成虫因其头节的顶头上有小钩因而又名有钩绦虫、链状带绦虫、猪肉绦虫，主要寄生在人的小肠。

一、病原学

猪囊尾蚴属扁形动物门（Platyhelminthes）绦虫纲（Cestoda）真绦虫亚纲（Eucestoda）圆叶目（Cyclophyllidea）带科（Taeniidae）带属（*Taenia*）。

成熟的猪囊尾蚴，外形椭圆，约黄豆大，为半透明的包囊，大小为（6～10）mm×5mm，囊内充满液体，囊壁是一层薄膜。壁上有一个圆形黍粒大的乳白色小结，其内有一个内翻的头节，头节上有 4 个圆形的吸盘，最前端的顶突上有多个角质小钩，分两团排列。

成虫寄生于终宿主（人）的小肠里，称猪带绦虫或链状带绦虫，因其头节的顶突上有小钩，又名有钩绦虫。成虫体长 2～5m，偶有长达 8m 的。整个虫体约有 700～1 000 个节片。头节圆球形，直径约 1mm，顶突上有 25～50 个角质小钩，分内外两环交替排列，内环钩较大、外环较小。顶突的后外方有 4 个碗状吸盘。颈节细小，长约 5～10mm。幼节较小，宽度大于长度。成节距头节约 1m，长度与宽度几乎相等而呈四方形。孕节长度大于宽度，约大一倍。每个成节含有一套生殖器官，生殖孔不规则地在节片侧缘交错开口。睾丸为泡状，约 150～200 个，分散于节片的背侧。卵巢除分两叶外，还有一个副叶。子宫为一直管，妊娠时，逐渐向两侧分枝；每侧数目在 7～16 之间，侧枝上可再分枝，内充满虫卵，每一孕节含卵 3 万～5 万个。孕节逐个或成段随粪便排出，初排出的节片有显著的活力。在孕节脱离虫体前后，由于子宫膨胀的结果，虫卵可以由节片的正纵线破裂处逸出。虫卵为圆形或略为椭圆形，直径为 35～42μm，有一层薄的卵壳，多已脱落，故外层常为胚膜，甚厚，具有辐射状条纹，内有一个六钩蚴。

虫卵被猪吞食后，六钩蚴在肠道逸出，经血液循环到达肌肉及其他脏器发育成为猪囊尾蚴。人误食生的或未煮熟的含囊尾蚴的猪肉后，囊尾蚴在人的小肠内发育为成虫。

二、流行病学

（一）生活发育史

猪带绦虫的发育过程需要两个宿主，人为终末宿主、成虫寄生于人的小肠，引起猪带绦虫病；猪、野猪和人为主要的中间宿主，幼虫寄生在横纹肌、皮下、脑、眼、心脏等组织器官，引起猪囊尾蚴病。中间宿主（主要是猪）吞食了虫卵或孕节，在胃肠消化液的作用下，六钩蚴破壳而出，进入淋巴管及血管，随血液循环带到全身各处肌肉及心、脑等处，两个月后发育为具有感染力的成熟囊尾蚴。

人误食未熟的或生的含囊尾蚴的猪肉后可感染猪带绦虫病。猪囊尾蚴在人胃肠消化液作用下，囊壁被消化，头节进入小肠，用吸盘和小钩附着在肠壁上，吸取营养并发育生长。常见的寄生部位是脑、眼、心肌以及皮下组织等。人体内通常只寄生一条，偶尔多至 4 条，成虫在人体内可存活 25 年之久。当患猪带绦虫的患者恶心、呕吐的时候，小肠内的虫卵则可逆行至胃内，导致人感染猪囊尾蚴病。

（二）分布

地域分布：本病广泛流行于以猪肉为主要肉食品的国家和地区。据调查，主要分布于亚洲、非洲及拉丁美洲等经济不发达地区，墨西哥和秘鲁为高度流行区。我国 26 个省份均有发生，有数据表明，我国东北、华北、西北和西南部分省市为高发区。

宿主范围：自然条件下，人是猪带绦虫的唯一终末宿主，实验用的小鼠、猿猴、狒狒等可以感染发育成虫。猪、野猪和人为中间宿主。

传染源：猪囊尾蚴的传染源为人、病猪和带虫者。

（三）传播感染

本病经口传播，人吃了生的或未煮熟的含有囊尾蚴的猪肉而感染，人排出的虫卵或节片污染环境、饲料、饮水，被猪吞食后而感染。

（四）流行特点

猪感染本病与不合理的饲养管理方式密切相关，有些地方养猪无圈、人无厕所。有的使用连茅圈，猪可以直接吃到患畜的粪便而感染，给本病的传播创造了十分有利的条件。

人感染本病主要取决于饮食卫生习惯和猪肉的烹调方法，如有吃生猪肉或野猪肉习惯的地方，该病呈地方性流行。此外，烹调时间过短、蒸煮时间不够、砧板切生肉和生菜污染都有可能获得感染。

本病无明显季节性，但在适合虫卵生存、发育的温暖季节呈上升趋势。多为散发性，有些地区呈地方性流行，其严重程度与当地绦虫病人的多少成正相关。自然条件下，猪是易感动物，囊尾蚴可在猪体内存活 3～5 年。野猪、犬、猫也可感染，人虽然可作为中间宿主，但常是致命感染。

三、临床症状

本病对猪的危害一般不明显。严重感染时，可导致营养不良、贫血、水肿及衰竭。寄生于脑部时可引起神经系统机能障碍，如鼻部触痛、强制运动、癫痫、视觉扰乱和急性脑炎，有时发生急性死亡。寄生于肌肉组织时，由于病猪不同部位的肌肉水肿，或两肩显著外展，或臀部异常肥胖宽阔，或头部呈大胖脸形，或前胸、后躯及四肢异常肥大，体中部窄细，整个猪体从背面观呈哑铃状或葫芦形，前面看呈狮子头形。病猪走路前肢僵硬，后肢不灵活，左右摇摆，似"醉酒状"，不爱活动，反应迟钝。猪囊尾蚴存在于猪的肌肉、特别是活动性较大的横纹肌，幼虫包埋在肌纤维间，如散在的豆粒，俗称"米猪肉"或"豆猪肉"。

四、病理变化

病变随猪囊尾蚴寄生的数目和寄生部位不同而有很大差异。初期由于六钩蚴在体内移行，引起组织损伤，有一定致病作用。成熟囊尾蚴的致病作用常取决于寄生的部位，如寄生在脑部时，能引神经症状，还可破坏大脑的完整性而降低机体的防御能力；脑部病变发展严重时可致患畜死亡。寄生在眼内时，会引起视力障碍，甚至失明。寄生在肌肉与皮下，一般无明显致病作用。

严重感染的猪肉，呈苍白色而湿润。除在各部分肌肉中可发现囊尾蚴外，亦可在脑、眼、肝、脾、肺甚至淋巴结与脂肪内找到。初期囊尾蚴外部有细胞浸润现象，继之发生纤维性变，约半年后囊虫死亡并逐渐钙化。

五、诊断

（一）临床诊断

可根据病史和临床症状作出初步诊断，另可检查眼睑和舌部，查看有无因猪囊虫引起的豆状肿，触摸舌根和舌的腹面有无稍硬的豆状疙瘩。一般本病只有在宰后检验时才能确诊。

（二）病原学诊断

1. 病料采集

（1）成虫样品采集 采用催泻法采集虫体或新鲜粪便样品，采样时应注意采取合适的安全防范措施，以防意外感染猪带绦虫虫卵。

（2）中绦期样品采集 根据寄生部位和采样用途，在相应的部位（组织器官）采样，采集的样品可分别放入装有 5％福尔马林、70％甘油酒精、双抗生理盐水或 TE 保存剂的容器中，便于用不同方法进行检测。

2. 成虫检查 采用 Loos-Frank 染色方法鉴定。

3. 中绦期检查 有如下 3 种方法：

（1）触诊检查 理论上，严重感染猪在感染后 2 周，可从舌等组织中最早观察到或触摸到囊尾蚴；感染 6 周后，囊尾蚴很容易被观察到。寄生于皮下的病例，往往可见患部皮肤隆起，呈圆形或椭圆形黄豆大小的结节，大小相似，手指触摸感觉有弹性并能滑动，无粘连无压痛，可疑为囊尾蚴结节。手术取出结节做活检，经眼观、解剖镜检观察，如见到囊尾蚴的形态特征即可确诊。

（2）肉眼观察或镜检　中绦期幼虫最初为肉眼可见的较小囊尾蚴，直径约 1mm，检测时须将组织样品切成薄片。幼囊多被一层炎性细胞（单核细胞和嗜酸性粒细胞）包裹，感染后期虫体退化，但此时虫体具备逃避免疫反应的能力。当虫体成熟后，周围很少有炎性细胞出现，肌肉中的囊尾蚴被致密的纤维组织化囊包裹。

成熟囊尾蚴通常呈卵圆形，大小约 10mm×5mm 或更大，附有致密的半透明囊壁和宿主纤维化囊膜；囊内液体灰白色，头节外观似白色小点，通常嵌于虫体长轴中部。肉品检验时发现的大多数虫体有 85%～100% 为死亡的囊尾蚴。

在同一个宿主体内，可观察到处于各个发育阶段和变性阶段的囊尾蚴，处于变性期的囊尾蚴外观形态不一。早期囊尾蚴内部结构明显，但宿主纤维组织囊变厚且不透明；随后囊内液体逐渐成胶状，有炎性细胞浸润；囊腔充满绿色（嗜酸性）后变为黄色的干酪样物质，通常体积增大，因而比最初活囊更易观察到；最后囊尾蚴钙化。

（3）肉品检验　通常只能检出 20%～25% 的感染动物。触检和肉品检验方法容易遗漏轻度感染动物。先通过触诊和肉眼观察对肉品进行初检，然后以剖检和切片镜检进行比较。当胴体感染囊尾蚴的数量超过 20 个时，肉品检出率可达 78% 以上；若感染量较少，则检出率仅为 31%。肉品检验效果随刀口位置、刀口数量以及检验人员的技能和经验而不同。

4. 虫卵检查　当孕节自虫体末端脱落时，一些虫卵被释放到宿主小肠内，可通过粪便检查发现虫卵。虫卵检查方法有乙酸乙酯抽提法和漂浮法等多种。漂浮法中因 NaNO₃ 或 Sheather's 糖溶液（糖 500g，石炭酸 6.6mL，水 360mL）相对密度较大，检查绦虫卵效果优于饱和盐水漂浮法。也可以采用定性或定量漂浮法，或 Wisconsin 改良法（用水稀释粪便，过筛并离心，将沉淀物以糖溶液或 Sheather's 溶液悬浮，300g 离心 4min）等离心漂浮法。以盖玻片将虫卵黏附于表面，置显微镜下观察。

（三）血清学诊断

用于该病诊断的血清学方法有抗原酶联免疫吸附试验（Ag-ELISA）、抗体酶联免疫吸附试验（Ab-ELISA）和酶联免疫电转印迹（EITB）。这些方法对乡村猪囊尾蚴低水平感染猪检测敏感性低，但对无猪囊尾蚴感染的商品化猪群以及经实验感染的猪检测具有较高的特异性和敏感性。

（四）分子生物学诊断

现在 PCR 方法已广泛应用于人带属绦虫成虫的鉴别诊断，对准确鉴定囊尾蚴也有很大价值。对无绦虫史的宿主、地区，PCR 方法有助于诊断。

对于人感染病例，还可以使用免疫学方法、CT（计算机断层扫描）扫描、MRI（核磁共振成像）技术进行检查。其中 CT、MRI 技术可以准确定位囊尾蚴的位置和活力，是目前人类感染囊尾蚴的最有效诊断方法。

（五）诊断解析

OIE认为猪囊尾蚴病的诊断重点在病原鉴定，即通过宰后检验或节片、虫卵的检查能够发现成虫，在宰后检验或肉品检验时肉眼可以看到囊尾蚴。

我国公布了猪囊尾蚴病的国家诊断标准（GB/T 18644—2002），其中规定了该病的舌检查法和免疫学检查法，前者适用于舌上寄生（27%～30%）的病猪，后者包括皮内变态反应、碳粒凝集试验、间接红细胞凝集试验、补体结合反应、琼脂扩散试验、免疫电泳和酶联免疫吸附试验（ELISA）等。其中ELISA法具有高敏感性和特异性，适用于感染猪的定性和免疫猪群抗体水平的评估，是最常用的方法。

六、防治

（一）治疗

对猪囊尾蚴的治疗：

吡喹酮：按30～60mg/kg体重，每天1次，用药3次，每次间隔24～48h。

丙硫咪唑：按30mg/kg体重，每天1次，用药3次，每次间隔24～48h，早晨空腹服药。

对人脑囊虫的治疗：

吡喹酮：剂量为20mg/kg体重，每天2次，连服6d。

丙硫咪唑：按20mg/kg体重，每天2次，15d为一疗程，间隔15d，至少服用3个疗程。

对人的猪带绦虫的治疗：

氯硝柳胺（灭绦灵）：成人用量3g，早晨空服2次分服，药片嚼碎后用温水送下，间隔0.5h服另一半，1h后服硫酸镁。

（二）预防

1. 免疫预防 用囊尾蚴全虫匀浆作抗原研制的疫苗具有较好的免疫保护效果，但抗原来源非常有限，无法实现规模化生产。猪囊尾蚴的重组抗原疫苗可通过体外真核或原核表达进行大量生产，且免疫效果好，有望在不久的将来用于猪的免疫接种。

2. 大力开展宣传教育工作 卫生、兽医和食品卫生部门紧密配合，开展群众性的防治活动，抓好"查、驱、检、管、改"5个环节，可使该病得到良好的控制。具体措施如下：

（1）积极普查猪带绦虫病患者；

（2）对患者进行驱虫；

（3）搞好城乡肉品卫生检验工作，严格按国家有关规程处理有病猪肉，严禁未经检验的猪肉供应市场或自行处理；

（4）管好厕所，管好猪，防止猪吃病人粪便。做到人有厕所猪有圈，不使用连茅圈；

（5）改变饮食习惯，人不吃生的或未煮熟的猪肉。

第三节 猪弓形虫病

弓形虫病（Toxoplasmosis）又称弓形体病，是由刚第弓形虫（*Toxoplasma gondii*，

TG）引起的多种哺乳动物和人共患的原虫病。该病原体于 1908 年由 Nicolle 和 Manceaux 在突尼斯的啮齿类疏趾鼠体内发现，并正式命名。同年，Splendole 在巴西一个实验室的家兔体内发现了弓形虫。此后，研究者陆续在世界各国的人和动物体内发现弓形虫。我国于庶恩在 20 世纪 50 年代首先在福建省的猫和兔等动物体内发现了该病原体，但直至 1977 年后才陆续在上海、北京等地发现过去所谓的"猪无名高热"是由本病引起，从而得到广泛关注。目前，各地均有本病存在。

刚第弓形虫的宿主种类广泛，人和动物的感染率都很高。据国外报道，人群的平均感染率为 25%～50%，有人推算全世界约 1/4 的人感染弓形虫。猪群暴发本病时，死亡率可高达 60% 以上。其他家畜，如牛、羊、马、犬等都能感染本病。该病对人类健康和畜牧业发展的危害十分严重。本病被 OIE 列为二类多种动物共患病，可以寄生于畜禽等多种动物及人的组织细胞引起严重疾患。弓形虫病流行于世界各地，在人畜等多种动物间广泛传播，且有多样的传播途径，因而造成多数动物呈隐性感染。发病的特征为：高热、呼吸困难，孕畜流产，神经症状和实质器官灶性坏死，间质性肺炎及脑膜炎。

一、病原学

刚第弓形虫（TG）属原生动物门（Protozoa），孢子虫纲（Sporozoa），真球虫目（Eucoccidia），弓形虫科（Toxoplasmatidae），弓形虫属（*Toxoplasma*）。根据其发育阶段分为 5 种不同形态：滋养体、包囊、裂殖体、配子体和卵囊。在中间宿主（家畜和人）体内有滋养体、包囊及假包囊；在终末宿主（猫）有裂殖体、配子体和卵囊。

1. 滋养体　主要见于急性病例的组织内，如脾、淋巴结、腹水、脑脊髓液中。虫体呈香蕉形或新月形，一端较尖，另一端钝圆，长 4～7μm，最宽处 2～4μm。以姬姆萨或瑞氏染色可见核呈紫红色，位于虫体中部稍后，胞浆呈蓝色。

2. 包囊　常有组织包囊和假包囊 2 种。在急性病例中，滋养体进入宿主网状内皮细胞内就通过内二出芽生殖进行繁殖，当虫体数量增多时形成"虫体集落"，被寄生的细胞膨大并形成"假包囊"，这种"假包囊"很容易破裂并迅速释放出速殖子。在慢性病例中，由于机体的免疫反应，多在眼、骨骼肌、心肌、脑、肺、肝中形成一薄膜包被含有数千个虫体的椭圆形或圆形的包囊，这种包囊中的虫体称为慢殖子。包囊在宿主体内可寄生数月、数年、甚至伴宿主终生。

3. 裂殖体　存在于终末宿主猫的小肠绒毛上皮细胞内，呈圆形，内有 10～15 个香蕉状的裂殖子。

4. 配子体　位于猫的小肠，有雌、雄两型配子。

5. 卵囊　椭圆形，大小为 9μm×12μm，随猫粪排出体外。经孢子化后可见卵囊内有 2 个孢子囊，每个孢子囊内有 4 个子孢子。

二、流行病学

（一）生活发育史

由于宿主的广泛性及传播途径的多样性，弓形虫的生活史就显得极为复杂。虽然 1908 年就发现弓形虫，但直到 1971 年英国学者才阐明其生活史。

当猪及人等中间宿主吞食了终末宿主排出的卵囊，或中间宿主的包囊（假包囊）及其释放出的缓殖子（速殖子），或速殖子经皮肤黏膜创伤进入或不慎种入体内，或经胎盘途径传播，虫体侵入有核细胞形成滋养体，并反复进行内二出芽生殖，迅速增殖和大量破坏组织，出现假包囊，可在组织及组织液中见到大量速殖子。如宿主抵抗力增强，则出现组织包囊。当终末宿主（猫）吞食包囊、假包囊或其释放出的速殖子后，虫体侵入小肠细胞内，进行多次裂体生殖，最后释放出裂殖子，发育成配子体，雌、雄配子结合成合子而完成有性繁殖。合子形成卵囊，并随猫粪便排出，排出到外界的卵囊经孢子增殖发育成孢子化卵囊。

但是在猫，如果感染后虫体不进入肠道，而是像猪等中间宿主一样进入血液被带到全身，也可进行内二出芽生殖，引起弓形虫病。

弓形虫生活史的特点：发育过程需两个宿主，猫为终末宿主，其他 200 种哺乳动物及禽类为中间宿主。弓形虫有内生性和外生性发育期。

在终宿主猫体内的发育如下：

猫捕食时食入包囊或假包囊，或者通过污染了卵囊的食物或水而感染。

肠上皮细胞内有性生殖：子孢子→裂殖体→配子体→配子→合子→卵囊。

肠上皮细胞外发育同中间宿主。

在中间宿主体内的发育如下：

感染阶段：猫粪便中的卵囊、包囊或假包囊及其释放出的速殖子。

感染方式和途径：有后天性的经口或经皮肤、黏膜创伤感染，先天性的经胎盘、子宫、产道感染而传播给新生代。

肠内逸出的子孢子、缓殖子、速殖子侵入肠壁，经血或淋巴到全身各器官组织之单核吞噬细胞内寄生。

在中间宿主体内进行无性生殖，造成被寄生细胞破裂并释放速殖子，速殖子再侵入新的细胞。

速殖子可在如脑、眼和骨骼肌等器官内形成包囊，包囊在宿主体内可存活数月、数年甚至终生，在免疫功能低下时可破裂，释出缓殖子，缓殖子侵入其他细胞内发育繁殖。

（二）分布

地域分布：该病呈世界性分布，在人、畜及野生动物中广泛传播，不同地区的感染率有较大差别。猪弓形虫病最早的报道是在美国俄亥俄州（1952 年），继之在日本以及其他许多国家也相继有发生本病的报道。在美国，人的弓形虫感染率为 4%～35%、犬 29%、猫 19%、牛 16%、猪 24%、绵羊 29%、山羊 48%；在日本，人的感染率为 5%～7%、犬 29%、猫 68%、猪 8.6%；我国各地的调查资料表明，人的感染率为 0.3%～57.6%（平均 25%），猪 13.2%～61.4%（平均 20%，个别高达 100%），黄牛 42.81%，水牛 20.83%，山羊 26.9%，绵羊 17.36%，家兔 13.43%。猪暴发弓形虫病时，常可引起整个猪场发病，死亡率高达 80% 以上。该病一年四季都可以发生，但夏季多发，可能是因为温度适宜于卵囊的发育。目前，猪弓形虫病在世界各地已成为重要的猪病之一而受到广泛重视。

宿主谱：动物感染较为普遍，多数呈隐形感染，感染动物有猫、猪、牛、羊、犬、兔、鼠、鸽、鸡等 40 多种动物。

传染源：弓形虫病的传染源很广。猫是弓形虫病的最重要的散布源，猫排出的卵囊及被猫粪污染的土壤、水、饲料、牧草等也是重要的传染源；老鼠食入了含有弓形虫卵囊的食物，也成为传染源；猪及人等中间宿主也是本病的主要传染来源，在它们体内及排泄物（唾液、粪、尿、眼分泌物、乳汁）、肉、内脏淋巴结、腹水中带有大量的速殖子和包囊或假包囊。昆虫或鸟类动物可机械性携带弓形虫病原，从而起到传播作用。

（三）传播感染

经口感染：这是弓形虫感染的主要途径，终末宿主或中间宿主吞食了卵囊、带虫动物的肉、脏器中的速殖子或包囊等也能引起感染。

经胎盘感染：孕妇或怀孕的母畜感染弓形虫后，能通过胎盘传给子宫内的胎儿，引起后代的先天性感染。

经皮肤、黏膜感染：弓形虫速殖子可以通过伤口的皮肤或黏膜进入血液或淋巴循环系统，从而引起感染。

节肢动物传播：从蚊子、蟑螂、蜱和螨等动物中分离到了弓形虫，说明节肢动物能携带病原体，它们在叮咬其他动物或人时，可能使动物或人感染。

其他途径：输血或器官移植也存在传播本病的可能性。

三、临床症状

本病的潜伏期为 3~7d，病程 10~15d。主要临床症状如下：

体温 41~42℃以上，呈稽留热型，病畜少吃或不食，精神沉郁。呼吸困难，呈腹式呼吸，育肥猪有咳嗽、流鼻液，乳猪偶有咳嗽和流鼻液。伏卧难起，迫起后步态不稳，个别关节肿大。

腹股沟淋巴结肿大明显，耳尖、阴户、包皮尖端、腹底的皮肤上出现出血性紫斑。乳猪症状明显，往往有从耳尖向耳根推进或减退的情况，这可作为疾病轻重的标志。育肥猪偶尔有此现象。

乳猪还会出现神经症状，如转圈、共济失调等。

育肥猪和后备母猪粪便可呈煤焦油状血痢或发生无血的腹泻。

怀孕母猪感染后可引起流产，产死胎、畸形胎、弱仔，弱仔产下后数天内死亡，母猪流产后很快自愈，一般不留后遗症。

四、病理变化

仔猪发病后 2~3d，生长育肥猪发病后 5~7d，其体表毛根处有出血性紫红色斑点。

颌下、腹股沟、肠系膜淋巴结肿大，外观呈淡红色，切面呈酱红色花斑状，有出血、坏死。

肝大小正常或稍肿大，质地较硬实，表面散在灰红色和灰白色坏死灶，切面有芝麻至黄豆大小的灰白色和灰黄色斑点。

剖检可见肝脏肿大，硬度增加，有大小不一的坏死灶和针尖大的出血点。脾肿大、发紫，表面有结节样灰白色梗死，脾边缘有出血性梗死。

肾外膜有少量出血点，表面有灰白色坏死小点及出血小点。

肺表面有粟粒大或针尖大的出血点和灰白色病灶，切面流出多量混浊粉红色带泡沫的液体。肺间质增宽，小叶明显，切面流出多量带泡沫的液体，有的带有血液。肺表面颜色呈暗红色，有的苍白、有的布满灰白色粟粒大坏死灶。

心包有淡黄色积液，心耳表面充满出血点，心外膜少量出血，心耳和心外膜有的有出血小点。

胸、腹腔液增多，呈透明黄色。

五、诊断

(一) 临床诊断

根据临床症状和病理变化可作出初步诊断，确诊需进行实验室诊断。

(二) 病原学诊断

1. 弓形虫的分离鉴定 取病死猪的脑、心、肝、肺等组织，经研磨消化后制备成组织悬浮液。将组织悬浮液腹腔接种于小鼠，取接种后小鼠腹腔涂片或脑、肝、肺等涂片镜检。若查出有速殖子、包囊或缓殖子，则可将被检样品判为阳性，没有查出则判为阴性。本方法操作简单成熟，无需特殊的设备，可用于弓形虫病的确诊。

2. 涂片镜检

(1) 组织样本 取病变的肺淋巴结、肝、脾抹片，染色镜检没发现可疑致病菌。取坏死结节压片染色镜检，发现有大量月牙形和球形的弓形虫。

(2) 血液涂片检查 常规耳静脉采血，制作血液涂片，血液涂片干燥后以甲醇固定，姬姆萨氏染色液染色，显微镜观察。镜下可见淋巴细胞、单核细胞、嗜中性粒细胞和嗜酸性粒细胞增多。红细胞之间散在分布有呈弓形、新月状的弓形虫的速殖体，速殖体的胞质染成淡蓝色，核呈深紫红色。在单核细胞的胞质中有形成的假囊，嗜中性粒细胞假囊破裂时释放出速殖子。在血浆中速殖体多单个散在于红细胞之间，也有多个聚集在一起形成团块状。最后可确诊为弓形虫病。

(三) 血清学诊断

弓形虫的血清学诊断方法包括间接血凝试验、间接荧光抗体试验、酶联免疫吸附试验、直接血凝试验、补体结合反应、中和抗体试验等。

间接血凝试验（IHA 试验）：IHA 试验操作简单、快速，敏感性、特异性好，适用于大批量样品的普查。分离血清，用稀释液进行倍比稀释后，加入制备好的诊断液，摇匀后于 22～37℃下静置 2～3h 观察结果。当被检血清抗体滴度达到或超过 1∶64 时，将被检样品判为阳性，反之判为阴性。具体实验步骤如下：

(1) 将弓形虫间接红细胞试验抗原按说明加稀释液摇匀，置 4℃冰箱 24h 后使用。

(2) 在 96 孔 V 形板上各孔加稀释液 $50\mu L$，在 96 孔 V 形板上第一排各孔分别加被检血清 $50\mu L$，阴性血清、阳性血清各 $50\mu L$，并自第 1 孔到第 8 孔依次倍比稀释。

(3) 各孔加等量诊断抗原 $50\mu L$，将 96 孔 V 形板放在振荡器上震荡 1～2min，置温箱中反应 2h 观察结果。

(4) 按"＋＋""＋＋＋""＋＋＋＋"判定阳性，阴性对照"－"，阳性对照"＋＋

++"。

（四）分子生物学诊断

采集脑脊液、血液、分泌物、腹水等制备用于 PCR 扩增的 DNA 模板，加入弓形虫 PCR 反应液（包括引物 1、引物 2、dNTP 等），Taq—DNA 聚合酶，混匀后在 PCR 仪中进行扩增。PCR 扩增产物进行 1%～1.5%琼脂糖凝胶电泳，用紫外分析仪进行检查，拍照记录试验结果。若被检样品出现与阳性对照平行的特异性条带则判为阳性，反之判为阴性。PCR 检测方法可以检测弓形虫 SAG3、B1 基因等，该法特异性好，灵敏度高，即使是轻度感染也能检出。

（五）诊断解析

我国公布了实验动物的弓形虫检测方法国家标准（GB/T 18448.2—2008），规定了小鼠、大鼠、豚鼠、兔子、猴、犬等实验动物弓形虫的检测，规定了间接血凝法（IHA）、酶联免疫吸附试验（ELISA）、免疫荧光试验法（IFA）、免疫酶试验法（IEA）和 PCR 检测方法。

六、防治

（一）治疗

主要使用磺胺类药物，如 SD、乙胺嘧啶、SMD、SMM、SMZ，首次加倍，并配合用 TMP。

（1）磺胺-6-甲氧嘧啶（SMM）10%注射溶液按 60 mg/kg 肌注，每天 1 次，连用 3～5d；或者按首量 0.05～0.1g/kg 体重内服，维持量 0.025～0.05g/kg 体重，每天 2 次，连用 3～5d；或者 SMM＋二甲氧苄胺嘧啶（DVD）增效剂，按 5∶1 混合，口服混合物 60 mg/kg 或注射液肌肉注射，每日 1 次，连用 4d。

（2）SD（磺胺嘧啶）70 mg/kg＋ TMP 或 DVD 14 mg/kg，每日喂服 2 次，连用 3～5d；针剂肌肉注射，每日 1 次。

（3）磺胺嘧啶 70mg/kg＋乙胺嘧啶 6 mg/kg，内服，每天两次，首次倍量，连用 3～5d。治疗期间注意补充叶酸。

（4）SMPZ（磺胺甲氧吡嗪）30mg/kg ＋ TMP（甲氧苄胺嘧啶）10mg/kg，混合后一次性内服，每日 1 次，首次用量加 1/3，5d 为 1 个疗程。

（5）也可试用氯林可霉素，11 mg/kg，肌肉注射，每日 1 次，连用 5～6d。

（二）预防

加强猪的饲养管理，禁止在牧场内养猫，扑灭场内老鼠；禁止屠宰废弃物作饲料，防止饲料、饮水被猫粪污染；死猪深埋，病猪隔离饲养，全场消毒。发现病死的和可疑的畜尸、流产的胎儿及排出物应严格处理，如深埋、焚烧；

加强环境卫生与消毒，经常对圈舍、场地、用具进行消毒：如常用热水（60℃以上）、1%来苏儿、0.5%氨水、双季铵盐碘 1∶800 喷洒场地消毒；

定期对猪群进行血清学检查，对检出阳性种猪隔离饲养或有计划淘汰；采用灭活疫苗预防动物弓形虫病，活疫苗已证实对绵羊等动物有效。

第四节　猪蛔虫病

猪蛔虫病（Ascariasis）是由蛔科（Ascaridae）、蛔属（*Ascaris*）的猪蛔虫（*Ascaris suum*）寄生于猪小肠所引起的一种线虫病。该病分布极为广泛，主要侵害 2～6 月龄的仔猪，对养猪业生产危害十分严重。本病流行和分布极为广泛，呈世界性分布。该病在规模化养殖的猪群和散养猪中均广泛发生，尤其在不卫生的猪圈和营养不良的猪群中，感染率更高，一般都在 50％以上。感染本病的仔猪生长发育不良，或发育停滞成为僵猪，严重者死亡。猪蛔虫幼虫在体内移行，可造成各器官和组织的损害，如引起乳斑肝和肺炎等。

一、病原学

猪蛔虫是一种大型线虫，近似圆柱形，头尾较细，中间稍粗。活虫体呈淡红色或淡黄色，死后为苍白色。虫体前端有 3 个唇片，成"品"字形排列，一片背唇较大，两片腹唇较小，3 个唇片的内缘各有一排小齿。唇之间为口腔，口腔后为食道。

雄虫体长 15～25cm，宽 2～4mm，尾端向腹面弯曲，形似鱼钩。泄殖腔开口距尾端较近，有 2 根等长的交合刺，无引器。肛前和肛后有许多性乳突。雌虫一般比雄虫大，体长 20～40cm，宽 3～6mm。虫体较直，尾端稍钝。生殖器官为双管型，两条子宫合为一个短小的阴道——阴门开口于虫体前 1/3 与中 1/3 交界处附近的腹面中线上。肛门距虫体末端较近。

猪蛔虫虫卵多为椭圆形，黄褐色。卵壳分为四层，最外层为凹凸不平的蛋白膜，向内依次为卵黄膜、几丁质膜和内膜。虫卵有受精卵和未受精卵之分，受精卵大小为 50～75μm×40～80μm，内含一个圆形卵细胞，卵细胞与卵壳之间的两端形成新月形空隙。未受精卵较受精卵狭长，平均大小为 90μm×40μm，整个卵壳较薄，多数没有蛋白质膜或蛋白质膜很薄，内容物多是卵黄颗粒和空泡。虫卵对化学药品抵抗力很强，对高温较敏感，45～50℃ 30min 死亡。

二、流行病学

（一）生活发育史

猪蛔虫属土源性寄生虫，其发育不需要中间宿主，整个过程可分为：虫卵在外界的发育、幼虫在脏器内的移行和发育、成虫在小肠内的寄生三个阶段。

虫卵随宿主粪便排至外界，经过一段时间发育为具感染性虫卵阶段。

感染性虫卵被猪吞食后，在肠内释放出幼虫。多数幼虫钻进肠壁，随血液通过门静脉到达肝脏；少数幼虫随肠淋巴液进入乳糜管，到达肠系膜淋巴结，此后钻出淋巴结，由腹腔钻入肝脏，或者由腹腔再经门静脉进入肝脏。一般感染后 4～5d，幼虫在肝内进行第二次蜕皮，成为第三期幼虫。三期幼虫经肝静脉、后腔静脉进入右心房、右心室和肺动脉到肺部毛细血管，并穿破毛细血管进入肺泡。幼虫在肺内经 5～6（感染后 12～14d）进行第三次蜕皮发育为第四期幼虫。四期幼虫离开肺泡，进入细支气管和支气管，再上行到气管，随黏液到达咽部，再经食道、胃返回小肠，在小肠内进行最后一次蜕皮形成第五期幼虫，发育变为成虫（雄虫和雌虫）。

猪蛔虫感染性虫卵被人误食后，虽不能在人体内完成其全部生活史，但其幼虫同样可在人体内移行，导致眼幼虫移行症、内脏幼虫移行症等。

猪蛔虫病流行传播甚广，几乎到处都有。主要原因是：该寄生虫生活史简单，不需要中间宿主，再加上雌虫产卵多，每条雌虫每日可产 10 万～200 万个，而且虫卵对外界环境的抵抗力强。因此本病广泛流行。

（二）分布

猪蛔虫流行分布十分广泛，呈世界性分布。一般夏季发病率较高，在温暖、潮湿、卫生条件不良的地方，几乎都有猪蛔虫病的存在，饲养管理不善、卫生条件差、营养缺乏、饲料中缺少维生素和矿物质以及猪只过于拥挤的猪场发病更加严重。一般散养猪感染率高于集约化饲养猪的感染率。猪（尤其是仔猪）最易感，人、犬、猫等动物也可感染，但是蛔虫不在其体内发育成成虫。

（三）传播感染

猪感染蛔虫主要是由于采食了被感染性虫卵污染的饲料（包括生的青绿饲料）和饮水或母猪的乳房沾染虫卵后仔猪吸奶时受到感染。患病猪排出的虫卵发育成感染性虫卵后，污染饲料、饮水、圈舍等即是猪蛔虫感染的主要来源。感染途径为经口感染。

（四）与流行有关的因素

猪蛔虫病流行十分广泛，尤其是 3～5 月龄的仔猪最容易感染。主要原因是：一是蛔虫的生活史简单，不需要中间宿主；二是蛔虫繁殖力强，产卵多，每条雌虫每日可产 10 万～20 万个虫卵，产卵盛期每日可产卵 100 万～200 万个；三是虫卵壁厚，对外界环境的抵抗力强。

三、临床症状

猪蛔虫病的临床症状因猪只的年龄大小、体质好坏、感染数量以及蛔虫发育阶段的不同而有所不同。一般以 3～6 个月大的猪比较严重。

感染早期（即幼虫移行期间）肺炎症状明显，表现为轻微的咳嗽、呼吸加快，食欲减退，体温升高到 40℃左右。较为严重的病例表现为精神沉郁、呼吸短促和心跳加快、缺乏食欲，或者食欲时好时坏，有异嗜癖；多喜躺卧，不愿走动，可能经 1～2 周好转或逐渐虚弱，导致死亡。病猪营养不良，消瘦，贫血，被毛粗乱逆立，有的生长发育受阻，变为僵猪。严重病例则呼吸困难，急促不规律，常伴发沉重而粗粝的咳嗽。如果此时病猪并发流感、猪瘟、猪气喘病等疾病时，往往由于蛔虫的幼虫在肺脏的协同作用而使猪只的病情加剧，导致死亡。此外，病猪还表现为渴欲增加、呕吐、流涎、拉稀等症状，此时多喜卧，不愿走动。如果成虫大量寄生时，常扭转成团导致肠道堵塞，此时病猪表现为剧烈的腹痛，食欲废绝，严重的造成肠壁破裂，若没有及时发现会导致死亡。有时蛔虫进入胆总管，引起胆道蛔虫病，或者进入胰管，堵塞胰管，由此引发胰管和胰脏的疾病。以上情况经常出现，病猪起初拉稀，体温升高，不吃，以后体温下降，卧地不起，腹部剧烈疼痛，四肢乱蹬，多经 4～8d 死亡。

四、病理变化

猪蛔虫病发病初期，小肠黏膜出血，轻度水肿，浆液性渗出，有嗜中性粒细胞和嗜酸性粒细胞浸润；肝脏出现出血点，肝组织混浊肿胀，脂肪变性，有时出现肝脏局灶性坏死，有时在肝组织中发现暗红色的幼虫移行后的虫道。幼虫由肺毛细血管进入肺泡时，造成肺组织呈小点样出血，肺表面有大量出血点和暗红色斑点。肺组织致密，导致水肿，肺泡内充满水肿液，肺病变组织沉于水中。此时，在肺组织中常可发现大量虫体。后期，肝表面有许多大小不等的白色斑纹，称为"乳斑肝"。小肠中可发现数量不等的虫体，寄生数量少时，肠道无明显的变化；寄生数量多时，可见卡他性肠炎，肠黏膜散在出血点或者出血斑，甚至可见溃疡病灶。肠破裂者可见腹膜炎，肠和肠系膜以及腹膜粘连。偶尔可见虫体钻入胆道。虫体钻入胰管，则造成胰管的炎症。

五、诊断

（一）临床诊断

一般可根据临床症状、病理剖检以及粪便检查发现虫卵进行初步诊断，确诊仍需进行实验室诊断。

（二）病原学诊断

1. 直接涂片查虫卵 一般 1g 粪便中虫卵数量大于等于 1 000 个时可以诊断为蛔虫病。蛔虫的繁殖力很强，用直接涂片法很容易发现虫卵。

2. 饱和盐水漂浮法 配制泡和盐水，将 380g 的氯化钠（或食用盐）溶解于 1L 热水中，冷却至室温备用。取 10g 粪便加饱和盐水 100mL，混合均匀，通过孔径 0.3mm 的铜筛过滤，滤液收集于三角瓶或烧杯中，静置沉淀 20~40min，则虫卵上浮于水面。用一直径 5~10mm 的铁丝圈与液面平齐以挑取表面的液膜，抖落于载玻片上，盖上盖玻片于显微镜下检查。

3. 蛔虫幼虫检查法（贝尔曼法） 将病变的肝组织或者肺组织撕碎，放于铁丝网筛上（网筛事先置于漏斗上，漏斗下用胶管连接一个小试管），随后加入 40℃的温水，放置 1~2h，取试管底部沉渣镜检。

（三）免疫诊断法

皮内注射法亦可用于本病的诊断，该方法是用蛔虫抗原注射于仔猪耳背皮内，若局部皮肤出现红—紫—红色晕环、肿胀者，可判为阳性。

六、防治

（一）治疗

选用一般常用药物即可治疗驱虫，可供使用的驱虫药有：

1. 敌百虫 每千克体重 80~120mg，拌料。

2. 噻嘧啶（抗虫灵） 每千克体重 30~40μg，拌料。

3. 左旋咪唑 每千克体重 4~6mg，肌肉注射；每千克体重 8mg，口服。

4. 丙硫苯咪唑 每千克体重 10~20mg，一次口服。

5. 伊维菌素（害获灭、伊福丁、伊力佳等）　每千克体重 0.3mg，皮下注射。

6. 枸橼酸哌嗪（驱蛔灵）　每千克体重 0.3mg，拌入饲料一次性喂给。

（二）预防

对本病须采取综合性措施，主要是：清除带虫猪、及时清除粪便、保持环境卫生和预防感染。

1. 定期驱虫　包括预防性、治疗性驱虫。育肥猪 3、5 月龄各驱虫 1 次；种公猪每年至少驱虫 2 次；母猪产前 1～2 周驱虫；仔猪断奶分养时驱虫；后备猪配种前驱虫；新引进猪驱虫后再合群。发现病猪时应该及时驱虫治疗，驱虫药可选用上述药物。

2. 保持饲料和饮水清洁　饲料防止被污染，确保每次饲喂食料的新鲜，并根据不同时期不同阶段猪只的营养需求，提供合理均衡的营养物质，以提高猪体的免疫力和抵抗疾病的能力。保护好饮水或清洗用水水源。避免猪粪污染。

3. 粪便的无害化处理　保持猪舍和运动场清洁，及时清除粪便并无害化处理，防止虫卵散播。对清理出来的粪便采取堆积发酵杀死虫卵；定期用 20%～30% 的石灰水或 40% 热碱水等消毒。产房和猪舍在进猪前彻底清洗和消毒。

4. 预防病原传入　引进猪后应先行隔离饲养，进行 1～2 次驱虫后再混群饲养。防止引入病猪。

第五节　细颈囊尾蚴病

细颈囊尾蚴病（Cysticercus tenuicollis）是由绦虫纲（Cestoda）、圆叶目（Cyclophyllidea）、带科（Taeniida）、带属的泡状带绦虫（*Taenia hydatigena*）的幼虫阶段细颈囊尾蚴感染引起的绦虫病。成虫寄生在犬、狼等食肉兽的小肠里，幼虫寄生于猪、黄牛、绵羊、山羊等多种家畜及野生动物的肝脏浆膜、网膜及肠系膜等处，严重感染时还可进入胸腔，寄生于肺部。细颈囊尾蚴病呈世界性分布，我国各地普遍流行，尤其是猪，感染率 50% 左右，个别地区高达 70%，且大小猪只都有感染，是猪的一种常见疾病。该病除主要影响中、小猪的生长发育和增重外，严重时可引起仔猪死亡，更可因其导致屠宰失重和胴体品质降低而对肉类加工业造成巨大的经济损失。

一、病原学

细颈囊尾蚴呈囊泡状，黄豆或鸡蛋大，囊壁乳白色，囊内含透明液体和一个白色的头节。成虫泡状带绦虫体长 1.5～2m，由 250～300 个节片组成，头节稍宽于颈节，顶突有两圈小钩；孕节子宫每侧有 5～10 个粗大分枝，每枝又有小分枝，全被虫卵充满。虫卵近似椭圆彤，内含六钩蚴。

二、流行病学

（一）生活发育史

成虫泡状带绦虫寄生于犬、狼等食肉兽小肠，幼虫细颈囊尾蚴寄生于猪、黄牛、绵羊、山羊等多种家畜及野生动物的肝脏浆膜、网膜及肠系膜等处。成虫随动物粪便排出虫卵，被猪采食。在猪体消化道内六钩蚴逸出，钻入肠壁随血液到达肝实质，移行到肝表面，进入腹腔，附在肠系膜、大网膜等处，3个月后发育成细颈囊尾蚴。细颈囊尾蚴被狗等终末宿主吞食后，在其小肠内伸出头节附着在肠壁上，经2~3个月发育为成虫。

（二）分布

本病呈世界性分布，我国各地均有报道。大小猪只都有感染，是猪的一种常见病。

（三）传播感染

犬吞食含有细颈囊尾蚴的内脏，猪吞食了病犬粪便中的虫卵而感染。

三、临床症状

本病以慢性病例为常见，临床症状不明显，主要发生于仔猪。病猪生长发育缓慢、消瘦、体质衰弱，严重者腹部增大，黄疸，或发生腹膜炎等。多数情况下，仅在猪被宰杀后才能发现有囊尾蚴的存在。猪被大量囊尾蚴寄生时，呈现消瘦、黄疸和精神沉郁等症状。幼虫穿入肺脏，引起胸膜肺炎，穿过肺脏组织则引起急性肺炎，可造成急性死亡。

四、病理变化

本病通常发生于肝、肠系膜和其他部位，可见肝容积增大，肝表面覆有纤维素薄膜，很不平滑，并散布着出血点，个别小叶被感染成黑褐色。

五、诊断

本病在猪生前不易诊断，屠宰检验或尸体剖检时发现幼虫可以确诊。剖检特征为肝脏肿大、出血，腹膜炎、腹腔内有红色液体。在肠系膜、网膜和肝脏表面上有鸡蛋大小的"小铃铛"，内充满透明的囊液，内有一小白点，即为头节。

六、防治

（一）治疗

吡喹酮：按50mg/kg体重，与液体石蜡按1：6比例混合研磨均匀，分两次间隔1d深部肌肉注射，可全部杀死虫体。

硫双二氯酚：按0.1mg/kg体重喂服。

（二）预防措施

1. 预防本病主要是防止犬感染泡状带绦虫病，切断其生活史，严禁用患细颈囊尾蚴的内脏喂犬，定期给犬驱虫，限制家犬进入猪舍。

2. 宣传教育 提高农户对本病的认识，加强预防本病的观念。

3. 科学饲养管理 青饲料如蔬菜类等在饲喂前须清洗干净，对猪实行安全圈养，保持饲料、饮水的清洁，不喂被狗粪污染的饲料、饮水，逐渐向现代化、规模化养猪过渡。禁止用有细颈囊尾蚴的脏器喂狗。

4. 在养犬地区，搞好犬、猪的定期驱虫，8月龄前犬、猪驱虫1个月1次，8月龄后犬、猪驱虫3个月1次，可用吡喹酮口服，按70mg/kg体重，或口服丙硫苯咪唑，按

50mg/kg 体重。或者用中药治疗，南瓜子 3～5g/kg 体重，槟榔 3～5g/kg 体重，中药有较好的效果。

第六节　猪肺线虫病

猪肺线虫病，又称肺丝虫病，是由后圆科（Metastrongylidae）后圆属（*Metastrongylus*）的线虫寄生在猪肺支气管和细支气管内引起的一种寄生虫病，所以又叫猪后圆线虫病。在我国流行广泛，呈地方性流行，对幼猪危害很大。该病以渐进性消瘦，剧烈咳嗽，呼吸困难为主要特征，所以本病为猪的重要疾病之一。该病多发生在低洼潮湿地区及夏秋季节，主要危害仔猪，严重感染时引起肺炎，可造成死亡。如发病不死，也会严重影响仔猪生长发育并降低肉品质量。

一、病原学

虫体呈乳白色或灰白色丝状，口囊小，口缘有一对三叶侧唇。雄虫交合伞不发达，侧叶大，背叶小；雌虫阴门靠近肛门，阴门前有一角质膨大部（称阴门球），有的虫种的后端向腹侧弯曲。我国发现的有 3 种，常见的为野猪后圆线虫，又称长刺后圆线虫（*M. elongatus*），复阴后圆线虫（*M. puttendotectus*），萨氏后圆线虫（*M. salrai*）。3 种线虫均寄生于猪和野猪的支气管，但又通常在细支气管第二次分枝的远端部位。野猪后圆线虫偶见于反刍兽和人。

1. 野猪后圆线虫　雄虫交合伞较小，前侧肋大，顶端膨大，交合伞两根，呈线状，末端呈小钩状；雌虫阴道长，尾端稍弯向腹面，阴门前有角质膨大，呈半球形。

2. 复阴后圆线虫　雄虫交合伞较大，交合刺短，末端呈锚状双钩形，有导刺带；雌虫阴道短，阴门前角质膨大，呈球形。

3. 萨氏后圆线虫　雄虫交合刺末端呈单钩状；雌虫尾端稍向腹面弯曲。

以上三种虫的虫卵相似，呈椭圆形，外膜稍显粗糙。卵胎生，卵内含有卷曲的幼虫。后圆线虫的虫卵在外界环境中抵抗力较强，如有适宜的温度、湿度，能长期保存其活力（6～8 个月），可度过结冰的冬季（生存 5 个月以上）。在 50℃时虫卵才死亡。

二、流行病学

（一）生活发育史

后圆线虫是生物源性寄生线虫，其发育需以蚯蚓作为中间宿主。雌虫在气管和支气管中产卵，卵和黏液混在一起，并随黏液转至口腔而被咽下。进入消化道后，再随粪便排到外界。卵在外界孵出第 1 期幼虫，第 1 期幼虫或虫卵被蚯蚓吞食后，在其体内约经 10～20d 发育至感染性幼虫，幼虫在蚯蚓体内可存活 6 个月。当蚯蚓死亡后，其体内的幼虫游离到外界环境中的土壤内，还能存活 2～4 周。当猪吞食了带有感染性幼虫的蚯蚓或由蚯蚓体内释出的感染性幼虫而感染。感染性幼虫在小肠内被释放出来，钻入肠系膜淋巴结中，随血流进入肺脏，再到支气管和气管发育为成虫。从幼虫感染到成虫排卵约经 1 个月左右，感染后 5～9 周排卵最多。成虫的寄生寿命约为一年。

（二）传播感染

野猪后圆线虫（长刺后圆线虫）是我国猪肺线虫病的主要病原。由于虫卵和感染性幼虫对外界抵抗力很强，所以流行广泛。该病多发生在雨季，猪在仲夏和秋季容易吞食幼虫或带虫的蚯蚓而遭到感染。本病的发生与饲养管理方式有关，舍饲猪群比放牧猪群感染的机会少。放牧猪群吞食蚯蚓的机会较多，故较易患病。

流行因素主要有：

1. 虫卵的生存时间长，可越冬，并可在较干燥的地方生存较长时间（6～8 个月）。

2. 第一期幼虫的存活力很强，在水中可生存 6 个月以上，在潮湿的土壤中达 4 个月以上。

3. 在蚯蚓体内的感染性幼虫保持感染力的时间，可能和蚯蚓的寿命一样长（受感染蚯蚓最长活 15 个月）。

4. 感染性幼虫在外界生存的时间较长。

5. 作为野猪后圆线虫中间宿主的蚯蚓，在我国已发现有 20 种之多。

三、临床症状

猪在轻微感染时，没有症状或不显著，严重感染时症状显著。自感染一个多月后，有阵发性咳嗽、鼻流浓厚黄色黏液、呼吸迫促、结膜苍白、食欲减退及体重减轻等症状。有的猪由于虫体堵塞气管窒息而死。

猪群主要表现为咳嗽、呼吸困难、气喘，尤其在早、晚或吃食时更加剧烈，严重者咳嗽不断，并出现呕吐，鼻孔流出黄色或淡黄色浓稠的黏性液体。被毛粗乱无光泽，食欲显著减少，可视黏膜苍白。出现严重贫血症状，身体消瘦，体重减轻，严重者形如骨架，脊柱明显突出，发育迟缓等，常成为僵猪，走路摇晃，体温、脉搏均比正常时要高，肺部听诊有啰音，有明显的支气管肺炎和肺炎症状。本病还易于并发猪肺疫。

四、病理变化

肺膈叶腹面和背面边缘呈界线分明的灰白色局限性隆起的气肿区和暗红色突变区，其余各叶均不同程度存在类似的病变。切开气肿区部分，从小气管断端可挤出大量泡沫样液体及乳白色线状虫体，支气管增厚、扩张，靠近气肿区域有坚实的灰白色小结节，小支气管周围呈淋巴样组织增生和肌纤维肥大。发生细支气管和支气管炎，常引起小叶性肺炎、肺气肿及肺实质中有结缔组织增生性结节。

五、诊断

1. 虫卵检测法 对可疑病猪，取新排粪便及咳吐痰液，因虫卵比重较大，用饱和硫酸镁（或硫代硫酸钠）溶液浮集为佳。虫卵呈圆形，卵壳厚，表面有细小的乳突状突起，稍呈暗灰色，内含幼虫。

2. 线虫病皮内反应诊断 用病猪气管黏液作抗原，加入 30 倍的生理盐水，再滴加 30%醋酸溶液，直到稀释的黏液发生沉淀时为止。过滤，再缓慢滴加 30%的碳酸氢钠溶液中和，调到中性或微碱性，消毒后备用。以抗原 0.2mL 注射于被诊断猪耳背面皮内，在 5～15min 内注射部位肿胀超过 1cm 者为阳性。

本病应与仔猪肺炎、流感及气喘病相区别，一般仔猪肺炎和流感发病急剧，高热，频咳，呼吸促迫，而本病较缓慢，阵咳显著，严重者才表现呼吸困难。

六、防治

(一) 治疗

目前比较常用而疗效较好的药物有以下四种：

左咪唑：按每千克体重 10mg 喂服或肌注。

甲苯咪唑：按每千克体重 10～20mg，混在饲料中喂服。

氟苯咪唑：按每千克体重 30mg 混饲，连用 5d；或 5g 一次性口服。

硫苯咪唑（芬苯哒唑）：按每千克体重 3mg，连用 3d。

(二) 预防措施

猪舍、运动场应保持干燥，舍内最好铺设水泥地面，防止蚯蚓生存繁殖。对猪的运动场，疏松泥土要夯实或换成沙土，造成不适宜于蚯蚓孳生的环境。及时清扫粪便，并将粪便堆积发酵。

在流行区，可用 30％的草木灰水淋湿猪的运动场，既可杀灭虫卵，又能促使蚯蚓繁殖，以利于消灭它们。对放牧猪，在夏秋季用抗线虫药定期驱虫具有较好的预防效果。

第七节　猪棘球蚴病

棘球蚴病（Hydatidosis）又称包虫病，由带科的细粒棘球绦虫（*Echinococcus granulosus*）的中绦期幼虫棘球蚴寄生于羊、牛、马、猪和人的肝、肺等器官引起的一种严重的人畜共患寄生虫病。目前棘球属绦虫有 4 个种，分别是细粒棘球绦虫、多房棘球绦虫、少节棘球绦虫、福氏棘球绦虫，在我国存在前两种，主要是细粒棘球绦虫。棘球蚴病分布比较广泛，几乎遍及全世界各国，许多畜牧业发达的地区多是本病流行的自然疫源地。我国猪的感染主要流行于西北地区，而在东北、华北和西南地区也有报道。一年四季均有发生，不同年龄的猪、牛、羊均可感染。棘球蚴的终末宿主是狗，孕卵节片随粪便排出体外污染环境，被猪、牛、羊吞食后即感染棘球蚴病，在肝脏、肺脏以及其他器官中寄生，从而引起动物发育缓慢，成年动物的毛、肉、奶的数量减少，质量降低，患病的肝脏和肺脏大批废弃，因而造成严重的经济损失。

一、病原学

病原为棘球蚴，是细粒棘球绦虫的中绦幼虫期。

1. 成虫（细粒棘球绦虫）　寄生在犬、狼及狐狸的小肠里，虫体很小，全长 2～8mm，由 3 个或 4 个节片组成，头节上有额嘴和 4 个吸盘，额嘴上有许多小钩，最后的体节为孕卵节片，内含 400～800 个虫卵。

2. 幼虫　棘球蚴寄生于绵羊及山羊的肝脏、肺脏以及其他器官，形成多种多样的囊泡，大小也很不一致，从豆粒大到人头大不等，甚至也有更大的。

棘球蚴分为单房型和多房型两种：

单房型的特点是囊内含有液体，囊壁由三层构成：外层是较厚的角质层；中层是肌内层，含肌内纤维；内层最薄，叫生发层，长有许多头节和生发囊。

多房型的特点是体积较小，由许多连续的小囊构成，囊内没有液体，也没有头节，一般常见于牛体，无感染力。

二、流行病学

（一）生活发育史

终末宿主狗、狼、狐狸把含有细粒棘球绦虫的孕卵节片和虫卵随粪排出，污染牧草、牧地和水源。当羊只通过吃草饮水吞下虫卵后，卵膜因胃酸作用被破坏，六钩蚴逸出，钻入肠黏膜血管，随血流达到全身各组织，逐渐生长发育成棘球蚴。最常见的寄生部位是肝脏和肺脏。

如果终末宿主吃了含有棘球蚴的器官，经 2.5～3 个月就在肠道内发育成细粒棘球绦虫，并可在宿主肠道内生活达 6 个月之久。

（二）分布

地域分布：棘球蚴病呈世界性分布，许多畜牧业发达的地区，多是本病流行的自然疫源地。在我国各个省份均有报道，主要流行于西北地区的新疆、青海、甘肃、宁夏，以及内蒙古和四川的西部等地。

宿主范围：犬、狼、狐狸等肉食动物是终末宿主，中间宿主是人、猪、牛、羊、骆驼和鹿等动物。

传染源：病畜、带虫者均可以作为传染源。

（三）传播感染

经口感染。终末宿主排出的虫卵污染环境、饲料、饮水等，被中间宿主吞食而感染；终末宿主吞食了中间宿主含有包虫囊的内脏而感染。

三、临床症状

由于棘球蚴主要侵害肝脏，降低肝脏的正常机能，可使猪只消化机能下降，引起消化不良，影响生长发育及增重。

严重感染时，有长期慢性的呼吸困难和微弱的咳嗽。叩诊肺部，可以在不同部位发现局限性半浊音病灶；听诊病灶时，肺泡呼吸音特别微弱或完全没有。

当肝脏受侵袭时，叩诊可发现浊音区扩大，触诊浊音区时，羊表现疼痛。当肝脏容积极度增加时，可观察右侧腹部稍有膨大。严重感染时，病畜营养不良，被毛逆立，容易脱落。有特殊的咳嗽，当咳嗽发作时，病猪躺在地上。

四、病理变化

剖检病变主要表现在虫体经常寄生的肝脏和肺脏。可见肝肺表面凹凸不平，重量增大，表面有数量不等的棘球蚴囊泡突起。肝脏实质中亦有数量不等、大小不一的棘球蚴囊泡。棘球蚴内含有大量液体，除不育囊外，液体沉淀后，可见有大量包囊砂。有时棘球蚴发生钙化和化脓。有时在脾、肾、脑、脊椎管、肌内、皮下亦可发现棘球蚴。

五、诊断

(一) 病原鉴定

中间宿主的诊断需要检查器官中生长的囊泡的形态,特别是在肝和肺中多见。犬或其他食肉动物棘球蚴病的诊断,需从其粪便和小肠中找到棘球绦虫。

1. 棘球蚴病的检测 有许可证的屠宰场可以对家畜的棘球蚴病做出诊断,对野生动物的诊断只能靠野外检查。样品要用4%～10%福尔马林盐水固定和防腐,也可以冷藏和冷冻保存供以后检查。可以在许多器官中直接观察到棘球蚴,但对大动物如绵羊和牛,必须用手触摸或剖开观察。猪、绵羊和山羊可感染水泡绦虫,当这两种寄生虫在肝脏中都存在时,很难将它们区别开来。猪蛔虫也可在绵羊肝脏形成"白点",增加诊断难度。对野生动物如哺乳动物和啮齿动物鉴别诊断时,应考虑几种其他的绦虫幼虫。

样本经福尔马林固定后,可用常规组织学染色。棘球绦虫中绦期的一个独有的特征是:具有PAS阳性的无细胞堆积层(有或无核胚芽层膜)。在育囊内或在包囊砂中的原头节的存在也是其诊断特征。细粒棘球蚴的基因型一般从保存于90%乙醇中的原头节中获得DNA而得以检验。

2. 食肉动物成年绦虫检测

剖检:犬应选择安乐死术。需要强调的是,必须作棘球绦虫成虫的分离鉴定工作,因为通常条件下检查粪便时不可能对棘球绦虫卵和其他绦虫卵做出鉴别。

被检动物死后,需尽快取出小肠,并结扎两端。如材料不用冷冻或4%～10%的福尔马林固定,则应迅速检查,否则虫体在24h内会被消化。4%～10%福尔马林不会杀死虫卵。将新鲜小肠切成数段,浸泡于37℃盐水中待检查,附着于肠壁上的虫体可以用放大镜看到并计数(细粒棘球蚴和伏尔格利棘球绦虫)。为精确计数,未固定的肠段最好切成4～6段,切开浸于37℃盐水中30min,以便释放虫体。将肠内容物冲洗到另一容器中,作细致检查,用刮片刮肠壁,病料煮沸后过筛冲洗除去颗粒,冲下来的内容物和碎屑置于黑色器皿中,用放大镜和光学显微镜作虫体计数。通常在犬小肠的1/3段发现细粒棘球蚴。

3. 槟榔素检查与监测 槟榔素用于检查狗群中绦虫感染情况,它作为驱虫药现已被吡喹酮(抗蠕虫药)代替。

槟榔素是抗副交感神经药,引起出汗,刺激唾液、泪腺、胃、胰、肠等组织腺体。增加肠道紧张性与平滑肌运动,从而引起排便。肝脏是主要解毒场所。槟榔素也直接作用于虫体,使虫体麻痹,但不致死,使虫体从肠壁上掉下来。药物必须口服,虫体随粪便排出。这一般用于细粒棘球蚴的初诊,但是,仍然有15%～25%的犬不能排便。对于含盐酸槟榔素25mg/片的药片,可以接受的剂量如下:最少1片/14kg体重,最多1片/7kg体重,最适1片/10kg体重。怀孕母犬和心脏异常的动物不宜用槟榔素。由于一些犬对泻药不敏感,建议追加氢溴酸槟榔素作为灌肠剂,但是,用此方法成虫可能在这个阶段还没有麻痹,导致假阴性出现。因此,这些犬应当在用药3～4d后再用药1次。

犬服药后排便至少要有两个过程:第一步是排粪,这不必介意,随后会排出黏液。此时，将排出的黏液分成几份，分别进行检查，一般不推荐这样做，因为很难查出绦虫。最好是将黏液样品用 100mL 自来水稀释，并盖上一薄层煤油（或石蜡）（约 1mL），煮沸5min。煤油的作用是避免起泡沫，减少气味。

工作人员有感染本病的危险，因此工作时应当穿工作服、靴子、一次性手套和口罩。连裤服用后应煮沸消毒，靴子用 10％氢氧化钠溶液消毒，排泄物取样后尽快煮沸。第一次排泄的犬可能继续排出成虫、节片和虫卵，因此，在排泄和进水后应当停留 2h，槟榔素检测后，犬停留的地点应当用煤油和火焰喷雾。

（二）血清学诊断

1. 中间宿主　用于人的免疫学试验，在动物中缺乏敏感性和特异性，不能代替剖检。

2. 终末宿主　对用于犬类棘球蚴病的免疫学诊断方法进行了大量的研究，随着包囊的消化，虫卵发育、生长、寄居等各个阶段形成的抗原就会暴露于犬的小肠，这时很容易测出感染犬血清中的六钩蚴和原头蚴抗体。但不能判定是近期感染还是以往感染，因此，没有用于临床。

六、防治

（一）治疗药物

对中间宿主棘球蚴可用：

丙硫咪唑：剂量 90mg/kg 体重，连服 2 次，对原头蚴的杀虫率为 82％～100％。

吡喹酮：剂量 25～30mg/kg 体重，投服。

对终末宿主的细粒棘球绦虫驱虫可用：

吡喹酮：按 5～10mg/kg 体重，一次口服；吡喹酮药饵（蛋白淀粉型），按 2.1mg/kg 体重，驱虫率达 100％。

氢溴酸槟榔碱：按 1～2mg/kg 体重，绝食 12h 后给予。

盐酸丁奈眯片：犬按体重 25～50mg/kg，绝食 3～4h 投药。

（二）预防措施

严格执行屠宰牛、羊的兽医卫生检验及屠宰场的卫生管理，发现棘球蚴应销毁，严禁喂犬；患棘球蚴病畜的脏器一律进行深埋或烧毁，以防被犬或其他肉食兽吃入；做好饲料、饮水及圈舍的清洁卫生工作，防止被犬粪污染；驱除犬的绦虫，要求每个季度进行1 次。

第八节　猪棘头虫病

猪棘头虫病，又称钩头虫病，是由寡棘吻科（Oligacanthorhynchidae）、大棘吻属（*Macrocanthorhynchus*）的蛭形大巨吻棘头虫（*Macracanthorhynchus hirudinaceus*）寄生于猪小肠的一种蠕虫病，本病在我国各地呈散发性或地方性流行；在有些地区的危害大于猪蛔虫。我国自 1964 年首次报告人体感染以来，相继在许多省、自治区、直辖市发现人体病例，此病属人兽共患寄生虫病之一。犬和肉食兽也可感染本病。

一、病原学

该虫为大型虫体，乳白色或粉红色，呈长圆柱形，前端粗，向后逐渐变细。体表有明显的环状皱纹，头端有 1 个可伸缩的吻突，吻突上有 6 列强大的向后弯曲的小钩，借以附着于肠壁上，故名棘头虫（或钩头虫）。该寄生虫无消化系统，通过体表吸收营养；雌、雄虫体的大小差别很大，生殖系统发达。雄虫长 7～15cm，呈逗点状，生殖器官占体腔的 2/3，两个睾丸由韧带固定着，交合伞似圆屋顶状；雌虫长 30～68cm，呈宽的螺旋状，生殖器官构造很特殊，幼虫时期有卵巢，虫体长成后卵巢崩解为卵块，卵块发育为卵细胞。

雌虫繁殖力强，能产生大量具有小钩的卵胚。据报道，每条雌虫每天可排卵达 250 000 个以上，持续时间约为 10 个月。虫卵呈椭圆形，长 80～100μm，呈深褐色；卵壳上布满不规则的沟纹，并有许多点窝，很像扁核桃壳。虫卵有 4 层厚而结实的卵膜，另一端较尖；第三层为受精膜；第四层不明显。排到自然界中的虫卵对各种不利因素的抵抗力很强，例如：在 45℃ 温度中，长时间不受影响；在 -10～-16℃ 低温下，仍能存活 140d；在干燥与潮湿交替变换的土壤中温度为 37～39℃ 时，虫卵可在 1 年内不死；在 5～9℃ 中可以生存 500 多 d。

二、流行病学

（一）生活发育史

中间宿主为金花龟属的金龟子、鳃角金龟属的金龟子（普通鳃角金龟子、鳃角金龟子）及其他甲虫。成虫寄生在猪的小肠，繁殖力很强。

终末宿主感染后，雌虫开始排卵，虫卵被甲虫幼虫吞食，棘头蚴在中间宿主的肠内孵化，发育为棘头体，随后形成具有感染性的棘头囊。棘头囊体扁，白色，吻突常缩入吻囊，易为肉眼看到。当甲虫化蛹并变为成虫时，棘头囊一直停留在它们体内，并能保持感染力达 2～3 年。猪吞食了含有棘头囊的甲虫成虫、蛹或其幼虫时，均能造成感染。棘头囊在猪的消化道中脱囊，以吻突固着于肠壁上，经 3～4 个月发育为成虫，成虫在猪体内可以寄生 10～24 个月。

（二）分布

猪棘头虫多呈地方性流行病，多发生于春季和夏季，与甲虫出现的时间和分布有直接关系。

宿主范围：易感染猪群为肥育猪和成年猪，人、犬也可以感染。特别是 8～10 月龄猪感染率较高，这是因为金龟子及其他甲虫等中间宿主多存于较深层泥土中，由于仔猪拱土能力较差，故其感染率低；而育肥猪和成年猪经常拱地，所以其感染率较高。同样的原因，放牧猪则较舍饲猪的感染率高。

传染源：吞食了虫卵的甲虫、带虫猪为主要的传染源。

（三）传播途径

经口、消化道传播。

三、临床症状

本病的临床症状与感染的强度有关。感染的虫体少时，症状不明显；严重感染时，病猪食欲减退，发生刨地、互相对咬或匍匐爬行，不断哼哼等腹痛症状，下痢，粪便带血。虫体代谢产物被猪体吸收，而致病猪出现癫痫等神经症状。

另外，当虫体固着的部位发生脓肿或穿肠孔时，必然使肠内容物外渗或外流，影响肠蠕动，并发腹膜炎。此时，病猪的症状突然加剧，体温升高达 41℃，不食，腹痛，卧底，多以死亡而告终。

四、病理变化

剖检时，尸体消瘦，可视黏膜苍白。急性病例的小肠（以空肠、回肠为主）浆膜层棘头虫附着部位呈现直径 1cm 左右局灶性肉芽肿性结节。有时，形成化脓性病灶，其周围常有一充血性红晕。黏膜面可见虫体的头部侵入肠组织，并引起黏膜面的损伤。慢性病例则可逐渐转为坚实性纤维性结节。肠黏膜呈现出血性纤维素性炎症，肠壁显著增厚，并可见溃疡形成。有时，虫体吻突经过肠壁引起肠穿孔，常致肠粘连、腹膜炎以及腹腔脓肿等，甚至可诱发肠扭转、肠套叠等变位现象，使病情加重；感染严重时，肠道塞满虫体，有时可引起肠破裂，导致病猪急速死亡。镜检，小肠黏膜上皮细胞脱落、坏死，与黏液一起形成卡他性物质被覆在黏膜表面；虫体以吻突牢牢地吸入肠黏膜内，虫体侵入部的组织常发生出血、坏死，并有大量嗜酸性粒细胞浸润；若伴发溃疡和细胞感染时，则见大量嗜中性粒细胞浸润，组织化脓、坏死。

五、诊断

生前主要靠实验室的虫卵检查。由于猪棘头虫卵比重大，所以可采用直接涂片法或水洗沉淀法检查粪便中的虫卵，粪中发现虫卵即可确诊。死后剖检是最可靠的诊断方法，在小肠壁可见叮附着的成虫及被虫体破坏的炎性病灶。

六、防治

（一）治疗

对本病的治疗，尚无特效药物，可试用以下几种药物。

左旋咪唑：按 8mg/kg 体重，肌肉注射；或 8～10mg/kg 体重，拌于饲料中 1 次喂服。

丙硫苯咪唑：剂量为 5mg/kg 体重，拌饲料给药。

氯硝柳胺：按 20mg/kg 体重，拌料 1 次喂服。

（二）预防措施

根据猪巨吻棘头虫的生活史和该病的流行特点，采取综合性的防治措施。定期进行驱虫，及时治疗病猪。本病流行地区，每年春、秋季各投药 1 次，消灭感染源。对粪便应进行生物热处理，切断传播途径。改放牧为舍饲。防止猪吃昆虫，特别是金龟子一类的甲虫及其幼虫。

第九节　猪姜片吸虫病

姜片吸虫病（Fasciolopsiasis）是由片形科（Fasciolidae）姜片属（*Fasciolopsis*）的布氏姜片吸虫（*Fasciolopsis buski*）寄生于猪小肠内引起的一种吸虫病。本病主要流行于亚洲的温带和亚热带地区，在我国主要分布于长江流域以南各地。随着饲料商品化生产以及饲养管理方法的改善，不再直接采用新鲜的水生植物喂猪，因而许多地区猪的感染率明显下降。

一、病原学

姜片吸虫新鲜时为肉红色，肥厚，是吸虫类中最大的一种，形似斜切的姜片，故称姜片吸虫。腹吸盘强大，在虫体的前方，与口吸盘十分靠近。两条肠管弯曲，但不分枝，伸达虫体后端。睾丸2个，分枝，前后排列在虫体后部的中央。卵巢一个，分枝，位于虫体中部稍偏前方。卵比较大，淡黄色，长椭圆形或卵圆形，卵壳很薄，有卵盖。卵内含有一个卵细胞。

二、流行病学

（一）生活发育史

姜片吸虫需要一个中间宿主——扁卷螺，并以水生植物为媒介物完成其发育史。虫卵随粪便排出，落入水中，毛蚴逸出后侵入螺体，发育为胞蚴、母雷蚴、子雷蚴和尾蚴。尾蚴从扁卷螺体内逸出后，附在水浮莲、水仙、满江红、浮萍等多种水生植物上形成囊蚴；猪吞吃有囊蚴的水生植物而遭到感染。囊蚴进入猪体内约需3个月发育至成虫，虫体在猪体内的寿命为9~13个月，在人体内的寿命可达4年以上。

（二）分布

姜片吸虫主要流行于亚洲的印度、孟加拉、缅甸、越南、老挝、泰国、印度尼西亚、马来西亚、菲律宾、日本和中国。在我国已发现有人或动物（猪）姜片吸虫病流行的省份有：浙江、福建、广东、广西、云南、贵州、四川、湖南、湖北、江西、安徽、江苏、上海、山东、河北、陕西和台湾等省、自治区、直辖市。根据我国一些地区的调查，姜片吸虫病主要流行于种植菱角及其他可供生食的水生植物、地势低洼、水源丰富的地区，猪姜片吸虫病也流行于种植和以水生青饲料喂猪的地区。我国姜片吸虫病的流行多见于东南沿海的平原水网地区、湖泊区及江河沿岸的冲积平原和三角洲地带，以及内陆的平原及盆地。随着水利建设和养猪业的发展，水生植物种植面积的相应增加，如不采取有效措施，则会有利于姜片吸虫病的流行。

宿主范围：姜片吸虫的正常宿主是人和猪。兔和狗也可以感染，并排出具有活力的虫卵。姜片吸虫的中间宿主是扁卷螺。

（三）传播感染

在传染源和中间宿主两种因素同时存在的情况下，姜片吸虫的传播与以下条件有关。第一，病人、病猪粪便下水，造成虫卵发育的机会；第二，人体感染率的高低与当地种植菱角面积的大小相关。猪的感染是用各种水草喂养所引起，放牧的猪易于到水边吃水草，由于猪生吃量大，因此感染率高。由于尾蚴能在水面结囊，因此，通过饮水感染也是姜片吸虫侵袭人、猪的重要方式之一。

（四）流行特点

姜片吸虫卵的发育需要较高的气温条件，幼虫期在扁卷螺体内的发育也受气温的影响，这就使得病原在外界环境的发育具有明显的季节动态变化。在我国，南方尾蚴成熟逸出螺体的时期是在 7～10 月，因此该病的流行是从下半年开始。但由于囊蚴的生命力强，所以即使在 10 月之后囊蚴已停止逸出，但生吃水生植物或饮用受囊蚴污染的河沟生水仍然能受感染。

猪姜片吸虫病的流行区比人姜片吸虫病的流行区要广泛得多。原因是猪生喂池塘或河沟中生长的水草较普遍，而人可能吃生菱角的地区较少。

姜片吸虫的流行与中间宿主螺类的感染有密切关系。如 4～5 月大量幼螺出现，此时也是毛蚴从卵孵出的时期，幼螺更易受毛蚴侵入。夏秋二季都是螺繁殖季节，也是姜片吸虫卵可发育孵出毛蚴的时期，到秋后气温下降，螺的繁殖和卵的孵化也都停止。

三、临床症状

主要表现为猪的食欲不振，生长发育缓慢，被毛粗乱无光，逐渐消瘦。严重时可引起肠炎、水肿，母猪不发情或流产，甚至造成死亡。幼猪发育不良，被毛稀疏无光泽；精神沉郁，低头，流口涎，眼黏膜苍白，呆滞；食欲减退，消化不良，但有时有饥饿感；有下痢症状，粪便稀薄，混有黏液。

四、病理变化

姜片吸虫以强大的口吸盘和腹吸盘紧紧吸住肠黏膜，使吸着部位发生机械性损伤，引起肠炎，肠黏膜脱落，出血甚至发生脓肿。感染强度高时可能对肠道造成机械性阻塞，甚至引起肠破裂或肠套叠而死亡。由于虫体大，虫体吸取大量养料，使病畜呈现贫血、消瘦和营养不良现象。虫体代谢产物被动物吸收后，可使动物发生贫血和水肿。

五、诊断

（一）虫卵诊断

检查粪便中的虫卵是确诊姜片吸虫感染的主要方法。因姜片吸虫卵大，容易识别，用直接涂片法检查三张涂片，即可查出绝大多数患畜，但轻度感染的病例往往漏检。应用浓集方法可提高检出率，常用的有离心沉淀法及水洗自然沉淀法；定量透明厚涂片法（即改良加藤氏法）的检出效果与沉淀法相仿，既可定性检查，又可进行虫卵记数，以了解感染强度。姜片吸虫卵与肝片形吸虫卵、棘口类吸虫卵的形态十分相似，应注意鉴别。有时少数患畜的呕吐物或粪便中偶可发现成虫。

（二）免疫学诊断

1. 皮内试验 可用姜片吸虫成虫抗原进行皮内试验，但是姜片吸虫病和其他吸虫病呈现一定的交叉反应。

2. 酶联免疫吸附试验 用脱脂姜片吸虫成虫抗原，以 ELISA 技术检测血清，具有敏感性高、特异性强和交叉反应率低等特点，可代替粪检法广泛用于姜片吸虫感染的检测。

六、防治

(一) 治疗
目前比较常用而疗效较好的治疗药物有下列四种：

吡喹酮：按 30mg/kg 体重，一次口服。

氯氰碘柳胺钠：按 5～10mg/kg 体重，口服或皮下注射。

硫双二氯酚：剂量为 60～100mg/kg 体重，混在少量精料中喂服。

硝硫氰胺：按 10mg/kg 体重，一次口服。

(二) 预防措施
根据姜片吸虫的生活史和本病的流行病学特点，采取综合性的防治措施。

1. 粪便处理 在流行区，人粪与猪粪应同样加以管理，杀死虫卵。

2. 加强猪的饲养管理 不生喂（食）水生植物，流行地区的青饲料应加热杀灭囊蚴或经青贮发酵后喂猪。

3. 消灭中间宿主扁卷螺 在每年秋末冬初比较干燥的季节，挖塘泥积肥，晒干塘泥，以杀灭螺蛳。低洼地区，塘水不易排尽时，则以化学药品灭螺，如用 0.000 2%～0.001% 浓度的硫酸铜，0.1% 的生石灰，0.01% 茶子饼等。

4. 防止病原传入 从外地买回的猪只应隔离检查，证明无虫或经驱虫后，再合群饲养。

第十节　猪华支睾吸虫病

华支睾吸虫病，俗称肝吸虫病，是由后睾科（Opischorchiidae）支睾属（*Clonorchis*）的中华支睾吸虫（*Clonorchis sinensis*）寄生于人、猪、狗、猫等的肝脏胆管和胆囊中而引起的一种重要的人畜共患吸虫病。该病流行地域广泛，据调查，我国已有 24 个省、自治区、直辖市存在本病。

一、病原学

虫体背腹扁平，呈叶状，前端稍尖，后端较钝，体被无棘，透明。口吸盘略大于腹吸盘，腹吸盘位于体前端 1/5 处，消化器官包括口、咽和短的食道及两肠支，肠支伸达虫体后端。雌雄同体，睾丸分枝，前后排列在虫体的后 1/3 处。卵巢分叶，位于前睾之前。子宫从卵膜处开始盘绕而上，开口于腹吸盘前缘的生殖孔，其内充满虫卵。虫卵甚小，内含成熟的毛蚴，黄褐色，上端有卵盖，下端有一小突起。

二、流行病学

(一) 生活发育史
猪华支睾吸虫成虫寄生于猪的肝脏胆管内，虫卵随粪便排出，进入水中，被适宜的第一中间宿主淡水螺吞食后，在螺的消化道中孵出毛蚴。毛蚴进入螺的淋巴系统，发育为胞蚴、雷蚴和尾蚴。成熟的尾蚴离开螺体游入水中，如遇到适宜的第二中间宿主，某些淡水鱼和虾，即钻入其肌肉内，形成囊蚴。宿主吞食含有囊蚴的鱼、虾而受感染，并发育至幼虫。幼虫在十二指肠破囊而出，并从总胆管进入肝胆管，约经一个月发育为成虫并开始产卵。

（二）分布

华支睾吸虫感染人体主要分布于远东，如中国、日本、朝鲜、越南和东南亚国家。我国除青海、宁夏、新疆、内蒙古、西藏等尚无报道外，已有 24 个省、自治区、直辖市有不同程度的流行。

宿主范围：华支睾吸虫的宿主范围较广，人、猫、犬、猪、鼠类以及野生的哺乳动物，食鱼的动物如鼬、獾、貂、野猫等均可感染。该病是具有自然疫源地的疾病，是重要的人畜共患病。其第一中间宿主是淡水螺，在我国已证实有 3 属 7 种，其中以纹沼螺、长角涵螺、赤豆螺和方格短沟螺 4 种螺分布最广泛。第二中间宿主为淡水鱼类和虾，我国已证实的淡水鱼类有 70 余种，以鲤科鱼为最多，其感染率也较高。

传染源：华支睾吸虫病的传染源是指能排出虫卵的人和其他动物。华支睾吸虫的成虫寄生在这些终宿主的肝胆管内，产出的虫卵随粪便到达体外，通过各种途径进入水中，感染螺蛳，启动华支睾吸虫病流行的环节。

（三）传播感染

猪散养或以生鱼及其内脏等作为饲料而受感染，猫、犬靠生食鱼类而感染，人的感染多半是因食入生的或未煮熟的鱼虾类而遭感染。沿海地区喜欢吃"鱼生""鱼生粥"等，因而这些地区感染率较高。在东北地区，特别是朝鲜族居民主要是通过生鱼佐酒而感染。使用切过生鱼的刀及砧板切熟食物品，用盛过生鱼的器皿盛熟食物品也有使人感染的可能。

三、临床症状

多呈慢性经过，主要表现为消化不良、下痢、食欲减少、贫血、消瘦和轻度黄疸。严重感染时病程较长，可并发其他疾病而死亡。少量寄生时，没有任何症状；大量寄生时，食欲减退，消瘦、下痢、浮肿、腹水、轻度黄疸。

四、病理变化

（猪、狗）胆囊肿大，胆管变粗，胆汁浓稠呈草绿色，胆管和胆囊内有很多虫体和虫卵，肝表面结缔组织增生，有时引起肝变化或脂肪变性。胆管发炎，管壁结缔组织增生，虫体多时可阻塞胆管、肝硬变，有时见坏死灶。

五、诊断

（一）病原学诊断

粪检找到华支睾吸虫卵是确诊的根据，一般在感染后 1 个月可在粪便中发现虫卵，常用的方法有涂片法和集卵法。

1. 涂片法 直接涂片法操作虽然简便，但由于所用粪便量少，检出率不高，且虫卵甚小，容易漏诊。定量透明法（Kato-Katz，甘油纸厚涂片透明法），在大规模肠道寄生虫调查中，被认为是最有效的粪检方法之一，可用于虫卵的定性和定量检查。

2. 集卵法 此法检出率较直接涂片法高。集卵法包括漂浮集卵法和沉淀集卵法两类，沉淀集卵常用水洗离心沉淀法、乙醚沉淀法。

华支睾吸虫卵与异形类吸虫卵在形态、大小上极为相似，容易造成误诊，应注意鉴别。

（二）免疫学诊断

近年来随着酶、同位素、生物素和胶体金等标记技术和新方法的发展和应用，大大提高了检测血清抗体或抗原的敏感性和特异性，使华支睾吸虫病的诊断率大大提高。目前，在临床辅助诊断和流行病学调查中，免疫学方法已被广泛应用。常用的方法有间接血凝试验（IHA）、间接荧光抗体试验（IFAT）、酶联免疫吸附试验（ELISA）等。

六、防治措施

（一）治疗药物

目前治疗本病可用以下药物：

六氯酚：20 mg/kg 体重，口服，每日 1 次，连用 2～3d。

海涛林（海托林、三氯苯丙酰嗪）：50～60 mg/kg 体重，混入饲料中喂服，每日 1 次，连用 5d。

硫双二氯酚（别丁）：80～100mg/kg 体重，灌服或混于饲料中喂服。

六氯对二甲苯（血防 846、海涛林）：200mg/kg 体重口服，每日 1 次，连用 7d。

（二）预防措施

根据华支睾吸虫的生活史和本病的流行病学特点，采取综合性的防治措施。

1. 加强人畜粪便管理 人畜粪便管理不当会给华支睾吸虫的生存和该病的流行提供有利的条件。因此，要对人畜粪便同时加以管理，以杀死虫卵。

2. 禁食生鱼 我国有些地方有生吃或半生食鱼、虾的饮食习惯，极有可能因生吃或半生食带有华支睾吸虫活囊蚴的鱼虾而造成华支睾吸虫的感染。因此应改变生活习惯，不食生鱼方可达到预防的目的。

第十一节　猪疥螨病

猪疥螨病（Sarcoptidosis）是由猪疥螨引起的一种接触性传染的慢性皮肤病，寄生在猪皮肤深层由虫体挖凿的隧道内，也称"疥癣"或"疥疮"，俗称"癞子"。该病通过接触传染，以剧痒及发生各类皮肤炎为特征。常接触病畜的人，可能受到侵袭。该病病原体肉眼不可见。疥螨挖掘隧道以及与病猪的摩擦会引起皮肤损伤，增加了感染其他病原的机会，从而降低了屠宰胴体等级；病猪烦躁不安会影响采食和休息，从而增加了饲养成本。

一、病原学

成虫身体呈圆形，微黄白色。大小不超过 0.5mm，体表多皱纹。背面隆起，腹面扁平，腹面有 4 对短粗的圆锥形肢；虫体前端有一钝圆形口器。疥螨的口器为咀嚼型，在宿主表皮挖凿隧道，以皮肤组织和渗出的淋巴液为食，在隧道内发育和繁殖。

二、流行病学

（一）生活发育史

猪疥螨的发育为不完全变态，全部发育过程都在动物体上度过，包括卵、幼虫、若虫、成虫 4 个阶段，其中雄螨为一个若虫期，雌螨为两个若虫期。疥螨的口器为咀嚼式，在宿主表皮挖凿隧道，以角质层组织和渗出的淋巴液为食，在隧道内进行发育和繁殖。雌螨在隧道内产卵，卵孵出幼虫，幼虫离隧道爬到皮肤表面，然后钻入皮内造成小穴，在其中蜕皮变为若螨。若螨有大小两型：小型的是雄螨的若虫，蜕化为雄螨；大型的是雌螨的若虫。雄螨化出后在宿主表皮上与新化出的雌螨进行交配，交配后的雄螨不久即死亡。雌螨在宿主表皮找到适当部位以螯肢和前足跗节末端的爪挖掘虫道产卵，产完卵后死亡，寿命 4～5 周，疥螨整个发育过程为 8～22d，平均 15d。

（二）传播感染

在阳光照射不足，猪舍潮湿、寒冷的秋冬及初春，本病易发，尤其是在阴雨、湿冷天蔓延迅速。病猪是本病的主要传染源，最初的传染源多为耳部过度角化的经产母猪（耳内侧多见结痂病变）。健猪与患猪接触或接触了被患猪污染了的物体而感染本病，多为感染了的雌成虫。大小猪均能感染，5 月龄以下最易感。母猪分群饲养，生长猪流水管理模式及按个体大小对仔猪分圈饲养都有助于本病的传播。

三、临床症状

皮肤病变常起自皮肤细薄、体毛短小的头部、眼周、颊，特别是耳部，后蔓延至背部、躯干两侧、后肢内侧及全身。主要症状表现为剧痒，皮肤出现小结节、水疱、脓疮、结痂、皮肤增厚、脱毛、皱褶、龟裂，消瘦。

四、诊断

1. 肉眼观察法　用手电筒检查猪耳内侧是否有结痂，取痂皮，弄碎，放在黑纸上，几分钟后将痂皮轻轻移走，用肉眼通过放大镜观察螨虫。

2. 直接镜检法　在病猪患部皮肤与健康皮肤交界处（此处螨多）剪毛，滴上数滴液体石蜡或含 50% 甘油的生理盐水，再用在火焰上消过毒的锋利小刀刮取皮屑，至皮肤稍微出血为止。将刮取的皮屑直接涂在载玻片上，滴加液体石蜡或含 50% 甘油的生理盐水，置低倍显微镜下观察活螨。

3. 虫体浓集法　当皮屑内虫体较少时，为了提高检出率，可采用虫体浓集法。即取较多的病料，置于试管中，加入 10% 氢氧化钠溶液，浸泡过夜（如急待检查可在酒精灯上煮数分钟），使皮屑溶解，虫体自皮屑中分离出来。然后待其自然沉淀或以 2 000r/min 离心 5min，虫体即沉于管底，弃去上层液，吸取沉渣检查；或向沉淀中加入 60% 硫代硫酸钠溶液，直立，待虫体上浮，再取表层液膜检查。

五、防治

(一) 治疗药物

目前比较常用而疗效较好的治疗药物有下列几种：

敌百虫：配成 1％～3％浓度喷洒或局部涂布。

蝇毒磷：0.025％～0.05％浓度的药液喷洒。

螨净：0.025％浓度的药液喷洒。

双甲脒：0.05％浓度的药液喷洒。

溴氰菊酯：0.05％浓度的药液喷洒。

2％碘硝酚注射液：以 10mg/kg 体重的剂量一次皮下注射。

1％的伊维菌素注射液：以 0.02mL/kg 体重的剂量一次皮下注射。

(二) 预防措施

1. 保持圈舍卫生干燥，及时消除粪便，用 10％～20％的生石灰乳或 20％草木灰对圈舍及用具、环境消毒，坚持 1 周消毒 2～3 次。

2. 注意饲养生猪有无发痒、掉毛现象，及时挑出可疑患畜，隔离饲养，并采取相应措施。

3. 从外地购买生猪时，应先了解该地有无疥癣存在。引入后应仔细观察，并作疥癣检查，确定无螨后，才可合群饲养。

4. 控制单位面积饲养数，按标准进行饲养。

5. 在秋冬时期，尤其是阴雨天气，要加强饲养管理，提高生猪抵抗力。

第十二节 猪 虱 病

猪虱病 (Haematopinidae suis) 是寄生于猪体表被毛内的一种永久性体外寄生虫病，属于昆虫纲 (Insecta)、虱目 (Anoplura)。该病病原多寄生于猪的耳根、颈侧、内股及下腹部，因其在皮肤表面吸血，所以又称为猪血虱病。感染后病猪表现为不安、搔痒、食欲减退、营养不良、不能很好地睡眠，导致机体消瘦，尤其以仔猪症状明显。

一、病原学

猪虱较大，呈灰白色或灰黑色，分头、胸、腹 3 部：头部较胸部窄，有一对短触角，口器为刺吸式；胸部 3 节融合，生有 3 对粗短的足，足的末端为发达的爪；腹部由 9 节组成，雄虱末端圆形，雌虱末端分叉。雄虫体长 4～5mm，雌虫体长 5～6mm，雌虱产卵 2～3 周，50～80 个卵，卵为黄白色，0.8～1mm×0.3mm，长椭圆形，黏附于猪被毛上。

二、流行病学

(一) 生活发育史

猪血虱为不完全变态，其发育过程包括卵、若虫和成虫 3 个阶段。自卵发育到成虫需 30～40d。每年能繁殖 6～15 代。雌虱产完卵死亡，雄虱于交配后死亡。秋冬季节，猪的被毛增长，绒毛厚密，皮肤表面的湿度增加，造成有利于虱生存和繁殖的条件，致使其数量增多。在夏季，虱数量显著减少。吸血时，虱分泌有毒的唾液，会刺激动物神经末梢，发生痒感，患猪到处擦痒，皮肤损伤。虱不仅吸猪血液，还能传播疫病。

（二）传播感染

大猪和母猪体表的各阶段虱均是传染来源，通过直接接触传播，尤其在场地狭窄、猪只密集拥挤、管理不良时最易感染。此外还可通过各种用具、褥草、饲养人员等间接传播。饲养管理与卫生条件不良的畜群，虱较多。一年四季都可感染，但以寒冷季节感染严重。

三、临床症状

猪血虱吸血时，分泌毒素，引起痒觉，导致猪只不安，影响采食和休息；患猪经常摩擦和啃咬，造成被毛粗乱，脱落及皮肤损伤；严重侵袭时，影响猪生长发育。若皮肤被咬伤或擦破时可能继发细菌感染或引起伤口蝇蛆症。严重感染可能引起化脓性皮炎，有脱皮和脱毛现象。

四、诊断

检查猪体表，尤其耳壳后、腋下、大腿内侧等部位皮肤和近毛根处，找到虫体或虫卵，即可做出诊断。猪血虱无眼无翅，体表灰色，背腹扁平，有头、胸、腹三部组成。头部狭长，有刺吸式口器，胸部有 3 对发育良好的足，腹部卵圆形，中央有气门，虫体大小4～5mm。虫卵椭圆形、黄色，牢固地粘着在猪毛上，不易脱落。

五、防治

（一）治疗药物

2%敌百虫水溶液，喷洒猪体表，7d 后，再喷洒 1 次。

2%～4%烟叶浸汁，烟叶（或烟梗）30g，水 1kg，煎煮 20min，待凉，涂擦患部。

阿福丁（即阿维菌素，又名虫克星，国产）注射液：每 33kg 体重 1mL，皮下注射；口服剂，每 30kg 体重，10mg，内服。

害获灭注射液（美国产），即伊维菌素，注射液按每千克体重 0.3mg 一次皮下或肌肉注射；饲料预混剂每天按每千克体重 0.1mg 使用，连用 7d。间隔两周再用一次。

25%溴氰菊酯，常用水配制成 0.03%溶液，喷洒或涂擦患部。

敌百虫、蝇毒磷、辛硫磷、双甲脒、溴氰菊酯等杀虫剂体表喷雾。

食盐 1g、温水 2mL、煤油 10mL，按此比例配成混合液涂擦猪体，虱子立即死亡。

百部 250g，苍术 200g，雄黄 100g，菜油 200g，先将百部加水 2kg 煮沸后去渣，然后加入细末苍术、雄黄拌匀后加菜油，充分搅拌均匀后涂擦猪的患部，每天 1～2 次，连用2～3d 可全部除尽猪虱。

（二）预防措施

经常打扫猪栏，勤换垫草，保持清洁卫生。如发现虱子寄生，应立即隔离治疗，以防传播。

附　录

附录一　一、二、三类动物疫病病种
名录中收录的猪病

（摘自中华人民共和国农业部公告第 1125 号）

一、一类动物疫病（5 种）

包括口蹄疫、猪水疱病、猪瘟、非洲猪瘟、高致病性猪蓝耳病。

二、二类动物疫病（17 种）

（一）多种动物共患病
包括布鲁氏菌病、炭疽、伪狂犬病、弓形虫病、棘球蚴病。

（二）猪病
包括猪繁殖与呼吸综合征（经典猪蓝耳病）、猪乙型脑炎、猪细小病毒病、猪丹毒、猪肺疫、猪链球菌病、猪传染性萎缩性鼻炎、猪支原体肺炎、旋毛虫病、猪囊尾蚴病、猪圆环病毒病、副猪嗜血杆菌病。

三、三类动物疫病（63 种）

（一）多种动物共患病
包括大肠杆菌病、李氏杆菌病、类鼻疽、放线菌病、肝片吸虫病、丝虫病、附红细胞体病。

（二）猪病
包括猪传染性胃肠炎、猪流行性感冒、猪副伤寒、猪密螺旋体痢疾。

附录二　人兽共患传染病名录

（中华人民共和国农业部第 1149 号公告）

在这一公告中，涉及猪病的包括：炭疽、布鲁氏菌病、弓形虫病、棘球蚴病、沙门氏菌病、猪乙型脑炎、猪 2 型链球菌病、旋毛虫病、猪囊尾蚴病、大肠杆菌并（O157：H17）、李氏杆菌病、类鼻疽、放线菌病、肝片吸虫病。

附录三 中华人民共和国动物防疫法

（中华人民共和国主席令第七十一号，2007 年 8 月 30 日第十届
全国人民代表大会常务委员会第二十九次会议修订）

第一章 总 则

第一条 为了加强对动物防疫活动的管理，预防、控制和扑灭动物疫病，促进养殖业发展，保护人体健康，维护公共卫生安全，制定本法。

第二条 本法适用于在中华人民共和国领域内的动物防疫及其监督管理活动。

进出境动物、动物产品的检疫，适用《中华人民共和国进出境动植物检疫法》。

第三条 本法所称动物，是指家畜家禽和人工饲养、合法捕获的其他动物。

本法所称动物产品，是指动物的肉、生皮、原毛、绒、脏器、脂、血液、精液、卵、胚胎、骨、蹄、头、角、筋以及可能传播动物疫病的奶、蛋等。

本法所称动物疫病，是指动物传染病、寄生虫病。

本法所称动物防疫，是指动物疫病的预防、控制、扑灭和动物、动物产品的检疫。

第四条 根据动物疫病对养殖业生产和人体健康的危害程度，本法规定管理的动物疫病分为下列三类：

（一）一类疫病，是指对人与动物危害严重，需要采取紧急、严厉的强制预防、控制、扑灭等措施的；

（二）二类疫病，是指可能造成重大经济损失，需要采取严格控制、扑灭等措施，防止扩散的；

（三）三类疫病，是指常见多发、可能造成重大经济损失，需要控制和净化的。

前款一、二、三类动物疫病具体病种名录由国务院兽医主管部门制定并公布。

第五条 国家对动物疫病实行预防为主的方针。

第六条 县级以上人民政府应当加强对动物防疫工作的统一领导，加强基层动物防疫队伍建设，建立健全动物防疫体系，制定并组织实施动物疫病防治规划。

乡级人民政府、城市街道办事处应当组织群众协助做好本管辖区域内的动物疫病预防与控制工作。

第七条 国务院兽医主管部门主管全国的动物防疫工作。

县级以上地方人民政府兽医主管部门主管本行政区域内的动物防疫工作。

县级以上人民政府其他部门在各自的职责范围内做好动物防疫工作。

军队和武装警察部队动物卫生监督职能部门分别负责军队和武装警察部队现役动物及饲养自用动物的防疫工作。

第八条 县级以上地方人民政府设立的动物卫生监督机构依照本法规定，负责动物、

动物产品的检疫工作和其他有关动物防疫的监督管理执法工作。

第九条　县级以上人民政府按照国务院的规定，根据统筹规划、合理布局、综合设置的原则建立动物疫病预防控制机构，承担动物疫病的监测、检测、诊断、流行病学调查、疫情报告以及其他预防、控制等技术工作。

第十条　国家支持和鼓励开展动物疫病的科学研究以及国际合作与交流，推广先进适用的科学研究成果，普及动物防疫科学知识，提高动物疫病防治的科学技术水平。

第十一条　对在动物防疫工作、动物防疫科学研究中做出成绩和贡献的单位和个人，各级人民政府及有关部门给予奖励。

第二章　动物疫病的预防

第十二条　国务院兽医主管部门对动物疫病状况进行风险评估，根据评估结果制定相应的动物疫病预防、控制措施。

国务院兽医主管部门根据国内外动物疫情和保护养殖业生产及人体健康的需要，及时制定并公布动物疫病预防、控制技术规范。

第十三条　国家对严重危害养殖业生产和人体健康的动物疫病实施强制免疫。国务院兽医主管部门确定强制免疫的动物疫病病种和区域，并会同国务院有关部门制定国家动物疫病强制免疫计划。

省、自治区、直辖市人民政府兽医主管部门根据国家动物疫病强制免疫计划，制订本行政区域的强制免疫计划；并可以根据本行政区域内动物疫病流行情况增加实施强制免疫的动物疫病病种和区域，报本级人民政府批准后执行，并报国务院兽医主管部门备案。

第十四条　县级以上地方人民政府兽医主管部门组织实施动物疫病强制免疫计划。乡级人民政府、城市街道办事处应当组织本管辖区域内饲养动物的单位和个人做好强制免疫工作。

饲养动物的单位和个人应当依法履行动物疫病强制免疫义务，按照兽医主管部门的要求做好强制免疫工作。

经强制免疫的动物，应当按照国务院兽医主管部门的规定建立免疫档案，加施畜禽标识，实施可追溯管理。

第十五条　县级以上人民政府应当建立健全动物疫情监测网络，加强动物疫情监测。

国务院兽医主管部门应当制定国家动物疫病监测计划。省、自治区、直辖市人民政府兽医主管部门应当根据国家动物疫病监测计划，制定本行政区域的动物疫病监测计划。

动物疫病预防控制机构应当按照国务院兽医主管部门的规定，对动物疫病的发生、流行等情况进行监测；从事动物饲养、屠宰、经营、隔离、运输以及动物产品生产、经营、加工、贮藏等活动的单位和个人不得拒绝或者阻碍。

第十六条　国务院兽医主管部门和省、自治区、直辖市人民政府兽医主管部门应当根据对动物疫病发生、流行趋势的预测，及时发出动物疫情预警。地方各级人民政府接到动物疫情预警后，应当采取相应的预防、控制措施。

第十七条　从事动物饲养、屠宰、经营、隔离、运输以及动物产品生产、经营、加工、贮藏等活动的单位和个人，应当依照本法和国务院兽医主管部门的规定，做好免疫、消毒等动物疫病预防工作。

第十八条 种用、乳用动物和宠物应当符合国务院兽医主管部门规定的健康标准。

种用、乳用动物应当接受动物疫病预防控制机构的定期检测；检测不合格的，应当按照国务院兽医主管部门的规定予以处理。

第十九条 动物饲养场（养殖小区）和隔离场所，动物屠宰加工场所，以及动物和动物产品无害化处理场所，应当符合下列动物防疫条件：

（一）场所的位置与居民生活区、生活饮用水源地、学校、医院等公共场所的距离符合国务院兽医主管部门规定的标准；

（二）生产区封闭隔离，工程设计和工艺流程符合动物防疫要求；

（三）有相应的污水、污物、病死动物、染疫动物产品的无害化处理设施设备和清洗消毒设施设备；

（四）有为其服务的动物防疫技术人员；

（五）有完善的动物防疫制度；

（六）具备国务院兽医主管部门规定的其他动物防疫条件。

第二十条 兴办动物饲养场（养殖小区）和隔离场所，动物屠宰加工场所，以及动物和动物产品无害化处理场所，应当向县级以上地方人民政府兽医主管部门提出申请，并附具相关材料。受理申请的兽医主管部门应当依照本法和《中华人民共和国行政许可法》的规定进行审查。经审查合格的，发给动物防疫条件合格证；不合格的，应当通知申请人并说明理由。需要办理工商登记的，申请人凭动物防疫条件合格证向工商行政管理部门申请办理登记注册手续。

动物防疫条件合格证应当载明申请人的名称、场（厂）址等事项。

经营动物、动物产品的集贸市场应当具备国务院兽医主管部门规定的动物防疫条件，并接受动物卫生监督机构的监督检查。

第二十一条 动物、动物产品的运载工具、垫料、包装物、容器等应当符合国务院兽医主管部门规定的动物防疫要求。

染疫动物及其排泄物、染疫动物产品，病死或者死因不明的动物尸体，运载工具中的动物排泄物以及垫料、包装物、容器等污染物，应当按照国务院兽医主管部门的规定处理，不得随意处置。

第二十二条 采集、保存、运输动物病料或者病原微生物以及从事病原微生物研究、教学、检测、诊断等活动，应当遵守国家有关病原微生物实验室管理的规定。

第二十三条 患有人畜共患传染病的人员不得直接从事动物诊疗以及易感染动物的饲养、屠宰、经营、隔离、运输等活动。

人畜共患传染病名录由国务院兽医主管部门会同国务院卫生主管部门制定并公布。

第二十四条 国家对动物疫病实行区域化管理，逐步建立无规定动物疫病区。无规定动物疫病区应当符合国务院兽医主管部门规定的标准，经国务院兽医主管部门验收合格予以公布。

本法所称无规定动物疫病区，是指具有天然屏障或者采取人工措施，在一定期限内没有发生规定的一种或者几种动物疫病，并经验收合格的区域。

第二十五条　禁止屠宰、经营、运输下列动物和生产、经营、加工、贮藏、运输下列动物产品：

（一）封锁疫区内与所发生动物疫病有关的；

（二）疫区内易感染的；

（三）依法应当检疫而未经检疫或者检疫不合格的；

（四）染疫或者疑似染疫的；

（五）病死或者死因不明的；

（六）其他不符合国务院兽医主管部门有关动物防疫规定的。

第三章　动物疫情的报告、通报和公布

第二十六条　从事动物疫情监测、检验检疫、疫病研究与诊疗以及动物饲养、屠宰、经营、隔离、运输等活动的单位和个人，发现动物染疫或者疑似染疫的，应当立即向当地兽医主管部门、动物卫生监督机构或者动物疫病预防控制机构报告，并采取隔离等控制措施，防止动物疫情扩散。其他单位和个人发现动物染疫或者疑似染疫的，应当及时报告。

接到动物疫情报告的单位，应当及时采取必要的控制处理措施，并按照国家规定的程序上报。

第二十七条　动物疫情由县级以上人民政府兽医主管部门认定；其中重大动物疫情由省、自治区、直辖市人民政府兽医主管部门认定，必要时报国务院兽医主管部门认定。

第二十八条　国务院兽医主管部门应当及时向国务院有关部门和军队有关部门以及省、自治区、直辖市人民政府兽医主管部门通报重大动物疫情的发生和处理情况；发生人畜共患传染病的，县级以上人民政府兽医主管部门与同级卫生主管部门应当及时相互通报。

国务院兽医主管部门应当依照我国缔结或者参加的条约、协定，及时向有关国际组织或者贸易方通报重大动物疫情的发生和处理情况。

第二十九条　国务院兽医主管部门负责向社会及时公布全国动物疫情，也可以根据需要授权省、自治区、直辖市人民政府兽医主管部门公布本行政区域内的动物疫情。其他单位和个人不得发布动物疫情。

第三十条　任何单位和个人不得瞒报、谎报、迟报、漏报动物疫情，不得授意他人瞒报、谎报、迟报动物疫情，不得阻碍他人报告动物疫情。

第四章　动物疫病的控制和扑灭

第三十一条　发生一类动物疫病时，应当采取下列控制和扑灭措施：

（一）当地县级以上地方人民政府兽医主管部门应当立即派人到现场，划定疫点、疫区、受威胁区，调查疫源，及时报请本级人民政府对疫区实行封锁。疫区范围涉及两个以上行政区域的，由有关行政区域共同的上一级人民政府对疫区实行封锁，或者由各有关行

政区域的上一级人民政府共同对疫区实行封锁。必要时，上级人民政府可以责成下级人民政府对疫区实行封锁。

（二）县级以上地方人民政府应当立即组织有关部门和单位采取封锁、隔离、扑杀、销毁、消毒、无害化处理、紧急免疫接种等强制性措施，迅速扑灭疫病。

（三）在封锁期间，禁止染疫、疑似染疫和易感染的动物、动物产品流出疫区，禁止非疫区的易感染动物进入疫区，并根据扑灭动物疫病的需要对出入疫区的人员、运输工具及有关物品采取消毒和其他限制性措施。

第三十二条 发生二类动物疫病时，应当采取下列控制和扑灭措施：

（一）当地县级以上地方人民政府兽医主管部门应当划定疫点、疫区、受威胁区。

（二）县级以上地方人民政府根据需要组织有关部门和单位采取隔离、扑杀、销毁、消毒、无害化处理、紧急免疫接种、限制易感染的动物和动物产品及有关物品出入等控制、扑灭措施。

第三十三条 疫点、疫区、受威胁区的撤销和疫区封锁的解除，按照国务院兽医主管部门规定的标准和程序评估后，由原决定机关决定并宣布。

第三十四条 发生三类动物疫病时，当地县级、乡级人民政府应当按照国务院兽医主管部门的规定组织防治和净化。

第三十五条 二、三类动物疫病呈暴发性流行时，按照一类动物疫病处理。

第三十六条 为控制、扑灭动物疫病，动物卫生监督机构应当派人在当地依法设立的现有检查站执行监督检查任务；必要时，经省、自治区、直辖市人民政府批准，可以设立临时性的动物卫生监督检查站，执行监督检查任务。

第三十七条 发生人畜共患传染病时，卫生主管部门应当组织对疫区易感染的人群进行监测，并采取相应的预防、控制措施。

第三十八条 疫区内有关单位和个人，应当遵守县级以上人民政府及其兽医主管部门依法作出的有关控制、扑灭动物疫病的规定。

任何单位和个人不得藏匿、转移、盗掘已被依法隔离、封存、处理的动物和动物产品。

第三十九条 发生动物疫情时，航空、铁路、公路、水路等运输部门应当优先组织运送控制、扑灭疫病的人员和有关物资。

第四十条 一、二、三类动物疫病突然发生，迅速传播，给养殖业生产安全造成严重威胁、危害，以及可能对公众身体健康与生命安全造成危害，构成重大动物疫情的，依照法律和国务院的规定采取应急处理措施。

第五章 动物和动物产品的检疫

第四十一条 动物卫生监督机构依照本法和国务院兽医主管部门的规定对动物、动物产品实施检疫。

动物卫生监督机构的官方兽医具体实施动物、动物产品检疫。官方兽医应当具备规定的资格条件，取得国务院兽医主管部门颁发的资格证书，具体办法由国务院兽医主管部门会同国务院人事行政部门制定。

本法所称官方兽医，是指具备规定的资格条件并经兽医主管部门任命的，负责出具检疫等证明的国家兽医工作人员。

第四十二条　屠宰、出售或者运输动物以及出售或者运输动物产品前，货主应当按照国务院兽医主管部门的规定向当地动物卫生监督机构申报检疫。

动物卫生监督机构接到检疫申报后，应当及时指派官方兽医对动物、动物产品实施现场检疫；检疫合格的，出具检疫证明、加施检疫标志。实施现场检疫的官方兽医应当在检疫证明、检疫标志上签字或者盖章，并对检疫结论负责。

第四十三条　屠宰、经营、运输以及参加展览、演出和比赛的动物，应当附有检疫证明；经营和运输的动物产品，应当附有检疫证明、检疫标志。

对前款规定的动物、动物产品，动物卫生监督机构可以查验检疫证明、检疫标志，进行监督抽查，但不得重复检疫收费。

第四十四条　经铁路、公路、水路、航空运输动物和动物产品的，托运人托运时应当提供检疫证明；没有检疫证明的，承运人不得承运。

运载工具在装载前和卸载后应当及时清洗、消毒。

第四十五条　输入到无规定动物疫病区的动物、动物产品，货主应当按照国务院兽医主管部门的规定向无规定动物疫病区所在地动物卫生监督机构申报检疫，经检疫合格的，方可进入；检疫所需费用纳入无规定动物疫病区所在地地方人民政府财政预算。

第四十六条　跨省、自治区、直辖市引进乳用动物、种用动物及其精液、胚胎、种蛋的，应当向输入地省、自治区、直辖市动物卫生监督机构申请办理审批手续，并依照本法第四十二条的规定取得检疫证明。

跨省、自治区、直辖市引进的乳用动物、种用动物到达输入地后，货主应当按照国务院兽医主管部门的规定对引进的乳用动物、种用动物进行隔离观察。

第四十七条　人工捕获的可能传播动物疫病的野生动物，应当报经捕获地动物卫生监督机构检疫，经检疫合格的，方可饲养、经营和运输。

第四十八条　经检疫不合格的动物、动物产品，货主应当在动物卫生监督机构监督下按照国务院兽医主管部门的规定处理，处理费用由货主承担。

第四十九条　依法进行检疫需要收取费用的，其项目和标准由国务院财政部门、物价主管部门规定。

第六章　动物诊疗

第五十条　从事动物诊疗活动的机构，应当具备下列条件：
（一）有与动物诊疗活动相适应并符合动物防疫条件的场所；
（二）有与动物诊疗活动相适应的执业兽医；
（三）有与动物诊疗活动相适应的兽医器械和设备；
（四）有完善的管理制度。
第五十一条　设立从事动物诊疗活动的机构，应当向县级以上地方人民政府兽医主管部门申请动物诊疗许可证。受理申请的兽医主管部门应当依照本法和《中华人民共和国行政许可法》的规定进行审查。经审查合格的，发给动物诊疗许可证；不合格的，应当通知申请人并说明理由。申请人凭动物诊疗许可证向工商行政管理部门申请办理登记注册手续，取得营业执照后，方可从事动物诊疗活动。

第五十二条　动物诊疗许可证应当载明诊疗机构名称、诊疗活动范围、从业地点和法定代表人（负责人）等事项。

动物诊疗许可证载明事项变更的，应当申请变更或者换发动物诊疗许可证，并依法办理工商变更登记手续。

第五十三条　动物诊疗机构应当按照国务院兽医主管部门的规定，做好诊疗活动中的卫生安全防护、消毒、隔离和诊疗废弃物处置等工作。

第五十四条　国家实行执业兽医资格考试制度。具有兽医相关专业大学专科以上学历的，可以申请参加执业兽医资格考试；考试合格的，由国务院兽医主管部门颁发执业兽医资格证书；从事动物诊疗的，还应当向当地县级人民政府兽医主管部门申请注册。执业兽医资格考试和注册办法由国务院兽医主管部门商国务院人事行政部门制定。

本法所称执业兽医，是指从事动物诊疗和动物保健等经营活动的兽医。

第五十五条　经注册的执业兽医，方可从事动物诊疗、开具兽药处方等活动。但是，本法第五十七条对乡村兽医服务人员另有规定的，从其规定。

执业兽医、乡村兽医服务人员应当按照当地人民政府或者兽医主管部门的要求，参加预防、控制和扑灭动物疫病的活动。

第五十六条　从事动物诊疗活动，应当遵守有关动物诊疗的操作技术规范，使用符合国家规定的兽药和兽医器械。

第五十七条　乡村兽医服务人员可以在乡村从事动物诊疗服务活动，具体管理办法由国务院兽医主管部门制定。

第七章　监督管理

第五十八条　动物卫生监督机构依照本法规定，对动物饲养、屠宰、经营、隔离、运输以及动物产品生产、经营、加工、贮藏、运输等活动中的动物防疫实施监督管理。

第五十九条　动物卫生监督机构执行监督检查任务，可以采取下列措施，有关单位和个人不得拒绝或者阻碍：

（一）对动物、动物产品按照规定采样、留验、抽检；

（二）对染疫或者疑似染疫的动物、动物产品及相关物品进行隔离、查封、扣押和处理；

（三）对依法应当检疫而未经检疫的动物实施补检；

（四）对依法应当检疫而未经检疫的动物产品，具备补检条件的实施补检，不具备补检条件的予以没收销毁；

（五）查验检疫证明、检疫标志和畜禽标识；

（六）进入有关场所调查取证，查阅、复制与动物防疫有关的资料。

动物卫生监督机构根据动物疫病预防、控制需要，经当地县级以上地方人民政府批准，可以在车站、港口、机场等相关场所派驻官方兽医。

第六十条　官方兽医执行动物防疫监督检查任务，应当出示行政执法证件，佩戴统一标志。

动物卫生监督机构及其工作人员不得从事与动物防疫有关的经营性活动，进行监督检查不得收取任何费用。

第六十一条　禁止转让、伪造或者变造检疫证明、检疫标志或者畜禽标识。

检疫证明、检疫标志的管理办法，由国务院兽医主管部门制定。

第八章　保障措施

第六十二条　县级以上人民政府应当将动物防疫纳入本级国民经济和社会发展规划及年度计划。

第六十三条　县级人民政府和乡级人民政府应当采取有效措施，加强村级防疫员队伍建设。

县级人民政府兽医主管部门可以根据动物防疫工作需要，向乡、镇或者特定区域派驻兽医机构。

第六十四条　县级以上人民政府按照本级政府职责，将动物疫病预防、控制、扑灭、检疫和监督管理所需经费纳入本级财政预算。

第六十五条　县级以上人民政府应当储备动物疫情应急处理工作所需的防疫物资。

第六十六条　对在动物疫病预防和控制、扑灭过程中强制扑杀的动物、销毁的动物产品和相关物品，县级以上人民政府应当给予补偿。具体补偿标准和办法由国务院财政部门会同有关部门制定。

因依法实施强制免疫造成动物应激死亡的，给予补偿。具体补偿标准和办法由国务院财政部门会同有关部门制定。

第六十七条　对从事动物疫病预防、检疫、监督检查、现场处理疫情以及在工作中接触动物疫病病原体的人员，有关单位应当按照国家规定采取有效的卫生防护措施和医疗保健措施。

第九章　法律责任

第六十八条　地方各级人民政府及其工作人员未依照本法规定履行职责的，对直接负责的主管人员和其他直接责任人员依法给予处分。

第六十九条　县级以上人民政府兽医主管部门及其工作人员违反本法规定，有下列行为之一的，由本级人民政府责令改正，通报批评；对直接负责的主管人员和其他直接责任人员依法给予处分：

（一）未及时采取预防、控制、扑灭等措施的；

（二）对不符合条件的颁发动物防疫条件合格证、动物诊疗许可证，或者对符合条件的拒不颁发动物防疫条件合格证、动物诊疗许可证的；

（三）其他未依照本法规定履行职责的行为。

第七十条 动物卫生监督机构及其工作人员违反本法规定，有下列行为之一的，由本级人民政府或者兽医主管部门责令改正，通报批评；对直接负责的主管人员和其他直接责任人员依法给予处分：

（一）对未经现场检疫或者检疫不合格的动物、动物产品出具检疫证明、加施检疫标志，或者对检疫合格的动物、动物产品拒不出具检疫证明、加施检疫标志的；

（二）对附有检疫证明、检疫标志的动物、动物产品重复检疫的；

（三）从事与动物防疫有关的经营性活动，或者在国务院财政部门、物价主管部门规定外加收费用、重复收费的；

（四）其他未依照本法规定履行职责的行为。

第七十一条 动物疫病预防控制机构及其工作人员违反本法规定，有下列行为之一的，由本级人民政府或者兽医主管部门责令改正，通报批评；对直接负责的主管人员和其他直接责任人员依法给予处分：

（一）未履行动物疫病监测、检测职责或者伪造监测、检测结果的；

（二）发生动物疫情时未及时进行诊断、调查的；

（三）其他未依照本法规定履行职责的行为。

第七十二条 地方各级人民政府、有关部门及其工作人员瞒报、谎报、迟报、漏报或者授意他人瞒报、谎报、迟报动物疫情，或者阻碍他人报告动物疫情的，由上级人民政府或者有关部门责令改正，通报批评；对直接负责的主管人员和其他直接责任人员依法给予处分。

第七十三条 违反本法规定，有下列行为之一的，由动物卫生监督机构责令改正，给予警告；拒不改正的，由动物卫生监督机构代作处理，所需处理费用由违法行为人承担，可以处一千元以下罚款：

（一）对饲养的动物不按照动物疫病强制免疫计划进行免疫接种的；

（二）种用、乳用动物未经检测或者经检测不合格而不按照规定处理的；

（三）动物、动物产品的运载工具在装载前和卸载后没有及时清洗、消毒的。

第七十四条 违反本法规定，对经强制免疫的动物未按照国务院兽医主管部门规定建立免疫档案、加施畜禽标识的，依照《中华人民共和国畜牧法》的有关规定处罚。

第七十五条 违反本法规定，不按照国务院兽医主管部门规定处置染疫动物及其排泄物，染疫动物产品，病死或者死因不明的动物尸体，运载工具中的动物排泄物以及垫料、包装物、容器等污染物以及其他经检疫不合格的动物、动物产品的，由动物卫生监督机构责令无害化处理，所需处理费用由违法行为人承担，可以处三千元以下罚款。

第七十六条 违反本法第二十五条规定，屠宰、经营、运输动物或者生产、经营、加工、贮藏、运输动物产品的，由动物卫生监督机构责令改正、采取补救措施，没收违法所得和动物、动物产品，并处同类检疫合格动物、动物产品货值金额一倍以上五倍以下罚款；其中依法应当检疫而未检疫的，依照本法第七十八条的规定处罚。

第七十七条 违反本法规定，有下列行为之一的，由动物卫生监督机构责令改正，处一千元以上一万元以下罚款；情节严重的，处一万元以上十万元以下罚款：

（一）兴办动物饲养场（养殖小区）和隔离场所，动物屠宰加工场所，以及动物和动物产品无害化处理场所，未取得动物防疫条件合格证的；

（二）未办理审批手续，跨省、自治区、直辖市引进乳用动物、种用动物及其精液、胚胎、种蛋的；

（三）未经检疫，向无规定动物疫病区输入动物、动物产品的。

第七十八条　违反本法规定，屠宰、经营、运输的动物未附有检疫证明，经营和运输的动物产品未附有检疫证明、检疫标志的，由动物卫生监督机构责令改正，处同类检疫合格动物、动物产品货值金额百分之十以上百分之五十以下罚款；对货主以外的承运人处运输费用一倍以上三倍以下罚款。

违反本法规定，参加展览、演出和比赛的动物未附有检疫证明的，由动物卫生监督机构责令改正，处一千元以上三千元以下罚款。

第七十九条　违反本法规定，转让、伪造或者变造检疫证明、检疫标志或者畜禽标识的，由动物卫生监督机构没收违法所得，收缴检疫证明、检疫标志或者畜禽标识，并处三千元以上三万元以下罚款。

第八十条　违反本法规定，有下列行为之一的，由动物卫生监督机构责令改正，处一千元以上一万元以下罚款：

（一）不遵守县级以上人民政府及其兽医主管部门依法做出的有关控制、扑灭动物疫病规定的；

（二）藏匿、转移、盗掘已被依法隔离、封存、处理的动物和动物产品的；

（三）发布动物疫情的。

第八十一条　违反本法规定，未取得动物诊疗许可证从事动物诊疗活动的，由动物卫生监督机构责令停止诊疗活动，没收违法所得；违法所得在三万元以上的，并处违法所得一倍以上三倍以下罚款；没有违法所得或者违法所得不足三万元的，并处三千元以上三万元以下罚款。

动物诊疗机构违反本法规定，造成动物疫病扩散的，由动物卫生监督机构责令改正，处一万元以上五万元以下罚款；情节严重的，由发证机关吊销动物诊疗许可证。

第八十二条　违反本法规定，未经兽医执业注册从事动物诊疗活动的，由动物卫生监督机构责令停止动物诊疗活动，没收违法所得，并处一千元以上一万元以下罚款。

执业兽医有下列行为之一的，由动物卫生监督机构给予警告，责令暂停六个月以上一年以下动物诊疗活动；情节严重的，由发证机关吊销注册证书：

（一）违反有关动物诊疗的操作技术规范，造成或者可能造成动物疫病传播、流行的；

（二）使用不符合国家规定的兽药和兽医器械的；

（三）不按照当地人民政府或者兽医主管部门要求参加动物疫病预防、控制和扑灭活动的。

第八十三条　违反本法规定，从事动物疫病研究与诊疗和动物饲养、屠宰、经营、隔离、运输，以及动物产品生产、经营、加工、贮藏等活动的单位和个人，有下列行为之一的，由动物卫生监督机构责令改正；拒不改正的，对违法行为单位处一千元以上一万元以下罚款，对违法行为个人可以处五百元以下罚款：

（一）不履行动物疫情报告义务的；

（二）不如实提供与动物防疫活动有关资料的；

（三）拒绝动物卫生监督机构进行监督检查的；

（四）拒绝动物疫病预防控制机构进行动物疫病监测、检测的。

第八十四条 违反本法规定，构成犯罪的，依法追究刑事责任。

违反本法规定，导致动物疫病传播、流行等，给他人人身、财产造成损害的，依法承担民事责任。

第十章 附 则

第八十五条 本法自 2008 年 1 月 1 日起施行。

附录四　中华人民共和国畜牧法节选

（中华人民共和国主席令第四十五号，自 2006 年 7 月 1 日起施行）

第一章　总　　则（略）

第二章　畜禽遗传资源保护（略）

第三章　种畜禽品种选育与生产经营（略）

第四章　畜禽养殖

第三十五条　县级以上人民政府畜牧兽医行政主管部门应当根据畜牧业发展规划和市场需求，引导和支持畜牧业结构调整，发展优势畜禽生产，提高畜禽产品市场竞争力。

国家支持草原牧区开展草原围栏、草原水利、草原改良、饲草饲料基地等草原基本建设，优化畜群结构，改良牲畜品种，转变生产方式，发展舍饲圈养、划区轮牧，逐步实现畜草平衡，改善草原生态环境。

第三十六条　国务院和省级人民政府应当在其财政预算内安排支持畜牧业发展的良种补贴、贴息补助等资金，并鼓励有关金融机构通过提供贷款、保险服务等形式，支持畜禽养殖者购买优良畜禽、繁育良种、改善生产设施、扩大养殖规模，提高养殖效益。

第三十七条　国家支持农村集体经济组织、农民和畜牧业合作经济组织建立畜禽养殖场、养殖小区，发展规模化、标准化养殖。乡（镇）土地利用总体规划应当根据本地实际情况安排畜禽养殖用地。农村集体经济组织、农民、畜牧业合作经济组织按照乡（镇）土地利用总体规划建立的畜禽养殖场、养殖小区用地按农业用地管理。畜禽养殖场、养殖小区用地使用权期限届满，需要恢复为原用途的，由畜禽养殖场、养殖小区土地使用权人负责恢复。在畜禽养殖场、养殖小区用地范围内需要兴建永久性建（构）筑物，涉及农用地转用的，依照《中华人民共和国土地管理法》的规定办理。

第三十八条　国家设立的畜牧兽医技术推广机构，应当向农民提供畜禽养殖技术培训、良种推广、疫病防治等服务。县级以上人民政府应当保障国家设立的畜牧兽医技术推广机构从事公益性技术服务的工作经费。

国家鼓励畜禽产品加工企业和其他相关生产经营者为畜禽养殖者提供所需的服务。

第三十九条　畜禽养殖场、养殖小区应当具备下列条件：

（一）有与其饲养规模相适应的生产场所和配套的生产设施；

（二）有为其服务的畜牧兽医技术人员；

（三）具备法律、行政法规和国务院畜牧兽医行政主管部门规定的防疫条件；

（四）有对畜禽粪便、废水和其他固体废弃物进行综合利用的沼气池等设施或者其他无害化处理设施；

（五）具备法律、行政法规规定的其他条件。

养殖场、养殖小区兴办者应当将养殖场、养殖小区的名称、养殖地址、畜禽品种和养殖规模，向养殖场、养殖小区所在地县级人民政府畜牧兽医行政主管部门备案，取得畜禽标识代码。

省级人民政府根据本行政区域畜牧业发展状况制定畜禽养殖场、养殖小区的规模标准和备案程序。

第四十条 禁止在下列区域内建设畜禽养殖场、养殖小区：

（一）生活饮用水的水源保护区，风景名胜区，以及自然保护区的核心区和缓冲区；

（二）城镇居民区、文化教育科学研究区等人口集中区域；

（三）法律、法规规定的其他禁养区域。

第四十一条 畜禽养殖场应当建立养殖档案，载明以下内容：

（一）畜禽的品种、数量、繁殖记录、标识情况、来源和进出场日期；

（二）饲料、饲料添加剂、兽药等投入品的来源、名称、使用对象、时间和用量；

（三）检疫、免疫、消毒情况；

（四）畜禽发病、死亡和无害化处理情况；

（五）国务院畜牧兽医行政主管部门规定的其他内容。

第四十二条 畜禽养殖场应当为其饲养的畜禽提供适当的繁殖条件和生存、生长环境。

第四十三条 从事畜禽养殖，不得有下列行为：

（一）违反法律、行政法规的规定和国家技术规范的强制性要求使用饲料、饲料添加剂、兽药；

（二）使用未经高温处理的餐馆、食堂的泔水饲喂家畜；

（三）在垃圾场或者使用垃圾场中的物质饲养畜禽；

（四）法律、行政法规和国务院畜牧兽医行政主管部门规定的危害人和畜禽健康的其他行为。

第四十四条 从事畜禽养殖，应当依照《中华人民共和国动物防疫法》的规定，做好畜禽疫病的防治工作。

第四十五条 畜禽养殖者应当按照国家关于畜禽标识管理的规定，在应当加施标识的畜禽的指定部位加施标识。畜牧兽医行政主管部门提供标识不得收费，所需费用列入省级人民政府财政预算。

畜禽标识不得重复使用。

第四十六条 畜禽养殖场、养殖小区应当保证畜禽粪便、废水及其他固体废弃物综合利用或者无害化处理设施的正常运转，保证污染物达标排放，防止污染环境。

畜禽养殖场、养殖小区违法排放畜禽粪便、废水及其他固体废弃物，造成环境污染危害的，应当排除危害，依法赔偿损失。

国家支持畜禽养殖场、养殖小区建设畜禽粪便、废水及其他固体废弃物的综合利用设施。

第四十七条 国家鼓励发展养蜂业，维护养蜂生产者的合法权益。

有关部门应当积极宣传和推广蜜蜂授粉农艺措施。

第四十八条 养蜂生产者在生产过程中，不得使用危害蜂产品质量安全的药品和容器，确保蜂产品质量。养蜂器具应当符合国家技术规范的强制性要求。

第四十九条 养蜂生产者在转地放蜂时，当地公安、交通运输、畜牧兽医等有关部门应当为其提供必要的便利。

养蜂生产者在国内转地放蜂，凭国务院畜牧兽医行政主管部门统一格式印制的检疫合格证明运输蜂群，在检疫合格证明有效期内不得重复检疫。

第五章 畜禽交易与运输

第五十条 县级以上人民政府应当促进开放统一、竞争有序的畜禽交易市场建设。

县级以上人民政府畜牧兽医行政主管部门和其他有关主管部门应当组织搜集、整理、发布畜禽产销信息，为生产者提供信息服务。

第五十一条 县级以上地方人民政府根据农产品批发市场发展规划，对在畜禽集散地建立畜禽批发市场给予扶持。

畜禽批发市场选址，应当符合法律、行政法规和国务院畜牧兽医行政主管部门规定的动物防疫条件，并距离种畜禽场和大型畜禽养殖场三公里以外。

第五十二条 进行交易的畜禽必须符合国家技术规范的强制性要求。

国务院畜牧兽医行政主管部门规定应当加施标识而没有标识的畜禽，不得销售和收购。

第五十三条 运输畜禽，必须符合法律、行政法规和国务院畜牧兽医行政主管部门规定的动物防疫条件，采取措施保护畜禽安全，并为运输的畜禽提供必要的空间和饲喂饮水条件。

有关部门对运输中的畜禽进行检查，应当有法律、行政法规的依据。

第六章 质量安全保障

第五十四条 县级以上人民政府应当组织畜牧兽医行政主管部门和其他有关主管部门，依照本法和有关法律、行政法规的规定，加强对畜禽饲养环境、种畜禽质量、饲料和兽药等投入品的使用以及畜禽交易与运输的监督管理。

第五十五条 国务院畜牧兽医行政主管部门应当制定畜禽标识和养殖档案管理办法，采取措施落实畜禽产品质量责任追究制度。

第五十六条 县级以上人民政府畜牧兽医行政主管部门应当制定畜禽质量安全监督检查计划，按计划开展监督抽查工作。

第五十七条 省级以上人民政府畜牧兽医行政主管部门应当组织制定畜禽生产规范，指导畜禽的安全生产。

第七章　法律责任

第五十八条　违反本法第十三条第二款规定，擅自处理受保护的畜禽遗传资源，造成畜禽遗传资源损失的，由省级以上人民政府畜牧兽医行政主管部门处五万元以上五十万元以下罚款。

第五十九条　违反本法有关规定，有下列行为之一的，由省级以上人民政府畜牧兽医行政主管部门责令停止违法行为，没收畜禽遗传资源和违法所得，并处一万元以上五万元以下罚款：

（一）未经审核批准，从境外引进畜禽遗传资源的；

（二）未经审核批准，在境内与境外机构、个人合作研究利用列入保护名录的畜禽遗传资源的；

（三）在境内与境外机构、个人合作研究利用未经国家畜禽遗传资源委员会鉴定的新发现的畜禽遗传资源的。

第六十条　未经国务院畜牧兽医行政主管部门批准，向境外输出畜禽遗传资源的，依照《中华人民共和国海关法》的有关规定追究法律责任。海关应当将扣留的畜禽遗传资源移送省级人民政府畜牧兽医行政主管部门处理。

第六十一条　违反本法有关规定，销售、推广未经审定或者鉴定的畜禽品种的，由县级以上人民政府畜牧兽医行政主管部门责令停止违法行为，没收畜禽和违法所得；违法所得在五万元以上的，并处违法所得一倍以上三倍以下罚款；没有违法所得或者违法所得不足五万元的，并处五千元以上五万元以下罚款。

第六十二条　违反本法有关规定，无种畜禽生产经营许可证或者违反种畜禽生产经营许可证的规定生产经营种畜禽的，转让、租借种畜禽生产经营许可证的，由县级以上人民政府畜牧兽医行政主管部门责令停止违法行为，没收违法所得；违法所得在三万元以上的，并处违法所得一倍以上三倍以下罚款；没有违法所得或者违法所得不足三万元的，并处三千元以上三万元以下罚款。违反种畜禽生产经营许可证的规定生产经营种畜禽或者转让、租借种畜禽生产经营许可证，情节严重的，并处吊销种畜禽生产经营许可证。

第六十三条　违反本法第二十八条规定的，依照《中华人民共和国广告法》的有关规定追究法律责任。

第六十四条　违反本法有关规定，使用的种畜禽不符合种用标准的，由县级以上地方人民政府畜牧兽医行政主管部门责令停止违法行为，没收违法所得；违法所得在五千元以上的，并处违法所得一倍以上二倍以下罚款；没有违法所得或者违法所得不足五千元的，并处一千元以上五千元以下罚款。

第六十五条　销售种畜禽有本法第三十条第一项至第四项违法行为之一的，由县级以上人民政府畜牧兽医行政主管部门或者工商行政管理部门责令停止销售，没收违法销售的畜禽和违法所得；违法所得在五万元以上的，并处违法所得一倍以上五倍以下罚款；没有违法所得或者违法所得不足五万元的，并处五千元以上五万元以下罚款；情节严重的，并处吊销种畜禽生产经营许可证或者营业执照。

第六十六条　违反本法第四十一条规定，畜禽养殖场未建立养殖档案的，或者未按照规定保存养殖档案的，由县级以上人民政府畜牧兽医行政主管部门责令限期改正，可以处一万元以下罚款。

第六十七条　违反本法第四十三条规定养殖畜禽的，依照有关法律、行政法规的规定处罚。

第六十八条　违反本法有关规定，销售的种畜禽未附具种畜禽合格证明、检疫合格证明、家畜系谱的，销售、收购国务院畜牧兽医行政主管部门规定应当加施标识而没有标识的畜禽的，或者重复使用畜禽标识的，由县级以上地方人民政府畜牧兽医行政主管部门或者工商行政管理部门责令改正，可以处二千元以下罚款。

违反本法有关规定，使用伪造、变造的畜禽标识的，由县级以上人民政府畜牧兽医行政主管部门没收伪造、变造的畜禽标识和违法所得，并处三千元以上三万元以下罚款。

第六十九条　销售不符合国家技术规范的强制性要求的畜禽的，由县级以上地方人民政府畜牧兽医行政主管部门或者工商行政管理部门责令停止违法行为，没收违法销售的畜禽和违法所得，并处违法所得一倍以上三倍以下罚款；情节严重的，由工商行政管理部门并处吊销营业执照。

第七十条　畜牧兽医行政主管部门的工作人员利用职务上的便利，收受他人财物或者谋取其他利益，对不符合法定条件的单位、个人核发许可证或者有关批准文件，不履行监督职责，或者发现违法行为不予查处的，依法给予行政处分。

第七十一条　种畜禽生产经营者被吊销种畜禽生产经营许可证的，由畜牧兽医行政主管部门自吊销许可证之日起十日内通知工商行政管理部门。种畜禽生产经营者应当依法到工商行政管理部门办理变更登记或者注销登记。

第七十二条　违反本法规定，构成犯罪的，依法追究刑事责任。

第八章　附　则

第七十三条　本法所称畜禽遗传资源，是指畜禽及其卵子（蛋）、胚胎、精液、基因物质等遗传材料。

本法所称种畜禽，是指经过选育、具有种用价值、适于繁殖后代的畜禽及其卵子（蛋）、胚胎、精液等。

第七十四条　本法自 2006 年 7 月 1 日起施行。

附录五 畜禽标识和养殖档案管理办法

（中华人民共和国农业部令第 67 号，自 2006 年 7 月 1 日起施行）

第一章 总 则

第一条 为了规范畜牧业生产经营行为，加强畜禽标识和养殖档案管理，建立畜禽及畜禽产品可追溯制度，有效防控重大动物疫病，保障畜禽产品质量安全，依据《中华人民共和国畜牧法》《中华人民共和国动物防疫法》和《中华人民共和国农产品质量安全法》，制定本办法。

第二条 本办法所称畜禽标识是指经农业部批准使用的耳标、电子标签、脚环以及其他承载畜禽信息的标识物。

第三条 在中华人民共和国境内从事畜禽及畜禽产品生产、经营、运输等活动，应当遵守本办法。

第四条 农业部负责全国畜禽标识和养殖档案的监督管理工作。

县级以上地方人民政府畜牧兽医行政主管部门负责本行政区域内畜禽标识和养殖档案的监督管理工作。

第五条 畜禽标识制度应当坚持统一规划、分类指导、分步实施、稳步推进的原则。

第六条 畜禽标识所需费用列入省级人民政府财政预算。

第二章 畜禽标识管理

第七条 畜禽标识实行一畜一标，编码应当具有唯一性。

第八条 畜禽标识编码由畜禽种类代码、县级行政区域代码、标识顺序号共 15 位数字及专用条码组成。

猪、牛、羊的畜禽种类代码分别为 1、2、3。

编码形式为：×（种类代码）－××××××（县级行政区域代码）－×××××××××（标识顺序号）。

第九条 农业部制定并公布畜禽标识技术规范，生产企业生产的畜禽标识应当符合该规范规定。

省级动物疫病预防控制机构统一采购畜禽标识，逐级供应。

第十条 畜禽标识生产企业不得向省级动物疫病预防控制机构以外的单位和个人提供畜禽标识。

第十一条 畜禽养殖者应当向当地县级动物疫病预防控制机构申领畜禽标识，并按照下列规定对畜禽加施畜禽标识：

（一）新出生畜禽，在出生后 30 天内加施畜禽标识；30 天内离开饲养地的，在离开饲养地前加施畜禽标识；从国外引进畜禽，在畜禽到达目的地 10 日内加施畜禽标识。

（二）猪、牛、羊在左耳中部加施畜禽标识，需要再次加施畜禽标识的，在右耳中部加施。

第十二条　畜禽标识严重磨损、破损、脱落后，应当及时加施新的标识，并在养殖档案中记录新标识编码。

第十三条　动物卫生监督机构实施产地检疫时，应当查验畜禽标识。没有加施畜禽标识的，不得出具检疫合格证明。

第十四条　动物卫生监督机构应当在畜禽屠宰前，查验、登记畜禽标识。

畜禽屠宰经营者应当在畜禽屠宰时回收畜禽标识，由动物卫生监督机构保存、销毁。

第十五条　畜禽经屠宰检疫合格后，动物卫生监督机构应当在畜禽产品检疫标志中注明畜禽标识编码。

第十六条　省级人民政府畜牧兽医行政主管部门应当建立畜禽标识及所需配套设备的采购、保管、发放、使用、登记、回收、销毁等制度。

第十七条　畜禽标识不得重复使用。

第三章　养殖档案管理

第十八条　畜禽养殖场应当建立养殖档案，载明以下内容：

（一）畜禽的品种、数量、繁殖记录、标识情况、来源和进出场日期；

（二）饲料、饲料添加剂等投入品和兽药的来源、名称、使用对象、时间和用量等有关情况；

（三）检疫、免疫、监测、消毒情况；

（四）畜禽发病、诊疗、死亡和无害化处理情况；

（五）畜禽养殖代码；

（六）农业部规定的其他内容。

第十九条　县级动物疫病预防控制机构应当建立畜禽防疫档案，载明以下内容：

（一）畜禽养殖场：名称、地址、畜禽种类、数量、免疫日期、疫苗名称、畜禽养殖代码、畜禽标识顺序号、免疫人员以及用药记录等。

（二）畜禽散养户：户主姓名、地址、畜禽种类、数量、免疫日期、疫苗名称、畜禽标识顺序号、免疫人员以及用药记录等。

第二十条　畜禽养殖场、养殖小区应当依法向所在地县级人民政府畜牧兽医行政主管部门备案，取得畜禽养殖代码。

畜禽养殖代码由县级人民政府畜牧兽医行政主管部门按照备案顺序统一编号，每个畜禽养殖场、养殖小区只有一个畜禽养殖代码。

畜禽养殖代码由 6 位县级行政区域代码和 4 位顺序号组成，作为养殖档案编号。

第二十一条　饲养种畜应当建立个体养殖档案，注明标识编码、性别、出生日期、父系和母系品种类型、母本的标识编码等信息。

种畜调运时应当在个体养殖档案上注明调出和调入地，个体养殖档案应当随同调运。

第二十二条　养殖档案和防疫档案保存时间：商品猪、禽为 2 年，牛为 20 年，羊为 10 年，种畜禽长期保存。

第二十三条　从事畜禽经营的销售者和购买者应当向所在地县级动物疫病预防控制机构报告更新防疫档案相关内容。

销售者或购买者属于养殖场的，应及时在畜禽养殖档案中登记畜禽标识编码及相关信息变化情况。

第二十四条　畜禽养殖场养殖档案及种畜个体养殖档案格式由农业部统一制定。

第四章　信息管理

第二十五条　国家实施畜禽标识及养殖档案信息化管理，实现畜禽及畜禽产品可追溯。

第二十六条　农业部建立包括国家畜禽标识信息中央数据库在内的国家畜禽标识信息管理系统。

省级人民政府畜牧兽医行政主管部门建立本行政区域畜禽标识信息数据库，并成为国家畜禽标识信息中央数据库的子数据库。

第二十七条　县级以上人民政府畜牧兽医行政主管部门根据数据采集要求，组织畜禽养殖相关信息的录入、上传和更新工作。

第五章　监督管理

第二十八条　县级以上地方人民政府畜牧兽医行政主管部门所属动物卫生监督机构具体承担本行政区域内畜禽标识的监督管理工作。

第二十九条　畜禽标识和养殖档案记载的信息应当连续、完整、真实。

第三十条　有下列情形之一的，应当对畜禽、畜禽产品实施追溯：

（一）标识与畜禽、畜禽产品不符；

（二）畜禽、畜禽产品染疫；

（三）畜禽、畜禽产品没有检疫证明；

（四）违规使用兽药及其他有毒、有害物质；

（五）发生重大动物卫生安全事件；

（六）其他应当实施追溯的情形。

第三十一条　县级以上人民政府畜牧兽医行政主管部门应当根据畜禽标识、养殖档案等信息对畜禽及畜禽产品实施追溯和处理。

第三十二条　国外引进的畜禽在国内发生重大动物疫情，由农业部会同有关部门进行追溯。

第三十三条　任何单位和个人不得销售、收购、运输、屠宰应当加施标识而没有标识的畜禽。

第六章　附　则

第三十四条　违反本办法规定的，按照《中华人民共和国畜牧法》《中华人民共和国动物防疫法》和《中华人民共和国农产品质量安全法》的有关规定处罚。

第三十五条　本办法自 2006 年 7 月 1 日起施行，2002 年 5 月 24 日农业部发布的《动物免疫标识管理办法》（农业部令第 13 号）同时废止。

猪、牛、羊以外其他畜禽标识实施时间和具体措施由农业部另行规定。

附录六　重大动物疫情应急条例

（国务院令第 450 号，自 2005 年 11 月 18 日起实施）

第一章　总　　则

第一条　为了迅速控制、扑灭重大动物疫情，保障养殖业生产安全，保护公众身体健康与生命安全，维护正常的社会秩序，根据《中华人民共和国动物防疫法》，制定本条例。

第二条　本条例所称重大动物疫情，是指高致病性禽流感等发病率或者死亡率高的动物疫病突然发生，迅速传播，给养殖业生产安全造成严重威胁、危害，以及可能对公众身体健康与生命安全造成危害的情形，包括特别重大动物疫情。

第三条　重大动物疫情应急工作应当坚持加强领导、密切配合，依靠科学、依法防治、群防群控、果断处置的方针，及时发现，快速反应，严格处理，减少损失。

第四条　重大动物疫情应急工作按照属地管理的原则，实行政府统一领导、部门分工负责，逐级建立责任制。

县级以上人民政府兽医主管部门具体负责组织重大动物疫情的监测、调查、控制、扑灭等应急工作。

县级以上人民政府林业主管部门、兽医主管部门按照职责分工，加强对陆生野生动物疫源疫病的监测。

县级以上人民政府其他有关部门在各自的职责范围内，做好重大动物疫情的应急工作。

第五条　出入境检验检疫机关应当及时收集境外重大动物疫情信息，加强进出境动物及其产品的检验检疫工作，防止动物疫病传入和传出。兽医主管部门要及时向出入境检验检疫机关通报国内重大动物疫情。

第六条　国家鼓励、支持开展重大动物疫情监测、预防、应急处理等有关技术的科学研究和国际交流与合作。

第七条　县级以上人民政府应当对参加重大动物疫情应急处理的人员给予适当补助，对作出贡献的人员给予表彰和奖励。

第八条　对不履行或者不按照规定履行重大动物疫情应急处理职责的行为，任何单位和个人有权检举控告。

第二章　应急准备

第九条　国务院兽医主管部门应当制定全国重大动物疫情应急预案，报国务院批准，并按照不同动物疫病病种及其流行特点和危害程度，分别制定实施方案，报国务院备案。

县级以上地方人民政府根据本地区的实际情况，制定本行政区域的重大动物疫情应急预案，报上一级人民政府兽医主管部门备案。县级以上地方人民政府兽医主管部门，应当按照不同动物疫病病种及其流行特点和危害程度，分别制定实施方案。

重大动物疫情应急预案及其实施方案应当根据疫情的发展变化和实施情况，及时修改、完善。

第十条 重大动物疫情应急预案主要包括下列内容：

（一）应急指挥部的职责、组成以及成员单位的分工；

（二）重大动物疫情的监测、信息收集、报告和通报；

（三）动物疫病的确认、重大动物疫情的分级和相应的应急处理工作方案；

（四）重大动物疫情疫源的追踪和流行病学调查分析；

（五）预防、控制、扑灭重大动物疫情所需资金的来源、物资和技术的储备与调度；

（六）重大动物疫情应急处理设施和专业队伍建设。

第十一条 国务院有关部门和县级以上地方人民政府及其有关部门，应当根据重大动物疫情应急预案的要求，确保应急处理所需的疫苗、药品、设施设备和防护用品等物资的储备。

第十二条 县级以上人民政府应当建立和完善重大动物疫情监测网络和预防控制体系，加强动物防疫基础设施和乡镇动物防疫组织建设，并保证其正常运行，提高对重大动物疫情的应急处理能力。

第十三条 县级以上地方人民政府根据重大动物疫情应急需要，可以成立应急预备队，在重大动物疫情应急指挥部的指挥下，具体承担疫情的控制和扑灭任务。

应急预备队由当地兽医行政管理人员、动物防疫工作人员、有关专家、执业兽医等组成；必要时，可以组织动员社会上有一定专业知识的人员参加。公安机关、中国人民武装警察部队应当依法协助其执行任务。

应急预备队应当定期进行技术培训和应急演练。

第十四条 县级以上人民政府及其兽医主管部门应当加强对重大动物疫情应急知识和重大动物疫病科普知识的宣传，增强全社会的重大动物疫情防范意识。

第三章　监测、报告和公布

第十五条 动物防疫监督机构负责重大动物疫情的监测，饲养、经营动物和生产、经营动物产品的单位和个人应当配合，不得拒绝和阻碍。

第十六条 从事动物隔离、疫情监测、疫病研究与诊疗、检验检疫以及动物饲养、屠宰加工、运输、经营等活动的有关单位和个人，发现动物出现群体发病或者死亡，应当立即向所在地的县（市）动物防疫监督机构报告。

第十七条 县（市）动物防疫监督机构接到报告后，应当立即赶赴现场调查核实。初步认为属于重大动物疫情的，应当在2小时内将情况逐级报省、自治区、直辖市动物防疫监督机构，并同时报所在地人民政府兽医主管部门；兽医主管部门应当及时通报同级卫生主管部门。

省、自治区、直辖市动物防疫监督机构应当在接到报告后 1 小时内，向省、自治区、直辖市人民政府兽医主管部门和国务院兽医主管部门所属的动物防疫监督机构报告。

省、自治区、直辖市人民政府兽医主管部门应当在接到报告后 1 小时内报本级人民政府和国务院兽医主管部门。

重大动物疫情发生后，省、自治区、直辖市人民政府和国务院兽医主管部门应当在 4 小时内向国务院报告。

第十八条 重大动物疫情报告包括下列内容：

（一）疫情发生的时间、地点；

（二）染疫、疑似染疫动物种类和数量、同群动物数量、免疫情况、死亡数量、临床症状、病理变化、诊断情况；

（三）流行病学和疫源追踪情况；

（四）已采取的控制措施；

（五）疫情报告的单位、负责人、报告人及联系方式。

第十九条 重大动物疫情由省、自治区、直辖市人民政府兽医主管部门认定；必要时，由国务院兽医主管部门认定。

第二十条 重大动物疫情由国务院兽医主管部门按照国家规定的程序，及时准确公布；其他任何单位和个人不得公布重大动物疫情。

第二十一条 重大动物疫病应当由动物防疫监督机构采集病料，未经国务院兽医主管部门或者省、自治区、直辖市人民政府兽医主管部门批准，其他单位和个人不得擅自采集病料。

从事重大动物疫病病原分离的，应当遵守国家有关生物安全管理规定，防止病原扩散。

第二十二条 国务院兽医主管部门应当及时向国务院有关部门和军队有关部门以及各省、自治区、直辖市人民政府兽医主管部门通报重大动物疫情的发生和处理情况。

第二十三条 发生重大动物疫情可能感染人群时，卫生主管部门应当对疫区内易受感染的人群进行监测，并采取相应的预防、控制措施。卫生主管部门和兽医主管部门应当及时相互通报情况。

第二十四条 有关单位和个人对重大动物疫情不得瞒报、谎报、迟报，不得授意他人瞒报、谎报、迟报，不得阻碍他人报告。

第二十五条 在重大动物疫情报告期间，有关动物防疫监督机构应当立即采取临时隔离控制措施；必要时，当地县级以上地方人民政府可以作出封锁决定并采取扑杀、销毁等措施。有关单位和个人应当执行。

第四章 应急处理

第二十六条 重大动物疫情发生后，国务院和有关地方人民政府设立的重大动物疫情应急指挥部统一领导、指挥重大动物疫情应急工作。

第二十七条 重大动物疫情发生后，县级以上地方人民政府兽医主管部门应当立即划定疫点、疫区和受威胁区，调查疫源，向本级人民政府提出启动重大动物疫情应急指挥系统、应急预案和对疫区实行封锁的建议，有关人民政府应当立即做出决定。

疫点、疫区和受威胁区的范围应当按照不同动物疫病病种及其流行特点和危害程度划定，具体划定标准由国务院兽医主管部门制定。

第二十八条　国家对重大动物疫情应急处理实行分级管理，按照应急预案确定的疫情等级，由有关人民政府采取相应的应急控制措施。

第二十九条　对疫点应当采取下列措施：

（一）扑杀并销毁染疫动物和易感染的动物及其产品；

（二）对病死的动物、动物排泄物、被污染饲料、垫料、污水进行无害化处理；

（三）对被污染的物品、用具、动物圈舍、场地进行严格消毒。

第三十条　对疫区应当采取下列措施：

（一）在疫区周围设置警示标志，在出入疫区的交通路口设置临时动物检疫消毒站，对出入的人员和车辆进行消毒；

（二）扑杀并销毁染疫和疑似染疫动物及其同群动物，销毁染疫和疑似染疫的动物产品，对其他易感染的动物实行圈养或者在指定地点放养，役用动物限制在疫区内使役；

（三）对易感染的动物进行监测，并按照国务院兽医主管部门的规定实施紧急免疫接种，必要时对易感染的动物进行扑杀；

（四）关闭动物及动物产品交易市场，禁止动物进出疫区和动物产品运出疫区；

（五）对动物圈舍、动物排泄物、垫料、污水和其他可能受污染的物品、场地，进行消毒或者无害化处理。

第三十一条　对受威胁区应当采取下列措施：

（一）对易感染的动物进行监测；

（二）对易感染的动物根据需要实施紧急免疫接种。

第三十二条　重大动物疫情应急处理中设置临时动物检疫消毒站以及采取隔离、扑杀、销毁、消毒、紧急免疫接种等控制、扑灭措施的，由有关重大动物疫情应急指挥部决定，有关单位和个人必须服从；拒不服从的，由公安机关协助执行。

第三十三条　国家对疫区、受威胁区内易感染的动物免费实施紧急免疫接种；对因采取扑杀、销毁等措施给当事人造成的已经证实的损失，给予合理补偿。紧急免疫接种和补偿所需费用，由中央财政和地方财政分担。

第三十四条　重大动物疫情应急指挥部根据应急处理需要，有权紧急调集人员、物资、运输工具以及相关设施、设备。

单位和个人的物资、运输工具以及相关设施、设备被征集使用的，有关人民政府应当及时归还并给予合理补偿。

第三十五条　重大动物疫情发生后，县级以上人民政府兽医主管部门应当及时提出疫点、疫区、受威胁区的处理方案，加强疫情监测、流行病学调查、疫源追踪工作，对染疫和疑似染疫动物及其同群动物和其他易感染动物的扑杀、销毁进行技术指导，并组织实施检验检疫、消毒、无害化处理和紧急免疫接种。

第三十六条　重大动物疫情应急处理中，县级以上人民政府有关部门应当在各自的职责范围内，做好重大动物疫情应急所需的物资紧急调度和运输、应急经费安排、疫区群众救济、人的疫病防治、肉食品供应、动物及其产品市场监管、出入境检验检疫和社会治安维护等工作。

中国人民解放军、中国人民武装警察部队应当支持配合驻地人民政府做好重大动物疫情的应急工作。

第三十七条 重大动物疫情应急处理中，乡镇人民政府、村民委员会、居民委员会应当组织力量，向村民、居民宣传动物疫病防治的相关知识，协助做好疫情信息的收集、报告和各项应急处理措施的落实工作。

第三十八条 重大动物疫情发生地的人民政府和毗邻地区的人民政府应当通力合作，相互配合，做好重大动物疫情的控制、扑灭工作。

第三十九条 有关人民政府及其有关部门对参加重大动物疫情应急处理的人员，应当采取必要的卫生防护和技术指导等措施。

第四十条 自疫区内最后一头（只）发病动物及其同群动物处理完毕起，经过一个潜伏期以上的监测，未出现新的病例的，彻底消毒后，经上一级动物防疫监督机构验收合格，由原发布封锁令的人民政府宣布解除封锁，撤销疫区；由原批准机关撤销在该疫区设立的临时动物检疫消毒站。

第四十一条 县级以上人民政府应当将重大动物疫情确认、疫区封锁、扑杀及其补偿、消毒、无害化处理、疫源追踪、疫情监测以及应急物资储备等应急经费列入本级财政预算。

第五章 法律责任

第四十二条 违反本条例规定，兽医主管部门及其所属的动物防疫监督机构有下列行为之一的，由本级人民政府或者上级人民政府有关部门责令立即改正、通报批评、给予警告；对主要负责人、负有责任的主管人员和其他责任人员，依法给予记大过、降级、撤职直至开除的行政处分；构成犯罪的，依法追究刑事责任：

（一）不履行疫情报告职责，瞒报、谎报、迟报或者授意他人瞒报、谎报、迟报，阻碍他人报告重大动物疫情的；

（二）在重大动物疫情报告期间，不采取临时隔离控制措施，导致动物疫情扩散的；

（三）不及时划定疫点、疫区和受威胁区，不及时向本级人民政府提出应急处理建议，或者不按照规定对疫点、疫区和受威胁区采取预防、控制、扑灭措施的；

（四）不向本级人民政府提出启动应急指挥系统、应急预案和对疫区的封锁建议的；

（五）对动物扑杀、销毁不进行技术指导或者指导不力，或者不组织实施检验检疫、消毒、无害化处理和紧急免疫接种的；

（六）其他不履行本条例规定的职责，导致动物疫病传播、流行，或者对养殖业生产安全和公众身体健康与生命安全造成严重危害的。

第四十三条 违反本条例规定，县级以上人民政府有关部门不履行应急处理职责，不执行对疫点、疫区和受威胁区采取的措施，或者对上级人民政府有关部门的疫情调查不予配合或者阻碍、拒绝的，由本级人民政府或者上级人民政府有关部门责令立即改正、通报批评、给予警告；对主要负责人、负有责任的主管人员和其他责任人员，依法给予记大过、降级、撤职直至开除的行政处分；构成犯罪的，依法追究刑事责任。

第四十四条　违反本条例规定，有关地方人民政府阻碍报告重大动物疫情，不履行应急处理职责，不按照规定对疫点、疫区和受威胁区采取预防、控制、扑灭措施，或者对上级人民政府有关部门的疫情调查不予配合或者阻碍、拒绝的，由上级人民政府责令立即改正、通报批评、给予警告；对政府主要领导人依法给予记大过、降级、撤职直至开除的行政处分；构成犯罪的，依法追究刑事责任。

第四十五条　截留、挪用重大动物疫情应急经费，或者侵占、挪用应急储备物资的，按照《财政违法行为处罚处分条例》的规定处理；构成犯罪的，依法追究刑事责任。

第四十六条　违反本条例规定，拒绝、阻碍动物防疫监督机构进行重大动物疫情监测，或者发现动物出现群体发病或者死亡，不向当地动物防疫监督机构报告的，由动物防疫监督机构给予警告，并处 2 000 元以上 5 000 元以下的罚款；构成犯罪的，依法追究刑事责任。

第四十七条　违反本条例规定，擅自采集重大动物疫病病料，或者在重大动物疫病病原分离时不遵守国家有关生物安全管理规定的，由动物防疫监督机构给予警告，并处 5 000 元以下的罚款；构成犯罪的，依法追究刑事责任。

第四十八条　在重大动物疫情发生期间，哄抬物价、欺骗消费者，散布谣言、扰乱社会秩序和市场秩序的，由价格主管部门、工商行政管理部门或者公安机关依法给予行政处罚；构成犯罪的，依法追究刑事责任。

第六章　附　　则

第四十九条　本条例自公布之日起施行。

附录七 动物防疫条件审查办法

（中华人民共和国农业部令 2010 年第 7 号，
自 2010 年 5 月 1 日起施行）

第一章 总 则

第一条 为了规范动物防疫条件审查，有效预防控制动物疫病，维护公共卫生安全，根据《中华人民共和国动物防疫法》，制定本办法。

第二条 动物饲养场、养殖小区、动物隔离场所、动物屠宰加工场所以及动物和动物产品无害化处理场所，应当符合本办法规定的动物防疫条件，并取得《动物防疫条件合格证》。

经营动物和动物产品的集贸市场应当符合本办法规定的动物防疫条件。

第三条 农业部主管全国动物防疫条件审查和监督管理工作。

县级以上地方人民政府兽医主管部门主管本行政区域内的动物防疫条件审查和监督管理工作。

县级以上地方人民政府设立的动物卫生监督机构负责本行政区域内的动物防疫条件监督执法工作。

第四条 动物防疫条件审查应当遵循公开、公正、公平、便民的原则。

第二章 饲养场、养殖小区动物防疫条件

第五条 动物饲养场、养殖小区选址应当符合下列条件：

（一）距离生活饮用水源地、动物屠宰加工场所、动物和动物产品集贸市场 500m 以上；距离种畜禽场 1 000m 以上；距离动物诊疗场所 200m 以上；动物饲养场（养殖小区）之间距离不少于 500m；

（二）距离动物隔离场所、无害化处理场所 3 000m 以上；

（三）距离城镇居民区、文化教育科研等人口集中区域及公路、铁路等主要交通干线 500m 以上。

第六条 动物饲养场、养殖小区布局应当符合下列条件：

（一）场区周围建有围墙；

（二）场区出入口处设置与门同宽，长 4m、深 0.3m 以上的消毒池；

（三）生产区与生活办公区分开，并有隔离设施；

（四）生产区入口处设置更衣消毒室，各养殖栋舍出入口设置消毒池或者消毒垫；

（五）生产区内清洁道、污染道分设；

（六）生产区内各养殖栋舍之间距离在 5m 以上或者有隔离设施。

禽类饲养场、养殖小区内的孵化间与养殖区之间应当设置隔离设施，并配备种蛋熏蒸消毒设施，孵化间的流程应当单向，不得交叉或者回流。

第七条　动物饲养场、养殖小区应当具有下列设施设备：

（一）场区入口处配置消毒设备；

（二）生产区有良好的采光、通风设施设备；

（三）圈舍地面和墙壁选用适宜材料，以便清洗消毒；

（四）配备疫苗冷冻（冷藏）设备、消毒和诊疗等防疫设备的兽医室，或者有兽医机构为其提供相应服务；

（五）有与生产规模相适应的无害化处理、污水污物处理设施设备；

（六）有相对独立的引入动物隔离舍和患病动物隔离舍。

第八条　动物饲养场、养殖小区应当有与其养殖规模相适应的执业兽医或者乡村兽医。

患有相关人畜共患传染病的人员不得从事动物饲养工作。

第九条　动物饲养场、养殖小区应当按规定建立免疫、用药、检疫申报、疫情报告、消毒、无害化处理、畜禽标识等制度及养殖档案。

第十条　种畜禽场除符合本办法第六条、第七条、第八条、第九条规定外，还应当符合下列条件：

（一）距离生活饮用水源地、动物饲养场、养殖小区和城镇居民区、文化教育科研等人口集中区域及公路、铁路等主要交通干线 1 000m 以上；

（二）距离动物隔离场所、无害化处理场所、动物屠宰加工场所、动物和动物产品集贸市场、动物诊疗场所 3 000m 以上；

（三）有必要的防鼠、防鸟、防虫设施或者措施；

（四）有国家规定的动物疫病的净化制度；

（五）根据需要，种畜场还应当设置单独的动物精液、卵、胚胎采集等区域。

第三章　屠宰加工场所动物防疫条件

第十一条　动物屠宰加工场所选址应当符合下列条件：

（一）距离生活饮用水源地、动物饲养场、养殖小区、动物集贸市场 500m 以上；距离种畜禽场 3 000m 以上；距离动物诊疗场所 200m 以上；

（二）距离动物隔离场所、无害化处理场所 3 000m 以上。

第十二条　动物屠宰加工场所布局应当符合下列条件：

（一）场区周围建有围墙；

（二）运输动物车辆出入口设置与门同宽，长 4m、深 0.3m 以上的消毒池；

（三）生产区与生活办公区分开，并有隔离设施；

（四）入场动物卸载区域有固定的车辆消毒场地，并配有车辆清洗、消毒设备。

（五）动物入场口和动物产品出场口应当分别设置；

（六）屠宰加工间入口设置人员更衣消毒室；

（七）有与屠宰规模相适应的独立检疫室、办公室和休息室；

（八）有待宰圈、患病动物隔离观察圈、急宰间；加工原毛、生皮、绒、骨、角的，还应当设置封闭式熏蒸消毒间。

第十三条　动物屠宰加工场所应当具有下列设施设备：

（一）动物装卸台配备照度不小于 300Lx 的照明设备；

（二）生产区有良好的采光设备，地面、操作台、墙壁、天棚应当耐腐蚀、不吸潮、易清洗；

（三）屠宰间配备检疫操作台和照度不小于 500Lx 的照明设备；

（四）有与生产规模相适应的无害化处理、污水污物处理设施设备。

第十四条　动物屠宰加工场所应当建立动物入场和动物产品出场登记、检疫申报、疫情报告、消毒、无害化处理等制度。

第四章　隔离场所动物防疫条件

第十五条　动物隔离场所选址应当符合下列条件：

（一）距离动物饲养场、养殖小区、种畜禽场、动物屠宰加工场所、无害化处理场所、动物诊疗场所、动物和动物产品集贸市场以及其他动物隔离场 3 000m 以上；

（二）距离城镇居民区、文化教育科研等人口集中区域及公路、铁路等主要交通干线、生活饮用水源地 500m 以上。

第十六条　动物隔离场所布局应当符合下列条件：

（一）场区周围有围墙；

（二）场区出入口处设置与门同宽，长 4m、深 0.3m 以上的消毒池；

（三）饲养区与生活办公区分开，并有隔离设施；

（四）有配备消毒、诊疗和检测等防疫设备的兽医室；

（五）饲养区内清洁道、污染道分设；

（六）饲养区入口设置人员更衣消毒室。

第十七条　动物隔离场所应当具有下列设施设备：

（一）场区出入口处配置消毒设备；

（二）有无害化处理、污水污物处理设施设备。

第十八条　动物隔离场所应当配备与其规模相适应的执业兽医。

患有相关人畜共患传染病的人员不得从事动物饲养工作。

第十九条　动物隔离场所应当建立动物和动物产品进出登记、免疫、用药、消毒、疫情报告、无害化处理等制度。

第五章　无害化处理场所动物防疫条件

第二十条　动物和动物产品无害化处理场所选址应当符合下列条件：

（一）距离动物养殖场、养殖小区、种畜禽场、动物屠宰加工场所、动物隔离场所、动物诊疗场所、动物和动物产品集贸市场、生活饮用水源地 3 000m 以上；

（二）距离城镇居民区、文化教育科研等人口集中区域及公路、铁路等主要交通干线 500m 以上。

第二十一条　动物和动物产品无害化处理场所布局应当符合下列条件：

（一）场区周围建有围墙；

（二）场区出入口处设置与门同宽，长 4m、深 0.3m 以上的消毒池，并设有单独的人员消毒通道；

（三）无害化处理区与生活办公区分开，并有隔离设施；

（四）无害化处理区内设置染疫动物扑杀间、无害化处理间、冷库等；

（五）动物扑杀间、无害化处理间入口处设置人员更衣室，出口处设置消毒室。

第二十二条　动物和动物产品无害化处理场所应当具有下列设施设备：

（一）配置机动消毒设备；

（二）动物扑杀间、无害化处理间等配备相应规模的无害化处理、污水污物处理设施设备；

（三）有运输动物和动物产品的专用密闭车辆。

第二十三条　动物和动物产品无害化处理场所应当建立病害动物和动物产品入场登记、消毒、无害化处理后的物品流向登记、人员防护等制度。

第六章　集贸市场动物防疫条件

第二十四条　专门经营动物的集贸市场应当符合下列条件：

（一）距离文化教育科研等人口集中区域、生活饮用水源地、动物饲养场和养殖小区、动物屠宰加工场所 500m 以上，距离种畜禽场、动物隔离场所、无害化处理场所 3 000m 以上，距离动物诊疗场所 200m 以上；

（二）市场周围有围墙，场区出入口处设置与门同宽，长 4m、深 0.3m 以上的消毒池；

（三）场内设管理区、交易区、废弃物处理区，各区相对独立；

（四）交易区内不同种类动物交易场所相对独立；

（五）有清洗、消毒和污水污物处理设施设备；

（六）有定期休市和消毒制度。

（七）有专门的兽医工作室。

第二十五条　兼营动物和动物产品的集贸市场应当符合下列动物防疫条件：

（一）距离动物饲养场和养殖小区 500m 以上，距离种畜禽场、动物隔离场所、无害化处理场所 3 000m 以上，距离动物诊疗场所 200m 以上；

（二）动物和动物产品交易区与市场其他区域相对隔离；

（三）动物交易区与动物产品交易区相对隔离；

（四）不同种类动物交易区相对隔离；

（五）交易区地面、墙面（裙）和台面防水、易清洗；

（六）有消毒制度。

活禽交易市场除符合前款规定条件外，市场内的水禽与其他家禽还应当分开，宰杀间与活禽存放间应当隔离，宰杀间与出售场地应当分开，并有定期休市制度。

第七章　审查发证

第二十六条　兴办动物饲养场、养殖小区、动物屠宰加工场所、动物隔离场所、动物和动物产品无害化处理场所，应当按照本办法规定进行选址、工程设计和施工。

第二十七条　本办法第二条第一款规定场所建设竣工后，应当向所在地县级地方人民政府兽医主管部门提出申请，并提交以下材料：

（一）《动物防疫条件审查申请表》；

（二）场所地理位置图、各功能区布局平面图；

（三）设施设备清单；

（四）管理制度文本；

（五）人员情况。

申请材料不齐全或者不符合规定条件的，县级地方人民政府兽医主管部门应当自收到申请材料之日起5个工作日内，一次告知申请人需补正的内容。

第二十八条　兴办动物饲养场、养殖小区和动物屠宰加工场所的，县级地方人民政府兽医主管部门应当自收到申请之日起20个工作日内完成材料和现场审查，审查合格的，颁发《动物防疫条件合格证》；审查不合格的，应当书面通知申请人，并说明理由。

第二十九条　兴办动物隔离场所、动物和动物产品无害化处理场所的，县级地方人民政府兽医主管部门应当自收到申请之日起5个工作日内完成材料初审，并将初审意见和有关材料报省、自治区、直辖市人民政府兽医主管部门。省、自治区、直辖市人民政府兽医主管部门自收到初审意见和有关材料之日起15个工作日内完成材料和现场审查，审查合格的，颁发《动物防疫条件合格证》；审查不合格的，应当书面通知申请人，并说明理由。

第八章　监督管理

第三十条　动物卫生监督机构依照《中华人民共和国动物防疫法》和有关法律、法规的规定，对动物饲养场、养殖小区、动物隔离场所、动物屠宰加工场所、动物和动物产品无害化处理场所、动物和动物产品集贸市场的动物防疫条件实施监督检查，有关单位和个人应当予以配合，不得拒绝和阻碍。

第三十一条　本办法第二条第一款所列场所在取得《动物防疫条件合格证》后，变更场址或者经营范围的，应当重新申请办理《动物防疫条件合格证》，同时交回原《动物防疫条件合格证》，由原发证机关予以注销。

变更布局、设施设备和制度，可能引起动物防疫条件发生变化的，应当提前30日向原发证机关报告。发证机关应当在20日内完成审查，并将审查结果通知申请人。

变更单位名称或者其负责人的，应当在变更后 15 日内持有效证明申请变更《动物防疫条件合格证》。

第三十二条　本办法第二条第一款所列场所停业的，应当于停业后 30 日内将《动物防疫条件合格证》交回原发证机关注销。

第三十三条　本办法第二条所列场所，应当在每年 1 月底前将上一年的动物防疫条件情况和防疫制度执行情况向发证机关报告。

第三十四条　禁止转让、伪造或者变造《动物防疫条件合格证》。

第三十五条　《动物防疫条件合格证》丢失或者损毁的，应当在 15 日内向发证机关申请补发。

第九章　罚　　则

第三十六条　违反本办法第三十一条第一款规定，变更场所地址或者经营范围，未按规定重新申请《动物防疫条件合格证》的，按照《中华人民共和国动物防疫法》第七十七条规定予以处罚。

违反本办法第三十一条第二款规定，未经审查擅自变更布局、设施设备和制度的，由动物卫生监督机构给予警告。对不符合动物防疫条件的，由动物卫生监督机构责令改正；拒不改正或者整改后仍不合格的，由发证机关收回并注销《动物防疫条件合格证》。

第三十七条　违反本办法第二十四条和第二十五条规定，经营动物和动物产品的集贸市场不符合动物防疫条件的，由动物卫生监督机构责令改正；拒不改正的，由动物卫生监督机构处五千元以上两万元以下的罚款，并通报同级工商行政管理部门依法处理。

第三十八条　违反本办法第三十四条规定，转让、伪造或者变造《动物防疫条件合格证》的，由动物卫生监督机构收缴《动物防疫条件合格证》，处两千元以上一万元以下的罚款。

使用转让、伪造或者变造《动物防疫条件合格证》的，由动物卫生监督机构按照《中华人民共和国动物防疫法》第七十七条规定予以处罚。

第三十九条　违反本办法规定，构成犯罪或者违反治安管理规定的，依法移送公安机关处理。

第十章　附　　则

第四十条　本办法所称动物饲养场、养殖小区是指《中华人民共和国畜牧法》第三十九条规定的畜禽养殖场、养殖小区。

饲养场、养殖小区内自用的隔离舍和屠宰加工场所内自用的患病动物隔离观察圈，饲养场、养殖小区、屠宰加工场所和动物隔离场内设置的自用无害化处理场所，不再另行办理《动物防疫条件合格证》。

第四十一条 本办法自 2010 年 5 月 1 日起施行。农业部 2002 年 5 月 24 日发布的《动物防疫条件审核管理办法》(农业部令第 15 号)同时废止。

本办法施行前已发放的《动物防疫合格证》在有效期内继续有效,有效期不满 1 年的,可沿用到 2011 年 5 月 1 日止。本办法施行前未取得《动物防疫合格证》的各类场所,应当在 2011 年 5 月 1 日前达到本办法规定的条件,取得《动物防疫条件合格证》。

附录八 动物检疫管理办法

（中华人民共和国农业部令 2010 年第 6 号，自 2010 年 3 月 1 日起施行）

第一章 总 则

第一条 为加强动物检疫活动管理，预防、控制和扑灭动物疫病，保障动物及动物产品安全，保护人体健康，维护公共卫生安全，根据《中华人民共和国动物防疫法》（以下简称《动物防疫法》），制定本办法。

第二条 本办法适用于中华人民共和国领域内的动物检疫活动。

第三条 农业部主管全国动物检疫工作。

县级以上地方人民政府兽医主管部门主管本行政区域内的动物检疫工作。

县级以上地方人民政府设立的动物卫生监督机构负责本行政区域内动物、动物产品的检疫及其监督管理工作。

第四条 动物检疫的范围、对象和规程由农业部制定、调整并公布。

第五条 动物卫生监督机构指派官方兽医按照《动物防疫法》和本办法的规定对动物、动物产品实施检疫，出具检疫证明，加施检疫标志。

动物卫生监督机构可以根据检疫工作需要，指定兽医专业人员协助官方兽医实施动物检疫。

第六条 动物检疫遵循过程监管、风险控制、区域化和可追溯管理相结合的原则。

第二章 检疫申报

第七条 国家实行动物检疫申报制度。

动物卫生监督机构应当根据检疫工作需要，合理设置动物检疫申报点，并向社会公布动物检疫申报点、检疫范围和检疫对象。

县级以上人民政府兽医主管部门应当加强动物检疫申报点的建设和管理。

第八条 下列动物、动物产品在离开产地前，货主应当按规定时限向所在地动物卫生监督机构申报检疫：

（一）出售、运输动物产品和供屠宰、继续饲养的动物，应当提前 3 天申报检疫。

（二）出售、运输乳用动物、种用动物及其精液、卵、胚胎、种蛋，以及参加展览、演出和比赛的动物，应当提前 15 天申报检疫。

（三）向无规定动物疫病区输入相关易感动物、易感动物产品的，货主除按规定向输出地动物卫生监督机构申报检疫外，还应当在起运 3 天前向输入地省级动物卫生监督机构申报检疫。

第九条　合法捕获野生动物的，应当在捕获后 3 天内向捕获地县级动物卫生监督机构申报检疫。

第十条　屠宰动物的，应当提前 6 小时向所在地动物卫生监督机构申报检疫；急宰动物的，可以随时申报。

第十一条　申报检疫的，应当提交检疫申报单；跨省、自治区、直辖市调运乳用动物、种用动物及其精液、胚胎、种蛋的，还应当同时提交输入地省、自治区、直辖市动物卫生监督机构批准的《跨省引进乳用种用动物检疫审批表》。

申报检疫采取申报点填报、传真、电话等方式申报。采用电话申报的，需在现场补填检疫申报单。

第十二条　动物卫生监督机构受理检疫申报后，应当派出官方兽医到现场或指定地点实施检疫；不予受理的，应当说明理由。

第三章　产地检疫

第十三条　出售或者运输的动物、动物产品经所在地县级动物卫生监督机构的官方兽医检疫合格，并取得《动物检疫合格证明》后，方可离开产地。

第十四条　出售或者运输的动物，经检疫符合下列条件，由官方兽医出具《动物检疫合格证明》：

（一）来自非封锁区或者未发生相关动物疫情的饲养场（户）；

（二）按照国家规定进行了强制免疫，并在有效保护期内；

（三）临床检查健康；

（四）农业部规定需要进行实验室疫病检测的，检测结果符合要求；

（五）养殖档案相关记录和畜禽标识符合农业部规定。

乳用、种用动物和宠物，还应当符合农业部规定的健康标准。

第十五条　合法捕获的野生动物，经检疫符合下列条件，由官方兽医出具《动物检疫合格证明》后，方可饲养、经营和运输：

（一）来自非封锁区；

（二）临床检查健康；

（三）农业部规定需要进行实验室疫病检测的，检测结果符合要求。

第十六条　出售、运输的种用动物精液、卵、胚胎、种蛋，经检疫符合下列条件，由官方兽医出具《动物检疫合格证明》：

（一）来自非封锁区，或者未发生相关动物疫情的种用动物饲养场；

（二）供体动物按照国家规定进行了强制免疫，并在有效保护期内；

（三）供体动物符合动物健康标准；

（四）农业部规定需要进行实验室疫病检测的，检测结果符合要求；

（五）供体动物的养殖档案相关记录和畜禽标识符合农业部规定。

第十七条　出售、运输的骨、角、生皮、原毛、绒等产品，经检疫符合下列条件，由官方兽医出具《动物检疫合格证明》：

（一）来自非封锁区，或者未发生相关动物疫情的饲养场（户）；

（二）按有关规定消毒合格；

（三）农业部规定需要进行实验室疫病检测的，检测结果符合要求。

第十八条　经检疫不合格的动物、动物产品，由官方兽医出具检疫处理通知单，并监督货主按照农业部规定的技术规范处理。

第十九条　跨省、自治区、直辖市引进用于饲养的非乳用、非种用动物到达目的地后，货主或者承运人应当在 24 小时内向所在地县级动物卫生监督机构报告，并接受监督检查。

第二十条　跨省、自治区、直辖市引进的乳用、种用动物到达输入地后，在所在地动物卫生监督机构的监督下，应当在隔离场或饲养场（养殖小区）内的隔离舍进行隔离观察，大中型动物隔离期为 45 天，小型动物隔离期为 30 天。经隔离观察合格的方可混群饲养；不合格的，按照有关规定进行处理。隔离观察合格后需继续在省内运输的，货主应当申请更换《动物检疫合格证明》。动物卫生监督机构更换《动物检疫合格证明》不得收费。

第四章　屠宰检疫

第二十一条　县级动物卫生监督机构依法向屠宰场（厂、点）派驻（出）官方兽医实施检疫。屠宰场（厂、点）应当提供与屠宰规模相适应的官方兽医驻场检疫室和检疫操作台等设施。出场（厂、点）的动物产品应当经官方兽医检疫合格，加施检疫标志，并附有《动物检疫合格证明》。

第二十二条　进入屠宰场（厂、点）的动物应当附有《动物检疫合格证明》，并佩戴有农业部规定的畜禽标识。

官方兽医应当查验进场动物附具的《动物检疫合格证明》和佩戴的畜禽标识，检查待宰动物健康状况，对疑似染疫的动物进行隔离观察。

官方兽医应当按照农业部规定，在动物屠宰过程中实施全流程同步检疫和必要的实验室疫病检测。

第二十三条　经检疫符合下列条件的，由官方兽医出具《动物检疫合格证明》，对胴体及分割、包装的动物产品加盖检疫验讫印章或者加施其他检疫标志：

（一）无规定的传染病和寄生虫病；

（二）符合农业部规定的相关屠宰检疫规程要求；

（三）需要进行实验室疫病检测的，检测结果符合要求。

骨、角、生皮、原毛、绒的检疫还应当符合本办法第十七条有关规定。

第二十四条　经检疫不合格的动物、动物产品，由官方兽医出具检疫处理通知单，并监督屠宰场（厂、点）或者货主按照农业部规定的技术规范处理。

第二十五条　官方兽医应当回收进入屠宰场（厂、点）动物附具的《动物检疫合格证明》，填写屠宰检疫记录。回收的《动物检疫合格证明》应当保存十二个月以上。

第二十六条　经检疫合格的动物产品到达目的地后，需要直接在当地分销的，货主可以向输入地动物卫生监督机构申请换证，换证不得收费。换证应当符合下列条件：

（一）提供原始有效《动物检疫合格证明》，检疫标志完整，且证物相符；

（二）在有关国家标准规定的保质期内，且无腐败变质。

第二十七条　经检疫合格的动物产品到达目的地，贮藏后需继续调运或者分销的，货主可以向输入地动物卫生监督机构重新申报检疫。输入地县级以上动物卫生监督机构对符合下列条件的动物产品，出具《动物检疫合格证明》。

（一）提供原始有效《动物检疫合格证明》，检疫标志完整，且证物相符；

（二）在有关国家标准规定的保质期内，无腐败变质；

（三）有健全的出入库登记记录；

（四）农业部规定进行必要的实验室疫病检测的，检测结果符合要求。

第五章　水产苗种产地检疫

第二十八条　出售或者运输水生动物的亲本、稚体、幼体、受精卵、发眼卵及其他遗传育种材料等水产苗种的，货主应当提前 20 天向所在地县级动物卫生监督机构申报检疫；经检疫合格，并取得《动物检疫合格证明》后，方可离开产地。

第二十九条　养殖、出售或者运输合法捕获的野生水产苗种的，货主应当在捕获野生水产苗种后 2 天内向所在地县级动物卫生监督机构申报检疫；经检疫合格，并取得《动物检疫合格证明》后，方可投放养殖场所、出售或者运输。

合法捕获的野生水产苗种实施检疫前，货主应当将其隔离在符合下列条件的临时检疫场地：

（一）与其他养殖场所有物理隔离设施；

（二）具有独立的进排水和废水无害化处理设施以及专用渔具；

（三）农业部规定的其他防疫条件。

第三十条　水产苗种经检疫符合下列条件的，由官方兽医出具《动物检疫合格证明》：

（一）该苗种生产场近期未发生相关水生动物疫情；

（二）临床健康检查合格；

（三）农业部规定需要经水生动物疫病诊断实验室检验的，检验结果符合要求。

检疫不合格的，动物卫生监督机构应当监督货主按照农业部规定的技术规范处理。

第三十一条　跨省、自治区、直辖市引进水产苗种到达目的地后，货主或承运人应当在 24 小时内按照有关规定报告，并接受当地动物卫生监督机构的监督检查。

第六章　无规定动物疫病区动物检疫

第三十二条　向无规定动物疫病区运输相关易感动物、动物产品的，除附有输出地动物卫生监督机构出具的《动物检疫合格证明》外，还应当向输入地省、自治区、直辖市动物卫生监督机构申报检疫，并按照本办法第三十三条、第三十四条规定取得输入地《动物检疫合格证明》。

第三十三条　输入到无规定动物疫病区的相关易感动物，应当在输入地省、自治区、直辖市动物卫生监督机构指定的隔离场所，按照农业部规定的无规定动物疫病区有关检疫要求隔离检疫。大中型动物隔离检疫期为 45 天，小型动物隔离检疫期为 30 天。隔离检疫合格的，由输入地省、自治区、直辖市动物卫生监督机构的官方兽医出具《动物检疫合格证明》；不合格的，不准进入，并依法处理。

第三十四条　输入到无规定动物疫病区的相关易感动物产品，应当在输入地省、自治区、直辖市动物卫生监督机构指定的地点，按照农业部规定的无规定动物疫病区有关检疫要求进行检疫。检疫合格的，由输入地省、自治区、直辖市动物卫生监督机构的官方兽医出具《动物检疫合格证明》；不合格的，不准进入，并依法处理。

第七章　乳用种用动物检疫审批

第三十五条　跨省、自治区、直辖市引进乳用动物、种用动物及其精液、胚胎、种蛋的，货主应当填写《跨省引进乳用种用动物检疫审批表》，向输入地省、自治区、直辖市动物卫生监督机构申请办理审批手续。

第三十六条　输入地省、自治区、直辖市动物卫生监督机构应当自受理申请之日起10 个工作日内，做出是否同意引进的决定。符合下列条件的，签发《跨省引进乳用种用动物检疫审批表》；不符合下列条件的，书面告知申请人，并说明理由。

（一）输出和输入饲养场、养殖小区取得《动物防疫条件合格证》；

（二）输入饲养场、养殖小区存栏的动物符合动物健康标准；

（三）输出的乳用、种用动物养殖档案相关记录符合农业部规定；

（四）输出的精液、胚胎、种蛋的供体符合动物健康标准。

第三十七条　货主凭输入地省、自治区、直辖市动物卫生监督机构签发的《跨省引进乳用种用动物检疫审批表》，按照本办法规定向输出地县级动物卫生监督机构申报检疫。输出地县级动物卫生监督机构应当按照本办法的规定实施检疫。

第三十八条　跨省引进乳用种用动物应当在《跨省引进乳用种用动物检疫审批表》有效期内运输。逾期引进的，货主应当重新办理审批手续。

第八章　检疫监督

第三十九条　屠宰、经营、运输以及参加展览、演出和比赛的动物，应当附有《动物检疫合格证明》；经营、运输的动物产品应当附有《动物检疫合格证明》和检疫标志。

对符合前款规定的动物、动物产品，动物卫生监督机构可以查验检疫证明、检疫标志，对动物、动物产品进行采样、留验、抽检，但不得重复检疫收费。

第四十条　依法应当检疫而未经检疫的动物，由动物卫生监督机构依照本条第二款规定补检，并依照《动物防疫法》处理处罚。

符合下列条件的，由动物卫生监督机构出具《动物检疫合格证明》；不符合的，按照农业部有关规定进行处理。

（一）畜禽标识符合农业部规定；

（二）临床检查健康；

（三）农业部规定需要进行实验室疫病检测的，检测结果符合要求。

第四十一条 依法应当检疫而未经检疫的骨、角、生皮、原毛、绒等产品，符合下列条件的，由动物卫生监督机构出具《动物检疫合格证明》；不符合的，予以没收销毁。同时，依照《动物防疫法》处理处罚。

（一）货主在5天内提供输出地动物卫生监督机构出具的来自非封锁区的证明；

（二）经外观检查无腐烂变质；

（三）按有关规定重新消毒；

（四）农业部规定需要进行实验室疫病检测的，检测结果符合要求。

第四十二条 依法应当检疫而未经检疫的精液、胚胎、种蛋等，符合下列条件的，由动物卫生监督机构出具《动物检疫合格证明》；不符合的，予以没收销毁。同时，依照《动物防疫法》处理处罚。

（一）货主在5天内提供输出地动物卫生监督机构出具的来自非封锁区的证明和供体动物符合健康标准的证明；

（二）在规定的保质期内，并经外观检查无腐败变质；

（三）农业部规定需要进行实验室疫病检测的，检测结果符合要求。

第四十三条 依法应当检疫而未经检疫的肉、脏器、脂、头、蹄、血液、筋等，符合下列条件的，由动物卫生监督机构出具《动物检疫合格证明》，并依照《动物防疫法》第七十八条的规定进行处罚；不符合下列条件的，予以没收销毁，并依照《动物防疫法》第七十六条的规定进行处罚：

（一）货主在5天内提供输出地动物卫生监督机构出具的来自非封锁区的证明；

（二）经外观检查无病变、无腐败变质；

（三）农业部规定需要进行实验室疫病检测的，检测结果符合要求。

第四十四条 经铁路、公路、水路、航空运输依法应当检疫的动物、动物产品的，托运人托运时应当提供《动物检疫合格证明》。没有《动物检疫合格证明》的，承运人不得承运。

第四十五条 货主或者承运人应当在装载前和卸载后，对动物、动物产品的运载工具以及饲养用具、装载用具等，按照农业部规定的技术规范进行消毒，并对清除的垫料、粪便、污物等进行无害化处理。

第四十六条 封锁区内的商品蛋、生鲜奶的运输监管按照《重大动物疫情应急条例》实施。

第四十七条 经检疫合格的动物、动物产品应当在规定时间内到达目的地。经检疫合格的动物在运输途中发生疫情，应按有关规定报告并处置。

第九章 罚　　则

第四十八条 违反本办法第十九条、第三十一条规定，跨省、自治区、直辖市引进用于饲养的非乳用、非种用动物和水产苗种到达目的地后，未向所在地动物卫生监督机构报告的，由动物卫生监督机构处五百元以上二千元以下罚款。

第四十九条　违反本办法第二十条规定，跨省、自治区、直辖市引进的乳用、种用动物到达输入地后，未按规定进行隔离观察的，由动物卫生监督机构责令改正，处二千元以上一万元以下罚款。

第五十条　其他违反本办法规定的行为，依照《动物防疫法》有关规定予以处罚。

第十章　附　　则

第五十一条　动物卫生监督证章标志格式或样式由农业部统一制定。

第五十二条　水产苗种产地检疫，由地方动物卫生监督机构委托同级渔业主管部门实施。水产苗种以外的其他水生动物及其产品不实施检疫。

第五十三条　本办法自 2010 年 3 月 1 日起施行。农业部 2002 年 5 月 24 日发布的《动物检疫管理办法》（农业部令第 14 号）自本办法施行之日起废止。

附录九　动物免疫标识管理办法

（中华人民共和国农业部令第 13 号，自 2002 年 7 月 1 日起实施）

第一条　为加强和规范动物强制免疫工作，有效控制重大动物疫病，依据《中华人民共和国动物防疫法》，制定本办法。

第二条　动物免疫标识包括免疫耳标、免疫档案。

第三条　凡在我国境内对动物重大疫病实行强制免疫，均须建立免疫档案管理制度对猪、牛、羊佩带免疫耳标。

第四条　在我国境内从事免疫标识生产、供应、使用，以及从事动物饲养、经营、屠宰、加工等与动物防疫活动有关的单位和个人，必须遵守本办法。

第五条　各级人民政府畜牧兽医行政管理部门负责本行政区域内的免疫标识管理工作，各级人民政府所属的动物防疫监督机构组织实施本行政区域内的免疫标识工作。

第六条　动物免疫标识的编码、标准由农业部统一设计。

第七条　免疫耳标正面印制耳标编码。编码全国统一，为 8 位阿拉伯数字，分上下两排。上排 6 位编码为免疫工作所在地，使用本地邮政编码。下排 2 位编码为防疫员的编号。有条件的地区，可在耳标正面边缘区印制用于乡（镇、苏木）以下防疫单元（如村、户、场、畜群或牲畜个体，以下简称基本防疫单元）编码的附加码。

第八条　免疫耳标应由无毒、无刺激塑料制作，正面为圆形。由农业部制定免疫耳标标准样式，各地耳标式样颜色、大小、形状应当统一。

第九条　县级动物防疫监督机构以基本防疫单元为单位建立免疫档案。免疫档案内容包括畜（禽）主姓名、动物种类、年（月、日）龄、免疫日期、疫苗名称、疫苗批号、疫苗厂家、疫苗销售商、免疫耳标号、防疫员签字等。

第十条　免疫耳标由省级动物防疫监督机构统一组织定点生产，逐级供应，县级动物防疫监督机构负责本行政区域内免疫标识的计划订购和供应工作。

第十一条　省级动物防疫监督机构要建立免疫耳标生产、保管、发放、使用、登记、回收、销毁工作制度以及耳标钳的生产、核发工作制度。

第十二条　免疫标识生产企业依照省级动物防疫监督机构生产计划进行生产、供应，不得向其他任何单位和个人出售。免疫标识不得非法生产、伪造和倒卖。

各级动物防疫监督机构、乡镇畜牧兽医站免疫人员和经批准实施强制免疫的场方兽医人员不得从非法渠道获取免疫耳标。

第十三条　乡镇畜牧兽医站从事动物强制免疫的防疫人员，在实施动物免疫时，负责对免疫过的猪、牛、羊佩戴免疫耳标。符合动物防疫条件的规模饲养场可由本场具备条件的专职兽医人员实施强制免疫，对强制免疫的动物佩戴免疫耳标，但须接受动物防疫监督机构的监督。

第十四条　免疫耳标首次佩戴在牲畜左耳。从县境外调入的饲养动物，需再次实施强制免疫的，免疫耳标佩戴在右耳，同时重新建立免疫档案。

对种畜和奶牛，应按畜只建立单独的免疫档案，调运时注明调出和调入地，不必重新佩戴耳标和建立档案。

第十五条　免疫耳标必须一次性使用，免疫耳标和耳标钳使用时须严格消毒。

第十六条　经强制免疫的动物，免疫耳标自然缺损和脱落的，动物防疫人员应当凭免疫档案重新佩戴免疫耳标，不得重复收费。

第十七条　对动物实施产地检疫时，检疫员必须将免疫标识作为出具检疫合格证明的必要条件之一，注明耳标编码和免疫内容，并保存备查。对没有免疫标识或者免疫标识不符合规定的，不得出具动物检疫合格证明。动物检疫合格证明上注明的耳标编号应当与免疫耳标编号相符。

第十八条　任何单位和个人，不得收购、屠宰、运输无免疫耳标的动物。

第十九条　动物凭免疫耳标和动物检疫合格证明上市、买卖和运输。

第二十条　屠宰检疫时，检疫员凭免疫耳标和动物检疫合格证明实施检疫，同时回收动物检疫合格证明、免疫耳标。

第二十一条　在检疫、监督中发现的动物疫情，要根据耳标通知产地动物防疫监督机构调查疫情。产地动物防疫监督机构要及时追查疫源，采取对策。

第二十二条　回收的动物免疫标识由县级动物防疫监督机构统一保存，按规定定期销毁。

第二十三条　免疫、检疫数字化、网络化管理可率先在国家无规定动物疫病区示范区和有条件的省（自治区、直辖市）实施，逐步向全国推行。免疫标识数字化管理的免疫标识编码，由农业部另行规定和发布。在实施地区已经屠宰或死亡动物的标识编码，应入网注销。

第二十四条　动物免疫耳标定点生产企业违反生产要求和供应规定的，由省级动物防疫监督机构取消其定点生产资格。

第二十五条　对从非法渠道获取或使用非法免疫耳标的免疫人员及防疫机构负责人，视情节轻重，给以相应行政处分。

第二十六条　各级动物防疫监督机构的检疫人员在实施检疫时，对没有免疫标识的牲畜出具检疫合格证明的，依照《中华人民共和国动物防疫法》第五十五条的规定进行处理。

第二十七条　对拒绝执行国家强制免疫制度、免疫标识制度的饲养、经营单位和个人，依照《中华人民共和国动物防疫法》第四十六条的规定进行处理。

第二十八条　对不落实强制免疫和不实施动物免疫标识制度的乡镇畜牧兽医站，由其主管部门责令其整改，并视情节对有关责任人给予行政处分。

第二十九条　对发现疫情未按规定通报产地动物防疫监督机构，以及产地动物防疫监督机构未按规定进行调查处理的，给予行政处分。

第三十条　猪、牛、羊以外其他动物的免疫标识制度，由各省、自治区、直辖市畜牧兽医行政部门参照本办法制定。

第三十一条 动物免疫标识是落实强制免疫的重要手段和动物防疫工作的组成部分，按国家财政部、物价局〔92〕价费字 452 号文件和有关规定，在防疫工作收费中统筹解决免疫标识的工本费。

第三十二条 本办法由农业部负责解释。

第三十三条 本办法自 2002 年 7 月 1 日起实施。

本办法第十七、十八、十九、二十、二十六条自 10 月 1 日起实施。

附录十　动物疫情报告管理办法

（农牧发〔1999〕18 号，自 1999 年 10 月 19 日起实施）

第一条　根据《中华人民共和国动物防疫法》及有关规定，制定本办法。

第二条　本办法所称动物疫情是指动物疫病发生、发展的情况。

第三条　国务院畜牧兽医行政管理部门主管全国动物疫情报告工作，县级以上地方人民政府畜牧兽医行政管理部门主管本行政区内的动物疫情报告工作。

国务院畜牧兽医行政管理部门统一公布动物疫情。未经授权，其他任何单位和个人不得以任何方式公布动物疫情。

第四条　各级动物防疫监督机构实施辖区内动物疫情报告工作。

第五条　动物疫情实行逐级报告制度。

县、地、省动物防疫监督机构、全国畜牧兽医总站建立四级疫情报告系统。

国务院畜牧兽医行政管理部门在全国布设的动物疫情测报点（简称"国家测报点"）直接向全国畜牧兽医总站报告。

第六条　动物疫情报告实行快报、月报和年报制度。

（一）快报

有下列情形之一的必须快报：

1. 发生一类或者疑似一类动物疫病；

2. 二类、三类或者其他动物疫病呈暴发性流行；

3. 新发现的动物疫情；

4. 已经消灭又发生的动物疫病。

县级动物防疫监督机构和国家测报点确认发现上述动物疫情后，应在 24 小时之内快报至全国畜牧兽医总站。全国畜牧兽医总站应在 12 小时内报国务院畜牧兽医行政管理部门。

（二）月报

县级动物防疫监督机构对辖区内当月发生的动物疫情，于下一个月 5 日前将疫情报告地级动物防疫监督机构；地级动物防疫监督机构每月 10 日前，报告省级动物防疫监督机构；省级动物防疫监督机构于每月 15 日前报全国畜牧兽医总站；全国畜牧兽医总站将汇总分析结果于每月 20 日前报国务院畜牧兽医行政管理部门。

（三）年报

县级动物防疫监督机构每年应将辖区内上一年的动物疫情在 1 月 10 日前报告地（市）级动物防疫监督机构；地（市）级动物防疫监督机构应当在 1 月 20 日前报省级动物防疫监督机构；省级动物防疫监督机构应当在 1 月 30 日前报全国畜牧兽医总站；全国畜牧兽医总站将汇总分析结果于 2 月 10 日前报国务院畜牧兽医行政管理部门。

第七条　各级动物防疫监督机构和国家测报点在快报、月报、年报动物疫情时，必须同时报告当地畜牧兽医行政管理部门。

省级动物防疫监督机构和国家测报点报告疫情时，须同时报告国务院畜牧兽医行政管理部门，并抄送农业部动物检疫所进行分析研究。

第八条　疫情报告以报表形式上报。需要文字说明的，要同时报告文字材料。全国畜牧兽医总站统一制定动物疫情快报、月报、年报报表。

第九条　从事动物饲养、经营及动物产品生产、经营和从事动物防疫科研、教学、诊疗及进出境动物检疫等单位和个人，应当建立本单位疫情统计、登记制度，并定期向当地动物防疫监督机构报告。

第十条　对在动物疫情报告工作中做出显著成绩的单位或个人，由畜牧兽医行政管理部门给予表彰或奖励。

第十一条　违反本办法规定，瞒报、谎报或者阻碍他人报告动物疫情的，按《中华人民共和国动物防疫法》及有关规定给予处罚，对负有直接责任的主管人员和其他直接责任人员，依法给予行政处分。

第十二条　违反本办法规定，引起重大动物疫情，造成重大经济损失，构成犯罪的，移交司法机关处理。

第十三条　本办法由国务院畜牧兽医行政管理部门负责解释。

第十四条　本办法从公布之日起实施。

附录十一　高致病性动物病原微生物实验室生物安全管理审批办法

（中华人民共和国农业部令第 52 号，自 2005 年 5 月 20 日起实施）

第一章　总　　则

第一条　为了规范高致病性动物病原微生物实验室生物安全管理的审批工作，根据《病原微生物实验室生物安全管理条例》，制定本办法。

第二条　高致病性动物病原微生物的实验室资格、实验活动和运输的审批，适用本办法。

第三条　本办法所称高致病性动物病原微生物是指来源于动物的、《动物病原微生物分类名录》中规定的第一类、第二类病原微生物。

《动物病原微生物分类名录》由农业部商国务院有关部门后制定、调整并予以公布。

第四条　农业部主管全国高致病性动物病原微生物实验室生物安全管理工作。

县级以上地方人民政府兽医行政管理部门负责本行政区域内高致病性动物病原微生物实验室生物安全管理工作。

第二章　实验室资格审批

第五条　实验室从事高致病性动物病原微生物实验活动，应当取得农业部颁发的《高致病性动物病原微生物实验室资格证书》。

第六条　实验室申请《高致病性动物病原微生物实验室资格证书》，应当具备下列条件：

（一）依法从事动物疫病的研究、检测、诊断，以及菌（毒）种保藏等活动；

（二）符合农业部颁发的《兽医实验室生物安全管理规范》；

（三）取得国家生物安全三级或者四级实验室认可证书；

（四）从事实验活动的工作人员具备兽医相关专业大专以上学历或中级以上技术职称，受过生物安全知识培训；

（五）实验室工程质量经依法检测验收合格。

第七条　符合前条规定条件的，申请人应当向所在地省、自治区、直辖市人民政府兽医行政管理部门提出申请，并提交下列材料：

（一）高致病性动物病原微生物实验室资格申请表一式两份；

（二）实验室管理手册；

（三）国家实验室认可证书复印件；

（四）实验室设立单位的法人资格证书复印件；

（五）实验室工作人员学历证书或者技术职称证书复印件；

（六）实验室工作人员生物安全知识培训情况证明材料；

（七）实验室工程质量检测验收报告复印件。

省、自治区、直辖市人民政府兽医行政管理部门应当自收到申请之日起 10 日内，将初审意见和有关材料报送农业部。

农业部收到初审意见和有关材料后，组织专家进行评审，必要时可到现场核实和评估。农业部自收到专家评审意见之日起 10 日内做出是否颁发《高致病性动物病原微生物实验室资格证书》的决定；不予批准的，及时告知申请人并说明理由。

第八条 《高致病性动物病原微生物实验室资格证书》有效期为 5 年。有效期届满，实验室需要继续从事高致病性动物病原微生物实验活动的，应当在届满 6 个月前，按照本办法的规定重新申请《高致病性动物病原微生物实验室资格证书》。

第三章 实验活动审批

第九条 一级、二级实验室不得从事高致病性动物病原微生物实验活动。三级、四级实验室需要从事某种高致病性动物病原微生物或者疑似高致病性动物病原微生物实验活动的，应当经农业部或者省、自治区、直辖市人民政府兽医行政管理部门批准。

第十条 三级、四级实验室从事某种高致病性动物病原微生物或者疑似高致病性动物病原微生物实验活动的，应当具备下列条件：

（一）取得农业部颁发的《高致病性动物病原微生物实验室资格证书》，并在有效期内；

（二）实验活动限于与动物病原微生物菌（毒）种、样本有关的研究、检测、诊断和菌（毒）种保藏等。

农业部对特定高致病性动物病原微生物或疑似高致病性动物病原微生物实验活动的实验单位有明确规定的，只能在规定的实验室进行。

第十一条 符合前条规定条件的，申请人应当向所在地省、自治区、直辖市人民政府兽医行政管理部门提出申请，并提交下列材料：

（一）高致病性动物病原微生物实验活动申请表一式两份；

（二）高致病性动物病原微生物实验室资格证书复印件；

（三）从事与高致病性动物病原微生物有关的科研项目的，还应当提供科研项目立项证明材料。

从事我国尚未发现或者已经宣布消灭的动物病原微生物有关实验活动的，或者从事国家规定的特定高致病性动物病原微生物病原分离和鉴定、活病毒培养、感染材料核酸提取、动物接种试验等有关实验活动的，省、自治区、直辖市人民政府兽医行政管理部门应当自收到申请之日起 7 日内，将初审意见和有关材料报送农业部。农业部自收到初审意见和有关材料之日起 8 日内做出是否批准的决定；不予批准的，及时通知申请人并说明理由。

从事前款规定以外的其他高致病性动物病原微生物或者疑似高致病性动物病原微生物实验活动的，省、自治区、直辖市人民政府兽医行政管理部门应当自收到申请之日起 15 日内作出是否批准的决定，并自批准之日起 10 日内报农业部备案；不予批准的，应当及时通知申请人并说明理由。

第十二条 实验室申报或者接受与高致病性动物病原微生物有关的科研项目前，应当向农业部申请审查，并提交以下材料：

（一）高致病性动物病原微生物科研项目生物安全审查表一式两份；

（二）科研项目建议书；

（三）科研项目研究中采取的生物安全措施。

农业部自收到申请之日起 20 日内做出是否同意的决定。

科研项目立项后，需要从事与高致病性动物病原微生物有关的实验活动的，应当按照本办法第十条、第十一条的规定，经农业部或者省、自治区、直辖市人民政府兽医行政管理部门批准。

第十三条 出入境检验检疫机构、动物防疫机构在实验室开展检测、诊断工作时，发现高致病性动物病原微生物或疑似高致病性动物病原微生物，需要进一步从事这类高致病性动物病原微生物病原分离和鉴定、活病毒培养、感染材料核酸提取、动物接种试验等相关实验活动的，应当按照本办法第十条、第十一条的规定，经农业部或者省、自治区、直辖市人民政府兽医行政管理部门批准。

第十四条 出入境检验检疫机构为了检验检疫工作的紧急需要，申请在实验室对高致病性动物病原微生物或疑似高致病性动物病原微生物开展病原分离和鉴定、活病毒培养、感染材料核酸提取、动物接种试验等进一步实验活动的，应当具备下列条件，并按照本办法第十一条的规定提出申请。

（一）实验目的仅限于检疫；

（二）实验活动符合法定检疫规程；

（三）取得农业部颁发的《高致病性动物病原微生物实验室资格证书》，并在有效期内。

农业部或者省、自治区、直辖市人民政府兽医行政管理部门自收到申请之时起 2 小时内作出是否批准的决定；不批准的，通知申请人并说明理由。2 小时内未作出决定的，出入境检验检疫机构实验室可以从事相应的实验活动。

第十五条 实验室在实验活动期间，应当按照《病原微生物实验室生物安全管理条例》的规定，做好实验室感染控制、生物安全防护、病原微生物菌（毒）种保存和使用、安全操作、实验室排放的废水和废气以及其他废物处置等工作。

第十六条 实验室在实验活动结束后，应当及时将病原微生物菌（毒）种、样本就地销毁或者送交农业部指定的保藏机构保藏，并将实验活动结果以及工作情况向原批准部门报告。

第四章　运输审批

第十七条 运输高致病性动物病原微生物菌（毒）种或者样本的，应当经农业部或者省、自治区、直辖市人民政府兽医行政管理部门批准。

第十八条　运输高致病性动物病原微生物菌（毒）种或者样本的，应当具备下列条件：

（一）运输的高致病性动物病原微生物菌（毒）种或者样本仅限用于依法进行的动物疫病的研究、检测、诊断、菌（毒）种保藏和兽用生物制品的生产等活动；

（二）接收单位是研究、检测、诊断机构的，应当取得农业部颁发的《高致病性动物病原微生物实验室资格证书》，并取得农业部或者省、自治区、直辖市人民政府兽医行政管理部门颁发的从事高致病性动物病原微生物或者疑似高致病性动物病原微生物实验活动批准文件；接收单位是兽用生物制品研制和生产单位的，应当取得农业部颁发的生物制品批准文件；接收单位是菌（毒）种保藏机构的，应当取得农业部颁发的指定菌（毒）种保藏的文件；

（三）盛装高致病性动物病原微生物菌（毒）种或者样本的容器或者包装材料应当符合农业部制定的《高致病性动物病原微生物菌（毒）种或者样本运输包装规范》。

第十九条　符合前条规定条件的，申请人应当向出发地省、自治区、直辖市人民政府兽医行政管理部门提出申请，并提交以下材料：

（一）运输高致病性动物病原微生物菌（毒）种（样本）申请表一式两份；

（二）前条第二项规定的有关批准文件复印件；

（三）接收单位同意接收的证明材料，但送交菌（毒）种保藏的除外。

在省、自治区、直辖市人民政府行政区域内运输的，省、自治区、直辖市人民政府兽医行政管理部门应当对申请人提交的申请材料进行审查，符合条件的，即时批准，发给《高致病性动物病原微生物菌（毒）种、样本准运证书》；不予批准的，应当即时告知申请人。

需要跨省、自治区、直辖市运输或者运往国外的，由出发地省、自治区、直辖市人民政府兽医行政管理部门进行初审，并将初审意见和有关材料报送农业部。农业部应当对初审意见和有关材料进行审查，符合条件的，即时批准，发给《高致病性动物病原微生物菌（毒）种、样本准运证书》；不予批准的，应当即时告知申请人。

第二十条　申请人凭《高致病性动物病原微生物菌（毒）种、样本准运证书》运输高致病性动物病原微生物菌（毒）种或者样本；需要通过铁路、公路、民用航空等公共交通工具运输的，凭《高致病性动物病原微生物菌（毒）种、样本准运证书》办理承运手续；通过民航运输的，还需经过国务院民用航空主管部门批准。

第二十一条　出入境检验检疫机构在检疫过程中运输动物病原微生物样本的，由国务院出入境检验检疫部门批准，同时向农业部通报。

第五章　附　　则

第二十二条　对违反本办法规定的行为，依照《病原微生物实验室生物安全管理条例》第五十六条、第五十七条、第五十八条、第五十九条、第六十条、第六十二条、第六十三条的规定予以处罚。

第二十三条　本办法规定的《高致病性动物病原微生物实验室资格证书》《从事高致病性动物病原微生物实验活动批准文件》和《高致病性动物病原微生物菌（毒）种、样本准运证书》由农业部印制。

《高致病性动物病原微生物实验室资格申请表》《高致病性动物病原微生物实验活动申请表》、《运输高致病性动物病原微生物菌（毒）种、样本申请表》和《高致病性动物病原微生物科研项目生物安全审查表》可以从中国农业部政务网（http：//www.moa.gov.cn）下载。

第二十四条　本办法自公布之日起施行。

附录十二 农业部畜禽标准化示范场管理办法（试行）

（农办牧〔2011〕6号，自 2011 年 3 月 10 日起实施）

第一章 总 则

第一条 根据《农业部关于加快推进畜禽标准化规模养殖的意见》（农牧发〔2010〕6号）要求，为做好畜禽养殖标准化示范创建工作，加强农业部畜禽标准化示范场（以下简称示范场）管理，提升畜牧业标准化规模生产水平，制定本办法。

第二条 示范场指以规模养殖为基础，以标准化生产为核心，在场址布局、畜禽舍建设、生产设施配备、良种选择、投入品使用、卫生防疫、粪污处理等方面严格执行法律法规和相关标准，具有示范带动作用，经省级畜牧兽医主管部门验收通过并由农业部正式公布的养殖场。

第三条 示范场创建以转变发展方式、提高综合生产能力、发展现代畜牧业为核心，按照高产、优质、高效、生态、安全的发展要求，通过政策扶持、宣传培训、技术引导、示范带动，实现畜禽标准化规模生产和产业化经营，提升畜产品质量安全水平，增强产业竞争力，保障畜产品有效供给，促进畜牧业协调可持续发展。

第四条 各级畜牧兽医行政主管部门应当在当地政府的领导下，积极争取发改、财政、环保、工商和质检等部门的支持，切实抓好示范场建设工作。

第五条 中央与地方的相关扶持政策向示范场倾斜。鼓励畜牧业龙头企业、行业协会和农民专业合作经济组织积极参与示范场创建，带动广大养殖场户发展标准化生产。

第二章 示范场条件及建设要求

第六条 示范场应当具备下列条件：

（一）场址不得位于《中华人民共和国畜牧法》明令禁止区域，并符合相关法律法规及区域内土地使用规划；

（二）达到农业部畜禽养殖标准化示范场验收评分标准所规定的饲养规模；

（三）按照畜牧法规定进行备案；养殖档案符合《农业部关于加强畜禽养殖管理的通知》（农牧发〔2007〕1号）要求；

（四）按照相关规定使用饲料添加剂和兽药；禁止在饲料和动物饮用水中使用违禁药物及非法添加物，以及停用、禁用或者淘汰的饲料和饲料添加剂；

（五）具备县级以上畜牧兽医部门颁发的《动物防疫条件合格证》，两年内无重大疫病和质量安全事件发生；

（六）从事奶牛养殖的，生鲜乳生产、收购、贮存、运输和销售符合《乳品质量安全监督管理条例》《生鲜乳生产收购管理办法》的有关规定，执行《奶牛场卫生规范》（GB16568—2006）。设有生鲜乳收购站的，有《生鲜乳收购许可证》，生鲜乳运输车有《生鲜乳准运证明》；

（七）饲养的商品代畜禽来源于具有种畜禽生产经营许可证的养殖企业，饲养、销售种畜禽符合种畜禽场管理有关规定。

第七条　示范场建设其他条件按照农业部和各省畜禽养殖标准化示范场验收评分标准执行。

第八条　示范场建设内容：

（一）畜禽良种化。因地制宜选用畜禽良种，品种来源清楚、检疫合格。

（二）养殖设施化。养殖场选址布局科学合理，畜禽圈舍、饲养和环境控制等生产设施设备满足标准化生产需要和动物防疫要求。

（三）生产规范化。建立规范完整的养殖档案，制定并实施科学规范的畜禽饲养管理规程，配备与饲养规模相适应的畜牧兽医技术人员，严格遵守饲料、饲料添加剂和兽药使用规定，生产过程实行信息化动态管理。

（四）防疫制度化。防疫设施完善，防疫制度健全，按照国家规定开展免疫监测等防疫工作，科学实施畜禽疫病综合防控措施，对病死畜禽实行无害化处理。

（五）粪污无害化。畜禽粪污处理方法得当，设施齐全且运转正常，实现粪污资源化利用或达到相关排放标准。

第三章　示范场确立

第九条　示范场标准

农业部制定示范创建验收评分标准，省级畜牧兽医主管部门可以根据本省区情况对评分标准进行细化，制定不低于农业部发布标准的实施细则。

第十条　创建方案制定与下达

农业部根据各地畜牧业发展现状，下达当年示范场创建方案，明确各省区标准化示范场的创建数量，并向社会公布。

省级畜牧兽医主管部门负责细化本区域内的示范场创建方案，组织开展示范创建工作。

第十一条　申报程序

符合示范场创建验收标准的养殖场户根据自愿原则向县级畜牧兽医主管部门提出申请，经所在县、市畜牧兽医主管部门初审后报省级畜牧兽医主管部门。

第十二条　评审验收

省级畜牧兽医主管部门组织三人以上的专家组，对申请参与示范创建的养殖场进行现场评审验收，确定每个养殖场在示范期限内的具体示范任务和目标，并将验收合格的养殖场名单在省级媒体公示，无异议后报农业部畜牧业司。

第十三条　批复确认

农业部对各地上报材料进行审查并组织实地抽查复核，审核通过后正式发布，并授予"农业部畜禽标准化示范场"称号，有效期三年。

第四章   指导监督与管理

第十四条   农业部和省级畜牧兽医主管部门分别成立技术专家组。

全国畜牧总站负责对省级畜牧兽医主管部门和技术专家组成员进行培训。省级畜牧兽医主管部门负责对本省区参与示范创建的养殖场进行集中培训与技术指导,养殖场根据相关指导意见开展示范创建活动。

第十五条   示范场应当遵守相关法律法规的规定,严格按照农业部畜禽标准化示范场的有关要求组织生产,以培训和技术指导等多种方式带动周边养殖场户开展标准化生产。

示范场应当按照农业部及省级畜牧兽医主管部门要求定期提供示范场有关基础数据信息,并于每年 12 月 20 日前将本年度生产经营、具体示范任务和目标完成等情况报省级畜牧兽医主管部门。

第十六条   省级畜牧兽医主管部门应当加强示范场的监督管理,建立健全示范场奖惩考核机制,定期或不定期组织检查,并建立示范场监督检查档案记录,每年抽查覆盖率不少于 30%。

县级畜牧兽医主管部门应当掌握示范场建设情况,发现问题及时向上级畜牧兽医主管部门报告。

农业部不定期开展对示范场的监督抽查,并将示范场作为农业部饲料及畜产品质量安全监测的重点。

第十七条   有下列情形之一的,取消示范场资格:

(一) 弄虚作假取得示范场资格的;

(二) 发生重大动物疫病的;

(三) 发生畜产品质量安全事故的;

(四) 使用违禁药物、非法添加物或不按规定使用饲料添加剂的;

(五) 其他必备条件发生变化,已不符合标准要求的;

(六) 因粪污处理与利用不当而造成严重污染的;

(七) 停止生产经营 1 年以上的;

(八) 日常抽查不合格,情节严重的,或整改仍不到位的;

(九) 未按规定完成示范任务和目标的。

第十八条   省级畜牧兽医主管部门应当设立监督举报电话,接受社会监督。

第十九条   地方畜牧兽医主管部门在示范场申报过程中,弄虚作假的,由农业部予以通报批评。涉及违法违纪问题的,按有关规定处理。

第五章   附   则

第二十条   各省、自治区、直辖市畜牧兽医主管部门可参照本办法,组织开展省级示范场创建工作。

第二十一条   本办法自发布之日起施行。

附录十三 病死及死因不明动物处置办法（试行）

(农医发 [2005] 25 号)

第一条 为规范病死及死因不明动物的处置，消灭传染源，防止疫情扩散，保障畜牧业生产和公共卫生安全，根据《中华人民共和国动物防疫法》等有关规定，制定本办法。

第二条 本办法适用于饲养、运输、屠宰、加工、贮存、销售及诊疗等环节发现的病死及死因不明动物的报告、诊断及处置工作。

第三条 任何单位和个人发现病死或死因不明动物时，应当立即报告当地动物防疫监督机构，并做好临时看管工作。

第四条 任何单位和个人不得随意处置及出售、转运、加工和食用病死或死因不明动物。

第五条 所在地动物防疫监督机构接到报告后，应立即派员到现场作初步诊断分析，能确定死亡病因的，应按照国家相应动物疫病防治技术规范的规定进行处理。

对非动物疫病引起死亡的动物，应在当地动物防疫监督机构指导下进行处理。

第六条 对病死但不能确定死亡病因的，当地动物防疫监督机构应立即采样送县级以上动物防疫监督机构确诊。对尸体要在动物防疫监督机构的监督下进行深埋、化制、焚烧等无害化处理。

第七条 对发病快、死亡率高等重大动物疫情，要按有关规定及时上报，对死亡动物及发病动物不得随意进行解剖，要由动物防疫监督机构采取临时性的控制措施，并采样送省级动物防疫监督机构或农业部指定的实验室进行确诊。

第八条 对怀疑是外来病，或者是国内新发疫病，应立即按规定逐级报至省级动物防疫监督机构，对动物尸体及发病动物不得随意进行解剖。经省级动物防疫监督机构初步诊断为疑似外来病，或者是国内新发疫病的，应立即报告农业部，并将病料送国家外来动物疫病诊断中心（农业部动物检疫所，现中国动物卫生与流行病学中心）或农业部指定的实验室进行诊断。

第九条 发现病死及死因不明动物所在地的县级以上动物防疫监督机构，应当及时组织开展死亡原因或流行病学调查，掌握疫情发生、发展和流行情况，为疫情的确诊、控制提供依据。

出现大批动物死亡事件或发生重大动物疫情的，由省级动物防疫监督机构组织进行死亡原因或流行病学调查；属于外来病或国内新发疫病，国家动物流行病学研究中心及农业部指定的疫病诊断实验室要派人协助进行流行病学调查工作。

第十条 除发生疫情的当地县级以上动物防疫监督机构外，任何单位和个人未经省级兽医行政主管部门批准，不得到疫区采样、分离病原、进行流行病学调查。当地动物防疫监督机构或获准到疫区采样和流行病学调查的单位和个人，未经原审批的省级兽医行政主管部门批准，不得向其他单位和个人提供所采集的病料及相关样品和资料。

第十一条 在对病死及死因不明动物采样、诊断、流行病学调查、无害化处理等过程中，要采取有效措施做好个人防护和消毒工作。

第十二条 发生动物疫情后，动物防疫监督机构应立即按规定逐级报告疫情，并依法对疫情作进一步处置，防止疫情扩散蔓延。动物疫情监测机构要按规定做好疫情监测工作。

第十三条 确诊为人畜共患疫病时，兽医行政主管部门要及时向同级卫生行政主管部门通报。

第十四条 各地应根据实际情况，建立病死及死因不明动物举报制度，并公布举报电话。对举报有功的人员，应给予适当奖励。

第十五条 对病死及死因不明动物各项处理，各级动物防疫监督机构要按规定做好相关记录、归档等工作。

第十六条 对违反规定经营病死及死因不明动物的或不按规定处理病死及死因不明动物的单位和个人，按《动物防疫法》有关规定处理。

第十七条 各级兽医行政主管部门要采取多种形式，宣传随意处置及出售、转运、加工和食用病死或死因不明动物的危害性，提高群众防病意识和自我保护能力。

附录十四 高致病性动物病原微生物菌（毒）种或者样本运输包装规范

（中华人民共和国农业部第 503 号公告）

运输高致病性动物病原微生物菌（毒）种或者样本的，其包装应当符合以下要求：

一、内包装

（一）必须是不透水、防泄漏的主容器，保证完全密封。

（二）必须是结实、不透水和防泄漏的辅助包装。

（三）必须在主容器和辅助包装之间填充吸附材料。吸附材料必须充足，能够吸收所有的内装物。多个主容器装入一个辅助包装时，必须将它们分别包装。

（四）主容器的表面贴上标签，表明菌（毒）种或样本类别、编号、名称、数量等信息。

（五）相关文件，例如菌（毒）种或样本数量表格、危险性声明、信件、菌（毒）种或样本鉴定资料、发送者和接收者的信息等应当放入一个防水的袋中，并贴在辅助包装的外面。

二、外包装

（一）外包装的强度应当充分满足对于其容器、重量及预期使用方式的要求。

（二）外包装应当印上生物危险标识并标注"高致病性动物病原微生物，非专业人员严禁拆开！"的警告语。

注：生物危险标识如下图：

三、包装要求

(一) 冻干样本
主容器必须是火焰封口的玻璃安瓿或者是用金属封口的胶塞玻璃瓶。

(二) 液体或者固体样本
1. 在环境温度或者较高温度下运输的样本：只能用玻璃、金属或者塑料容器作为主容器，向容器中罐装液体时须保留足够的剩余空间，同时采用可靠的防漏封口，如热封、带缘的塞子或者金属卷边封口。如果使用旋盖，必须用胶带加固。

2. 在制冷或者冷冻条件下运输的样本：冰、干冰或者其他冷冻剂必须放在辅助包装周围，或者按照规定放在由一个或者多个完整包装件组成的合成包装件中。内部要有支撑物，当冰或者干冰消耗掉以后，仍可以把辅助包装固定在原位置上。如果使用冰，包装必须不透水；如果使用干冰，外包装必须能排出二氧化碳气体；如果使用冷冻剂，主容器和辅助包装必须保持良好的性能，在冷冻剂消耗完以后，应仍能承受运输中的温度和压力。

四、民用航空运输特殊要求

通过民用航空运输的，应当符合《中国民用航空危险品运输管理规定》（CCAR276）和国际民航组织文件 Doc9284《危险物品航空安全运输技术细则》中的有关包装要求。

附录十五　病原微生物实验室生物安全管理条例

（中华人民共和国国务院令第 424 号，自 2004 年 11 月 12 日起施行）

第一章　总　　则

第一条　为了加强病原微生物实验室（以下称实验室）生物安全管理，保护实验室工作人员和公众的健康，制定本条例。

第二条　对中华人民共和国境内的实验室及其从事实验活动的生物安全管理，适用本条例。

本条例所称病原微生物，是指能够使人或者动物致病的微生物。

本条例所称实验活动，是指实验室从事与病原微生物菌（毒）种、样本有关的研究、教学、检测、诊断等活动。

第三条　国务院卫生主管部门主管与人体健康有关的实验室及其实验活动的生物安全监督工作。

国务院兽医主管部门主管与动物有关的实验室及其实验活动的生物安全监督工作。

国务院其他有关部门在各自职责范围内负责实验室及其实验活动的生物安全管理工作。

县级以上地方人民政府及其有关部门在各自职责范围内负责实验室及其实验活动的生物安全管理工作。

第四条　国家对病原微生物实行分类管理，对实验室实行分级管理。

第五条　国家实行统一的实验室生物安全标准。实验室应当符合国家标准和要求。

第六条　实验室的设立单位及其主管部门负责实验室日常活动的管理，承担建立健全安全管理制度，检查、维护实验设施、设备，控制实验室感染的职责。

第二章　病原微生物的分类和管理

第七条　国家根据病原微生物的传染性、感染后对个体或者群体的危害程度，将病原微生物分为四类：

第一类病原微生物，是指能够引起人类或者动物非常严重疾病的微生物，以及我国尚未发现或者已经宣布消灭的微生物。

第二类病原微生物，是指能够引起人类或者动物严重疾病，比较容易直接或者间接在人与人、动物与人、动物与动物间传播的微生物。

第三类病原微生物，是指能够引起人类或者动物疾病，但一般情况下对人、动物或者环境不构成严重危害，传播风险有限，实验室感染后很少引起严重疾病，并且具备有效治疗和预防措施的微生物。

第四类病原微生物，是指在通常情况下不会引起人类或者动物疾病的微生物。

第一类、第二类病原微生物统称为高致病性病原微生物。

第八条　人间传染的病原微生物名录由国务院卫生主管部门商国务院有关部门后制定、调整并予以公布；动物间传染的病原微生物名录由国务院兽医主管部门商国务院有关部门后制定、调整并予以公布。

第九条　采集病原微生物样本应当具备下列条件：

（一）具有与采集病原微生物样本所需要的生物安全防护水平相适应的设备；

（二）具有掌握相关专业知识和操作技能的工作人员；

（三）具有有效地防止病原微生物扩散和感染的措施；

（四）具有保证病原微生物样本质量的技术方法和手段。

采集高致病性病原微生物样本的工作人员在采集过程中应当防止病原微生物扩散和感染，并对样本的来源、采集过程和方法等作详细记录。

第十条　运输高致病性病原微生物菌（毒）种或者样本，应当通过陆路运输；没有陆路通道，必须经水路运输的，可以通过水路运输；紧急情况下或者需要将高致病性病原微生物菌（毒）种或者样本运往国外的，可以通过民用航空运输。

第十一条　运输高致病性病原微生物菌（毒）种或者样本，应当具备下列条件：

（一）运输目的、高致病性病原微生物的用途和接收单位符合国务院卫生主管部门或者兽医主管部门的规定；

（二）高致病性病原微生物菌（毒）种或者样本的容器应当密封，容器或者包装材料还应当符合防水、防破损、防外泄、耐高（低）温、耐高压的要求；

（三）容器或者包装材料上应当印有国务院卫生主管部门或者兽医主管部门规定的生物危险标识、警告用语和提示用语。

运输高致病性病原微生物菌（毒）种或者样本，应当经省级以上人民政府卫生主管部门或者兽医主管部门批准。在省、自治区、直辖市行政区域内运输的，由省、自治区、直辖市人民政府卫生主管部门或者兽医主管部门批准；需要跨省、自治区、直辖市运输或者运往国外的，由出发地的省、自治区、直辖市人民政府卫生主管部门或者兽医主管部门进行初审后，分别报国务院卫生主管部门或者兽医主管部门批准。

出入境检验检疫机构在检验检疫过程中需要运输病原微生物样本的，由国务院出入境检验检疫部门批准，并同时向国务院卫生主管部门或者兽医主管部门通报。

通过民用航空运输高致病性病原微生物菌（毒）种或者样本的，除依照本条第二款、第三款规定取得批准外，还应当经国务院民用航空主管部门批准。

有关主管部门应当对申请人提交的关于运输高致性病原微生物菌（毒）种或者样本的申请材料进行审查，对符合本条第一款规定条件的，应当即时批准。

第十二条　运输高致病性病原微生物菌（毒）种或者样本，应当由不少于 2 人的专人护送，并采取相应的防护措施。

有关单位或者个人不得通过公共电（汽）车和城市铁路运输病原微生物菌（毒）种或者样本。

　　第十三条　需要通过铁路、公路、民用航空等公共交通工具运输高致病性病原微生物菌（毒）种或者样本的，承运单位应当凭本条例第十一条规定的批准文件予以运输。

　　承运单位应当与护送人共同采取措施，确保所运输的高致病性病原微生物菌（毒）种或者样本的安全，严防发生被盗、被抢、丢失、泄漏事件。

　　第十四条　国务院卫生主管部门或者兽医主管部门指定的菌（毒）种保藏中心或者专业实验室（以下称保藏机构），承担集中储存病原微生物菌（毒）种和样本的任务。

　　保藏机构应当依照国务院卫生主管部门或者兽医主管部门的规定，储存实验室送交的病原微生物菌（毒）种和样本，并向实验室提供病原微生物菌（毒）种和样本。

　　保藏机构应当制定严格的安全保管制度，作好病原微生物菌（毒）种和样本进出和储存的记录，建立档案制度，并指定专人负责。对高致病性病原微生物菌（毒）种和样本应当设专库或者专柜单独储存。

　　保藏机构储存、提供病原微生物菌（毒）种和样本，不得收取任何费用，其经费由同级财政在单位预算中予以保障。

　　保藏机构的管理办法由国务院卫生主管部门会同国务院兽医主管部门制定。

　　第十五条　保藏机构应当凭实验室依照本条例的规定取得的从事高致病性病原微生物相关实验活动的批准文件，向实验室提供高致病性病原微生物菌（毒）种和样本，并予以登记。

　　第十六条　实验室在相关实验活动结束后，应当依照国务院卫生主管部门或者兽医主管部门的规定，及时将病原微生物菌（毒）种和样本就地销毁或者送交保藏机构保管。

　　保藏机构接受实验室送交的病原微生物菌（毒）种和样本，应当予以登记，并开具接收证明。

　　第十七条　高致病性病原微生物菌（毒）种或者样本在运输、储存中被盗、被抢、丢失、泄漏的，承运单位、护送人、保藏机构应当采取必要的控制措施，并在2小时内分别向承运单位的主管部门、护送人所在单位和保藏机构的主管部门报告，同时向所在地的县级人民政府卫生主管部门或者兽医主管部门报告，发生被盗、被抢、丢失的，还应当向公安机关报告；接到报告的卫生主管部门或者兽医主管部门应当在2小时内向本级人民政府报告，并同时向上级人民政府卫生主管部门或者兽医主管部门和国务院卫生主管部门或者兽医主管部门报告。

　　县级人民政府应当在接到报告后2小时内向设区的市级人民政府或者上一级人民政府报告；设区的市级人民政府应当在接到报告后2小时内向省、自治区、直辖市人民政府报告。省、自治区、直辖市人民政府应当在接到报告后1小时内，向国务院卫生主管部门或者兽医主管部门报告。

　　任何单位和个人发现高致病性病原微生物菌（毒）种或者样本的容器或者包装材料，应当及时向附近的卫生主管部门或者兽医主管部门报告；接到报告的卫生主管部门或者兽医主管部门应当及时组织调查核实，并依法采取必要的控制措施。

第三章　实验室的设立与管理

第十八条　国家根据实验室对病原微生物的生物安全防护水平，并依照实验室生物安全国家标准的规定，将实验室分为一级、二级、三级、四级。

第十九条　新建、改建、扩建三级、四级实验室或者生产、进口移动式三级、四级实验室应当遵守下列规定：

（一）符合国家生物安全实验室体系规划并依法履行有关审批手续；

（二）经国务院科技主管部门审查同意；

（三）符合国家生物安全实验室建筑技术规范；

（四）依照《中华人民共和国环境影响评价法》的规定进行环境影响评价并经环境保护主管部门审查批准；

（五）生物安全防护级别与其拟从事的实验活动相适应。

前款规定所称国家生物安全实验室体系规划，由国务院投资主管部门会同国务院有关部门制定。制定国家生物安全实验室体系规划应当遵循总量控制、合理布局、资源共享的原则，并应当召开听证会或者论证会，听取公共卫生、环境保护、投资管理和实验室管理等方面专家的意见。

第二十条　三级、四级实验室应当通过实验室国家认可。

国务院认证认可监督管理部门确定的认可机构应当依照实验室生物安全国家标准以及本条例的有关规定，对三级、四级实验室进行认可；实验室通过认可的，颁发相应级别的生物安全实验室证书。证书有效期为5年。

第二十一条　一级、二级实验室不得从事高致病性病原微生物实验活动。三级、四级实验室从事高致病性病原微生物实验活动，应当具备下列条件：

（一）实验目的和拟从事的实验活动符合国务院卫生主管部门或者兽医主管部门的规定；

（二）通过实验室国家认可；

（三）具有与拟从事的实验活动相适应的工作人员；

（四）工程质量经建筑主管部门依法检测验收合格。

国务院卫生主管部门或者兽医主管部门依照各自职责对三级、四级实验室是否符合上述条件进行审查；对符合条件的，发给从事高致病性病原微生物实验活动的资格证书。

第二十二条　取得从事高致病性病原微生物实验活动资格证书的实验室，需要从事某种高致病性病原微生物或者疑似高致病性病原微生物实验活动的，应当依照国务院卫生主管部门或者兽医主管部门的规定报省级以上人民政府卫生主管部门或者兽医主管部门批准。实验活动结果以及工作情况应当向原批准部门报告。

实验室申报或者接受与高致病性病原微生物有关的科研项目，应当符合科研需要和生物安全要求，具有相应的生物安全防护水平，并经国务院卫生主管部门或者兽医主管部门同意。

第二十三条　出入境检验检疫机构、医疗卫生机构、动物防疫机构在实验室开展检测、诊断工作时，发现高致病性病原微生物或者疑似高致病性病原微生物，需要进一步从事这类高致病性病原微生物相关实验活动的，应当依照本条例的规定经批准同意，并在取得相应资格证书的实验室中进行。

专门从事检测、诊断的实验室应当严格依照国务院卫生主管部门或者兽医主管部门的规定，建立健全规章制度，保证实验室生物安全。

第二十四条　省级以上人民政府卫生主管部门或者兽医主管部门应当自收到需要从事高致病性病原微生物相关实验活动的申请之日起15日内作出是否批准的决定。

对出入境检验检疫机构为了检验检疫工作的紧急需要，申请在实验室对高致病性病原微生物或者疑似高致病性病原微生物开展进一步实验活动的，省级以上人民政府卫生主管部门或者兽医主管部门应当自收到申请之时起2小时内作出是否批准的决定；2小时内未作出决定的，实验室可以从事相应的实验活动。

省级以上人民政府卫生主管部门或者兽医主管部门应当为申请人通过电报、电传、传真、电子数据交换和电子邮件等方式提出申请提供方便。

第二十五条　新建、改建或者扩建一级、二级实验室，应当向设区的市级人民政府卫生主管部门或者兽医主管部门备案。设区的市级人民政府卫生主管部门或者兽医主管部门应当每年将备案情况汇总后报省、自治区、直辖市人民政府卫生主管部门或者兽医主管部门。

第二十六条　国务院卫生主管部门和兽医主管部门应当定期汇总并互相通报实验室数量和实验室设立、分布情况，以及取得从事高致病性病原微生物实验活动资格证书的三级、四级实验室及其从事相关实验活动的情况。

第二十七条　已经建成并通过实验室国家认可的三级、四级实验室应当向所在地的县级人民政府环境保护主管部门备案。环境保护主管部门依照法律、行政法规的规定对实验室排放的废水、废气和其他废物处置情况进行监督检查。

第二十八条　对我国尚未发现或者已经宣布消灭的病原微生物，任何单位和个人未经批准不得从事相关实验活动。

为了预防、控制传染病，需要从事前款所指病原微生物相关实验活动的，应当经国务院卫生主管部门或者兽医主管部门批准，并在批准部门指定的专业实验室中进行。

第二十九条　实验室使用新技术、新方法从事高致病性病原微生物相关实验活动的，应当符合防止高致病性病原微生物扩散、保证生物安全和操作者人身安全的要求，并经国家病原微生物实验室生物安全专家委员会论证；经论证可行的，方可使用。

第三十条　需要在动物体上从事高致病性病原微生物相关实验活动的，应当在符合动物实验室生物安全国家标准的三级以上实验室进行。

第三十一条　实验室的设立单位负责实验室的生物安全管理。

实验室的设立单位应当依照本条例的规定制定科学、严格的管理制度，并定期对有关生物安全规定的落实情况进行检查，定期对实验室设施、设备、材料等进行检查、维护和更新，以确保其符合国家标准。

实验室的设立单位及其主管部门应当加强对实验室日常活动的管理。

第三十二条　实验室负责人为实验室生物安全的第一责任人。

实验室从事实验活动应当严格遵守有关国家标准和实验室技术规范、操作规程。实验室负责人应当指定专人监督检查实验室技术规范和操作规程的落实情况。

第三十三条　从事高致病性病原微生物相关实验活动的实验室的设立单位，应当建立健全安全保卫制度，采取安全保卫措施，严防高致病性病原微生物被盗、被抢、丢失、泄漏，保障实验室及其病原微生物的安全。实验室发生高致病性病原微生物被盗、被抢、丢失、泄漏的，实验室的设立单位应当依照本条例第十七条的规定进行报告。

从事高致病性病原微生物相关实验活动的实验室应当向当地公安机关备案，并接受公安机关有关实验室安全保卫工作的监督指导。

第三十四条　实验室或者实验室的设立单位应当每年定期对工作人员进行培训，保证其掌握实验室技术规范、操作规程、生物安全防护知识和实际操作技能，并进行考核。工作人员经考核合格的，方可上岗。

从事高致病性病原微生物相关实验活动的实验室，应当每半年将培训、考核其工作人员的情况和实验室运行情况向省、自治区、直辖市人民政府卫生主管部门或者兽医主管部门报告。

第三十五条　从事高致病性病原微生物相关实验活动应当有 2 名以上的工作人员共同进行。

进入从事高致病性病原微生物相关实验活动的实验室的工作人员或者其他有关人员，应当经实验室负责人批准。实验室应当为其提供符合防护要求的防护用品并采取其他职业防护措施。从事高致病性病原微生物相关实验活动的实验室，还应当对实验室工作人员进行健康监测，每年组织对其进行体检，并建立健康档案；必要时，应当对实验室工作人员进行预防接种。

第三十六条　在同一个实验室的同一个独立安全区域内，只能同时从事一种高致病性病原微生物的相关实验活动。

第三十七条　实验室应当建立实验档案，记录实验室使用情况和安全监督情况。实验室从事高致病性病原微生物相关实验活动的实验档案保存期，不得少于 20 年。

第三十八条　实验室应当依照环境保护的有关法律、行政法规和国务院有关部门的规定，对废水、废气以及其他废物进行处置，并制定相应的环境保护措施，防止环境污染。

第三十九条　三级、四级实验室应当在明显位置标示国务院卫生主管部门和兽医主管部门规定的生物危险标识和生物安全实验室级别标志。

第四十条　从事高致病性病原微生物相关实验活动的实验室应当制定实验室感染应急处置预案，并向该实验室所在地的省、自治区、直辖市人民政府卫生主管部门或者兽医主管部门备案。

第四十一条　国务院卫生主管部门和兽医主管部门会同国务院有关部门组织病原学、免疫学、检验医学、流行病学、预防兽医学、环境保护和实验室管理等方面的专家，组成国家病原微生物实验室生物安全专家委员会。该委员会承担从事高致病性病原微生物相关实验活动的实验室的设立与运行的生物安全评估和技术咨询、论证工作。

省、自治区、直辖市人民政府卫生主管部门和兽医主管部门会同同级人民政府有关部门组织病原学、免疫学、检验医学、流行病学、预防兽医学、环境保护和实验室管理等方面的专家，组成本地区病原微生物实验室生物安全专家委员会。该委员会承担本地区实验室设立和运行的技术咨询工作。

第四章　实验室感染控制

第四十二条　实验室的设立单位应当指定专门的机构或者人员承担实验室感染控制工作，定期检查实验室的生物安全防护、病原微生物菌（毒）种和样本保存与使用、安全操作、实验室排放的废水和废气以及其他废物处置等规章制度的实施情况。

负责实验室感染控制工作的机构或者人员应当具有与该实验室中的病原微生物有关的传染病防治知识，并定期调查、了解实验室工作人员的健康状况。

第四十三条　实验室工作人员出现与本实验室从事的高致病性病原微生物相关实验活动有关的感染临床症状或者体征时，实验室负责人应当向负责实验室感染控制工作的机构或者人员报告，同时派专人陪同及时就诊；实验室工作人员应当将近期所接触的病原微生物的种类和危险程度如实告知诊治医疗机构。接诊的医疗机构应当及时救治；不具备相应救治条件的，应当依照规定将感染的实验室工作人员转诊至具备相应传染病救治条件的医疗机构；具备相应传染病救治条件的医疗机构应当接诊治疗，不得拒绝救治。

第四十四条　实验室发生高致病性病原微生物泄漏时，实验室工作人员应当立即采取控制措施，防止高致病性病原微生物扩散，并同时向负责实验室感染控制工作的机构或者人员报告。

第四十五条　负责实验室感染控制工作的机构或者人员接到本条例第四十三条、第四十四条规定的报告后，应当立即启动实验室感染应急处置预案，并组织人员对该实验室生物安全状况等情况进行调查；确认发生实验室感染或者高致病性病原微生物泄漏的，应当依照本条例第十七条的规定进行报告，并同时采取控制措施，对有关人员进行医学观察或者隔离治疗，封闭实验室，防止扩散。

第四十六条　卫生主管部门或者兽医主管部门接到关于实验室发生工作人员感染事故或者病原微生物泄漏事件的报告，或者发现实验室从事病原微生物相关实验活动造成实验室感染事故的，应当立即组织疾病预防控制机构、动物防疫监督机构和医疗机构以及其他有关机构依法采取下列预防、控制措施：

（一）封闭被病原微生物污染的实验室或者可能造成病原微生物扩散的场所；

（二）开展流行病学调查；

（三）对病人进行隔离治疗，对相关人员进行医学检查；

（四）对密切接触者进行医学观察；

（五）进行现场消毒；

（六）对染疫或者疑似染疫的动物采取隔离、扑杀等措施；

（七）其他需要采取的预防、控制措施。

第四十七条　医疗机构或者兽医医疗机构及其执行职务的医务人员发现由于实验室感染而引起的与高致病性病原微生物相关的传染病病人、疑似传染病病人或者患有疫病、疑似患有疫病的动物，诊治的医疗机构或者兽医医疗机构应当在2小时内报告所在地的县级人民政府卫生主管部门或者兽医主管部门；接到报告的卫生主管部门或者兽医主管部门应当在 2 小时内通报实验室所在地的县级人民政府卫生主管部门或者兽医主管部门。接到通报的卫生主管部门或者兽医主管部门应当依照本条例第四十六条的规定采取预防、控制措施。

第四十八条　发生病原微生物扩散，有可能造成传染病暴发、流行时，县级以上人民政府卫生主管部门或者兽医主管部门应当依照有关法律、行政法规的规定以及实验室感染应急处置预案进行处理。

第五章　监督管理

第四十九条　县级以上地方人民政府卫生主管部门、兽医主管部门依照各自分工，履行下列职责：

（一）对病原微生物菌（毒）种、样本的采集、运输、储存进行监督检查；

（二）对从事高致病性病原微生物相关实验活动的实验室是否符合本条例规定的条件进行监督检查；

（三）对实验室或者实验室的设立单位培训、考核其工作人员以及上岗人员的情况进行监督检查；

（四）对实验室是否按照有关国家标准、技术规范和操作规程从事病原微生物相关实验活动进行监督检查。

县级以上地方人民政府卫生主管部门、兽医主管部门，应当主要通过检查反映实验室执行国家有关法律、行政法规以及国家标准和要求的记录、档案、报告，切实履行监督管理职责。

第五十条　县级以上人民政府卫生主管部门、兽医主管部门、环境保护主管部门在履行监督检查职责时，有权进入被检查单位和病原微生物泄漏或者扩散现场调查取证、采集样品，查阅复制有关资料。需要进入从事高致病性病原微生物相关实验活动的实验室调查取证、采集样品的，应当指定或者委托专业机构实施。被检查单位应当予以配合，不得拒绝、阻挠。

第五十一条　国务院认证认可监督管理部门依照《中华人民共和国认证认可条例》的规定对实验室认可活动进行监督检查。

第五十二条　卫生主管部门、兽医主管部门、环境保护主管部门应当依据法定的职权和程序履行职责，做到公正、公平、公开、文明、高效。

第五十三条　卫生主管部门、兽医主管部门、环境保护主管部门的执法人员执行职务时，应当有 2 名以上执法人员参加，出示执法证件，并依照规定填写执法文书。

现场检查笔录、采样记录等文书经核对无误后，应当由执法人员和被检查人、被采样人签名。被检查人、被采样人拒绝签名的，执法人员应当在自己签名后注明情况。

第五十四条　卫生主管部门、兽医主管部门、环境保护主管部门及其执法人员执行职务，应当自觉接受社会和公民的监督。公民、法人和其他组织有权向上级人民政府及其卫生主管部门、兽医主管部门、环境保护主管部门举报地方人民政府及其有关主管部门不依照规定履行职责的情况。接到举报的有关人民政府或者其卫生主管部门、兽医主管部门、环境保护主管部门，应当及时调查处理。

第五十五条　上级人民政府卫生主管部门、兽医主管部门、环境保护主管部门发现属于下级人民政府卫生主管部门、兽医主管部门、环境保护主管部门职责范围内需要处理的事项的，应当及时告知该部门处理；下级人民政府卫生主管部门、兽医主管部门、环境保护主管部门不及时处理或者不积极履行本部门职责的，上级人民政府卫生主管部门、兽医主管部门、环境保护主管部门应当责令其限期改正；逾期不改正的，上级人民政府卫生主管部门、兽医主管部门、环境保护主管部门有权直接予以处理。

第六章　法律责任

第五十六条　三级、四级实验室未依照本条例的规定取得从事高致病性病原微生物实验活动的资格证书，或者已经取得相关资格证书但是未经批准从事某种高致病性病原微生物或者疑似高致病性病原微生物实验活动的，由县级以上地方人民政府卫生主管部门、兽医主管部门依照各自职责，责令停止有关活动，监督其将用于实验活动的病原微生物销毁或者送交保藏机构，并给予警告；造成传染病传播、流行或者其他严重后果的，由实验室的设立单位对主要负责人、直接负责的主管人员和其他直接责任人员，依法给予撤职、开除的处分；有资格证书的，应当吊销其资格证书；构成犯罪的，依法追究刑事责任。

第五十七条　卫生主管部门或者兽医主管部门违反本条例的规定，准予不符合本条例规定条件的实验室从事高致病性病原微生物相关实验活动的，由作出批准决定的卫生主管部门或者兽医主管部门撤销原批准决定，责令有关实验室立即停止有关活动，并监督其将用于实验活动的病原微生物销毁或者送交保藏机构，对直接负责的主管人员和其他直接责任人员依法给予行政处分；构成犯罪的，依法追究刑事责任。

因违法作出批准决定给当事人的合法权益造成损害的，作出批准决定的卫生主管部门或者兽医主管部门应当依法承担赔偿责任。

第五十八条　卫生主管部门或者兽医主管部门对符合法定条件的实验室不颁发从事高致病性病原微生物实验活动的资格证书，或者对出入境检验检疫机构为了检验检疫工作的紧急需要，申请在实验室对高致病性病原微生物或者疑似高致病性病原微生物开展进一步检测活动，不在法定期限内作出是否批准决定的，由其上级行政机关或者监察机关责令改正，给予警告；造成传染病传播、流行或者其他严重后果的，对直接负责的主管人员和其他直接责任人员依法给予撤职、开除的行政处分；构成犯罪的，依法追究刑事责任。

第五十九条　违反本条例规定，在不符合相应生物安全要求的实验室从事病原微生物相关实验活动的，由县级以上地方人民政府卫生主管部门、兽医主管部门依照各自职责，责令停止有关活动，监督其将用于实验活动的病原微生物销毁或者送交保藏机构，并给予警告；造成传染病传播、流行或者其他严重后果的，由实验室的设立单位对主要负责人、直接负责的主管人员和其他直接责任人员，依法给予撤职、开除的处分；构成犯罪的，依法追究刑事责任。

第六十条　实验室有下列行为之一的，由县级以上地方人民政府卫生主管部门、兽医主管部门依照各自职责，责令限期改正，给予警告；逾期不改正的，由实验室的设立单位对主要负责人、直接负责的主管人员和其他直接责任人员，依法给予撤职、开除的处分；有许可证件的，并由原发证部门吊销有关许可证件：

（一）未依照规定在明显位置标示国务院卫生主管部门和兽医主管部门规定的生物危险标识和生物安全实验室级别标志的；

（二）未向原批准部门报告实验活动结果以及工作情况的；

（三）未依照规定采集病原微生物样本，或者对所采集样本的来源、采集过程和方法等未作详细记录的；

（四）新建、改建或者扩建一级、二级实验室未向设区的市级人民政府卫生主管部门或者兽医主管部门备案的；

（五）未依照规定定期对工作人员进行培训，或者工作人员考核不合格允许其上岗，或者批准未采取防护措施的人员进入实验室的；

（六）实验室工作人员未遵守实验室生物安全技术规范和操作规程的；

（七）未依照规定建立或者保存实验档案的；

（八）未依照规定制定实验室感染应急处置预案并备案的。

第六十一条 经依法批准从事高致病性病原微生物相关实验活动的实验室的设立单位未建立健全安全保卫制度，或者未采取安全保卫措施的，由县级以上地方人民政府卫生主管部门、兽医主管部门依照各自职责，责令限期改正；逾期不改正，导致高致病性病原微生物菌（毒）种、样本被盗、被抢或者造成其他严重后果的，由原发证部门吊销该实验室从事高致病性病原微生物相关实验活动的资格证书；造成传染病传播、流行的，该实验室设立单位的主管部门还应当对该实验室的设立单位的直接负责的主管人员和其他直接责任人员，依法给予降级、撤职、开除的处分；构成犯罪的，依法追究刑事责任。

第六十二条 未经批准运输高致病性病原微生物菌（毒）种或者样本，或者承运单位经批准运输高致病性病原微生物菌（毒）种或者样本未履行保护义务，导致高致病性病原微生物菌（毒）种或者样本被盗、被抢、丢失、泄漏的，由县级以上地方人民政府卫生主管部门、兽医主管部门依照各自职责，责令采取措施，消除隐患，给予警告；造成传染病传播、流行或者其他严重后果的，由托运单位和承运单位的主管部门对主要负责人、直接负责的主管人员和其他直接责任人员，依法给予撤职、开除的处分；构成犯罪的，依法追究刑事责任。

第六十三条 有下列行为之一的，由实验室所在地的设区的市级以上地方人民政府卫生主管部门、兽医主管部门依照各自职责，责令有关单位立即停止违法活动，监督其将病原微生物销毁或者送交保藏机构；造成传染病传播、流行或者其他严重后果的，由其所在单位或者其上级主管部门对主要负责人、直接负责的主管人员和其他直接责任人员，依法给予撤职、开除的处分；有许可证件的，并由原发证部门吊销有关许可证件；构成犯罪的，依法追究刑事责任：

（一）实验室在相关实验活动结束后，未依照规定及时将病原微生物菌（毒）种和样本就地销毁或者送交保藏机构保管的；

（二）实验室使用新技术、新方法从事高致病性病原微生物相关实验活动未经国家病原微生物实验室生物安全专家委员会论证的；

（三）未经批准擅自从事在我国尚未发现或者已经宣布消灭的病原微生物相关实验活动的；

（四）在未经指定的专业实验室从事在我国尚未发现或者已经宣布消灭的病原微生物相关实验活动的；

（五）在同一个实验室的同一个独立安全区域内同时从事两种或者两种以上高致病性病原微生物的相关实验活动的。

第六十四条　认可机构对不符合实验室生物安全国家标准以及本条例规定条件的实验室予以认可，或者对符合实验室生物安全国家标准以及本条例规定条件的实验室不予认可的，由国务院认证认可监督管理部门责令限期改正，给予警告；造成传染病传播、流行或者其他严重后果的，由国务院认证认可监督管理部门撤销其认可资格，有上级主管部门的，由其上级主管部门对主要负责人、直接负责的主管人员和其他直接责任人员依法给予撤职、开除的处分；构成犯罪的，依法追究刑事责任。

第六十五条　实验室工作人员出现该实验室从事的病原微生物相关实验活动有关的感染临床症状或者体征，以及实验室发生高致病性病原微生物泄漏时，实验室负责人、实验室工作人员、负责实验室感染控制的专门机构或者人员未依照规定报告，或者未依照规定采取控制措施的，由县级以上地方人民政府卫生主管部门、兽医主管部门依照各自职责，责令限期改正，给予警告；造成传染病传播、流行或者其他严重后果的，由其设立单位对实验室主要负责人、直接负责的主管人员和其他直接责任人员，依法给予撤职、开除的处分；有许可证件的，并由原发证部门吊销有关许可证件；构成犯罪的，依法追究刑事责任。

第六十六条　拒绝接受卫生主管部门、兽医主管部门依法开展有关高致病性病原微生物扩散的调查取证、采集样品等活动或者依照本条例规定采取有关预防、控制措施的，由县级以上人民政府卫生主管部门、兽医主管部门依照各自职责，责令改正，给予警告；造成传染病传播、流行以及其他严重后果的，由实验室的设立单位对实验室主要负责人、直接负责的主管人员和其他直接责任人员，依法给予降级、撤职、开除的处分；有许可证件的，并由原发证部门吊销有关许可证件；构成犯罪的，依法追究刑事责任。

第六十七条　发生病原微生物被盗、被抢、丢失、泄漏，承运单位、护送人、保藏机构和实验室的设立单位未依照本条例的规定报告的，由所在地的县级人民政府卫生主管部门或者兽医主管部门给予警告；造成传染病传播、流行或者其他严重后果的，由实验室的设立单位或者承运单位、保藏机构的上级主管部门对主要负责人、直接负责的主管人员和其他直接责任人员，依法给予撤职、开除的处分；构成犯罪的，依法追究刑事责任。

第六十八条　保藏机构未依照规定储存实验室送交的菌（毒）种和样本，或者未依照规定提供菌（毒）种和样本的，由其指定部门责令限期改正，收回违法提供的菌（毒）种和样本，并给予警告；造成传染病传播、流行或者其他严重后果的，由其所在单位或者其上级主管部门对主要负责人、直接负责的主管人员和其他直接责任人员，依法给予撤职、开除的处分；构成犯罪的，依法追究刑事责任。

第六十九条　县级以上人民政府有关主管部门，未依照本条例的规定履行实验室及其实验活动监督检查职责的，由有关人民政府在各自职责范围内责令改正，通报批评；造成传染病传播、流行或者其他严重后果的，对直接负责的主管人员，依法给予行政处分；构成犯罪的，依法追究刑事责任。

第七章 附 则

第七十条 军队实验室由中国人民解放军卫生主管部门参照本条例负责监督管理。

第七十一条 本条例施行前设立的实验室，应当自本条例施行之日起 6 个月内，依照本条例的规定，办理有关手续。

第七十二条 本条例自公布之日起施行。

附录十六　兽医实验室生物安全管理规范

（中华人民共和国农业部公告第 302 号）

1. 适用范围

本规范规定了兽医实验室生物安全防护的基本原则、实验室的分级、各级实验室的基本要求和管理。本规范为最低要求。

本规范适用于各级兽医实验室的建设、使用和管理。

2. 引用标准

本规范引用下列文件中的条款作为本规范的条款。凡注日期的引用文件，其随后所有的修改（不包括勘误的内容）或修订版均不适用于本规范。凡不注日期的引用文件，其最新版本适用于本规范。

《中华人民共和国动物防疫法》（1997）

《中华人民共和国进出境动植物检疫法》（1992）

《中华人民共和国进出境动植物检疫法实施条例》（1995）

《农业转基因生物安全管理条例》（2001 国务院 304 号令）

《农业生物基因工程安全管理实施办法》（1996 农业部 7 号令）

《实验动物管理条例》（1988 国家科委 2 号令）

GB　14925—2001	实验动物 环境与设施
GB/T 15481—2000	检测和校准实验室能力的通用要求
GB/T 16803—1997	采暖、通风、空调、净化设备术语
GB/T 14295—93	空气过滤器
GB/13554—92	高效空气过滤器
GB　50155—92	采暖通风与空气调节术语标准
GBJ　19—87	采暖通风与空气调节设计规范
WS 233—2002	微生物和生物医学实验室生物安全通用准则
OIE 2002	国际动物卫生法典
JCJ　71—90	洁净室施工及验收规范
NF EN 12021	可呼吸空气生产标准

3. 定义

本规范采用下列定义：

兽医实验室（Veterinary Laboratory）：一切从事兽医病原微生物、寄生虫研究与使用，以及兽医临床诊疗和疫病检疫监测的实验室。

动物（Animal）：本规范涉及的动物是指家畜家禽和人工饲养、合法捕获的其他动物。

兽医微生物（Veterinary Microorganisms）：一切能引起动物传染病或人畜共患病的细菌、病毒和真菌等病原体。

人畜共患病（Zoonosis）：可以由动物传播给人并引起人类发病的传染性疾病。

外来病（Exotic Diseases）：在国外存在或流行的，但在国内尚未证实存在或已消灭的动物疫病。

实验室生物安全防护（Biosafety Containment of Laboratories）：实验室工作人员在处理病原微生物、含有病原微生物的实验材料或寄生虫时，为确保实验对象不对人和动物造成生物伤害，确保周围环境不受其污染，在实验室和动物实验室的设计与建造、使用个体防护装置、严格遵守标准化的工作及操作程序和规程等方面所采取的综合防护措施。

微生物危害评估（Hazard Assessment of Microbes）：对病原微生物或寄生虫可能给人、动物和环境带来的危害所进行的评估。

气溶胶（Aerosol）：悬浮于气体介质中粒径为 $0.001 \sim 100 \mu m$ 的固体、液体微小粒子形成的胶溶状态分散体系。

通风橱（Chemical Hood）：是通过管道直接排出操作化学药品时所产生的有害或挥发性气体、气溶胶和微粒的通风装置。

高效空气过滤器（HEPA，High Efficiency Particulate Air-filter）：在额定风量下，对粒径大于等于 $0.3 \mu m$ 的粒子捕集效率在 99.97% 以上及气流阻力在 245Pa 以下的空气过滤器。

物理防护设备（Physical Containment Device）：是用于防止病原微生物逸出和对操作者实施防护的物理或机械设备。

生物安全柜（Biosafety Cabinet）：处理危险性微生物时所用的箱形负压空气净化安全设备。分为Ⅰ、Ⅱ和Ⅲ级。

生物安全柜的简单分类及应用

柜子			应用		
类型	面速度（ft/min）	气流方式	放射性元素/有毒化学物操作	生物安全水平	产品防护
Ⅰ级	前开门式 75	前面进，后面出，顶部通过 HEPA 过滤器	不能	2，3	无
Ⅱ级	A 型 75	70% 通过 HEPA 循环，通过 HEPA 排出	不能	2，3	有
B1 型	100	30% 通过 HEPA 循环，通过 HEPA 和严格管道排出	能（低水平/挥发性）	2，3	有
B2 型	100	无循环，全部通过 HEPA 和严格管道排出	能	2，3	有
B3 型	100	同ⅡA，但箱内呈负压和管道排气	能	2，3	有
Ⅲ级	无要求	供气进口和排气通过两道 HEPA 过滤器	能	3，4	有

4. 实验室生物安全防护的基本原则

4.1　总则

4.1.1　兽医实验室生物安全防护内容包括安全设备、个体防护装置和措施（一级防护），实验室的特殊设计和建设要求（二级防护），严格的管理制度和标准化的操作程序与规程。

4.1.2　兽医实验室除了防范病原体对实验室工作人员的感染外，还必须采取相应措施防止病原体的逃逸。

4.1.3　对每一特定实验室，应制定有关生物安全防护综合措施，编写各实验室的生物安全管理手册，并有专人负责生物安全工作。

4.1.4　生物安全水平根据微生物的危害程度和防护要求分为 4 个等级，即Ⅰ、Ⅱ、Ⅲ、Ⅳ级。

4.1.5　有关 DNA 重组操作和遗传工程体的生物安全应参照《农业生物基因工程安全管理实施办法》执行。

4.2　安全设备和个体防护

确保实验室工作人员不与病原微生物直接接触的初级屏障。

4.2.1　实验室必须配备相应级别的生物安全设备。所有可能使病原微生物逸出或产生气溶胶的操作，必须在相应等级的生物安全控制条件下进行。

4.2.2　实验室工作人员必须配备个体防护用品（防护帽、护目镜、口罩、工作服、手套等）。

4.3　实验室选址、设计和建造的要求

实验室的选址、设计和建造应考虑对周围环境的影响。

4.3.1　实验室必须依据所需要的防护级别和标准进行设计和建造，并满足本规范中的最低设计要求和运行条件。

4.3.2　动物实验室除满足相应生物安全级别要求外，还应隔离，并根据其相应生物安全级别，保持与中心实验室的相应压差。

4.4　生物安全操作规程

4.4.1　本规范规定了不同级别的兽医实验室生物安全操作规程，必须在各实验室的生物安全管理手册中明列，并结合实际制定相应的实施方案。

4.4.2　本规范对各种病原微生物均有明确的生物危害分类，各实验室应根据其操作的对象，制定相应的特殊生物安全操作规程，并列入其生物安全管理手册。

4.5　危害性微生物及其毒素样品的引进、采集、包装、标识、传递和保存

4.5.1　采集的样品应放入安全的防漏容器内，传递时必须包装结实严密，标识清楚牢固，容器表面消毒后由专人送递或邮寄至相应实验室。

4.5.2　进口危害性微生物及其毒素样品时，申请者必须要有与该微生物危害等级相应的生物安全实验室，并经国务院畜牧兽医行政管理部门批准。

4.5.3　危害性微生物及其毒素样品的保存应根据其危害等级分级保存。

4.6　使用放射性同位素的生物安全防护要求参照《放射性同位素与射线装置放射防

护条例》执行。

4.7 去污染与废弃物（废气、废液和固形物）处理

4.7.1 去污染包括灭菌（彻底杀灭所有微生物）和消毒（杀灭特殊种类的病原体），是防止病原体扩散造成生物危害的重要防护屏障。

4.7.2 被污染的废弃物或各种器皿在废弃或清洗前必须进行灭菌处理；实验室在病原体意外泄漏、重新布置或维修、可疑污染设备的搬运以及空气过滤系统检修时，均应对实验室设施及仪器设备进行消毒处理。

4.7.3 根据被处理物的性质选择适当的处理方法，如高压灭菌、化学消毒、熏蒸、γ-射线照射或焚烧等。

4.7.4 对实验动物尸体及动物产品应按规定作无害化处理。

4.7.5 实验室应尽量减少用水，污染区、半污染区产生的废水必须排入专门配备的废水处理系统，经处理达标后方可排放。

4.8 管理制度

兽医实验室必须建立健全管理制度。

4.9 微生物危害评估

按照微生物危害分为4级。在建设实验室之前，必须对拟操作的病原微生物进行危害评估，结合人和动物对其易感性、气溶胶传播的可能性、预防和治疗的获得性等因素，确定相应生物安全水平等级。

5. 微生物危害分级

5.1 微生物危害通常分为以下4级

生物危害1级：对个体和群体危害程度低，已知的不能对健康成年人和动物致病的微生物。

生物危害2级：对个体危害程度为中度，对群体危害较低，主要通过皮肤、黏膜、消化道传播。对人和动物有致病性，但对实验人员、动物和环境不会造成严重危害的动物致病微生物，具有有效的预防和治疗措施。

生物危害3级：对个体危害程度高，对群体危害程度较高。能通过气溶胶传播的，引起严重或致死性疫病，导致严重经济损失的动物致病微生物，或外来的动物致病微生物。对人引发的疾病具有有效的预防和治疗措施。

生物危害4级：对个体和群体的危害程度高，通常引起严重疫病的、暂无有效预防和治疗措施的动物致病微生物。通过气溶胶传播的，有高度传染性、致死性的动物致病微生物；或未知的危险的动物致病微生物。

5.2 根据对象微生物本身的致病特征确定微生物的危害等级时必须考虑下列因素

- 微生物的致病性和毒力
- 宿主范围
- 所引起疾病的发病率和死亡率
- 疾病的传播媒介
- 动物体内或环境中病原的量和浓度

- 排出物传播的可能性
- 病原在自然环境中的存活时间
- 病原的地方流行特性
- 交叉污染的可能性
- 获得有效疫苗、预防和治疗药物的程度

5.3　除考虑特定微生物固有的致病危害外，危害评估还应包括

- 产生气溶胶的可能性
- 操作方法（体外、体内或攻毒）
- 对重组微生物还应评估其基因特征（毒力基因和毒素基因）、宿主适应性改变、基因整合、增殖力和回复野生型的能力等。

6. 兽医实验室的分类、分级及其适用范围

6.1　分类

兽医实验室分两类。

6.1.1　生物安全实验室　是指对病原微生物进行试验操作时所产生的生物危害具有物理防护能力的兽医实验室。适用于兽医微生物的临床检验检测、分离培养、鉴定以及各种生物制剂的研究等工作。

6.1.2　生物安全动物实验室　是指对病原微生物的动物生物学试验研究时所产生的生物危害具有物理防护能力的兽医实验室。也适用于动物传染病临床诊断、治疗、预防研究等工作。

6.2　分级

上述两类实验室，根据所用病原微生物的危害程度、对人和动物的易感性、气溶胶传播的可能性、预防和治疗的可行性等因素，其实验室生物安全水平各分为四级，一级最低，四级最高。

6.2.1　生物安全水平分级依据

一级生物安全水平（BSL-1）：能够安全操作，对实验室工作人员和动物无明显致病性的，对环境危害程度微小的，特性清楚的病原微生物的生物安全水平。

二级生物安全水平（BSL-2）：能够安全操作，对实验室工作人员和动物致病性低的，对环境有轻微危害的病原微生物的生物安全水平。

三级生物安全水平（BSL-3）：能够安全地从事国内和国外的，可能通过呼吸道感染，引起严重或致死性疾病的病原微生物工作的生物安全水平。与上述相近的或有抗原关系的，但尚未完全认知的病原体，也应在此种水平条件下进行操作，直到取得足够的数据后，才能决定是继续在此种安全水平下工作还是在其他等级生物安全水平下工作。

四级生物安全水平（BSL-4）：能够安全地从事国内和国外的，能通过气溶胶传播，实验室感染高度危险，严重危害人和动物生命和环境的，没有特效预防和治疗方法的微生物工作的生物安全水平。与上述相近的或有抗原关系的，但尚未完全认识的病原体也应在此种水平条件下进行操作，直到取得足够的数据后，才能决定是继续在此种安全水平下工作还是在低一级安全水平下工作。

6.2.2　动物实验生物安全水平（ABSL）

一级动物实验生物安全水平（ABSL-1）：能够安全地进行没有发现肯定能引起健康成人发病的，对实验室工作人员、动物和环境危害微小的、特性清楚的病原微生物感染动物工作的生物安全水平。

二级动物实验生物安全水平（ABSL-2）：能够安全地进行对工作人员、动物和环境有轻微危害的病原微生物感染动物的生物安全水平。这些病原微生物通过消化道和皮肤、黏膜暴露而产生危害。

三级动物实验生物安全水平（ABSL-3）：能够安全地从事国内和国外的，可能通过呼吸道感染、引起严重或致死性疾病的病原微生物感染动物工作的生物安全水平。与上述相近的或有抗原关系的但尚未完全认识的病原体感染，也应在此种水平条件下进行操作，直到取得足够的数据后，才能决定是继续在此种安全水平下工作还是在低一级安全水平下工作。

四级动物实验生物安全水平（ABSL-4）：能够安全地从事国内和国外的，能通过气溶胶传播，实验室感染高度危险、严重危害人和动物生命和环境的，没有特效预防和治疗方法的微生物感染动物工作的生物安全水平。与上述相近的或有抗原关系的，但尚未完全认知的病原体动物试验也应在此种水平条件下进行操作，直到取得足够的数据后，才能决定是继续在此种安全水平下工作还是在低一级安全水平下工作。

6.3　实验室致病微生物的生物安全等级见附表一

7. 实验室生物安全的物理防护分级和组合

7.1　初级物理防护屏障

实验室生物安全必须配备初级物理防护屏障，它包括各级生物安全设备和个人防护器具。

7.2　次级物理防护屏障

实验室的设施结构和通风设计构成次级物理防护屏障。次级物理防护的能力取决于实验室分区和室内气压，要根据实验室的安全要求进行设计。一般把实验室分为洁净、半污染和污染三个区。实验室保持密闭，通风的气流方向始终保持：外界→HEPA→洁净区→半污染区→污染区→HEPA→外界。三级和四级生物安全水平的实验室中，污染区和半污染区的气压相对于大气压的压差分别不应小于-50Pa和-30Pa。

7.3　生物安全水平（BSL）的构成

生物安全水平依赖于初级防护屏障、次级防护屏障和操作规程。三者不同形式的组合构成了4个级别生物安全水平，Ⅰ、Ⅱ、Ⅲ、Ⅳ级安全水平逐级提高，从而构成Ⅰ、Ⅱ、Ⅲ、Ⅳ级实验室生物安全。应根据实验的生物安全要求进行各种组合的设计。

7.4　各级生物安全实验室要求

7.4.1　一级生物安全实验室

指按照BSL-1标准建造的实验室，也称基础生物实验室。在建筑物中，实验室无需与一般区域隔离。实验室人员需经一般生物专业训练。其具体标准、微生物操作、安全设备、实验室设施要求如下。

7.4.1.1　标准操作

• 工作一般在桌面上进行，采用微生物的常规操作。工作台面至少每天消毒一次。

• 工作区内不准吃、喝、抽烟、用手接触隐形眼镜、存放个人物品（化妆品、食品等）。

• 严禁用嘴吸取试验液体，应该使用专用的移液管。

• 防止皮肤损伤。

• 所有操作均需小心，避免外溢和气溶胶的产生。

• 所有废弃物在处理之前用公认有效的方法灭菌消毒。从实验室拿出消毒后的废弃物应放在一个牢固不漏的容器内，并按照国家或地方法规进行处理。

• 昆虫和啮齿类动物控制方案应参照其他有关规定进行。

7.4.1.2　特殊操作　无。

7.4.1.3　安全设备（初级防护屏障）

• BSL-1实验室可不配置特殊的物理防护设备。

• 工作时应穿着实验室专用长工作服。

• 戴乳胶手套。

• 可佩戴防护眼镜或面罩。

7.4.1.4　实验室设施（次级防护屏障）

• 实验室有控制进出的门。

• 每个实验室应有一个洗手池。

• 室内装饰便于打扫卫生，不用地毯和垫子。

• 工作台面不漏水、耐酸碱和中等热度、抗化学物质的腐蚀。

• 实验室内器具安放稳妥，器具之间留有一定的距离，方便清扫。

• 实验室的窗户，必须安纱窗。

7.4.2　二级生物安全实验室

指按照BSL-2标准建造的实验室，也称为基础生物实验室。在建筑物中，实验室无需与一般区域隔离。实验室人员需经一般生物专业训练。其具体标准微生物操作、特殊操作、安全设备、实验室设施要求如下。

7.4.2.1　标准操作

• 工作一般在桌面上进行，采用微生物的常规操作和特殊操作。

• 工作区内禁止吃、喝、抽烟、用手接触隐形眼镜和使用化妆品。食物贮藏在专门设计的工作区外的柜内或冰箱内。

• 使用移液管吸取液体，禁止用嘴吸取。

• 操作传染性材料后要洗手，离开实验室前脱掉手套并洗手。

• 制定对利器的安全操作对策（见7.4.3.2的避免利器感染）。

• 所有操作均须小心，以减少实验材料外溢、飞溅、产生气溶胶。

• 每天完成实验后对工作台面进行消毒。实验材料溅出时，要用有效的消毒剂消毒。

• 所有培养物和废弃物在处理前都要用高压蒸汽灭菌器消毒。消毒后的物品要放入牢固不漏的容器内，按照国家法规进行包装，密闭传出处理。

- 昆虫和啮齿类动物的控制应参照其他有关规定进行。
- 妥善保管菌、毒种，使用要经负责人批准并登记使用量。

7.4.2.2　特殊操作

- 操作传染性材料的人员，由负责人指定。一般情况下受感染概率增加或受感染后后果严重的人不允许进入实验室。例如，免疫功能低下或缺陷的人受感染危险增加。
- 负责人要告知工作人员工作中的潜在危险和所需的防护措施（如免疫接种），否则不能进入实验室工作。
- 操作病原微生物期间，在实验室入口必须标记生物危险信号，其内容包括微生物种类、生物安全水平、是否需要免疫接种、研究者的姓名和电话号码、进入人员必须佩戴的防护器具、遵守退出实验室的程序。
- 实验室人员需操作某些人畜共患病病原体时应接受相应的疫苗免疫或检测试验（如狂犬病疫苗和 TB 皮肤试验）。
- 应收集和保存实验室人员和其他受威胁人的基础血清，进行试验病原微生物抗体水平的测定，以后定期或不定期收取血清样本进行监测。
- 实验室负责人应制定具体的生物安全规则和标准操作程序，或制定实验室特殊的安全手册。
- 实验室负责人对实验人员和辅助人员要进行针对性的生物危害防护的专业训练，定期培训。必须防止微生物暴露、学会评价暴露危害的方法。
- 必须高度重视污染利器包括针头、注射器、玻璃片、吸管、毛细管和手术刀的安全对策（见 7.4.3.2 的避免利器感染）。
- 培养物、组织或体液标本的收集、处理、加工、储存、运输过程，应放在防漏的容器内进行。
- 操作传染性材料后，应对使用的仪器表面和工作台面进行有效的消毒，特别是发生传染性材料外溢、溅出，或其他污染时更要严格消毒。污染的仪器在送出设施检修、打包、运输之前都要给予消毒。
- 发生传染性材料溅出或其他事故要立即报告负责人，负责人要进行恰当的危害评价、监督、处理，并记录存档。
- 非本实验所需动物不允许进入实验室。

7.4.2.3　安全设备（初级防护屏障）

- 实验室内工作必须穿防护工作服。离开实验室到非工作区（如餐厅、图书室和办公室）之前要脱掉工作服。所有工作服或在实验室处理或由洗衣房清洗，不准带回家。
- 可能接触传染性材料和接触污染表面时要戴乳胶手套。完成传染性材料工作之后需经过消毒处理，方可脱掉手套。待处理的手套不能接触清洁表面（微机键盘、电话等），不能丢弃至实验室外面。脱掉手套后要洗手。如果手套破损，先消毒后脱掉。
- 能产生传染物外溢、溅出和气溶胶的操作，包括离心、研磨、搅拌、强力震荡混合、超声波破碎、打开装有传染性材料的容器、动物鼻腔注射、收取感染动物和孵化卵的组织等，都要使用Ⅱ级生物安全柜和物理防护设备。
- 离心高浓度和大容量的传染性材料时，如果使用密闭转头、带有安全帽的离心机可在开放的实验室内进行，否则只能在生物安全柜内进行。

•当操作（微生物）不得不在安全柜外面进行时，应采取严格的面部安全防护措施（护目镜、口罩、面罩或其他设施），并防止气溶胶发生。

7.4.2.4　实验室设施（次级屏障）

•设施门要加锁，限制人员进入。

•实验设施地点离开公共区。

•每个实验室设一个洗手池。要求设置非手动或自动开关。

•实验室结构要便于清洁卫生，禁止使用地毯和垫子。

•工作台面不渗水，应耐酸、碱、耐热和有机溶剂等。

•实验室家具应预先设计，便于摆放和使用，表面应便于消毒，并在其间留有空隙便于清洁。

•生物安全柜的安装，室内的送、排风要符合物理防护参数要求。远离门口、风口和能开的窗户，远离室内人员经常走动的地方，远离其他可能干扰的仪器，以保证生物安全柜的气流参数和物理防护功能。

•建立冲洗眼睛的紧急救护点。

•照明适合于室内一切活动，避免反射和耀眼，以免干扰视线。

•只要求一般舒适空调，没有特殊通风要求。但是，新设施应该考虑机械通风系统能够提供通向室内的单向气流。如果有通向室外的窗户，必须安装纱窗。

7.4.3　三级生物安全实验室

指按照 BSL-3 标准建造的实验室，也称为生物安全实验室。实验室需与建筑物中的一般区域隔离。其具体标准微生物操作、特殊操作、安全设备、实验室设施要求如下。

7.4.3.1　标准操作

•完成传染性材料操作后，对手套进行消毒冲洗，离开实验室之前，脱掉手套并洗手。

•设施内禁止吃、喝、抽烟，不准触摸隐形眼镜和使用化妆品。戴隐形眼镜的人也要佩戴防护镜或面罩。食物只能存放在工作区以外的地方。

•禁止用嘴吸取试验液体，要使用专用的移液管。

•一切操作均要小心，以减少和避免产生气溶胶。

•实验室卫生至少每天清洁一次，工作后随时消毒工作台面，传染性材料外溢、溅出污染时要立即消毒处理。

•所有培养物、储存物和其他日常废弃物在处理之前都要用高压灭菌器进行有效的灭菌处理。需要在实验室外面处理的材料，要装入牢固不漏的容器内，加盖密封后传出实验室。实验室的废弃物在送到处理地点之前应消毒、包装，避免污染环境。

•对 BSL-3 内操作的菌、毒种必须由两人保管，保存在安全可靠的设施内，使用前应办理批准手续，说明使用剂量，并详细登记，两人同时到场方能取出。试验要有详细使用和销毁记录。

•昆虫和啮齿类动物控制应参照其他有关规定执行。

7.4.3.2 特殊操作

• 制定安全细则 实验室负责人要根据实际情况制定本实验室特殊而全面的生物安全规则和具体的操作规程，以补充和细化本规范的操作要求，并报请生物安全委员会批准。工作人员必须了解细则，认真贯彻执行。

• 生物危害标志 要在实验室入口的门上标记国际通用生物危害标志。实验室门口标记实验微生物种类、实验室负责人的名单和电话号码，指明进入本实验室的特殊要求，诸如需要免疫接种、佩戴防护面具或其他个人防护器具等。

实验室使用期间，谢绝无关人员参观。如参观必须经过批准并在个体条件和防护达到要求时方能进入。

• 生物危害警告 实验过程中实验室或物理防护设备里放有传染性材料或感染动物时，实验室的门必须保持紧闭，无关人员一律不得进入。门口要示以危害警告标志，如挂红牌或文字说明实验的状态，禁止进入或靠近。

• 进入实验室的条件

实验室负责人要指定、控制或禁止进入实验室的实验人员和辅助人员。

未成年人不允许进入实验室。

受感染概率增加或感染后果严重的实验室工作人员不允许进入实验室。

只有了解实验室潜在的生物危害和特殊要求并能遵守有关规定合乎条件的人才能进入实验室。

与工作无关的动植物和其他物品不允许带入实验室。

• 工作人员的培训 对实验室工作人员和辅助人员要进行与工作有关的定期和不定期的生物安全防护专业培训。实验人员需经专门生物专业训练和生物安全训练，并由有经验的专家指导，或在生物安全委员会指导监督下工作。

必须学会气溶胶暴露危害的评价和预防方法。

在 BSL-3 实验室做传染性工作之前，实验室负责人要保证和证明，所有工作人员熟练掌握了微生物标准操作和特殊操作，熟练掌握本实验室设备、设施的特殊操作运转技术。包括操作致病因子和细胞培养的技能，或实验室负责人特殊培训的内容，或包括在安全微生物工作方面具有丰富经验的专家和安全委员会指导下规定的内容。

避免气溶胶暴露：一切传染性材料的操作不可直接暴露于空气之中，不能在开放的台面上和开放的容器内进行，都应在生物安全柜内或其他物理防护设备内进行。

需要保护人体和样品的操作可在室内排放式 2A 型生物安全柜内进行。

只保护人体不保护样品的操作可在 Ⅰ 级生物安全柜内进行。

如果操作带有放射性或化学性有害物时应在 2B2 型生物安全柜。

禁止使用超净工作台。

避免利器的感染：对可能污染的利器，包括针头、注射器、刀片、玻璃片、吸管、毛细吸管和解剖刀等，必须经常地采取高度有效的防范措施，必须预防经皮肤的实验室感染。

在 BSL-3 实验室工作，尽量不使用针头、注射器和其他锐利的器件。只有在必要时，如实质器官的注射、静脉切开、或从动物体内和瓶子（密封胶盖）里吸取液体时才能使用，尽量用塑料制品代替玻璃制品。

在注射和抽取传染性材料时，使用一次性注射器（针头与注射器一体的）。使用过的针头在消毒之前避免不必要的操作，如不可折弯、折断、破损，不要用手直接盖上原来的针头帽；要小心地把其放在固定方便且不会刺破的处理利器的容器里，然后进行高压消毒灭菌。

破损的玻璃不能用手直接操作，必须用机械的方法清除，如刷子、夹子和镊子等。

• 污染的清除和消毒　传染性材料操作完成之后，实验室设备和工作台面应用有效的消毒剂进行常规消毒，特别是传染材料溢出、溅出其他污染，更要及时消毒。

溅出的传染性材料的消毒由适合的专业人员处理和清除，或由其他经过训练和有使用高浓度传染物工作经验的人处理。

一切废弃物处理之前都要高压灭菌，一切潜在的实验室污物（如，手套、工作服等）均需在处理或丢弃之前消毒。

需要修理、维护的仪器，在包装运输之前要进行消毒。

• 感染性样品的储藏运输　一切感染性样品如培养物、组织材料和体液样品等在储藏、搬动、运输过程中都要放在不泄漏的容器内，容器外表面要彻底消毒，包装要有明显、牢固的标记。

• 病原体痕迹的监测　采集所有实验室工作人员和其他有关人员的本底血清样品，进行病原体痕迹跟踪检测。依据被操作病原体和设施功能情况或实际中发生的事件，定期、不定期采集血清样本，进行特异性检测。

• 医疗监督与保健　在 BSL - 3 实验室工作期间对工作者进行医疗监督和保健，对于实验室操作的病原体，工作人员要接受相应的试验或免疫接种（如狂犬病疫苗，TB 皮肤试验）。

• 暴露事故的处理　当生物安全柜或实验室出现持续正压时，室内人员应立即停止操作并戴上防护面具，采取措施恢复负压。如不能及时恢复和保持负压，应停止实验，及早按规程退出。

发生此类事故或具有传染性暴露潜在危险的其他事故和污染，当事者除了采取紧急措施外，应立即向实验室负责人报告，听候指示，同时报告国家兽医实验室生物安全管理委员会。负责人和当事人应对其事故进行紧急科学、合理的处理。事后，当事人和负责人应提供切合实际的医学危害评价，进行医疗监督和预防治疗。

实验室负责人对事件的过程要予以调查和公布，写出书面报告呈报国家兽医实验室生物安全管理委员会同时抄报实验室安全委员会并保留备份。

7.4.3.3　安全设备（初级防护屏障）

• 防护服装　实验室内，工作人员要穿防护性实验服，如长服装、短套装，或有护胸的工作服装。消毒后清洗，如有明显的污染应及时换掉，作为污弃物处理。

在实验室外面不能穿工作服。

• 防护手套　在操作传染性材料、感染动物和污染的仪器时必须戴手套，戴双层为好，必要时再戴上不易损坏的防护手套。

更换手套前，戴在手上消毒冲洗，一次性手套不得重复使用。

• 生物安全柜 感染性材料的操作，如感染动物的解剖，组织培养、鸡胚接种、动物体液的收取等，都应在Ⅱ级以上生物安全柜内进行。

离心、粉碎、搅拌等不能在Ⅱ级生物安全柜内进行的工作可在较大或特制的Ⅰ级生物安全柜内进行。

• 其他物理防护 当操作不能在生物安全柜内进行时，个人防护（Ⅲ级以上类似防护设备的具体要求）和其他物理防护设备（离心机安全帽，或密封离心机转头）并用。

• 面部保护 污染区、半污染区应备有防护面具以便紧急使用，当房间内有感染动物时要戴面具保护。建立紧急防护工作点。

• 紧急防护用品 污染区或半污染区备用防护面具、冲洗眼睛的器具和药品等，随时可用。

7.4.3.4 实验室设施（次级防护屏障）

BSL-3生物安全实验室里所有病原微生物的操作均在Ⅱ级以上（含Ⅱ级）生物安全柜内进行，其次级屏障标准如下：

• 建筑结构和平面布局

建筑物抗震能力七级以上，防鼠、防虫、防盗。

实验室内净高应在2.6m以上，管道层净高宜不低于2.0m。

建筑物内实验室应与活动不受限制的公共区域隔开，设置安全门并安装门锁，禁止无关人员进入。

进入设施的通道设带闭门器的双扇门，其后是更衣室，分成一更室（清洁区）和二更室（半污染区），二更室后面为后室或称缓冲室（半污染区），进出缓冲室的门应为自动互锁。如果是多个实验室共用一个公用的走廊（或缓冲室），则进入每个实验室宜经过一个连锁的气闸（锁）门。

实验室应有安全通道和紧急出口，并有明显标识。

半污染区与清洁区之间必须设置传递窗。

洗刷室、机房等附属区域应是清洁区，但应尽量缩短与实验室的距离，方便工作。

实验室内可设密闭观察窗。

• 密闭性和内表面

一切设施、设备外表无毛刺、无锐利棱角，尽量减少水平表面面积，便于清洁和消毒。

各种管道通过的孔洞必须密封。

墙和顶棚的表面要光滑，不刺眼、不积尘、不受化学物和常用消毒剂的腐蚀，无渗水、不凝集蒸气。

地表面应该是一体、防滑、耐磨、耐腐、不反光、不积尘、不漏水，如能按污染区划分给予颜色区别更好。

工作台面不能渗水，耐中等热、有机溶剂、酸、碱和常用消毒剂的损害和腐蚀。

实验室必要的桌椅橱柜等用具事先设计，便于稳妥安放和使用，彼此留有一定空间便于清洁卫生，表面消毒方便、耐腐。

• 消毒灭菌设施

必须安装双扉式高压蒸汽灭菌器，安装在半污染区与洗刷室之间。灭菌器的两个门应互为连锁，灭菌器应满足生物安全二次灭菌要求。

污染区、半污染区的房间或传递窗内可安装紫外灯。

室内应配制人工或自动消毒器具（如消毒喷雾器、臭氧消毒器）并备有足够的消毒剂。

一切实验室内的废弃物都要分类集中装在可靠的容器内，都要在设施内进行消毒处理（高压、化学、焚化、其他处理），仪器的消毒选择适当的方法，如传递式臭氧消毒柜、环氧乙烷消毒袋等，如果废弃物需要传至实验室外，应该消毒后并装入密封容器、包装。

• 净化空调

实验室污染区和半污染区采用负压单向流全新风净化空调系统。

污染区和半污染区不允许安装暖气、分体空调，不可用电风扇。

温度23℃±2℃、相对湿度40％～70％。

室内噪声不超过60dB。

气流方向始终保证由清洁区流向污染区，由低污染区流向高污染区。空调系统应安装压力无关装置，以保证系统压力平衡，排风应采用一用一备自动切换系统。发生紧急情况时，应关闭送风系统，维持排风，保证实验室内安全负压。

供气需经HEPA过滤。排出的气体必须经过至少两级HEPA过滤排放，不允许在任何区域循环使用。

室内洁净度高于万级。

实验室送风口应在一侧的棚顶，出风口应在对面墙体的下部，尽量减少室内气流死角。保持单向气流，矢流方式较为合适。

实验室门口安装可视装置，能够确切表明进入实验室的气流方向。

Ⅱ级生物安全柜每年检测一次。2A型的排气可进入室内，2B2型安全柜和Ⅲ级安全柜的排风要通过实验室总排风系统排出。如果Ⅲ级安全柜是带有二次HEPA过滤、移动式，气流亦可在室内排气，但排气口应靠近室内排风口。

如有其他设备如液体消毒传递窗、药物熏蒸消毒器等的抽气系统，必须经过HEPA过滤，并根据需要更换。

• 水的净化处理

每个房间出口附近设置一个非手动开关的洗手池。

污染区、半污染区和有可能被污染的供水管道应采取防止回流措施。如有下水，水池或地漏要设置消毒设施。下水下方必须设有水封，并始终充盈消毒剂，水封的排气应加HEPA过滤装置。可能污染的下水只能排放到消毒装置内，消毒后再排至公共下水道。如没有下水排放，或不外排的所有废水均须收集并高压处理。洁净区域的下水可直接排入公共下水道。

• 污染物和废弃物处理　对可能污染的物品和其他废弃物要放在专用的防止污染扩散或可消毒的容器里，以便消毒或高压灭菌处理。

• 实验室监控系统　应对实验室各种状态及设施全面设置监控报警点，构成完善的实验室安全报警系统。

• 备用电源 非双路供电情况下，应配有备用电源，在停电时，至少能够保证空调系统、警铃、灯光、进出控制和生物安全设备的工作。

• 照明 照明应适合室内的一切活动，不反射、不刺眼，不影响视线。照明灯最好把灯具的部件装在顶棚里，或采取减少积尘措施。

• 通讯 实验室内外应有适合的通讯联系设施（电话、传真、计算机等），进行无纸化操作。

• 验收和年检

BSL-3 设施和运行必须是指令性的。

实验室的验收或年检应参考 ISO10648 标准检测方法进行密封性以保证维护结构的可靠性。新建设施的功能必须检测验收，确认设计和运作参数合乎要求方能使用。运行后每年再进行一次检测确认。

7.4.4 四级生物安全实验室

指按照 BSL-4 标准建造的实验室，也称为高度实验室生物安全。实验室为独立的建筑物，或在建筑物内一切其他区域相隔离的可控制的区域。

为防止微生物传播和污染环境，BSL-4 实验室必须实施特殊的设计和工艺。在此没有提到的 BSL-3 要求的各条款在 BSL-4 中都应做到。其具体的标准微生物操作、特殊操作、安全设备和实验室设施要求如下：

7.4.4.1 标准操作

• 限制进入实验室的人员数量。

• 制定安全操作利器的规程。

• 减少或避免气溶胶发生。

• 工作台面每天至少消毒一次，任何溅出物都要及时消毒。

• 一切废弃物在处理前要高压灭菌。

• 昆虫和啮齿类动物控制按有关规定执行。

• 严格控制菌、毒种（见前）。

7.4.4.2 特殊操作

• 人员进入

只有工作需要的人员和设备运转需要的人员经过系统的生物安全培训，并经过批准后方能进入实验室。负责人或监督人有责任慎重处理每一个情况，确定进入实验室工作的人员。

采用门禁系统限制人员进入。

进入人员由实验室负责人、安全控制员管理。

人员进入前要告知他们潜在的生物危险，教会他们使用安全装置。

工作人员要遵守实验室进出程序。

制定应对紧急事件切实可行的对策和预案。

• 危害警告 当实验室内有传染性材料或感染动物时，在所有的入口门上展示危险标志和普遍防御信号，说明微生物的种类、实验室负责人和其他责任人的名单和进入此区域特殊的要求。

• 负责人职责　实验室负责人有责任保证，在 BSL - 4 内工作之前，所有工作人员已经高度熟练掌握标准微生物操作技术、特殊操作和设施运转的特殊技能。这包括实验室负责人和具有丰富的安全微生物操作和工作经验专家培训时所提供的内容和安全委员会的要求。

• 免疫接种　工作人员要接受试验病原体或实验室内潜在病原微生物的免疫注射。

• 血清学监督　对实验室所有工作人员和其他有感染危险的人员采集本底血清并保存，再根据操作情况和实验室功能不定期血样采集，进行血清学监督。对致病微生物抗体评价方法要注意适用性。项目进行中，要保证每个阶段血清样本的检测，并把结果通知本人。

• 安全手册　制定生物安全手册。告知工作人员特殊的生物危险，要求他们认真阅读并在实际工作当中严格执行。

• 技术培训　工作人员必须经过操作最危险病原微生物的全面培训，建立普遍防御意识，学会对暴露危害的评价方法，学习物理防护设备和设施的设计原理和特点。每年训练一次，规程一旦修改要增加训练次数。由对这些病原微生物工作受过严格训练和具有丰富工作经验的专家或安全委员会指导、监督进行工作。

• 紧急通道只有在紧急情况下才能经过气闸门进出实验室。实验室内要有紧急通道的明显标识。

• 在安全柜型实验室中，工作人员的衣服在外更衣室脱下保存。穿上全套的实验服装（包括外衣、裤子、内衣或者连衣裤、鞋、手套）后进入。在离开实验室进入淋浴间之前，在内更衣室脱下实验服装。服装洗前应高压灭菌。在防护服型实验室中，工作人员必须穿正压防护服方可进入。离开时，必须进入消毒淋浴间消毒。

• 实验材料和用品要通过双扉高压灭菌器、熏蒸消毒室或传递窗送入，每次使用前后对这些传递室进行适当消毒。

• 对利器，包括针头、注射器、玻璃片、吸管、毛吸管和解剖刀，必须采取高度有效的防范措施。尽量不使用针头、注射器和其他锐利的器具。只有在必要时，如实质器官的注射、静脉切开或从动物体内和瓶子里吸取液体时才能使用，尽量用塑料制品代替玻璃制品。

在注射和抽取传染性材料时，只能使用锁定针头的或一次性的注射器（针头与注射器一体的）。使用过的针头在处理之前，不能折弯、折断、破损，要精心操作，不要盖上原来的针头帽；放在固定方便且不会刺破的用于处理利器的容器里。不能处理的利器，必须放在器壁坚硬的容器内，运输到消毒区，高压消毒灭菌。

可以使用套管针管和套管针头、无针头注射器和其他安全器具。

破损的玻璃不能用手直接操作，必须用机械的方法清除，如刷子、簸箕、夹子和镊子。盛污染针头、锐利器具、碎玻璃等，在处理前一律消毒，消毒后处理按照国家或地方的有关规定实施。

• 从 BSL - 4 拿出活的或原封不动的材料时，先将其放在坚固密封的一级容器内，再密封在不能破损的二级容器里，经过消毒剂浸泡或消毒熏蒸后通过专用气闸取出。

• 除活体或原封不动的生物材料以外的物品，除非经过消毒灭菌，否则不能从 BSL - 4

拿出。不耐高热和蒸汽的器具物品可在专用消毒通道或小室内用熏蒸消毒。

• 完成传染性材料工作之后，特别是有传染性材料溢出、溅出或污染时，都要严格彻底地灭菌。实验室内仪器要进行常规消毒。

• 传染性材料溅出的消毒清洁工作，由适宜的专业人员进行。并将事故的经过在实验室内公示。

• 建立报告实验室暴露事故、雇员缺勤制度和系统，以便对与实验室潜在危险相关的疾病进行医学监督。对该系统要建造一个病房或观察室，以便需要时，检疫、隔离、治疗与实验室相关的病人。

• 与实验无关的物品（植物、动物和衣物）不许进入实验室。

7.4.4.3 安全设备（初级防护屏障）

在设施污染和半污染工作区域内的一切操作都应在Ⅲ级生物安全柜内进行。如工作人员穿着具有生命支持通风系统的正压防护服，可在Ⅱ级生物安全柜内进行实验操作。

7.4.4.4 实验室设施（次级防护屏障）

BSL-4实验室有两种类型：安全柜型，即所有病原微生物的操作均在Ⅲ级生物安全柜内或隔离器进行；防护服型，即工作人员穿正压防护服工作，操作可在Ⅱ级生物安全柜内进行。也可以在同一设施内穿正压防护服，并使用Ⅲ级生物安全柜。

• 安全柜型

BSL-4建筑物或独立，或在系统建筑中由一个清洁区或隔墙把它与其他区域隔离开。

中心实验室（污染区）装有Ⅲ级生物安全柜，实验室周围为足够宽的隔离带，如环形走廊（半污染区）。从隔离带进出实验室必须通过一个缓冲间。

在污染区和半污染区之间，安装两台以上生物安全型高压蒸汽灭菌器（一次灭菌），互为备用。

外更衣室（清洁区）与内更衣室（半污染区）由淋浴间（清洁区）隔开，人员进出经过淋浴间。在清洁区与半污染区之间设置一个通风的双门传递通道，为不可通过更衣室进入实验室的实验材料、实验用品或仪器通过物理屏障时提供通道和消毒。在清洁区与半污染区之间同样安置一台生物安全型高压灭菌器，用于二次消毒。

每天工作开始之前，检查所有物理防护参数（如压差）。

实验区的墙、地和天棚整体密封，便于熏蒸消毒。内表面耐水和化学制剂，便于消毒。实验区任何液体必须排放到有消毒装置的储液罐，经过有效灭菌达标排放。通风口和在线管道都要安装HEPA过滤器。

工作台面不渗水，耐中等热、有机溶剂、酸、碱和常用消毒剂的腐蚀。

实验室用具事先设计，便于安放稳妥和使用，彼此留有一定空间便于清洁卫生，桌椅表面易于消毒。

内外更衣室和实验室进出门附近安装非手动或自动开关的洗手池。

排风经过2个串联的HEPA过滤，送、排风过滤器安装应便于消毒和更换。

供水、供气均安装防止回流的装置加以保护。

如果提供水源（消防喷枪），其开关应该是安装在实验室外面走廊里，开关自动或非手动。此系统与实验室区域供水分配系统分开，配备防止回流装置。

实验室进出门自动锁闭。

实验室内所有窗户都必须是封闭窗。

从Ⅲ级安全柜和实验室传出的材料必须经双扉高压灭菌器灭菌。灭菌器与周围物理屏障的墙之间要密封。灭菌器的门自动连锁控制，以保证只有在灭菌过程全部完成后才能开启外门。

从Ⅲ级安全柜或实验室内要拿出的材料和仪器，不能用高压灭菌消毒的要通过液体浸泡消毒、气体熏蒸消毒或同等效果的消毒装置进行消毒和传递。

来自内更衣室（包括厕所）和实验室内的洗手、地漏、高压灭菌器的废水以及其他废水，在排入公共下水之前，都要使用可靠的方法消毒（热处理比较合适）。淋浴和清洁区一侧厕所的废水不需特殊处理就可排入公共下水。所用废水消毒方法必须具有物理学和生物学的监测措施和法规确认。

非循环的负压通风系统，供、排风系统应采用压力无关装置保持动态平衡，保证气流从最低危险区向最高危险区的方向流动。对相邻区域的压差或气流方向进行监测，能进行系统声光报警。应安装一套能指示和确认实验室压差、适用而可视的气压监测装置，其显示部分安装在外更衣室的进口处。Ⅲ级生物安全柜与排风系统相连。

实验室的供排气都要经过 HEPA 过滤。为了缩短工作管道潜在的污染，HEPA 尽可能安装在靠近工作的地方。所有 HEPA 每年均须检测一次，同时在靠近 HEPA 的地方应安装零泄露气密阀，便于过滤器安装与消毒更换。HEPA 上游安装预过滤器可延长其使用寿命。

安全柜型生物安全水平Ⅳ级实验室的设计和操作程序是指令性的。实验室必须经过检测、鉴定和验收。只有合乎设计要求和运行标准的才能启用。实验室的验收或年检应参考 ISO10648 标准检测方法进行密封性测试，其检测压力不低于 500Pa，半小时的小时泄漏率不超过 10％，以保证维护结构的可靠性。实验室每年必须检测一次，确认合乎设计和运行参数的要求，才能继续运行。

实验室内外应有适合的通讯联系设施（电话、传真、计算机等），进行无纸化操作。

- 防护服型

BSL-4 建筑物独立，或在系统建筑中由一个清洁区或隔墙把它与建筑物其他区域隔开。实验室房间的安排与安全柜型基本相同。不同的是在进入实验室（可用Ⅱ级生物安全柜代替Ⅲ级生物安全柜）之前要穿上有生命支持系统的正压防护服。生命支持系统所供气体应满足可呼吸空气生产标准，同时应增加紧急排风设施及配有备用电源。

进入 BSL-4 实验室之前要设置一个更衣和消毒区（设在实验室的一角或环形走廊内侧）。工作人员离开此区之前应在专用消毒室对防护服表面进行药物喷淋和熏蒸，时间不短于 5min。

备用电源，在停电时应能够保证排风、生命支持系统、警铃、灯光、进出控制和生物安全柜的应急工作。

所有通向实验区、消毒淋浴室、气闸的空隙都要封闭。

每天实验开始之前，要完成对所有物理防护参数（如压差等）和正压防护服的检测，以保证实验室安全运行。

在实验区跨墙安装双扉高压灭菌器，对从实验区拿出的废弃物进行一次消毒。高压灭菌器与物理防护的壁板间要密闭。

设置渡槽、熏蒸消毒传递小室（柜），供不能通过更衣室进入实验区的实验材料、用品或仪器的消毒和传递使用。这些设施还能用于不能高压的材料、用品和仪器安全地取出。在清洁区与半污染区之间同样安置一台双扉生物安全型高压灭菌器，用于二次消毒。

实验区的墙、地和天棚整体密封，便于熏蒸消毒。内表面耐水和化学制剂，便于消毒。实验区任何液体必须排放到有消毒装置的储液罐，经过有效灭菌达标排放。通风口和在线管道都要安装 HEPA 过滤器。

实验区内部附属设施，如灯的固定、空气管道、功能管道等的安排尽可能减少水平表面面积。

工作台面不渗水，中等耐热、抗有机溶剂、酸、碱和常用消毒剂的腐蚀。

实验用具要简单、分体、适用、牢固，不选用多孔材料。桌、柜、仪器之间保持一定空间，便于清洁和消毒。实验用椅和其他用具的表面应易于消毒。

实验区、内外更衣室的洗手池设非手动开关。

中央真空系统设在实验区内，在线 HEPA 过滤器靠近每一个使用点或开关。过滤器安装便于消毒和更换。其他进入实验区的供水、供气由防止回流装置加以控制。

实验区的门采用门禁系统。消毒淋浴、气闸室的内外门连锁。

来自污染区内的洗手池、地漏、灭菌器和其他来源的废水必须排放到有消毒装置的储液罐，经过有效灭菌达标排放。来自淋浴和厕所的废水经处理后排入下水道。所用的废水消毒方法的效果要有物理学和生物学的证据。

全新风通风系统。供、排风系统应采用压力无关装置保持动态平衡，保证气流从最低危险区向最高危险区的流动。对相邻区域的压差或气流方向进行监测，能进行系统声光报警。应安装一套能指示和确认实验室压差、适用而可视的气压监测装置，其显示部分安装在外更衣室的进口处。

实验区的供气要通过一个 HEPA 过滤处理，排气要通过串连的 2 个 HEPA 过滤处理。空气向高空排放，远离进气口。为了缩短工作管道潜在的污染，HEPA 尽可能安装在靠近工作的地方。所有 HEPA 每年均须检测一次，同时在靠近 HEPA 的地方应安装零泄露气密阀，便于过滤器安装与消毒更换。HEPA 上游安装预过滤器可延长其使用寿命。

防护服型生物安全Ⅳ级实验室设计和运转要求是指令性的。实验室必须经过检测、鉴定和验收。只有合乎设计要求和运行标准的才能启用。实验室的验收或年检应参考 ISO10648 标准检测方法进行密封性测试，其检测压力不低于 500Pa，半小时内的小时泄漏率不超过 10%，以保证维护结构的可靠性。实验室每年必须检测一次，确认合乎设计和运行参数的要求，才能继续运行。

实验室内外应有适合的通讯联系设施（电话、传真、计算机等），进行无纸化操作。

8. 动物实验生物安全水平标准

8.1 动物实验生物安全实验室分级

动物实验安全实验室分 4 级，所配备的动物设施、设备和操作分别适用于生物安全

Ⅰ～Ⅳ级的病原微生物感染动物的工作，安全水平逐级提高。

8.2　各级动物生物安全实验室的要求

8.2.1　一级动物实验生物安全实验室

指按照 ABSL-1 标准建造的实验室，也称动物实验基础实验室。

8.2.1.1　标准操作

• 动物实验室工作人员需经专业培训才能进入实验室。人员进入前，要熟知工作中潜在的危险，并由熟练的安全员指导。

• 动物实验室要有适当的医疗监督措施。

• 制定安全手册，工作人员要认真贯彻执行，知悉特殊危险。

• 在动物实验室内不允许吃、喝、抽烟、处理隐形眼镜和使用化妆品、储藏食品等。

• 所有实验操作过程均须十分小心，以减少气溶胶的产生和外溢。

• 实验中，病原微生物意外溢出及其他污染时要及时消毒处理。

• 从动物室取出的所有废弃物，包括动物组织、尸体、垫料，都要放入防漏带盖的容器内，并焚烧或做其他无害化处理，焚烧要合乎环保要求。

• 对锋利物要制定安全对策。

• 工作人员在操作培养物和动物以后要洗手消毒，离开动物设施之前脱去手套、洗手。

• 在动物实验室入口处都要设置生物安全标志，写明病原体名称、动物实验室负责人及其电话号码，指出进入本动物实验室的特殊要求（如需要免疫接种和呼吸道防护）。

8.2.1.2　特殊操作　无。

8.2.1.3　安全设备（初级防护屏障）

• 工作人员在设施内应穿实验室工作服。

• 与非人灵长类动物接触时应考虑其黏膜暴露对人的感染危险，要戴保护眼镜和面部防护器具。

• 不要使用净化工作台，需要时使用Ⅰ级或 2A 型生物安全柜。

8.2.1.4　设施（次级防护屏障）

• 建筑物内动物设施与人员活动不受限制的开放区域用物理屏障分开。

• 外面门自关自锁，通向动物室的门向内开并自关，当有实验动物时保持关闭状态，大房间内的小室门可向外开，为水平或垂直滑动拉门。

• 动物设施设计防虫、防鼠、防尘，易于保持室内整洁。内表面（墙、地板和天棚）要防水、耐腐蚀。

• 内部设施的附属装置，如灯的固定附件、风管和功能管道排列整齐并尽可能减少水平表面。

• 建议不设窗户，如果动物设施内有窗户并需开启，必须安纱窗。所有窗户必须牢固，不易破裂。

• 如果有地漏都要始终用水或消毒剂充满水封。

• 排风不循环。建议动物室与邻室保持负压.

• 动物室门口设有一个洗手水槽。

- 人工或机器洗涤动物笼子，最终洗涤温度至少达到82℃。
- 照明要适合所有的活动，不反射耀眼以免影响视觉。

8.2.2 二级动物实验生物安全实验室

指按照 ABSL-2 标准建造的动物实验室。

8.2.2.1 标准操作

- 设施制度除了制定紧急情况下的标准安全对策、操作程序和规章制度外，还应依据实际需要制定特殊的对策。把特殊危险告知每位工作人员，要求他们认真贯彻执行安全规程。
- 尽可能减少非熟练的新成员进入动物室。为了工作或服务必须进入者，要告知其工作潜在的危险。
- 动物实验室应有合适的医疗监督，根据试验微生物或潜在微生物的危害程度，决定是否对实验人员进行免疫接种或检验（例如狂犬病疫苗和 TB 皮试）。如有必要，应该实施血清监测。
- 在动物室内不允许吃、喝、抽烟、处理隐形眼镜和使用化妆品、储藏个人食品。
- 所有实验操作过程均须十分小心，以减少气溶胶的产生和防止外溢。
- 操作传染性材料以后所有设备表面和工作表面用有效的消毒剂进行常规消毒，特别是有感染因子外溢，和其他污染时更要严格消毒。
- 所有样品收集放在密闭的容器内并贴标签，避免外漏。所有动物室的废弃物（包括动物尸体、组织、污染的垫料、剩下的饲料、锐利物和其他垃圾）应放入密闭的容器内，高压蒸汽灭菌，然后建议焚烧。焚烧地点应是远离城市、人员稀少、易于空气扩散的地方。
- 对锐利物的安全操作（见前面所述）。
- 工作人员操作培养物和动物以后要洗手，离开设施之前脱掉手套并洗手。
- 当动物室内操作病原微生物时，在入口处必须有生物危害的标志。危害标志应说明使用感染病原微生物的种类，负责人的名单和电话号码。特别要指出对进入动物室人员的特殊要求（如免疫接种和面罩）。
- 严格执行菌（毒）种保管制度。

8.2.2.2 特殊操作

- 对动物管理人员和试验人员应进行与工作有关的专业技术培训，必须避免微生物暴露，了解评价暴露的方法。每年定期培训，保存培训记录，当安全规程和方法变化时要进行培训。一般来讲，感染危险可能性增加的人和感染后果可能严重的人不允许进入动物设施，除非有办法除去这种危险。
- 只允许用做实验的动物进入动物实验室。
- 所有设备拿出动物室之前必须消毒。
- 造成明显病原微生物暴露的实验材料外溢事故，必须立刻妥善处理并向设施负责人报告，及时进行医学评价、监督和治疗，并保留记录。

8.2.2.3 安全设备（初级防护屏障）

- 动物室内工作人员穿工作服。在离开动物实验室时脱去工作服。在操作感染动物和传染性材料时要戴手套。

• 在评价认定危害的基础上使用个人防护器具。在室内有传染性非人灵长类动物时要戴防护面罩。

• 进行容易产生高危险气溶胶的操作时,包括对感染动物和鸡胚的尸体、体液的收集和动物鼻腔接种,都要同时使用生物安全柜或其他物理防护设备和个人防护器具(例如口罩和面罩)。

• 必要时,把感染动物饲养在和动物种类相宜的一级生物安全设施里。建议鼠类实验使用带过滤帽的动物笼具。

8.2.2.4　设施(次级防护屏障)

• 建筑物内动物设施与开放的人员活动区分开。

• 进入设施要经过牢固的气闸门,其外门自关自锁。进入动物室的门应自动关闭,有实验动物时要关紧。

• 设施结构易于保持清洁,内表面(墙、地板和天棚)防水、耐腐。

• 设施内部附属装置,如灯架、气道、功能管道尽可能整齐并减少水平表面积。

• 一般不设窗户,如有窗户必须牢固并设纱窗。

• 如果有地漏,管道水封始终充满消毒液。

• 人工或冲洗器洗刷动物笼子,冲洗最终温度至少 82℃。

• 设施内传染性废弃物要高压灭菌。

• 在感染动物室内和设施其他地方安装一个洗手池。

• 照明要适合于所有室内活动,不反射耀眼。

8.2.3　三级动物实验生物安全实验室

指按照 ABSL-3 标准建造的实验室,适合于具有气溶胶传播潜在危害和引起致死性疾病的微生物感染动物的工作。

8.2.3.1　标准操作

• 制定安全手册或手册草案。除了制定紧急情况下的标准安全对策、操作程序和规章制度,还应根据实际需要制定特殊适用的对策。

• 限制对工作不熟悉的人员进入动物室。为了工作或服务必须进入者,要告知他们工作中潜在的危险。

• 动物室应有合适的医疗监督,根据试验微生物或潜在微生物的危害程度,决定是否对实验人员进行免疫接种或检验(例如狂犬病疫苗和 TB 皮试)。如有必要,应该实施血清监测。

• 不允许在动物室内吃、喝、抽烟、处理隐形眼镜和使用化妆品、储藏人的食品。

• 所有实验操作过程均须十分小心,以减少气溶胶的产生和防止外溢。

• 操作传染性材料以后所有设备表面和工作台面用适当的消毒剂进行常规消毒,特别是有传染性材料外溢和其他污染时更要严格消毒。

• 所有动物室的废弃物(包括动物组织、尸体、污染的垫料、动物饲料、锐利物和其他垃圾)放入密闭的容器内并加盖,容器外表面消毒后进行高压蒸汽灭菌,然后建议焚烧。焚烧要合乎环保要求。

- 对锐利物进行安全操作。
- 工作人员操作培养物和动物以后要洗手，离开设施之前脱掉手套、洗手。
- 动物室的入口处必须有生物危害的标志。危害标志应说明使用病原微生物的种类，负责人的名单和电话号码，特别要指出对进入动物室人员的特殊要求（如免疫接种和面罩）。
- 所有收集的样品应贴上标签，放在能防止微生物传播的传递容器内。
- 实验和实验辅助人员要经过与工作有关的潜在危害防护的针对性培训。
- 建立评估暴露的方法，避免暴露。
- 对工作人员进行专业培训，所有培训记录要归档。
- 严格执行菌（毒）种保管和使用制度。

8.2.3.2 特殊操作

- 用过的动物笼具清洗拿出之前要高压蒸汽灭菌或用其他方法消毒。设施内仪器设备拿出检修打包之前必须消毒。
- 实验材料发生了外溢，要消毒打扫干净。如果发生传染性材料的暴露必须立刻向设施负责人报告，同时报国家兽医实验室生物安全管理委员会，最后的处理评估报告，也要及时报国家兽医实验室生物安全管理委员会，同时报实验室生物安全委员会负责人。及时提供正确医疗评价、医疗监督和处理并保存记录。
- 所有的动物室内废弃物在焚烧或进行其他最终处理之前必须高压灭菌。
- 与实验无关的物品和生物体不允许带入动物实验室。

8.2.3.3 安全设备（初级防护屏障）

- 在危害评估确认的基础上使用个人防护器具。操作传染性材料和感染动物都要使用个体防护器具。工作人员进入动物实验室前要按规定穿戴工作服，再穿特殊防护服。不得穿前开口的工作服。离开动物室前必须脱掉工作服，并进行适合的包装，消毒后清洗。
- 操作感染动物时要戴手套，实验后以正确方式脱掉，在处理之前和动物实验室其他废弃物一同高压灭菌。
- 将感染动物饲养放在Ⅱ级生物安全设备中（如负压隔离器）。
- 操作具有产生气溶胶危害的感染动物和鸡胚的尸体、收取的组织和体液，或鼻腔接种动物时，应该使用Ⅱ级以上生物安全柜，戴口罩或面具。

8.2.3.4 设施（次级防护屏障）

三级动物生物安全实验室的感染动物在Ⅱ级或Ⅱ级以上生物安全设备中（如负压隔离器）饲养，所有操作均在Ⅱ级或Ⅱ级以上生物安全柜内进行，其次级屏障标准如下：

- 建筑物中的动物设施与人员活动区分开。
- 进入设施的门要安装闭门器。外门可由门禁系统控制。进入后为一更室（清洁区），其后是二更室（半污染区）。传递窗（室）和双扉高压灭菌器设置在清洁区与半污染区之间，为实验用品、设备和废弃物进出设施提供安全通道。从二更室进入动物室（污染区）经过自动互连锁门的缓冲室，进入动物房的门要向外开。
- 设施的设计、结构要便于打扫和保持卫生。内表面（墙、地板、天棚）应防水、耐腐。穿过墙、地板和天棚物件的穿孔要密封，管道开口周围要密封，门和门框间也要密封。

- 每个动物室靠近出口处设置一个非手动洗手池，每次使用后洗手池水封处用适合的消毒剂充满。
- 设施内的附属配件，如灯架、气道和功能管道排列尽可能整齐、减小水平表面。
- 所有窗户都要牢固和密封。
- 所有地漏的水封始终充以适当的消毒剂。
- 气流方向始终保证由清洁区流向污染区，由低污染区流向高污染区。空调系统应安装压力无关装置，以保证系统压力平衡，排风应采用一用一备自动切换系统。发生紧急情况时，应关闭送风系统，维持排风，保证实验室内安全负压。
- 供气需经 HEPA 过滤。排出的气体必须经过两级 HEPA 过滤排放，不允许在任何区域循环使用。

室内洁净度高于万级。

实验室送风口应在一侧的棚顶，出风口应在对面墙体的下部，尽量减少室内气流死角。保持单向气流，矢流方式较为合适。

实验室门口安装可视装置，能够确切表明进入实验室的气流方向。

Ⅱ级生物安全柜每年检测一次。2A 型的排气可进入室内，2B2 型安全柜和Ⅲ级安全柜的排风要通过实验室总排风系统排出。如果Ⅲ级安全柜是带有二次 HEPA 过滤、移动式，气流亦可在室内自循环。

- 动物笼在洗刷池内清洗，如用机器清洗最终温度达到 82℃。
- 感染性废弃物从设施拿出之前必须高压灭菌。
- 有真空（抽气）管道（中心或局部）的，每一个管道连接应该安装液体消毒罐和 HEPA，安装在靠近使用点或靠近开关处。过滤器安装应易于消毒更换。
- 照明要适应所有的活动，不反射耀眼，以免影响视觉。
- 上述的 3 级生物安全设施和操作程序是强制性规定。

实验室的验收或年检应参考 ISO10648 标准检测方法进行密封性测试，其检测压力不低于 250Pa，半小时的小时泄漏率不超过 10%，以保证维护结构的可靠性。

新建设施的功能必须检测验收，确认设计和运作参数合乎要求方能使用。运行后每年进行一次检测确认。

8.2.4　四级动物实验生物安全实验室

指按照 ABSL－4 标准建造的实验室，适用于本国和外来的、通过气溶胶传播或不知其传播途径的、引起致死性疾病的高度危害病原体的操作。必须使用Ⅲ级生物安全柜系列的特殊操作和正压防护服的操作。

8.2.4.1　标准操作

- 应该制定特殊的生物安全手册或措施。除了制定紧急情况下的对策、程序和草案外，还要制定适当的针对性对策。
- 未经培训的人员不得进入动物实验室。因为工作或实验必须进入者，应对其说明工作的潜在危害。
- 所有进入 ABSL－4 设施的人必须建立医疗监督，监督项目必须包括适当免疫接种、血清收集及暴露危险等有效性协议和潜在危害预防措施。一般而言,感染危险性增加者或感染后果可能严重的人不允许进入动物设施,除非有特殊办法能避免额外危险。这应由专业保健医师做出评价。

- 负责人要告知工作人员工作中特殊的危险,让他们熟读安全规程并遵照执行。
- 设施内禁止吃、喝、抽烟、处理隐形眼镜、使用化妆品和储藏食品。
- 所有操作均须小心,尽量减少气溶胶的产生和外溢。
- 传染性工作完成之后,工作台面和仪器表面要用有效的消毒液进行常规消毒,特别是有传染性材料溢出和溅出或其他污染时更要严格消毒。
- 外溢污染一旦发生,应由具有从事传染性实验工作训练和有经验的人处理。外溢事故明显造成传染性材料暴露时要立即向设施负责人报告,同时报国家兽医实验室生物安全管理委员会,最后的处理评估报告,也要及时报国家兽医实验室生物安全管理委员会,同时报实验室生物安全委员会负责人。及时提供正确医疗评价、医疗监督和处理并保存记录。
- 全部废弃物(含动物组织、尸体和污染垫料)、其他处理物和需要洗的衣服均需用安装在次级屏障墙壁上的双扉高压蒸汽灭菌器消毒。废弃物要焚烧。
- 要制定使用利器的安全对策。
- 传染性材料存在时,设施进口处标示生物安全符号,标明病原微生物的种类、实验室负责人的名单和电话号码,说明对进入者的特殊要求(如免疫接种和呼吸道防护)。
- 动物实验室工作人员要接受与工作有关的潜在危害的防护培训,懂得避免暴露的措施和暴露评估的方法。每年定期培训,操作程序发生变化时还要增加培训,所有培训都要记录、归档。
- 动物笼具在清洗和拿出动物实验室之前要进行高压灭菌或用其他可靠方法消毒。用传染性材料工作之后,对工作台面和仪器应用适当的消毒剂进行常规消毒。特别是传染材料外溅时更要严格消毒。仪器修理和维修拿出之前必须消毒。
- 进行传染性实验必须指派 2 名以上的实验人员。在危害评估的基础上,使用能关紧的笼具,操作动物要对动物麻醉,或者用其他的方法,必须尽可能减少工作中感染因子的暴露。
- 与实验无关的材料不许进入动物实验室。
- 严格执行菌(毒)种保管和使用制度。

8.2.4.2　特殊操作

- 必须控制人员进入或靠近设施(24h 监视和登记进出)。人员进出只能经过更衣室和淋浴间,每一次离开设施都要淋浴。除非紧急情况,不得经过气锁门离开设施。
- 在安全柜型实验室中,工作人员的衣服在外更衣室脱下保存。穿上全套的实验服装(包括外衣、裤子、内衣或者连衣裤、鞋、手套)后进入。在离开实验室进入淋浴间之前,在内更衣室脱下实验服装。服装洗前应高压灭菌。在防护服型实验室中,工作人员必须穿正压防护服方可进入。离开时,必须进入消毒淋浴间消毒。
- 进入设施的实验用品和材料要通过双扉高压锅或传递消毒室。高压灭菌器应双门互连锁，不排蒸汽，冷凝水自动回收灭菌，避免外门处于开启状态。

• 建立事故、差错、暴露、雇员缺勤报告制度和动物实验室有关潜在疾病的医疗监督系统，这个系统要附加以潜在的和已知的与动物实验室有关疾病的检疫、隔离和医学治疗设施。

• 定期收集血清样品进行检测并把结果通知本人。

8.2.4.3　安全设备（初级防护屏障）

• 在安全柜型实验室中，感染动物均在Ⅲ级生物安全设备中（如手套箱型隔离器）饲养，所有操作均在Ⅲ级生物安全柜内进行，并配备相应传递和消毒设施。在防护服型实验室中，工作人员必须穿正压防护服方可进入。感染动物可饲养在局部物理防护系统中（如把开放的笼子放在负压层流柜或负压隔离器中），操作可在Ⅱ级生物安全柜内进行。

• 重复使用的物品，包括动物笼在拿出设施前必须消毒。废弃物拿出设施之前必须高压消毒，然后焚烧。焚烧应符合环保要求。

8.2.4.4　设施（次级防护屏障）

• ABSL-4 与 BSL-4 的设施要求基本相同，两者必须紧密结合在一起进行统一考虑，或者说，与前面讨论的规定（安全实验室）相匹配。本节没有提到的均应按Ⅳ级生物安全水平要求执行。

• 动物饲养方法要保证动物气溶胶经过高效过滤净化后方可排放至室外，不能进入室内。

• 一般情况，操作感染动物，包括接种、取血、解剖、更换垫料、传递等，都要在物理防护条件下进行。能在Ⅲ级安全柜内进行的必须在其内操作。

• 根据实验动物的大小、数量，要特殊设计感染动物的消毒和处理设施，保证不危害人员、不污染环境。污染区与半污染区之间的灭菌器（一次灭菌）安装位置、数量和方法见"Ⅳ级生物安全水平"部分。此外，在半污染区与清洁区之间再安装一台双扉高压蒸汽灭菌器（二次病菌），以便灭菌其他污染物，必要时进行再次高压灭菌。

• 特殊情况，不能在Ⅲ级安全柜内饲养的大动物或动物数量较多时，动物实验室要根据情况特殊设计。

确定动物实验室容积，结构密闭合乎要求，设连锁的气闸门。

要有足够的换气次数，负压过滤通风采用矢流方式，避免死角。

高压灭菌的尸体可经二次灭菌传出，亦可密闭包装、表面消毒通过设置在污染区与清洁区之后的气闸门送出、焚烧。

实验室的验收或年检应参考 ISO10648 标准检测方法进行密封性测试，其检测压力不低于500Pa，半小时的小时泄漏率不超过10%，以保证维护结构的可靠性。实验室每年必须检测一次，确认合乎设计和运行参数的要求，才能继续运行。

实验室内外应有适合的通讯联系设施（电话、传真、计算机等），进行无纸化操作。

9. 生物危害标志及使用

9.1　生物危害标志

如图所示：

生物危险级：＿＿＿＿＿＿
注：标志为红色，文字为黑色

9.2 生物危害标志的使用

9.2.1 在 BSL-2/ABSL-2 级兽医生物安全实验室入口的明显位置必须粘贴标有危险级别的生物危害标志。

9.2.2 在 BSL-3/ABSL-3 级及以上级别兽医生物安全实验室所在的建筑物入口、实验室入口及操作间均必须粘贴标有危害级别的生物危害标志，同时应标明正在操作的病原微生物种类。

9.2.3 凡是盛装生物危害物质的容器、运输工具、进行生物危险物质操作的仪器和专用设备等都必须粘贴标有相应危害级别的生物危害标志。

附表　致病微生物的生物安全等级

安全水平	病原微生物	操作	安全设备（一级屏障）	设施（二级屏障）	备注
BSL-1	对个体和群体危害程度低，已知的不能对健康成年人和动物致病。包括所有一、二、三类动物疫病的不涉及活病原的血清学检测以及疫苗用新城疫、猪瘟等弱毒株 危害1级	标准微生物操作 [实验室型诊断、病原的分离、鉴定（毒型和毒力），动物实验等及相关试验研究和操作]	无要求	要求开放台面，有洗手池	
BSL-2	对个体危害程度为中度，对群体危害较低。主要通过皮肤、黏膜、消化道传播。对人和动物有一定致病性，但对实验人员、动物和环境不会造成严重危害。具有有效的预防和治疗措施 除BSL-1含的病原微生物外，还包括三类动物疫病（布氏菌病、结核病、狂犬病、马传染性贫血、马鼻疽及炭疽芽孢杆菌引起的疫病除外） 危害2级	实验室型诊断、病原的分离、鉴定（毒型和毒力），动物实验等及相关试验研究和操作 BSL-1操作如： ◇限制进人 ◇"生物危害"标志 ◇"锐器伤"预防 ◇生物安全手册应明确废弃物的去污染处理和监督措施	一级屏障包括：对引起传染性飞溅物或气溶胶使用的病原体的所有操作使用的Ⅰ级屏障和操作Ⅱ级生物安全柜或其他防护设备 个人防护装备 必需的实验室工作外套和必要时要有防护面罩	BSL-1实验室如： ◇高压灭菌	猪瘟等疫病的免疫荧光、免疫组化试验可在本级实验室进行
BSL-3	对个体危害程度高，对群体危害程度较高。能通过气溶胶传播的、引起严重的或致死性疾病。对人引发的疾病具有有效的预防和治疗措施 除BSL-2含的病原微生物外，还包括一类动物疫病（口蹄疫、牛瘟、蓝舌病、小反刍兽疫、牛海绵状脑病、痒病、牛传染性胸膜肺炎、绵羊痒病和山羊痒病、高致病性禽流感、鸡新城疫等）、二类动物疫病中布病、结核病、狂犬病、马传染病、马鼻疽及炭疽等引起的疫病，所有新发病和可疑及炭疽等引起的疫病，从事外来病的调查和可疑病料的处理分析 危害3级	实验室型诊断、病原的分离、鉴定（毒型和毒力），动物实验等及相关试验研究和操作 BSL-2操作如： ◇控制进人 ◇所有废弃物去污染 ◇实验室衣服在清洗之前需灭菌 ◇工作人员保留血清本底样品	一级屏障包括：用于操作病原体的Ⅰ级或Ⅱ级生物安全柜或其他防护设备 个人防护装备：必需的实验室工作外套和手套，必要时要有呼吸防护面罩	BSL-2实验室如： ◇与走廊通道物理隔离 ◇有连锁门的缓冲间 ◇全新风通风系统 ◇室内负压	

（续）

安全水平	病原微生物	操作	安全设备（一级屏障）	设施（二级屏障）	备注
BSL-4	对个体和群体的危害程度高，通常引起严重疫病的，暂无有效预防和治疗措施的动物致病。通过气溶胶传播的，引起高度传染性、致死性的动物致病；或导致未知的危险性的疫病与 BSL-4 微生物相近或有抗原关系的微生物也应在此种水平才能决定。是继续在此种安全水平下工作，直到取得足够的数据才能决定。是继续在此种安全水平下工作还是在较低一级安全水平下工作，以及从事外来病原微生物的研究分析。即除 BSL-3 含的病原微生物需要另有规定的，国家根据防治规划和计划需要另有规定的，如裂谷热病毒、尼帕病毒、埃博拉病毒等疫病 危害 4 级	实验室诊断、病原的分离、鉴定（毒型和毒力）、动物实验操作及相关试验研究和操作等 BSL-3 操作如： ◇进入之前更换衣物 ◇在出口处淋浴 ◇实验室拿出的所有材料在出口处清毒灭菌	一级屏障包括： 所有操作应在在Ⅲ级生物安全柜或穿上全身正压供气的个人防护服使用Ⅰ级或Ⅱ级生物安全柜	BSL-3 实验室如： ◇独立建筑或物理隔离带 ◇专用供气、排气、真空和净化系统 ◇全新风通风系统和消毒灭菌设备等	

附录十七　兽医诊断实验室良好操作技术规范

（摘自生物安全实验室兽医病原微生物操作技术规范）

1. 引言

本附录旨在为兽医诊断实验室制定良好操作规范提供指南。指南规定了兽医实验室安全良好操作的基本要求、标准操作准则和特殊操作准则，内容不一定满足或适用于所有兽医诊断实验室或特定的实验室活动，因此各兽医诊断实验室应根据实验室的特定用途、操作对象和风险评估结果制定适用的良好操作规范。

2. 基本要求

2.1　执行准入制度。进入兽医诊断实验室人员应经过批准，符合进入实验室规定，知晓实验室的潜在危害。

2.2　实验操作人员要经过相应的培训，经考核合格后方可进入实验室工作，并且最初几次实验操作需要在资深工作人员的指导下进行。

2.3　操作人员在开始相关工作之前，应对所从事的微生物或其他危险物质可能带来的危害进行风险评估，明确防护要求，并制定安全操作规程。

2.4　操作人员需熟悉兽医实验室进行的一般规则，掌握各种仪器、设备的操作步骤和要点，熟悉从事的病原微生物或其他危险材料的可危害性，熟悉和掌握防护用品的穿戴方法。

2.5　掌握各种感染性物质和其他危害物质操作的一般准则和技术要点。

2.6　操作感染性气溶胶或溅出物的特定操作程序需在生物安全柜或其他有物理防护功能的设备中进行。

3. 良好操作规范

3.1　进入实验室

3.1.1　只有经批准的人员方可进入实验室工作区域，并且实验正在进行时，限制无关人员进入实验室。实验室的门也应保持关闭。

3.1.2　实验室工作人员在实验操作前应了解有关危险因素，熟知实验操作的潜在风险，阅读及遵守有关操作及规程的要求。

3.1.3　正式上岗前实验室人员需要熟练掌握良好工作规范级微生物操作技术和操作规程。

3.2　穿工作服

3.2.1　工作人员在实验室工作时必须穿着合适的工作服或防护服。需要防止液体或其他有害物质喷溅到眼睛和面部时，佩戴护目镜、面罩或其他防护装备。

3.2.2 存在气溶胶传播风险或有害气体散播时，应进行呼吸防护。用于呼吸防护的口罩或防毒面具应进行个体适配性测试。

3.2.3 工作中，个人防护装备发生被喷溅或其他潜在明确的污染时，应及时更换。

3.2.4 防护装备需要及时消毒处理或是有一次性物品。

3.3 戴手套

3.3.1 工作人员在进行具有潜在感染性的材料或感染性动物以及其他有害物质的操作时，应戴手套。手套用完后摘除时应是手套外表面向内。手套摘除后必须洗手。

3.3.2 手套在工作中发生污染时，或较长时间使用后，或破损，要更换手套。

3.4 物品存放

3.4.1 在实验室内用过的防护服要放在指定位置，不得与日常洁净衣物放在同一个柜子。

3.4.2 不用的物品最好存放在抽屉或箱柜内。

3.5 实验室禁忌

3.5.1 工作区域内禁止吃东西、喝水、抽烟、操作时禁止戴隐形眼镜及化妆品。

3.5.2 实验室禁止放置与实验无关的物品，尤其不能放食物、饮料。

3.5.3 严禁穿着实验室防护服离开试验工作区域。

3.5.4 严禁在实验室内穿漏脚趾的鞋。

3.5.5 严格禁止用嘴吸移液管取液，要使用机械吸液装置。

3.6 实验室去污染

3.6.1 工作结束后，应进行终末消毒处理。如有任何潜在危险物溅出时，应对溅出污染区域或表面立刻去污染处理。

3.6.2 实验设备和工作台面在处理完感染性标本后，尤其有明显的溢出或溅出感染性标本造成的污染时，应用有效的消毒剂进行常规消毒处理。需要维修或包装污染运输的设备在搬运出实验室之前必须遵照相关规定进行去污染净化处理。

3.6.3 日常工作中，定期清洁实验设备。根据污染性质，必要时使用消毒灭菌剂或放射物吸收物品清洁实验设备。

3.6.4 所有培养物、储存病原和其他应控制的废弃物，在丢弃之前应使用经验证批准的去除污染方法（如高压灭菌法）进行净化处理。

3.6.5 用后的工作服要定期进行去污染处理，应先去污染，再洗涤。

3.6.6 由受过培训的专业人员按照专门的规程清洁实验室。外雇的保洁人员可以在实验室消毒灭菌后负责清洁地面和窗户。

3.6.7 保持工作表面的整洁。每天工作完成后都要对工作表面进行清洁并消毒灭菌。宜使用可移动或悬挂式的台下柜，以便于对工作台下方进行清洁和消毒灭菌。

3.6.8 定期清洁墙面，如果墙面有可见污染物时，及时进行清洁和消毒灭菌。不宜无目的或强力清洁，避免破坏墙面。

3.6.9 定期清洁易积尘的部位。

3.6.10 清洁地面的时间视工作安排而定，不在日常工作时间做常规清洁工作。清洗地板最常用的工具是浸有清洁的湿拖把；家用型吸尘器不适用于生物安全实验室使用；不要使用扫帚等扫地。

3.7　离开实验室

3.7.1　只有保证在实验室内没有受到污染的文件纸张方可带出实验室。

3.7.2　从实验室内运走的危险材料，要按照国家和地方或主管部门的有关要求进行包装。

3.7.3　实验人员离开实验室前，应脱下防护服或工作服。

3.8　实验室安全控制

3.8.1　实验室入口应有标志，包括国际通用的生物危害警告标志、标志实验操作的传染因子、实验室负责人姓名、电话以及进入实验室的特殊要求。

3.8.2　实验室需有措施控制昆虫和啮齿类动物进入。

3.8.3　确保实验室工作人员在工作地点可随时得到供快速阅读的安全手册。

3.8.4　建立实验室良好内务规程，对个人日常清洁和消毒提出要求，如洗手、沐浴（适用时）等。

3.8.5　制定尖锐物品的安全操作规范。

3.8.6　制定应急程序，包括可能的紧急事件和急救计划，并对所有相关人员培训和进行演习。

3.8.7　所有实验操作步骤尽可能小心，减少气溶胶或飞溅物的形成。实验评估具有潜在气溶胶或喷溅物形成时，应在生物安全柜或其他物理隔离装置中进行。

3.8.8　当存在交叉污染的可能时，不得在同一实验室同时进行不同的实验。

3.8.9　应限制使用注射针头和注射器。不能将注射针头和注射器用作移液器或其他用途。塑料制品可以代替玻璃制品使用。

3.8.10　必须高度注意被污染的尖锐物品，包括针头、注射器、载玻片、移液管、毛细玻璃吸管和解剖刀。

3.8.11　破碎的玻璃制品不能用手接触，必须用机械手段如刷子、簸箕、钳子或镊子等取走。盛装污染的针头、尖锐设备、破碎玻璃的容器在处理之前应按照相关规定进行消毒处理。

3.8.12　针头连接到注射器上才可以用注射器抽吸或注射感染性的液体。用过的针头不能弯折、剪断、折断套回针头套以及取下针头，用完后放在一个方便放置并且能够耐穿刺的容器中，消毒处理。

3.8.13　液体培养物、组织、标本或俱潜在感染性的废弃物应放在带盖子的容器内，以防止在搜集、处理、保存、运输中发生泄漏。

3.8.14　重复利用的锐器应置于耐扎容器中，采用适当的方式去污染和清洁处理。

3.8.15　不要在实验室内存放或养殖（植）与工作无关的的动植物。

3.8.16　包装好的具有活性的生物危险物除非采用经确认有效的方法灭活后，不要在没有防护的条件下打开包装。如果发现包装有破损，立即报告，由专业人士处理。

3.8.17　定期检查防护设施、防护设备、个体防护装备，使其能始终处于安全状态。

3.9　员工健康处理

3.9.1　实验室人员应接受与所操作生物因子或实验室内潜在的生物因子相应的免疫

接种或检测。

3.9.2　制定有关职业禁忌症、易感人群，和监督个人健康状态的政策。必要时，为实验人员提供免疫计划、医学咨询和指导。

3.9.3　考虑到所操作的生物因子，在需要时收集保存实验室工作人员的基本血清标本。另外，根据有关生物因子或安全设施的要求可以定期采集血清标本。

3.9.4　因为溢出或其他意外事故造成了对感染性物质的明显暴露，应立即报告实验室主任，对相关人员提供适当的医疗评估、检测和治疗，并记录存档资料。

3.9.5　建立实验室人员就医或请假的报告和记录制度，评估是否与实验室工作相关。

3.10　适时培训，实验室人员持续具备安全工作能力

3.10.1　对实验室工作人员进行上岗培训并评估与确认其能力。需要时，实验室人员要适时接受再培训，如长期未工作、操作规程或有关政策发生变化等。

3.10.2　实验室人员每年应进行实验室安全方面的培训，如潜在危害性、自我防护，意外事件应急处置等。

附录十八　兽医系统实验室建设标准

为规范全国各级兽医实验室建设，特制订此标准。

1. 县（市）级兽医实验室

1.1 选址、布局、内部设施和内部环境等应当符合 BSL-1 实验室的要求。

1.2 实验室总建筑面积不低于 200m²。

1.3 实验室应当分别设置有：解剖室、接样室、样品保藏室、血清学检测室、病原学检测室、洗涤消毒室、档案室等。

1.4 应当配备的仪器设备有：酶标仪、自动洗板机、微量振荡器、生物安全柜、真空检测仪、普通离心机、磁力搅拌器、生物显微镜、恒温培养箱、生化培养箱、超声波清洗器、纯水仪、酸度计、高压灭菌器、普通冰箱、冰柜、恒温水浴锅、干热灭菌器、通风橱、电子天平（0.001g）、多道移液器、单道移液器、紫外灯等。

2. 地（市）级兽医实验室

2.1 选址、布局、内部设施和内部环境等应当符合 BSL-2 实验室的要求。

2.2 实验室总建筑面积不低于 300m²。

2.3 实验室应当分别设置有：解剖室、接样室、样品保藏室、仪器室、分子生物学检测室、血清学检测室、病原学检测室、洗涤消毒室和档案室等。

2.4 在配备县（市）级兽医实验室所应有的仪器设备基础上，还应当配备有：PCR仪、电泳仪、凝胶电泳成像与分析系统、台式高速冷冻离心机、Ⅱ级生物安全柜、组织匀浆机、涡旋混匀器、超声波裂解器、超纯水仪、自动高压灭菌器等。

3. 省级兽医实验室

3.1 选址、布局、内部设施和内部环境等应当符合 BSL-2 实验室的要求。

3.2 实验室总建筑面积不低于 1 500m²。

3.3 实验室应当分别设置有：解剖室、接样室、样品处理室、样品保存室、档案室、仪器室、试剂室、血清学检测室、分子生物学检测室、病毒检测室、细菌检测室、寄生虫检测室、病理学检测室、洗涤消毒室、实验准备室、菌（毒）种保藏室等。

3.4 在配备地（市）级兽医实验室所应有的仪器设备基础上，还应当配备有：梯度 PCR 仪、荧光 PCR 仪、多功能电泳仪、恒温振荡摇床、细菌过滤器、小型冻干机、小型孵化器、细菌鉴定仪、自动组织脱水机、石蜡包埋机、自动染色机、倒置显微镜、多功能显微镜、二氧化碳培养箱、全自动高压灭菌器、超低温冰箱（−86℃）、制冰机、电子天平（0.000 1g）、电动移液器等。冷冻切片机、荧光显微镜、石蜡切片机、消毒液机。

4. 区域级兽医实验室

4.1 选址、布局、内部设施和内部环境等应当符合要求。

4.2 实验室总建筑面积不低于 2 000m²，其中 BSL-3 实验室建筑面积不低于 400 平方米，基础实验室建筑面积不低于 1 600m²。

4.3 实验室应分别设置有：解剖室、接样室、样品处理室、样品保存室、仪器室、资料室、档案室、试剂室、血清学检测室、分子生物学检测室、病毒检测室、细菌检测室、寄生虫检测室、病理学检测室、洗涤消毒室、实验器材准备室、菌（毒）种及样本保藏室、标准品制备室、高级别生物安全实验室等。

4.4 在仪器配备上，不低于省级兽医实验室的配备，确保能满足所承担的工作任务。

附录十九　口蹄疫防控应急预案

（农医发［2010］16 号）

1. 总则

1.1　目的

为及时、有效地预防、控制和扑灭牲畜口蹄疫疫情，确保养殖业持续发展和公共卫生安全，维护社会稳定，依据《动物防疫法》《重大动物疫情应急条例》《国家突发公共事件总体应急预案》《国家突发重大动物疫情应急预案》等法律法规，制定本预案。

1.2　工作原则

坚持预防为主，坚持加强领导、密切配合，依靠科学、依法防治，群防群控、果断处置的方针，及早发现，快速反应，严格处理，减少损失。

1.3　适用范围

本预案规定了口蹄疫的预防和应急准备、监测与预警、应急响应和善后的恢复重建等应急管理措施。

本预案适用于我国口蹄疫防控应急管理与处置工作。

2. 疫情监测与预警

2.1　监测与报告

2.1.1　各级兽医主管部门要整合监测信息资源，建立健全口蹄疫监测制度，建立和完善相关基础信息数据库。要做好隐患排查整改工作，及时汇总分析突发疫情隐患信息，预测疫情发生的可能性，对可能发生疫情及次生、衍生事件和可能造成的影响进行综合分析。发现问题，及时整改，消除隐患。必要时，要立即向上级兽医主管部门报告，并向可能受到危害的毗邻或相关地区的兽医主管部门通报。

2.1.2　各级动物疫病预防控制机构要加强口蹄疫疫情监测工作。任何单位和个人发现疑似口蹄疫疫情时，要立即向当地兽医主管部门、动物卫生监督机构或动物疫病预防控制机构报告。

2.1.3　当地动物疫病预防控制机构接到报告后，认定为临床怀疑疫情的，应在 2 小时内将疫情逐级报省级动物疫病预防控制机构，并同时报所在地人民政府兽医主管部门。必要时，请国家口蹄疫参考实验室派人协助、指导采样。

2.1.4　省级动物疫病预防控制机构确认为疑似疫情的，应在 1 小时内向省级兽医主管部门和中国动物疫病预防控制中心报告。

2.1.5　省级兽医主管部门应当在接到报告后 1 小时内报省级人民政府和农业部。

农业部确认为口蹄疫疫情的，应在 4 小时内向国务院报告。

2.2 疫情确认

口蹄疫疫情按程序认定。

(1) 现场临床诊断。动物疫病预防控制机构接到疫情报告后，立即派出两名以上具备相关资格的防疫人员到现场进行临床诊断，符合口蹄疫典型症状的可确认为疑似病例。

(2) 省级实验室或国家口蹄疫参考实验室确诊。对疑似病例或症状不够典型的病例，当地动物疫病预防控制机构应当及时采集病料送省级动物疫病预防控制机构实验室进行检测，检测结果为阳性的，可认定为确诊病例，同时将病料送国家口蹄疫参考实验室复核。省级动物疫病预防控制机构实验室对难以确诊的病例，必须派专人将病料送口蹄疫国家参考实验室检测，进行确诊。

(3) 农业部根据省级动物疫病预防控制机构实验室或口蹄疫国家参考实验室的最终确诊结果，确认口蹄疫疫情。

2.3 疫情分级

口蹄疫疫情分为四级。

2.3.1 有下列情况之一的，为Ⅰ级（特别重大）疫情：

(1) 在14天内，5个以上（含）省份连片发生疫情。

(2) 20个以上县（区）连片发生，或疫点数达到30个以上。

(3) 农业部认定的其他特别严重口蹄疫疫情。

确认Ⅰ级疫情后，按程序启动《国家突发重大动物疫情应急预案》和本预案。

2.3.2 有下列情况之一的，为Ⅱ级（重大）疫情：

(1) 在14天内，在1个省级行政区域内有2个以上（含）相邻地（市）的相邻区域或者5个以上（含）县（区）发生疫情；或有新的口蹄疫亚型病毒引发的疫情。

(2) 农业部认定的其他重大口蹄疫疫情。

确认为Ⅱ级疫情后，按程序启动《国家突发重大动物疫情应急预案》和本预案。

2.3.3 有下列情况之一的，为Ⅲ级（较大）疫情：

(1) 在14天内，在1个地（市）行政区域内2个以上（含）县（区）发生疫情或者疫点数达到5个以上（含）。

(2) 农业部认定的其他较大口蹄疫疫情。

2.3.4 有下列情况之一的，为Ⅳ级（一般）疫情：

(1) 在1个县（区）行政区域内发生疫情。

(2) 农业部认定的其他一般口蹄疫疫情。

发生口蹄疫疫情时，疫情发生地的县级、市（地）级、省级人民政府及其有关部门按照属地管理、分级响应的原则作出应急响应。同时，根据疫情趋势，及时调整疫情响应级别。

2.4 疫情预警

农业部和省、自治区、直辖市人民政府兽医主管部门应当根据对口蹄疫发生、流行趋势的预测，及时发出疫情预警，地方各级人民政府接到预警后，应当立即采取相应的预防、控制措施。

按照口蹄疫疫情紧急程度、发展态势和可能造成的危害，将口蹄疫疫情的预警由高到低划分为四级预警，分别为特别严重（一级）、严重（二级）、较大（三级）和一般（四级）四个级别，并依次用红色、橙色、黄色和蓝色表示。

2.4.1　特别严重（一级）预警　发生特别重大口蹄疫疫情（Ⅰ级）确定为特别严重（一级）预警；由农业部和疫情发生地省级兽医主管部门向该省份发出预警，并由农业部向发生疫情省份的周边省份及经评估与疫情存在关联的省份发出预警。根据农业部预警或疫情发生地省级兽医主管部门的疫情通报，毗邻省区可启动应急响应，对本省内与疫情省（或疫情发生地）交界的毗邻地区和受威胁地区发出预警。

2.4.2　严重（二级）预警　发生重大口蹄疫疫情（Ⅱ级）时，以及口蹄疫病毒种发生丢失时，确定为严重（二级）预警；由农业部和疫情发生地省级兽医主管部门向该省份发出预警。根据疫情发生地省级兽医主管部门的疫情通报，毗邻省区可启动应急响应，对本省内与疫情省（或疫情发生地）交界的毗邻地区和受威胁地区发出预警。

2.4.3　较大（三级）预警　发生一般口蹄疫疫情（Ⅳ级）或周边地（市）发生较大口蹄疫疫情（Ⅲ级）时，确定为较大（三级）预警；由农业部和疫情发生地省级兽医主管部门针对疫情发生区域发出预警。

2.4.4　一般（四级）预警　有下列情况之一的，可确定为一般（四级）预警，由农业部和疫情发生地省级兽医主管部门针对疫情发生区域发出预警。

（1）在监测中发现口蹄疫病原学监测阳性样品，根据流行调查和分析评估，有可能出现疫情暴发流行的。

（2）周边县（市、区）发生一般口蹄疫疫情（Ⅳ级）时。

3. 应急指挥系统和部门分工

3.1　应急指挥机构

农业部在国务院统一领导下，负责组织、协调全国口蹄疫防控应急管理工作，并根据突发口蹄疫疫情应急处置工作的需要，向国务院提出启动国务院重大动物疫情防控应急指挥部应急响应建议。

地方各级人民政府兽医主管部门在本级人民政府统一领导下，负责组织、协调本行政区域内口蹄疫防控应急管理与处置工作，并根据突发口蹄疫疫情应急处置工作需要，向本级人民政府提出启动地方突发重大动物疫情应急指挥部应急响应建议。

各级人民政府兽医主管部门要加强与其他部门的协调和配合，建立健全部门合作机制，形成多部门共同参与的联防联控机制。

3.2　部门分工

各应急指挥机构成员单位应当依据本预案及《动物防疫法》《重大动物疫情应急条例》、《国家突发事件应急预案》和《国家突发重大动物疫情应急预案》等有关法律法规，在各自的职责范围内负责做好口蹄疫疫情的应急处置工作。人民解放军、武警部队应当支持和配合驻地人民政府做好疫情防治的应急工作。

4. 应急响应

4.1　临时处置

在发生疑似疫情时，根据流行病学调查结果，分析疫源及其可能扩散、流行的情况。

在疑似疫情报告同时，对发病场（户）实施隔离、监控，禁止家畜及畜产品、饲料及有关物品移动，进行严格消毒等临时处置措施。对可能存在的传染源，以及在疫情潜伏期和发病期间售出的动物及其产品、对被污染或可疑污染物的物品（包括粪便、垫料、饲料），立即开展追踪调查，并按规定进行彻底消毒等无害化处理。

必要时采取封锁、扑杀等措施。

4.2　划定疫点、疫区和受威胁区

疫点为发病动物或野生动物所在的地点。相对独立的规模化养殖场/户，以病畜所在的养殖场/户为疫点；散养畜以病畜所在的自然村为疫点；放牧畜以病畜所在的牧场、野生动物驯养场及其活动场地为疫点；病畜在运输过程中发生疫情，以运载病畜的车、船、飞机等为疫点；在市场发生疫情，以病畜所在市场为疫点；在屠宰加工过程中发生疫情，以屠宰加工厂（场）为疫点。

疫区由疫点边缘向外延伸 3 公里内的区域。新的口蹄疫亚型病毒引发疫情时，疫区范围为疫点边缘向外延伸 5 公里的区域。

受威胁区由疫区边缘向外延伸 10 公里的区域。新的口蹄疫亚型病毒引发疫情时，受威胁区范围为疫区边缘向外延伸 30 公里的区域。

在划定疫区、受威胁区时，应考虑当地饲养环境、天然屏障（如河流、山脉等）、人工屏障（道路、围栏等）、野生动物栖息情况，以及疫情溯源和分析评估结果。

4.3　封锁

疫情发生所在地县级以上兽医主管部门报请同级人民政府对疫区实行封锁，人民政府在接到报告后，应在 24 小时内发布封锁令。

跨行政区域发生疫情时，由共同上一级兽医行政主管部门报请同级人民政府对疫区实行封锁，或者由各有关行政区域的上一级人民政府共同对疫区实行封锁。必要时，上级人民政府可以责成下级人民政府对疫区实行封锁。

4.4　对疫点采取的措施

4.4.1　扑杀并销毁疫点内所有病畜及同群畜，并对病死畜、被扑杀畜及其产品按国家规定标准进行无害化处理。

4.4.2　对被污染或可疑污染的粪便、垫料、饲料、污水等按规定进行无害化处理。

4.4.3　对被污染或可疑污染的交通工具、用具、圈舍、场地进行严格彻底消毒。

4.4.4　对发病前 14 天售出的家畜及其产品进行追踪，并作扑杀和无害化处理。

4.5　对疫区采取的措施

4.5.1　在疫区周围设立警示标志，在出入疫区的交通路口设置动物检疫消毒站，执行监督检查任务，对出入人员和车辆及有关物品进行消毒。

4.5.2　对疫区内的易感动物进行隔离饲养，加强疫情持续监测和流行病学调查，积极开展风险评估，并根据易感动物的免疫健康状况开展紧急免疫，建立完整的免疫档案。一旦出现临床症状和监测阳性，立即按国家规定标准实施扑杀并作无害化处理。

4.5.3　对排泄物或可疑受污染的饲料和垫料、污水等按规定进行无害化处理；可疑被污染的物品、交通工具、用具、圈舍、场地进行严格彻底消毒。

4.5.4　对交通工具、圈舍、用具及场地进行彻底消毒。

4.5.5　关闭生猪、牛、羊等牲畜交易市场，禁止易感动物及其产品出入疫区。

4.6　对受威胁区采取的措施

根据易感动物的免疫健康状况开展紧急免疫，并建立完整的免疫档案。加强对牲畜养殖场、屠宰场、交易市场的监测，及时掌握疫情动态。

4.7　野生动物控制

了解疫区、受威胁区及周边地区易感动物分布状况和发病情况，根据流行病学调查和监测结果，采取相应措施，避免野猪、黄羊等野生偶蹄兽与人工饲养牲畜接触。当地林业部门应定期向兽医主管部门通报有关信息。

4.8　解除封锁

4.8.1　解除封锁的条件

疫区解除封锁条件：要求疫点内最后一头病畜死亡或扑杀后，经过14天以上连续观察，未发现新的病例。根据疫区、受威胁区内易感动物免疫状况进行紧急免疫，且疫情监测为阴性，对疫点完成终末消毒。

新的口蹄疫亚型病毒引发疫情的疫区解除封锁条件：要求疫点内最后一头病畜死亡或扑杀后，必须经过14天以上连续监测，未发现新的病例。对疫区、受威胁区内所有易感动物按要求进行紧急免疫，且疫情监测为阴性，对疫点完成终末消毒。

4.8.2　解除封锁的程序　经当地动物疫病预防控制机构验收合格后，由当地兽医主管部门向发布封锁令的人民政府申请解除封锁。新的口蹄疫亚型病毒引发疫情时，必须经省级动物疫病预防控制机构验收合格后，由当地兽医主管部门向发布封锁令的人民政府申请解除封锁，由该人民政府发布解除封锁令。

必要时，请国家口蹄疫参考实验室参与验收。

4.9　处理记录与档案

各级人民政府兽医行政主管部门必须对处理疫情的全过程做好完整详实的记录，并做好相关资料归档工作。记录保存年限应符合国家规定要求。

4.10　非疫区应采取的措施

加强检疫监管，禁止从疫区调入生猪、牛、羊等易感动物及其产品。加强疫情监测，及时掌握疫情发生风险，做好防疫各项工作，防止疫情发生。

做好疫情防控知识宣传，提高养殖户防控意识。

4.11　疫情跟踪

对疫情发生前14天内，从疫点输出的易感动物及其产品、被污染饲料垫料和粪便、运输车辆及密切接触人员的去向进行跟踪调查，分析疫情扩散风险。必要时，对接触的易感动物进行隔离观察，对相关动物及其产品进行消毒处理。

4.12　疫情溯源

对疫情发生前14天内，所有引入疫点的易感动物、相关产品来源及运输工具进行追溯性调查，分析疫情来源。必要时，对来自原产地猪、牛、羊等牲畜群或接触猪、牛、羊等牲畜群进行隔离观察，对动物产品进行消毒处理。

5. 善后处理

5.1 后期评估

突发重大动物疫情扑灭后，各级兽医行政主管部门应在本级政府的领导下，组织有关人员对突发重大动物疫情的处理情况进行评估。评估的内容应包括：疫情基本情况、疫情发生的经过、现场调查及实验室检测的结果；疫情发生的主要原因分析、结论；疫情处理经过、采取的防治措施及效果；应急过程中存在的问题与困难；以及针对本次疫情的暴发流行原因、防治工作中存在的问题与困难等，提出改进建议和应对措施。

评估报告上报本级人民政府，同时报省级人民政府兽医行政主管部门。

5.2 奖励

县级以上人民政府对参加重大口蹄疫疫情应急处理做出贡献的先进集体和个人，进行表彰；对在突发重大动物疫情应急处理工作中表现突出而英勇献身的人员，按有关规定追认为烈士。

5.3 责任

对在口蹄疫疫情的预防、报告、调查、控制和处理过程中，有玩忽职守、失职、渎职等违纪违法行为的，依据有关法律法规追究当事人的责任。

5.4 灾害补偿

按照口蹄疫疫情灾害补偿的规定，确定数额等级标准，按程序进行补偿。补偿的对象是为扑灭或防止口蹄疫疫情传播其牲畜或财产受损失的单位和个人；补偿标准和办法由财政部会同农业部制定。

5.5 抚恤和补助

各级人民政府要组织有关部门对因参与应急处理工作致病、致残、死亡的人员，按照国家有关规定，给予相应的补助和抚恤。

5.6 恢复生产

口蹄疫疫情扑灭后，取消贸易限制及流通控制等限制性措施。根据各种重大动物疫病的特点，对疫点和疫区进行持续监测，符合要求的，方可重新引进动物，恢复畜牧业生产。

5.7 社会救助

发生口蹄疫疫情后，县级以上人民政府及有关部门应按《中华人民共和国公益事业捐赠法》和《救灾救济捐赠管理暂行办法》及国家有关政策规定，做好社会各界向疫区提供的救援物资及资金的接收，分配和使用工作。

6. 保障措施

6.1 物资保障

建立国家级和省级动物防疫物资储备制度，储备相应足量的防治口蹄疫应急物资。储备物资应存放在交通方便，具备贮运条件的安全区域。

6.1.1 储备应急物资应包括疫情处理用防护用品、消毒药品、消毒设备、疫苗、诊断试剂、封锁设施和设备等。

6.1.2 养殖规模较大的地（市）、县也要根据需要做好有关防疫物品的储备。相关实验室应做好诊断试剂储备。

6.2 资金保障

口蹄疫防控和应急处置所需经费要纳入各级财政预算。扑杀病畜及同群畜由国家给予合理补贴；强制免疫费用由国家负担，所需资金由中央和地方财政按规定比例分别承担。

6.3 法律保障

国务院有关部门和地方各级人民政府及有关部门要严格执行《突发事件应对法》《动物防疫法》《重大动物疫情应急条例》《国家突发公共事件总体应急预案》和《国家突发重大动物疫情应急预案》等规定，并根据本预案要求，严格履行职责，实行责任制。对履行职责不力，造成工作损失的，要追究有关当事人的责任。

6.4 技术保障

6.4.1 国家设立口蹄疫参考实验室，负责跟踪口蹄疫病毒变异和相关疫苗与诊断试剂的研发，以及口蹄疫病毒分离和鉴定、诊断技术指导工作；各省（自治区、直辖市）设立口蹄疫诊断实验室，负责辖区内口蹄疫的检测、诊断及技术指导工作。

6.4.2 国家口蹄疫参考实验室必须达到三级生物安全水平，省级诊断实验室必须达到二级以上生物安全水平，取得从事口蹄疫实验活动资格，并经农业部或省级兽医主管部门批准。

6.4.3 国家有关专业实验室和地方各级兽医诊断实验室应逐步提高口蹄疫诊断监测技术能力。

6.5 人员保障

6.5.1 县级或地（市）级设立口蹄疫现场诊断专家组，负责口蹄疫疫情的现场诊断、提出控制技术方案建议。

6.5.2 地方各级人民政府要组建口蹄疫疫情应急预备队。应急预备队按照本级指挥部的要求，加强培训和演练，具体实施疫情应急处理工作。应急预备队由当地畜牧兽医人员、有关专家、执业兽医、卫生防疫人员等组成。公安机关、武警部队应依法予以协助执行任务。

6.6 社会公众的宣传教育

县级以上地方人民政府应组织有关部门利用广播、报刊、互联网、手机短信等多种形式，对社会公众开展口蹄疫防疫和应急处置知识的普及教育，要充分发挥有关社会团体在普及相关防疫知识和科普知识的作用，依靠广大群众，对口蹄疫实行群防群控，有效防止疫情发生，及时控制和扑灭疫情，最大限度地减少疫情造成的损失。

7. 附则

7.1 名词术语

口蹄疫（Foot and Mouth Disease，FMD）是由口蹄疫病毒感染引起的以偶蹄动物为主的急性、热性、高度传染性疫病，具有 O、A、C、SAT1、SAT2、SAT3 和亚洲Ⅰ型 7 个血清型。世界动物卫生组织（OIE）将其列为法定报告动物传染病，我国将其列为一类动物疫病。

7.2 本预案由农业部组织制定，由农业部负责解释与组织实施。农业部根据需要及时评估、修订本预案。

7.3 县级以上地方人民政府所属的畜牧兽医行政主管部门等要按照本预案的规定履行职责，并制定、完善相应的应急预案。

7.4 本预案自印发之日起实施。

附录二十 口蹄疫防治技术规范

（农医发 [2007] 12 号，2007 年 6 月 4 日）

口蹄疫（Foot and Mouth Disease，FMD）是由口蹄疫病毒引起的以偶蹄动物为主的急性、热性、高度传染性疫病，世界动物卫生组织（OIE）将其列为必须报告的动物传染病，我国规定为一类动物疫病。

为预防、控制和扑灭口蹄疫，依据《中华人民共和国动物防疫法》《重大动物疫情应急条例》《国家突发重大动物疫情应急预案》等法律法规，制定本技术规范。

1. 适用范围

本规范规定了口蹄疫疫情确认、疫情处置、疫情监测、免疫、检疫监督的操作程序、技术标准及保障措施。

本规范适用于中华人民共和国境内一切与口蹄疫防治活动有关的单位和个人。

2. 诊断

2.1 诊断指标

2.1.1 流行病学特点

2.1.1.1 偶蹄动物，包括牛科动物（牛、瘤牛、水牛、牦牛）、绵羊、山羊、猪及所有野生反刍和猪科动物均易感，驼科动物（骆驼、单峰骆驼、美洲驼、美洲骆马）易感性较低。

2.1.1.2 传染源主要为潜伏期感染及临床发病动物。感染动物呼出物、唾液、粪便、尿液、乳、精液及肉和副产品均可带毒。康复期动物可带毒。

2.1.1.3 易感动物可通过呼吸道、消化道、生殖道和伤口感染病毒，通常以直接或间接接触（飞沫等）方式传播，或通过人或犬、蝇、蜱、鸟等动物媒介，或经车辆、器具等被污染物传播。如果环境气候适宜，病毒可随风远距离传播。

2.1.2 临床症状

2.1.2.1 牛呆立流涎，猪卧地不起，羊跛行；

2.1.2.2 唇部、舌面、齿龈、鼻镜、蹄踵、蹄叉、乳房等部位出现水疱；

2.1.2.3 发病后期，水疱破溃、结痂，严重者蹄壳脱落，恢复期可见瘢痕、新生蹄甲；

2.1.2.4 传播速度快，发病率高；成年动物死亡率低，幼畜常突然死亡且死亡率高，仔猪常成窝死亡。

2.1.3 病理变化

2.1.3.1 消化道可见水疱、溃疡；

2.1.3.2 幼畜可见骨骼肌、心肌表面出现灰白色条纹，形色酷似虎斑。

2.1.4 病原学检测

2.1.4.1 间接夹心酶联免疫吸附试验，检测阳性（ELISA OIE 标准方法 附件一）；

2.1.4.2 RT - PCR 试验，检测阳性（采用国家确认的方法）；

2.1.4.3 反向间接血凝试验（RIHA），检测阳性（附件二）；

2.1.4.4 病毒分离，鉴定阳性。

2.1.5 血清学检测

2.1.5.1 中和试验，抗体阳性；

2.1.5.2 液相阻断酶联免疫吸附试验，抗体阳性；

2.1.5.3 非结构蛋白 ELISA 检测感染抗体阳性；

2.1.5.4 正向间接血凝试验（IHA），抗体阳性（附件三）。

2.2 结果判定

2.2.1 疑似口蹄疫病例

符合该病的流行病学特点和临床诊断或病理诊断指标之一，即可定为疑似口蹄疫病例。

2.2.2 确诊口蹄疫病例

疑似口蹄疫病例，病原学检测方法任何一项阳性，可判定为确诊口蹄疫病例；

疑似口蹄疫病例，在不能获得病原学检测样本的情况下，未免疫家畜血清抗体检测阳性或免疫家畜非结构蛋白抗体 ELISA 检测阳性，可判定为确诊口蹄疫病例。

2.3 疫情报告

任何单位和个人发现家畜上述临床异常情况的，应及时向当地动物防疫监督机构报告。动物防疫监督机构应立即按照有关规定赴现场进行核实。

2.3.1 疑似疫情的报告

县级动物防疫监督机构接到报告后，立即派出 2 名以上具有相关资格的防疫人员到现场进行临床和病理诊断。确认为疑似口蹄疫疫情的，应在 2 小时内报告同级兽医行政管理部门，并逐级上报至省级动物防疫监督机构。省级动物防疫监督机构在接到报告后，1 小时内向省级兽医行政管理部门和国家动物防疫监督机构报告。

诊断为疑似口蹄疫病例时，采集病料（附件四），并将病料送省级动物防疫监督机构，必要时送国家口蹄疫参考实验室。

2.3.2 确诊疫情的报告

省级动物防疫监督机构确诊为口蹄疫疫情时，应立即报告省级兽医行政管理部门和国家动物防疫监督机构；省级兽医管理部门在 1 小时内报省级人民政府和国务院兽医行政管理部门。

国家参考实验室确诊为口蹄疫疫情时，应立即通知疫情发生地省级动物防疫监督机构和兽医行政管理部门，同时报国家动物防疫监督机构和国务院兽医行政管理部门。

省级动物防疫监督机构诊断新血清型口蹄疫疫情时，将样本送至国家口蹄疫参考实验室。

2.4 疫情确认

国务院兽医行政管理部门根据省级动物防疫监督机构或国家口蹄疫参考实验室确诊结

果，确认口蹄疫疫情。

3. 疫情处置

3.1　疫点、疫区、受威胁区的划分

3.1.1　疫点　为发病畜所在的地点。相对独立的规模化养殖场/户，以病畜所在的养殖场/户为疫点；散养畜以病畜所在的自然村为疫点；放牧畜以病畜所在的牧场及其活动场地为疫点；病畜在运输过程中发生疫情，以运载病畜的车、船、飞机等为疫点；在市场发生疫情，以病畜所在市场为疫点；在屠宰加工过程中发生疫情，以屠宰加工厂（场）为疫点。

3.1.2　疫区　由疫点边缘向外延伸 3 公里内的区域。

3.1.3　受威胁区　由疫区边缘向外延伸 10 公里的区域。

在疫区、受威胁区划分时，应考虑所在地的饲养环境和天然屏障（河流、山脉等）。

3.2　疑似疫情的处置

对疫点实施隔离、监控，禁止家畜、畜产品及有关物品移动，并对其内、外环境实施严格的消毒措施。

必要时采取封锁、扑杀等措施。

3.3　确诊疫情处置

疫情确诊后，立即启动相应级别的应急预案。

3.3.1　封锁

疫情发生所在地县级以上兽医行政管理部门报请同级人民政府对疫区实行封锁，人民政府在接到报告后，应在 24 小时内发布封锁令。

跨行政区域发生疫情的，由共同上级兽医行政管理部门报请同级人民政府对疫区发布封锁令。

3.3.2　对疫点采取的措施

3.3.2.1　扑杀疫点内所有病畜及同群易感畜，并对病死畜、被扑杀畜及其产品进行无害化处理（附件五）；

3.3.2.2　对排泄物、被污染饲料、垫料、污水等进行无害化处理（附件六）；

3.3.2.3　对被污染或可疑污染的物品、交通工具、用具、畜舍、场地进行严格彻底消毒（附件七）；

3.3.2.4　对发病前 14d 售出的家畜及其产品进行追踪，并做扑杀和无害化处理。

3.3.3　对疫区采取的措施

3.3.3.1　在疫区周围设置警示标志，在出入疫区的交通路口设置动物检疫消毒站，执行监督检查任务，对出入的车辆和有关物品进行消毒；

3.3.3.2　所有易感畜进行紧急强制免疫，建立完整的免疫档案；

3.3.3.3　关闭家畜产品交易市场，禁止活畜进出疫区及产品运出疫区；

3.3.3.4　对交通工具、畜舍及用具、场地进行彻底消毒；

3.3.3.5　对易感家畜进行疫情监测，及时掌握疫情动态；

3.3.3.6　必要时，可对疫区内所有易感动物进行扑杀和无害化处理。

3.3.4 对受威胁区采取的措施

3.3.4.1 最后一次免疫超过一个月的所有易感畜，进行一次紧急强化免疫；

3.3.4.2 加强疫情监测，掌握疫情动态。

3.3.5 疫源分析与追踪调查

按照口蹄疫流行病学调查规范，对疫情进行追踪溯源、扩散风险分析（附件八）。

3.3.6 解除封锁

3.3.6.1 封锁解除的条件

口蹄疫疫情解除的条件：疫点内最后1头病畜死亡或扑杀后连续观察至少14天，没有新发病例；疫区、受威胁区紧急免疫接种完成；疫点经终末消毒；疫情监测阴性。

新血清型口蹄疫疫情解除的条件：疫点内最后1头病畜死亡或扑杀后连续观察至少14天没有新发病例；疫区、受威胁区紧急免疫接种完成；疫点经终末消毒；对疫区和受威胁区的易感动物进行疫情监测，结果为阴性。

3.3.6.2 解除封锁的程序 动物防疫监督机构按照上述条件审验合格后，由兽医行政管理部门向原发布封锁令的人民政府申请解除封锁，由该人民政府发布解除封锁令。

必要时由上级动物防疫监督机构组织验收。

4. 疫情监测

4.1 监测主体 县级以上动物防疫监督机构。

4.2 监测方法 临床观察、实验室检测及流行病学调查。

4.3 监测对象 以牛、羊、猪为主，必要时对其他动物监测。

4.4 监测的范围

4.4.1 养殖场户、散养畜，交易市场、屠宰厂（场）、异地调入的活畜及产品。

4.4.2 对种畜场、边境、隔离场、近期发生疫情及疫情频发等高风险区域的家畜进行重点监测。

监测方案按照当年兽医行政管理部门工作安排执行。

4.5 疫区和受威胁区解除封锁后的监测 临床监测持续一年，反刍动物病原学检测连续2次，每次间隔1个月，必要时对重点区域加大监测的强度。

4.6 在监测过程中，对分离到的毒株进行生物学和分子生物学特性分析与评价，密切注意病毒的变异动态，及时向国务院兽医行政管理部门报告。

4.7 各级动物防疫监督机构对监测结果及相关信息进行风险分析，做好预警预报。

4.8 监测结果处理

监测结果逐级汇总上报至国家动物防疫监督机构，按照有关规定进行处理。

5. 免疫

5.1 国家对口蹄疫实行强制免疫，各级政府负责组织实施，当地动物防疫监督机构进行监督指导。免疫密度必须达到100%。

5.2 预防免疫，按农业部制定的免疫方案规定的程序进行。

5.3 突发疫情时的紧急免疫按本规范有关条款进行。

5.4　所用疫苗必须采用农业部批准使用的产品，并由动物防疫监督机构统一组织、逐级供应。

5.5　所有养殖场/户必须按科学合理的免疫程序做好免疫接种，建立完整的免疫档案（包括免疫登记表、免疫证、免疫标识等）。

5.6　各级动物防疫监督机构定期对免疫畜群进行免疫水平监测，根据群体抗体水平及时加强免疫。

6. 检疫监督

6.1　产地检疫

猪、牛、羊等偶蹄动物在离开饲养地之前，养殖场/户必须向当地动物防疫监督机构报检，接到报检后，动物防疫监督机构必须及时到场、到户实施检疫。检查合格后，收回动物免疫证，出具检疫合格证明；对运载工具进行消毒，出具消毒证明，对检疫不合格的按照有关规定处理。

6.2　屠宰检疫

动物防疫监督机构的检疫人员对猪、牛、羊等偶蹄动物进行验证查物，证物相符检疫合格后方可入厂（场）屠宰。宰后检疫合格，出具检疫合格证明。对检疫不合格的按照有关规定处理。

6.3　种畜、非屠宰畜异地调运检疫

国内跨省调运包括种畜、乳用畜、非屠宰畜时，应当先到调入地省级动物防疫监督机构办理检疫审批手续，经调出地按规定检疫合格，方可调运。起运前两周，进行一次口蹄疫强化免疫，到达后须隔离饲养 14 天以上，由动物防疫监督机构检疫检验合格后方可进场饲养。

6.4　监督管理

6.4.1　动物防疫监督机构应加强流通环节的监督检查，严防疫情扩散。猪、牛、羊等偶蹄动物及产品凭检疫合格证（章）和动物标识运输、销售。

6.4.2　生产、经营动物及动物产品的场所，必须符合动物防疫条件，取得动物防疫合格证，当地动物防疫监督机构应加强日常监督检查。

6.4.3　各地根据防控家畜口蹄疫的需要建立动物防疫监督检查站，对家畜及产品进行监督检查，对运输工具进行消毒。发现疫情，按照《动物防疫监督检查站口蹄疫疫情认定和处置办法》相关规定处置。

6.4.4　由新血清型引发疫情时，加大监管力度，严禁疫区所在县及疫区周围 50 公里范围内的家畜及产品流动。在与新发疫情省份接壤的路口设置动物防疫监督检查站、卡实行 24 小时值班检查；对来自疫区运输工具进行彻底消毒，对非法运输的家畜及产品进行无害化处理。

6.4.5　任何单位和个人不得随意处置及转运、屠宰、加工、经营、食用口蹄疫病（死）畜及产品；未经动物防疫监督机构允许，不得随意采样；不得在未经国家确认的实验室剖检分离、鉴定、保存病毒。

7. 保障措施

7.1 各级政府应加强机构、队伍建设，确保各项防治技术落实到位。

7.2 各级财政和发改部门应加强基础设施建设，确保免疫、监测、诊断、扑杀、无害化处理、消毒等防治技术工作经费落实。

7.3 各级兽医行政部门动物防疫监督机构应按本技术规范，加强应急物资储备，及时培训和演练应急队伍。

7.4 发生口蹄疫疫情时，在封锁、采样、诊断、流行病学调查、无害化处理等过程中，要采取有效措施做好个人防护和消毒工作，防止人为扩散。

8. 附件

附件一　间接夹心酶联免疫吸附试验（I-ELISA）

1　试验程序和原理

1.1 利用包被于固相（I，96孔平底ELISA专用微量板）的FMDV型特异性抗体（AB，包被抗体，又称为捕获抗体），捕获待检样品中相应型的FMDV抗原（Ag）。再加入与捕获抗体同一血清型，但用另一种动物制备的抗血清（Ab，检测抗体）。如果有相应型的病毒抗原存在，则形成"夹心"式结合，并被随后加入的酶结合物/显色系统（*E/S）检出。

1.2 由于FMDV的多型性，和可能并发临床上难以区分的水疱性疾病，在检测病料时必然包括几个血清型（如O、A、亚洲-1型）；及临床症状相同的某些疾病，如猪水疱病（SVD）。

2　材料

2.1 样品的采集和处理：见附件四。

2.2 主要试剂

2.2.1 抗体：

2.2.1.1 包被抗体：兔抗FMDV-"O"、"A"、"亚洲-I"型146S血清；及兔抗SVDV-160S血清。

2.2.1.2 检测抗体：豚鼠抗FMDV-"O"、"A"、"亚洲-I"型146S血清；及豚鼠抗SVDV-160S血清。

2.2.2 酶结合物：兔抗豚鼠Ig抗体（Ig）-辣根过氧化物酶（HRP）结合物。

2.2.3 对照抗原：灭活的FMDV-"O""A""亚洲-I"各型及SVDV细胞病毒液。

2.2.4 底物溶液（底物/显色剂）：3%过氧化氢/3.3mmol/L邻苯二胺（OPD）。

2.2.5 终止液：1.25mol/L硫酸。

2.2.6 缓冲液

2.2.6.1 包被缓冲液　0.05mol/L Na_2CO_3-$NaHCO_3$，pH9.6。

2.2.6.2 稀释液A　0.01mol/L PBS-0.05%（v/v）Tween-20，pH7.2~7.4。

2.2.6.3 稀释液B　5%脱脂奶粉（w/v）-稀释液A。

2.2.6.4　洗涤缓冲液　0.002mol/L PBS - 0.01％（v/v）Tween - 20。

2.3　主要器材设备

2.3.1　固相：96孔平底聚苯乙烯ELISA专用板。

2.3.2　移液器、尖头及贮液槽：微量可调移液器一套，可调范围 0.5～5 000μL（5～6支）；多（4、8、12）孔道微量可调移液器（25～250μL）；微量可调连续加样移液器（10～100μL）；与各移液器匹配的各种尖头，及配套使用的贮液槽。

2.3.3　振荡器：与96孔微量板配套的旋转振荡器。

2.3.4　酶标仪，492nm波长滤光片。

2.3.5　洗板机或洗涤瓶，吸水纸巾。

2.3.6　37℃恒温温室或温箱。

3　操作方法

3.1　预备试验

为了确保检测结果准确可靠，必须最优化组合该ELISA，即试验所涉及的各种试剂，包括包被抗体、检测抗体、酶结合物、阳性对照抗原都要预先测定，计算出它们的最适稀释度，既保证试验结果在设定的最佳数据范围内，又不浪费试剂。使用诊断试剂盒时，可按说明书指定用量和用法。如试验结果不理想，重新滴定各种试剂后再检测。

3.2　包被固相

3.2.1　FMDV各血清型及SVDV兔抗血清分别以包被缓冲液稀释至工作浓度，然后按附图3-1＜Ⅰ＞所示布局加入微量板各行。每孔50μL。加盖后37℃振荡2h。或室温（20～25℃）振荡30min，然后置湿盒中4℃过夜（可以保存1周左右）。

3.2.2　一般情况下，牛病料鉴定"O"和"A"两个型，某些地区的病料要加上"亚洲-Ⅰ"型；猪病料要加上SVDV。

＜Ⅰ＞		＜Ⅱ＞1	2	3	4	5	6	7	8	9	10	11	12
A	FMDV "O"	C++	C++	C+	C+	C-	C-	S1	1	S3	3	S5	5
B	"A"	C++	C++	C+	C+	C-	C-	S1	1	S3	3	S5	5
C	"Asia - I"	C++	C++	C+	C+	C-	C-	S1	1	S3	3	S5	5
D	SVDV	C++	C++	C+	C+	C-	C-	S1	1	S3	3	S5	5
E	FMDV "O"	C++	C++	C+	C+	C-	C-	S2	2	S4	4	S6	6
F	"A"	C++	C++	C+	C+	C-	C-	S2	2	S4	4	S6	6
G	"Asia - I"	C++	C++	C+	C+	C-	C-	S2	2	S4	4	S6	6
H	SVDV	C++	C++	C+	C+	C-	C-	S2	2	S4	4	S6	6

附图3-1　定型ELISA微量板包被血清布局＜Ⅰ＞、对照和被检样品布局＜Ⅱ＞

试验开始，依据当天检测样品的数量包被，或取出包被好的板子；如用可拆卸微量板，则根据需要取出几条。在试验台上放置20min，再洗涤5次，扣干。

3.3　加对照抗原和待检样品

3.3.1　布局：空白和各阳性对照、待检样品在ELISA板上的分布位置如图3-1

＜Ⅱ＞所示。

3.3.2 加样：

3.3.2.1 第 5 和第 6 列为空白对照（C－），每孔加 50μL 稀释液 A。

3.3.2.2 先将各型阳性对照抗原分别以稀释液 A 适当稀释，然后加入与包被抗体同型的各行孔中，C＋＋为强阳性，C＋为阳性，可以用同一对照抗原的不同稀释度。每一对照 2 孔，每孔 50μL。

3.3.2.3 按待检样品的序号（S1、S2…）逐个加入，每份样品每个血清型加 2 孔，每孔 50μL。37℃ 振荡 1h，洗涤 5 次，扣干。

3.4 加检测抗体：各血清型豚鼠抗血清以稀释液 A 稀释至工作浓度，然后加入与包被抗体同型各行孔中，每孔 50μL。37℃ 振荡 1h。洗涤 5 次，扣干。

3.5 加酶结合物：酶结合物以稀释液 B 稀释至工作浓度，每孔 50μL。37℃ 振荡 40min。洗涤 5 次，扣干。

3.6 加底物溶液：试验开始时，按当天需要量从冰箱暗盒中取出 OPD，放在温箱中融化并使之升温至 37℃。临加样前，按每 6mL OPD 加 3% 双氧水 30μL（一块微量板用量），混匀后每孔加 50μL。37℃ 振荡 15min。

3.7 加终止液：显色反应 15min，准时加终止液 1.25mol/L H_2SO_4。50μL/孔。

3.8 观察和判读结果：终止反应后，先用肉眼观察全部反应孔。如空白对照和阳性对照孔的显色基本正常，再用酶标仪（492nm）判读 OD 值。

4 结果判定

4.1 数据计算

为了便于说明，假设附表 3－1 所列数据为检测结果（OD 值）。利用附表 3－1 所列数据，计算平均 OD 值和平均修正 OD 值（附表 3－2）。

4.1.1 各行 2 孔空白对照（C－）平均 OD 值；

4.1.2 各行（各血清型）抗原对照（C＋＋、C＋）平均 OD 值；

4.1.3 各待检样品各血清型（2 孔）平均 OD 值；

4.1.4 计算出各平均修正 OD 值＝［每个（2）或（3）值］－［同一行的（1）值］。

附表 3－1 定型 ELISA 结果（OD 值）

	C++	C+	C－	S1	S2	S3
A FMDV "O"	1.84 1.74	0.56 0.46	0.06 0.04	1.62 1.54	0.68 0.72	0.10 0.08
B "A"	1.25 1.45	0.40 0.42	0.07 0.05	0.09 0.07	1.22 1.32	0.09 0.09
C "Asia-I"	1.32 1.12	0.52 0.50	0.04 0.08	0.05 0.09	0.12 0.06	0.07 0.09
D SVDV	1.08 1.10	0.22 0.24	0.08 0.08	0.09 0.10	0.08 0.12	0.28 0.34
	C++	C+	C－	S4	S5	S6
E FMDV "O"	0.94 0.84	0.24 0.22	0.06 0.06	1.22 1.12	0.09 0.10	0.13 0.17
F "A"	1.10 1.02	0.11 0.13	0.06 0.04	0.10 0.10	0.28 0.26	0.20 0.28
G "Asia-I"	0.39 0.41	0.29 0.21	0.09 0.09	0.10 0.09	0.10 0.10	0.35 0.33
H SVDV	0.88 0.78	0.15 0.11	0.05 0.05	0.11 0.07	0.09 0.09	0.10 0.12

附表 3 - 2　平均 OD 值/平均修正 OD 值

	C++	C+	C-	S1	S2	S3
A　FMDV "O"	1.79/1.75	0.51/0.46	0.05	1.58/1.53	0.70/0.65	0.09/0.04
B　　　"A"	1.35/1.29	0.41/0.35	0.06	0.08/0.02	1.27/1.21	0.09/0.03
C　"Asia - I"	1.22/1.16	0.51/0.45	0.06	0.07/0.03	0.09/0.03	0.08/0.02
D　SVDV	1.09/1.01	0.23/0.15	0.08	0.10/0.02	0.10/0.02	0.31/0.23
	C++	C+	C-	S4	S5	S6
E　FMDV "O"	0.89/0.83	0.23/0.17	0.06	1.17/1.11	0.10/0.04	0.15/0.09
F　　　"A"	1.06/1.01	0.12/0.07	0.05	0.10/0.05	0.27/0.22	0.24/0.19
G　"Asia - I"	0.40/0.31	0.25/0.16	0.09	0.10/0.01	0.10/0.01	0.34/0.25
H　SVDV	0.83/0.78	0.13/0.08	0.05	0.09/0.05	0.09/0.04	0.11/0.06

4.2　结果判定

4.2.1　试验不成立：如果空白对照（C-）平均 OD 值>0.10，则试验不成立，本试验结果无效。

4.2.2　试验基本成立：如果空白对照（C-）平均 OD 值≤0.10，则试验基本成立。

4.2.3　试验绝对成立：如果空白对照（C-）平均 OD 值≤0.10，C+ 平均修正 OD 值>0.10，C++ 平均修正 OD 值>1.00，试验绝对成立。如表 2 中 A、B、C、D 行所列数据。

4.2.3.1　如果某一待检样品某一型的平均修正 OD 值≤0.10，则该血清型为阴性。如 S1 的 "A"、"Asia - 1" 型和 "SVDV"。

4.2.3.2　如果某一待检样品某一型的平均修正 OD 值>0.10，而且比其他型的平均修正 OD 值大 2 倍或 2 倍以上，则该样品为该最高平均修正 OD 值所在的血清型。如 S1 为 "O" 型；S3 为 "Asia - I" 型。

4.2.3.3　虽然某一待检样品某一型的平均修正 OD 值>0.10，但不大于其他型的平均修正 OD 值的 2 倍，则该样品只能判定为可疑。该样品应接种乳鼠或细胞，并盲传数代增毒后再作检测。如 S2 "A" 型。

4.2.4　试验部分成立：如果空白对照（C-）平均 OD 值≤0.10，C+ 平均修正 OD 值≤0.10，C++ 平均修正 OD 值≤1.00，试验部分成立。如表 3 - 2 中 E、F、G、H 行所列数据。

4.2.4.1　如果某一待检样品某一型的平均修正 OD 值≥0.10，而且比其他型的平均修正 OD 值大 2 倍或 2 倍以上，则该样品为该最高平均修正 OD 值所在的血清型。例如 S4 判定为 "O" 型。

4.2.4.2　如果某一待检样品某一型的平均修正 OD 值介于 0.10～1.00，而且比其他型的平均修正 OD 值大 2 倍或 2 倍以上，该样品可以判定为该最高 OD 值所在血清型。例如 S5 判定为 "A" 型。

4.2.4.3　如果某一待检样品某一型的平均修正 OD 值介于 0.10～1.00，但不比其他型的平均修正 OD 值大 2 倍，该样品应增毒后重检。如 S6 "亚洲- I" 型。

注意：重复试验时，首先考虑调整对照抗原的工作浓度。如调整后再次试验结果仍不合格，应更换对照抗原或其他试剂。

附件二　反向间接血凝试验（RIHA）

1　材料准备

1.1　96孔微型聚乙烯血凝滴定板（110度），微量振荡器或微型混合器，0.025 mL、0.05mL稀释用滴管、乳胶吸头或25μL、50μL移液加样器。

1.2　pH7.6、0.05mol/L磷酸缓冲液（pH7.6、0.05mol/L PB），pH7.6、50％丙三醇磷酸缓冲液（GPB），pH7.2、0.11mol/L磷酸缓冲液（pH7.2、0.11mol/L PB），配制方法见中华人民共和国国家标准（GB/T 19200—2003）《猪水疱病诊断技术》附录A（规范性附录）。

1.3　稀释液Ⅰ、稀释液Ⅱ，配制方法见中华人民共和国国家标准（GB/T 19200—2003）《猪水疱病诊断技术》附录B（规范性附录）。

1.4　标准抗原、阳性血清，由指定单位提供，按说明书使用和保存。

1.5　敏化红细胞诊断液：由指定单位提供，效价滴定见中华人民共和国国家标准（GB/T 19200—2003）《猪水疱病诊断技术》附录C（规范性附录）。

1.6　被检材料处理方法见中华人民共和国国家标准（GB/T 19200 2003）《猪水疱病诊断技术》附录E（规范性附录）。

2　操作方法

2.1　使用标准抗原进行口蹄疫A、O、C、Asia-Ⅰ型及与猪水疱病鉴别诊断。

2.1.1　被检样品的稀释：把8只试管排列于试管架上，自第1管开始由左至右用稀释液Ⅰ作二倍连续稀释（即1：6、1：12、1：24……1：768），每管容积0.5 mL。

2.1.2　按下述滴加被检样品和对照：

2.1.2.1　在血凝滴定板上的第一至五排，每排的第8孔滴加第8管稀释被检样品0.05 mL，每排的第7孔滴加第7管稀释被检样品0.05 mL，以此类推至第1孔。

2.1.2.2　每排的第9孔滴加稀释液Ⅰ0.05 mL，作为稀释液对照。

2.1.2.3　每排的第10孔按顺序分别滴加口蹄疫A、O、C、Asia-Ⅰ型和猪水疱病标准抗原（1：30稀释）各0.05 mL，作为阳性对照。

2.1.3　滴加敏化红细胞诊断液：先将敏化红细胞诊断液摇匀，于滴定板第一至五排的第1～10孔分别滴加口蹄疫A、O、C、Asia-Ⅰ型和猪水疱病敏化红细胞诊断液，每孔0.025 mL，置微量振荡器上振荡1～2min，20～35℃放置1.5～2h后判定结果。

2.2　使用标准阳性血清进行口蹄疫O型及与猪水疱病鉴别诊断。

2.2.1　每份被检样品作四排、每孔先各加入25μL稀释液Ⅱ。

2.2.2　每排第1孔各加被检样品25μL，然后分别由左至右作二倍连续稀释至第7孔（竖板）或第11孔（横板）。每排最后孔留作稀释液对照。

2.2.3　滴加标准阳性血清：在第一、三排每孔加入25μL稀释液Ⅱ；第二排每孔加入25μL稀释至1：20的口蹄疫O型标准阳性血清；第四排每孔加入25μL稀释至1：100的猪水疱病标准阳性血清；置微型混合器上振荡1～2min，加盖置37℃作用30min。

2.2.4 滴加敏化红细胞诊断液：在第一和第二排每孔加入口蹄疫 O 型敏化红细胞诊断液 $25\mu L$；第三和第四排每孔加入猪水疱病敏化红细胞诊断液 $25\mu L$；置微型混合器上振荡 $1\sim2min$，加盖 $20\sim35℃$ 放置 2h 后判定结果。

3 结果判定

3.1 按以下标准判定红细胞凝集程度："＋＋＋＋"—100％完全凝集，红细胞均匀地分布于孔底周围；"＋＋＋"—75％凝集，红细胞均匀地分布于孔底周围，但孔底中心有红细胞形成的针尖大的小点；"＋＋"—50％凝集，孔底周围有不均匀的红细胞分布，孔底有一红细胞沉下的小点；"＋"—25％凝集，孔底周围有不均匀的红细胞分布，但大部分红细胞已沉积于孔底；"－"—不凝集，红细胞完全沉积于孔底成一圆点。

3.2 操作方法 2.1 的结果判定：稀释液Ⅰ对照孔不凝集、标准抗原阳性孔凝集试验方成立。

3.2.1 若只第一排孔凝集，其余四排孔不凝集，则被检样品为口蹄疫 A 型；若只第二排孔凝集，其余四排孔不凝集，则被检样品为口蹄疫 O 型；以此类推。若只第五排孔凝集，其余四排孔不凝集，则被检样品为猪水疱病。

3.2.2 致红细胞 50％凝集的被检样品最高稀释度为其凝集效价。

3.2.3 如出现 2 排以上孔的凝集，以某排孔的凝集效价高于其余排孔的凝集效价 2 个对数（以 2 为底）浓度以上者即可判为阳性，其余判为阴性。

3.3 操作方法 2.2 的结果判定：稀释液Ⅱ对照孔不凝集试验方可成立。

3.3.3.1 若第一排出现 2 孔以上的凝集（＋＋以上），且第二排相对应孔出现 2 个孔以上的凝集抑制，第三、四排不出现凝集判为口蹄疫 O 型阳性。若第三排出现 2 孔以上的凝集（＋＋以上），且第四排相对应孔出现 2 个孔以上的凝集抑制，第一、二排不出现凝集则判为猪水疱病阳性。

3.3.3.2 致红细胞 50％凝集的被检样品最高稀释度为其凝集效价。

附件三　正向间接血凝试验（IHA）

1 原理

用已知血凝抗原检测未知血清抗体的试验，称为正向间接血凝试验（IHA）。

抗原与其对应的抗体相遇，在一定条件下会形成抗原抗体复合物，但这种复合物的分子团很小，肉眼看不见。若将抗原吸附（致敏）在经过特殊处理的红细胞表面，只需少量抗原就能大大提高抗原和抗体的反应灵敏性。这种经过口蹄疫纯化抗原致敏的红细胞与口蹄疫抗体相遇，红细胞便出现清晰可见的凝集现象。

2 适用范围

主要用于检测 O 型口蹄疫免疫动物血清抗体效价。

3 试验器材和试剂

3.1 96 孔 $110°V$ 型医用血凝板，与血凝板大小相同的玻板。

3.2 微量移液器（$50\mu L$、$25\mu L$）取液塑嘴。

3.3 微量振荡器。

3.4 O 型口蹄疫血凝抗原。

3.5 O型口蹄疫阴性对照血清。

3.6 O型口蹄疫阳性对照血清。

3.7 稀释液。

3.8 待检血清（每头约0.5mL血清即可）56℃水浴灭活30min。

4 试验方法

4.1 加稀释液：在血凝板上1～6排的1～9孔；第7排的1～4孔第6～7孔；第8排的1～12孔各加稀释液50μL。

4.2 稀释待检血清：取1号待检血清50μL加入第1排第1孔，并将塑嘴插入孔底，右手拇指轻压弹簧1～2次混匀（避免产生过多的气泡），从该孔取出50μL移入第2孔，混匀后取出50μL移入第3孔……直至第9孔混匀后取出50μL丢弃。此时第1排1～9孔待检血清的稀释度（稀释倍数）依次为：1:2（1）、1:4（2）、1:8（3）、1:16（4）、1:32（5）、1:64（6）、1:128（7）、1:256（8）、1:512（9）。

取2号待检血清加入第2排；取3号待检血清加入第3排……均按上法稀释，注意！每取一份血清时，必须更换塑嘴一个。

4.3 稀释阴性对照血清：在血凝板的第7排第1孔加阴性血清50μL，对倍稀释至第4孔，混匀后从该孔取出50μL丢弃。此时阴性血清的稀释倍数依次为1:2（1）、1:4（2）、1:8（3）、1:16（4）。第6～7孔为稀释液对照。

4.4 稀释阳性对照血清：在血凝板的第8排第1孔加阳性血清50μL，对倍数稀释至第12孔，混匀后从该孔取出50μL丢弃。此时阳性血清的稀释倍数依次为1:2～1:4 096。

4.5 加血凝抗原：被检血清各孔、阴性对照血清各孔、阳性对照血清各孔、稀释液对照孔均各加O型血凝抗原（充分摇匀，瓶底应无红细胞沉淀）25μL。

4.6 振荡混匀：将血凝板置于微量振荡器上1～2min，如无振荡器，用手轻拍混匀亦可，然后将血凝板放在白纸上观察各孔红细胞是否混匀，不出现红细胞沉淀为合格。盖上玻板，室温下或37℃下静置1.5～2h判定结果，也可延至翌日判定。

4.7 判定标准：移去玻板，将血凝板放在白纸上，先观察阴性对照血清1:16孔，稀释液对照孔，均应无凝集（红细胞全部沉入孔底形成边缘整齐的小圆点），或仅出现"＋"凝集（红细胞大部沉于孔底，边缘稍有少量红细胞悬浮）。

阳性血清对照1:2～1:256各孔应出现"＋＋"～"＋＋＋"凝集为合格（少量红细胞沉入孔底，大部红细胞悬浮于孔内）。

在对照孔合格的前提下，再观察待检血清各孔，以呈现"＋＋"凝集的最大稀释倍数为该份血清的抗体效价。例如1号待检血清1～5孔呈现"＋＋"～"＋＋＋"凝集，6～7呈现"＋＋"凝集，第8孔呈现"＋"凝集，第9孔无凝集，那么就可判定该份血清的口蹄疫抗体效价为1:128。

接种口蹄疫疫苗的猪群免疫抗体效价达到1:128（即第7孔）牛群、羊群免疫抗体效价达到1:256（第8孔）呈现"＋＋"凝集为免疫合格。

5 检测试剂的性状、规格

5.1 性状

5.1.1 液体血凝抗原：摇匀呈棕红色（或咖啡色），静置后，红细胞逐渐沉入瓶底。

5.1.2　阴性对照血清：淡黄色清亮稍带黏性的液体。

5.1.3　阳性对照血清：微红或淡色稍混浊带黏性的液体。

5.1.4　稀释液：淡黄或无色透明液体，低温下放置，瓶底易析出少量结晶，在水浴中加温后即可全溶，不影响使用。

5.2　包装

5.2.1　液体血凝抗原：摇匀后即可使用，5mL/瓶。

5.2.2　阴性血清：1mL/瓶，直接稀释使用。

5.2.3　阳性血清：1mL/瓶，直接稀释使用。

5.2.4　稀释液：100 mL/瓶，直接使用，4～8℃保存。

5.2.5　保存条件及保存期

5.2.5.1　液体血凝抗原：4～8℃保存（切勿冻结），保存期3个月。

5.2.5.2　阴性对照血清：－15～－20℃保存，有效期1年。

5.2.5.3　阳性对照血清：－15～－20℃保存，有效期1年。

6　注意事项

6.1　为使检测获得正确结果，请在检测前仔细阅读说明书。

6.2　严重溶血或严重污染的血清样品不宜检测，以免发生非特异性反应。

6.3　勿用90°和130°血凝板，严禁使用一次性血凝板，以免误判结果。

6.4　用过的血凝板应及时在水龙头冲净红细胞。再用蒸馏水或去离子水冲洗2次，甩干水分放37℃恒温箱内干燥备用。检测用具应煮沸消毒，37℃干燥备用。血凝板应浸泡在洗液中（浓硫酸与重铬酸钾按1∶1混合），48h捞出后清水冲净。

6.5　每次检测只做一份阴性、阳性和稀释液对照。

"－"表示完全不凝集或0～10%红细胞凝集。

"＋"表示10%～25%红细胞凝集　　"＋＋＋"表示75%红细胞凝集。

"＋＋"表示50%红细胞凝集　　"＋＋＋＋"表示90%～100%红细胞凝集。

6.6　用不同批次的血凝抗原检测同一份血清时，应事先用阳性血清准确测定各批次血凝抗原的效价，取抗原效价相同或相近的血凝抗原检测待检血清抗体水平的结果是基本一致的，如果血凝抗原效价差别很大用来检测同一血清样品，肯定会出现检测结果不一致。

6.7　收到本试剂盒时，应立即打开包装，取出血凝抗原瓶，用力摇动，使黏附在瓶盖上的红细胞摇下，否则易出现沉渣，影响使用效果。

附件四　口蹄疫病料的采集、保存与运送

采集、保存和运输样品须符合下列要求，并填写样品采集登记表。

1. 样品的采集和保存

1.1　组织样品

1.1.1　样品的选择：用于病毒分离、鉴定的样品以发病动物（牛、羊或猪）未破裂的舌面或蹄部，鼻镜，乳头等部位的水疱皮和水疱液最好。对临床健康但怀疑带毒的动物可在扑杀后采集淋巴结、脊髓、肌肉等组织样品作为检测材料。

1.1.2 样品的采集和保存：水疱样品采集部位可用清水清洗，切忌使用酒精、碘酒等消毒剂消毒、擦拭。

1.1.2.1 未破裂水疱中的水疱液用灭菌注射器采集至少 1mL，装入灭菌小瓶中（可加适量抗生素），加盖密封；尽快冷冻保存。

1.1.2.2 剪取新鲜水疱皮 3～5g 放入灭菌小瓶中，加适量（2 倍体积）50％甘油/磷酸盐缓冲液（pH7.4），加盖密封；尽快冷冻保存。

1.1.2.3 在无法采集水疱皮和水疱液时，可采集淋巴结、脊髓、肌肉等组织样品 3～5g 装入洁净的小瓶内，加盖密封；尽快冷冻保存。

每份样品的包装瓶上均要贴上标签，写明采样地点、动物种类、编号、时间等。

1.2 血清

怀疑曾有疫情发生的畜群，错过组织样品采集时机时，可无菌操作采集动物血液，每头不少于 10mL。自然凝固后无菌分离血清装入灭菌小瓶中，可加适量抗生素，加盖密封后冷藏保存。每瓶贴标签并写明样品编号，采集地点，动物种类，时间等。通过抗体检测，做出追溯性诊断。

1.3 采集样品时要填写样品采集登记表。

2. 样品运送

运送前将封装和贴上标签，已预冷或冰冻的样品玻璃容器装入金属套筒中，套筒应填充防震材料，加盖密封，与采样记录一同装入专用运输容器中。专用运输容器应隔热坚固，内装适当冷冻剂和防震材料。外包装上要加贴生物安全警示标志。以最快方式，运送到检测单位。为了能及时准确地告知检测结果，请写明送样单位名称和联系人姓名、联系地址、邮编、电话、传真等。

送检材料必须附有详细说明，包括采样时间、地点、动物种类、样品名称、数量、保存方式及有关疫病发生流行情况、临床症状等。

附件五　口蹄疫扑杀技术规范

1 扑杀范围：病畜及规定扑杀的易感动物。

2 使用无出血方法扑杀：电击、药物注射。

3 将动物尸体用密闭车运往处理场地予以销毁。

4 扑杀工作人员防护技术要求

4.1 穿戴合适的防护衣服

4.1.1 穿防护服或穿长袖手术衣加防水围裙。

4.1.2 戴可消毒的橡胶手套。

4.1.3 戴 N95 口罩或标准手术用口罩。

4.1.4 戴护目镜。

4.1.5 穿可消毒的胶靴，或者一次性的鞋套。

4.2 洗手和消毒

4.2.1 密切接触感染性畜的人员，用无腐蚀性消毒液浸泡手后，再用肥皂清洗 2 次以上。

4.2.2 牲畜扑杀和运送人员在操作完毕后，要用消毒水洗手，有条件的地方要洗澡。

4.3 防护服、手套、口罩、护目镜、胶鞋、鞋套等使用后在指定地点消毒或销毁。

附件六 口蹄疫无害化处理技术规范

所有病死牲畜、被扑杀牲畜及其产品、排泄物以及被污染或可能被污染的垫料、饲料和其他物品应当进行无害化处理。无害化处理可以选择深埋、焚烧等方法，饲料、粪便也可以堆积发酵或焚烧处理。

1. 深埋

1.1 选址：掩埋地应选择远离学校、公共场所、居民住宅区、动物饲养和屠宰场所、村庄、饮用水源地、河流等。避免公共视线。

1.2 深度：坑的深度应保证动物尸体、产品、饲料、污染物等被掩埋物的上层距地表1.5m以上。坑的位置和类型应有利于防洪。

1.3 焚烧：掩埋前，要对需掩埋的动物尸体、产品、饲料、污染物等实施焚烧处理。

1.4 消毒：掩埋坑底铺2cm厚生石灰；焚烧后的动物尸体、产品、饲料、污染物等表面，以及掩埋后的地表环境应使用有效消毒药品喷洒消毒。

1.5 填土：用土掩埋后，应与周围持平。填土不要太实，以免尸腐产气造成气泡冒出和液体渗漏。

1.6 掩埋后应设立明显标记。

2. 焚化 疫区附近有大型焚尸炉的，可采用焚化的方式。

3. 发酵 饲料、粪便可在指定地点堆积，密封发酵，表面应进行消毒。

以上处理应符合环保要求，所涉及的运输、装卸等环节要避免洒漏，运输装卸工具要彻底消毒后清洗。

附件七 口蹄疫疫点、疫区清洗消毒技术规范

1. 成立清洗消毒队

清洗消毒队应至少配备一名专业技术人员负责技术指导。

2. 设备和必需品

2.1 清洗工具：扫帚、叉子、铲子、锹和冲洗用水管。

2.2 消毒工具：喷雾器、火焰喷射枪、消毒车辆、消毒容器等。

2.3 消毒剂：醛类、氧化剂类、氯制剂类等合适的消毒剂。

2.4 防护装备：防护服、口罩、胶靴、手套、护目镜等。

3. 疫点内饲养圈舍清理、清洗和消毒

3.1 对圈舍内外消毒后再行清理和清洗。

3.2 首先清理污物、粪便、饲料等。

3.3 对地面和各种用具等彻底冲洗，并用水洗刷圈舍、车辆等，对所产生的污水进行无害化处理。

3.4 对金属设施设备，可采取火焰、熏蒸等方式消毒。

3.5 对饲养圈舍、场地、车辆等采用消毒液喷洒的方式消毒。

3.6 饲养圈舍的饲料、垫料等作深埋、发酵或焚烧处理。

3.7 粪便等污物作深埋、堆积密封或焚烧处理。

4. 交通工具清洗消毒

4.1 出入疫点、疫区的交通要道设立临时性消毒点，对出入人员、运输工具及有关物品进行消毒。

4.2 疫区内所有可能被污染的运载工具应严格消毒，车辆内、外及所有角落和缝隙都要用消毒剂消毒后再用清水冲洗，不留死角。

4.3 车辆上的物品也要做好消毒。

4.4 从车辆上清理下来的垃圾和粪便要作无害化处理。

5. 牲畜市场消毒清洗

5.1 用消毒剂喷洒所有区域。

5.2 饲料和粪便等要深埋、发酵或焚烧。

6. 屠宰加工、储藏等场所的清洗消毒

6.1 所有牲畜及其产品都要深埋或焚烧。

6.2 圈舍、过道和舍外区域用消毒剂喷洒消毒后清洗。

6.3 所有设备、桌子、冰箱、地板、墙壁等用消毒剂喷洒消毒后冲洗干净。

6.4 所有衣服用消毒剂浸泡后清洗干净，其他物品都要用适当的方式进行消毒。

6.5 以上所产生的污水要经过处理，达到环保排放标准。

7. 疫点疫区消毒

疫点每天消毒1次连续1周，1周后每两天消毒1次。疫区内疫点以外的区域每两天消毒1次。

附件八　口蹄疫流行病学调查规范

1. 范围

本规范规定了暴发疫情时和平时开展的口蹄疫流行病学调查工作。

本规范适用于口蹄疫暴发后的跟踪调查和平时现况调查的技术要求。

2. 引用文件

下列文件中的条款通过本规范的引用而成为本规范的条款。凡是注明日期的引用文件，其随后所有的修改单位（不包括勘误的内容）或修订版均不适用于本规范，根据本规范达成协议的各方研究可以使用这些文件的最新版本。凡是不注日期的引用文件，其最新版本适用于本规范。

NY××××　　　　\\口蹄疫疫样品采集、保存和运输技术规范

NY××××　　　　\\口蹄疫人员防护技术规范

NY××××　　　　\\口蹄疫疫情判定与扑灭技术规范

3. 术语与定义

NY××××的定义适用于本规范。

3.1　跟踪调查　Tracing investigation

当一个畜群单位暴发口蹄疫时，兽医技术人员或动物流行病学专家在接到怀疑发生口蹄疫的报告后通过亲自现场察看、现场采访，追溯最原始的发病患畜、查明疫点的疫病传播扩散情况以及采取扑灭措施后跟踪被消灭疫病的情况。

3.2　现况调查　cross-sectional survey

现况调查是一项在全国范围内有组织的关于口蹄疫流行病学资料和数据的收集整理工作，调查的对象包括被选择的养殖场、屠宰场或实验室，这些选择的普查单位充当着疾病监视器的作用，对口蹄疫病毒易感的一些物种（如野猪）可以作为主要动物群感染的指示物种。现况调查同时是口蹄疫防制计划的组成部分。

4. 跟踪调查

4.1　目的

核实疫情并追溯最原始的发病地点和患畜、查明疫点的疫病传播扩散情况以及采取扑灭措施后跟踪被消灭疫病的情况。

4.2　组织与要求

4.2.1　动物防疫监督机构接到养殖单位怀疑发病的报告后，立即指派 2 名以上兽医技术人员，在 24h 以内尽快赶赴现场，采取现场亲自察看和现场采访相结合的方式对疾病暴发事件开展跟踪调查；

4.2.2　被派兽医技术人员至少 3d 内没有接触过口蹄疫病畜及其污染物，按《口蹄疫人员防护技术规范》做好个人防护；

4.2.3　备有必要的器械、用品和采样用的容器。

4.3　内容与方法

4.3.1　核实诊断方法及定义"患畜"：调查的目的之一是诊断患畜，因此需要归纳出发病患畜的临床症状和用恰当的临床术语定义患畜，这样可以排除其他疾病的患畜而只保留所研究的患畜，做出是否发生疑似口蹄疫的判断。

4.3.2　采集病料样品、送检与确诊：对疑似患畜，按照《口蹄疫样品采集、保存和运输技术规范》的要求送指定实验室确诊。

4.3.3　实施对疫点的初步控制措施，严禁从疑似发病场/户运出家畜、家畜产品和可疑污染物品，并限制人员流动；

4.3.4　计算特定因素袭击率，确定畜间型：袭击率是衡量疾病暴发和疾病流行严重程度的指标，疾病暴发时的袭击率与日常发病率或预测发病率比较能够反映出疾病暴发的严重程度。另外，通过计算不同畜群的袭击率和不同动物种别、年龄和性别的特定因素袭击率有助于发现病因或与疾病有关的某些因素。

4.3.5　确定时间型：根据单位时间内患畜的发病频率，绘制一个或是多个流行曲线，以检验新患畜的时间分布。在制作流行曲线时，应选择有利于疾病研究的各种时间间隔（在 x 轴），如小时、天或周，和表示疾病发生的新患畜数或百分率（在 y 轴）。

4.3.6　确定空间型：为检验患畜的空间分布，调查者首先需要描绘出发病地区的地形图，以及该地区内的畜舍的位置及所出现的新患畜。然后仔细审察地形图与畜群和新患畜的分布特点，以发现患畜间的内在联系和地区特性，以及动物本身因素与疾病的内在联系，如性别、品种和年龄。划图标出可疑发病畜周围 20km 以内分布的有关养畜场、道路、河流、山岭、树林、人工屏障等，连同最初调查表一同报告当地动物防疫监督机构。

4.3.7　计算归因袭击率，分析传染来源：根据计算出的各种特定因素袭击率，如年龄、性别、品种、饲料、饮水等，建立起一个有关这些特定因素袭击率的分类排列表，根据最高袭击率、最低袭击率、归因袭击率（即两组动物分别接触和不接触同一因素的两个袭击率之差），以进一步分析比较各种因素与疾病的关系，追踪可能的传染来源。

4.3.8　追踪出入发病养殖场/户的有关工作人员和所有家畜、畜产品及有关物品的流动情况，并对其作适当的隔离观察和控制措施，严防疫情扩散。

4.3.9　对疫点、疫区的猪、牛、羊、野猪等重要疫源宿主进行发病情况调查，追踪病毒变异情况。

4.3.10　完成跟踪调查表（见附录 A），并提交跟踪调查报告。

待全部工作完成以后，将调查结果总结归纳以调查报告的形式形成报告，并逐级上报到国家动物防疫监督机构和国家动物流行病学中心。

形成假设：根据以上资料和数据分析，调查者应该得出一个或两个以上的假设：①疾病流行类型，点流行和增殖流行；②传染源种类，同源传染和多源传染；③传播方式，接触传染，机械传染和生物性传染。调查者需要检查所形成的假设是否符合实际情况，并对假设进行修改。在假设形成的同时，调查者还应能够提出合理的建议方案以保护未感染动物和制止患畜继续出现，如改变饲料、动物隔离等。

检验假设：假设形成后要进行直观的分析和检验，必要时还要进行实验检验和统计分析。假设的形成和检验过程是循环往复的，应用这种连续的近似值方法而最终建立起确切的病因来源假设。

5. 现况调查

5.1　目的

广泛收集与口蹄疫发生有关的各种资料和数据，根据医学理论得出有关口蹄疫分布、发生频率及其影响因素的合乎逻辑的正确结论。

5.2　组织与要求

5.2.1　现况调查是一项由国家兽医行政主管部门统一组织的全国范围内有关口蹄疫流行病学资料和数据的收集整理工作，需要国家兽医行政主管部门、国家动物防疫监督机构、国家动物流行病学中心、地方动物防疫监督机构多方面合作。

5.2.2　所有参与实验的人员明确普查的内容和目的，数据收集的方法应尽可能的简单，并设法得到数据提供者的合作和保持他们的积极性。

5.2.3　被派兽医技术人员要遵照 4.2.2 和 4.2.3 的要求。

5.3　内容

5.3.1　估计疾病流行情况：调查动物群体存在或不存在疾病。患病和死亡情况分别用患病率和死亡率表示。

5.3.2　动物群体及其环境条件的调查：包括动物群体的品种、性别、年龄、营养、免疫等；环境条件、气候、地区、畜牧制度、饲养管理（饲料、饮水、畜舍）等。

5.3.3　传染源调查：包括带毒野生动物、带毒牛羊等的调查。

5.3.4　其他调查：包括其他动物或人类患病情况及媒介昆虫或中间宿主，如种类、分布、生活习性等的调查。

5.3.5　完成现况调查表（见附录 B），并提交现况调查报告。

5.4　方法

5.4.1　现场观察、临床检查。

5.4.2　访问调查或通信调查。

5.4.3　查阅诊疗记录、疾病报告登记、诊断实验室记录、检疫记录及其他现成记录和统计资料。流行病学普查的数据都是与疾病和致病因素有关的数据以及与生产和畜群体积有关的数据。获得的已经记录的数据，可用于回顾性实验研究；收集未来的数据用于前瞻性实验研究。

一些数据属于观察资料；一些数据属于观察现象的解释；一些数据是数量性的，由各种测量方法而获得，如体重、产乳量、死亡率和发病率，这类数据通常比较准确。数据资料来源如下。

5.4.3.1　政府兽医机构：国家及各省、市、县动物防疫监督机构以及乡级的兽医站负责调查和防治全国范围内一些重要的疾病。许多政府机构还建立了诊断室开展一些常规的实验室诊断工作，保持完整的实验记录，经常报道诊断结果和疾病的流行情况。由各级政府机构编辑和出版的各种兽医刊物也是常规的资料来源。

5.4.3.2　屠宰场：大牲畜屠宰场都要进行宰前和宰后检验以发现和鉴定某些疾病。通常只有临床上健康的牲畜才供屠宰食用，因此屠宰中发现的病例一般都是亚临床症状的。

屠宰检验的第二个目的是记录所见异常现象，有助于流行性动物疾病的早期发现和人畜共患性疾病的预防和治疗。由于屠宰场的动物是来自不同地区或不同的牧场，如果屠宰检验所发现的疾病关系到患畜的原始牧场或地区，则必须追查动物的来源。

5.4.3.3　血清库：血清样品能够提供免疫特性方面有价值的流行病学资料，如流行的周期性，传染的空间分布和新发生口蹄疫的起源。因此建立血清库有助于研究与传染病有关的许多问题：①鉴定主要的健康标准；②建立免疫接种程序；③确定疾病的分布；④调查新发生口蹄疫的传染来源；⑤确定流行的周期性；⑥增加病因学方面的知识；⑦评价免疫接种效果或程序；⑧评价疾病造成的损失。

5.4.3.4　动物注册：动物登记注册是流行病学数据的又一个来源。

根据某地区动物注册或免疫接种数量估测该地区的易感动物数，一般是趋于下线估测。

5.4.3.5　畜牧机构：许多畜牧机构记录和保存动物群体结构、分布和动物生产方面的资料，如增重、饲料转化率和产乳量等。这对某些实验研究也同样具有流行病学方面的意义。

5.4.3.6　畜牧场：大型的现代化饲养场都有自己独立的经营和管理体制；完善的资料和数据记录系统，许多数据资料具有较高的可靠性。这些资料对疾病普查是很有价值的。

5.4.3.7　畜主日记：饲养人员（如猪的饲养者）经常记录生产数据和一些疾病资料。但记录者的兴趣和背景不同，所记录的数据类别和精确程度也不同。

5.4.3.8　兽医院门诊：兽医院开设兽医门诊，并建立患畜病志以描述发病情况和记录诊断结果。门诊患畜中诊断兽医感兴趣的疾病比例通常高于其他疾病。这可能是由于该兽医为某种疾病的研究专家而吸引该种疾病的患畜的缘故。

5.4.3.9　其他资料来源：野生动物是家畜口蹄疫的重要传染源。野生动物保护组织和害虫防制中心记录和保存关于国家野生动物地区分布和种类数量方面的数据。这对调查实际存在的和即将发生的口蹄疫的感染和传播具有价值。

表 A　口蹄疫暴发的跟踪调查表

1　可疑发病场/户基本状况与初步诊断结果：

2　疫点易感畜与发病畜现场调查

2.1　最早出现发病时间　年　月　日　　时，

发病数：____头，死亡数：____头，圈舍（户）编号：____。

2.2　畜群发病情况

圈舍（户）编号	家畜品种	日龄	发病日期	发病数	开始死亡日期	死亡数

2.3　袭击率

计算公式：袭击率＝（疫情暴发以来发病畜数÷疫情暴发开始时易感畜数）×100%

3　**可能的传染来源调查**

3.1　发病前15天内，发病畜舍是否新引进了畜？（1）是　（2）否

引进畜品种	引进数量	混群情况※	最初混群时间	健康状况	引进时间	来源

注：※混群情况（1）同舍（户）饲养；（2）邻舍（户）饲养；（3）饲养于本场（村）隔离场，隔离场（舍）人员单独隔离。

3.2　发病前15天内发病畜场/户是否有野猪、啮齿动物等出没？（1）否　（2）是

野生动物种类	数量	来源处	与畜接触地点※	野生动物数量	与畜接触频率♯

注：※与畜接触地点包括进入场/户场内、畜栏舍四周、存料处及料槽等；
♯接触频率指野生动物与畜接触地点的接触情况，分为每天、数次、仅一次。

3.3　发病前15天内是否运入可疑的被污染物品（药品）？（1）是　（2）否

物品名称	数量	经过或存放地	运入后使用情况

3.4　最近 30 天内的是否有场外有关业务人员来场？（1）无　（2）有，请写出访问者姓名、单位、访问日期和注明是否来自疫区。

来访人	来访日期	来访人职业/电话	是否来自疫区

3.5　发病场（户）是否靠近其他养畜场及动物集散地？（1）是　（2）否

3.5.1　与发病场的相对地理位置

3.5.2　与发病场的距离

3.5.3　其大致情况

3.6　发病场周围 20km 以内是否有下列动物群？

猪、野猪、牛群、羊群、田鼠、家鼠、其他易感动物。

3.7　在最近 25～30d 内本场周围 20km 有无畜群发病？（1）无　（2）有，请回答：

3.7.1　发病日期：

3.7.2　病畜数量和品种：

3.7.3　确诊/疑似诊断疾病：

3.7.4　场主姓名：

3.7.5　发病地点与本场相对位置、距离：

3.7.6　投药情况：

3.7.7　疫苗接种情况：

3.8　场内是否有职员住在其他养畜场/养畜村？（1）无　（2）有，请回答：

3.8.1　该场所处的位置：

3.8.2　该场养畜的数量和品种：

3.8.3　该场畜的来源及去向：

3.8.4　职员拜访和接触他人地点：

4　在发病前 15 天是否有更换饲料来源等饲养方式/管理的改变？（1）无（2）有。

5　发病场（户）周围环境情况

5.1　静止水源——沼泽、池塘或湖泊：（1）是　（2）否

5.2　流动水源——灌溉用水、运河水、河水：（1）是　（2）否

5.3　断续灌溉区——方圆 3km 内无水面：（1）是　（2）否

5.4　最近发生过洪水：（1）是　（2）否

5.5　靠近公路干线：（1）是　（2）否

5.6　靠近山溪或森（树）林：（1）是　（2）否

6 该养畜场/户地势类型属于：

(1) 盆地 (2) 山谷 (3) 高原 (4) 丘陵 (5) 平原 (6) 山区 (7) 其他（请注明）。

7 饮用水及冲洗用水情况

7.1 饮水类型：(1) 自来水 (2) 浅井水 (3) 深井水 (4) 河塘水 (5) 其他

7.2 冲洗水类型：(1) 自来水 (2) 浅井水 (3) 深井水 (4) 河塘水 (5) 其他

8 发病养畜场/户口蹄疫疫苗免疫情况：(1) 不免疫 (2) 免疫

8.1 免疫生产厂家

8.2 疫苗品种、批号

8.3 被免疫畜数量

9 受威胁区免疫畜群情况

9.1 免疫接种一个月内畜群发病情况：(1) 未见发病 (2) 发病，发病率：

9.2 血清学检测和病原学检测

标本类型	采样时间	检测项目	检测方法	病毒亚型

注：标本类型包括水疱、水疱皮、脾淋、心脏、血清及咽腭分泌物等。

10 解除封锁后 30d 后是否使用岗哨动物

(1) 否　　　(2) 是，简述岗哨动物名称、数量及结果。

11 最后诊断情况

11.1 确诊口蹄疫，确诊单位：　　　　　　　病毒亚型：

11.2 排除，其他疫病名称：

12 疫情处理情况

12.1 发病畜及其同群畜全部扑杀：(1) 是　　(2) 否，扑杀范围：

12.2 疫点周围受威胁区内的所有易感畜全部接种疫苗：(1) 是　　(2) 否

所用疫苗的病毒亚型：　　　　　厂家：

13 在发病养畜场/户出现第 1 个病例前 15d 至该场被控制期间出场的（A）有关人员，（B）动物/产品/排泄废弃物，（C）运输工具/物品/饲料/原料，（D）其他（请标出）养畜场被控制日期：

出场日期	出场人/物（A/B/C/D）	运输工具	人/承运人/电话	目的地/电话

14 在发病养畜场/户出现第 1 个病例前 15d 至该场被控制期间，是否有家畜、车辆和人员进出家畜集散地？(1) 无　　(2) 有，请填写下表，追踪可能污染物，做限制或消毒处理。

出入日期	出场人/物	运输工具	人/承运人/电话	相对方位/距离

注：家畜集散地包括展览场所、农贸市场、动物产品仓库、拍卖市场、动物园等。

15 列举在发病养畜场/户出现第1个病例前15d至该场被控制期间出场的工作人员（如送料员、销售人员、兽医等）3d内接触过的所有养畜场/户，通知被访场家进行防范。

姓名	出场人员	出场日期	访问日期	目的地/电话

16 疫点或疫区家畜

16.1　在发病后一个月发病情况：

（1）未见发病　（2）发病，发病率＿＿＿＿＿＿＿＿＿＿＿。

16.2　血清学检测和病原学检测

标本类型	采样时间	检测项目	检测方法	结果

17 疫点或疫区野生动物

17.1　在发病后一个月发病情况。（1）未见发病　（2）发病，发病率：

17.2　血清学检测和病原学检测

标本类型	采样时间	检测项目	检测方法	结果

18 在该疫点疫病传染期内密切接触人员的发病情况。

（1）未见发病（2）发病，简述情况：

接触人员姓名	性别	年龄	接触方式※	住址或工作单位	电话号码	是否发病及死亡

注：※接触方式：（1）本舍（户）饲养员，（2）非本舍饲养员，（3）本场兽医，（4）收购与运输，（5）屠宰加工，（6）处理疫情的场外兽医，（7）其他接触。

表 B 口蹄疫暴发的现况调查表

1 某调查单位（省、地区、畜场、屠宰场或实验室等）家畜及野生动物口蹄疫的流行率：

动物类别	记录数	阳性数	阳性率

2 某调查单位（省、地区、畜场、屠宰场或实验室等）家畜及野生动物口蹄疫的抗体阳性率：

分区代号	病毒亚型	咽腭分泌物病毒分离率	平均抗体阳性率（%）
1			
2			

附录二十一　猪瘟防治技术规范

（农医发［2007］12 号，2007 年 6 月 4 日）

猪瘟（Classical swine fever，CSF）是由黄病毒科瘟病毒属猪瘟病毒引起的一种高度接触性、出血性和致死性传染病。世界动物卫生组织（OIE）将其列为必须报告的动物疫病，我国将其列为一类动物疫病。

为及时、有效地预防、控制和扑灭猪瘟，依据《中华人民共和国动物防疫法》《重大动物疫情应急条例》和《国家突发重大动物疫情应急预案》及有关法律法规，制定本规范。

1. 适用范围

本规范规定了猪瘟的诊断、疫情报告、疫情处置、疫情监测、预防措施、控制和消灭标准等。本规范适用于中华人民共和国境内一切从事猪（含驯养的野猪）的饲养、经营及其产品生产、经营，以及从事动物防疫活动的单位和个人。

2. 诊断

依据本病流行病学特点、临床症状、病理变化可作出初步诊断，确诊需做病原分离鉴定。

2.1　流行特点　猪是本病唯一的自然宿主，发病猪和带毒猪是本病的传染源，不同年龄、性别、品种的猪均易感。一年四季均可发生。感染猪在发病前即能通过分泌物和排泄物排毒，并持续整个病程。与感染猪直接接触是本病传播的主要方式，病毒也可通过精液、胚胎、猪肉和泔水等传播，人、其他动物如鼠类和昆虫、器具等均可成为重要传播媒介。感染和带毒母猪在怀孕期可通过胎盘将病毒传播给胎儿，导致新生仔猪发病或产生免疫耐受。

2.2　临床症状

2.2.1　本规范规定本病潜伏期为 3～10 天，隐性感染可长期带毒。根据临床症状可将本病分为急性、亚急性、慢性和隐性感染四种类型。

2.2.2　典型症状

2.2.2.1　发病急、死亡率高；

2.2.2.2　体温通常升至 41℃以上、厌食、畏寒；

2.2.2.3　先便秘后腹泻，或便秘和腹泻交替出现；

2.2.2.4　腹部皮下、鼻镜、耳尖、四肢内侧均可出现紫色出血斑点，指压不褪色，眼结膜和口腔黏膜可见出血点。

2.3　病理变化

2.3.1　淋巴结水肿、出血，呈现大理石样变；

2.3.2 肾脏呈土黄色，表面可见针尖状出血点；

2.3.3 全身浆膜、黏膜和心脏、膀胱、胆囊、扁桃体均可见出血点和出血斑，脾脏边缘出现梗死灶；

2.3.4 脾不肿大，边缘有暗紫色突出表面的出血性梗死；

2.3.5 慢性猪瘟在回肠末端、盲肠和结肠常见"纽扣状"溃疡。

2.4 实验室诊断 实验室病原学诊断必须在相应级别的生物安全实验室进行。

2.4.1 病原分离与鉴定

2.4.1.1 病原分离、鉴定可用细胞培养法（见附件一）；

2.4.1.2 病原鉴定也可采用猪瘟荧光抗体染色法，细胞浆出现特异性的荧光（见附件二）；

2.4.1.3 兔体交互免疫试验（附件三）；

2.4.1.4 猪瘟病毒反转录聚合酶链式反应（RT-PCR）：主要用于临床诊断与病原监测（见附件四）。

2.4.1.5 猪瘟抗原双抗体夹心 ELISA 检测法：主要用于临床诊断与病原监测（见附件五）。

2.4.2 血清学检测

2.4.2.1 猪瘟病毒抗体阻断 ELISA 检测法（见附件六）；

2.4.2.2 猪瘟荧光抗体病毒中和试验（见附件七）；

2.4.2.3 猪瘟中和试验方法（见附件八）。

2.5 结果判定

2.5.1 疑似猪瘟 符合猪瘟流行病学特点、临床症状和病理变化。

2.5.2 确诊 非免疫猪符合结果判定 2.5.1，且符合血清学诊断 2.4.2.1、2.4.2.2、2.4.2.3 之一，或符合病原学诊断 2.4.1.1、2.4.1.2、2.4.1.3、2.4.1.4、2.4.1.5 之一的；免疫猪符合结果 2.5.1，且符合病原学诊断 2.4.1.1、2.4.1.2、2.4.1.3、2.4.1.4、2.4.1.5 之一的。

3. 疫情报告

3.1 任何单位和个人发现患有本病或疑似本病的猪，都应当立即向当地动物防疫监督机构报告。

3.2 当地动物防疫监督机构接到报告后，按国家动物疫情报告管理的有关规定执行。

4. 疫情处理

根据流行病学、临床症状、剖检病变，结合血清学检测做出的临床诊断结果可作为疫情处理的依据。

4.1 当地县级以上动物防疫监督机构接到可疑猪瘟疫情报告后，应及时派员到现场诊断，根据流行病学调查、临床症状和病理变化等初步诊断为疑似猪瘟时，应立即对病猪及同群猪采取隔离、消毒、限制移动等临时性措施。同时采集病料送省级动物防疫监督机构实验室确诊，必要时将样品送国家猪瘟参考实验室确诊。

4.2　确诊为猪瘟后，当地县级以上人民政府兽医主管部门应当立即划定疫点、疫区、受威胁区，并采取相应措施；同时，及时报请同级人民政府对疫区实行封锁，逐级上报至国务院兽医主管部门，并通报毗邻地区。国务院兽医行政管理部门根据确诊结果，确认猪瘟疫情。

4.2.1　划定疫点、疫区和受威胁区

疫点：为病猪和带毒猪所在的地点。一般指病猪或带毒猪所在的猪场、屠宰厂或经营单位，如为农村散养，应将自然村划为疫点。

疫区：是指疫点边缘外延 3 公里范围内区域。疫区划分时，应注意考虑当地的饲养环境和天然屏障（如河流、山脉等）等因素。

受威胁区：是指疫区外延 5 公里范围内的区域。

4.2.2　封锁　由县级以上兽医行政管理部门向本级人民政府提出启动重大动物疫情应急指挥系统、应急预案和对疫区实行封锁的建议，有关人民政府应当立即做出决定。

4.2.3　对疫点、疫区、受威胁区采取的措施

疫点：扑杀所有的病猪和带毒猪，并对所有病死猪、被扑杀猪及其产品按照 GB 16548 规定进行无害化处理；对排泄物、被污染或可能污染饲料和垫料、污水等均需进行无害化处理；对被污染的物品、交通工具、用具、畜舍、场地进行严格彻底消毒（见附件九）；限制人员出入，严禁车辆进出，严禁猪只及其产品及可能污染的物品运出。

疫区：对疫区进行封锁，在疫区周围设置警示标志，在出入疫区的交通路口设置动物检疫消毒站（临时动物防疫监督检查站），对出入的人员和车辆进行消毒；对易感猪只实施紧急强制免疫，确保达到免疫保护水平；停止疫区内猪及其产品的交易活动，禁止易感猪只及其产品运出；对猪只排泄物、被污染饲料、垫料、污水等按国家规定标准进行无害化处理；对被污染的物品、交通工具、用具、畜舍、场地进行严格彻底消毒。

受威胁区：对易感猪只（未免或免疫未达到免疫保护水平）实施紧急强制免疫，确保达到免疫保护水平；对猪只实行疫情监测和免疫效果监测。

4.2.4　紧急监测　对疫区、受威胁区内的猪群必须进行临床检查和病原学监测。

4.2.5　疫源分析与追踪调查　根据流行病学调查结果，分析疫源及其可能扩散、流行的情况。对可能存在的传染源，以及在疫情潜伏期和发病期间售（运）出的猪只及其产品、可疑污染物（包括粪便、垫料、饲料等）等应当立即开展追踪调查，一经查明立即按照 GB 16548 规定进行无害化处理。

4.2.6　封锁令的解除　疫点内所有病死猪、被扑杀的猪按规定进行处理，疫区内没有新的病例发生，彻底消毒 10 天后，经当地动物防疫监督机构审验合格，当地兽医主管部门提出申请，由原封锁令发布机关解除封锁。

4.2.7　疫情处理记录　对处理疫情的全过程必须做好详细的记录（包括文字、图片和影像等），并归档。

5. 预防与控制

以免疫为主，采取"扑杀和免疫相结合"的综合性防治措施。

5.1　饲养管理与环境控制　饲养、生产、经营等场所必须符合《动物防疫条件审核

管理办法》（农业部［2002］15 号令）规定的动物防疫条件，并加强种猪调运检疫管理。

5.2 消毒 各饲养场、屠宰厂（场）、动物防疫监督检查站等要建立严格的卫生（消毒）管理制度，做好杀虫、灭鼠工作（见附件九）。

5.3 免疫和净化

5.3.1 免疫 国家对猪瘟实行全面免疫政策。预防免疫按农业部制定的免疫方案规定的免疫程序进行。所用疫苗必须是经国务院兽医主管部门批准使用的猪瘟疫苗。

5.3.2 净化 对种猪场和规模养殖场的种猪定期采样进行病原学检测，对检测阳性猪及时进行扑杀和无害化处理，以逐步净化猪瘟。

5.4 监测和预警

5.4.1 监测方法

非免疫区域：以流行病学调查、血清学监测为主，结合病原鉴定。

免疫区域：以病原监测为主，结合流行病学调查、血清学监测。

5.4.2 监测范围、数量和时间 对于各类种猪场每年要逐头监测两次；商品猪场每年监测两次，抽查比例不低于 0.1%，最低不少于 20 头；散养猪不定期抽查。或按照农业部年度监测计划执行。

5.4.3 监测报告 监测结果要及时汇总，由省级动物防疫监督机构定期上报中国动物疫病预防控制中心。

5.4.4 预警 各级动物防疫监督机构对监测结果及相关信息进行风险分析，做好预警预报。

5.5 消毒 饲养场、屠宰厂（场）、交易市场、运输工具等要建立并实施严格的消毒制度。

5.6 检疫

5.6.1 产地检疫 生猪在离开饲养地之前，养殖场/户必须向当地动物防疫监督机构报检。动物防疫监督机构接到报检后必须及时派员到场/户实施检疫。检疫合格后，出具合格证明；对运载工具进行消毒，出具消毒证明，对检疫不合格的按照有关规定处理。

5.6.2 屠宰检疫 动物防疫监督机构的检疫人员对生猪进行验证查物，合格后方可入厂/场屠宰。检疫合格并加盖（封）检疫标志后方可出厂/场，不合格的按有关规定处理。

5.6.3 种猪异地调运检疫 跨省调运种猪时，应先到调入地省级动物防疫监督机构办理检疫审批手续，调出地进行检疫，检疫合格方可调运。到达后须隔离饲养 10 天以上，由当地动物防疫监督机构检疫合格后方可投入使用。

6. 控制和消灭标准

6.1 免疫无猪瘟区

6.1.1 该区域首先要达到国家无规定疫病区基本条件。

6.1.2 有定期、快速的动物疫情报告记录。

6.1.3 该区域在过去 3 年内未发生过猪瘟。

6.1.4 该区域和缓冲带实施强制免疫，免疫密度 100%，所用疫苗必须符合国家兽医主管部门规定。

6.1.5 该区域和缓冲带须具有运行有效的监测体系，过去 2 年内实施疫病和免疫效果监测，未检出病原，免疫效果确实。

6.1.6 所有的报告，免疫、监测记录等有关材料详实、准确、齐全。若免疫无猪瘟区内发生猪瘟时，最后一例病猪扑杀后 12 个月，经实施有效的疫情监测，确认后方可重新申请免疫无猪瘟区。

6.2 非免疫无猪瘟区

6.2.1 该区域首先要达到国家无规定疫病区基本条件。

6.2.2 有定期、快速的动物疫情报告记录。

6.2.3 在过去 2 年内没有发生过猪瘟，并且在过去 12 个月内，没有进行过免疫接种；另外，该地区在停止免疫接种后，没有引进免疫接种过的猪。

6.2.4 在该区具有有效的监测体系和监测区，过去 2 年内实施疫病监测，未检出病原。

6.2.5 所有的报告、监测记录等有关材料详实、准确、齐全。

若非免疫无猪瘟区发生猪瘟后，在采取扑杀措施及血清学监测的情况下，最后一例病猪扑杀后 6 个月；或在采取扑杀措施、血清学监测及紧急免疫的情况下，最后一例免疫猪被屠宰后 6 个月，经实施有效的疫情监测和血清学检测确认后，方可重新申请非免疫无猪瘟区。

7. 附件

附件一 病毒分离鉴定

采用细胞培养法分离病毒是诊断猪瘟的一种灵敏方法。通常使用对猪瘟病毒敏感的细胞系如 PK-15 细胞等，加入 2% 扁桃体、肾脏、脾脏或淋巴结等待检组织悬液于培养液中。37℃ 培养 48～72h 后用荧光抗体染色法检测细胞培养物中的猪瘟病毒。步骤如下：

1. 制备抗生素浓缩液（青霉素 10 000IU/mL、链霉素 10 000IU/mL、卡那霉素和制霉菌素 5 000IU/mL），小瓶分装，-20℃ 保存。用时融化。

2. 取 1～2g 待检病料组织放入灭菌研钵中，剪刀剪碎，加入少量无菌生理盐水，将其研磨匀浆；再加入 Hank'S 平衡盐溶液或细胞培养液，制成 20%（w/v）组织悬液；最后按 1/10 的比例加入抗生素浓缩液，混匀后室温作用 1h；以 1 000g 离心 15min，取上清液备用。

3. 用胰酶消化处于对数生长期的 PK-15 细胞单层，将所得细胞悬液以 1 000g 离心 10min，再用一定量 EMEM 生长液 [含 5% 胎牛血清（无 BVDV 抗体），56℃ 灭活 30min]、0.3% 谷氨酰胺、青霉素 100IU/mL、链霉素 100IU/mL 悬浮，使细胞浓度为 2×10^6/mL。

4. 9 份细胞悬液与 1 份上清液混合，接种 6～8 支含细胞玻片的莱顿氏管（leighton's）（或其他适宜的细胞培养瓶），每管 0.2mL；同时设 3 支莱顿氏管接种细胞悬液作阴性对照；另设 3 支莱顿氏管接种猪瘟病毒作阳性对照。

5. 经培养 24、48、72h，分别取 2 管组织上清培养物及 1 管阴性对照培养物、1 管阳性对照培养物，取出细胞玻片，以磷酸缓冲盐水（PBS 液，pH7.2，0.01mol/L）或生理盐水洗涤 2 次，每次 5min，用冷丙酮（分析纯）固定 10min，晾干，采用猪瘟病毒荧光抗体染色法进行检测（见附件二）。

6. 根据细胞玻片猪瘟荧光抗体染色强度，判定病毒在细胞中的增殖情况，若荧光较弱或为阴性，应按步骤 4 将组织上清细胞培养物进行病毒盲传。

临床发病猪或疑似病猪的全血样是猪瘟早期诊断样品。接种细胞时操作程序如下：取 −20℃冻存全血样品置 37℃水浴融化；向 24 孔板每孔加 300μL 血样以覆盖对数生长期的 PK-15 单层细胞；37℃吸附 2h。弃去接种液，用细胞培养液洗涤细胞二次，然后加入 EMEM 维持液，37℃培养 24～48h 后，采用猪瘟病毒荧光抗体染色法检测（见附件二）。

附件二　猪瘟荧光抗体染色法

荧光抗体染色法快速、特异，可用于检测扁桃体等组织样品以及细胞培养中的病毒抗原。操作程序如下：

1. 样品的采集和选择

1.1　活体采样：利用扁桃体采样器（鼻捻子、开口器和采样枪）。采样器使用前均须用 3‰氢氧化钠溶液消毒后经清水冲洗。首先固定活猪的上唇，用开口器打开口腔，用采样枪采取扁桃体样品，用灭菌牙签挑至灭菌离心管并作标记。

1.2　其他样品：剖检时采取的病死猪脏器，如扁桃体、肾脏、脾脏、淋巴结、肝脏和肺等，或病毒分离时待检的细胞玻片。

1.3　样品采集、包装与运输按农业部相关要求执行。

2. 检测方法与判定

2.1　方法：将上述组织制成冰冻切片，或待检的细胞培养片（见附件 1），将液体吸干后经冷丙酮固定 5～10min，晾干。滴加猪瘟荧光抗体覆盖于切片或细胞片表面，置湿盒中 37℃作用 30min。然后用 PBS 液洗涤，自然干燥。用碳酸缓冲甘油（pH9.0～9.5，0.5mol/L）封片，置荧光显微镜下观察。必要时设立抑制试验染色片，以鉴定荧光的特异性。

2.2　判定：在荧光显微镜下，见切片或细胞培养物（细胞盖片）中有胞浆荧光，并由抑制试验证明为特异的荧光，判猪瘟阳性；无荧光判为阴性。

2.3　荧光抑制试验：将两组猪瘟病毒感染猪的扁桃体冰冻切片，分别滴加猪瘟高免血清和健康猪血清（猪瘟中和抗体阴性），在湿盒中 37℃作用 30min，用生理盐水或 PBS（pH7.2）漂洗 2 次，然后进行荧光抗体染色。经用猪瘟高免血清处理的扁桃体切片，隐窝上皮细胞不应出现荧光或荧光显著减弱；而用阴性血清处理的切片，隐窝上皮细胞仍出现明亮黄绿色荧光。

附件三　兔体交互免疫试验

本方法用于检测疑似猪瘟病料中的猪瘟病毒。

1. 试验动物　家兔 1.5～2kg、体温波动不大的大耳白兔，并在试验前 1d 测基础体温。

2. 操作方法　将病猪的淋巴结和脾脏，磨碎后用生理盐水作 1 : 10 稀释，对 3 只健康家兔作肌肉注射，5mL/只，另设 3 只不注射病料的对照兔，间隔 5d 对所有家兔静脉注射 1 : 20 的猪瘟兔化病毒（淋巴脾脏毒），1mL/只，24h 后，每隔 6h 测体温一次，连续测 96h，对照组 2/3 出现定型热或轻型热，试验成立。

3. 兔体交互免疫试验结果判定

接种病料后体温反应	接种猪瘟兔化弱毒后体温反应	结果判定
—	—	含猪瘟病毒
—	+	不含猪瘟病毒
+	—	含猪瘟兔化病毒
+	+	含非猪瘟病毒热原性物质

注："+"表示多于或等于 2/3 的动物有反应。

附件四　猪瘟病毒反转录聚合酶链式反应（RT - PCR）

RT - PCR 方法通过检测病毒核酸而确定病毒存在，是一种特异、敏感、快速的方法。在 RT - PCR 扩增的特定基因片段的基础上，进行基因序列测定，将获得的基因信息与我国猪瘟分子流行病学数据库进行比较分析，可进一步鉴定流行毒株的基因型，从而追踪流行毒株的传播来源或预测预报新的流行毒株。

1. 材料与样品准备

1.1　材料准备：本试验所用试剂需用无 RNA 酶污染的容器分装；各种离心管和带滤芯吸头需无 RNA 酶污染；剪刀、镊子和研钵器须经干烤灭菌。

1.2　样品制备：按 1 : 5（W/V）比例，取待检组织和 PBS 液于研钵中充分研磨，4℃，1 000g 离心 15min，取上清液转入无 RNA 酶污染的离心管中，备用；全血采用脱纤抗凝备用；细胞培养物冻融 3 次备用；其他样品酌情处理。制备的样品在 2～8℃保存不应超过 24h，长期保存应小分装后置 −70℃ 以下，避免反复冻融。

2. RNA 提取

2.1　取 1.5mL 离心管，每管加入 800μL RNA 提取液（通用 Trizol）和被检样品 200μL，充分混匀，静置 5min。同时设阳性和阴性对照管，每份样品换一个吸头。

2.2　加入 200μL 氯仿，充分混匀，静置 5min，4℃、12 000g 离心 15min。

2.3　取上清约 500μL（注意不要吸出中间层）移至新离心管中，加等量异丙醇，颠倒混匀，室温静置 10min，4℃、12 000g 离心 10min。

2.4　小心弃上清，倒置于吸水纸上，沾干液体；加入 1 000μL 75％乙醇，颠倒洗涤，4℃、12 000g 离心 10min。

2.5　小心弃上清，倒置于吸水纸上，沾干液体；4 000g 离心 10min，将管壁上残余液体甩到管底部，小心吸干上清，吸头不要碰到有沉淀的一面，每份样品换一个吸头，室温干燥。

2.6　加入 10μL DEPC 水和 10U RNasin，轻轻混匀，溶解管壁上的 RNA，4 000g 离心 10min，尽快进行试验。长期保存应置－70℃以下。

3. cDNA 合成　取 200μL PCR 专用管，连同阳性对照管和阴性对照管，每管加 10μL RNA 和 50 pmol/L 下游引物 P2［5'－CACAG（CT）CC（AG）AA（TC）CC（AG）AAGTCATC－3'］，按反转录试剂盒说明书进行。

4. PCR

4.1　取 200μL PCR 专用管，连同阳性对照管和阴性对照管，每管加上述 10μL cDNA 和适量水，95℃预变性 5min。

4.2　每管加入 10 倍稀释缓冲液 5μL，上游引物［5'－TC（GA）（AT）CAACCAA（TC）GAGATAGGG－3'］和下游引物各 50pmol/L，10 mol/L dNTP 2μL，Taq 酶 2.5U，补水至 50μL。

4.3　置 PCR 仪，循环条件为 95℃ 50s，58℃ 60s，72℃ 35s，共 40 个循环，72℃延伸 5min。

5. 结果判定

取 RT－PCR 产物 5μL，于 1%琼脂糖凝胶中电泳，凝胶中含 0.5μL /mL 溴化乙锭，电泳缓冲液为 0.5×TBE，80V 30min，电泳完后于长波紫外灯下观察拍照。阳性对照管和样品检测管出现 251nt 的特异条带判为阳性；阴性管和样品检测管未出现特异条带判为阴性。

附件五　猪瘟抗原双抗体夹心 ELISA 检测方法

本方法通过形成的多克隆抗体—样品—单克隆抗体夹心，并采用辣根过氧化物酶标记物检测，对外周血白细胞、全血、细胞培养物以及组织样本中的猪瘟病毒抗原进行检测的一种双抗体夹心 ELISA 方法。具体如下：

1. 试剂盒组成

1.1　多克隆羊抗血清包被板条，8 孔×12 条（96 孔）

1.2　CSFV 阳性对照，含有防腐剂　　　　　　　　　　　1.5mL

1.3　CSFV 阴性对照，含有防腐剂　　　　　　　　　　　1.5mL

1.4　100 倍浓缩辣根过氧化物酶标记物（100×）　　　　200μL

1.5　10 倍浓缩样品稀释液（10×）　　　　　　　　　　55mL

1.6　底物液，TMB/H₂O₂ 溶液　　　　　　　　　　　　12mL

1.7　终止液，1mol/L HCl（小心，强酸）　　　　　　　12mL

1.8　10 倍浓缩洗涤液（10×）　　　　　　　　　　　　125mL

1.9　CSFV 单克隆抗体，含防腐剂　　　　　　　　　　　4mL

1.10　酶标抗体稀释液　　　　　　　　　　　　　　　　15 mL

2. 样品制备

注意：制备好的样品或组织可以在 2～7℃保存 7d，或－20℃冷冻保存 6 个月以上。但这些样品在应用前应该再次以 1 500g 离心 10min 或 10 000g 离心 2～5min。

2.1　外周血白细胞

2.1.1　取 10mL 肝素或 EDTA 抗凝血样品，1 500g 离心 15～20min。

2.1.2　再用移液器小心吸出血沉棕黄层，加入 500μL 样品稀释液（1×），在漩涡振荡器上混匀，室温下放置 1h，期间不时漩涡混合。然后直接进行步骤 2.1.6 操作。

2.1.3　如样品的棕黄层压积细胞体积非常少，就用整个细胞团（包括红细胞）。将细胞加进 10mL 的离心管，并加入 5mL 预冷（2～7℃，下同）的 0.17mol/L NH₄Cl。混匀，静置 10min。

2.1.4　用 2～7℃ 超纯水或双蒸水加满离心管，轻轻上下颠倒混匀，1 500g 离心 5min。

2.1.5　弃去上清，向细胞团中加入 500μL 样品稀释液（1×），用洁净的吸头悬起细胞，在漩涡振荡器上混匀，室温放置 1h。期间不时漩涡混合。

2.1.6　1 500g 离心 5min，取上清液按操作步骤进行检测。

注意：处理好的样品可以在 2～7℃ 保存 7d，或 −20℃ 冷冻保存 6 个月以上。但这些样品在使用前必须再次离心。

2.2　外周血白细胞（简化方法）

2.2.1　取 0.5～2mL 肝素或 EDTA 抗凝血与等体积冷 0.17mol/L NH₄Cl 加入离心管混合。室温放置 10min。

2.2.2　1 500g 离心 10min（或 10 000g 离心 2～3min），弃上清。

2.2.3　用 2～7℃ 超纯水或双蒸水加满离心管，轻轻上下颠倒混匀，1 500g 离心 5min。

2.2.4　弃去上清，向细胞团加入 500μL 样本稀释液（1×）。漩涡振荡充分混匀，室温放置 1h。期间不时漩涡混匀。取 75μL 按照"操作步骤"进行检测。

2.3　全血（肝素或 EDTA 抗凝）

2.3.1　取 25μL 10 倍浓缩样品稀释液（10×）和 475μL 全血加入微量离心管，在漩涡振荡器上混匀。

2.3.2　室温下孵育 1h，期间不时漩涡混合。此样品可以直接按照"操作步骤"进行检测。或：直接将 75μL 全血加入酶标板孔中，再加入 10μL 5 倍浓缩样品稀释液（5×）。晃动酶标板/板条，使样品混合均匀。再按照"操作步骤"进行检测。

2.4　细胞培养物

2.4.1　移去细胞培养液，收集培养瓶中的细胞加入离心管中。

2.4.2　2 500g 离心 5min，弃上清。

2.4.3　向细胞团中加入 500μL 样品稀释液（1×）。漩涡振荡充分混匀，室温孵育 1h。期间不时漩涡混合。取此样品 75μL 按照"操作步骤"进行检测。

2.5　组织　最好用新鲜的组织。如果有必要，组织可以在处理前于 2～7℃ 冷藏保存 1 个月。每只动物检测 1～2 种组织，最好选取扁桃体、脾、肠、肠系膜淋巴结或肺。

2.5.1　取 1～2g 组织用剪刀剪成小碎块（2～5mm 大小）。

2.5.2　将组织碎块加入 10mL 离心管，加入 5mL 样品稀释液（1×），漩涡振荡混匀，室温下孵育 1～21h，期间不时漩涡混合。

2.5.3　1 500g 离心 5min，取 75μL 上清液按照"操作步骤"进行检测。

3. 操作步骤

注意：所有试剂在使用前应该恢复至室温 18～22℃；使用前试剂应在室温条件下至少放置 1h。

3.1　每孔加入 25μL CSFV 特异性单克隆抗体。此步骤可以用多道加样器操作。

3.2　在相应孔中分别加入 75μL 阳性对照、阴性对照，各加 2 孔。注意更换吸头。

3.3 在其余孔中分别加入 75μL 制备好的样品，注意更换吸头。轻轻拍打酶标板，使样品混合均匀。

3.4　置湿盒中或用胶条密封后室温（18～22℃）孵育过夜。也可以孵育 4h，但是这样会降低检测灵敏度。

3.5　甩掉孔中液体，用洗涤液（1×）洗涤 5 次，每次洗涤都要将孔中的所有液体倒空，用力拍打酶标板，以使所有液体拍出。或者，每孔加入洗涤液 250～300μL 用自动洗板机洗涤 5 次。注意：洗涤酶标板要仔细。

3.6　每孔加入 100μL 稀释好的辣根过氧化物酶标记物，在湿盒或密封后置室温孵育 1h。

3.7　重复操作步骤 3.5；每孔加入 100μL 底物液，在暗处室温孵育 10min。第 1 孔加入底物液开始计时。

3.8　每孔加入 100μL 终止液终止反应。加入终止液的顺序与上述加入底物液的顺序一致。

3.9　在酶标仪上测量样品与对照孔在 450nm 处的吸光值，或测量在 450nm 和 620nm 双波长的吸光值（空气调零）。

3.10　计算每个样品和阳性对照孔的矫正 OD 值的平均值（参见"计算方法"）。

4. 计算方法

首先计算样品和对照孔的 OD 平均值，在判定结果之前，所有样品和阳性对照孔的 OD 平均值必须进行矫正，矫正的 OD 值等于样本或阳性对照值减去阴性对照值。

$$矫正 OD 值 = 样本 OD 值 - 阴性对照 OD 值$$

5. 试验有效性判定

阳性对照 OD 平均值应该大于 0.500，阴性对照 OD 平均值应小于阳性对照平均值的 20%，试验结果方能有效。否则，应仔细检查实验操作并进行重测。如果阴性对照的 OD 值始终很高，将阴性对照在微量离心机中以 10 000g 离心 3～5min，重新检测。

6. 结果判定

被检样品的矫正 OD 值大于或等于 0.300，则为阳性；被检样品的矫正 OD 值小于 0.200，则为阴性；被检样品的矫正 OD 值大于 0.200，小于 0.300，则为可疑。

附件六　猪瘟病毒抗体阻断 ELISA 检测方法

本法是用于检测猪血清或血浆中猪瘟病毒抗体的一种阻断 ELISA 方法，通过待测抗体和单克隆抗体与猪瘟病毒抗原的竞争结合，采用辣根过氧化物酶与底物的显色程度来进行判定。

1. 操作步骤

在使用时，所有的试剂盒组分都必须恢复到室温 18～25℃。使用前应将各组分放置于室温至少 1h。

1.1　分别将 50μL 样品稀释液加入每个检测孔和对照孔中。

1.2　分别将 50μL 的阳性对照和阴性对照加入相应的对照孔中，注意不同对照的吸头要更换，以防污染。

1.3　分别将 50μL 的被检样品加入剩下的检测孔中，注意不同样的吸头要分开，以防污染。

1.4　轻弹微量反应板或用振荡器振荡，使反应板中的溶液混匀。

1.5　将微量反应板用封条封闭置于湿箱中（18～25℃）孵育 2h，也可以将微量反应板用封条置于湿箱中孵育过夜。

1.6　吸出反应孔中的液体，并用稀释好的洗涤液洗涤 3 次，注意每次洗涤时都要将洗涤液加满反应孔。

1.7　分别将 100μL 的抗 CSFV 酶标二抗（即取即用）加入反应孔中，用封条封闭反应板并于室温下或湿箱中孵育 30min。

1.8　洗板（见 1.6）后，分别将 100μL 的底物溶液加入反应孔中，于避光、室温条件下放置 10min。加完第一孔后即可计时。

1.9　在每个反应孔中加入 100μL 终止液终止反应。注意要按加酶标二抗的顺序加终止液。

1.10　在 450nm 处测定样本以及对照的吸光值，也可用双波长（450nm 和 620nm）测定样本以及对照的吸光度值，空气调零。

1.11　计算样本和对照的平均吸光度值。计算方法如下：

计算被检样本的平均值 OD450（＝ODTEST）、阳性对照的平均值（＝ODPOS）、阴性对照的平均值（＝ODNEG）。根据以下公式计算被检样本和阳性对照的阻断率：

$$阻断率 = \frac{ODNEG - ODTEST}{ODNEG} \times 100\%$$

2. 试验有效性

阴性对照的平均 OD450 应大于 0.50。阳性对照的阻断率应大于 50%。

3. 结果判定

如果被检样本的阻断率大于或等于 40%，该样本被判定为阳性（有 CSFV 抗体存在）。如果被检样本的阻断率小于或等于 30%，该样本被判定为阴性（无 CSFV 抗体存在）。如果被检样本阻断率在 30%～40%，应在数日后再对该动物进行重测。

附件七　荧光抗体病毒中和试验

本方法是国际贸易指定的猪瘟抗体检测方法。该试验是采用固定病毒稀释血清的方法。测定的结果表示待检血清中抗体的中和效价。具体操作如下：

1. 将浓度为 2×10^5 个/mL 的 PK15 细胞悬液接种到带有细胞玻片的 5cm 平皿或莱顿氏管（leighton's），也可接种到平底微量培养板中；细胞培养箱中 37℃培养至汇合率为

70%～80%的细胞单层（1～2d）；

2. 将待检血清 56℃灭活 30min，用无血清 EMEM 培养液作 2 倍系列稀释；

3. 将稀释的待检血清与含 200TCID$_{50}$/0.1mL 的猪瘟病毒悬液等体积混合，37℃孵育 1～2h；

4. 用无血清 EMEM 培养液漂洗细胞单层。然后，加入血清病毒混合物，每个稀释度加 2 个莱顿氏管或培养板上的 2 个孔，37℃孵育 1h；

5. 吸出反应物，加入 EMEM 维持液［含 2%胎牛血清（无 BVDV 抗体，56℃灭活 30min）、0.3%谷氨酰胺、青霉素 100IU/mL、链霉素 100IU/mL］，37℃继续培养 48～72h；最终用荧光抗体染色法进行检测（见附件二）。

6. 根据特异荧光的有无计算中和效价。中和效价值表示抗体阳性或抗体达到保护。

附件八　猪瘟中和试验方法

本试验采用固定抗原稀释血清的方法，利用家兔来检测猪体的抗体。

1. 操作程序

1.1　先测定猪瘟兔化弱毒（抗原）对家兔的最小感染量。试验时，将抗原用生理盐水稀释，使每 1mL 含有 100 个兔的最小感染量，为工作抗原（如抗原对兔的最小感染量为 10$^{-5.0}$/mL，则将抗原稀释成 1 000 倍使用）。

1.2　将被检猪血清分别用生理盐水作 2 倍稀释，与含有 100 个兔的最小感染量工作抗原等量混合，摇匀后，置 10～15℃中和 2h，其间振摇 2～3 次。同时设含有相同工作抗原量加等量生理盐水（不加血清）的对照组，与被检组在同样条件下处理。

1.3　中和完毕，被检组各注射家兔 1～2 只，对照组注射家兔 2 只，每只耳静脉注射 1mL，观察体温反应，并判定结果。

2　结果判定

2.1　当对照组 2 只家兔均呈定型热反应（＋＋），或 1 只兔呈定型热反应（＋＋），另一只兔呈轻热反应时，方能判定结果。被检组如用 1 只家兔，须呈定型热反应；如用 2 只家兔，每只家兔应呈定型热反应或轻热反应，被检血清判为阴性。

2.2　兔体体温反应标准如下：

2.2.1　热反应（＋）：潜伏期 24～72h，体温上升呈明显曲线，超过常温 1℃以上，稽留 12～36h。

2.2.2　可疑反应（±）：潜伏期不到 24h 或 72h 以上，体温曲线起伏不定，稽留不到 12h 或超过 36h 而不下降。

2.2.3　无反应（—）：体温正常。

附件九　消　　毒

1. 药品种类　消毒药品必须选用对猪瘟病毒有效的，如烧碱、醛类、氧化剂类、氯制剂类、双季铵盐类等。

2. 消毒范围　猪舍地面及内外墙壁，舍外环境，饲养、饮水等用具，运输等设施设备以及其他一切可能被污染的场所和设施设备。

3. 消毒前的准备

3.1　消毒前必须清除有机物、污物、粪便、饲料、垫料等；

3.2　消毒药品必须选用对猪瘟病毒有效的；

3.3　备有喷雾器、火焰喷射枪、消毒车辆、消毒防护用具（如口罩、手套、防护靴等）、消毒容器等。

4. 消毒方法

4.1　金属设施设备的消毒，可采取火焰、熏蒸等方式消毒；

4.2　猪舍、场地、车辆等，可采用消毒液清洗、喷洒等方式消毒；

4.3　养猪场的饲料、垫料等，可采取堆积发酵或焚烧等方式处理；

4.4　粪便等可采取堆积密封发酵或焚烧等方式处理；

4.5　饲养、管理等人员可采取淋浴消毒；

4.6　衣、帽、鞋等可能被污染的物品，可采取消毒液浸泡、高压灭菌等方式消毒；

4.7　疫区范围内办公、饲养人员的宿舍、公共食堂等场所，可采用喷洒的方式消毒；

4.8　屠宰加工、贮藏等场所以及区域内池塘等水域的消毒可采取相应的方式进行，避免造成污染。

附录二十二 高致病性猪蓝耳病防治技术规范

（农医发 [2007] 10 号，2007 年 3 月 28 日）

高致病性猪蓝耳病是由猪繁殖与呼吸综合征（俗称蓝耳病）病毒变异株引起的一种急性高致死性疫病。仔猪发病率可达 100%、死亡率可达 50% 以上，母猪流产率可达 30% 以上，育肥猪也可发病死亡是其特征。

为及时、有效地预防、控制和扑灭高致病性猪蓝耳病疫情，依据《中华人民共和国动物防疫法》《重大动物疫情应急条例》和《国家突发重大动物疫情应急预案》及有关的法律法规，制定本规范。

1. 适用范围

本规范规定了高致病性猪蓝耳病诊断、疫情报告、疫情处置、预防控制、检疫监督的操作程序与技术标准。

本规范适用于中华人民共和国境内一切与高致病性猪蓝耳病防治活动有关的单位和个人。

2. 诊断

2.1 诊断指标

2.1.1 临床指标 体温明显升高，可达 41℃ 以上；眼结膜炎、眼睑水肿；咳嗽、气喘等呼吸道症状；部分猪后躯无力、不能站立或共济失调等神经症状；仔猪发病率可达 100%、死亡率可达 50% 以上，母猪流产率可达 30% 以上，成年猪也可发病死亡。

2.1.2 病理指标 可见脾脏边缘或表面出现梗死灶，显微镜下见出血性梗死；肾脏呈土黄色，表面可见针尖至小米粒大出血点斑，皮下、扁桃体、心脏、膀胱、肝脏和肠道均可见出血点和出血斑。显微镜下见肾间质性炎，心脏、肝脏和膀胱出血性、渗出性炎等病变；部分病例可见胃肠道出血、溃疡、坏死。

2.1.3 病原学指标

2.1.3.1 高致病性猪蓝耳病病毒分离鉴定阳性。

2.1.3.2 高致病性猪蓝耳病病毒反转录聚合酶链式反应（RT - PCR）检测阳性。

2.2 结果判定

2.2.1 疑似结果 符合 2.1.1 和 2.1.2，判定为疑似高致病性猪蓝耳病。

2.2.2 确诊 符合 2.2.1，且符合 2.1.3.1 和 2.1.3.2 之一的，判定为高致病性猪蓝耳病。

3. 疫情报告

3.1　任何单位和个人发现猪出现急性发病死亡情况，应及时向当地动物疫控机构报告。

3.2　当地动物疫控机构在接到报告或了解临床怀疑疫情后，应立即派员到现场进行初步调查核实，符合 2.2.1 规定的，判定为疑似疫情。

3.3　判定为疑似疫情时，应采集样品进行实验室诊断，必要时送省级动物疫控机构或国家指定实验室。

3.4　确认为高致病性猪蓝耳病疫情时，应在 2 个小时内将情况逐级报至省级动物疫控机构和同级兽医行政管理部门。省级兽医行政管理部门和动物疫控机构按有关规定向农业部报告疫情。

3.5　国务院兽医行政管理部门根据确诊结果，按规定公布疫情。

4. 疫情处置

4.1　疑似疫情的处置　对发病场/户实施隔离、监控，禁止生猪及其产品和有关物品移动，并对其内、外环境实施严格的消毒措施。对病死猪、污染物或可疑污染物进行无害化处理。必要时，对发病猪和同群猪进行扑杀并无害化处理。

4.2　确认疫情的处置

4.2.1　划定疫点、疫区、受威胁区　由所在地县级以上兽医行政管理部门划定疫点、疫区、受威胁区。

疫点：为发病猪所在的地点。规模化养殖场/户，以病猪所在的相对独立的养殖圈舍为疫点；散养猪以病猪所在的自然村为疫点；在运输过程中，以运载工具为疫点；在市场发现疫情，以市场为疫点；在屠宰加工过程中发现疫情，以屠宰加工厂/场为疫点。

疫区：指疫点边缘向外延 3 公里范围内的区域。根据疫情的流行病学调查、免疫状况、疫点周边的饲养环境、天然屏障（如河流、山脉等）等因素综合评估后划定。

受威胁区：由疫区边缘向外延伸 5 公里的区域划为受威胁区。

4.2.2　封锁疫区　由当地兽医行政管理部门向当地县级以上人民政府申请发布封锁令，对疫区实施封锁：在疫区周围设置警示标志；在出入疫区的交通路口设置动物检疫消毒站，对出入的车辆和有关物品进行消毒；关闭生猪交易市场，禁止生猪及其产品运出疫区。必要时，经省级人民政府批准，可设立临时监督检查站，执行监督检查任务。

4.2.3　疫点应采取的措施　扑杀所有病猪和同群猪；对病死猪、排泄物、被污染饲料、垫料、污水等进行无害化处理；对被污染的物品、交通工具、用具、猪舍、场地等进行彻底消毒。

4.2.4　疫区应采取的措施　对被污染的物品、交通工具、用具、猪舍、场地等进行彻底消毒；对所有生猪用高致病性猪蓝耳病灭活疫苗进行紧急强化免疫，并加强疫情监测。

4.2.5　受威胁区应采取的措施　对受威胁区所有生猪用高致病性猪蓝耳病灭活疫苗进行紧急强化免疫，并加强疫情监测。

4.2.6　疫源分析与追踪调查　开展流行病学调查，对病原进行分子流行病学分析，对疫情进行溯源和扩散风险评估。

4.2.7　解除封锁　疫区内最后一头病猪扑杀或死亡后14天以上，未出现新的疫情；在当地动物疫控机构的监督指导下，对相关场所和物品实施终末消毒。经当地动物疫控机构审验合格，由当地兽医行政管理部门提出申请，由原发布封锁令的人民政府宣布解除封锁。

4.3　疫情记录　对处理疫情的全过程必须做好完整详实的记录（包括文字、图片和影像等），并归档。

5. 预防控制

5.1　监测

5.1.1　监测主体　县级以上动物疫控机构。

5.1.2　监测方法　流行病学调查、临床观察、病原学检测。

5.1.3　监测范围

5.1.3.1　养殖场/户，交易市场、屠宰厂/场、跨县调运的生猪。

5.1.3.2　对种猪场、隔离场、边境、近期发生疫情及疫情频发等高风险区域的生猪进行重点监测。

5.1.4　监测预警　各级动物疫控机构对监测结果及相关信息进行风险分析，做好预警预报。

农业部指定的实验室对分离到的毒株进行生物学和分子生物学特性分析与评价，及时向国务院兽医行政管理部门报告。

5.1.5　监测结果处理　按照《国家动物疫情报告管理办法》的有关规定将监测结果逐级汇总上报至国家动物疫控机构。

5.2　免疫

5.2.1　对所有生猪用高致病性猪蓝耳病灭活疫苗进行免疫，免疫方案见《猪病免疫推荐方案（试行）》。发生高致病性猪蓝耳病疫情时，用高致病性猪蓝耳病灭活疫苗进行紧急强化免疫。

5.2.2　养殖场/户必须按规定建立完整免疫档案，包括免疫登记表、免疫证、畜禽标识等。

5.2.3　各级动物疫控机构定期对免疫猪群进行免疫抗体水平监测，根据群体抗体水平消长情况及时加强免疫。

5.3　加强饲养管理，实行封闭饲养，建立健全各项防疫制度，做好消毒、杀虫灭鼠等工作。

6. 检疫监督

6.1　产地检疫　生猪在离开饲养地之前，养殖场/户必须向当地动物卫生监督机构报检。动物卫生监督机构接到报检后必须及时派员到场/户实施检疫。检疫合格后，出具合格证明；对运载工具进行消毒，出具消毒证明，对检疫不合格的按照有关规定处理。

6.2　屠宰检疫　动物卫生监督机构的检疫人员对生猪进行验证查物，合格后方可入厂/场屠宰。检疫合格并加盖（封）检疫标志后方可出厂/场，不合格的按有关规定处理。

6.3　种猪异地调运检疫　跨省调运种猪时，应先到调入地省级动物卫生监督机构办理检疫审批手续，调出地按照规范进行检疫，检疫合格方可调运。到达后须隔离饲养 14 天以上，由当地动物卫生监督机构检疫合格后方可投入使用。

6.4　监督管理

6.4.1　动物卫生监督机构应加强流通环节的监督检查，严防疫情扩散。生猪及产品凭检疫合格证（章）和畜禽标识运输、销售。

6.4.2　生产、经营动物及动物产品的场所，必须符合动物防疫条件，取得动物防疫合格证。当地动物卫生监督机构应加强日常监督检查。

6.4.3　任何单位和个人不得随意处置及转运、屠宰、加工、经营、食用病（死）猪及其产品。

附录二十三 猪伪狂犬病防治技术规范

（农医发〔2005〕20号，2005年7月28日）

猪伪狂犬病（Pseudorabies，Pr），是由疱疹病毒科猪疱疹病毒Ⅰ型伪狂犬病毒引起的传染病。我国将其列为二类动物疫病。

为了预防、控制猪伪狂犬病，依据《中华人民共和国动物防疫法》和其他有关法律法规，制定本规范。

1. 适用范围

本规范规定了猪伪狂犬病的诊断、监测、疫情报告、疫情处理、预防与控制。

本规范适用于中华人民共和国境内从事饲养、加工、经营猪及其产品，以及从事相关动物防疫活动的单位和个人。

2. 诊断

2.1 流行特点 本病各种家畜和野生动物（除无尾猿外）均可感染，猪、牛、羊、犬、猫等易感。本病寒冷季节多发。病猪是主要传染源，隐性感染猪和康复猪可以长期带毒。病毒在猪群中主要通过空气传播，经呼吸道和消化道感染，也可经胎盘感染胎儿。

2.2 临床特征 潜伏期一般为3～6天。母猪感染伪狂犬病病毒后常发生流产、产死胎、弱仔、木乃伊胎等症状。青年母猪和空怀母猪常出现返情而屡配不孕或不发情；公猪常出现睾丸肿胀、萎缩、性功能下降、失去种用能力；新生仔猪大量死亡，15日龄内死亡率可达100%；断奶仔猪发病率为20%～30%，死亡率为10%～20%。育肥猪表现为呼吸道症状和增重滞缓。

2.3 病理变化 大体剖检特征不明显，剖检脑膜淤血、出血。病理组织学呈现非化脓性脑炎变化。

2.4 实验室诊断

2.4.1 病原学诊断

2.4.1.1 病毒分离鉴定（见GB/T 18641—2002）

2.4.1.2 聚合酶链式反应诊断（见GB/T 18641—2002）

2.4.1.3 动物接种：采取病猪扁桃体、嗅球、脑桥和肺脏，用生理盐水或PBS液（磷酸盐缓冲液）制成10%悬液，反复冻融3次后离心取上清液接种于家兔皮下或者小鼠脑内（用于接种的家兔和小鼠必须事先用ELISA检测伪狂犬病病毒抗体阴性者才能使用），家兔经2～5天或者小鼠经2～10天发病死亡，死亡前注射部位出现奇痒和四肢麻痹。家兔发病时先用舌舔接种部位，以后用力撕咬接种部位，使接种部位被撕咬伤、鲜红、出血，持续4～6小时，病兔衰竭，痉挛，呼吸困难而死亡。小鼠不如家兔敏感，但明显表现兴奋不安，神经症状，奇痒和四肢麻痹而死亡。

2.4.2　血清学诊断

2.4.2.1　微量病毒中和试验（见 GB/T 18641—2002）

2.4.2.2　鉴别 ELISA（见 GB/T 18641—2002）

2.5　结果判定　根据本病的流行特点、临床特征和病理变化可作出初步诊断，确诊需进一步做病原分离鉴定及血清学试验。

2.5.1　符合 2.4.1.1 或 2.4.1.2 或 2.4.2.1 或 2.4.2.2 阳性的，判定为病猪。

2.5.2　2.4.2.2 可疑结果的，按 2.4.1 之一或 2.4.2.1 所规定的方法进行确诊，阳性的判定为病猪。

3. 疫情报告

3.1　任何单位和个人发现患有本病或者怀疑本病的动物，都应当及时向当地动物防疫监督机构报告。

3.2　当地动物防疫监督机构接到疫情报告并确认后，按《动物疫情报告管理办法》及有关规定及时上报。

4. 疫情处理

4.1　发现疑似疫情，畜主应立即限制动物移动，并对疑似患病动物进行隔离。

4.2　当地动物防疫监督机构要及时派员到现场进行调查核实，开展实验室诊断。确诊后，当地人民政府组织有关部门按下列要求处理：

4.2.1　扑杀　对病猪全部扑杀。

4.2.2　隔离　对受威胁的猪群（病猪的同群猪）实施隔离。

4.2.3　无害化处理　患病猪及其产品按照 GB 16548—1996《畜禽病害肉尸及其产品无害化处理规程》进行无害化处理。

4.2.4　流行病学调查及检测　开展流行病学调查和疫源追踪；对同群猪进行检测。

4.2.5　紧急免疫接种　对同群猪进行紧急免疫接种。

4.2.6　消毒　对病猪污染的场所、用具、物品严格进行消毒。

4.2.7　发生重大猪伪狂犬病疫情时，当地县级以上人民政府应按照《重大动物疫情应急条例》有关规定，采取相应的疫情扑灭措施。

5. 预防与控制

5.1　免疫接种　对猪用猪伪狂犬病疫苗，按农业部推荐的免疫程序进行免疫。

5.2　监测　对猪场定期进行监测。监测方法采用鉴别 ELISA 诊断技术，种猪场每年监测 2 次，监测时种公猪（含后备种公猪）应 100%、种母猪（含后备种母猪）按 20% 的比例抽检；商品猪不定期进行抽检；对有流产、产死胎、产木乃伊胎等症状的种母猪 100% 进行检测。

5.3　引种检疫　对出场（厂、户）种猪由当地动物防疫监督机构进行检疫，伪狂犬病病毒感染抗体监测为阴性的猪，方出具检疫合格证明，准予出场（厂、户）。

种猪进场后，须隔离饲养 30 天后，经实验室检查确认为猪伪狂犬病病毒感染阴性的，方可混群。

5.4　净化

5.4.1　对种猪场实施猪伪狂犬病净化，净化方案见附件。

5.4.2　种猪场净化标准　必须符合以下两个条件：

5.4.2.1　种猪场停止注苗后（或没有注苗）连续两年无临床病例。

5.4.2.2　种猪场连续两年随机抽血样检测伪狂犬病毒抗体或野毒感染抗体监测，全部阴性。

附件　种猪场猪伪狂犬病净化方案

一、轻度污染场的净化

猪场不使用疫苗免疫接种，采取血清学普查，如果发现血清学阳性，进行确诊，扑杀患病猪。

二、中度污染场的净化

（一）采取免疫净化措施。免疫程序按每 4 个月注射一次。对猪只每年进行两次病原学抽样监测，结果为阳性者按病畜淘汰。

（二）经免疫的种猪所生仔猪，留作种用的在 100 日龄时作一次血清学检查，免疫前抗体阴性者留作种用，阳性者淘汰。

（三）后备种猪在配种前后 1 个月各免疫接种一次，以后按种猪的免疫程序进行免疫。同时每 6 个月抽血样作一次血清学鉴别检查，如发现野毒感染猪只及时淘汰处理。

（四）引进的猪只隔离饲养 7 天以上，经检疫合格（血清学检测为阴性）后方可与本场猪混群饲养。每半年作一次血清学检查。对于检测出的野毒感染阳性猪实施淘汰。

三、重度污染场的净化

（一）暂停向外供应种猪。

（二）免疫程序按每 4 个月免疫接种一次。每次免疫接种后对猪只抽样进行免疫抗体监测，对免疫抗体水平不达标者，立即补免。持续两年。

（三）在上述措施的基础上，按轻度感染场净化方案操作处理。

四、综合措施

（一）猪场要对猪舍及周边环境定期消毒。

（二）禁止在猪场内饲养其他动物。

（三）在猪场内实施灭鼠措施。

附录二十四 猪链球菌病应急防治技术规范

（农医发［2005］20 号，2005 年 7 月 28 日）

猪链球菌病（Swine streptococosis）是由溶血性链球菌引起的人畜共患疾病，该病是我国规定的二类动物疾病。

为指导各地猪链球菌病防治工作，保护畜牧业发展和人的健康安全，根据《中华人民共和国动物防疫法》和《国家突发重大动物疫情应急预案》等有关规定，制定本规范。

1. 适用范围

本规范规定了猪链球菌病的诊断、疫情报告、疫情处理、防治措施。

本规范适用于中华人民共和国境内的一切从事生猪饲养、屠宰、运输和生猪产品加工、储藏、销售、运输，以及从事动物防疫活动的单位和个人。

2. 诊断

根据流行特点、临床症状、病理变化、实验室检验等作出诊断。

2.1 流行特点

猪、马属动物、牛、绵羊、山羊、鸡、兔、水貂等以及一些水生动物均有易感染性。不同年龄、品种和性别猪均易感。

猪链球菌也可感染人。

本菌除广泛存在于自然界外，也常存在于正常动物和人的呼吸道、消化道、生殖道等。感染发病动物的排泄物、分泌物、血液、内脏器官及关节内均有病原体存在。

病猪和带菌猪是本病的主要传染源，对病死猪的处置不当和运输工具的污染是造成本病传播的重要因素。

本病主要经消化道、呼吸道和损伤的皮肤感染。

本病一年四季均可发生，夏秋季多发。呈地方性流行，新疫区可呈暴发流行，发病率和死亡率较高。老疫区多呈散发，发病率和死亡率较低。

2.2 临床症状

2.2.1 本规范规定本病的潜伏期为 7 天。

2.2.2 可表现为败血型、脑膜炎型和淋巴结脓肿型等类型。

2.2.2.1 败血型：分为最急性、急性和慢性三类。

最急性型发病急、病程短，常无任何症状即突然死亡。体温高达 41～43℃，呼吸迫促，多在 24 小时内死于败血症。

急性型多突然发生，体温升高达 40～43℃，呈稽留热。呼吸迫促，鼻镜干燥，从鼻腔中流出浆液性或脓性分泌物。结膜潮红，流泪。颈部、耳廓、腹下及四肢下端皮肤呈紫红色，并有出血点。多在1～3天死亡。

慢性型表现为多发性关节炎。关节肿胀，跛行或瘫痪，最后因衰弱、麻痹致死。

2.2.2.2 脑膜炎型：以脑膜炎为主，多见于仔猪。主要表现为神经症状，如磨牙、口吐白沫，转圈运动，抽搐、倒地四肢划动似游泳状，最后麻痹而死。病程短的几小时，长的1～5天，致死率极高。

2.2.2.3 淋巴结脓肿型：以颌下、咽部、颈部等处淋巴结化脓和形成脓肿为特征。

2.3 病理变化

2.3.1 败血型：剖检可见鼻黏膜紫红色、充血及出血，喉头、气管充血，常有大量泡沫。肺充血肿胀。全身淋巴结有不同程度的肿大、充血和出血。脾肿大1～3倍，呈暗红色，边缘有黑红色出血性梗死区。胃和小肠黏膜有不同程度的充血和出血，肾肿大、充血和出血，脑膜充血和出血，有的脑切面可见针尖大的出血点。

2.3.2 脑膜炎型：剖检可见脑膜充血、出血甚至溢血，个别脑膜下积液，脑组织切面有点状出血，其他病变与败血型相同。

2.3.3 淋巴结脓肿型：剖检可见关节腔内有黄色胶胨样或纤维素性、脓性渗出物，淋巴结脓肿。有些病例心瓣膜上有菜花样赘生物。

2.4 实验室检验

2.4.1 涂片镜检：组织触片或血液涂片，可见革兰氏阳性球形或卵圆形细菌，无芽孢，有的可形成荚膜，常呈单个、双连的细菌，偶见短链排列。

2.4.2 分离培养：该菌为需氧或兼性厌氧，在血液琼脂平板上接种，37℃培养24小时，形成无色露珠状细小菌落，菌落周围有溶血现象。镜检可见长短不一链状排列的细菌。

2.4.3 必要时用PCR方法进行菌型鉴定。

2.5 结果判定

2.5.1 下列情况之一判定为疑似猪链球菌病：

2.5.1.1 符合临床症状2.2.2.1、2.2.2.2、2.2.2.3之一的。

2.5.1.2 符合剖检病变2.3.1、2.3.2、2.3.3之一的。

2.5.2 确诊

符合2.5.1.1、2.5.1.2之一，且符合2.4.1、2.4.2、2.4.3之一的。

3. 疫情报告

3.1 任何单位和个人发现患有本病或疑似本病的猪，都应当及时向当地动物防疫监督机构报告。

3.2 当地动物防疫监督机构接到疫情报告后，按国家动物疫情报告管理的有关规定上报。

3.3 疫情确诊后，动物防疫监督机构应及时上报同级兽医行政主管部门，由兽医行政主管部门通报同级卫生部门。

4. 疫情处理

根据流行病学、临床症状、剖检病变，结合实验室检验做出的诊断结果可作为疫情处理的依据。

4.1　发现疑似猪链球菌病疫情时，当地动物防疫监督机构要及时派员到现场进行流行病学调查、临床症状检查等，并采样送检。确认为疑似猪链球菌病疫情时，应立即采取隔离、限制移动等防控措施。

4.2　当确诊发生猪链球菌病疫情时，按下列要求处理：

4.2.1　划定疫点、疫区、受威胁区

由所在地县级以上兽医行政主管部门划定疫点、疫区、受威胁区。

疫点：指患病猪所在地点。一般是指患病猪及同群畜所在养殖场（户组）或其他有关屠宰、经营单位。

疫区：指以疫点为中心，半径1公里范围内的区域。在实际划分疫区时，应考虑当地饲养环境和自然屏障（如河流、山脉等）以及气象因素，科学确定疫区范围。

受威胁区：指疫区外顺延3公里范围内的区域。

4.2.2　本病呈零星散发时，应对病猪作无血扑杀处理，对同群猪立即进行强制免疫接种或用药物预防，并隔离观察14天。必要时对同群猪进行扑杀处理。对被扑杀的猪、病死猪及排泄物、可能被污染饲料、污水等按有关规定进行无害化处理；对可能被污染的物品、交通工具、用具、畜舍进行严格彻底消毒。疫区、受威胁区所有易感动物进行紧急免疫接种。

4.2.3　本病呈暴发流行时（一个乡镇30天内发现50头以上病猪、或者2个以上乡镇发生），由省级动物防疫监督机构用PCR方法进行菌型鉴定，同时报请县级人民政府对疫区实行封锁；县级人民政府在接到封锁报告后，应在24小时内发布封锁令，并对疫区实施封锁。疫点、疫区和受威胁区采取的处理措施如下：

4.2.3.1　疫点：出入口必须设立消毒设施。限制人、畜、车辆进出和动物产品及可能受污染的物品运出。对疫点内畜舍、场地以及所有运载工具、饮水用具等必须进行严格彻底地消毒。

应对病猪作无血扑杀处理，对同群猪立即进行强制免疫接种或用药物预防，并隔离观察14天。必要时对同群猪进行扑杀处理。对病死猪及排泄物、可能被污染饲料、污水等按附件的要求进行无害化处理；对可能被污染的物品、交通工具、用具、畜舍进行严格彻底消毒。

4.2.3.2　疫区：交通要道建立动物防疫监督检查站，派专人监管动物及其产品的流动，对进出人员、车辆须进行消毒。停止疫区内生猪的交易、屠宰、运输、移动。对畜舍、道路等可能污染的场所进行消毒。

对疫区内的所有易感动物进行紧急免疫接种。

4.2.3.3　受威胁区：对受威胁区内的所有易感动物进行紧急免疫接种。

对猪舍、场地以及所有运载工具、饮水用具等进行严格彻底地消毒。

4.2.4　无害化处理

对所有病死猪、被扑杀猪及可能被污染的产品（包括猪肉、内脏、骨、血、皮、毛等）按照 GB 16548《畜禽病害肉尸及其产品无害化处理规程》执行；对于猪的排泄物和被污染或可能被污染的垫料、饲料等物品均需进行无害化处理。

猪尸体需要运送时，应使用防漏容器，并在动物防疫监督机构的监督下实施。

4.2.5　紧急预防

4.2.5.1　对疫点内的同群健康猪和疫区内的猪，可使用高敏抗菌药物进行紧急预防性给药。

4.2.5.2　对疫区和受威胁区内的所有猪按使用说明进行紧急免疫接种，建立免疫档案。

4.2.6　进行疫源分析和流行病学调查。

4.2.7　封锁令的解除

疫点内所有猪及其产品按规定处理后，在动物防疫监督机构的监督指导下，对有关场所和物品进行彻底消毒。最后一头病猪扑杀 14 天后，经动物防疫监督机构审验合格，由当地兽医行政管理部门向原发布封锁令的同级人民政府申请解除封锁。

4.2.8　处理记录

对处理疫情的全过程必须做好完整的详细记录，以备检查。

5. 参与处理疫情的有关人员，应穿防护服、胶鞋、戴口罩和手套，做好自身防护。

附录二十五　炭疽防治技术规范

炭疽（Anthrax）是由炭疽芽孢杆菌引起的一种人畜共患传染病。世界动物卫生组织（OIE）将其列为必须报告的动物疫病，我国将其列为二类动物疫病。

为预防和控制炭疽，依据《中华人民共和国动物防疫法》和其他相关法律法规，制定本规范。

1. 适用范围

本规范规定了炭疽的诊断、疫情报告、疫情处理、防治措施和控制标准。

本规范适用于中华人民共和国境内一切从事动物饲养、经营及其产品的生产、经营的单位和个人，以及从事动物防疫活动的单位和个人。

2. 诊断

依据本病流行病学调查、临床症状，结合实验室诊断结果做出综合判定。

2.1 流行特点

本病为人畜共患传染病，各种家畜、野生动物及人对本病都有不同程度的易感性。草食动物最易感，其次是杂食动物，再次是肉食动物，家禽一般不感染。人也易感。

患病动物和因炭疽而死亡的动物尸体以及污染的土壤、草地、水、饲料都是本病的主要传染源，炭疽芽孢对环境具有很强的抵抗力，其污染的土壤、水源及场地可形成持久的疫源地。本病主要经消化道、呼吸道和皮肤感染。

本病呈地方性流行。有一定的季节性，多发生在吸血昆虫多、雨水多、洪水泛滥的季节。

2.2 临床症状

2.2.1 本规范规定本病的潜伏期为 20 天。

2.2.2 典型症状：本病主要呈急性经过，多以突然死亡、天然孔出血、尸僵不全为特征。

牛：体温升高常达 41℃以上，可视黏膜呈暗紫色，心动过速、呼吸困难。呈慢性经过的病牛，在颈、胸前、肩胛、腹下或外阴部常见水肿；皮肤病灶温度增高，坚硬，有压痛，也可发生坏死，有时形成溃疡；颈部水肿常与咽炎和喉头水肿相伴发生，致使呼吸困难加重。急性病例一般经 24～36 小时后死亡，亚急性病例一般经 2～5 天后死亡。

马：体温升高，腹下、乳房、肩及咽喉部常见水肿。舌炭疽多见呼吸困难、发绀；肠炭疽腹痛明显。急性病例一般经 24～36 小时后死亡，有炭疽痈时，病程可达 3～8 天。

羊：多表现为最急性（猝死）病症，摇摆、磨牙、抽搐，挣扎、突然倒毙，有的可见从天然孔流出带气泡的黑红色血液。病程稍长者也只持续数小时后死亡。

猪：多为局限性变化，呈慢性经过，临床症状不明显，常在宰后见病变。

犬和其他肉食动物临床症状不明显。

2.3 病理变化

死亡患病动物可视黏膜发绀、出血。血液呈暗紫红色，凝固不良，黏稠似煤焦油状。皮下、肌间、咽喉等部位有浆液性渗出及出血。淋巴结肿大、充血，切面潮红。脾脏高度肿胀，达正常数倍，脾髓呈黑紫色。

严禁在非生物安全条件下进行疑似患病动物、患病动物的尸体剖检。

2.4 实验室诊断

实验室病原学诊断必须在相应级别的生物安全实验室进行。

2.4.1 病原鉴定：

2.4.1.1 样品采集、包装与运输：按照 NY/T 561 2.1.2、4.1、5.1 执行。

2.4.1.2 病原学诊断：炭疽的病原分离及鉴定（见 NY/T 561）。

2.4.2 血清学诊断：炭疽沉淀反应（见 NY/T 561）。

2.4.3 分子生物学诊断：聚合酶链式反应（PCR）（见附件1）。

3. 疫情报告

3.1 任何单位和个人发现患有本病或者疑似本病的动物，都应立即向当地动物防疫监督机构报告。

3.2 当地动物防疫监督机构接到疫情报告后，按国家动物疫情报告管理的有关规定执行。

4. 疫情处理

依据本病流行病学调查、临床症状，结合实验室诊断做出的综合判定结果可作为疫情处理依据。

4.1 当地动物防疫监督机构接到疑似炭疽疫情报告后，应及时派员到现场进行流行病学调查和临床检查，采集病料送符合规定的实验室诊断，并立即隔离疑似患病动物及同群动物，限制移动。

对病死动物尸体，严禁进行开放式解剖检查，采样时必须按规定进行，防止病原污染环境，形成永久性疫源地。

4.2 确诊为炭疽后，必须按下列要求处理。

4.2.1 由所在地县级以上兽医主管部门划定疫点、疫区、受威胁区。

疫点：指患病动物所在地点。一般是指患病动物及同群动物所在畜场（户组）或其他有关屠宰、经营单位。

疫区：指由疫点边缘外延3公里范围内的区域。在实际划分疫区时，应考虑当地饲养环境和自然屏障（如河流、山脉等）以及气象因素，科学确定疫区范围。

受威胁区：指疫区外延5公里范围内的区域。

4.2.2 本病呈零星散发时，应对患病动物作无血扑杀处理，对同群动物立即进行强制免疫接种，并隔离观察20天。对病死动物及排泄物、可能被污染饲料、污水等按附件2的要求进行无害化处理；对可能被污染的物品、交通工具、用具、动物舍进行严格彻底消毒（见附件2）。疫区、受威胁区所有易感动物进行紧急免疫接种。对病死动物尸体严禁进行开放式解剖检查，采样必须按规定进行，防止病原污染环境，形成永久性疫源地。

4.2.3　本病呈暴发流行时（1个县10天内发现5头以上的患病动物），要报请同级人民政府对疫区实行封锁；人民政府在接到封锁报告后，应立即发布封锁令，并对疫区实施封锁。

疫点、疫区和受威胁区采取的处理措施如下：

4.2.3.1　疫点：

出入口必须设立消毒设施。限制人、易感动物、车辆进出和动物产品及可能受污染的物品运出。对疫点内动物舍、场地以及所有运载工具、饮水用具等必须进行严格彻底地消毒。

患病动物和同群动物全部进行无血扑杀处理。其他易感动物紧急免疫接种。

对所有病死动物、被扑杀动物，以及排泄物和可能被污染的垫料、饲料等物品产品按附件2要求进行无害化处理。

动物尸体需要运送时，应使用防漏容器，须有明显标志，并在动物防疫监督机构的监督下实施。

4.2.3.2　疫区：交通要道建立动物防疫监督检查站，派专人监管动物及其产品的流动，对进出人员、车辆须进行消毒。停止疫区内动物及其产品的交易、移动。所有易感动物必须圈养，或在指定地点放养；对动物舍、道路等可能污染的场所进行消毒。

对疫区内的所有易感动物进行紧急免疫接种。

4.2.3.3　受威胁区：对受威胁区内的所有易感动物进行紧急免疫接种。

4.2.3.4　进行疫源分析与流行病学调查。

4.2.3.5　封锁令的解除：最后1头患病动物死亡或患病动物和同群动物扑杀处理后20天内不再出现新的病例，进行终末消毒后，经动物防疫监督机构审验合格后，由当地兽医主管部门向原发布封锁令的机关申请发布解除封锁令。

4.2.4　处理记录：对处理疫情的全过程必须做好完整的详细记录，建立档案。

5. 预防与控制

5.1　环境控制

饲养、生产、经营场所和屠宰场必须符合《动物防疫条件审核管理办法》（农业部〔2002〕15号令）规定的动物防疫条件，建立严格的卫生（消毒）管理制度。

5.2　免疫接种

5.2.1　各省根据当地疫情流行情况，按农业部制定的免疫方案，确定免疫接种对象、范围。

5.2.2　使用国家批准的炭疽疫苗，并按免疫程序进行适时免疫接种，建立免疫档案。

5.3　检疫

5.3.1　产地检疫：按 GB 16549 和《动物检疫管理办法》实施检疫。检出炭疽阳性动物时，按本规范4.2.2规定处理。

5.3.2 屠宰检疫：按 NY 467 和《动物检疫管理办法》对屠宰的动物实施检疫。

5.4 消毒

对新老疫区进行经常性消毒，雨季要重点消毒。皮张、毛等按照附件 2 实施消毒。

5.5 人员防护

动物防疫检疫、实验室诊断及饲养场、畜产品及皮张加工企业工作人员要注意个人防护，参与疫情处理的有关人员，应穿防护服、戴口罩和手套，做好自身防护。

附件 1 聚合酶链式反应（PCR）技术

1 试剂

1.1 消化液

1.1.1 1mol/L 三羟甲基氨基甲烷-盐酸（Tris-HCl）（pH8.0）

三羟甲基氨基甲烷	12.11g
灭菌双蒸水	80mL
浓盐酸	调 pH 至 8.0
灭菌双蒸水	加至 100mL

1.1.2 0.5mol/L 乙二铵四乙酸二钠（EDTA）溶液（pH8.0）

二水乙二铵四乙酸二钠	18.61g
灭菌双蒸水	80mL
氢氧化钠	调 pH 至 8.0
灭菌双蒸水	加至 100mL

1.1.3 20% 十二烷基磺酸钠（SDS）溶液（pH7.2）

十二烷基磺酸钠	20g
灭菌双蒸水	80mL
浓盐酸	调 pH 至 7.2
灭菌双蒸水	加至 100mL

1.1.4 消化液配制

1mol/L 三羟甲基氨基甲烷-盐酸（Tris-HCl）（pH8.0）	2mL
0.5mol/L 乙二铵四乙酸二钠溶液（pH8.0）	0.4mL
20% 十二烷基磺酸钠溶液（pH7.2）	5mL
5mol/L 氯化钠	4mL
灭菌双蒸水	加至 200mL

1.2 蛋白酶 K 溶液

蛋白酶 K	5g
灭菌双蒸水	加至 250mL

1.3 酚/氯仿/异戊醇混合液

碱性酚	25mL
氯仿	24mL
异戊醇	1mL

1.4　2.5mmol/L dNTP

dATP（100mmol/L）	20μL
dTTP（100mmol/L）	20μL
dGTP（100mmol/L）	20μL
dCTP（100mmol/L）	20μL
灭菌双蒸水	加至800μL

1.5　8pmol/μL PCR 引物

上游引物 ATXU（2 OD）加入701μL 灭菌双蒸水溶解，下游引物 ATXD（2 OD）加入697μL 灭菌双蒸水溶解，分别取 ATXU、ATXD 溶液各300μL，混匀即为 8pmol/μL 扩增引物。

1.6　0.5 单位 Taq DNA 聚合酶

5 单位 Taq DNA 聚合酶	1μL
灭菌双蒸水	加至10μL

现用现配。

1.7　10×PCR 缓冲液

1.7.1　1mol/L 三羟甲基氨基甲烷-盐酸（Tris-HCl）（pH9.0）

三羟基甲基氨基甲烷	15.8g
灭菌双蒸水	80mL
浓盐酸	调 pH 至 9.0
灭菌双蒸水	加至100mL

1.7.2　10 倍 PCR 缓冲液

1mol/L 三羟基甲基氨基甲烷-盐酸（Tris-HCl）（pH9.0）1mL	
氯化钾	0.373g
曲拉通 X-100	0.1mL
灭菌双蒸水	加至100mL

1.8　溴化乙锭（EB）溶液

溴化乙锭	0.2g
灭菌双蒸水	加至20mL

1.9　电泳缓冲液（50 倍）

1.9.1　0.5mol/L 乙二铵四乙酸二钠（EDTA）溶液（pH8.0）

二水乙二铵四乙酸二钠	18.61g
灭菌双蒸水	80mL
氢氧化钠	调 pH 至 8.0
灭菌双蒸水	加至100mL

1.9.2　TAE 电泳缓冲液（50 倍）

三羟基甲基氨基甲烷（Tris）	242g
冰乙酸	57.1mL
0.5mol/L 乙二铵四乙酸二钠溶液（pH8.0）	100mL

灭菌双蒸水	加至 1 000mL

用时用灭菌双蒸水稀释使用。

1.10　1.5%琼脂糖凝胶

琼脂糖	3g
TAE 电泳缓冲液（50 倍）	4mL
灭菌双蒸水	196mL

微波炉中完全融化，加溴化乙锭（EB）溶液 20μL。

1.11　上样缓冲液　溴酚蓝 0.2g，加双蒸水 10mL 过夜溶解。50g 蔗糖加入 50mL 水溶解后，移入已溶解的溴酚蓝溶液中，摇匀定容至 100mL。

1.12　其他试剂　包括：异丙醇（分析纯）、70%乙醇、15mmol/L 氯化镁、灭菌双蒸水。

2　器材

2.1　仪器　分析天平、高速离心机、真空干燥器、PCR 扩增仪、电泳仪、电泳槽、紫外凝胶成像仪（或紫外分析仪）、液氮或－70℃冰箱、微波炉、组织研磨器、－20℃冰箱、可调移液器（2μL、20μL、200μL、1 000μL）。

2.2　耗材　眼科剪、眼科镊、称量纸、20 mL 一次性注射器、1.5 mL 灭菌离心管、0.2 mL 薄壁 PCR 管、琼脂糖、500 mL 量筒、500 mL 锥形瓶、吸头（10μL、200μL、1 000μL）、灭菌双蒸水。

2.3　引物设计　根据 GenBank 上已发表的炭疽杆菌 POX1 质粒序列，设计并合成了以下两条引物：

ATXU：5'－AGAATGTATCACCAGAGGC－3'ATXD：5'－GTTGTAGATTG-GAGC

CGTC-3'，此对引物扩增片段为 394bp。

2.4　样品的采集与处理

2.4.1　样品的采集　病死或扑杀的动物取肝脏或脾；待检的活动物，用注射器取血 5～10mL，2～8℃保存，送实验室检测。

2.4.2　样品的处理　每份样品分别处理。

2.4.2.1　组织样品处理　称取待检病料 0.2g，置研磨器中剪碎并研磨，加入 2mL 消化液继续研磨。取已研磨好的待检病料上清 100μL 加入 1.5 mL 灭菌离心管中，再加入 500μL 消化液和 10μL 蛋白酶 K 溶液，混匀后，置 55℃水浴中 4～16h。

2.4.2.2　待检菌的处理　取培养获得的菌落，重悬于生理盐水中。取其悬液 100μL 加入 1.5mL 灭菌离心管中，再加入 500μL 消化液和 10μL 蛋白酶 K 溶液，混匀后，置 55℃水浴中过夜。

2.4.2.3　全血样品处理　待血凝后取上清放于离心管中，4℃ 8 000g 离心 5min，取上清 100μL，加入 500μL 消化液和 10μL 蛋白酶 K 溶液，混匀后，置 55℃水浴中过夜。

2.4.2.4　阳性对照处理　取培养的炭疽杆菌，重悬于生理盐水中。取其悬液 100μL，置 1.5 mL 灭菌离心管中，加入 500μL 消化液和 10μL 蛋白酶 K 溶液，混匀后，置 55℃水浴中过夜。

2.4.2.5　阴性对照处理　取灭菌双蒸水 100μL，置 1.5 mL 灭菌离心管中，加入 500μL 消化液 10μL 蛋白酶 K 溶液，混匀后，置 55℃ 水浴中过夜。

2.5　DNA 模板的提取

2.5.1　取出已处理的样品及阴、阳对照，加入 600μL 酚/氯仿/异戊醇混合液，用力颠倒 10 次混匀，12 000g 离心 10min。

2.5.2　取上清置 1.5mL 灭菌离心管中，加入等体积异丙醇，混匀，置液氮中 3min。取出样品管，室温融化，15 000r/min 离心 15min。

2.5.3　弃上清，沿管壁缓缓滴入 1mL 70％乙醇，轻轻旋转洗一次后倒掉，将离心管倒扣于吸水纸上 1min，真空抽干 15min（以无乙醇味为准）。

2.5.4　取出样品管，用 50μL 灭菌双蒸水溶解沉淀，作为模板备用。

2.6　PCR 扩增　总体积 20μL，取灭菌双蒸水 8μL，2.5mmol/L dNTP、8pmol/μL 扩增引物、15mmol/L 氯化镁、10×PCR 缓冲液、0.5 单位 TaqDNA 聚合酶各 2μL，2μL 模板 DNA。混匀，作好标记，加入矿物油 20μL 覆盖（有热盖的自动 DNA 热循环仪不用加矿物油）。扩增条件为 94℃ 3min 后，94℃ 30s，58℃ 30s，72℃ 30s 循环 35 次，72℃ 延伸 5min。

2.7　电泳　将 PCR 扩增产物 15μL 混合 3μL 上样缓冲液，点样于 1.5％琼脂糖凝胶孔中，以 5V/cm 电压于 1×TAE 缓冲液中电泳，紫外凝胶成像仪下观察结果。

2.8　结果判定　在阳性对照出现 394bp 扩增带、阴性对照无带出现（引物带除外）时，试验结果成立。被检样品出现 394bp 扩增带为炭疽杆菌阳性，否则为阴性。

附件 2　无害化处理

1. 炭疽动物尸体处理

应结合远离人们生活、水源等因素考虑，因地制宜，就地焚烧。如需移动尸体，先用 5％福尔马林消毒尸体表面，然后搬运，并将原放置尸地及尸体天然孔出血及渗出物用 5％福尔马林浸渍消毒数次，在搬运过程中避免污染沿途路段。焚烧时将尸体垫起，用油或木柴焚烧，要求燃烧彻底。无条件进行焚烧处理时，也可按规定进行深埋处理。

2. 粪肥、垫料、饲料的处理

被污染的粪肥、垫料、饲料等，应混以适量干碎草，在远离建筑物和易燃品处堆积彻底焚烧，然后取样检验，确认无害后，方可用作肥料。

3. 房屋、厩舍处理

开放式房屋、厩舍可用 5％福尔马林喷洒消毒三遍，每次浸渍 2h。也可用 20％漂白粉液喷雾，200mL/m² 作用 2h。对砖墙、土墙、地面污染严重处，在离开易燃品条件下，亦可先用酒精或汽油喷灯地毯式喷烧一遍，然后再用 5％福尔马林喷洒消毒三遍。

对可密闭房屋及室内橱柜、用具消毒，可用福尔马林熏蒸。在室温 18℃ 条件下，对每 25～30m³ 空间，用 10％浓甲醛液（内含 37％甲醛气体）约 4 000mL，用电煮锅蒸 4h。蒸前先将门窗关闭，通风孔隙用高粘胶纸封严，工作人员戴专用防毒面具操作。密封 8～12h 后，打开门窗换气，然后使用。

熏蒸消毒效果测定，可用浸有炭疽弱毒菌芽孢的纸片，放在含组氨酸的琼脂平皿上，待熏后取出置 37℃培养 24h，如无细菌生长即认为消毒有效。

也可选择其他消毒液进行喷洒消毒，如 4％戊二醛（pH8.0～8.5）2h 浸洗、5％甲醛（约 15％福尔马林）2h、3％ H_2O_2 2h 或过氧乙酸 2h。其中，H_2O_2 和过氧乙酸不宜用于有血液存在的环境消毒；过氧乙酸不宜用于金属器械消毒。

4. 泥浆、粪汤处理

猪、牛等动物死亡污染的泥浆、粪汤，可用 20％漂白粉液 1 份（处理物 2 份），作用 2h；或甲醛溶液 50～100mL/m³ 比例加入，每天搅拌 1～2 次，消毒 4d，即可撒到野外或田里，或掩埋处理（即作深埋处理）。

5. 污水处理

按水容量加入甲醛溶液，使其含甲醛液量达到 5％，处理 10h；或用 3％过氧乙酸处理 4h；或用氯胺或液态氯加入污水，于 pH4.0 时加入有效氯量为 4mg/L，30min 可杀灭芽孢，一般加氯后作用 2h 流放一次。

6. 土壤处理

炭疽动物倒毙处的土壤消毒，可用 5％甲醛溶液 500mL/m² 消毒三次，每次 2h，间隔 1h。亦可用氯胺或 10％漂白粉乳剂浸渍 2h，处理 2 次，间隔 1h。亦可先用酒精或柴油喷灯喷烧污染土地表面，然后再用 5％甲醛溶液或漂白粉乳剂浸渍消毒。

7. 衣物、工具及其他器具处理

耐高温的衣物、工具、器具等可用高压蒸汽灭菌器在 121℃高压蒸汽灭菌 1h；不耐高温的器具可用甲醛熏蒸，或用 5％甲醛溶液浸渍消毒。运输工具、家具可用 10％漂白粉液或 1％过氧乙酸喷雾或擦拭，作用 1～2h。凡无使用价值的严重污染物品可用火彻底焚毁消毒。

8. 皮、毛处理

皮毛、猪鬃、马尾的消毒，采用 97％～98％的环氧乙烷、2％的 CO_2、1％的十二氟混合液体，加热后输入消毒容器内，经 48h 渗透消毒，启开容器换气，检测消毒效果。但须注意，环氧乙烷的熔点很低（<0℃），在空气中浓度超过 3％，遇明火即易燃烧发生爆炸，必须低温保存运输，使用时应注意安全。

9. 骨、角、蹄在制作肥料或其他原料前，均应彻底消毒。如采用 121℃高压蒸汽灭菌；或 5％甲醛溶液浸泡；或用火焚烧。

附录二十六　布鲁氏菌病防治技术规范

布鲁氏菌病（Brucellosis，也称布氏杆菌病，以下简称布病）是由布鲁氏菌属细菌引起的人兽共患的常见传染病。我国将其列为二类动物疫病。

为了预防、控制和净化布病，依据《中华人民共和国动物防疫法》及有关的法律法规，制定本规范。

1. 适用范围

本规范规定了动物布病的诊断、疫情报告、疫情处理、防治措施、控制和净化标准。

本规范适用于中华人民共和国境内一切从事饲养、经营动物和生产、经营动物产品，以及从事动物防疫活动的单位和个人。

2. 诊断

2.1　流行特点　多种动物和人对布鲁氏菌易感。

布鲁氏菌属的 6 个种和主要易感动物见下表：

种	主要易感动物
羊种布鲁氏菌（*Brucella melitensis*）	羊、牛
牛种布鲁氏菌（*Brucella abortus*）	牛、羊
猪种布鲁氏菌（*Brucella suis*）	猪
绵羊附睾种布鲁氏菌（*Brucella ovis*）	绵羊
犬种布鲁氏菌（*Brucella canis*）	犬
沙林鼠种布鲁氏菌（*Brucella neotomae*）	沙林鼠

布鲁氏菌是一种细胞内寄生的病原菌，主要侵害动物的淋巴系统和生殖系统。病畜主要通过流产物、精液和乳汁排菌，污染环境。

羊、牛、猪的易感性最强。母畜比公畜，成年畜比幼年畜发病多。在母畜中，第一次妊娠母畜发病较多。带菌动物，尤其是病畜的流产胎儿、胎衣是主要传染源。消化道、呼吸道、生殖道是主要的感染途径，也可通过损伤的皮肤、黏膜等感染。常呈地方性流行。

人主要通过皮肤、黏膜、消化道和呼吸道感染，尤其以感染羊种布鲁氏菌、牛种布鲁氏菌最为严重。猪种布鲁氏菌感染人较少见，犬种布鲁氏菌感染人罕见，绵羊附睾种布鲁氏菌、沙林鼠种布鲁氏菌基本不感染人。

2.2　临床症状

潜伏期一般为 14～180 天。最显著症状是怀孕母畜发生流产，流产后可能发生胎衣滞留和子宫内膜炎，从阴道流出污秽不洁、恶臭的分泌物。新发病的畜群流产较多；老疫区畜群发生流产的较少，但发生子宫内膜炎、乳房炎、关节炎、胎衣滞留、久配不孕的较多。公畜往往发生睾丸炎、附睾炎或关节炎。

2.3 病理变化

主要病变为生殖器官的炎性坏死，脾、淋巴结、肝、肾等器官形成特征性肉芽肿（布病结节）。有的可见关节炎。胎儿主要呈败血症病变，浆膜和黏膜有出血点和出血斑，皮下结缔组织发生浆液性、出血性炎症。

2.4 实验室诊断

2.4.1 病原学诊断

2.4.1.1 显微镜检查 采集流产胎衣、绒毛膜水肿液、肝、脾、淋巴结、胎儿胃内容物等组织，制成抹片，用柯兹罗夫斯基染色法染色，镜检，布鲁氏菌为红色球杆状小杆菌，而其他菌为蓝色。

2.4.1.2 分离培养 新鲜病料可用胰蛋白胨琼脂斜面或血液琼脂斜面、肝汤琼脂斜面、3%甘油0.5%葡萄糖肝汤琼脂斜面等培养基培养；若为陈旧病料或污染病料，可用选择性培养基培养。培养时，一份在普通条件下，另一份放于含有5%～10%二氧化碳的环境中，37℃培养7～10天。然后进行菌落特征检查和单价特异性抗血清凝集试验。为使防治措施有更好的针对性，还需做种型鉴定。

如病料被污染或含菌极少时，可将病料用生理盐水稀释5～10倍，健康豚鼠腹腔内注射0.1～0.3mL/只。如果病料腐败时，可接种于豚鼠的股内侧皮下。接种后4～8周，将豚鼠扑杀，从肝、脾分离培养布鲁氏菌。

2.4.2 血清学诊断

2.4.2.1 虎红平板凝集试验（RBPT）（见GB/T 18646）

2.4.2.2 全乳环状试验（MRT）（见GB/T 18646）

2.4.2.3 试管凝集试验（SAT）（见GB/T 18646）

2.4.2.4 补体结合试验（CFT）（见GB/T 18646）

2.5 结果判定

县级以上动物防疫监督机构负责布病诊断结果的判定。

2.5.1 具有2.1、2.2和2.3时，判定为疑似疫情。

2.5.2 符合2.5.1，且2.4.1.1或2.4.1.2阳性时，判定为患病动物。

2.5.3 未免疫动物的结果判定如下：

2.5.3.1 2.4.2.1或2.4.2.2阳性时，判定为疑似患病动物。

2.5.3.2 2.4.1.2或2.4.2.3或2.4.2.4阳性时，判定为患病动物。

2.5.3.3 符合2.5.3.1但2.4.2.3或2.4.2.4阴性时，30天后应重新采样检测，2.4.2.1或2.4.2.3或2.4.2.4阳性的判定为患病动物。

3. 疫情报告

3.1 任何单位和个人发现疑似疫情，应当及时向当地动物防疫监督机构报告。

3.2 动物防疫监督机构接到疫情报告并确认后，按《动物疫情报告管理办法》及有关规定及时上报。

4. 疫情处理

4.1　发现疑似疫情，畜主应限制动物移动；对疑似患病动物应立即隔离。

4.2　动物防疫监督机构要及时派员到现场进行调查核实，开展实验室诊断。确诊后，当地人民政府组织有关部门按下列要求处理：

4.2.1　扑杀　对患病动物全部扑杀。

4.2.2　隔离　对受威胁的畜群（病畜的同群畜）实施隔离，可采用圈养和固定草场放牧两种方式隔离。

隔离饲养用草场，不要靠近交通要道，居民点或人畜密集的地区。场地周围最好有自然屏障或人工栅栏。

4.2.3　无害化处理　患病动物及其流产胎儿、胎衣、排泄物、乳、乳制品等按照GB 16548—1996《畜禽病害肉尸及其产品无害化处理规程》进行无害化处理。

4.2.4　流行病学调查及检测　开展流行病学调查和疫源追踪；对同群动物进行检测。

4.2.5　消毒　对患病动物污染的场所、用具、物品严格进行消毒。

饲养场的金属设施、设备可采取火焰、熏蒸等方式消毒；养畜场的圈舍、场地、车辆等，可选用2％烧碱等有效消毒药消毒；饲养场的饲料、垫料等，可采取深埋发酵处理或焚烧处理；粪便消毒采取堆积密封发酵方式。皮毛消毒用环氧乙烷、福尔马林熏蒸等。

4.2.6　发生重大布病疫情时，当地县级以上人民政府应按照《重大动物疫情应急条例》有关规定，采取相应的扑灭措施。

5. 预防和控制

非疫区以监测为主；稳定控制区以监测净化为主；控制区和疫区实行监测、扑杀和免疫相结合的综合防治措施。

5.1　免疫接种

5.1.1　范围　疫情呈地方性流行的区域，应采取免疫接种的方法。

5.1.2　对象　免疫接种范围内的牛、羊、猪、鹿等易感动物。根据当地疫情，确定免疫对象。

5.1.3　疫苗选择　布病疫苗S2株（以下简称S2疫苗）、M5株（以下简称M5疫苗）、S19株（以下简称S19疫苗）以及经农业部批准生产的其他疫苗。

5.2　监测

5.2.1　监测对象和方法

监测对象：牛、羊、猪、鹿等动物。

监测方法：采用流行病学调查、血清学诊断方法，结合病原学诊断进行监测。

5.2.2　监测范围、数量

免疫地区：对新生动物、未免疫动物、免疫一年半或口服免疫一年以后的动物进行监测（猪可在口服免疫半年后进行）。监测至少每年进行一次，牧区县抽检300头（只）以上，农区和半农半牧区抽检200头（只）以上。

非免疫地区：监测至少每年进行一次。达到控制标准的牧区县抽检1 000头（只）以上，农区和半农半牧区抽检 500 头（只）以上；达到稳定控制标准的牧区县抽检 500 头（只）以上，农区和半农半牧区抽检 200 头（只）以上。

所有的奶牛、奶山羊和种畜每年应进行两次血清学监测。

5.2.3　监测时间　对成年动物监测时，猪、羊在 5 月龄以上，牛在 8 月龄以上，怀孕动物则在第 1 胎产后半个月至 1 个月间进行；对 S2、M5、S19 疫苗免疫接种过的动物，在接种后 18 个月（猪接种后 6 个月）进行。

5.2.4　监测结果的处理　按要求使用和填写监测结果报告，并及时上报。判断为患病动物时，按第 4 项规定处理。

5.3　检疫

异地调运的动物，必须来自于非疫区，凭当地动物防疫监督机构出具的检疫合格证明调运。动物防疫监督机构应对调运的种用、乳用、役用动物进行实验室检测。检测合格后，方可出具检疫合格证明。调入后应隔离饲养 30 天，经当地动物防疫监督机构检疫合格后，方可解除隔离。

5.4　人员防护

饲养人员每年要定期进行健康检查。发现患有布病的应调离岗位，及时治疗。

5.5　防疫监督

布病监测合格应为奶牛场、种畜场《动物防疫合格证》发放或审验的必备条件。动物防疫监督机构要对辖区内奶牛场、种畜场的检疫净化情况监督检查。

鲜奶收购点（站）必须凭奶牛健康证明收购鲜奶。

6. 控制和净化标准

6.1　控制标准

6.1.1　县级控制标准　连续 2 年以上具备以下 3 项条件：

6.1.1.1　对未免疫或免疫 18 个月后的动物，牧区抽检 3 000 份血清以上，农区和半农半牧区抽检 1 000 份血清以上，用试管凝集试验或补体结合试验进行检测。

试管凝集试验阳性率：羊、鹿 0.5% 以下，牛 1% 以下，猪 2% 以下。

补体结合试验阳性率：各种动物阳性率均在 0.5% 以下。

6.1.1.2　抽检羊、牛、猪流产物样品共 200 份以上（流产物数量不足时，补检正常产胎盘、乳汁、阴道分泌物或屠宰畜脾脏），检不出布鲁氏菌。

6.1.1.3　患病动物均已扑杀，并进行无害化处理。

6.1.2　市级控制标准　全市所有县均达到控制标准。

6.1.3　省级控制标准　全省所有市均达到控制标准。

6.2　稳定控制标准

6.2.1　县级稳定控制标准　按控制标准要求的方法和数量进行，连续 3 年以上具备以下 3 项条件：

6.2.1.1　羊血清学检查阳性率在 0.1% 以下、猪在 0.3% 以下；牛、鹿在 0.2% 以下。

6.2.1.2　抽检羊、牛、猪等动物样品材料检不出布鲁氏菌。

6.2.1.3　患病动物全部扑杀，并进行了无害化处理。

6.2.2　**市级稳定控制标准**　全市所有县均达到稳定控制标准。

6.2.3　**省级稳定控制标准**　全省所有市均达到稳定控制标准。

6.3　净化标准

6.3.1　**县级净化标准**　按控制标准要求的方法和数量进行，连续 2 年以上具备以下 2 项条件：

6.3.1.1　达到稳定控制标准后，全县范围内连续两年无布病疫情。

6.3.1.2　用试管凝集试验或补体结合试验进行检测，全部阴性。

6.3.2　**市级净化标准**　全市所有县均达到净化标准。

6.3.3　**省级净化标准**　全省所有市均达到净化标准。

6.3.4　**全国净化标准**　全国所有省（自治区、直辖市）均达到净化标准。

附录二十七 国家中长期动物疫病防治规划(2012—2020年)

(国办发 [2012] 31号, 2012年5月20日公布)

动物疫病防治工作关系国家食物安全和公共卫生安全, 关系社会和谐稳定, 是政府社会管理和公共服务的重要职责, 是农业农村工作的重要内容。为加强动物疫病防治工作, 依据动物防疫法等相关法律法规, 编制本规划。

一、面临的形势

经过多年努力, 我国动物疫病防治工作取得了显著成效, 有效防控了口蹄疫、高致病性禽流感等重大动物疫病, 有力保障了北京奥运会、上海世博会等重大活动的动物产品安全, 成功应对了汶川特大地震等重大自然灾害的灾后防疫, 为促进农业农村经济平稳较快发展、提高人民群众生活水平、保障社会和谐稳定作出了重要贡献。但是, 未来一段时期我国动物疫病防治任务仍然十分艰巨。

(一) 动物疫病防治基础更加坚实。近年来, 在中央一系列政策措施支持下, 动物疫病防治工作基础不断强化。法律体系基本形成, 国家修订了动物防疫法, 制定了兽药管理条例和重大动物疫情应急条例, 出台了应急预案、防治规范和标准。相关制度不断完善, 落实了地方政府责任制, 建立了强制免疫、监测预警、应急处置、区域化管理等制度。工作体系逐步健全, 初步构建了行政管理、监督执法和技术支撑体系, 动物疫病监测、检疫监督、兽药质量监察和残留监控、野生动物疫源疫病监测等方面的基础设施得到改善。科技支撑能力不断加强, 一批病原学和流行病学研究、新型疫苗和诊断试剂研制、综合防治技术集成示范等科研成果转化为实用技术和产品。我国兽医工作的国际地位明显提升, 恢复了在世界动物卫生组织的合法权利, 实施跨境动物疫病联防联控, 有序开展国际交流与合作。

(二) 动物疫病流行状况更加复杂。我国动物疫病病种多、病原复杂、流行范围广。口蹄疫、高致病性禽流感等重大动物疫病仍在部分区域呈流行态势, 存在免疫带毒和免疫临床发病现象。布鲁氏菌病、狂犬病、包虫病等人畜共患病呈上升趋势, 局部地区甚至出现暴发流行。牛海绵状脑病(疯牛病)、非洲猪瘟等外来动物疫病传入风险持续存在, 全球动物疫情日趋复杂。随着畜牧业生产规模不断扩大, 养殖密度不断增加, 畜禽感染病原机会增多, 病原变异几率加大, 新发疫病发生风险增加。研究表明, 70%的动物疫病可以传染给人类, 75%的人类新发传染病来源于动物或动物源性食品, 动物疫病如不加强防治, 将会严重危害公共卫生安全。

(三) 动物疫病防治面临挑战。人口增长、人民生活质量提高和经济发展方式转变, 对养殖业生产安全、动物产品质量安全和公共卫生安全的要求不断提高, 我国动物疫病防治正在从有效控制向逐步净化消灭过渡。全球兽医工作定位和任务发生深刻变化，正在向以动物、人类和自然和谐发展为主的现代兽医阶段过渡，需要我国不断提升与国际兽医规则相协调的动物卫生保护能力和水平。随着全球化进程加快，动物疫病对动物产品国际贸易的制约更加突出。目前，我国兽医管理体制改革进展不平衡，基层基础设施和队伍力量薄弱，活畜禽跨区调运和市场准入机制不健全，野生动物疫源疫病监测工作起步晚，动物疫病防治仍面临不少困难和问题。

二、指导思想、基本原则和防治目标

（一）指导思想。以邓小平理论和"三个代表"重要思想为指导，深入贯彻落实科学发展观，坚持"预防为主"和"加强领导、密切配合，依靠科学、依法防治，群防群控、果断处置"的方针，把动物疫病防治作为重要民生工程，以促进动物疫病科学防治为主题，以转变兽医事业发展方式为主线，以维护养殖业生产安全、动物产品质量安全、公共卫生安全为出发点和落脚点，实施分病种、分区域、分阶段的动物疫病防治策略，全面提升兽医公共服务和社会化服务水平，有计划地控制、净化和消灭严重危害畜牧业生产和人民群众健康安全的动物疫病，为全面建设小康社会、构建社会主义和谐社会提供有力支持和保障。

（二）基本原则。

——政府主导，社会参与。地方各级人民政府负总责，相关部门各负其责，充分调动社会力量广泛参与，形成政府、企业、行业协会和从业人员分工明确、各司其职的防治机制。

——立足国情，适度超前。立足我国国情，准确把握动物防疫工作发展趋势，科学判断动物疫病流行状况，合理设定防治目标，开展科学防治。

——因地制宜，分类指导。根据我国不同区域特点，按照动物种类、养殖模式、饲养用途和疫病种类，分病种、分区域、分畜禽实行分类指导、差别化管理。

——突出重点，统筹推进。整合利用动物疫病防治资源，确定国家优先防治病种，明确中央事权和地方事权，突出重点区域、重点环节、重点措施，加强示范推广，统筹推进动物防疫各项工作。

（三）防治目标。到2020年，形成与全面建设小康社会相适应，有效保障养殖业生产安全、动物产品质量安全和公共卫生安全的动物疫病综合防治能力。口蹄疫、高致病性禽流感等16种优先防治的国内动物疫病达到规划设定的考核标准，生猪、家禽、牛、羊发病率分别下降到5％、6％、4％、3％以下，动物发病率、死亡率和公共卫生风险显著降低。牛海绵状脑病、非洲猪瘟等13种重点防范的外来动物疫病传入和扩散风险有效降低，外来动物疫病防范和处置能力明显提高。基础设施和机构队伍更加健全，法律法规和科技保障体系更加完善，财政投入机制更加稳定，社会化服务水平全面提高。

专栏 1 优先防治和重点防范的动物疫病

优先防治的国内动物疫病（16 种）	一类动物疫病（5 种）：口蹄疫（A 型、亚洲 I 型、O 型）、高致病性禽流感、高致病性猪蓝耳病、猪瘟、新城疫
	二类动物疫病（11 种）：布鲁氏菌病、奶牛结核病、狂犬病、血吸虫病、包虫病、马鼻疽、马传染性贫血、沙门氏菌病、禽白血病、猪伪狂犬病、猪繁殖与呼吸综合征（经典猪蓝耳病）
重点防范的外来动物疫病（13 种）	一类动物疫病（9 种）：牛海绵状脑病、非洲猪瘟、绵羊痒病、小反刍兽疫、牛传染性胸膜肺炎、口蹄疫（C 型、SAT1 型、SAT2 型、SAT3 型）、猪水疱病、非洲马瘟、H7 亚型禽流感
	未纳入病种分类名录、但传入风险增加的动物疫病（4 种）：水疱性口炎、尼帕病、西尼罗河热、裂谷热

三、总体策略

统筹安排动物疫病防治、现代畜牧业和公共卫生事业发展，积极探索有中国特色的动物疫病防治模式，着力破解制约动物疫病防治的关键性问题，建立健全长效机制，强化条件保障，实施计划防治、健康促进和风险防范策略，努力实现重点疫病从有效控制到净化消灭。

（一）重大动物疫病和重点人畜共患病计划防治策略。有计划地控制、净化、消灭对畜牧业和公共卫生安全危害大的重点病种，推进重点病种从免疫临床发病向免疫临床无病例过渡，逐步清除动物机体和环境中存在的病原，为实现免疫无疫和非免疫无疫奠定基础。基于疫病流行的动态变化，科学选择防治技术路线。调整强制免疫和强制扑杀病种要按相关法律法规规定执行。

（二）畜禽健康促进策略。健全种用动物健康标准，实施种畜禽场疫病净化计划，对重点疫病设定净化时限。完善养殖场所动物防疫条件审查等监管制度，提高生物安全水平。定期实施动物健康检测，推行无特定病原场（群）和生物安全隔离区评估认证。扶持规模化、标准化、集约化养殖，逐步降低畜禽散养比例，有序减少活畜禽跨区流通。引导养殖者封闭饲养，统一防疫，定期监测，严格消毒，降低动物疫病发生风险。

（三）外来动物疫病风险防范策略。强化国家边境动物防疫安全理念，加强对境外流行、尚未传入的重点动物疫病风险管理，建立国家边境动物防疫安全屏障。健全边境疫情监测制度和突发疫情应急处置机制，加强联防联控，强化技术和物资储备。完善入境动物和动物产品风险评估、检疫准入、境外预检、境外企业注册登记、可追溯管理等制度，全面加强外来动物疫病监视监测能力建设。

四、优先防治病种和区域布局

（一）优先防治病种。根据经济社会发展水平和动物卫生状况，综合评估经济影响、公共卫生影响、疫病传播能力，以及防疫技术、经济和社会可行性等各方面因素，确定优先防治病种并适时调整。除已纳入本规划的病种外，对陆生野生动物疫源疫病、水生动物疫病和其他畜禽流行病，根据疫病流行状况和所造成的危害，适时列入国家优先防治范围。各地要结合当地实际确定辖区内优先防治的动物疫病，除本规划涉及的疫病外，还应将对当地经济社会危害或潜在危害严重的陆生野生动物疫源疫病、水生动物疫病、其他畜禽流行病、特种经济动物疫病、宠物疫病、蜂病、蚕病等纳入防治范围。

（二）区域布局。国家对动物疫病实行区域化管理。

——国家优势畜牧业产业带。对东北、中部、西南、沿海地区生猪优势区，加强口蹄疫、高致病性猪蓝耳病、猪瘟等生猪疫病防治，优先实施种猪场疫病净化。对中原、东北、西北、西南等肉牛肉羊优势区，加强口蹄疫、布鲁氏菌病等牛羊疫病防治。对中原和东北蛋鸡主产区、南方水网地区水禽主产区，加强高致病性禽流感、新城疫等禽类疫病防治，优先实施种禽场疫病净化。对东北、华北、西北及大城市郊区等奶牛优势区，加强口蹄疫、布鲁氏菌病和奶牛结核病等奶牛疫病防治。

——人畜共患病重点流行区。对北京、天津、河北、山西、内蒙古、辽宁、吉林、黑龙江、山东、河南、陕西、甘肃、青海、宁夏、新疆15个省（自治区、直辖市）和新疆生产建设兵团，重点加强布鲁氏菌病防治。对河北、山西、江西、山东、湖北、湖南、广东、广西、重庆、四川、贵州、云南12个省（自治区、直辖市），重点加强狂犬病防治。对江苏、安徽、江西、湖北、湖南、四川、云南7个省，重点加强血吸虫病防治。对内蒙古、四川、西藏、甘肃、青海、宁夏、新疆7个省（自治区）和新疆生产建设兵团，重点加强包虫病防治。

——外来动物疫病传入高风险区。对边境地区、野生动物迁徙区以及海港空港所在地，加强外来动物疫病防范。对内蒙古、吉林、黑龙江等东北部边境地区，重点防范非洲猪瘟、口蹄疫和H7亚型禽流感。对新疆边境地区，重点防范非洲猪瘟和口蹄疫。对西藏边境地区，重点防范小反刍兽疫和H7亚型禽流感。对广西、云南边境地区，重点防范口蹄疫等疫病。

——动物疫病防治优势区。在海南岛、辽东半岛、胶东半岛等自然屏障好、畜牧业比较发达、防疫基础条件好的区域或相邻区域，建设无疫区。在大城市周边地区、标准化养殖大县（市）等规模化、标准化、集约化水平程度较高地区，推进生物安全隔离区建设。

五、重点任务

根据国家财力、国内国际关注和防治重点，在全面掌握疫病流行态势、分布规律的基础上，强化综合防治措施，有效控制重大动物疫病和主要人畜共患病，净化种畜禽重点疫病，有效防范重点外来动物疫病。农业部要会同有关部门制定口蹄疫（A型、亚洲Ⅰ型、O型）、高致病性禽流感、布鲁氏菌病、狂犬病、血吸虫病、包虫病的防治计划，出台高致病性猪蓝耳病、猪瘟、新城疫、奶牛结核病、种禽场疫病净化、种猪场疫病净化的指导意见。

（一）控制重大动物疫病。开展严密的病原学监测与跟踪调查，为疫情预警、防疫决策及疫苗研制与应用提供科学依据。改进畜禽养殖方式，净化养殖环境，提高动物饲养、屠宰等场所防疫能力。完善检疫监管措施，提高活畜禽市场准入健康标准，提升检疫监管质量水平，降低动物及其产品长距离调运传播疫情的风险。严格执行疫情报告制度，完善应急处置机制和强制扑杀政策，建立扑杀动物补贴评估制度。完善强制免疫政策和疫苗招标采购制度，明确免疫责任主体，逐步建立强制免疫退出机制。完善区域化管理制度，积极推动无疫区和生物安全隔离区建设。

专栏 2　重大动物疫病防治考核标准

疫病		到 2015 年	到 2020 年
口蹄疫	A 型	A 型全国达到净化标准	全国达到免疫无疫标准
	亚洲 I 型	全国达到免疫无疫标准	全国达到非免疫无疫标准
	O 型	海南岛达到非免疫无疫标准；辽东半岛、胶东半岛达到免疫无疫标准；其他区域达到控制标准	海南岛、辽东半岛、胶东半岛达到非免疫无疫标准；北京、天津、辽宁（不含辽东半岛）、吉林、黑龙江、上海达到免疫无疫标准；其他区域维持控制标准
高致病性禽流感		生物安全隔离区达到免疫无疫或非免疫无疫标准；海南岛、辽东半岛、胶东半岛达到免疫无疫标准；其他区域达到控制标准	生物安全隔离区和海南岛、辽东半岛、胶东半岛达到非免疫无疫标准；北京、天津、辽宁（不含辽东半岛）、吉林、黑龙江、上海、山东（不含胶东半岛）、河南达到免疫无疫标准；其他区域维持控制标准
高致病性猪蓝耳病		部分区域达到控制标准	全国达到控制标准
猪瘟		部分区域达到净化标准	进一步扩大净化区域
新城疫		部分区域达到控制标准	全国达到控制标准

（二）控制主要人畜共患病。注重源头管理和综合防治，强化易感人群宣传教育等干预措施，加强畜牧兽医从业人员职业保护，提高人畜共患病防治水平，降低疫情发生风险。对布鲁氏菌病，建立牲畜定期检测、分区免疫、强制扑杀政策，强化动物卫生监督和无害化处理措施。对奶牛结核病，采取检疫扑杀、风险评估、移动控制相结合的综合防治措施，强化奶牛健康管理。对狂犬病，完善犬只登记管理，实施全面免疫，扑杀病犬。对血吸虫病，重点控制牛羊等牲畜传染源，实施农业综合治理。对包虫病，落实驱虫、免疫等预防措施，改进动物饲养条件，加强屠宰管理和检疫。

专栏 3　主要人畜共患病防治考核标准

疫病	到 2015 年	到 2020 年
布鲁氏菌病	北京、天津、河北、山西、内蒙古、辽宁、吉林、黑龙江、山东、河南、陕西、甘肃、青海、宁夏、新疆 15 个省（自治区、直辖市）和新疆生产建设兵团达到控制标准；其他区域达到净化标准	河北、山西、内蒙古、辽宁、吉林、黑龙江、陕西、甘肃、青海、宁夏、新疆 11 个省（自治区）和新疆生产建设兵团维持控制标准；海南岛达到消灭标准；其他区域达到净化标准
奶牛结核病	北京、天津、上海、江苏 4 个省（直辖市）达到净化标准；其他区域达到控制标准	北京、天津、上海、江苏 4 个省（直辖市）维持净化标准；浙江、山东、广东 3 个省达到净化标准；其余区域达到控制标准
狂犬病	河北、山西、江西、山东、湖北、湖南、广东、广西、重庆、四川、贵州、云南 12 个省（自治区、直辖市）狂犬病病例数下降 50%；其他区域达到控制标准	全国达到控制标准

（续）

疫病	到 2015 年	到 2020 年
血吸虫病	全国达到传播控制标准	全国达到传播阻断标准
包虫病	除内蒙古、四川、西藏、甘肃、青海、宁夏、新疆 7 个省（自治区）和新疆生产建设兵团外的其他区域达到控制标准	全国达到控制标准

（三）消灭马鼻疽和马传染性贫血。当前，马鼻疽已经连续三年以上未发现病原学阳性，马传染性贫血已连续三年以上未发现临床病例，均已经具备消灭基础。加快推进马鼻疽和马传染性贫血消灭行动，开展持续监测，对竞技娱乐用马以及高风险区域的马属动物开展重点监测。严格实施阳性动物扑杀措施，完善补贴政策。严格检疫监管，建立申报检疫制度。到 2015 年，全国消灭马鼻疽；到 2020 年，全国消灭马传染性贫血。

（四）净化种畜禽重点疫病。引导和支持种畜禽企业开展疫病净化。建立无疫企业认证制度，制定健康标准，强化定期监测和评估。建立市场准入和信息发布制度，分区域制定市场准入条件，定期发布无疫企业信息。引导种畜禽企业增加疫病防治经费投入。

专栏 4　种畜禽重点疫病净化考核标准

疫病	到 2015 年	到 2020 年
高致病性禽流感、新城疫、沙门氏菌病、禽白血病	祖代以上种鸡场达到净化标准	所有种鸡场达到净化标准
高致病性猪蓝耳病、猪瘟、猪伪狂犬病、猪繁殖与呼吸综合征	原种猪场达到净化标准	所有种猪场达到净化标准

（五）防范外来动物疫病传入。强化跨部门协作机制，健全外来动物疫病监视制度、进境动物和动物产品风险分析制度，强化入境检疫和边境监管措施，提高外来动物疫病风险防范能力。加强野生动物传播外来动物疫病的风险监测。完善边境等高风险区域动物疫情监测制度，实施外来动物疫病防范宣传培训计划，提高外来动物疫病发现、识别和报告能力。分病种制定外来动物疫病应急预案和技术规范，在高风险区域实施应急演练，提高应急处置能力。加强国际交流合作与联防联控，健全技术和物资储备，提高技术支持能力。

六、能力建设

（一）提升动物疫情监测预警能力。建立以国家级实验室、区域实验室、省市县三级动物疫病预防控制中心为主体，分工明确、布局合理的动物疫情监测和流行病学调查实验室网络。构建重大动物疫病、重点人畜共患病和动物源性致病微生物病原数据库。加强国家疫情测报站管理，完善以动态管理为核心的运行机制。加强外来动物疫病监视监测网络运行管理，强化边境疫情监测和边境巡检。加强宠物疫病监测和防治。加强野生动物疫源疫病监测能力建设。加强疫病检测诊断能力建设和诊断试剂管理。充实各级兽医实验室专

· 465 ·

业技术力量。实施国家和区域动物疫病监测计划，增加疫情监测和流行病学调查经费投入。

（二）提升突发疫情应急管理能力。加强各级突发动物疫情应急指挥机构和队伍建设，完善应急指挥系统运行机制。健全动物疫情应急物资储备制度，县级以上人民政府应当储备应急处理工作所需的防疫物资，配备应急交通通讯和疫情处置设施设备，增配人员物资快速运送和大型消毒设备。完善突发动物疫情应急预案，加强应急演练。进一步完善疫病处置扑杀补贴机制，对在动物疫病预防、控制、扑灭过程中强制扑杀、销毁的动物产品和相关物品给予补贴。将重点动物疫病纳入畜牧业保险保障范围。

（三）提升动物疫病强制免疫能力。依托县级动物疫病预防控制中心、乡镇兽医站和村级兽医室，构建基层动物疫病强制免疫工作网络，强化疫苗物流冷链和使用管理。组织开展乡村兽医登记，优先从符合条件的乡村兽医中选用村级防疫员，实行全员培训上岗。完善村级防疫员防疫工作补贴政策，按照国家规定采取有效的卫生防护和医疗保健措施。加强企业从业兽医管理，落实防疫责任。逐步推行在乡镇政府领导、县级畜牧兽医主管部门指导和监督下，以养殖企业和个人为责任主体，以村级防疫员、执业兽医、企业从业兽医为技术依托的强制免疫模式。建立强制免疫应激反应死亡动物补贴政策。加强兽用生物制品保障能力建设。完善人畜共患病菌毒种库、疫苗和诊断制品标准物质库，开展兽用生物制品使用效果评价。加强兽用生物制品质量监管能力建设，建立区域性兽用生物制品质量检测中心。支持兽用生物制品企业技术改造、生产工艺及质量控制关键技术研究。加强对兽用生物制品产业的宏观调控。

（四）提升动物卫生监督执法能力。加强基层动物卫生监督执法机构能力建设，严格动物卫生监督执法，保障日常工作经费。强化动物卫生监督检查站管理，推行动物和动物产品指定通道出入制度，落实检疫申报、动物隔离、无害化处理等措施。完善养殖环节病死动物及其无害化处理财政补贴政策。实施官方兽医制度，全面提升执法人员素质。完善规范和标准，推广快速检测技术，强化检疫手段，实施全程动态监管，提高检疫监管水平。

（五）提升动物疫病防治信息化能力。加大投入力度，整合资源，充分运用现代信息技术，加强国家动物疫病防治信息化建设，提高疫情监测预警、疫情应急指挥管理、兽医公共卫生管理、动物卫生监督执法、动物标识及疫病可追溯、兽用生物制品监管以及执业兽医考试和兽医队伍管理等信息采集、传输、汇总、分析和评估能力。加强信息系统运行维护和安全管理。

（六）提升动物疫病防治社会化服务能力。充分调动各方力量，构建动物疫病防治社会化服务体系。积极引导、鼓励和支持动物诊疗机构多元化发展，不断完善动物诊疗机构管理模式，开展动物诊疗机构标准化建设。加强动物养殖、运输等环节管理，依法强化从业人员的动物防疫责任主体地位。建立健全地方兽医协会，不断完善政府部门与私营部门、行业协会合作机制。引导社会力量投入，积极运用财政、金融、保险、税收等政策手段，支持动物疫病防治社会化服务体系有效运行。加强兽医机构和兽医人员提供社会化服务的收费管理，制定经营服务性收费标准。

七、保障措施

（一）法制保障。根据世界贸易组织有关规则，参照国际动物卫生法典和国际通行做法，健全动物卫生法律法规体系。认真贯彻实施动物防疫法，加快制订和实施配套法规与规章，尤其是强化动物疫病区域化管理、活畜禽跨区域调运、动物流通检疫监管、强制隔离与扑杀等方面的规定。完善兽医管理的相关制度。及时制定动物疫病控制、净化和消灭标准以及相关技术规范。各地要根据当地实际，制定相应规章制度。

（二）体制保障。按照"精简、统一、效能"的原则，健全机构、明确职能、理顺关系，逐步建立起科学、统一、透明、高效的兽医管理体制和运行机制。健全兽医行政管理、监督执法和技术支撑体系，稳定和强化基层动物防疫体系，切实加强机构队伍建设。明确动物疫病预防控制机构的公益性质。进一步深化兽医管理体制改革，建设以官方兽医和执业兽医为主体的新型兽医制度，建立有中国特色的兽医机构和兽医队伍评价机制。建立起内检与外检、陆生动物与水生动物、养殖动物与野生动物协调统一的管理体制。健全各类兽医培训机构，建立官方兽医和执业兽医培训机制，加强技术培训。充分发挥军队兽医卫生机构在国家动物防疫工作中的作用。

（三）科技保障。国家支持开展动物疫病科学研究，推广先进实用的科学研究成果，提高动物疫病防治的科学化水平。加强兽医研究机构、高等院校和企业资源集成融合，充分利用全国动物防疫专家委员会、国家参考实验室、重点实验室、专业实验室、大专院校兽医实验室以及大中型企业实验室的科技资源。强化兽医基础性、前沿性、公益性技术研究平台建设，增强兽医科技原始创新、集成创新和引进消化吸收再创新能力。依托科技支撑计划、"863"计划、"973"计划等国家科技计划，攻克一批制约动物疫病防治的关键技术。在基础研究方面，完善动物疫病和人畜共患病研究平台，深入开展病原学、流行病学、生态学研究。在诊断技术研究方面，重点引导和支持科技创新，构建诊断试剂研发和推广应用平台，开发动物疫病快速诊断和高通量检测试剂。在兽用疫苗和兽医药品研究方面，坚持自主创新，鼓励发明创造，增强关键技术突破能力，支持新疫苗和兽医药品研发平台建设，鼓励细胞悬浮培养、分离纯化、免疫佐剂及保护剂等新技术研发。在综合技术示范推广方面，引导和促进科技成果向现实生产力转化，抓好技术集成示范工作。同时，加强国际兽医标准和规则研究。培养兽医行业科技领军人才、管理人才、高技能人才，以及兽医实用技术推广骨干人才。

（四）条件保障。县级以上人民政府要将动物疫病防治纳入本级经济和社会发展规划及年度计划，将动物疫病监测、预防、控制、扑灭、动物产品有毒有害物质残留检测管理等工作所需经费纳入本级财政预算，实行统一管理。加强经费使用管理，保障公益性事业经费支出。对兽医行政执法机构实行全额预算管理，保证其人员经费和日常运转费用。中央财政对重大动物疫病的强制免疫、监测、扑杀、无害化处理等工作经费给予适当补助，并通过国家科技计划（专项）等对相关领域的研究进行支持。地方财政主要负担地方强制免疫疫病的免疫和扑杀经费、开展动物防疫所需的工作经费和人员经费，以及地方专项动物疫病防治经费。生产企业负担本企业动物防疫工作的经费支出。加强动物防疫基础设施建设，编制和实施动物防疫体系建设规划，进一步健全完善动物疫病预防控制、动物卫生监督执法、兽药监察和残留监控、动物疫病防治技术支撑等基础设施。

八、组织实施

（一）落实动物防疫责任制。地方各级人民政府要切实加强组织领导，做好规划的组织实施和监督检查。省级人民政府要根据当地动物卫生状况和经济社会发展水平，制定和实施本行政区域动物疫病防治规划。对制定单项防治计划的病种，要设定明确的约束性指标，纳入政府考核评价指标体系，适时开展实施效果评估。对在动物防疫工作、动物防疫科学研究中作出成绩和贡献的单位和个人，各级人民政府及有关部门给予奖励。

（二）明确各部门职责。畜牧兽医部门要会同有关部门提出实施本规划所需的具体措施、经费计划、防疫物资供应计划和考核评估标准，监督实施免疫接种、疫病监测、检疫检验，指导隔离、封锁、扑杀、消毒、无害化处理等各项措施的实施，开展动物卫生监督检查，打击各种违法行为。发展改革部门要根据本规划，在充分整合利用现有资源的基础上，加强动物防疫基础设施建设。财政部门要根据本规划和相关规定加强财政投入和经费管理。出入境检验检疫机构要加强入境动物及其产品的检疫。卫生部门要加强人畜共患病人间疫情防治工作，及时通报疫情和防治工作进展。林业部门要按照职责分工做好陆生野生动物疫源疫病的监测工作。公安部门要加强疫区治安管理，协助做好突发疫情应急处理、强制扑杀和疫区封锁工作。交通运输部门要优先安排紧急调用防疫物资的运输。商务部门要加强屠宰行业管理，会同有关部门支持冷鲜肉加工运输和屠宰冷藏加工企业技术改造，建设鲜肉储存运输和销售环节的冷链设施。军队和武警部队要做好自用动物防疫工作，同时加强军地之间协调配合与相互支持。

主 要 参 考 文 献

［1］陆承平主编．兽医微生物学［M］．北京：中国农业出版社，2013.

［2］费恩阁，李德昌，丁壮主编．动物疫病学［M］．北京：中国农业出版社，2004.

［3］李长友，秦德超，肖肖主编．一二三类动物疫病释义［M］．北京：中国农业出版社，2011.

［4］甘孟侯，杨汉春主编．中国猪病学［M］．北京：中国农业出版社，2005.

［5］闫若潜，李桂喜，孙清莲主编．动物疫病防控工作指南［M］．北京：中国农业出版社，2009.

［6］陈焕春主编．规模化猪场疫病控制与净化［M］．北京：中国农业出版社，2000.

［7］黄保续主编．兽医流行病学［M］．北京：中国农业出版社，2010.

［8］陈继明，黄保续主编．重大动物疫病流行病学调查指南［M］．北京：中国农业科技出版社，2009.

［9］陈继明主编．重大动物疫病监测指南［M］．北京：中国农业科学技术出版社，2008.

［10］冯忠武主编．动物生物疫苗［M］．北京：化学工业出版社，2007.

口 蹄 疫

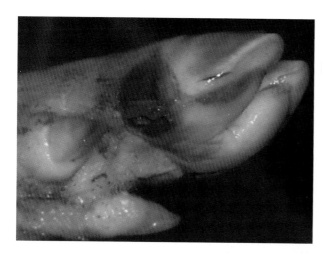
蹄部皮肤糜烂

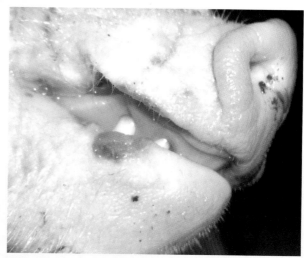
口腔皮肤黏膜糜烂

皮肤出血点

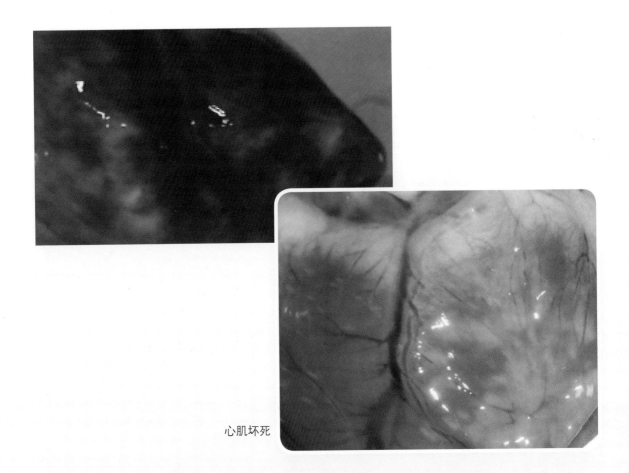

心肌坏死

猪　瘟

仔猪畏寒，集聚

仔猪消瘦，全身皮肤发绀

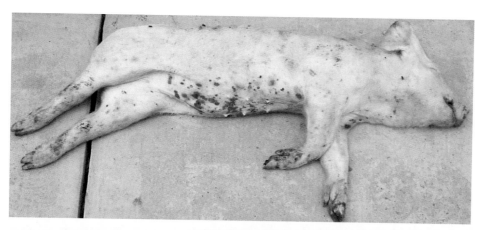

皮肤出血，消瘦

会厌软骨出血

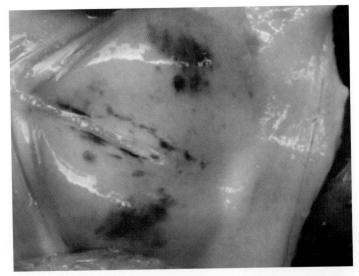

喉头出血

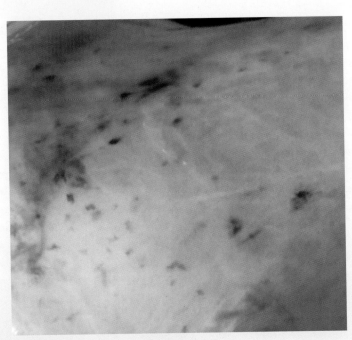

膀胱黏膜出血

脾脏梗死

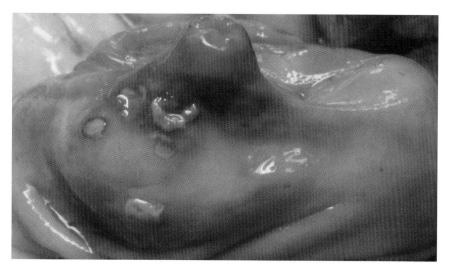

回盲瓣溃疡坏死

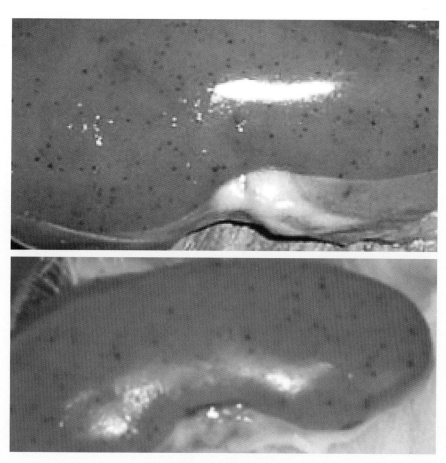

肾脏苍白，有出血点

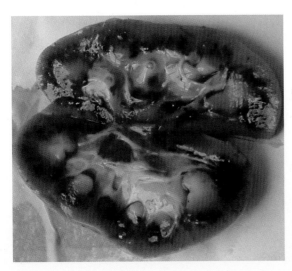

肾脏切开外观

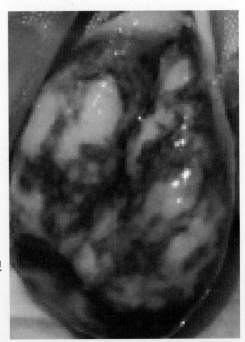

淋巴结横切大理石外观

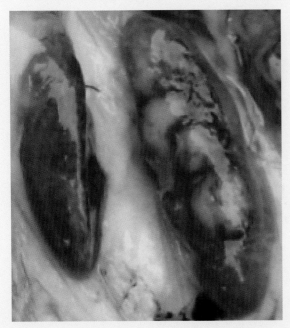

腹股沟淋巴结出血

胃部浆膜出血

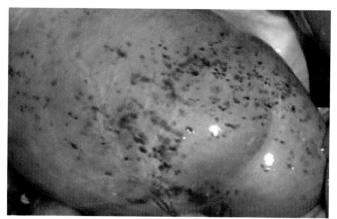

小肠浆膜出血

胃黏膜出血

猪圆环病毒病

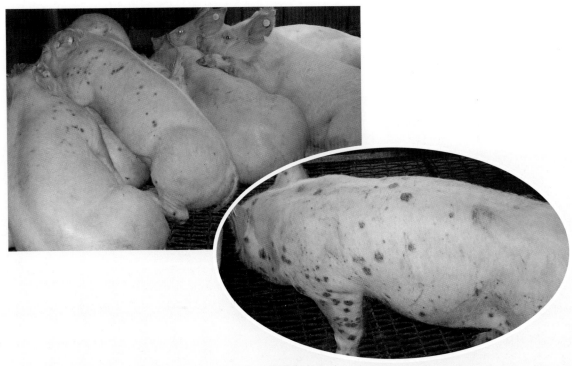

仔猪皮炎

肾脏出血坏死

脾梗死

伪狂犬病

仔猪神经症状（倒地，口吐白沫）

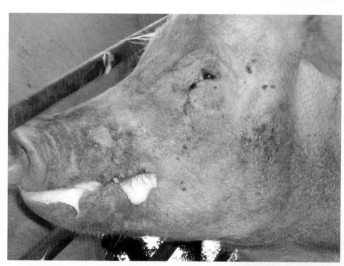

神经症状－磨牙

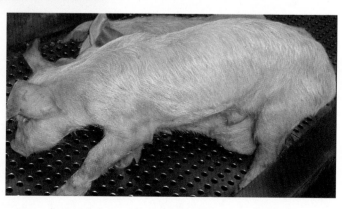

仔猪腹泻消瘦

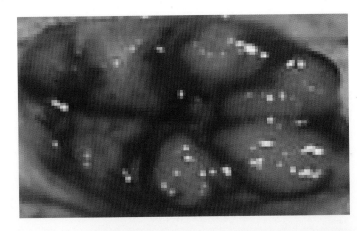

腹股沟淋巴结切开出血

肺脏坏死点

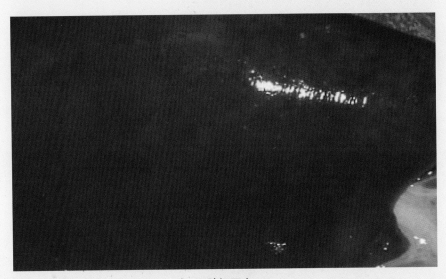

肝脏坏死点

副猪嗜血杆菌病

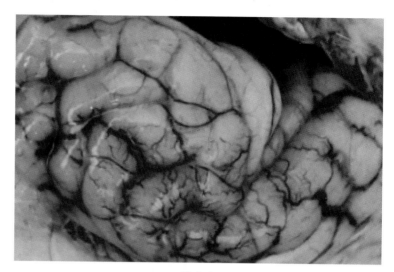

脑出血

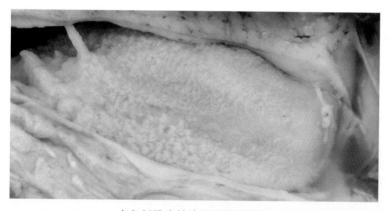

心包纤维素性渗出和胸腔积液

腹腔纤维素性渗出

胸腔纤维素性渗出

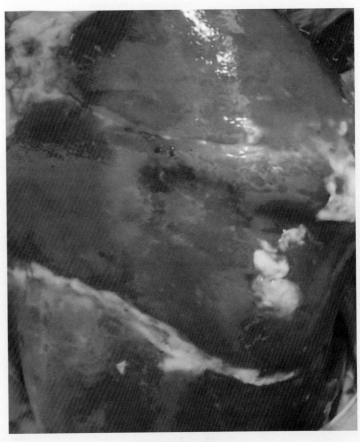

肝脏纤维素性渗出

猪传染性胸膜肺炎

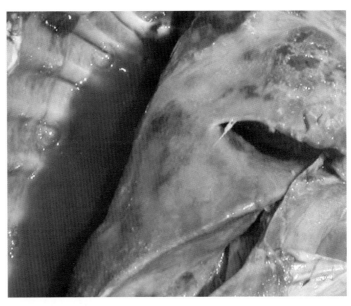

胸腔积液，肺脏纤维素性渗出

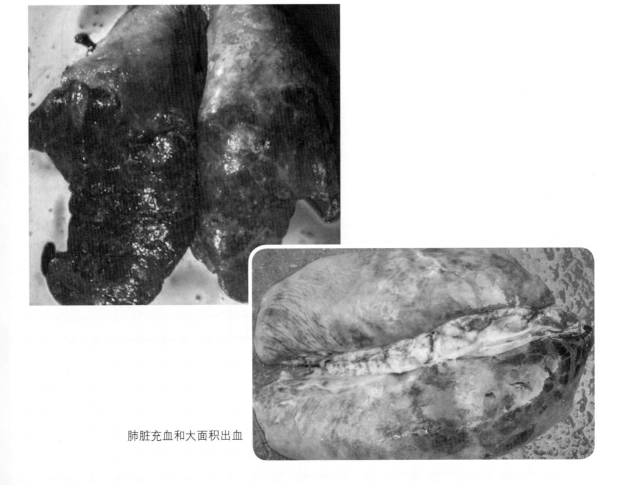

肺脏充血和大面积出血

肺实变

间质性肺炎

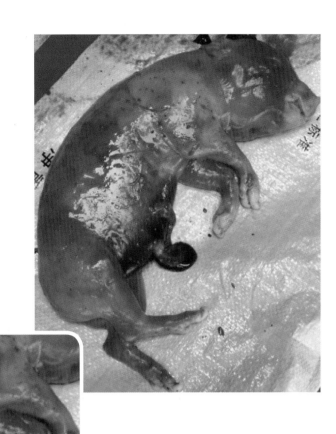

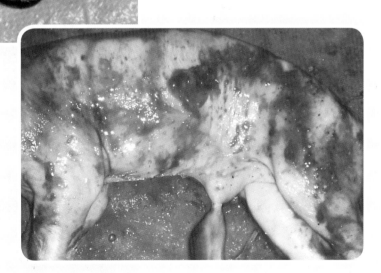

流产胎儿脐带出血

死　胎

猪流行性腹泻

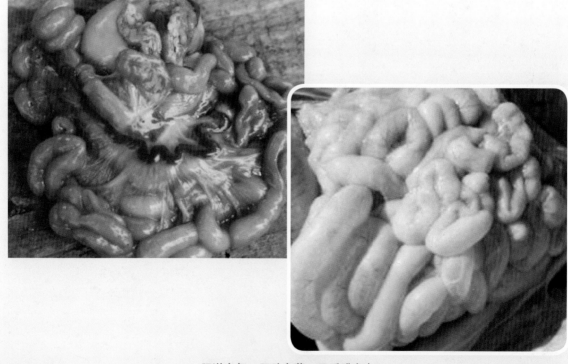

肠道充气，肠壁变薄，肠系膜充血